수능한권

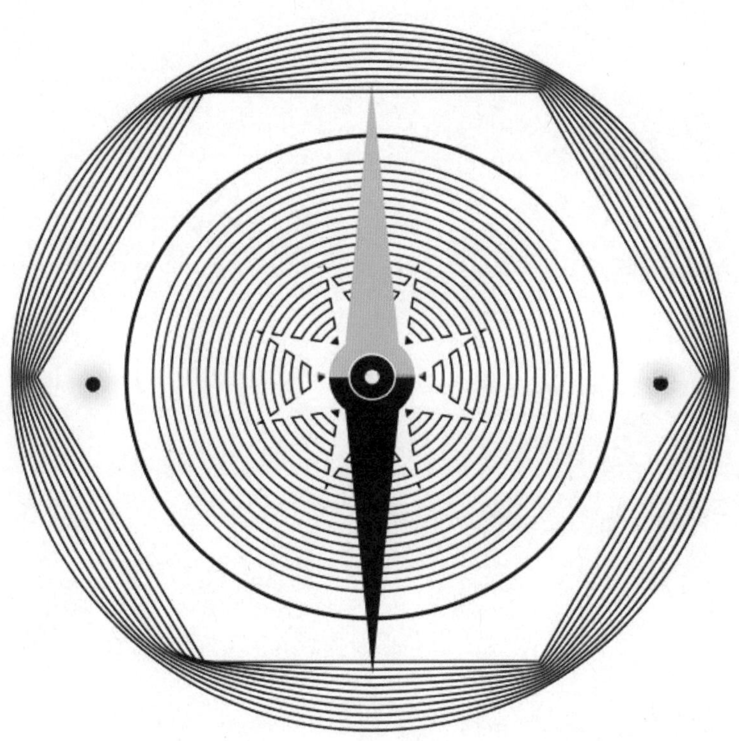

확률과 통계

문제편

김지석

- 서울대학교 수학교육과 졸업 (영문학 부전공)
- 현) EBS-i 인강
- 현) 오르비 인강
- 현) 수학혁명 유튜브
- 전) 공신닷컴(gongsin.com) 대표 멘토
- 전) 미국 Lehi High School 교사인턴
- 『대박타점 공부법』 저자

수능의 Major Trend와 Minor Trend를 알면
올해 수능이 보입니다.

15개정 교육과정에 맞는
수능 기출 전문항에 대한
Big-Data Analysis

x

수능문제와 6월 9월 평가원을
한 권으로 깊고 자세하게
서울대학교 수학교육과의 풀컬러 손풀이와 함께하세요.

수능을 한 권에 담았습니다.

수능한권

수능한권 확률과 통계 Contents

수능을 한 권에 담다.
Big Data Report와 Analysis, 실전개념분석, Prism 해설지, 수능수학과 평가원 모든 문항을 한 권에

수능한권은 실전개념분석이 있는 파트와 워크북 파트가 있어요.
워크북에는 수능 전개년 + 평가원 8개년 4점 문제 중 현 15개정 시험범위에 맞춘 모든 수능문제가 있답니다.
수능을 정복하는 나만의 맞춤전략을 세워보세요.

수능한권 확률과 통계 Preview

수능한권 Big Data Analysis0

수능한권 실전개념분석

수능한권 확률과 통계 WorkBook 1. 경우의 수

수능한권 확률과 통계 WorkBook 2. 확률

수능한권 확률과 통계 WorkBook 3. 통계

수능한권 6일 완성 Guide

수능한권은 학습자의 편의에 따라 독학을 해도 혹은 인강을 수강해도 전체 실전개념 분석을
6일 안에 완성할 수 있도록 플랜을 제시해 드려요.
수능한권 인강 타임라인을 기록하여 두었으니 인강을 수강한다면 하루에 얼마큼 들을지 계산하기 좋고,
독학으로 공부해도 제시된 타임라인 스케줄에 맞게 공부시간을 짤 수 있으니 안성맞춤이에요.
하루 평균 3시간 제시된 플래너로 6일 동안 수능한권을 집중적으로 완성해보세요.
눈에 띄게 달라진 나의 수학실력과 문제를 보는 힘이 생길 거예요.

수능한권 1일 [경우의 수]   [공부] 월   일 [복습]   /

Day	Progress		Topic	Time	☑
	1강	1일(1)	[Major Trend] 확률과 통계, 경우의수 Big-data Report	14	☐
	2강	1일(2)	경우의수 오개념잡기 (1)	40	☐
	3강	1일(3)	경우의수 오개념잡기 (2)	52	☐
1일	4강	1일(4)	경우의수 경향01 Big-data Report, 대표 문제 (1번)	6	☐
(175m)	5강	1일(5)	경우의수 경향02 Big-data Report	2	☐
	6강	1일(6)	경우의수 경향02 대표 문제 분석 (2~6번)	30	☐
	7강	1일(7)	경우의수 경향02 대표 문제 분석 (7~8번)	13	☐
	8강	1일(8)	경우의수 경향02 대표 문제 분석 (9~11번)	18	☐

수능한권 2일 [경우의 수]   [공부] 월   일 [복습]   /

Day	Progress		Topic	Time	☑
	9강	2일(1)	경우의수 경향02 대표 문제 분석 (12~14번)	20	☐
	10강	2일(2)	경우의수 경향02 대표 문제 분석 (15번)	34	☐
2일	11강	2일(3)	경우의수 경향03 Big-data Report	3	☐
(180m)	12강	2일(4)	경우의수 경향03 실전개념 정리	58	☐
	13강	2일(5)	경우의수 경향03 대표 문제 분석 (16~18번)	37	☐
	14강	2일(6)	경우의수 경향03 대표 문제 분석 (19~21번)	28	☐

**수능한권
확률과 통계
인강**

수능한권 3일 [경우의 수/확률]　[공부]　월　일　[복습]　/

Day	Progress		Topic	Time	☑
3일 (176m)	15강	3일(1)	경우의수 경향03 대표 문제 분석 (22~25번)	23	☐
	16강	3일(2)	경우의수 경향03 대표 문제 분석 (26번)	20	☐
	17강	3일(3)	경우의수 경향03 대표 문제 분석 (27번)	8	☐
	18강	3일(4)	경우의수 경향03 대표 문제 분석 (28~31번)	27	☐
	19강	3일(5)	경우의수 경향04 Big-data Report	3	☐
	20강	3일(6)	경우의수 경향04 대표 문제 분석 (32~33번)	12	☐
	21강	3일(7)	[Major Trend] 확률 경향05 Big-data Report	5	☐
	22강	3일(8)	확률 경향05 대표 문제 분석 (34번)	8	☐
	23강	3일(9)	확률 경향06 Big-data Report	3	☐
	24강	3일(10)	확률 경향06 대표 문제 분석 (35~36번)	29	☐
	25강	3일(11)	확률 경향06 대표 문제 분석 (37~38번)	9	☐
	26강	3일(12)	확률 경향06 대표 문제 분석 (39~40번)	17	☐
	27강	3일(13)	확률 경향06 대표 문제 분석 (41~42번)	12	☐

수능한권 4일 [확률]　[공부]　월　일　[복습]　/

Day	Progress		Topic	Time	☑
4일 (160m)	28강	4일(1)	확률 경향06 대표 문제 분석 (43번)	12	☐
	29강	4일(2)	확률 경향07 Big-data Report	2	☐
	30강	4일(3)	확률 경향07 대표 문제 분석 (44~48번)	35	☐
	31강	4일(4)	확률 경향07 대표 문제 분석 (49번)	5	☐
	32강	4일(5)	확률 경향08 Big-data Report	3	☐
	33강	4일(6)	확률 경향08 대표 문제 분석 (50~51번)	24	☐
	34강	4일(7)	확률 경향08 대표 문제 분석 (52번)	10	☐
	35강	4일(8)	확률 경향08 대표 문제 분석 (53~55번)	40	☐
	36강	4일(9)	확률 경향08 대표 문제 분석 (56번)	14	☐
	37강	4일(10)	확률 경향08 대표 문제 분석 (57번)	15	☐

수능한권 6일 완성 Guide

Day	Progress		Topic	Time	☑
5일 (180m)	38강	5일(1)	[Major Trend] 통계 경향09 Big-data Report	8	☐
	39강	5일(2)	통계 경향09 대표 문제 분석 (58~60번)	10	☐
	40강	5일(3)	통계 경향09 대표 문제 분석 (61~63번)	13	☐
	41강	5일(4)	통계 경향09 대표 문제 분석 (64번)	9	☐
	42강	5일(5)	통계 경향10 Big-data Report	2	☐
	43강	5일(6)	통계 경향10 대표 문제 분석 (65~67번)	31	☐
	44강	5일(7)	통계 경향11 Big-data Report	2	☐
	45강	5일(8)	통계 경향11 대표 문제 분석 (68~70번)	29	☐
	46강	5일(9)	통계 경향11 대표 문제 분석 (71번)	20	☐
	47강	5일(10)	통계 경향12 Big-data Report	3	☐
	48강	5일(11)	통계 경향12 대표 문제 분석 (72번)	26	☐
	49강	5일(12)	통계 경향12 대표 문제 분석 (73~76번)	27	☐

Day	Progress		Topic	Time	☑
6일 (162m)	50강	6일(1)	통계 경향12 대표 문제 분석 (77~78번)	25	☐
	51강	6일(2)	통계 경향12 대표 문제 분석 (79번)	7	☐
	52강	6일(3)	통계 경향12 대표 문제 분석 (80번)	14	☐
	53강	6일(4)	통계 경향12 대표 문제 분석 (81~82번)	17	☐
	54강	6일(5)	통계 경향12 대표 문제 분석 (83번)	15	☐
	55강	6일(6)	통계 경향13 Big-data Report	2	☐
	56강	6일(7)	통계 경향13 대표 문제 분석 (84~86번)	39	☐
	57강	6일(8)	통계 경향13 대표 문제 분석 (87~89번)	16	☐
	58강	6일(9)	통계 경향14 Big-data Report	2	☐
	59강	6일(10)	통계 경향14 대표 문제 분석 (90~91번)	25	☐

수능한권 전체 공부 스케쥴

수능한권은 하루마다 공부해야 할 스케쥴을 나눠 두었습니다.
중단 없이 몰아서 학습하는 것이 효과가 좋기 때문에 병행 없이 수능한권만 집중적으로
매일 공부 분량에 맞게 공부하고 데일리 복습해주세요. 탄탄한 수학실력을 갖출 수 있을 거예요.

■ Day1 'WorkBook' 2점-3점
- 워크북 전체 2점 문항만 풀어보기
- 워크북 3점 문항만 풀어보기 (1)

■ Day2 'WorkBook' 3점
- 워크북 3점 문항만 풀어보기 (2)

■ Day3 수능한권 실전개념분석 1일차 공부
　　 (인강 or 독학)

■ Day4 수능한권 실전개념분석 2일차 공부
　　 (인강 or 독학)

■ Day5 수능한권 실전개념분석 3일차 공부
　　 (인강 or 독학)

■ Day6 수능한권 실전개념분석 4일차 공부
　　 (인강 or 독학)

■ Day7 수능한권 실전개념분석 5일차 공부
　　 (인강 or 독학)

■ Day8 수능한권 실전개념분석 6일차 공부
　　 (인강 or 독학)

■ Day9 'WorkBook' 4점 (+실전개념분석 복습)
- 수능한권 워크북 4점 문항만 풀어보기 (1)
*1등급 문항 제외

■ Day10 'WorkBook' 4점 (+실전개념분석 복습)
- 수능한권 워크북 4점 문항 1단원 풀어보기 (1)
*1등급 문항 제외

■ Day11 'WorkBook' 4점 (+실전개념분석 복습)
- 수능한권 워크북 4점 문항 2단원 풀어보기 (2)
*1등급 문항 제외

■ Day11 'WorkBook' 4점 (+실전개념분석 복습)
- 수능한권 워크북 4점 문항 3단원 풀어보기 (3)
*1등급 문항 제외

■ Day12 'WorkBook' 4점 (+실전개념분석 복습)
- 수능한권 워크북 1등급 문항 풀어보기 (1)

■ Day13 'WorkBook' 4점 (+실전개념분석 복습)
- 수능한권 워크북 1등급 문항 풀어보기 (2)

■ Day14 전문항 틀린 문항 복습

수능한권 200%활용하기

수능한권은 기존에 보던 문제집에서 볼 수 없는 독특한 매력과 장점을 지니고 있어요.
그렇기 때문에 학습자 여러분이 낯설지 않도록 수능한권을 200% 활용할 수 있는 공부법과 수능한권을 소개해
드려요. 수능한권 200% 활용 공부법으로 보다 똑똑하게 좋은 성적을 낼 수 있는 밑거름으로 수능한권을 활용해
보세요. 수능기출에서 얻을 수 있는 모든 것을 얻어가는 것은 물론 수능한권만의 수능분석을 경험하고 올해
평가원 모의고사를 거쳐서 자신만의 수능약점을 분석한다면 수능에 최적화된 여러분을 만나실 수 있을 거예요.

■ 기출문제에 대한 이해

수능은 과거에도 그렇고 올해 수능도
① 기존 출제되어왔던 포인트 + ② 미출제 포인트 + ③ 출제된 적은 있지만 한동안 출제되지 않았던 포인트
이렇게 3가지 요소를 섞어서 출제가 될 거예요. 그렇기 때문에 기출문제도 중요하고 나의 실력 역시
업그레이드를 꾸준하게 하는 것이 매우 중요하죠. 하지만 수능이 시작되고 30년이나 흐른 지금 각종 교육청,
평가원 모의고사를 합하면 기출문제가 1만여 문제를 훨씬 뛰어 넘는다는 걸 알고 계시나요? 1년을 기출문제에만
올인 해도 다 풀지 못하고 수능장으로 가는 것이 15개정 수능, 올해 수능이 되었어요.

■ 3세대 수능분석 '수능한권'

수능이 시작한지 얼마 되지 않았을 때, 기출문제가 별로 없어서 그냥 기출문제라면 무조건 풀어도 되는 시대가
있었어요. 우리는 그것을 1세대 기출분석이라고 불러요. 기출문제를 풀고 정답을 맞히면서 학습하는 과정이죠.
이 시기에는 학습의 방향성이 없이 기출분석을 해도 되는 시기였어요.

하지만 수능이 점차 해를 거듭할수록 기출문제가 많아지자 유형별로 기출문제를 학습하는 시대가 왔어요.
유형별로 학습하는 과정과 기출문제를 푸는 과정을 동시에 하죠. 하지만 유형별로 기출문제를 학습해온 시기가
벌써 20여년이나 지난 오래된 공부법으로 공부하면서 수능의 큰 흐름과 작은 흐름을 놓치는 것도 모자라 볼륨이
너무 크기 때문에 막상 '나'를 위한 공부를 할 시간도 부족해졌어요.

그래서 우리는 2세대 기출분석을 넘어 3세대 기출분석이 필요해졌어요. 기출문제 1만여 문제 중 현재 수능
범위에 맞는 수능 기출 문제들, 그리고 Data-Analysis를 통해 분류된 수능의 Major Trend와 Minor Trend를
공부하면서 함께 체득해 나가기 위해서예요.

기출문제도 풀어야하고, N제도 풀어야하고, 모의고사도 풀어야 하는 수험생은 한 권의 기출문제를 하더라도
똑똑하고 빠르게 유형별로 학습해야 해요. 수능의 큰 흐름과 그 안에 있는 작은 흐름도 놓치지 않고 수능
기출문제로 전체 뼈대를 잡아보세요. 수능한권은 수능의 100%를 담았기 때문에 총체적인 것들을 모두 흡수하며
학습하는 과정이 바로 3세대 수능분석 '수능한권'이 도와줄 거예요.

■ 수능의 Major Trend와 Minor Trend

수능한권은 단원별 Major Trend와 단원 안에 있는 경향별로 Minor Trend가 있어요.
하나의 단원을 공부하더라도 그 단원의 흐름을 먼저 알고 세부적으로 그 단원에 출제된 수능기출문제를
경향별로 나누었어요. 각 경향별로 수능에서 어떻게 출제 되었는지 올해 수능에서 이 경향이 나올지에 대한
Data-Analysis를 같이 넣었고, 김지석t가 경향별로 중요한 코멘트를 달았답니다. 단원 전체의 Major Trend와
경향별로 Minor Trend를 문제를 풀기 전에 읽는다면 향후 학습방향과 내가 취약한 경향이 어떤 것인지
정확하게 파악될 거예요.

■ 수능 기출문제의 모든 것 '수능한권 Work Book'

수능기출문제 중 과목별로 올해 수능범위에 해당하는 모든 기출문제를 Work Book에 실었어요.
또한 8개년 평가원 4점 문제를 한 문제도 빠트리지 않고 모두 넣었죠. 수능한권 워크북을 통해 수능기출문제를
우선직으로 풀어본다면 수능 기출문제에 대한 걱정이 없어요. 범위에 맞는 모든 기출문제를 넣어놨기
때문이에요. 경향별 실전개념분석으로 Minor Trend를 학습하고 워크북으로 완성해보아요.

■ 수능한권 '실전개념분석'

수능한권은 실전개념분석이 있어요. Data-Analysis 다음 나오는 실전개념분석은 그 경향에서 얻을 수 있는
스킬들을 누적적으로 활용할 수 있게 구성하였답니다. 난이도가 쉬운 순에서 어려운 순으로 앞에서 풀었던
내용을 누적해서 활용할 수 있게 구성하였으니 실전개념분석에 실린 순서대로 따라 풀면서 경향의 흐름을
체험해 보세요.

■ 수능한권 '프리즘 해설지'

수능한권의 또 다른 장점 프리즘 해설지는 '문제를 해결하는 순서와 방향성'에 초점을 맞추었고 문제를 분석할
수 있는 '문제 분석력'과 문제를 해결하는 힘인 '문제 해결력'을 한꺼번에 기를 수 있게 고안되었어요.
해설을 봐도 봐도 이해가 안 되었을 때가 있나요? 걱정하지마세요. 해설을 이해하고자 하는 노력이 필요 없는
'한눈에 흡수되는 해설'을 풀컬러 손해설로 수능한권에서 만나보세요.

■ 5회독 복습법

문제마다 5회독 복습표를 붙여놨어요. 나의 약점을 '워크북'에 체크해 둔 뒤 체크한 문제만 골라서 복습해보세요.
수능한권을 완성하는 것은 6일정도 걸리지만 수능한권을 체화하는 것은 꾸준한 나의 약점 복습을 얼마나
하느냐에 따라 달렸어요. 푸는 방법이 익숙하지 않은 것들은 맞았더라도 △로 표시하고 확실하게 내 것이 될
때까지 복습해 보세요! 복습하는 데 시간이 오래 걸릴 것 같지만 5회독 복습표가 있으니 나의 약점만 골라서
복습하니까 시간이 오래 걸리지도 않아요.

수능한권 5회독 하는 법

수능한권에는 전 문항에 '5회독 복습표'가 달려있어요.
5회독 복습표를 효과적으로 활용하기 위해 가이드를 제공해드려요. 가이드대로 수능한권 5회독에 도전해보세요.
나의 약점이 극복되는 것은 물론 수능수학의 뼈대를 보다 확실하게 세울 수 있을 거예요!

■ STEP1 '실전개념분석' 먼저 풀어보기

오늘 공부하기로 한 분량에 수능한권 실전개념분석을 먼저 풀어보세요.
문제가 만약 막힌다면 시간을 너무 오래 끌지 마세요.
고민하는 시간을 충분히 주고 문제를 푸는 것은 내가 충분히 문제를 많이 풀었을 때 해도 늦지 않아요.
고민하는 시간을 최대 5분 이내로 잡고 (추천 1분) 프리즘 해설지를 보거나 강의를 수강하도록 해요!

■ STEP2 실전개념분석 강의듣기 or 프리즘 해설지로 스스로 공부하기

내가 못 풀었던 문제는 X표시
풀긴 풀었으나 프리즘 해설지나 강의를 듣고 더 이해가 되는 지점이 있거나 익숙하지 않다면 △표시
내가 완벽하게 알고 있고 왜 이런지 설명가능하다면 O표시
이렇게 실전개념분석에 5회독 복습표에 표시해 두도록 해요.

■ STEP3 모든 문제가 O이 될수록 △X만 골라서 학습하기!

[복습표 예시 ▼]

복습	1회	2회	3회	4회	5회
채점 O△X	X	△	O		O

복습	1회	2회	3회	4회	5회
채점 O△X	X	X	△	O	O

복습	1회	2회	3회	4회	5회
채점 O△X	△	O			O

복습	1회	2회	3회	4회	5회
채점 O△X	O				O

■ STEP4 한 단원이 끝났다면 실전개념분석+워크북 전체적으로 한 번 풀어보기

복습	1회	5회
채점 O△X	△	O

복습	1회	5회
채점 O△X	X	O

한 단원이 끝났으면 문제에서 △X가 적혀있는 문제들은 다시 한 번 점검차원에서 풀어보도록 해요.
△X가 적혀있는 문제들만 보면 되기 때문에 복습 횟수가 늘어날수록 복습시간이 줄어드는 마법 같은 일이
벌어질 거예요.

■ STEP5 추천 스케줄 예시

Day	Progress	Review Topic	Time	□ Check it!
1	1일차 진도	■ 인강 1일차 진도 ■ 실전개념분석 11번까지 (문항 당 2분 예습 겸 문제풀기) +실전개념분석 오답정리하기		
2	1일 복습 + 2일차 진도	■ 실전개념분석 누적복습 경향04까지 실전개념분석 △X 풀기 →잘 풀리면 O ■ 인강 2일차 진도 경향05까지 실전개념분석 문항 당 2분 예습 →프리즘 해설 또는 인강으로 공부하기		
3	누적복습 + 3일차 진도	■ 실전개념분석 누적복습 경향05까지 누적복습 (△X 문제만!) ■인강 3일차 진도 경향08까지 실전개념분석 문항 당 2분 예습 →프리즘 해설 또는 인강으로 공부하기		
4 리뷰데이	지수로그	워크북 경향05까지 전체풀기 (지수로그 단원만) +프리즘 해설로 풀었던 문제도 이해해두기 **+전문항 O△X 체크해두기 (나의 지수로그 수능 약점!)**		
...		■실전개념분석 누적복습 ■인강 N일차 진도		
리뷰데이		■ 한 단원이 끝나면 워크북으로 해당 단원 전체 풀어보고 ■ 이전단원 워크북 △X 문제 풀어보기!		

김지석T의 1등급 태도

수능을 잘 보려면 문제만 단순히 많이 풀어서는 잘 볼 수가 없어요.
적은 문제를 풀어도 많은 문제를 풀 수 있는 효과는 바로 학습자의 '태도'에 달려있어요.
단순히 열심히 풀기만 하는 것을 넘어 김지석T의 1등급 태도를 지속적으로 읽고
문제 풀이에 적용해보려는 연습을 해보세요. 내 실력이 빠르게 올라가는 것을 경험하게 될 거예요.

■ 김지석T의 1등급 태도

#1.

N등급  이 문제를 어떻게 풀어? (x)

1등급  이 문제와 관련 있는 개념이 뭐지? (O)

문제를 단순히 보면서 어떻게 풀 지를 생각하는 것은 누구나 다 합니다.
하지만 한 문제 한 문제를 보면서 이 문제와 관련 있는 개념이 무엇인지
떠올려보는 버릇이 들어야 실력이 늡니다.

#2.

N등급  단서를 어떻게 변형하지? (x)

1등급  답을 내려면 뭐가 필요하지? (O)

많은 학생들이 단서를 이렇게 저렇게 요렇게 변형해서 답을 내려 합니다.
하지만 답 중심으로 사고를 하고 답에서 필요한 것이 무엇인지 거꾸로
거슬러 생각할 줄 알아야 실력이 오릅니다.

#3.

N등급  여러 가지라서 어쩔 줄 모르겠어. ㅠㅠ (x)

1등급  여러 가지 다 해본다. (O)

여러 가지 경우가 많을 때 대부분 어쩔 줄 몰라 하면서 우왕좌왕합니다.
하지만 과감하게 여러 가지 다 해보세요. 바로 답이 뿅! 하고 안 떠올라도
괜찮아요.

#4.

N등급  무한히 많은 경우가 있어서 다 해볼 수도 없잖아! (x)

1등급  그럼 아무거나 예시를 들어 한 가지라도 해본다. (O)

시행착오를 겁내지 마세요. 이렇게 저렇게 해보면서 시행착오도 겪어보면서 맞는 걸 찾아가는 과정이 훈련이고 그것이 수학입니다.

#5.

N등급  시도하려는 것이 맞다는 확신이 없어. 어쩌지? (x)

1등급  빨리 시도하고 빨리 틀려보고 빨리 새로운 시도를 한다. (O)

어쩌지. 하고 멈추지 마세요. 빨리 시도해보고 조건에 안 맞아 나의 시도가 틀렸다면 빨리 또 다른 시도를 하면 됩니다. 도전을 겁내지 마세요. 확신이 없어서 시도하는 것을 망설이지 마세요. 중요한 건 여러 번 시도를 해보는 거예요.

#6.

N등급  아는 유형인데 응용되어 못 풀겠어. (x)

1등급  알고 있는 문제와 공통적인 측면부터 시도해보자.(O)

알고 있는 문제랑 비슷한 데 응용되어 못 풀겠다고요? 걱정하지 마세요. 알고 있는 문제로부터 공통적인 측면을 찾아서 도전해보는 겁니다. 아는 것으로부터 모르는 것으로의 확장은 '공통점'을 찾아가는 것에 달렸어요.

#7.

N등급  고난도 문제에서 숫자가 일치하는 여러 단서가 있어도 어렵다고 멍 때린다. (x)

1등급  단서와 단서들의 숫자의 일치를 우연으로 보지 않는다. 무슨 관련이 있을 것이다! (O)

문제에 숫자가 일치하는 여러 단서가 있는 데 대부분 학생들은 문제가 어렵다고 혹은 문제의 비주얼에 쫄아서 멍때립니다. 숫자의 일치를 우연으로 보지 말고 무슨 관련이 있을 것이라고 집요하게 생각해 보세요. 길이 보일 수도 있습니다.

김지석T의 1등급 태도

#8.

N등급 

문제의 단서가 국어(문장)로 서술 되어 있을 때
그런가보다~~~ 하고 생각한다. (x)

1등급 

국어(문장)으로 되어 있는 단서를
수학(식)으로 변역하여 표현한다.(O)

문제의 단서가 줄줄이 표현되어 있는 데 대부분 단서를 읽다가 지치거나
그런가보다~ 하고 생각하고 그 이상 생각하기를 멈춥니다. 국어로 서술되어 있는
문제의 단서를 수학 식으로 번역하여 표현해 봅시다. 그래야 문제에 제시된 단서를
올바르게 써먹을 수 있어요.

#9.

N등급 

좌표평면, 곡선, 교점 … 그래프 관련 표현이 문제에 말로 언급되어
있어도 아무생각 없이 문제를 읽어낸다. (x)

1등급 

문제에서 언급된 대로 그래프부터 그릴 생각을 하자. (O)

그래프가 주어지지 않는 문제들 경우 좌표평면, 곡선, 교점 등으로 그래프에 대한
설명을 문제에서 합니다. 대부분의 학생들이 그냥 그대로 직독직해(?)를 하는데
이제부터는 그래프 관련 된 표현들이 문제에 그냥 언급이 되어 있다면
그래프부터 그릴 생각을 해봅시다. 그래야 문제가 잘 풀려요.

#10.

N등급 

 **1등급**

문제가 정말 안 풀리네...(5분 지남)... (x)

문제가 안 풀리면 체크하고 넘어가세요.
체크하고 다시 돌아와서 또 시도해보는 거예요. (0)
한 문제를 주구장창 오래 붙잡고 생각해야지
내 실력이 올라간다고 생각하는 사람들이 많아요. 그러면 괴롭기만 할 뿐!

문제가 안 풀리면서 1분 이상 지체된다면 체크하고 다른 문제를 풉시다.
그리고 다시 돌아와서 또 1분 동안 문제를 푸는 시도를 해보는 거예요.
그렇게 여러 번 5번, 6번 시도를 해봐도 좋아요.
문제를 풀다 생각이 막힐 때도 체크하고 건너뛰고
다른 문제 풀고 다시 돌아와도 됩니다.

1문제 1번 시도 x 10분 생각 < 1문제 10번 시도 x 1분 생각

중요한 건 한 문제를 한 번에 오래 붙잡아보는 것이 아니라
여러 번 시도를 해보는 것입니다. 그래야 내 수학실력이 빠르게 올라가요.

수능한권
확률과 통계

1. 경우의 수

2. 확률

3. 통계

Big Data Report

[수능]

[6월 & 9월 & 수능]

■ 확통은 고난도 문제 번호인 28번, 29번, 30번 4점 고난도 문항이 아주 어렵지는 않다. 기출변형에 불과한 문제들도 많고, 신유형으로 나온다고 해도 많이 어렵지 않다. 따라서 기출분석만 꼼꼼히 되어 있다면 충분히 좋은 점수가 나올 수 있다.

■ 본 교재에서 확률 문제라도 $확률 = \dfrac{경우의\ 수}{경우의\ 수}$ 정도의 개념만 있으면 풀리는 문제는 경우의 수 문제로 분류하였다. 문제 해결 접근법도 동일하기 때문에 수험생 입장에서 이런 문제를 경우의 수 문제와 구분해 놓는 건 실전적인 의미가 없어서이다. 함께 정리하는 것이 학습효과가 더 크다.

■ 현 평가원에서 수능에서 4점 문항으로 자주 나오는 Top4가 뚜렷하게 보인다.

Top1. [경향08] 독립시행 (32%)
Top2. [경향03] 중복순열조합분할 (26%)
Top3. [경향12] 정규분포 (16%)
Top4. [경향11] 확률밀도함수(11%)

작년 확통 수능에서도 4점 문항은 이 Top4 안에서 출제되었다.

■ 6모, 9모와 수능까지 다 합치면 Top4가 달라지는데 전 범위가 아니라 앞 단원 범위만 보는 6모 때문에 Top4가 달라진다. 어차피 전범위 아닌데 뭐~ 이렇게 생각할 게 아니라 이번년도 수능에서 만약에 Top4에서 고난도로 출제하지 않는다면 여기에서 고난도로 출제 할 수도 있겠구나처럼 이해하는 것이 바람직하다.

■ [경향02] 케이스 나누기는 유독 평가원 모의고사에서 좋아하는 경향이다. 6모에서는 거의 빠지지 않고 나오는 편이고 9모에서도 심심찮게 등장한다. 정작 수능에서 잘 나오지 않아서 그렇지.. 하지만 이 경향에서 배우는 아이디어는 확통 고난도에서 쓰이는 것이고 다른 경향과 접목해서 출제될 수도 있는 '하이브리드' 성격이 있기 때문에 확실하게 대비해두는 편이 좋다.

■ 확통은 특정 경향을 깊게 공부하기 위해서 선수 학습이 필요하다. 예를 들어 [경향03] 중복순열조합분할을 제대로 공부하기 위해서는 수학(하)에 있는 경우의 수가 잘 되어 있어야 하고, [경향01] 경우의 수 계산도 잘 되어 있어야 [경향03] 중복순열조합분할을 헷갈리지 않게 빠르게 정복할 수 있다.

■ 확통은 다른 과목과 다른, 확통만의 특성이 있다. 처음에 별거 아니다싶고 고난도 문항을 봐도 어렵지 않다고 생각하다가 어느 순간 갑자기
해설지 해설과 내가 푼 풀이가 '왜' 다른지,
'왜' 내 풀이는 안 되고, 해설지 풀이로만 풀어야 하는지 헷갈리는 순간이 온다면 확통이 갑자기 확 어렵게 느껴지게 될 것이다.

■ 확통에서 '헷갈리는' 것을 방지하기 위해서는 확통 공부할 때 개념 간의 '차이점'에 주목해서 공부하는 것이 좋다. 또 서로 비슷한 문제라고 생각했는데 풀이가 다르다면 왜 풀이의 '차이점'이 생기는지 문제의 '차이점'은 무엇인지 주목해서 공부한다면 확통 실력이 빠르게 올라갈 것이다.

확통 최우선 기출 학습 경향정리

■ **현 평가원 확통 최우선 학습 경향**

[고난도 출제 포인트]
경향03 중복순열조합분할 ★★★
경향08 독립시행 ★★★
경향12 정규분포 ★★★

[필수 학습 포인트]
경향02 케이스 나누기 ★★★
경향06 조건부확률 ★★★
경향07 독립과 종속 ★★☆
경향10 이항분포 ★★☆
경향11 확률밀도 함수 ★★☆

[개념을 튼튼하게]
경향09 평균과 분산 ★★
경향13 표본평균의 분포 ★★

작년 수능 출제 문항 분류

단원	문항 수	2점	3점	4점
경우의 수	3문제	23번 (경향01)	25번 (경향02)	30번 (경향03)
확률	2문제		24번 (경향06)	28번 (경향08)
통계	3문제		26번 (경향14) 27번 (경향09)	29번 (경향12)

확률과 통계

1. 경우의 수

Big Data Report

전체 수능 출제 비율

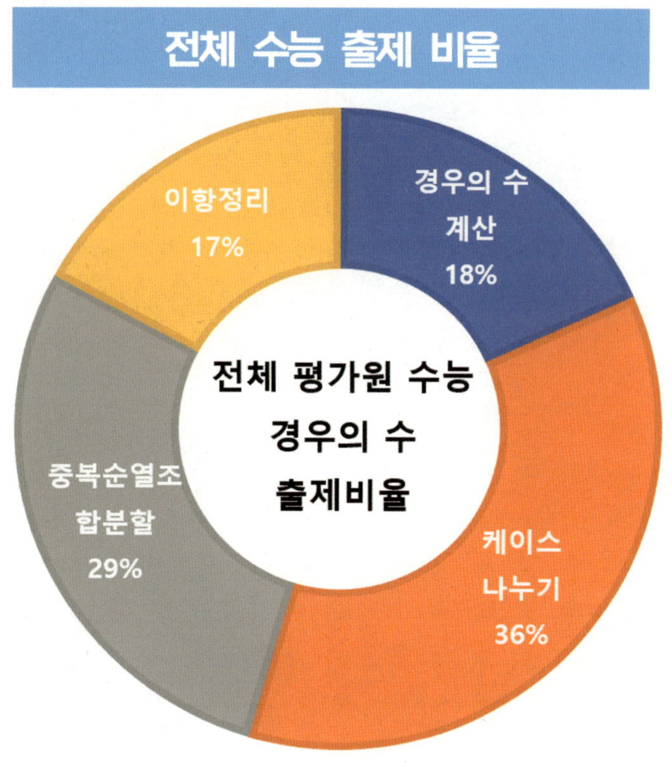

현 평가원 수능 출제 비율

■ 경우의 수 단원은 4가지 경향으로 분석하였다.

■ [경향01] 경우의 수 계산
이전 교육과정까지는 꾸준히 출제됐으나 선택과목 체제로 인해 출제 문항 수가 줄어들면서 자주 출제하지 않는 편이다. 하지만 확통의 근본이기도 하고 21수능에서 4점 문항으로 출제 한 전례가 있기 때문에 꼼꼼하게 공부하자.

■ [경향02] 케이스 나누기
고난도 경우의 수 문제일수록 공식을 바로 적용할 수 없는 경우가 많다. 그래서 공식을 적용할 수 있도록 케이스를 나눠야 하는 것이다. 이 경향은 고난도 경우의 수를 문제를 푸는데 중요한 사고방식을 담은 경향이다. 케이스를 어떻게 나누는지 그 기준을 확립하도록 하자. 다른 경향에서도 함께 쓰이니 꼭 꼼꼼하게 공부하도록 하자.

■ [경향03] 중복순열조합분할
경우의 수 단원에서 가장 중요한 경향이다.
평가원에서 다양한 개념 중에서도 중복조합 문제를 많이 출제하는 편이다. 더군다나 여기에서는 대체로 4점 문제로, 그것도 고난도 4점 문제로 출제되는 경우가 많다. 쉽지 않은 부분이니 철저한 대비가 필요하다. 경우의 수 역시 수학이기 때문에 본질적으로 일관된 논리성을 가지고 공부해야 한다.

■ [경향04] 이항정리
이항정리는 <경우의 수> 단원에 포함된 내용인데 딱히 경우의 수를 구하는 게 아니기 때문에 고난도 문제를 출제하기는 어렵다. 거의 쉬운 문제만 나오는 편이다. 즉, 경우의 수의 $_nC_r$ 개념을 활용해 '식을 전개하는 방법'을 배우는 것이지 '경우의 수'를 자체를 구하는 게 아닌 것이다. 물론 공부하는 입장에서 고난도 이항정리 문제를 풀어보는 건 나쁘진 않지만, 고난도로 출제될 가능성이 많이 낮다는 건 감안하자.

전체 수능 평균 난이도

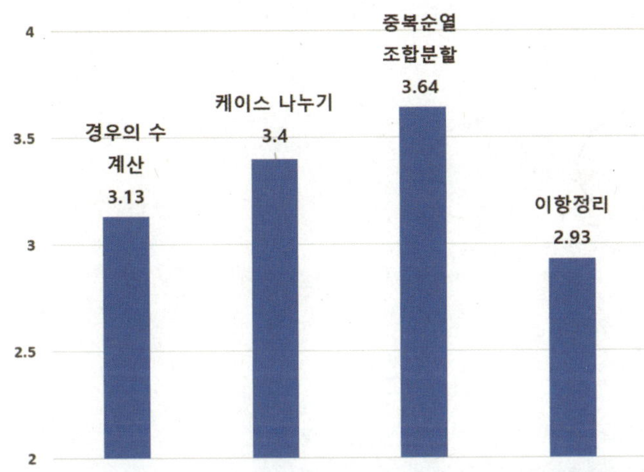

현 평가원 수능 평균 난이도

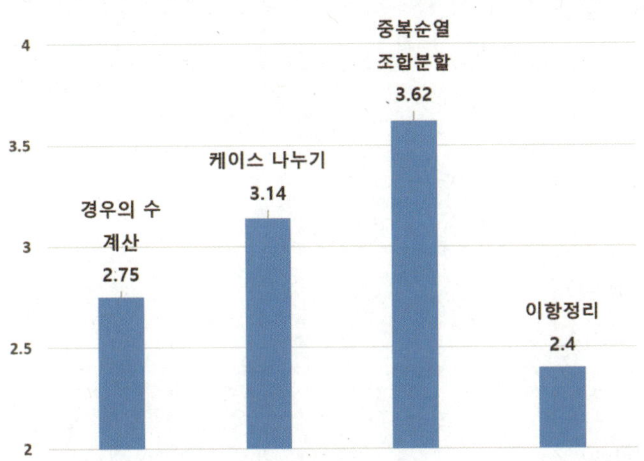

◆ 경우의 수 계산 (3.13점)

◆ 케이스 나누기 (3.4점)

◆ 중복순열조합분할 (3.64점)

◆ 이항정리 (2.93점)

■ 작년 수능 출제 문항 분류

[경향 01] 경우의 수 계산
 - 23번 [2점]

[경향02] 케이스 나누기
 - 25번 [3점]

$* \dfrac{경우의수}{경우의수}$ 를 구하는 확률 문제지만

풀이 전략은 경우의 수 단원과 동일하기 때문에
경우의 수로 분류하였다.

[경향 03] 중복순열조합분할
 - 30번 [4점]

올해 수능 경우의 수 학습 방향

고난도 경우의 수 문제는
케이스 나누기를 해야 한다는 생각을
기본적으로 갖고 있기

중복조합/중복순열 극도로 중요함

명확한 근거를 바탕으로
경우의 수 문제 풀기
각 개념별로 '차이점'에 주목하기
절대 감에 의존하지 말고
논리적으로 풀어내는 훈련하기

1 원순열

서로 다른 n개를 원형으로 배열하는 순열의 수
(단, 회전하여 일치하는 것은 같은 것으로 본다.)

$$(n-1)!$$

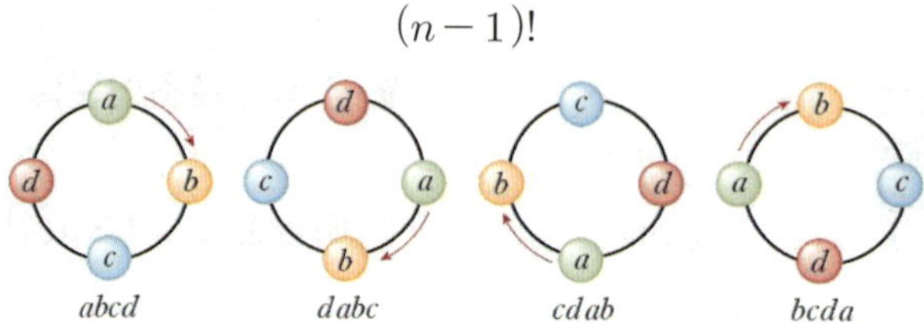

(기준 잡을 수 있는 경우의 수)×(나머지는 그냥 순열)

2 같은 것이 있는 순열

n개 중에 서로 같은 것이 각각 p개, q개, $\cdots$, r개씩 있을 때
(단, $n = p + q + \cdots + r$)
n개를 모두 택하여 만들 수 있는 순열의 수는

$$\frac{n!}{p!q! \cdots r!}$$

3 중복순열

서로 다른 n개 중에서 중복을 허용하여 r개를 택하는 순열
$$_n\Pi_r = n \times n \times \cdots \times n = n^r$$

4 중복조합

서로 다른 n개에서 중복을 허용하여 r개를 택하는 조합의 경우의 수
$$_n\mathrm{H}_r = {}_{n+r-1}\mathrm{C}_r$$

5 이항정리

$$(a+b)^n = {}_nC_0a^0b^n + {}_nC_1a^1b^{n-1} + \cdots + {}_nC_ra^rb^{n-r} + \cdots + {}_nC_na^nb^0$$

$$= \sum_{r=0}^{n} {}_nC_r \, a^r b^{n-r}$$

Comments "식의 곱셈이란?"

식의 곱셈이란? 각 인수에서 한 항씩 뽑아서 곱한 것을 더한 것이다.

$$(a+b)(c+d+e)$$

6 이항정리의 성질

① 이항계수는 좌우대칭이다. $\Leftrightarrow {}_nC_r = {}_nC_{n-r}$

② 파스칼의 삼각형 ${}_{n-1}C_{r-1} + {}_{n-1}C_r = {}_nC_r$

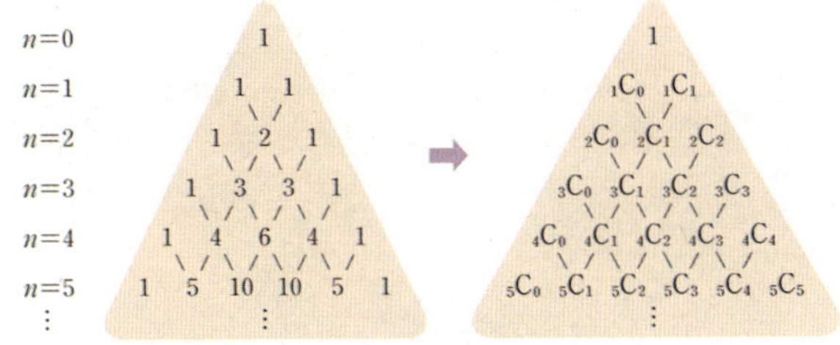

③ ${}_nC_0 + {}_nC_1 + {}_nC_2 + \cdots + {}_nC_n = 2^n$

　　(부분집합의 개수)

④ ${}_nC_0 - {}_nC_1 + {}_nC_2 - {}_nC_3 + \cdots + (-1)^n {}_nC_n = 0$

⑤ n이 홀수일 때

$${}_nC_0 + {}_nC_2 + {}_nC_4 + \cdots + {}_nC_{n-1} = {}_nC_1 + {}_nC_3 + {}_nC_5 + \cdots + {}_nC_n = 2^{n-1}$$

⑥ n이 짝수일 때

$${}_nC_0 + {}_nC_2 + {}_nC_4 + \cdots + {}_nC_n = {}_nC_1 + {}_nC_3 + {}_nC_5 + \cdots + {}_nC_{n-1} = 2^{n-1}$$

오개념 잡기1
순열 vs 조합

복습	1회	2회	3회	4회	5회
채점 O△X					

1. 김지석, 유재석, 정형돈, 데프콘, 박명수 5명의 사람이 있다.

(1) 서로 악수를 할 모든 경우의 수를 구하시오.

(2) 한 사람이 다른 사람에게 무릎을 꿇게 할 경우의 수를 구하시오.

순열 $_n\mathrm{P}_r$

서로 다른 n개에서 r개를 택하여
이들의 순서를 생각하여 일렬로 배열하는 것

$$_n\mathrm{P}_r = n(n-1)(n-2)\times\cdots\times(n-r+1)$$

조합 $_n\mathrm{C}_r$

순서를 생각하지 않고,
서로 다른 n개에서 r개를 택하는 경우의 수

$$_n\mathrm{C}_r = \frac{_n\mathrm{P}_r}{r!} = \frac{n!}{r!(n-r)!}$$

복습	1회	2회	3회	4회	5회
채점 O△X					

2. 동주는 5개의 서로 다른 알사탕과 5개의 똑같은 박하사탕을 가지고 있다.

(1) 박하사탕 중에서 세 개를 뽑는 경우의 수

(2) 박하사탕 중에서 세 개를 뽑아 일렬로 배열하는 경우의 수

(3) 알사탕 중에서 세 개를 뽑는 경우의 수

(4) 알사탕 중에서 세 개를 뽑아 일렬로 배열하는 경우의 수

(5) 알사탕 중에서 세 개를 뽑아 아래와 같은 칸에 하나씩 배치하는 경우의 수

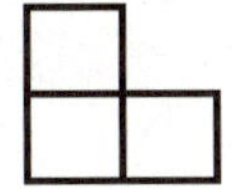

(6) 알사탕 중에서 세 개를 뽑아 지석이형에게 주는 경우의 수

(7) 알사탕 중에서 지석이형에게 주지 않을 두 개를 고르는 경우의 수

복습	1회	2회	3회	4회	5회
채점 O△X					

3. 3개의 증권 회사, 3개의 통신 회사, 4개의 건설 회사가 있다. 증권, 통신, 건설 각 업종별로 적어도 하나의 회사를 선택하여 총 4개의 회사에 입사원서를 내는 경우의 수를 구하시오. [3점]

복습	1회	2회	3회	4회	5회
채점 O△X					

시행

같은 상태의 조건 아래 반복될 수 있는 실험

사건

시행으로 나타난 결과

표본공간

어떤 시행에서 일어날 수 있는 사건
전체의 집합

수학적 확률

하나의 시행에서
일어날 수 있는 사건 전체를 S라 할 때,
일어날 수 있는 모든 경우의 수는 $n(S)$이고,
사건 A가 일어날 경우의 수는 $n(A)$라 하자.
이 때, 이 시행에서 기본적인 사건들이
같은 정도로 기대된다고 하면 $P(A) = \dfrac{n(A)}{n(S)}$

4. 5개의 서로 다른 알사탕과 5개의 똑같은 박하사탕이 있다.

(1) 알사탕 2개를 고르는 경우의 수를 구하시오.

(2) 박하사탕 2개를 고르는 경우의 수를 구하시오.

(3) 10개의 사탕 중 임의의 2개의 사탕을 골랐을 때, 그 2개의 사탕 모두 알사탕일 확률을 구하시오.

(4) 10개의 사탕 중 임의의 2개의 사탕을 골랐을 때, 그 2개의 사탕 모두 박하사탕일 확률을 구하시오.

(5) 10개의 사탕 중 임의의 4개의 사탕을 골랐을 때, 알사탕 2개와 박하사탕 2개일 확률을 구하시오.

복습	1회	2회	3회	4회	5회
채점 O△X					

5. 노란 구슬 6개와 파란 구슬 4개가 들어 있는 상자가 있다. 다음을 구하여라.

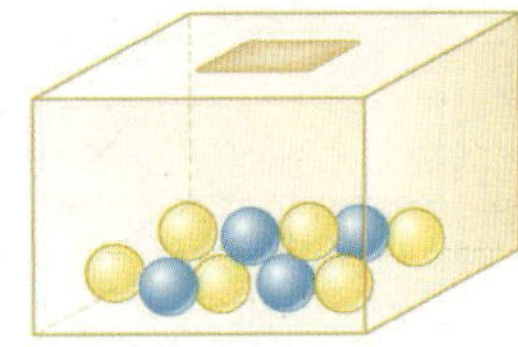

(1) 1개의 구슬을 꺼낼 때, 구슬의 색깔의 경우의 수

(2) 1개의 구슬을 꺼낼 때, 구슬의 색깔이 노란색일 확률

(3) 2개의 구슬을 동시에 꺼낼 때, 2개가 모두 노란 구슬일 확률

(4) 4개의 구슬을 동시에 꺼낼 때, 노란 구슬 2개, 파란 구슬 2개가 나올 확률

복습	1회	2회	3회	4회	5회
채점 O△X					

6. 동전 2개를 던지는 시행을 한다.

(1) 같은 종류의 동전 2개를 던질 때, 나올 수 있는 동전의 앞면, 뒷면의 경우의 수를 구하여라.

(2) 다른 종류의 동전 2개를 던질 때, 나올 수 있는 동전의 앞면, 뒷면의 경우의 수를 구하여라.

(3) 같은 종류의 동전 2개를 던질 때, 앞면이 2개 나올 확률을 구하여라.

(4) 다른 종류의 동전 2개를 던질 때, 앞면이 2개 나올 확률을 구하여라.

(5) 동전 2개를 던질 때, 앞면이 2개 나올 확률을 구하여라.

복습	1회	2회	3회	4회	5회
채점 O△X					

7. [2015년 9월 (B)형 15번]

주머니에 1, 1, 2, 3, 4의 숫자가 하나씩 적혀 있는 5개의 공이 들어 있다. 이 주머니에서 임의로 4개의 공을 동시에 꺼내어 임의로 일렬로 나열하고, 나열된 순서대로 공에 적혀있는 수를 a, b, c, d라 할 때, $a \le b \le c \le d$일 확률은? [4점]

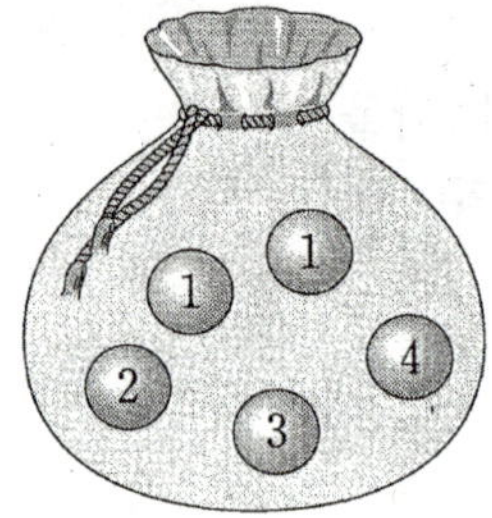

① $\dfrac{1}{15}$ ② $\dfrac{1}{12}$ ③ $\dfrac{1}{9}$

④ $\dfrac{1}{6}$ ⑤ $\dfrac{1}{3}$

8. [2015년 9월 (B)형 15번] (변형)

주머니에 1, 1, 1, 2, 3, 4의 숫자가 하나씩 적혀 있는 6개의 공이 들어 있다. 이 주머니에서 임의로 4개의 공을 동시에 꺼내어 임의로 일렬로 나열하고, 나열된 순서대로 공에 적혀있는 수를 a, b, c, d 라 할 때, $a \leq b \leq c \leq d$ 일 확률은? [4점]

경향 01 Minor Trend

경향01 수능 출제 난이도

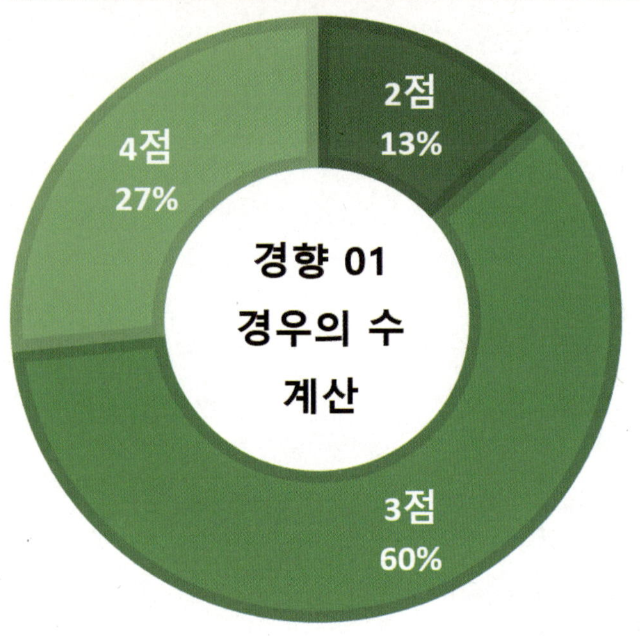

경향01 수능별 데이터 (1)

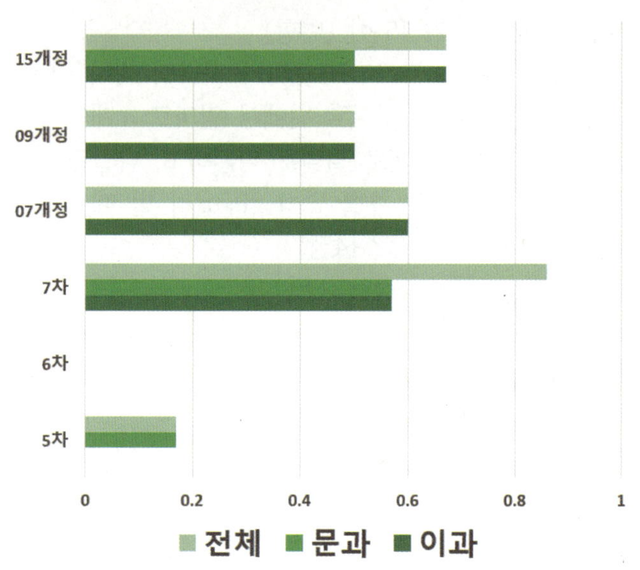

COMMENT ···

작년 수능에서 2점 문항으로 출제되었어. 선택 과목 체제가 되면서 출제 되는 문항 수가 줄어든 편이지만 확통의 '근본'이므로 헷갈리는 부분을 확실하게 정리해야 해.

경향01 수능 출제 전망

■■■□□

선택과목 체제로 인한 문제 수 축소

경향01 경우의 수 단원 내 출제 비율

18.18%

경향01 공부 우선순위

★★

확통의 근본

경향01 수능별 데이터 (2)

현교육과정
경향01 수능중요도

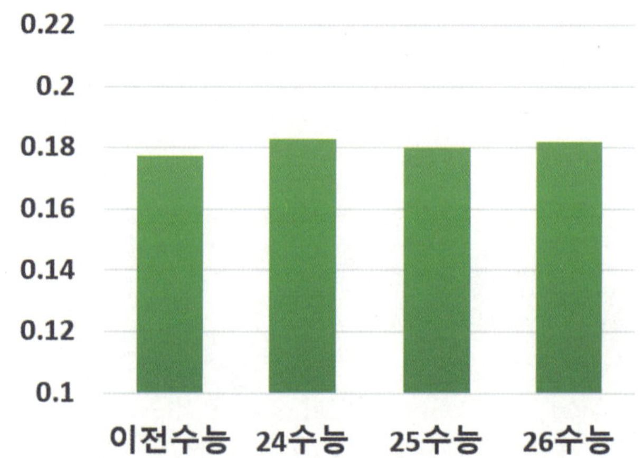

경향01 실전개념분석 001

1. [2021년 수능 (가)형 26번 & (나)형 15번]
세 학생 A, B, C를 포함한 6명의 학생이 있다. 이 6명의 학생이 일정한 간격을 두고 원 모양의 탁자에 다음 조건을 만족시키도록 모두 둘러앉는 경우의 수를 구하시오. (단, 회전하여 일치하는 것은 같은 것으로 본다.) [4점]

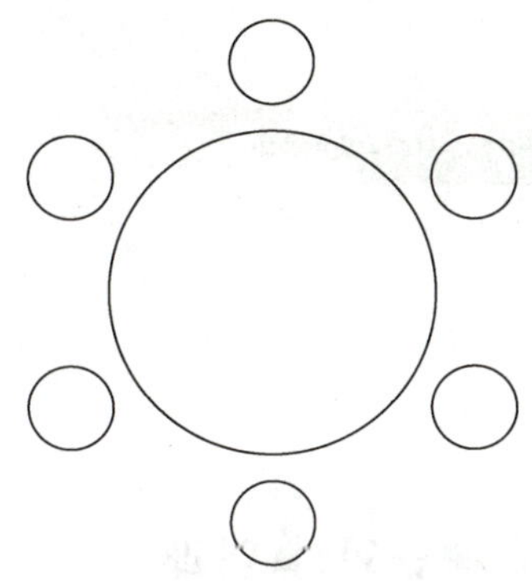

(가) A와 B는 이웃한다.
(나) B와 C는 이웃하지 않는다.

복습	1회	2회	3회	4회	5회
채점					
O△X					

경향 02 Minor Trend

경향02 수능 출제 난이도

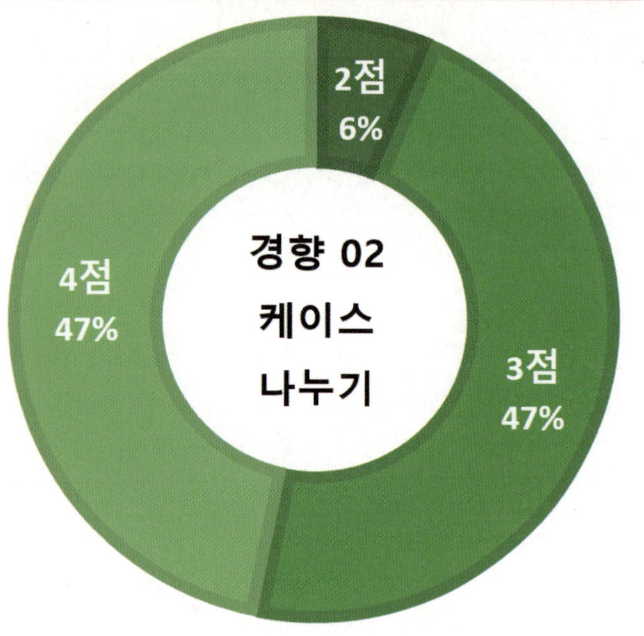

경향02 수능별 데이터 (1)

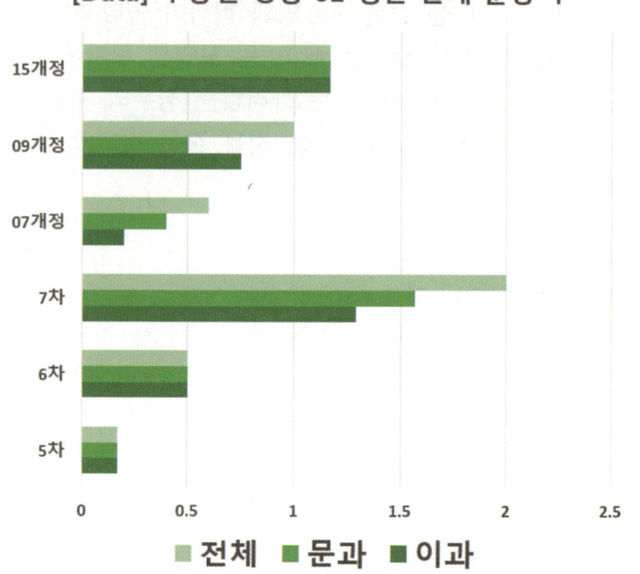

문제의 난이도가 올라가면 문제에서 구하라는 것을 바로 직접적으로 구할 수 없을 때가 대부분이야.
이럴 때는 문제의 질문에서 구하라는 것을 네가 구체화시킬 생각을 해야 해. 그 방법이 '케이스 나누기'를 하는 거야. 케이스 나누기를 어려워하는 친구들이 많은데 실전개념분석을 하면서 확통 고난도 문제 풀이의 가장 핵심적인 사고방식을 익혀 보도록 하자. 작년 수능에서는 3점 문항으로 출제되었어.

경향02 수능 출제 전망

■■■■■

이 경향에서 사용되는 사고방식이 다른 경향에서도 모두 적용

경향02 경우의 수 단원 내 출제 비율

36.36%

경향02 공부 우선순위

★★★

'고난도' 문항의 밑거름

경향02 수능별 데이터 (2)

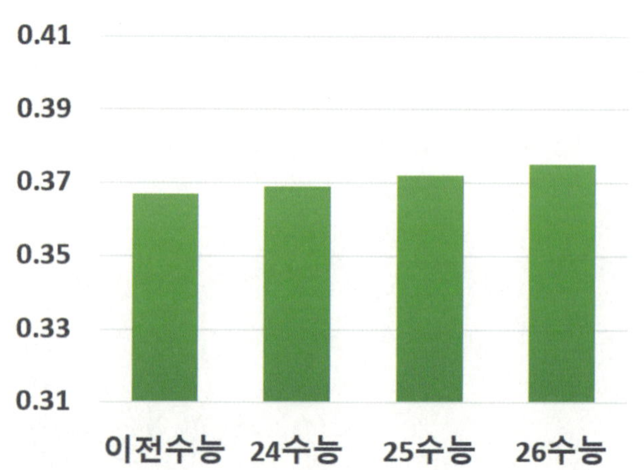

경향02 실전개념분석 002

2. [2010년 수능 (나)형 29번]

각 면에 1, 1, 1, 2, 2, 3 의 숫자가 하나씩 적혀있는 정육면체 모양의 상자를 던져 윗면에 적힌 수를 읽기로 한다. 이 상자를 3 번 던질 때, 첫 번째와 두 번째 나온 수의 합이 4 이고 세 번째 나온 수가 홀수일 확률은? [4점]

① $\dfrac{5}{27}$ ② $\dfrac{11}{54}$ ③ $\dfrac{2}{9}$ ④ $\dfrac{13}{54}$ ⑤ $\dfrac{7}{27}$

복습	1회	2회	3회	4회	5회
채점					
O△X					

Analysis

다른 수학 과목과는 달리 확률과 통계에서는
"두 수의 합=4"에 대한 식을 세워서 푸는 것이 아니다.
"두 수의 합=4"이면 "그래서 그 두 수가 각각
얼마인데?"라는 관점으로 케이스를 나눠야 한다.
경우의 수에서의 응용문제에서는 대체로 구해야 하는
대상이 공식을 바로 적용해서 풀 수 없도록 나온다.
그래서 공식이 적용할 수 있는 형태로 케이스를 나누는
것이다.

경향 02 Minor Trend

3. [2009년 수능 (가)형 & (나)형 15번]
어떤 사회봉사센터에서는 다음과 같은 4가지 봉사활동 프로그램을 매일 운영하고 있다.

프로그램	A	B	C	D
봉사활동 시간	1시간	2시간	3시간	4시간

철수는 이 사회봉사센터에서 5일간 매일 하나씩의 프로그램에 참여하여 다섯 번의 봉사활동 시간 합계가 8시간이 되도록 아래와 같은 봉사활동 계획서를 작성하려고 한다. 작성할 수 있는 봉사활동 계획서의 가짓수는? [4점]

봉사활동 계획서

성명 :

참여일	참여프로그램	봉사활동시간
2009. 1. 5		
2009. 1. 6		
2009. 1. 7		
2009. 1. 8		
2009. 1. 9		
봉사활동시간 합계		8시간

① 47 ② 44 ③ 41 ④ 38 ⑤ 35

복습	1회	2회	3회	4회	5회
채점 O△X					

경향02 실전개념분석 004

복습	1회	2회	3회	4회	5회
채점					
O△X					

4. [2009년 수능 (가)형 확률과 통계 28번]

1부터 9까지의 자연수가 하나씩 적혀 있는 9개의 공이 주머니에 들어 있다. 이 주머니에서 임의로 4개의 공을 동시에 꺼낼 때, 꺼낸 공에 적혀 있는 수 중에서 가장 큰 수와 가장 작은 수의 합이 7 이상이고 9 이하일 확률은? [3점]

① $\dfrac{5}{9}$　② $\dfrac{1}{2}$　③ $\dfrac{4}{9}$　④ $\dfrac{7}{18}$　⑤ $\dfrac{1}{3}$

경향 02 Minor Trend

복습	1회	2회	3회	4회	5회
채점 O△X					

5. [2017년 수능 (가)형 26번]

두 주머니 A와 B에는 숫자 1, 2, 3, 4가 하나씩 적혀 있는 4장의 카드가 각각 들어 있다. 갑은 주머니 A에서, 을은 주머니 B에서 각자 임의로 두 장의 카드를 꺼내어 가진다. 갑이 가진 두 장의 카드에 적힌 수의 합과 을이 가진 두 장의 카드에 적힌 수의 합이 같을 확률은 $\dfrac{q}{p}$이다. $p+q$의 값을 구하시오. (단, p, q는 서로소인 자연수이다.) [4점]

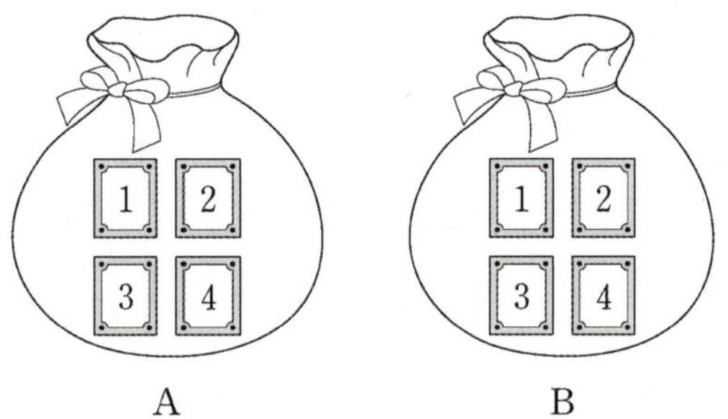

경향02 실전개념분석 006

6. [2020년 수능 (가)형 28번 & (나)형 19번]
숫자 1, 2, 3, 4, 5, 6 중에서 중복을 허락하여 다섯 개를 다음 조건을 만족시키도록 선택한 후, 일렬로 나열하여 만들 수 있는 모든 다섯 자리의 자연수의 개수를 구하시오. [4점]

(가) 각각의 홀수는 선택하지 않거나 한 번만 선택한다.
(나) 각각의 짝수는 선택하지 않거나 두 번만 선택한다.

복습	1회	2회	3회	4회	5회
채점					
O△X					

경향 02 Minor Trend

복습	1회	2회	3회	4회	5회
채점					
○△X					

7. [2014년 수능 (A)형 15번]

주머니 A에는 흰 공 2개와 검은 공 3개가 들어 있고,
주머니 B에는 흰 공 1개와 검은 공 3개가 들어 있다.
주머니 A에서 임의로 1개의 공을 꺼내어 흰 공이면 흰
공 2개를 주머니 B에 넣고 검은 공이면 검은 공 2개를
주머니 B에 넣은 후 주머니 B에서 임의로 1개의 공을
꺼낼 때 꺼낸 공이 흰 공일 확률은? [4점]

A   B

① $\frac{1}{6}$ ② $\frac{1}{5}$ ③ $\frac{7}{30}$ ④ $\frac{4}{15}$ ⑤ $\frac{3}{10}$

Analysis

첫 시행에 의한 결과에 따라 다음 시행이 달라지는
문제가 나오면, 케이스를 나눠서 푸는 문제다.

경향02 실전개념분석 008

복습	1회	2회	3회	4회	5회
채점					
O△X					

8. [2012년 수능 (가)형 13번]

상자 A 에는 빨간 공 3 개와 검은 공 5 개가 들어 있고, 상자 B 는 비어 있다. 상자 A 에서 임의로 2 개의 공을 꺼내어 빨간 공이 나오면 [실행1]을, 빨간 공이 나오지 않으면 [실행2]를 할 때, 상자 B 에 있는 빨간 공의 개수가 1 일 확률은? [3점]

[실행1] 꺼낸 공을 상자 B 에 넣는다.

[실행2] 꺼낸 공을 상자 B 에 넣고, 상자 A 에서 임의로 2 개의 공을 더 꺼내어 상자 B 에 넣는다.

---

① $\dfrac{1}{2}$　　② $\dfrac{7}{12}$　　③ $\dfrac{2}{3}$　　④ $\dfrac{3}{4}$　　⑤ $\dfrac{5}{6}$

경향 02 Minor Trend

경향02 실전개념분석 009

복습	1회	2회	3회	4회	5회
채점 O△X					

9. [2005년 수능 (나)형 29번]
두 개의 주사위를 동시에 던질 때, 한 주사위 눈의 수가
다른 주사위 눈의 수의 배수가 될 확률은? [4점]

① $\dfrac{7}{18}$　② $\dfrac{1}{2}$　③ $\dfrac{11}{18}$　④ $\dfrac{13}{18}$　⑤ $\dfrac{5}{6}$

Analysis

주사위 2개가 나오는 문제는 수능에서 여러 번 출제된
소재다. 전체 경우가 6×6=36뿐이기 때문에, 이때는
케이스 나누기고 뭐고 표를 그려서 모든 경우를 다
확인해서 푸는 게 제일 빠르다.

경향02 실전개념분석 010

10. [2009년 수능 (나)형 22번]
주사위를 두 번 던질 때, 나오는 눈의 수를 차례로
m, n이라 하자. $i^m \cdot (-i)^n$의 값이 1이 될 확률이
$\dfrac{q}{p}$일 때, $p+q$의 값을 구하시오.
(단, $i = \sqrt{-1}$이고 p, q는 서로소인 자연수이다.) [4점]

복습	1회	2회	3회	4회	5회
채점					
O△X					

경향02 실전개념분석 011

복습	1회	2회	3회	4회	5회
채점 O△X					

11. [2019년 수능 (가)형 10번]
주머니 속에 2부터 8까지의 자연수가 각각 하나씩 적힌 구슬 7개가 들어 있다. 이 주머니에서 임의로 2개의 구슬을 동시에 꺼낼 때, 꺼낸 구슬에 적힌 두 자연수가 서로소일 확률은? [3점]

① $\dfrac{8}{21}$ ② $\dfrac{10}{21}$ ③ $\dfrac{4}{7}$ ④ $\dfrac{2}{3}$ ⑤ $\dfrac{16}{21}$

Analysis

주사위 2개인 상황은 생각보다 광범위하게 적용할 수 있다. 주머니에서 숫자 뽑는 것이 주사위와 별반 다르지 않다.

경향02 실전개념분석 012

12. [2019년 수능 (나)형 28번]

숫자 1, 2, 3, 4가 하나씩 적혀 있는 흰 공 4개와 숫자 4, 5, 6이 하나씩 적혀 있는 검은 공 3개가 있다. 이 7개의 공을 임의로 일렬로 나열할 때, 같은 숫자가 적혀 있는 공이 서로 이웃하지 않게 나열될 확률은 $\dfrac{q}{p}$이다. $p+q$의 값을 구하시오. (단, p와 q는 서로소인 자연수이다.) [4점]

복습	1회	2회	3회	4회	5회
채점					
O△X					

Analysis

여사건의 확률을 적용해야 하는 상황은
(돼 = 전체 − 안돼)
(1) 안되는 것이 문제에서 명시됐을 때
(2) 되는 케이스가 너무 많을 때
 ex) ~이상, ~이하, 적어도~

경향 02 Minor Trend

복습	1회	2회	3회	4회	5회
채점 O△X					

13. [2008년 수능 (가)형 28번]
여학생 4명과 남학생 2명이 어느 요양 시설에서 6명 모두가 하루에 한 명씩 6일 동안 봉사 활동을 하려고 한다. 이 6명의 학생이 봉사 활동 순번을 임의로 정할 때, 첫째 날 또는 여섯째 날에 남학생이 봉사 활동을 하게 될 확률은? [3점]

① $\dfrac{17}{30}$ ② $\dfrac{3}{5}$ ③ $\dfrac{19}{30}$ ④ $\dfrac{2}{3}$ ⑤ $\dfrac{7}{10}$

Analysis

A 또는 B의 경우의 수
$$n(A \cup B)$$
$$= n(A) + n(B) - n(A \cap B)$$
$$= n(A - B) + n(B - A) + n(A \cap B)$$
$$= n(S) - n(A^c \cap B^c)$$

위 세 가지 접근법을 기억해뒀다가
문제마다 가장 편한 방법이 뭔지만 판단하면 된다.

경향02 실전개념분석 014

복습	1회	2회	3회	4회	5회
채점					
O△X					

14. [2022년 수능 (확률과 통계) 26번]
1부터 10까지 자연수가 하나씩 적혀 있는 10장의 카드가 들어 있는 주머니가 있다. 이 주머니에서 임의로 카드 3장을 동시에 꺼낼 때, 꺼낸 카드에 적혀 있는 세 자연수 중에서 가장 작은 수가 4 이하이거나 7 이상일 확률은? [3점]

① $\dfrac{4}{5}$　② $\dfrac{5}{6}$　③ $\dfrac{13}{15}$　④ $\dfrac{9}{10}$　⑤ $\dfrac{14}{15}$

경향 02 Minor Trend

══════1등급══════

복습	1회	2회	3회	4회	5회
채점 O△X					

15. [2023년 수능 (확률과 통계) 30번]

집합 $X = \{x \mid x$는 10 이하의 자연수 $\}$에 대하여 다음 조건을 만족시키는 함수 $f : X \to X$의 개수를 구하시오. [4점]

> (가) 9 이하의 모든 자연수 x에 대하여
> $f(x) \leq f(x+1)$이다.
> (나) $1 \leq x \leq 5$일 때 $f(x) \leq x$이고,
> $6 \leq x \leq 10$일 때 $f(x) \geq x$이다.
> (다) $f(6) = f(5) + 6$

경향 03 Minor Trend

경향03 수능 출제 난이도

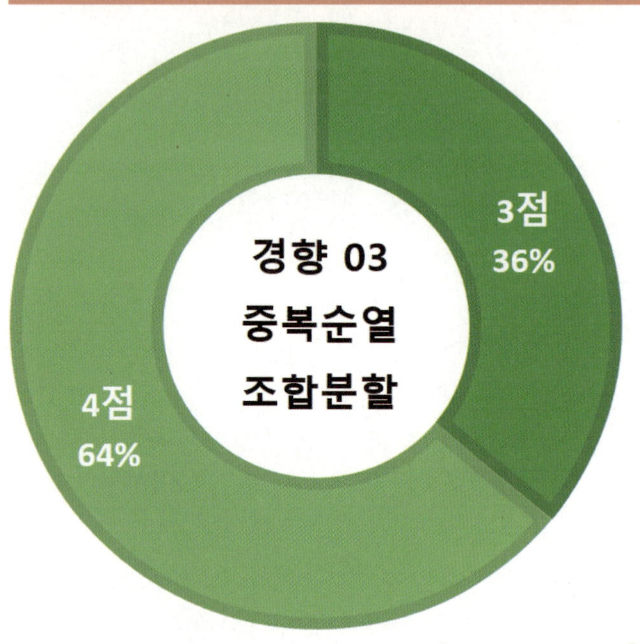

경향03 수능별 데이터 (1)

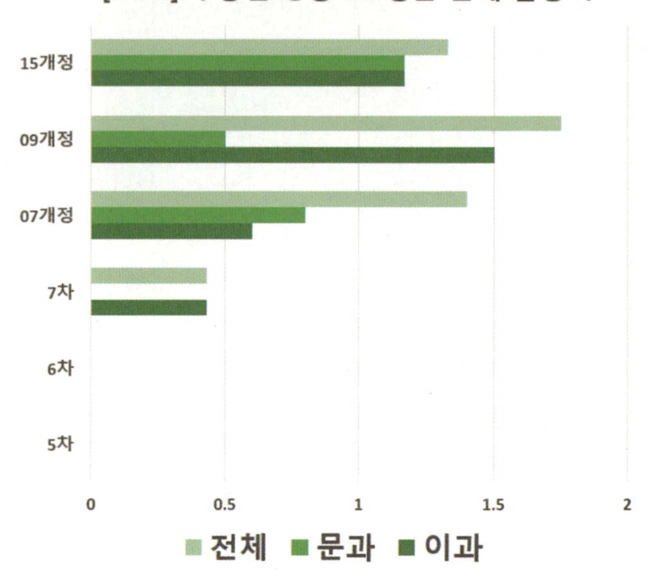

COMMENT

중복순열조합분할은 하나의 개념으로만 풀어내는 문제도 있지만 복합적으로 풀어내야 하는 문제도 있어. 특히 어떨 때 순열인지 조합인지 중복순열인지 중복조합인지 헷갈린다면 반드시 정리하도록 하자. 하나의 경향 안에서 각각의 차이점이 무엇인지 파악하는 훈련을 해야 해. 수능한권에서는 이 헷갈리는 것들을 한 번에 정리할 수 있도록 실전개념 미니 테스트를 넣어놨으니 반드시 반복 학습하도록 하자. 개념의 차이점을 통해 문제의 차이점을 정확하게 파악해야 실수 없이 깔끔한 풀이가 가능하겠지. 작년 수능에서 30번, 4점 문항으로 나왔어.

경향03 수능 출제 전망

■■■■■

13년간 한 번도 빠짐없이 계속 출제
고난도 문제도 다수

경향03 경우의 수 단원 내 출제 비율

28.41%

경향03 공부 우선순위

★★★

간접범위, 경향01, 경향02
먼저 공부하고 공부하자

경향03 수능별 데이터 (2)

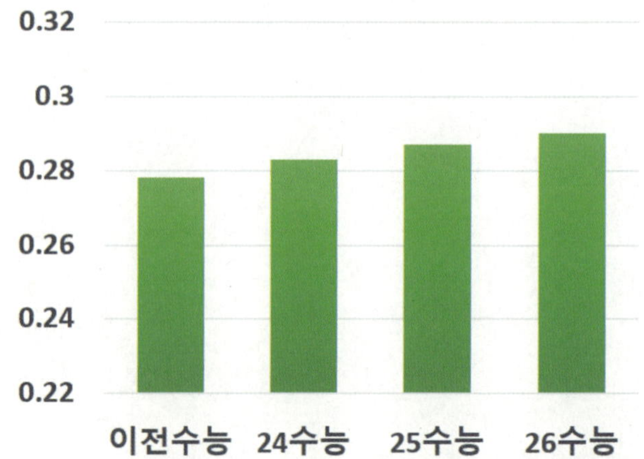

중복순열조합분할 실전개념 정리

■ 이상

$x_1 + x_2 + \cdots + x_n = r$의 경우의 수

① $x_1,\ x_2,\ \cdots,\ x_n \geq 0$일 때

$\Rightarrow\ {}_n\mathrm{H}_r$

② $x_1 \geq k_1,\ x_2 \geq k_2,\ \cdots,\ x_n \geq k_n$일 때

$x_1 - k_1 = x_1{}',\ x_2 - k_2 = x_2{}',\ x_n - k_n = x_n{}'$치환

$x_1{}',\ x_2{}',\ \cdots,\ x_n{}' \geq 0$일 때

$x_1{}' + x_2{}' + \cdots + x_n{}' = r - (k_1 + k_2 + \cdots + k_n)$

$\Rightarrow\ {}_n\mathrm{H}_{r-(k_1 + k_2 + \cdots + k_n)}$

■ 이하

$0 \leq x_1,\ x_2,\ \cdots,\ x_n \leq k$일 때

$x_1 + x_2 + \cdots + x_n = r$의 경우의 수

① 케이스 열거
② 여사건
③ $x_i = k - x_i{}'$ 치환 $(x_i{}' \geq 0)$

■ 단순 열거

케이스 나누기

■ 여러 종류의 공 (독립)

서로 다른 n개의 통에
서로 같은 종류의 빨간공 p개
서로 같은 종류의 파란공 q개
넣는 경우의 수

$\Rightarrow\ {}_n\mathrm{H}_p \times {}_n\mathrm{H}_q$

■ 여러 종류의 공 (종속)

특수한 조건이 있는(개수가 적은 종류) 공을
넣는 것으로 케이스 나눈다.

■ 부등식 (등식으로 변환)

$x \geq k \ \Rightarrow\ x = k + x' \quad (x' \geq 0)$

$y > m \ \Rightarrow\ y = m + 1 + y' \quad (y' \geq 0)$

■ 부등식 (등호 포함)

$3 \leq x_1 < x_2 < x_3 < x_4 \leq 10 \quad \Rightarrow\ {}_8\mathrm{C}_4$

$3 \leq x_1 \leq x_2 \leq x_3 \leq x_4 \leq 10 \quad \Rightarrow\ {}_8\mathrm{H}_4$

경향 03 Minor Trend

중복순열 vs 중복조합 vs 분할
실전개념 Mini-Test

문제 상황 (1)

통 3개에 / 공 6개를 / 빈 통 / 넣는다.

① 다른 / 다른 / Ok

② 다른 / 다른 / No

③ 다른 / 같은 / Ok

④ 다른 / 같은 / No

⑤ 같은 / 다른 / Ok

⑥ 같은 / 다른 / No

⑦ 같은 / 같은 / Ok

⑧ 같은 / 같은 / No

문제 상황 (2)

3개에서 6개를 / 중복 선택 / 자리에 배치한다.

① 다른 / Ok / 다른

② 다른 / Ok / 같은

문제 상황 (3)

4개에서 2개를 / 중복 선택 / 자리에 배치한다.

① 다른 / Ok / 다른

② 다른 / Ok / 같은

③ 다른 / No / 다른

④ 다른 / No / 같은

① **중복순열** $_n\Pi_r$
서로 다른 n개에서
중복을 허용하여 r개를 택하여
이들의 순서를 생각하여 일렬로 배열하는 것

② **중복조합** $_nH_r$
서로 다른 n개에서
중복을 허용하여 r개를 택하는 조합

③ **분할**
서로 다른 n개를 r개의 묶음으로 나누는 방법의 수

④ **순열** $_nP_r$
서로 다른 n개에서 r개를 택하여
이들의 순서를 생각하여 일렬로 배열하는 경우의 수

⑤ **조합** $_nC_r$
순서를 생각하지 않고, 서로 다른 n개에서
r개를 택하는 경우의 수

중복순열 vs 중복조합 vs 분할
실전개념

① $_n\Pi_r$

ex) $_3\Pi_6$

| 1 | 2 | 3 | 4 | 5 | 6 |

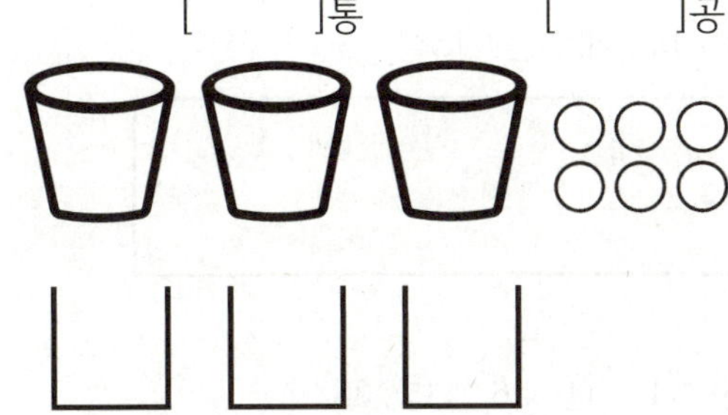

② $_nH_r$

ex) $_3H_6$

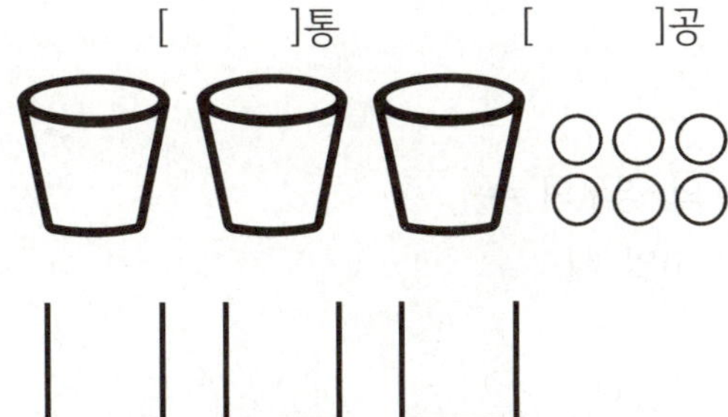

③ n개를 r개로 **분할**

ex) 6개를 3개로 분할

1 2 3 4 5 6

경향 03 Minor Trend

복습	1회	2회	3회	4회	5회
채점					
O△X					

16. [2022년 수능 (확률과 통계) 25번]
다음 조건을 만족시키는 자연수 a, b, c, d, e의 모든 순서쌍 $(a,\ b,\ c,\ d,\ e)$의 개수는? [3점]

> (가) $a+b+c+d+e=12$
> (나) $|a^2-b^2|=5$

① 30 ② 32 ③ 34 ④ 36 ⑤ 38

Analysis

■ 이상

$x_1+x_2+\cdots+x_n=r$의 경우의 수

① $x_1,\ x_2,\ \cdots,\ x_n \geq 0$일 때

$\Rightarrow {}_n\mathrm{H}_r$

② $x_1 \geq k_1,\ x_2 \geq k_2,\ \cdots,\ x_n \geq k_n$일 때

$x_1-k_1=x_1{}',\ x_2-k_2=x_2{}',\ x_n-k_n=x_n{}'$치환

$x_1{}',\ x_2{}',\ \cdots,\ x_n{}' \geq 0$일 때

$x_1{}'+x_2{}'+\cdots+x_n{}'=r-(k_1+k_2+\cdots+k_n)$

$\Rightarrow {}_n\mathrm{H}_{r-(k_1+k_2+\cdots+k_n)}$

■ 단순열거

케이스 나누기

경향03 실전개념분석 017

17. [2019년 수능 (가)형 12번]
네 명의 학생 A, B, C, D에게 같은 종류의 초콜릿 8개를 다음 규칙에 따라 남김없이 나누어 주는 경우의 수는? [3점]

> (가) 각 학생은 적어도 1개의 초콜릿을 받는다.
> (나) 학생 A는 학생 B보다 더 많은 초콜릿을 받는다.

① 11 ② 13 ③ 15 ④ 17 ⑤ 19

복습	1회	2회	3회	4회	5회
채점					
O△X					

경향 03 Minor Trend

18. [2006년 수능 (가)형 이산수학 30번]
네 종류의 사탕 중에서 15개를 선택하려고 한다.
초콜릿사탕은 4개 이하, 박하사탕은 3개 이상,
딸기사탕은 2개 이상, 버터사탕은 1개 이상을 선택하는
경우의 수를 구하시오. (단, 각 종류의 사탕은 15개
이상씩 있다.) [4점]

복습	1회	2회	3회	4회	5회
채점 O△X					

Analysis

■ 이하

$0 \leq x_1,\ x_2,\ \cdots,\ x_n \leq k$일 때

$x_1 + x_2 + \cdots + x_n = r$의 경우의 수

① 케이스 열거

② 여사건

③ $x_i = k - x_i{}'$ 치환 $(x_i{}' \geq 0)$

【ex】 $0 \leq a,\ b,\ c \leq 2$인 정수이고
$a + b + c = 5$를 만족하는 순서쌍 $(a,\ b,\ c)$의 개수는?

경향03 실전개념분석 019

19. [2014년 수능 (A)형 18번]
흰색 탁구공 8개와 주황색 탁구공 7개를 3명의
학생에게 남김없이 나누어 주려고 한다. 각 학생이 흰색
탁구공과 주황색 탁구공을 각각 한 개 이상 갖도록
나누어 주는 경우의 수는? [4점]

① 295　　② 300　　③ 305　　④ 310　　⑤ 315

복습	1회	2회	3회	4회	5회
채점					
○△X					

Analysis

■ 여러 종류의 공 (독립)
서로 다른 n개의 통에
서로 같은 종류의 빨간공 p개
서로 같은 종류의 파란공 q개
넣는 경우의 수
$\Rightarrow {}_n\mathrm{H}_p \times {}_n\mathrm{H}_q$

경향 03 Minor Trend

경향03 실전개념분석 020

20. [2020년 수능 (나)형 29번]
세 명의 학생 A, B, C에게 같은 종류의 사탕 6개와 같은 종류의 초콜릿 5개를 다음 규칙에 따라 남김없이 나누어 주는 경우의 수를 구하시오. [4점]

> (가) 학생 A가 받는 사탕의 개수는 1 이상이다.
> (나) 학생 B가 받는 초콜릿의 개수는 1 이상이다.
> (다) 학생 C가 받는 사탕의 개수와 초콜릿의 개수의 합은 1 이상이다.

복습	1회	2회	3회	4회	5회
채점 O△X					

경향03 실전개념분석 021

━━1등급━━

복습	1회	2회	3회	4회	5회
채점					
O△X					

21. [2021년 수능 (가)형 29번]
네 명의 학생 A, B, C, D 에게 검은색 모자 6개와 흰색 모자 6개를 다음 규칙에 따라 남김없이 나누어 주는 경우의 수를 구하시오. (단, 같은 색 모자끼리는 서로 구별하지 않는다.) [4점]

> (가) 각 학생은 1개 이상의 모자를 받는다.
> (나) 학생 A 가 받는 검은색 모자의 개수는 4 이상이다.
> (다) 흰색 모자보다 검은색 모자를 더 많이 받는 학생은 A 를 포함하여 2명뿐이다.

Analysis

■ 여러 종류의 공 (종속)
특수한 조건이 있는(개수가 적은 종류) 공을 넣는 것으로 케이스 나눈다.

경향 03 Minor Trend

복습	1회	2회	3회	4회	5회
채점					
O△X					

22. [2020년 수능 (가)형 16번]

다음 조건을 만족시키는 음이 아닌 정수 a, b, c, d의
모든 순서쌍 (a, b, c, d)의 개수는? [4점]

> (가) $a+b+c-d=9$
> (나) $d \leq 4$이고 $c \geq d$ 이다.

① 265 ② 270 ③ 275 ④ 280 ⑤ 285

Analysis〰

■ 부등식 (등식으로 변환)

$x \geq k \Rightarrow x = k + x' \quad (x' \geq 0)$

$y > m \Rightarrow y = m + 1 + y' \quad (y' \geq 0)$

경향03 실전개념분석 023

23. [2021년 수능 (나)형 13번]
집합 $X = \{1, 2, 3, 4\}$ 에 대하여 다음 조건을
만족시키는 함수 $f : X \to X$ 의 개수는? [3점]

$$f(2) \le f(3) \le f(4)$$

① 64 ② 68 ③ 72 ④ 76 ⑤ 80

복습	1회	2회	3회	4회	5회
채점					
O△X					

Analysis

부등식 (등호포함)

$3 \le x_1 < x_2 < x_3 < x_4 \le 10 \quad \Rightarrow \quad {}_8C_4$

$3 \le x_1 \le x_2 \le x_3 \le x_4 \le 10 \quad \Rightarrow \quad {}_8H_4$

경향 03 Minor Trend

24. [2015년 수능 (B)형 26번]
다음 조건을 만족시키는 자연수 a, b, c의 모든 순서쌍 (a, b, c)의 개수를 구하시오. [4점]

(가) $a \times b \times c$는 홀수이다.	
(나) $a \leq b \leq c \leq 20$	

복습	1회	2회	3회	4회	5회
채점 O△X					

경향03 대표문제분석 025

복습	1회	2회	3회	4회	5회
채점					
O△X					

25. [2016년 수능 (B)형 14번]

세 정수 a, b, c에 대하여

$$1 \leq |a| \leq |b| \leq |c| \leq 5$$

를 만족시키는 모든 순서쌍 (a, b, c)의 개수는? [4점]

① 360　　　② 320　　　③ 280

④ 240　　　⑤ 200

경향 03 Minor Trend

복습	1회	2회	3회	4회	5회
채점 O△X					

━1등급━

26. [2026년 수능 (확률과 통계) 30번]
비어 있는 주머니 10개가 일렬로 놓여 있고, 공 8개가
있다. 각 주머니에 들어 있는 공의 개수가 2 이하가
되도록 공을 주머니에 남김없이 나누어 넣을 때, 다음
조건을 만족시키는 경우의 수를 구하시오. (단, 공끼리는
서로 구별하지 않는다.) [4점]

> (가) 들어 있는 공의 개수가 1인 주머니는 4
> 개 또는 6개이다.
> (나) 들어 있는 공의 개수가 2인 주머니와 이
> 웃한 주머니에는 공이 들어 있지 않다.

Analysis〰

이 문제 조건을 만족시키도록 공을 배치하는 방법을
중복조합을 관점으로 찾을 생각을 하는 것 자체가
어렵게 느껴질 수 있다. 번뜩이는 새로운 발상으로
해내야만 풀 수 있는 문제라고 여겨서, 문제를 많이
풀어도 수능 날 또 낯선 고난도 문제가 나오면 못 풀지
않을까 걱정이 될 수 있다.
하지만 중복조합 공식의 유도과정을 알고 있다면 딱히
이 문제를 해결하는 관점이 그렇게 낯설게 느껴지지
않을 것이다. 문제 푸는 과정이 중복조합 공식의
유도과정과 매우 유사하기 때문이다.
무작정 많은 문제를 푼다고 문제 풀이 능력이
향상된다고 생각하지 말자. 그런 학생은 풀어야 할
문제가 너무 많음에 절망하게 되고, 많은 문제를
풀었음에도 시험에서 또 새로운 문제가 안 풀려서
절망하게 된다.
어설프게 공식 결론만 암기한 채로 넘어가지 말고
유도과정까지 깊이 있게 이해하고 체화하자. 그게 막강한
문제 풀이 능력을 만들어낼 것이다.

경향03 실전개념분석 027

—1등급—

복습	1회	2회	3회	4회	5회
채점					
O△X					

27. [2025년 수능 (확률과 통계) 28번]
집합 $X = \{1, 2, 3, 4, 5, 6\}$ 에 대하여 다음 조건을
만족시키는 함수 $f : X \to X$ 의 개수는? [4점]

(가) $f(1) \times f(6)$ 의 값이 6의 약수이다.
(나) $2f(1) \leq f(2) \leq f(3) \leq f(4) \leq f(5) \leq 2f(6)$

① 166   ② 171   ③ 176
④ 181   ⑤ 186

Analysis〰

다른 수학 과목과는 달리 확률과 통계에서는
"두 수의 곱=6의 약수"에 대한 식을 세워서 푸는 것이
아니다.
"두 수의 곱=6의 약수"이면 "그래서 그 두 수가 각각
얼마인데?"라는 관점으로 케이스를 나눠야 한다.
경우의 수에서의 응용문제에서는 대체로 구해야 하는
대상이 공식을 바로 적용해서 풀 수 없도록 나온다.
그래서 공식이 적용할 수 있는 형태로 케이스를 나누는
것이다.

경향 03 Minor Trend

28. [2017년 수능 (가)형 5번]
숫자 1, 2, 3, 4, 5 중에서 중복을 허락하여 네 개를 택해 일렬로 나열하여 만든 네 자리의 자연수가 5의 배수인 경우의 수는? [3점]

① 115　　② 120　　③ 125　　④ 130　　⑤ 135

복습	1회	2회	3회	4회	5회
채점					
O△X					

Analysis

다른 통에 다른 공을 넣는 상황이니 중복조합으로 푸는
문제가 아니다.

경향03 실전개념분석 029

29. [2005년 수능 (가)형 이산수학 28번]
집합 $\{1, 2, 3, 4, 5, 6\}$의 서로소인 두 부분집합
A, B의 순서쌍 (A, B)의 개수는? [3점]
① 729　② 720　③ 243　④ 64　⑤ 36

복습	1회	2회	3회	4회	5회
채점 O△X					

경향 03 Minor Trend

─────1등급─────

복습	1회	2회	3회	4회	5회
채점					
O△X					

30. [2022년 수능 (확률과 통계) 28번]
두 집합 $X = \{1,\ 2,\ 3,\ 4,\ 5\}$, $Y = \{1,\ 2,\ 3,\ 4\}$에 대하여 다음 조건을 만족시키는 X에서 Y로의 함수 f의 개수는? [4점]

> (가) 집합 X의 모든 원소 x에 대하여
> $\quad f(x) \geq \sqrt{x}$ 이다.
> (나) 함수 f의 치역의 원소의 개수는 3이다.

① 128　② 138　③ 148　④ 158　⑤ 168

경향03 실전개념분석 031

31. [2018년 수능 (가)형 18번]
서로 다른 공 4개를 남김없이 서로 다른 상자 4개에
나누어 넣으려고 할 때, 넣은 공의 개수가 1인 상자가
있도록 넣는 경우의 수는? (단, 공을 하나도 넣지 않은
상자가 있을 수 있다.) [4점]

① 220　　　② 216　　　③ 212
④ 208　　　⑤ 204

복습	1회	2회	3회	4회	5회
채점 O△X					

경향 04 Minor Trend

경향04 수능 출제 난이도

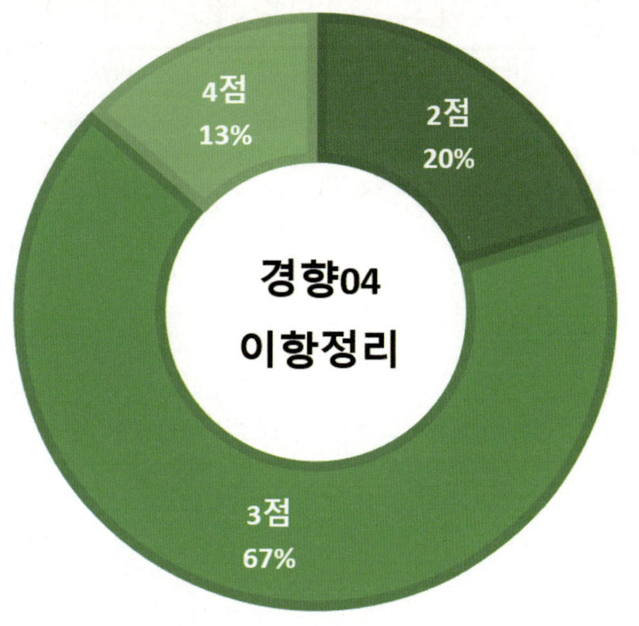

경향04 수능별 데이터 (1)

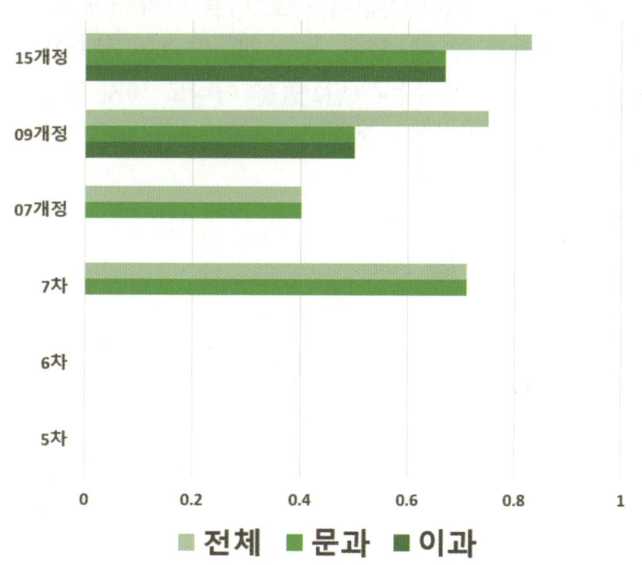

COMMENT

15개정 수능에서 이 경향은 총 5문항이 나왔는데 줄곧 2-3점 문항으로만 출제 했어. 이항정리에서는 쉽게 내는 편이라고 볼 수 있지. 만약 지금 수능까지 남은 시간이 얼마 없다면 이항정리 파트의 고난도 문항을 푸는데 시간을 쏟는 것 보다 15개정 평가원이 고난도를 잘 출제하는 다른 경향에 집중하는 것도 방법이야.

경향04 수능 출제 전망

■■■□□

쉬운 문항으로 자주 출제

경향04 경우의 수 단원 내 출제 비율

17.05%

경향04 공부 우선순위

★☆

개념만 아는정도면

경향04 수능별 데이터 (2)

현교육과정
경향04 수능중요도

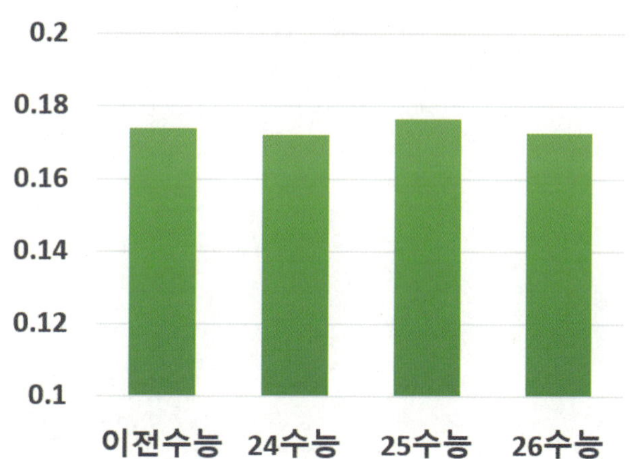

복습	1회	2회	3회	4회	5회
채점 O△X					

경향04 실전개념분석 032

32. [2021년 수능 (가)형 22번]

$\left(x + \dfrac{3}{x^2}\right)^5$ 의 전개식에서 x^2 의 계수를 구하시오. [3점]

복습	1회	2회	3회	4회	5회
채점 O△X					

경향04 실전개념분석 033

33. [2006년 수능 (나)형 30번]

다항식 $2(x+a)^n$ 의 전개식에서 x^{n-1} 의 계수와 다항식 $(x-1)(x+a)^n$ 의 전개식에서 x^{n-1} 의 계수가 같게 되는 모든 순서쌍 (a, n) 에 대하여 an 의 최댓값을 구하시오. (단, a 는 자연수이고, n 은 $n \geq 2$ 인 자연수이다.) [4점]

Analysis〰

이항정리는 경우의 수의 $_nC_r$ 개념을 활용해 '식을 전개하는 방법'을 배우는 것이지 '경우의 수' 자체를 구하는 게 아니기 때문에, 경우의 수 단원에서 그동안 고난도 문제가 출제되지 않은 거야. 물론 공부하는 입장에서 고난도 이항정리 문제를 풀어보는 건 나쁘진 않지만, 출제 가능성이 많이 낮다는 건 감안을 하자.

Analysis〰

역대 수능 문제 중 이항정리에서 가장 어렵게 나와 봤자 이 정도야.

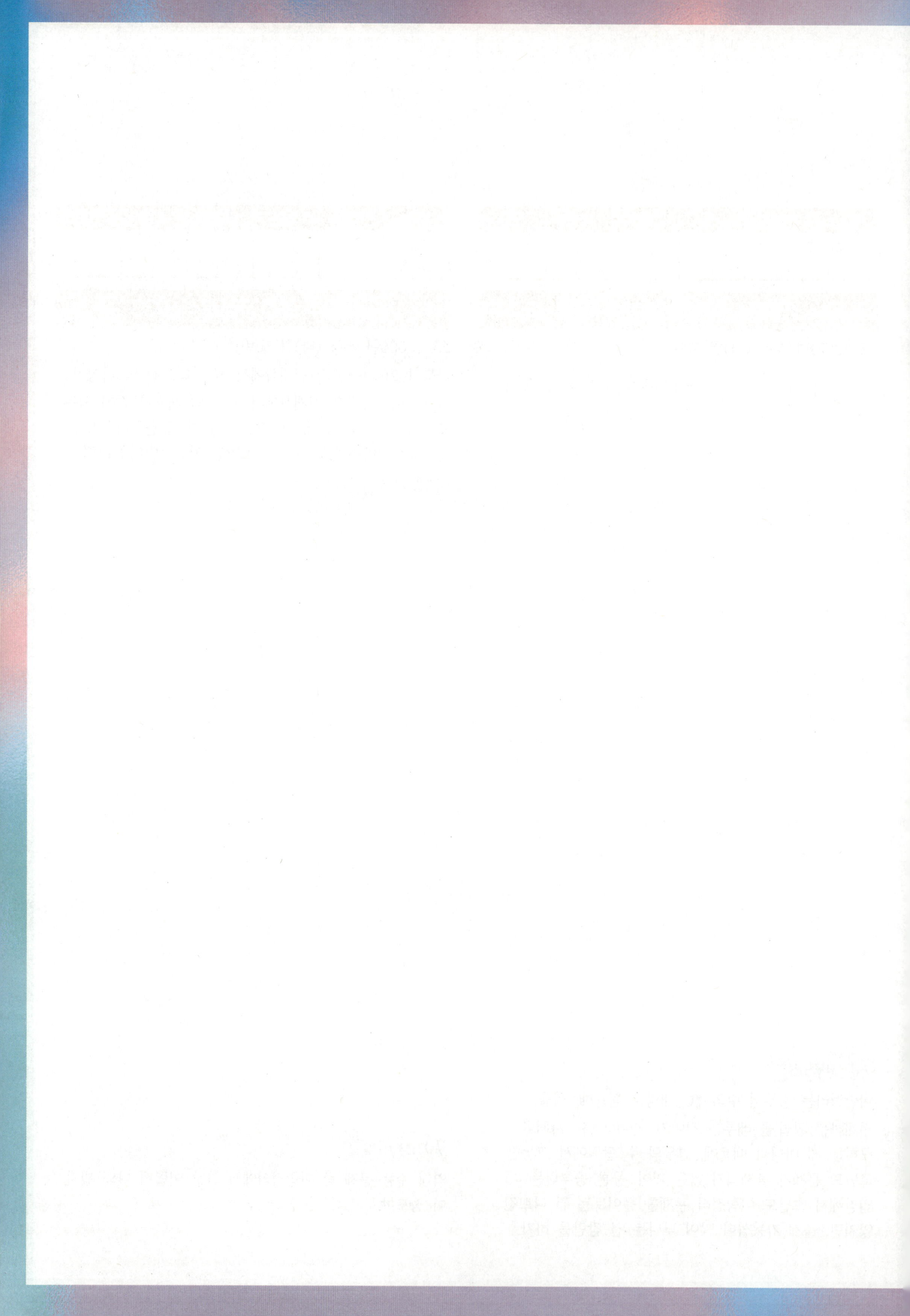

확률과 통계

2. 확률

Big Data Report

전체 수능 출제 비율

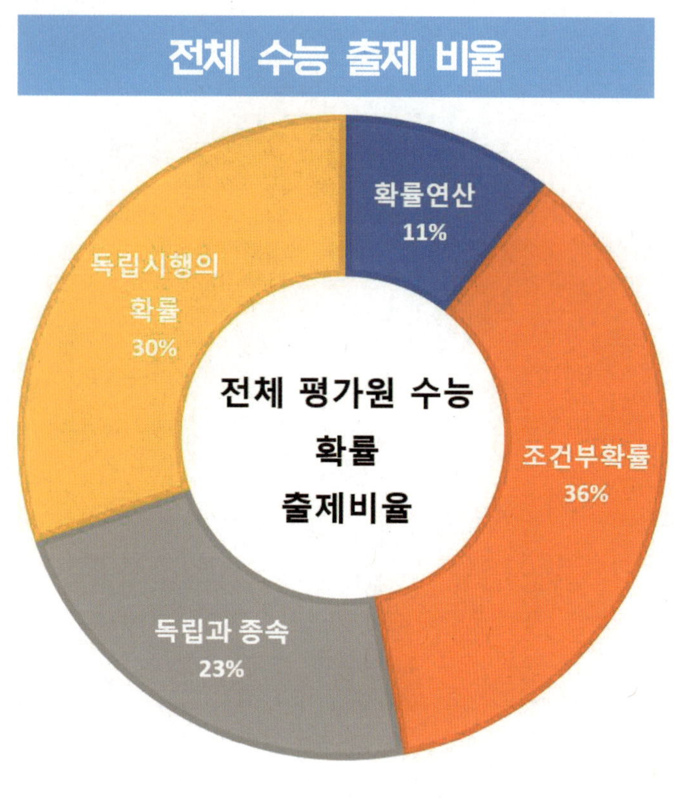

현 평가원 수능 출제 비율

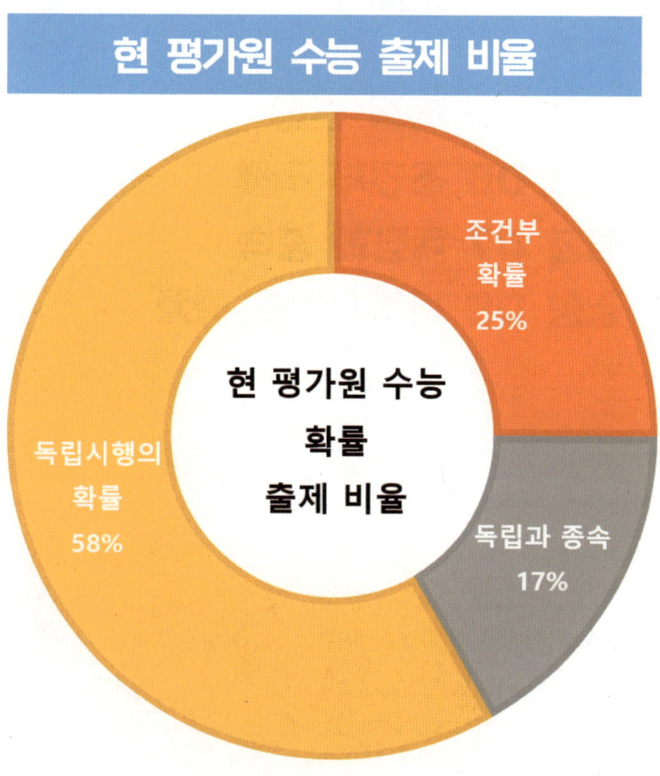

■ 확률 단원은 4가지 경향으로 분석하였다.

■ [경향05] 확률연산
이전 교육과정에서는 [경향05] 확률연산이 수능에서 비교적 자주 출제되었다. 그러나 선택과목 체제로 전환되면서 확통 문항 수가 줄어들었고, 그 결과 다른 평가 요소에 밀려 현 평가원 수능에서는 실제 출제가 이루어진 적이 없다. 그럼에도 불구하고 이 경향은 모든 확률 문제의 기초가 되므로 반드시 학습할 필요가 있다.

■ [경향06] 조건부확률
현 평가원 수능에서 독립시행의 확률과 결합해 출제되어 고난도로 출제되는 일이 여러 번 있었고 작년 수능에서도 그렇게 출제되었다. [~일 때=조건부 확률] 라고 암기하는 건 잘못 된 습관이고 고난도 문제로 확장하기 매우 힘드니까 개념을 본질적으로 이해하는 것이 중요하다. 조건부 확률과 독립과 종속은 개념이 서로 밀접하게 관련되어 있고 두 개념의 연결고리를 잘 이해하고 있어야 수능 출제자들이 의도한 대로 최적화된 풀이를 할 수 있으니 깊이 있게 공부하자.

■ [경향07] 독립과 종속
두 사건이 독립이면 무조건 $P(A \cap B) = P(A)P(B)$ 공식부터 쓰려는 학생들이 많은데, 독립의 본질은 그게 아니다. 근본적인 원리를 이해하면 계산을 거의 하지 않고 푸는 게 가능해진다.

■ [경향08] 독립시행의 확률
[현 평가원 수능 확률 단원 출제 비율]을 보자. 무려 50% 넘게 이 경향에서 출제되고 있다. 수능에서 확률에서 2문제가 출제된다면 그냥 바로 이 독립시행의 확률이 출제된다는 거다. 쉬운 문제로 자주 나오는 것이 아니라 [현 평가원 수능 평균 난이도]를 보면 난이도도 높은데 자주 나오는 거다. 평가원에서 내가 변별을 당하지 않으려면 꼭 대비를 해두자.

전체 수능 평균 난이도

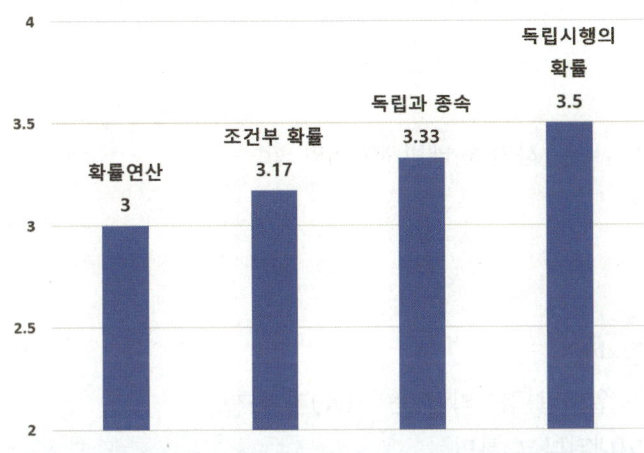

현 평가원 수능 평균 난이도

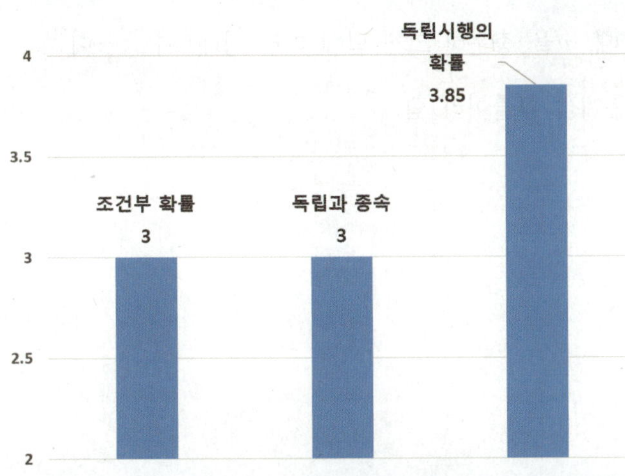

◆ 확률 연산 (3.0점)

◆ 조건부 확률 (3.17점)

◆ 독립과 종속 (3.33점)

◆ 독립시행의 확률 (3.5점)

■ 작년 수능 출제 문항 분류

[경향06] 조건부 확률
 - 24번 [3점]

[경향08] 독립시행의 확률
 - 28번 [4점]

올해 수능 확률 학습 방향

**1. 조건부 확률의 정확한 개념
고난도 대비**

**2. 독립과 종속은 근본 원리 이해
→ 계산양 줄이기**

**3. 독립시행의 확률 단독
고난도 대비**

**3-1. 독립시행의 확률 + 조건부 결합
고난도 대비**

1 확률의 뜻

시행: 동일한 조건 아래 반복될 수 있으며 그 결과가 우연에 의하여 결정되는 실험이나 관찰

표본공간: 어떤 시행에서 일어날 수 있는 모든 결과들의 집합

사건: 표본공간의 부분집합

근원사건: 한 개의 원소로 이루어진 사건

배반사건: $A \cap B = \varnothing$ 두 사건 A, B가 동시에 일어나지 않을 때 이 두 사건을 배반사건이라 함.

여사건 A^c : 표본공간 S에 대하여 사건 A가 일어나지 않을 사건

※ $A \cup B$: **합사건**, $A \cap B$:**곱사건**, $\varnothing$:공사건

수학적 확률: 하나의 시행에서 일어날 수 있는 사건 전체를 S라 할 때,

일어날 수 있는 모든 경우의 수는 $n(S)$이고, 사건 A가 일어날 경우의 수는 $n(A)$라 하자.

이 때, 이 시행에서 기본적인 사건들이 같은 정도로 기대된다고 하면

$$P(A) = \frac{n(A)}{n(S)}$$

통계적 확률: 어떤 시행을 n번 반복할 때 사건 A가 r_n번 일어날 때, n을 충분히 크게 함에 따라 상대도수 $\dfrac{r_n}{n}$이

일정한 값 P에 가까워지면 P를 사건 A가 일어날 통계적 확률이라 함.

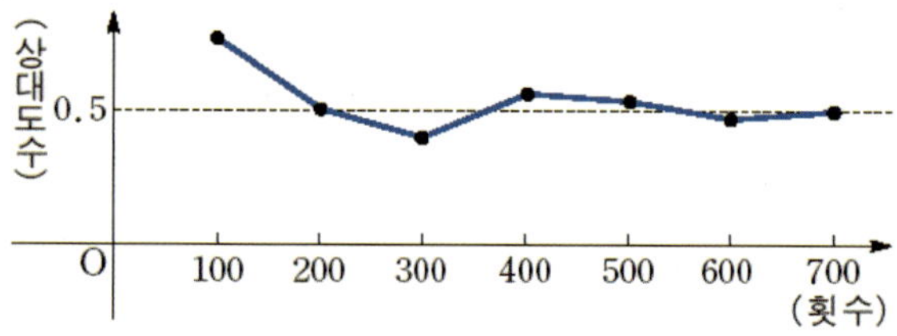

2 확률의 기본 성질

① 임의의 사건 A에 대하여 $0 \leq P(A) \leq 1$

② 반드시 일어나는 사건 S에 대하여 $P(S) = 1$

③ 절대로 일어나지 않는 사건 $\varnothing$에 대하여 $P(\varnothing) = 0$

③ 확률의 덧셈정리

사건 A또는 B가 일어날 확률, 사건 A, B중 적어도 한쪽이 일어날 확률

① $P(A \cup B) = P(A) + P(B) - P(A \cap B)$

② $P(A \cup B) = P(A) + P(B)$

  (단, $A \cap B = \varnothing$일 때)

③ $P(A^c) = 1 - P(A)$

④ 조건부 확률

두 사건 A, B에 대하여 사건 A가 일어났다는 조건 아래,

사건 B가 일어날 확률을 사건 A가 일어났을 때의 사건 B의 조건부 확률. (단, $P(A) > 0$)

$$P(B|A) = \frac{n(A \cap B)}{n(A)} = \frac{P(A \cap B)}{P(A)}$$

⑤ 확률의 곱셈정리

두 사건 A, B가 동시에 일어날 확률은

$$P(A \cap B) = P(A)P(B|A)$$
$$= P(B)P(A|B)$$

⑥ 사건의 독립과 종속

독립: 사건 A의 발생여부가 사건 B가 일어날 확률에 영향을 주지 않을 때,

    두 사건 A, B는 서로 독립이다.

    ① $P(B) = P(B \mid A) = P(B \mid A^c)$

    ② $P(A \cap B) = P(A) \times P(B)$

종속: 사건 A의 발생 여부에 따라 사건 B가 일어날 확률이 달라질 때

    사건 A와 사건 B는 종속이다.

    ① $P(B) \neq P(B \mid A) \neq P(B \mid A^c)$

    ② $P(A \cap B) \neq P(A) \times P(B)$

⑦ 독립시행의 확률

정의: 한 번의 시행에서 사건 A가 일어날 확률이 p일 때, n번의 독립시행에서 사건 A가 일어나는 횟수를

    r이라 하면 이때의 확률 P_r은 $P_r = {}_nC_r p^r q^{n-r} \ (q = 1 - p)$

경향 05 Minor Trend

경향05 수능 출제 난이도

경향 05
확률연산

3점
100%

경향05 수능별 데이터 (1)

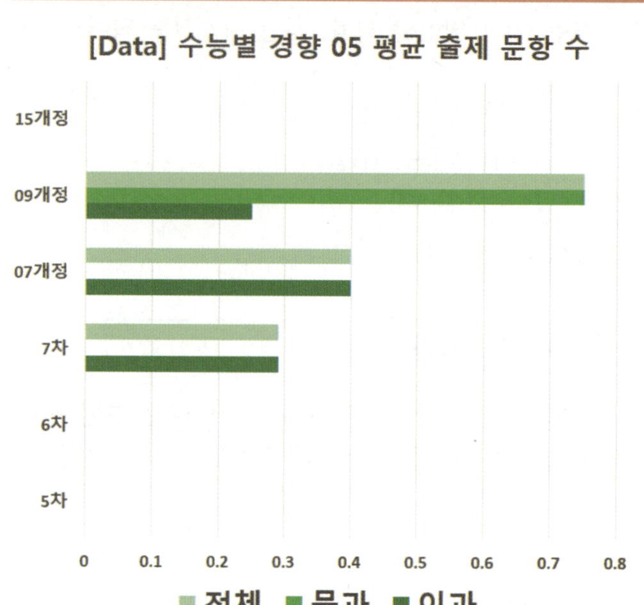

COMMENT

바로 이전 09개정 교육과정에서는 잘 출제되는 경향이었지만 15개정 평가원은 단독으로 출제하지는 않고 있어. 선택과목 체제로 출제 문항 수가 축소됐기 때문이야. 앞으로 출제 된다하더라도 단독 출제보다는 「조건부 확률」과 「독립과 종속」경향과 함께 결합되어 출제 될 가능성이 높아. 단독으로 출제된다 하더라도 고난도 문항이 나오기는 어려워.

경향05 수능 출제 전망

■■□□□

단독 출제 ↓ 섞여서 출제 ↑

경향05 확률 단원 내 출제 비율

10.61%

경향05 공부 우선순위

★☆

표 그려서 푸는 것도 연습해두기

경향05 수능별 데이터 (2)

현교육과정
경향05 수능중요도

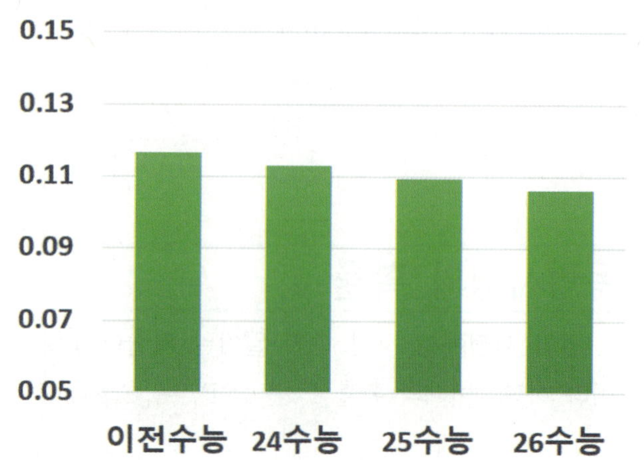

경향05 실전개념분석 034

복습	1회	2회	3회	4회	5회
채점					
O△X					

34. [2020년 수능 (나)형 5번]
두 사건 A, B에 대하여

$$P(A^C) = \frac{2}{3}, \ P(A^C \cap B) = \frac{1}{4}$$

일 때, $P(A \cup B)$의 값은? (단, A^C은 A 의 여사건이다.) [3점]

① $\frac{1}{2}$ ② $\frac{7}{12}$ ③ $\frac{2}{3}$ ④ $\frac{3}{4}$ ⑤ $\frac{5}{6}$

Analysis

기본적인 풀이방법은 집합의 연산 법칙을 활용하는 것이지만, 아래와 같은 표를 그려서 해결하는 것이 실전에서 빠르고 정확할 때가 많다.

	A	A^C	합계
B			
B^C			
합계			

경향 06 Minor Trend

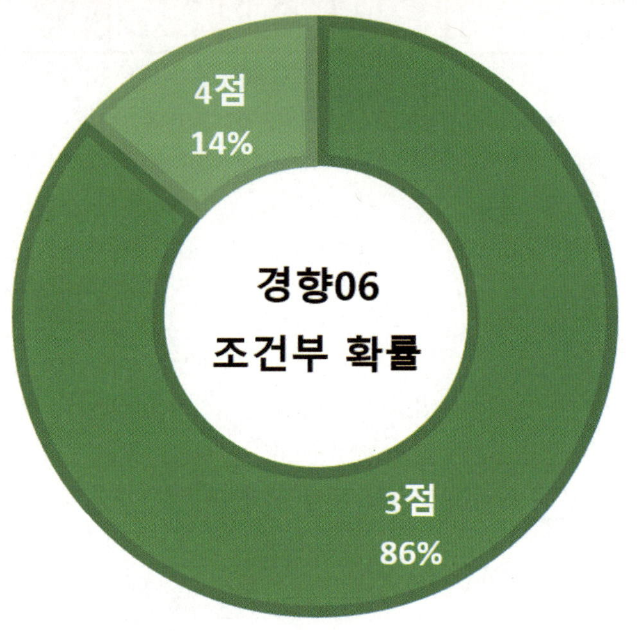

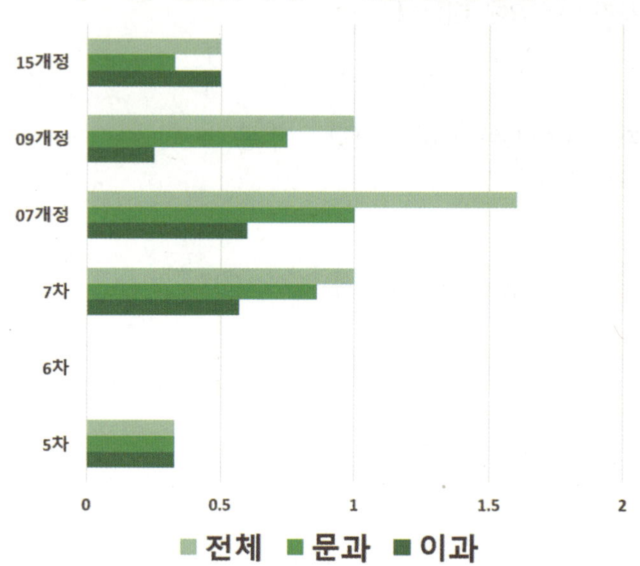

COMMENT

「경향06 조건부 확률」과 「경향07 독립과 종속」의 개념이 밀접하게 연관되어 있어서 이전 교육과정까지는 보통 둘 중 한 경향에서 번갈아가며 출제가 되어왔어. 그런데 선택과목 체제가 되면서 확통 출제 문항 수 감소로 15개정 평가원에서는 이 경향을 「경향08 독립시행의 확률」과 섞어서 줄기차게 출제해왔지. 작년 수능에서는 24번 문항으로 단독으로 출제되기도 했고 28번에서 독립시행과 섞어서 고난도로 출제됐어.

경향06 수능 출제 전망

다른 경향이랑 섞여서 고난도 출제

경향06 확률 단원 내 출제 비율

36.36%

경향06 공부 우선순위

★★★

'확률' 단원의 중심

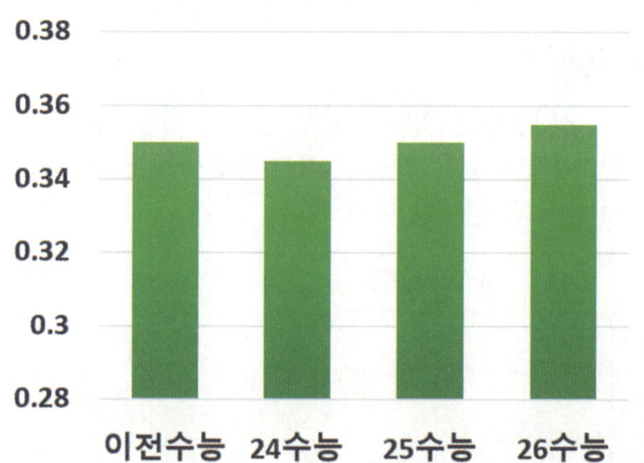

■ 확률의 뜻

시행: 동일한 조건 아래 반복될 수 있으며 그
　　결과가 우연에 의하여 결정되는 실험이나 관찰
표본공간: 어떤 시행에서 일어날 수 있는
　　모든 결과들의 집합
사건: 표본공간의 부분집합

■ 조건부 확률

두 사건 A, B에 대하여 사건 A가 일어났다는 조건
아래, 사건 B가 일어날 확률을 사건 A가 일어났을 때의
사건 B의 조건부 확률이라 함. (단, $P(A) > 0$)

$$P(B|A) = \frac{n(A \cap B)}{n(A)} = \frac{P(A \cap B)}{P(A)}$$

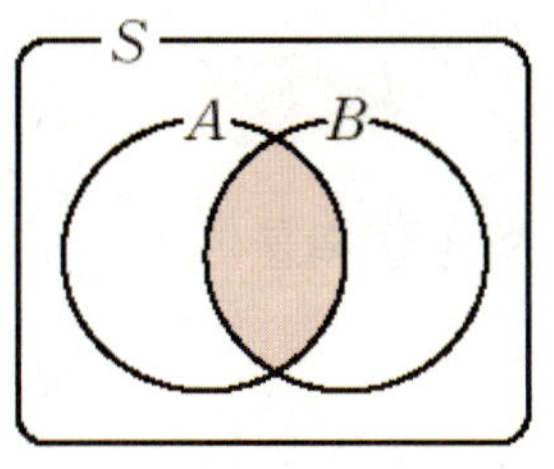

■ "~일 때"라는 표현이 나오는 아래 문제가 조건부 확률 문제인지를 판단해보자.

[2010년 수능 (나)형 29번]
각 면에 1, 1, 1, 2, 2, 3 의 숫자가 하나씩 적혀있는
정육면체 모양의 상자를 던져 윗면에 적힌 수를 읽기로
한다. 이 상자를 3 번 던질 때, 첫 번째와 두 번째 나온
수의 합이 4 이고 세 번째 나온 수가 홀수일 확률은?
[4점]

① $\dfrac{5}{27}$　② $\dfrac{11}{54}$　③ $\dfrac{2}{9}$　④ $\dfrac{13}{54}$　⑤ $\dfrac{7}{27}$

[2009년 수능 (가)형 확률과 통계 28번]
1부터 9까지의 자연수가 하나씩 적혀 있는 9개의 공이
주머니에 들어 있다. 이 주머니에서 임의로 4개의 공을
동시에 꺼낼 때, 꺼낸 공에 적혀 있는 수 중에서 가장
큰 수와 가장 작은 수의 합이 7 이상이고 9 이하일
확률은? [3점]

① $\dfrac{5}{9}$　② $\dfrac{1}{2}$　③ $\dfrac{4}{9}$　④ $\dfrac{7}{18}$　⑤ $\dfrac{1}{3}$

경향06 실전개념분석 035

35. [2020년 수능 (나)형 9번]

어느 학교 학생 200명을 대상으로 체험활동에 대한 선호도를 조사하였다. 이 조사에 참여한 학생은 문화체험과 생태연구 중 하나를 선택하였고, 각각의 체험활동을 선택한 학생의 수는 다음과 같다.

(단위 : 명)

구분	문화체험	생태연구	합계
남학생	40	60	100
여학생	50	50	100
합계	90	110	200

이 조사에 참여한 학생 200명 중에서 임의로 선택한 1명이 생태연구를 선택한 학생일 때, 이 학생이 여학생일 확률은? [3점]

① $\dfrac{5}{11}$ ② $\dfrac{1}{2}$ ③ $\dfrac{6}{11}$ ④ $\dfrac{5}{9}$ ⑤ $\dfrac{3}{5}$

복습	1회	2회	3회	4회	5회
채점 O△X					

Analysis

■ Check it

생태연구를 선택한 학생일 확률

여학생일 확률

생태연구를 선택한 여학생일 확률

여학생일 때, 생태연구를 선택한 학생일 확률

생태연구를 선택한 학생일 때, 여학생일 확률

경향06 실전개념분석 036

복습	1회	2회	3회	4회	5회
채점 O△X					

36. [2017년 수능 (나)형 13번]

어느 학교의 전체 학생은 360명이고, 각 학생은 체험 학습 A, 체험 학습 B 중 하나를 선택하였다. 이 학교의 학생 중 체험 학습 A를 선택한 학생은 남학생 90명과 여학생 70명이다. 이 학교의 학생 중 임의로 뽑은 1명의 학생이 체험 학습 B를 선택한 학생일 때, 이 학생이 남학생일 확률은 $\dfrac{2}{5}$이다. 이 학교의 여학생의 수는? [3점]

① 180　② 185　③ 190　④ 195　⑤ 200

경향 06 Minor Trend

복습	1회	2회	3회	4회	5회
채점 O△X					

37. [2025년 수능 (확률과 통계) 24번]
두 사건 A, B에 대하여

$$\mathrm{P}(A\,|\,B)=\mathrm{P}(A)=\frac{1}{2}, \quad \mathrm{P}(A\cap B)=\frac{1}{5}$$

일 때, $\mathrm{P}(A\cup B)$의 값은? [3점]

① $\dfrac{1}{2}$ ② $\dfrac{3}{5}$ ③ $\dfrac{7}{10}$

④ $\dfrac{4}{5}$ ⑤ $\dfrac{9}{10}$

Analysis

기본적인 풀이방법은 집합의 연산 법칙을 활용하는
것이지만, 아래와 같은 표를 그려서 해결하는 것이
실전에서 빠르고 정확할 때가 많다.
특히나 조건부확률에서는 이 방법이 더더욱 유리하다.

	A	A^c	합계
B			
B^c			
합계			

경향06 실전개념분석 038

38. [2021년 수능 (가)형 4번]

두 사건 A, B에 대하여

$$P(B\,|\,A) = \frac{1}{4}, \quad P(A\,|\,B) = \frac{1}{3},$$

$$P(A) + P(B) = \frac{7}{10} \text{일 때, } P(A \cap B)\text{의 값은? [3점]}$$

① $\dfrac{1}{7}$ ② $\dfrac{1}{8}$ ③ $\dfrac{1}{9}$ ④ $\dfrac{1}{10}$ ⑤ $\dfrac{1}{11}$

경향06 실전개념분석 039

복습	1회	2회	3회	4회	5회
채점 O△X					

39. [2015년 수능 (B)형 15번]

어느 학교의 전체 학생 320명을 대상으로 수학동아리 가입여부를 조사한 결과 남학생의 60%와 여학생의 50%가 수학동아리에 가입하였다고 한다. 이 학교의 수학동아리에 가입한 학생 중 임의로 1명을 선택할 때 이 학생이 남학생일 확률을 p_1, 이 학교의 수학동아리에 가입한 학생 중 임의로 1명을 선택할 때 이 학생이 여학생일 확률을 p_2라 하자. $p_1 = 2p_2$일 때, 이 학교의 남학생의 수는? [4점]

① 170 ② 180 ③ 190 ④ 200 ⑤ 210

경향06 실전개념분석 040

복습	1회	2회	3회	4회	5회
채점					
O△X					

40. [2011년 수능 (가)형 & (나)형 13번]

어느 재래시장을 이용하는 고객의 집에서 시장까지의 거리는 평균이 $1740m$, 표준편차가 $500m$인 정규분포를 따른다고 한다. 집에서 시장까지의 거리가 $2000m$ 이상인 고객 중에서 15%, $2000m$ 미만인 고객 중에서 5%는 자가용을 이용하여 시장에 온다고 한다. 자가용을 이용하여 시장에 온 고객 중에서 임의로 1명을 선택할 때, 이 고객의 집에서 시장까지의 거리가 $2000m$ 미만일 확률은? (단, Z가 표준정규분포를 따르는 확률변수일 때, $P(0 \leq Z \leq 0.52) = 0.2$로 계산한다.) [3점]

① $\dfrac{3}{8}$ ② $\dfrac{7}{16}$ ③ $\dfrac{1}{2}$ ④ $\dfrac{9}{16}$ ⑤ $\dfrac{5}{8}$

Analysis〰

정규분포 개념이 결합되어 있어서 문제 풀이의 방향을 잡기 어렵게 느껴질 수 있지만, 어쨌거나 조건부 확률 문제인 것이 명백한 만큼, 표를 그려보면 제시된 단서를 어떻게 해결할지 자연스럽게 보이게 돼.

경향06 실전개념분석 041

41. [2008년 수능 (가)형 & (나)형 12번]
주머니 A에는 1, 2, 3, 4, 5의 숫자가 하나씩 적혀
있는 5장의 카드가 들어 있고, 주머니 B에는 6, 7, 8,
9, 10의 숫자가 하나씩 적혀 있는 5장의 카드가 들어
있다. 두 주머니 A, B에서 각각 카드를 임의로 한 장씩
꺼냈다. 꺼낸 2장의 카드에 적혀 있는 두 수의 합이
홀수일 때, 주머니 A에서 꺼낸 카드에 적혀 있는 수가
짝수일 확률은? [3점]

① $\dfrac{5}{13}$　② $\dfrac{4}{13}$　③ $\dfrac{3}{13}$　④ $\dfrac{2}{13}$　⑤ $\dfrac{1}{13}$

복습	1회	2회	3회	4회	5회
채점 O△X					

Analysis

주사위 2개인 상황은 생각보다 광범위하게 적용할 수
있다. 주머니에서 숫자 뽑는 것이 주사위와 별반 다르지
않다.

경향06 실전개념분석 042

복습	1회	2회	3회	4회	5회
채점					
O△X					

42. [2010년 수능 (가)형 확률과 통계 28번]
세 코스 A, B, C를 순서대로 한 번씩 체험하는
수련장이 있다. A코스에는 30개, B코스에는 60개,
C코스에는 90개의 봉투가 마련되어 있고, 각 봉투에는
1장 또는 2장 또는 3장의 쿠폰이 들어 있다. 다음 표는
쿠폰 수에 따른 봉투의 수를 코스별로 나타낸 것이다.

쿠폰수 코스	1장	2장	3장	계
A	20	10	0	30
B	30	20	10	60
C	40	30	20	90

각 코스를 마친 학생은 그 코스에 있는 봉투를 임의로
1개 선택하여 봉투 속에 들어있는 쿠폰을 받는다. 첫째
번에 출발한 학생이 세 코스를 모두 체험한 후 받은
쿠폰이 모두 4장이었을 때, B 코스에서 받은 쿠폰이
2 장일 확률은? [3점]

① $\dfrac{14}{23}$ ② $\dfrac{12}{23}$ ③ $\dfrac{10}{23}$ ④ $\dfrac{8}{23}$ ⑤ $\dfrac{6}{23}$

Analysis〰

조건부 확률의 대부분의 문제는

$$P(B|A) = \frac{n(A \cap B)}{n(A)}$$

로 푸는 것이 편하지만 반드시

$$P(B|A) = \frac{P(A \cap B)}{P(A)}$$

로 풀어야만 하는 문제가 있다.

경향 06 Minor Trend

복습	1회	2회	3회	4회	5회
채점 $\bigcirc\triangle\times$					

1등급

43. [1996년 수능 (인문) & (자연) 22번]

1부터 10까지 자연수가 하나씩 적힌 열 개의 공이 들어 있는 상자가 있다. 이 상자 안의 공들을 잘 섞은 후에 차례로 두 개의 공을 꺼낼 때, 두 번째 꺼낸 공에 적힌 수가 처음 꺼낸 공에 적힌 수보다 큰 수일 확률은 $\frac{1}{2}$ 이다. 다음은 이에 대한 증명이다. (단, 꺼낸 공은 다시 넣지 않는다)

[증 명]

처음 꺼낸 공에 적힌 수를 X_1, 두 번째 꺼낸 공에 적힌 수를 X_2라 하고 구하는 확률을 p라 하자. 1부터 10까지의 자연수 n에 대하여 $X_1 = n$인 사건을 A_n이라 하고, $X_2 \geq n + 1$인 사건을 B_n이라 하자.
그러면

$$p = \sum_{n=1}^{10} \boxed{(\text{가})} \cdot P(A_n) = \sum_{n=1}^{9} \frac{10-n}{9} \cdot \boxed{(\text{나})}$$
$$= \frac{1}{2} \text{ 이다.}$$

위의 증명에서 (가), (나)에 알맞은 것은?

	(가)	(나)
①	$P(A_n \cap B_n)$	$\frac{1}{10}$
②	$P(B_n)$	$\frac{1}{10}$
③	$P(B_n)$	$\frac{1}{9}$
④	$P(B_n \mid A_n)$	$\frac{9}{10}$
⑤	$P(B_n \mid A_n)$	$\frac{1}{10}$

Analysis

■ 확률의 곱셈 정리

두 사건 A, B가 동시에 일어날 확률은
$$P(A \cap B) = P(A)P(B \mid A)$$
$$= P(B)P(A \mid B)$$

경향 07 Minor Trend

경향07 수능 출제 난이도

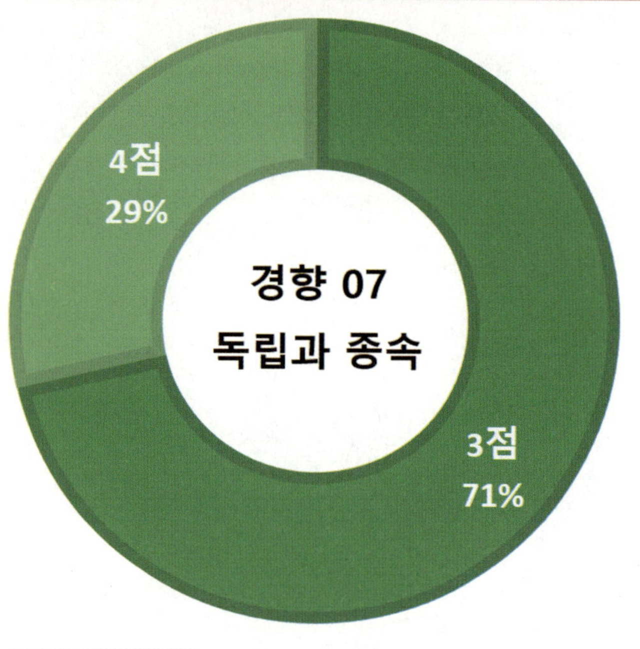

경향07 수능별 데이터 (1)

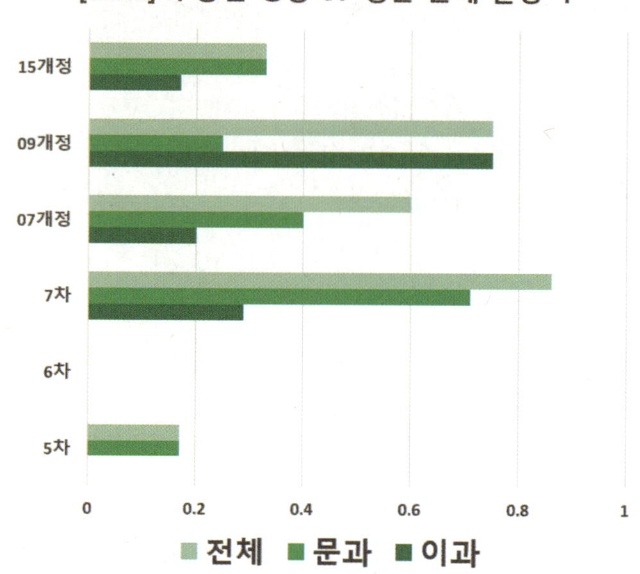

COMMENT

출제할 수 있는 포인트가 뻔하기 때문에 대비만 잘 해두면 걱정할 게 없어. 문제에 나온 수치를 표로 정리했을 때 어떤 특징이 생기는지만 잘 파악하고 이를 활용할 수 있으면 돼. 실전개념분석 문제에서 기똥찬 접근법을 알려줄테니까 기대해! 아직까지 15개정 평가원에서 고난도로 출제한 적은 없어. 이 경향 말고도 다른 경향에서 고난도로 출제하는 트렌드라 그런 것일 수도 있어.

경향07 수능 출제 전망

■■■☐☐

**확실한 접근법을 알아두면
난이도가 어렵지 않음**

경향07 확률 단원 내 출제 비율

22.73%

경향07 공부 우선순위

★★☆

독립과 종속을 완벽하게 이해하기

경향07 수능별 데이터 (2)

**현교육과정
경향07 수능중요도**

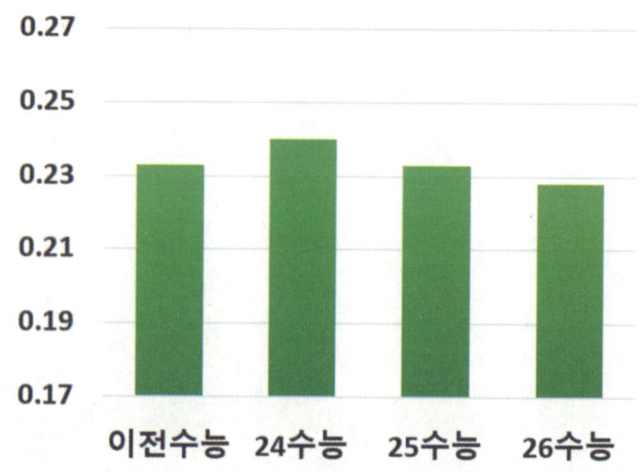

독립과 종속 연습문제 1

어느 고등학교의 작년 졸업생 400명 중에서 대학에
합격한 학생은 10명이라고 한다. 지석이는 이중에서 수능
당일 찹쌀떡을 먹은 학생이 8명이라는 놀라운 사실을
깨달았다. 지석이는 찹쌀떡을 먹으면 대학 합격할
가능성이 높아진다고 추리하고, 졸업생 중에서 수능 당일
찹쌀떡을 먹은 학생 수를 조사해본 결과 수능 당일
찹쌀떡을 먹은 학생이 320명이고 찹쌀떡을 먹지 않은
학생이 80명이라고 한다. 그렇다면 지석이의 추리는
타당한가?

독립과 종속 연습문제 2

어느 고등학교의 작년 졸업생 400명 중에서 김지석의
사진을 바라보며 수능을 본 학생은 100명이라고 한다.
이중 90명이 sky에 합격하였다. 또 김지석의 사진을
보지 않고 수능을 본 학생들 중 sky에 합격한 학생도
90명이라고 한다. 그렇다면 김지석의 사진을 바라보며
수능을 보는 것이 sky에 합격하는데 긍정적인 영향을
미치는가?

경향 07 Minor Trend

복습	1회	2회	3회	4회	5회
채점 O△X					

44. [2005년 수능 (나)형 24번]

다음은 어느 회사에서 전체 직원 360명을 대상으로 재직 연수와 새로운 조직 개편안에 대한 찬반 여부를 조사한 표이다.

(단위 : 명)

재직 연수 \ 찬반 여부	찬성	반대	계
10년 미만	a	b	120
10년 이상	c	d	240
계	150	210	360

재직 연수가 10년 미만일 사건과 조직 개편안에 찬성할 사건이 서로 독립일 때, a 의 값을 구하시오. [4점]

Analysis

사건의 독립 개념의 본질은
$$P(A \cap B) = P(A) \times P(B)$$
이 아니라
$$P(B) = P(B \mid A) = P(B \mid A^c)$$
이다!

경향07 실전개념분석 045

복습	1회	2회	3회	4회	5회
채점 O△X					

45. [2017년 수능 (가)형 4번]
두 사건 A와 B는 서로 독립이고

$$P(B^C) = \frac{1}{3}, \quad P(A|B) = \frac{1}{2}$$

일 때, $P(A)P(B)$의 값은? (단, B^C은 B의
여사건이다.) [3점]

① $\frac{5}{6}$ ② $\frac{2}{3}$ ③ $\frac{1}{2}$ ④ $\frac{1}{3}$ ⑤ $\frac{1}{6}$

Analysis

사건의 독립 개념도 결국 조건부 확률 개념의 연장에
있으니, 표를 그려 해결하면 편하다.

	A	A^C	합계
B			
B^C			
합계			

경향 07 Minor Trend

복습	1회	2회	3회	4회	5회
채점 O△X					

46. [2016년 수능 (B)형 5번]

두 사건 A, B 가 서로 독립이고

$$P(A^c) = \frac{1}{4}, \quad P(A \cap B) = \frac{1}{2}$$

일 때, $P(B|A^c)$의 값은? (단, A^c은 A의 여사건이다.)
[3점]

① $\frac{5}{12}$ ② $\frac{1}{2}$ ③ $\frac{7}{12}$

④ $\frac{2}{3}$ ⑤ $\frac{3}{4}$

경향07 실전개념분석 047

복습	1회	2회	3회	4회	5회
채점 O△X					

47. [2014년 수능 (A)형 7번]

두 사건 A, B가 서로 독립이고

$P(A) = \dfrac{1}{3}$, $P(B) = \dfrac{1}{3}$일 때, $P(A \cap B^C)$의 값은? (단,

B^C은 B의 여사건이다.) [3점]

① $\dfrac{5}{27}$　② $\dfrac{2}{9}$　③ $\dfrac{7}{27}$　④ $\dfrac{8}{27}$　⑤ $\dfrac{1}{3}$

경향 07 Minor Trend

복습	1회	2회	3회	4회	5회
채점 O△X					

48. [2021년 수능 (나)형 5번]

두 사건 A 와 B 는 서로 독립이고

$\mathrm{P}(A\,|\,B) = \mathrm{P}(B)$, $\mathrm{P}(A \cap B) = \dfrac{1}{9}$ 일 때, $\mathrm{P}(A)$ 의

값은? [3점]

① $\dfrac{7}{18}$ ② $\dfrac{1}{3}$ ③ $\dfrac{5}{18}$ ④ $\dfrac{2}{9}$ ⑤ $\dfrac{1}{6}$

경향07 실전개념분석 049

──────── 1등급 ────────

복습	1회	2회	3회	4회	5회
채점 O△X					

49. [2019년 수능 (가)형 27번]
한 개의 주사위를 한 번 던진다. 홀수의 눈이 나오는 사건을 A, 6이하의 자연수 m에 대하여 m의 약수의 눈이 나오는 사건을 B라 하자. 두 사건 A와 B가 서로 독립이 되도록 하는 모든 m의 값의 합을 구하시오. [4점]

경향 08 Minor Trend

경향08 수능 출제 난이도

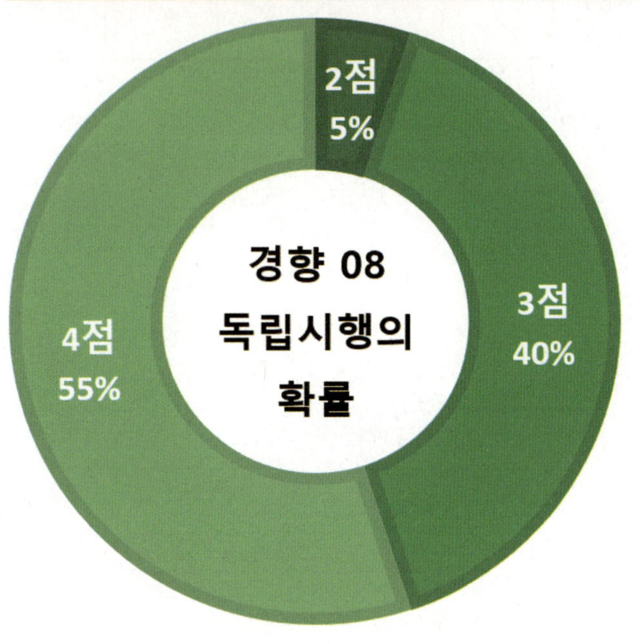

경향08 수능별 데이터 (1)

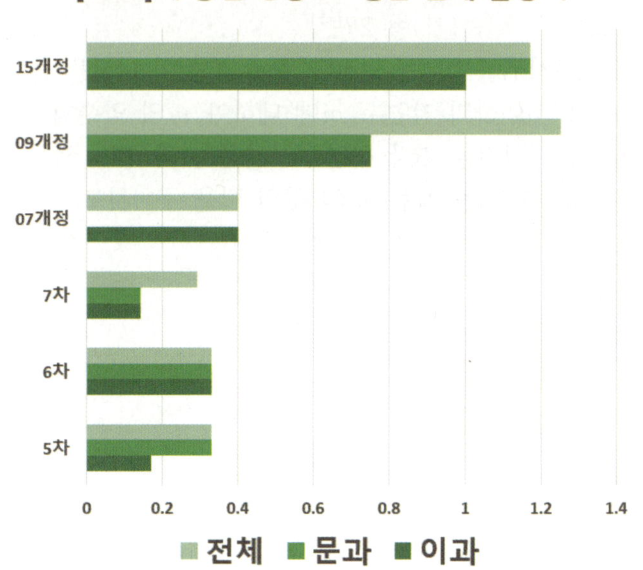

COMMENT

작년 수능 28번으로 출제되었고 최근 중요도가 갈수록 커지고 있어. 출제 빈도가 높아졌을 뿐만 아니라 고난도 문제까지 나오고 있고 15개정 평가원은 이 경향을 「경향 06 조건부확률」 내용을 섞어서 출제하는 것이 하나의 트렌드로도 볼 수 있어. 작년 수능에서도 그랬고 말이야. 공식만 알아서는 안 되고 근본적인 원리까지 이해해야 풀 수 있는 문제가 나오니까 반드시 대비하도록 하자.

경향08 수능 출제 전망

▮▮▮▮▮
고난도 출제★
작년 수능 28번

경향08 확률 단원 내 출제 비율

30.3%

경향08 공부 우선순위

★★★
조건부확률과 결합한 고난도 대비
철저한 기출분석 필요

경향08 수능별 데이터 (2)

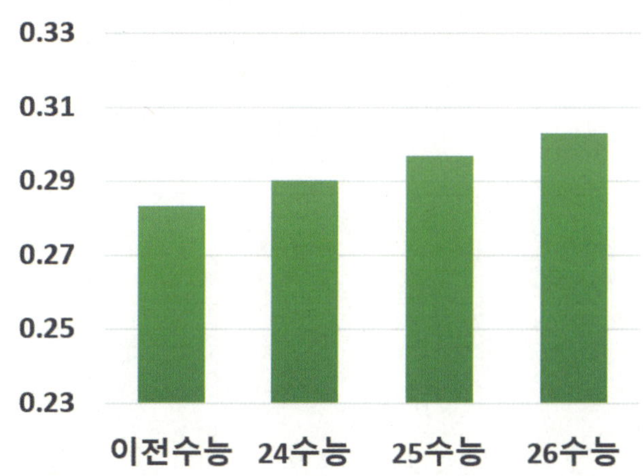

경향08 실전개념분석 050

50. [1998년 수능 (인문) & (자연) 14번]
다음 <보기> 중 옳은 것을 모두 고르면? (단, 동전의
앞면과 뒷면이 나올 확률은 같다.) [2점]

---- [보 기] ----

ㄱ. 동전을 10회 던질 때 앞면이 4회 나타날
   확률과 앞면이 6회 나타날 확률은 같다.
ㄴ. 동전을 10회 던질 때 앞면이 5회 나타날
   확률과 20회 던질 때 앞면이 10회 나타날
   확률은 같다.
ㄷ. 동전을 10회 던질 때 앞면이 나타날 횟수가
   5회 이하일 확률은 0.5보다 크다.

① ㄱ ② ㄷ ③ ㄱ, ㄴ ④ ㄱ, ㄷ ⑤ ㄱ, ㄴ, ㄷ

복습	1회	2회	3회	4회	5회
채점 O△X					

Analysis〰

독립시행의 확률

정의: 한 번의 시행에서
사건 A가 일어날 확률이 p일 때,
n번의 독립시행에서
사건 A가 일어나는 횟수를 r이라 하면
이때의 확률 P_r은

$$P_r = {}_nC_r p^r q^{n-r} \quad (q = 1-p)$$

【ex】 4회중 2회 성공할 확률
(성공: 주사위 던져서 3배수)

1회	2회	3회	4회

Analysis〰

대칭성에 주목하기

$$1 = {}_{10}C_0\left(\frac{1}{2}\right)^{10} + {}_{10}C_1\left(\frac{1}{2}\right)^{10} + \cdots + {}_{10}C_5\left(\frac{1}{2}\right)^{10} + \cdots + {}_{10}C_9\left(\frac{1}{2}\right)^{10} + {}_{10}C_{10}\left(\frac{1}{2}\right)^{10}$$

경향 08 Minor Trend

경향08 실전개념분석 051

1등급

복습	1회	2회	3회	4회	5회
채점 O△X					

51. [2020년 수능 (가)형 20번]
한 개의 동전을 7번 던질 때, 다음 조건을 만족시킬
확률은? [4점]

> (가) 앞면이 3번 이상 나온다.
> (나) 앞면이 연속해서 나오는 경우가 있다.

① $\dfrac{11}{16}$ ② $\dfrac{23}{32}$ ③ $\dfrac{3}{4}$ ④ $\dfrac{25}{32}$ ⑤ $\dfrac{13}{16}$

Analysis

여사건의 확률을 적용해야 하는 상황은
(돼 = 전체 − 안돼)
(1) 안되는 것이 문제에서 명시됐을 때
(2) 되는 케이스가 너무 많을 때
 ex) ~이상, ~이하, 적어도~

경향08 실전개념분석 052

—————1등급—————

복습	1회	2회	3회	4회	5회
채점					
O△X					

52. [2021년 수능 (가)형 19번 & (나)형 29번]
숫자 3, 3, 4, 4, 4가 하나씩 적힌 5개의 공이 들어
있는 주머니가 있다. 이 주머니와 한 개의 주사위를
사용하여 다음 규칙에 따라 점수를 얻는 시행을 한다.

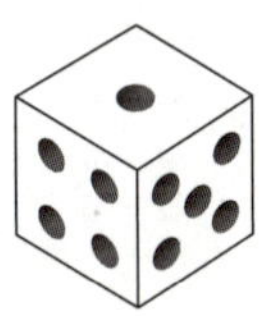

> 주머니에서 임의로 한 개의 공을 꺼내어
> 꺼낸 공에 적힌 수가 3이면 주사위를 3번 던져서
> 나오는 세 눈의 수의 합을 점수로 하고,
> 꺼낸 공에 적힌 수가 4이면 주사위를 4번 던져서
> 나오는 네 눈의 수의 합을 점수로 한다.

이 시행을 한 번 하여 얻은 점수가 10점일
확률은? [4점]

① $\dfrac{13}{180}$ ② $\dfrac{41}{540}$ ③ $\dfrac{43}{540}$ ④ $\dfrac{1}{12}$ ⑤ $\dfrac{47}{540}$

Analysis〰

독립시행의 확률의 공식 적용으로는 풀 수 없고
공식이 유도되는 원리를 알고 있어야 풀 수 있는 문제다.

경향08 실전개념분석 053

—1등급—

복습	1회	2회	3회	4회	5회
채점 O△X					

53. [2019년 수능 (나)형 18번]

좌표평면의 원점에 점 A가 있다. 한 개의 동전을 사용하여 다음 시행을 한다.

> 동전을 한 번 던져 앞면이 나오면 점 A를 x축의 양의 방향으로 1만큼, 뒷면이 나오면 점 A를 y축의 양의 방향으로 1만큼 이동시킨다.

위의 시행을 반복하여 점 A의 x좌표 또는 y좌표가 처음으로 3이 되면 이 시행을 멈춘다. 점 A의 y좌표가 처음으로 3이 되었을 때, 점 A의 x좌표가 1일 확률은? [4점]

① $\dfrac{1}{4}$　② $\dfrac{5}{16}$　③ $\dfrac{3}{8}$　④ $\dfrac{7}{16}$　⑤ $\dfrac{1}{2}$

Analysis

독립시행의 확률과 조건부 확률 개념이 결합된 고난도 문제다. 당시에 개념의 본질을 분석하지 않고 단순 문제풀이만 했던 수험생들이 많이 당황했었다.

경향08 실전개념분석 054

————————————1등급————————————

복습	1회	2회	3회	4회	5회
채점					
O△X					

54. [2022년 수능 (확률과 통계) 30번]
흰 공과 검은 공이 각각 10개 이상 들어 있는 바구니와
비어 있는 주머니가 있다. 한 개의 주사위를 사용하여
다음 시행을 한다.

> 주사위를 한 번 던져 나온 눈의 수가 5
> 이상이면 바구니에 있는 흰 공 2개를 주머니에
> 넣고, 나온 눈의 수가 4 이하이면 바구니에
> 있는 검은 공 1개를 주머니에 넣는다.

위의 시행을 5번 반복할 때, n $(1 \leq n \leq 5)$번째 시행
후 주머니에 들어 있는 흰 공과 검은 공의 개수를 각각
a_n, b_n이라 하자. $a_5 + b_5 \geq 7$일 때, $a_k = b_k$인 자연수
k $(1 \leq k \leq 5)$가 존재할 확률은 $\dfrac{q}{p}$이다. $p+q$의 값을
구하시오. (단, q와 q는 서로소인 자연수이다.) [4점]

Analysis〰

독립시행의 확률과 조건부 확률 개념이 결합된 고난도
문제가 다시 출제됐다. 기출문제를 적당히 풀어보기만
하고, 제대로 분석을 하지 않은 수험생들은 같은 구조의
문제가 나와도 틀렸을 뿐이다. 기출을 공부할 때 단순
풀이만이 아닌 접근법까지 분석해야 기출을 공부하는
것이 효과가 있다는 교훈을 얻을 수 있다.

경향 08 Minor Trend

복습	1회	2회	3회	4회	5회
채점 O△X					

1등급

55. [2023년 수능 (확률과 통계) 29번]
앞면에는 1부터 6까지의 자연수가 하나씩 적혀 있고 뒷면에는 모두 0이 하나씩 적혀 있는 6장의 카드가 있다. 이 6장의 카드가 그림과 같이 6 이하의 자연수 k에 대하여 k번째 자리에 자연수 k가 보이도록 놓여 있다.

1	2	3	4	5	6
↑	↑	↑	↑	↑	↑
1번째 자리	2번째 자리	3번째 자리	4번째 자리	5번째 자리	6번째 자리

이 6장의 카드와 한 개의 주사위를 사용하여 다음 시행을 한다.

> 주사위를 한 번 던져 나온 눈의 수가 k이면 k번째 자리에 놓여 있는 카드를 한 번 뒤집어 제자리에 놓는다.

위의 시행을 3번 반복한 후 6장의 카드에 보이는 모든 수의 합이 짝수일 때, 주사위의 1의 눈이 한 번만 나왔을 확률은 $\dfrac{q}{p}$이다. $p+q$의 값을 구하시오. (단, p와 q는 서로소인 자연수이다.) [4점]

Analysis

앞면 상태인 카드 한장을
1번 뒤집으면 뒷면
2번 뒤집으면 다시 앞면
3번 뒤집으면 다시 뒷면이다.

경향08 실전개념분석 056

━━━━━━ 1등급 ━━━━━━

복습	1회	2회	3회	4회	5회
채점					
O△X					

56. [2024년 수능 (확률과 통계) 28번]
하나의 주머니와 두 상자 A, B가 있다. 주머니에는 숫자 1, 2, 3, 4가 하나씩 적힌 4장의 카드가 들어 있고, 상자 A에는 흰 공과 검은 공이 각각 8개 이상 들어 있고, 상자 B는 비어 있다. 이 주머니와 두 상자 A, B를 사용하여 다음 시행을 한다.

> 주머니에서 임의로 한 장의 카드를 꺼내어 카드에 적힌 수를 확인한 후 다시 주머니에 넣는다.
> 확인한 수가 1이면
> 상자 A에 있는 흰 공 1개를 상자 B에 넣고,
> 확인한 수가 2 또는 3이면
> 상자 A에 있는 흰 공 1개와 검은 공 1개를 상자 B에 넣고,
> 확인한 수가 4이면
> 상자 A에 있는 흰 공 2개와 검은 공 1개를 상자 B에 넣는다.

이 시행을 4번 반복한 후 상자 B에 들어 있는 공의 개수가 8일 때, 상자 B에 들어 있는 검은 공의 개수가 2일 확률은? [4점]

① $\dfrac{3}{70}$ 　　② $\dfrac{2}{35}$ 　　③ $\dfrac{1}{14}$

④ $\dfrac{3}{35}$ 　　⑤ $\dfrac{1}{10}$

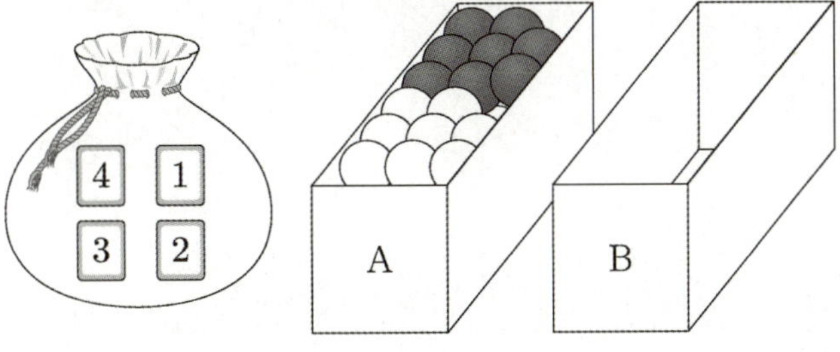

경향 08 Minor Trend

경향08 실전개념분석 057

1등급

57. [2026년 수능 (확률과 통계) 28번]
16개의 공과 1부터 6까지의 자연수가 하나씩 적혀 있는 여섯 개의 빈 상자가 있다. 한 개의 주사위를 사용하여 다음 시행을 한다.

> 주사위를 한 번 던져 나온 눈의 수가 k일 때,
> k가 홀수이면
> 1, 3, 5가 적힌 상자에 공을 각각 1개씩 넣고,
> k가 짝수이면
> k의 약수가 적힌 상자에 공을 각각 1개씩 넣는다.

이 시행을 4번 반복한 후 여섯 개의 상자에 들어 있는 모든 공의 개수의 합이 홀수일 때, 3이 적힌 상자에 들어 있는 공의 개수가 2가 적힌 상자에 들어 있는 공의 개수보다 1개 더 많을 확률은? [4점]

① $\dfrac{1}{8}$　　② $\dfrac{3}{16}$　　③ $\dfrac{1}{4}$

④ $\dfrac{5}{16}$　　⑤ $\dfrac{3}{8}$

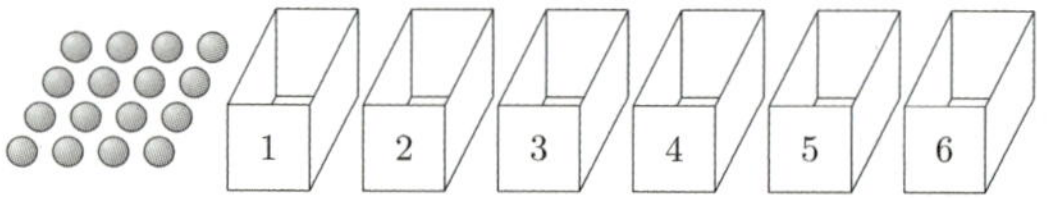

Analysis〰

독립시행의 확률과 조건부 확률 개념이 결합된 고난도 문제가 2년만에 또다시 출제됐다. 수능은 완전히 매년 새로운 문제를 내는 시험이 아니라, 냈던 것을 서슴없이 다시 내는 시험이다.

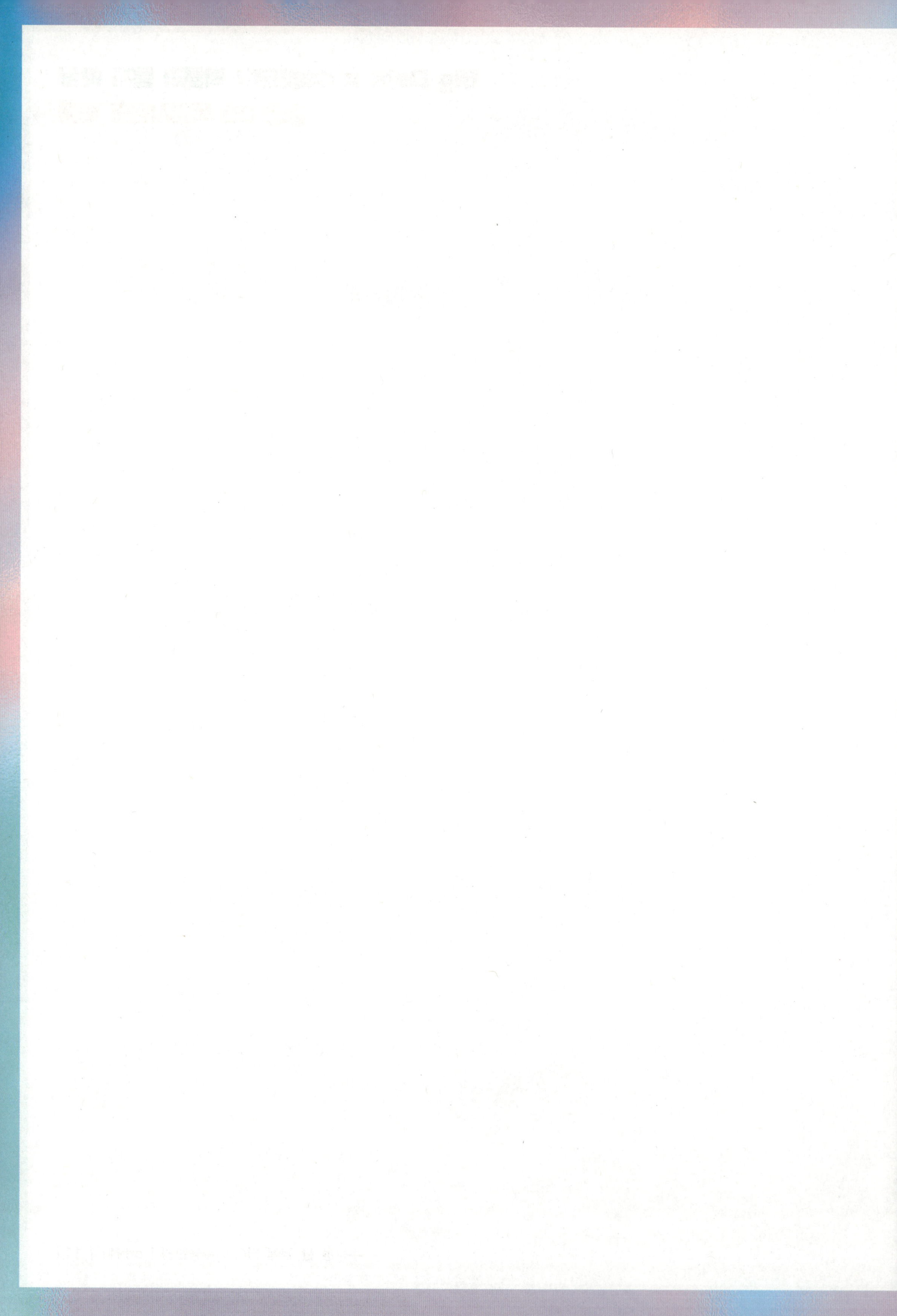

확률과 통계

3.통계

Big Data Report

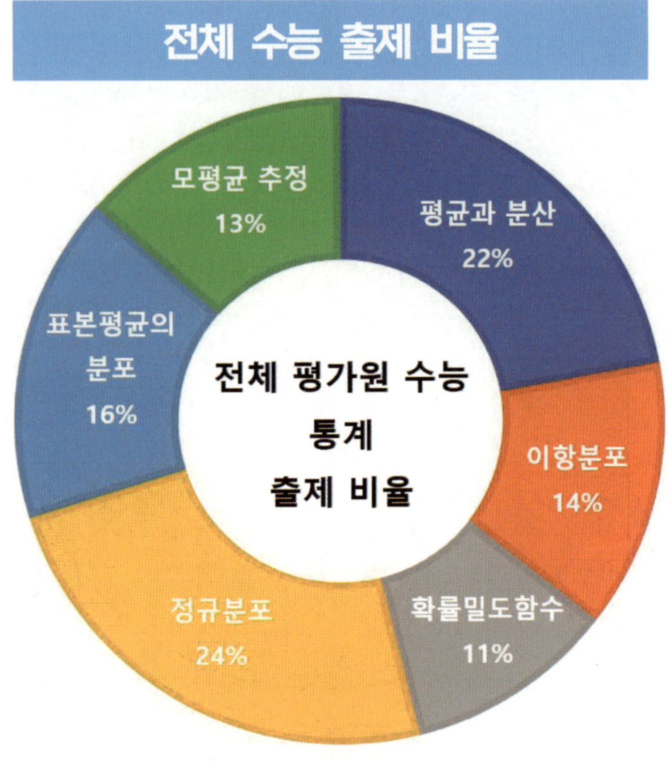

■ 통계 단원은 6가지 경향으로 분석하였다. 개념이 복잡해지는 만큼 경향도 다양해진다.

■ [경향09] 평균과 분산

분산하면 무조건 $V(X) = E(X^2) - \{E(X)\}^2$ 공식부터 적용하려고 드는 학생들이 많은데, 분산의 의미와 정의 자체를 물어보는 문제가 출제될 수도 있다. 적어도 분산이 왜 나왔는지, 언제 분산을 쓰는지 알고 있어야 한다. 현 평가원 모의고사에서 분산의 정확하고 깊은 의미를 물어보는 문제가 출제된 전례도 있다.

■ [경향10] 이항분포

대체로 쉬운 문제가 나오지만, 21수능에서 4점 문제로 출제된 전례가 있고 작년 수능에서도 정규분포와 결합된 4점 문제가 출제됐다. 이항분포의 정확한 의미를 모른 채로 이항분포의 평균과 분산, 표준편차 공식만 외우고 적용하려 하지 말고, 수능 때 당황하지 않으려면 본질적인 개념과 의미를 알고 있어야 한다.

■ [경향11] 확률밀도함수

22수능, 23수능 고난도로 출제된 적이 있다. 확률 밀도 함수에서 고난도로 출제하면 정규분포에서 고난도로 안 나오고, 정규분포에서 고난도로 출제하면 확률밀도함수는 쉽게 물어보는 형식이다. [그래프 밑넓이 =1] 이외에 확률밀도 함수에 대한 정확한 개념 이해가 중요하다.

■ [경향12] 정규분포

모든 교육과정을 통틀어 통계 단원의 항상 '스타'였다. 누적된 문제 수가 가장 많고 후반부 모든 개념과 밀접하게 연관된 만큼 중요하다고 할 수 있다. 현 평가원에서 정규분포의 그래프 특징을 물어보는 문제가 자주 출제되고 최근 3년 통계 고난도 문항은 모두 이 경향에서 출제되었다. 수능한권에 있는 워크북을 꼭 다 풀어보고 꼭 정규분포의 특징과 그래프의 특징을 잘 정리해두자. 준비만 잘 해두면 결코 어렵지 않다.

전체 수능 평균 난이도

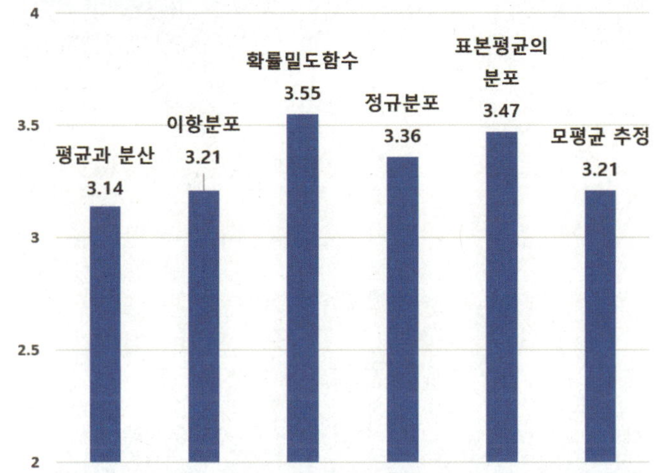

현 평가원 수능 평균 난이도

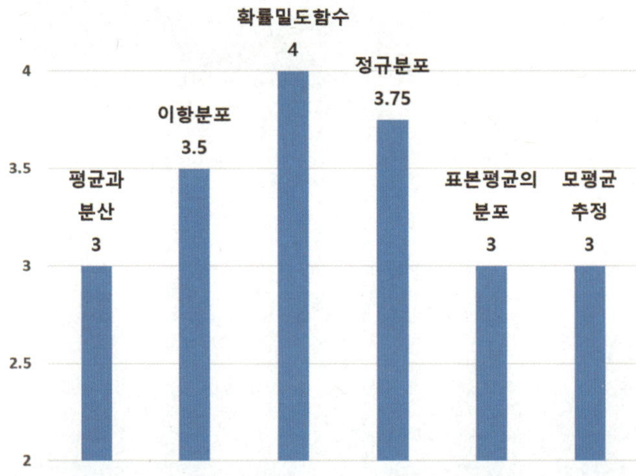

올해 수능 통계 학습 방향

1. 문제 풀면서 개념 메꾸기···X
개념을 정확하게 한 다음 문제 풀기···O
2. 통계는 큰 변형과 응용이 어렵기 때문에
고난도 문제는 주로 '개념의 완벽한 이해'
3. 정규분포와 확률밀도함수의
그래프 특징 정리
4. 표본평균의 분포 오개념 주의

◆ 평균과 분산 (3.14점)

◆ 이항분포 (3.21점)

◆ 확률밀도함수 (3.55점)

◆ 정규분포 (3.36점)

◆ 표본평균의 분포 (3.47점)

◆ 모평균 추정 (3.21점)

■ [경향13] 표본평균의 분포
현 평가원 수능에서 지속적으로 3점 문제로만 출제했던 것에 반해 평가원 모의고사에서는 고난도 4점 문항으로 출제했었다. 모의고사에서 이미 충분히 예고가 됐으므로 이번 수능에서 기습적으로 높은 난이도로 출제될 수도 있다. 특히 이 경향은 학생들이 오개념을 갖고 있는 경우가 많으니 주의하자.

■ [경향14] 모평균 추정
공식만 알고 있으면 풀 수 있는 수준의 쉬운 문제가 4년 연속 꾸준하게 출제되었다. 작년 수능에서 26번 3점 문항으로 출제되었다.

■ 작년 수능 출제 문항 분류
[경향09] 평균과 분산
 - 27번 [3점]

[경향12] 정규분포
 - 29번 [4점]

[경향14] 모평균 추정
 - 26번 [3점]

1 확률변수의 뜻

확률변수: 표본공간의 각 원소에 하나의 실수값을 대응시켜주는 것.

이산확률변수: 유한 개의 값 x_1, $\cdots$, x_n을 가지는 확률변수

연속확률변수: 어떤 구간의 모든 실수값을 가지는 확률변수

확률분포: 확률변수 X가 가지는 값과
그 값을 가질 확률과의 대응 관계

확률질량함수: 이산확률변수가 정의역인 확률함수

확률밀도함수: 연속확률변수가 정의역인 확률함수

2 이산확률분포의 성질

① $0 \le \mathrm{P}(X = x_i) = p_i \le 1$

② $\displaystyle\sum_{i=1}^{n} p_i = p_1 + p_2 + \cdots + p_n = 1$

③ $\displaystyle\mathrm{P}(x_a \le X \le x_b) = \sum_{i=a}^{b} \mathrm{P}(X = x_i)$

■식

$\mathrm{P}(X = x_i) = p_i \ (단, \ i = 1, \ 2, \ \cdots, \ n)$

■표

X	x_1	x_2	$\cdots$	x_i	$\cdots$	x_n	
$\mathrm{P}(X=x_i)$	p_1	p_2	$\cdots$	p_i	$\cdots$	p_n	1

■그래프

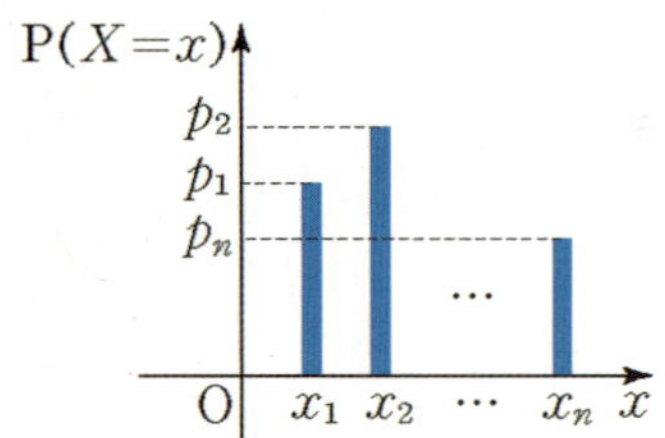

3 평균

$$\mathrm{E}(X) = m = \sum_{i=1}^{n} x_i p_i = x_1 p_1 + x_2 p_2 + \cdots + x_n p_n$$

4 분산과 표준편차

분산: $\mathrm{V}(X) = \mathrm{E}((X-m)^2) = \mathrm{E}(X^2) - \{\mathrm{E}(X)\}^2$
$$= \sum_{i=1}^{n} (x_i - m)^2 p_i$$

표준편차: $\sigma(X) = \sqrt{\mathrm{V}(X)}$

5 평균 분산 표준편차의 성질

$\mathrm{E}(X)$ 평균, $\mathrm{V}(X)$ 분산, $\sigma(X)$ 표준편차

① $\mathrm{E}(aX+b) = a\mathrm{E}(X) + b$
② $\mathrm{V}(aX+b) = a^2 \mathrm{V}(X)$
③ $\sigma(aX+b) = |a|\sigma(X)$
④ $\mathrm{V}(X) = \mathrm{E}(X^2) - \{\mathrm{E}(X)\}^2$
⑤ $\mathrm{E}(X^2) = \mathrm{V}(X) + \{\mathrm{E}(X)\}^2$

6 이항분포 $\mathrm{B}(n, p)$

이항분포의 정의: 한 번의 시행에서 사건 A가 일어날 확률이 p일 때,
n번의 독립시행에서 사건 A가 일어나는 횟수를 확률변수 X라 하면
이때의 확률분포를 이항분포라고 한다.

$$\mathrm{P}(X=x) = {}_n\mathrm{C}_x\, p^x q^{n-x} \quad (q=1-p)$$

①**평균:** $\mathrm{E}(X) = np$
②**분산:** $\mathrm{V}(X) = npq$
③**표준편차:** $\sigma(X) = \sqrt{npq}$

■ 이항분포의 표현

① 식: $\mathrm{P}(X=x) = {}_n\mathrm{C}_x\, p^x q^{n-x} \quad (q=1-p)$

② 표:

X	0	1	$\cdots$	x	$\cdots$	n	계
$\mathrm{P}(X=x)$	${}_n\mathrm{C}_0\, p^0 q^n$	${}_n\mathrm{C}_1\, p^1 q^{n-1}$	$\cdots$	${}_n\mathrm{C}_x\, p^x q^{n-x}$	$\cdots$	${}_n\mathrm{C}_n\, p^n q^0$	1

③ 기호: $\mathrm{B}(n, p)$

7 큰 수의 법칙

어떤 시행에서 사건 A가 일어나는 수학적 확률이 p이고,
n번의 독립시행에서 사건 A가 일어나는 횟수를 X라고 하면,
임의의 양수 h에 대하여 n의 값이 한없이 커질수록

$\mathrm{P}\left(\left|\dfrac{X}{n}-p\right| < h\right)$는 1에 한 없이 가까워진다.

※ 시행횟수 n을 충분히 크게 했을 때 통계적확률은 수학적확률에 가까울 가능성이 크다.

8 연속확률분포

연속확률변수: 어떤 구간의 모든 실수값을 가지는 확률변수
확률밀도함수: 연속확률변수가 정의역인 확률함수

구간 $\alpha \le x \le \beta$의 모든 값을 가지는 연속확률변수 X의 확률밀도함수 $f(x)$의 성질
①$f(x) \ge 0$
②$y=f(x)$의 그래프와 x축 사이의 넓이는 1
③$\mathrm{P}(a \le X \le b)$는 구간 $a \le x \le b$에서 $y=f(x)$의 그래프와 x축 사이의 넓이

⑨ 정규분포

자연현상이나 사회현상을 측정할 때, 그 확률밀도함수가 그림과 같은 종 모양에 가까운 경우가 많다.
연속확률변수 X의 확률밀도함수 $f(x)$가

$$f(x) = \frac{1}{\sqrt{2\pi}\,\sigma} e^{-\frac{(x-m)^2}{2\sigma^2}} \quad (e = 2.718\cdots)$$

와 같을 때, X의 분포를 정규분포라고 한다.

$\mathrm{N}(m,\ \sigma^2)$: 확률변수 X가 평균 m, 분산 σ^2인 정규분포를 따른다.

①대칭성: $x = m$ 　　점근선: x축

②곡선과 x축 사이의 넓이: 1

③m이 일정할 때의 곡선의 모양

　　　σ값이 커지면: 양쪽으로 퍼진다. 　vs　 σ값이 작아지면: 뾰족해진다.

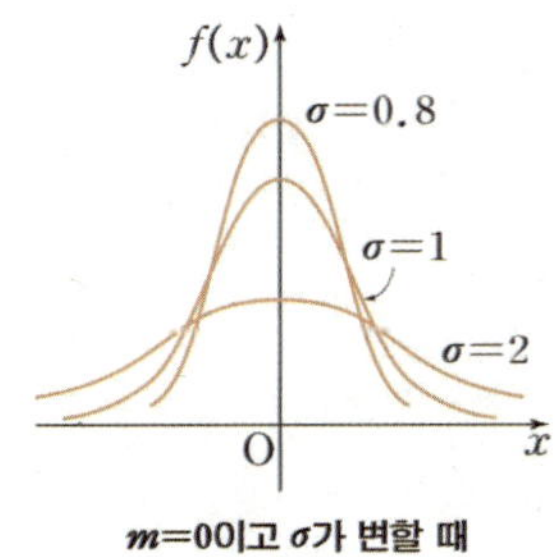

④σ가 일정할 때, m이 변하면: 대칭축의 위치는 바뀌지만 곡선의 모양은 같다

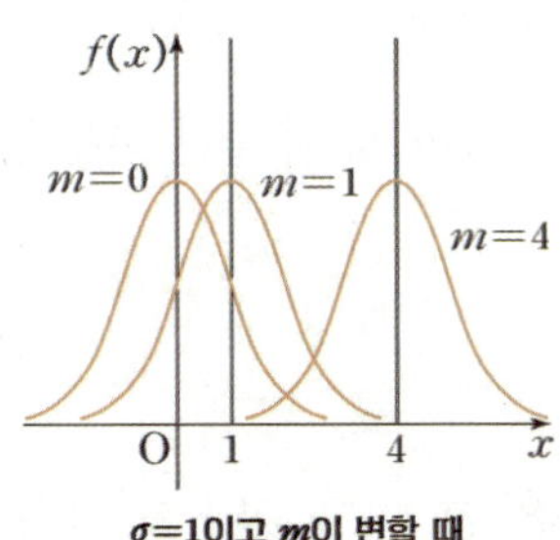

⑤$\mathrm{P}(a \le X \le b)$: 구간 $a \le x \le b$에서 $y = f(x)$의 그래프와 x축 사이의 넓이

⑩ 표준정규분포

정의: 정규분포 $\mathrm{N}(0,\ 1^2)$ 평균이 $m=0$, 표준편차가 $\sigma=1$인 정규분포

표준화: 확률변수 X가 정규분포 $\mathrm{N}(m,\ \sigma^2)$을 따를 때, 확률변수 Z를 $Z = \dfrac{X-m}{\sigma}$라 하면

Z는 표준정규분포 $\mathrm{N}(0,\ 1^2)$을 따른다.

$$\mathrm{P}(a \le X \le b) = \mathrm{P}\left(\frac{a-m}{\sigma} \le Z \le \frac{b-m}{\sigma}\right)$$

⑪ 이항분포와 정규분포의 관계

확률변수 X가 이항분포 $B(n,\ p)$를 따를 때 n이 충분히 크면 X는 근사적으로 정규분포 $N(np,\ npq)$을 따른다.
(평균: $E(X)=np$ 분산: $V(X)=npq$)

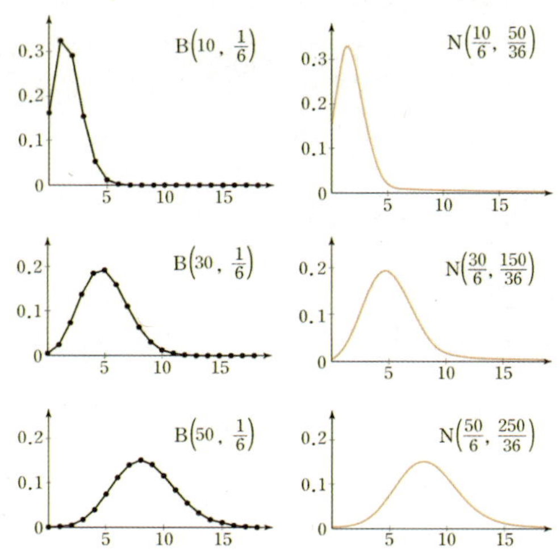

⑫ 통계적 추정

전수조사: 통계 조사에서 대상으로 삼은 집단 전체를 조사하는 것

표본조사: 대상으로 삼은 집단의 일부를 조사하는 것.

모집단: 통계조사에서 대상이 되는 집단 전체

표본: 표본조사를 하는 경우 조사하기 위하여 모집단에서 추출한 부분집합

표본의 크기: 표본의 원소의 개수

임의추출: 모집단에서 편중되지 않게, 무작위로 추출

임의표본: 임의추출에 의하여 만들어진 표본

복원추출: 한 번 추출된 원소를 다시 되돌려 놓은 후 다음 원소를 뽑음

비복원추출: 되돌려 놓지 않고 다음 원소를 뽑음

⑬ 모집단과 표본의 분포

모평균: $E(X)=m.$

모표준편차: $\sigma(X)=\sigma$ 임의추출한 크기가 n인
 표본 $X_1, X_2, \cdots, X_n$에서

표본평균: $\quad \overline{X}=\dfrac{1}{n}(X_1+X_2+\cdots+X_n)=\dfrac{1}{n}\sum\limits_{i=1}^{n}X_i$

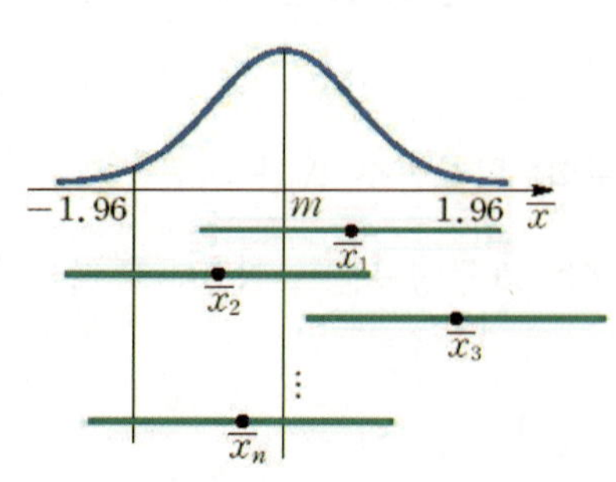

[모평균의 추정 신뢰도 ▶]

표본표준편차: $\quad S=\sqrt{S^2}=\sqrt{\dfrac{1}{n-1}\sum\limits_{i=1}^{n}(X_i-\overline{X})^2}$

14 표본평균의 분포

①모평균 m, 모표준편차 σ인 모집단에서 크기 n인 임의표본을 복원추출할 때,

표본평균의 평균 : $\mathrm{E}(\overline{X}) = m$

표본평균의 표준편차 : $\sigma(\overline{X}) = \dfrac{\sigma}{\sqrt{n}}$

표본평균의 분산 : $\mathrm{V}(\overline{X}) = \dfrac{\sigma^2}{n}$

②모집단의 분포가 정규분포이면 $\overline{X}$는 정규분포 $\mathrm{N}\left(m, \dfrac{\sigma^2}{n}\right)$을 따른다.

③모집단의 분포가 정규분포가 아닐 때도 표본의 크기 n이 충분히 크면 $\overline{X}$의 분포는 근사적으로

정규분포 $\mathrm{N}\left(m, \dfrac{\sigma^2}{n}\right)$를 따른다.

15 모평균의 추정

크기가 n인 표본이 평균이 $\overline{x}$이고, 모표준편차가 σ일 때

모평균의 95%신뢰구간: $\overline{x} - 1.96\dfrac{\sigma}{\sqrt{n}} \leq m \leq \overline{x} + 1.96\dfrac{\sigma}{\sqrt{n}}$

모평균의 99%신뢰구간: $\overline{x} - 2.58\dfrac{\sigma}{\sqrt{n}} \leq m \leq \overline{x} + 2.58\dfrac{\sigma}{\sqrt{n}}$

신뢰구간의 길이: $2 \times 1.96\dfrac{\sigma}{\sqrt{n}}$, $2 \times 2.58\dfrac{\sigma}{\sqrt{n}}$

오차한계: $1.96\dfrac{\sigma}{\sqrt{n}}$, $2.58\dfrac{\sigma}{\sqrt{n}}$

■일반적으로 $\overline{X}$는 확률변수를 나타내고 $\overline{x}$는 상수를 나타낸다.

■ 신뢰도의 의미

크기 n인 표본을 여러 번 추출하여 신뢰구간을 만들 때,
모평균 m을 포함하는 것이 약 95%이다.

경향 09 Minor Trend

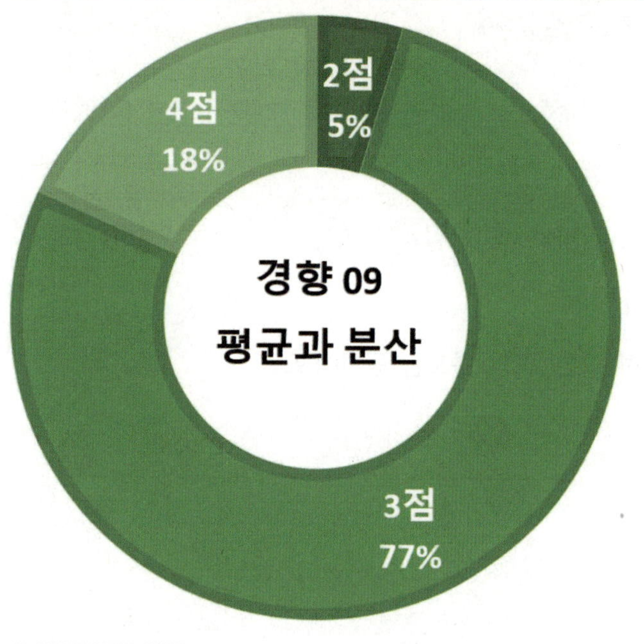

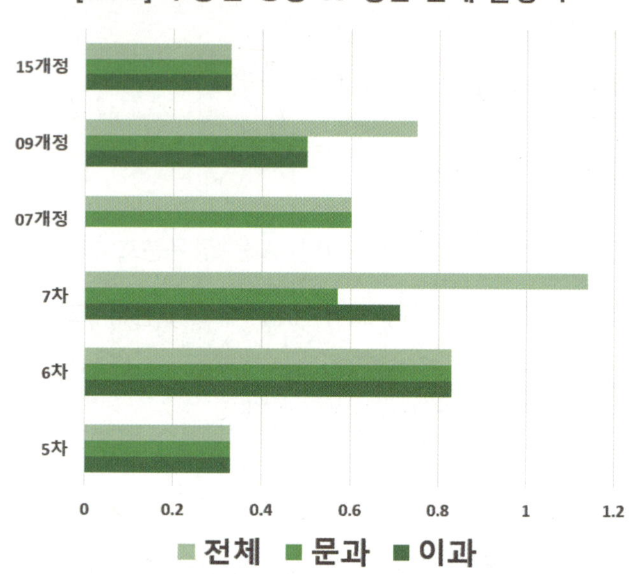

COMMENT

평가원에서 분산의 '공식 사용'이 아닌 '의미와 정의 자체'를 물어보는 문제가 여러 번 출제된 적이 있던 걸 감안하면 평균과 분산의 의미와 정의를 확실히 짚고 넘어가야 해. 작년 수능에서 3점 문항으로 출제되었지만 22학년도 9월 모의고사에서 4점 문항으로 출제된 적이 있는 만큼 고난도 문항까지 알고 넘어가야 해.

■■■□□

정의 자체를 이해하자

22.12%

★★

공식보다 '개념'과 유도과정
개념과 유도과정을 이해하면서
문제풀기

현교육과정
경향09 수능중요도

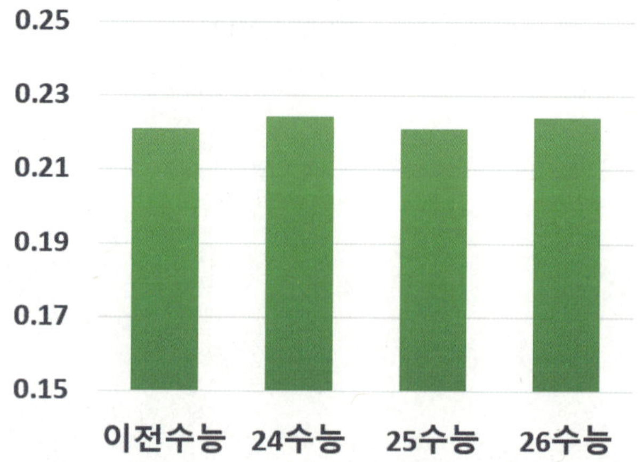

경향09 실전개념분석 058

58. [1996년 수능 (인문) & (자연) 12번]
다음 자료들 중에서 표준편차가 가장 큰 것은?

① 1, 5, 1, 5, 1, 5, 1, 5, 1, 5
② 1, 5, 1, 5, 1, 5, 3, 3, 3, 3
③ 2, 4, 2, 4, 2, 4, 2, 4, 2, 4
④ 2, 4, 2, 4, 2, 4, 3, 3, 3, 3
⑤ 4, 4, 4, 4, 4, 4, 4, 4, 4, 4

복습	1회	2회	3회	4회	5회
채점					
O△X					

Analysis

분산에 대한 도식적 계산이 아닌, 분산의 개념과 의미를
알고 있는지 물어보는 문제.

경향 09 Minor Trend

경향09 실전개념분석 059

59. [2002년 수능 (인문) & (자연) 8번]

세 자료

A : 1부터 50까지의 자연수

B : 51부터 100까지의 자연수

C : 1부터 100까지의 짝수

의 표준편차를 순서대로 a, b, c라 할 때, a, b, c의 대소관계를 바르게 나타낸 것은? [3점]

① $a = b = c$ ② $a = b < c$ ③ $a < b = c$

④ $a < b < c$ ⑤ $a < c < b$

경향09 실전개념분석 060

복습	1회	2회	3회	4회	5회
채점 OΔX					

60. [1998년 수능 (인문) & (자연) 11번]
그림과 같이 1부터 9까지 숫자가 쓰여진 표적이 있다. 5명의 사격선수 A, B, C, D, E가 10발씩 사격하여 맞춘 10개의 수의 평균이 모두 5가 되었다. 5명이 사격한 결과는 다음과 같다.

1	2	3
4	5	6
7	8	9

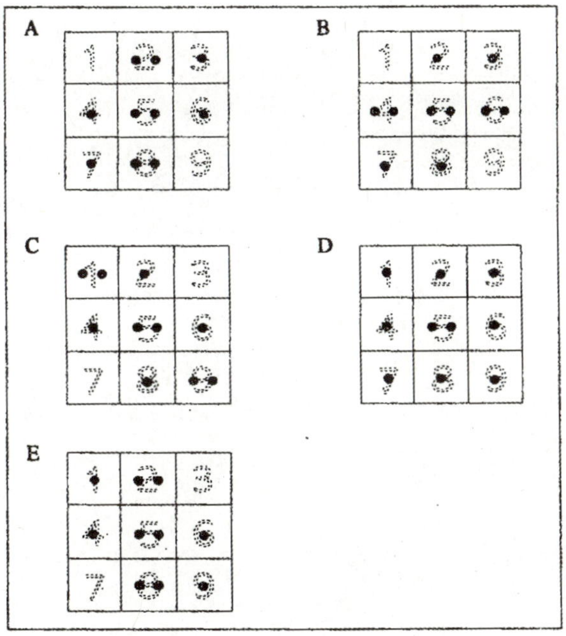

5명 중 맞춘 10개 수의 표준편차가 가장 작은 사람은? [2점]

① A ② B ③ C ④ D ⑤ E

경향 09 Minor Trend

경향09 실전개념분석 061

복습	1회	2회	3회	4회	5회
채점 O△X					

61. [2003년 수능 (인문) & (자연) 30번]

다음은 첫째 항이 $a - 15d$, 공차가 d, 항의 개수가 31 인 등차수열이다.

$$a - 15d, \ \cdots, \ a - d, \ a, \ a + d, \ \cdots, \ a + 15d$$

위 항들의 값의 표준편차를 σ 라고 할 때, $\dfrac{\sigma}{d}$ 의 값을 소수점 아래 둘째 자리까지 구하시오.

(단, $d > 0$ 이고 $\sqrt{5} = 2.24$ 로 계산한다.) [3점]

Analysis〰

분산의 공식이라고 하면

$$V(X) = E(X^2) - \{E(X)\}^2$$

밖에 모르는 학생이 많은데,

그보다 더 먼저 배우고 개념상 더 중요한 공식은

$$V(X) = E((X - m)^2)$$

이다.

경향09 실전개념분석 062

복습	1회	2회	3회	4회	5회
채점					
O△X					

62. [2010년 수능 (나)형 8번]

확률변수 X의 확률분포표는 다음과 같다.

X	0	1	2	계
$\mathrm{P}(X=x)$	$\dfrac{2}{7}$	$\dfrac{3}{7}$	$\dfrac{2}{7}$	1

확률변수 $7X$의 분산 $V(7X)$의 값은? [3점]

① 14 ② 21 ③ 28 ④ 35 ⑤ 42

Analysis〰

평균은 꼭 계산해봐야 알 수 있는 게 아니다.
자료의 대칭성에 주목하자.

경향 09 Minor Trend

경향09 실전개념분석 063

복습	1회	2회	3회	4회	5회
채점 O△X					

63. [2005년 수능 (나)형 20번]

확률변수 X 의 확률분포표가 아래와 같을 때, 확률변수 $Y = 10X + 5$ 의 분산을 구하시오. [3점]

X	0	1	2	3	계
P (X)	$\dfrac{2}{10}$	$\dfrac{3}{10}$	$\dfrac{3}{10}$	$\dfrac{2}{10}$	1

경향09 실전개념분석 064

복습	1회	2회	3회	4회	5회
채점					
O△X					

64. [2024년 수능 (확률과 통계) 26번]

4개의 동전을 동시에 던져서 앞면이 나오는 동전의 개수를 확률변수 X라 하고, 이산확률변수 Y를

$$Y = \begin{cases} X & (X\text{가 } 0 \text{ 또는 } 1\text{의 값을 가지는 경우}) \\ 2 & (X\text{가 } 2 \text{ 이상의 값을 가지는 경우}) \end{cases}$$

라 하자. $\mathrm{E}(Y)$의 값은? [3점]

① $\dfrac{25}{16}$ ② $\dfrac{13}{8}$ ③ $\dfrac{27}{16}$

④ $\dfrac{7}{4}$ ⑤ $\dfrac{29}{16}$

Analysis〰

■ 독립시행의 확률

정의: 한 번의 시행에서
사건 A가 일어날 확률이 p일 때,
n번의 독립시행에서
사건 A가 일어나는 횟수를
r이라 하면
이때의 확률 P_r은

$$\mathrm{P}_r = {}_n\mathrm{C}_r\, p^r q^{n-r} \quad (q = 1 - p)$$

경향 10 Minor Trend

경향10 수능 출제 난이도

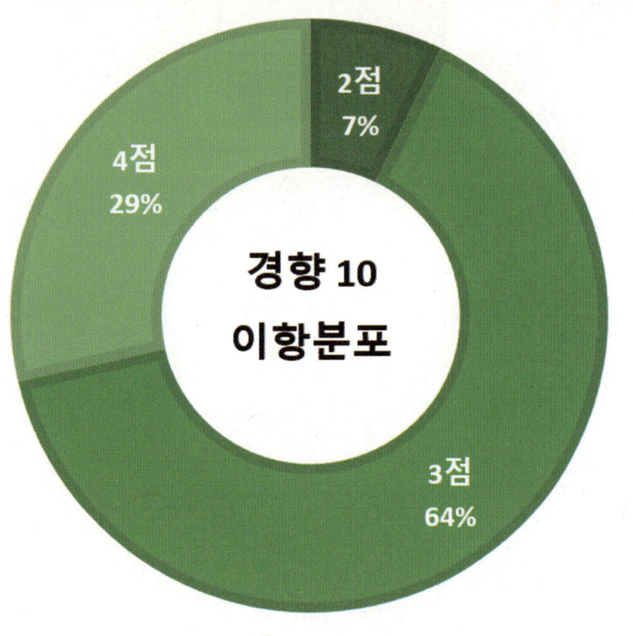

경향10 수능별 데이터 (1)

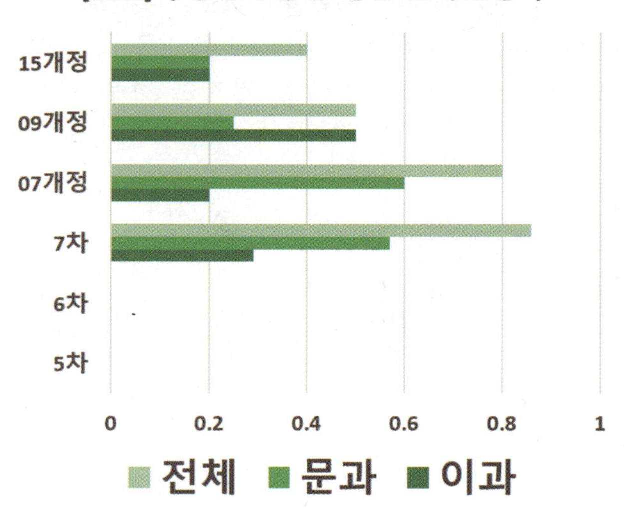

COMMENT

공식만 외워서 풀 수 있는 문항들도 많지만 제법 난이도 있게 출제될 수도 있어. 21수능에서도 고난도로 출제했던 전례가 있기도 해. 고난도 이항분포 문항을 풀기 위해서는 이항분포가 <확률>단원에서 독립시행의 확률로부터 나온다는 개념을 정확히 이해하고, 이항분포의 정의를 꼭 알고 있어야 해. 작년 수능에서는 이항분포에서 단독적으로 나오지는 않았지만 정규분포와 섞여서 출제됐으니까 유심히 보도록 하자.

경향10 수능 출제 전망

■■■□□

방심은 금물

경향10 통계 단원 내 출제 비율

13.46%

경향10 공부 우선순위

★★☆

작년 수능 정규분포와 섞여서 출제

경향10 수능별 데이터 (2)

**현교육과정
경향10 수능중요도**

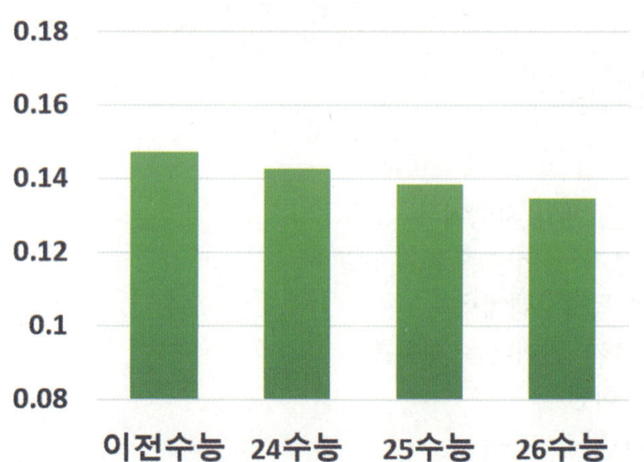

경향10 실전개념분석 065

65. [2009년 수능 (나)형 30번]
두 주사위 A, B를 동시에 던질 때, 나오는 각각의 눈의 수 m, n에 대하여 $m^2 + n^2 \leq 25$가 되는 사건을 E라 하자. 두 주사위 A, B를 동시에 던지는 12회의 독립시행에서 사건 E가 일어나는 횟수를 확률변수 X라 할 때, X의 분산 $V(X)$는 $\dfrac{q}{p}$이다. $p+q$의 값을 구하시오. (단, p, q는 서로소인 자연수이다.) [4점]

복습	1회	2회	3회	4회	5회
채점 O△X					

Analysis

이항분포 $B(n,\ p)$

이항분포의 정의:
한 번의 시행에서
사건 A가 일어날 확률이 p일 때,
n번의 독립시행에서
사건 A가 일어나는 횟수를
확률변수 X라 하면
이때의 확률분포를 이항분포라고 한다.

$$P(X = x) = {}_n C_x\, p^x q^{n-x} \quad (q = 1 - p)$$

① 평균: $E(X) = np$
② 분산: $V(X) = npq$
③ 표준편차: $\sigma(X) = \sqrt{npq}$

독립시행의 확률

정의: 한 번의 시행에서
사건 A가 일어날 확률이 p일 때,
n번의 독립시행에서
사건 A가 일어나는 횟수를
r이라 하면
이때의 확률 P_r은

$$P_r = {}_n C_r\, p^r q^{n-r} \quad (q = 1 - p)$$

경향 10 Minor Trend

복습	1회	2회	3회	4회	5회
채점 O△X					

66. [2021년 수능 (가)형 17번]

좌표평면의 원점에 점 P 가 있다. 한 개의 주사위를 사용하여 다음 시행을 한다.

> 주사위를 한 번 던져 나온 눈의 수가 2 이하이면 점 P 를 x 축의 양의 방향으로 3 만큼, 3 이상이면 점 P 를 y 축의 양의 방향으로 1 만큼 이동시킨다.

이 시행을 15번 반복하여 이동된 점 P 와 직선 $3x + 4y = 0$ 사이의 거리를 확률변수 X 라 하자. $\mathrm{E}(X)$ 의 값은? [4점]

① 13 ② 15 ③ 17 ④ 19 ⑤ 21

Analysis

수학(상) 간접범위를 외면하면 이렇듯 수능에서 큰 낭패를 보니, 반드시 간접범위 정리를 해두자.
고난도 문제일수록 간접범위와 결합될 가능성이 크다.

■ 점 $(x_1,\ y_1)$과 직선 $ax + by + c = 0$ 사이의 거리는

$$d = \frac{|ax_1 + by_1 + c|}{\sqrt{a^2 + b^2}}$$

경향10 실전개념분석 067

복습	1회	2회	3회	4회	5회
채점					
O△X					

67. [2007년 수능 (가)형 확률과 통계 30번]
어느 공장에서 생산되는 제품은 한 상자에 50개씩 넣어 판매되는데, 상자에 포함된 불량품의 개수는 이항분포를 따르고 평균이 m, 분산이 $\dfrac{48}{25}$이라 한다. 한 상자를 판매하기 전에 불량품을 찾아내기 위하여 50개의 제품을 모두 검사하는 데 총 60000원의 비용이 발생한다. 검사하지 않고 한 상자를 판매할 경우에는 한 개의 불량품에 a원의 애프터서비스 비용이 필요하다. 한 상자의 제품을 모두 검사하는 비용과 애프터서비스로 인해 필요한 비용의 기댓값이 같다고 할 때, $\dfrac{a}{1000}$의 값을 구하시오. (단, a는 상수이고, m은 5 이하인 자연수이다.) [4점]

Analysis

국어(문장)를 → 수학(식)으로 번역을 해보자.
그럼 문제 해결의 방향이 보인다.

경향 11 Minor Trend

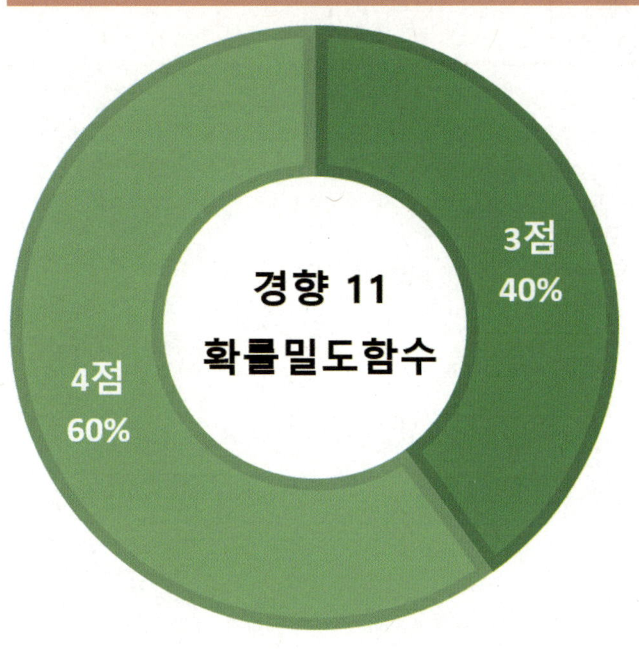

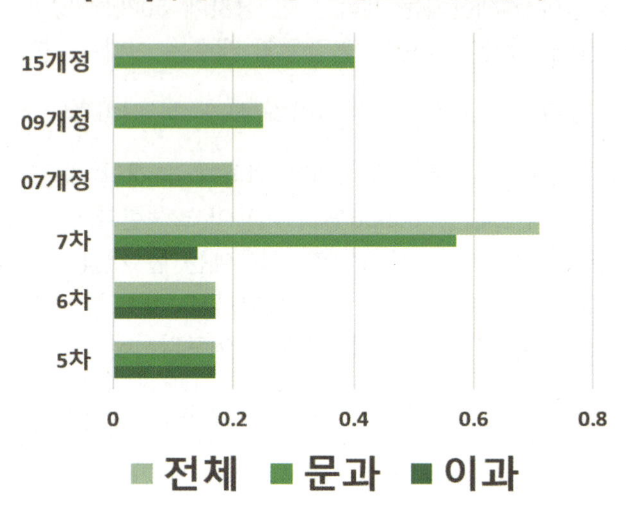

COMMENT

그래프의 밑넓이=1 이라는 것만 활용하면 금방 풀리는 쉬운 문제가 대부분이나, 23수능과 22수능에서 고난도 문제가 출제되어 많은 학생들이 당황했어. 하지만 이 경향에서 선생님이 알려줄 실전개념만 익히고 있으면 어떤 응용문제가 나오든 쉽게 해결할 수 있으니 너무 걱정 하지 않아도 돼.

경향11 수능 출제 전망

■■■☐☐

실전개념 충분히 익히기
고난도 출제 포인트 존재

경향11 통계 단원 내 출제 비율

10.58%

경향11 공부 우선순위

★★☆

고난도 문제까지 풀어보기

현교육과정
경향11 수능중요도

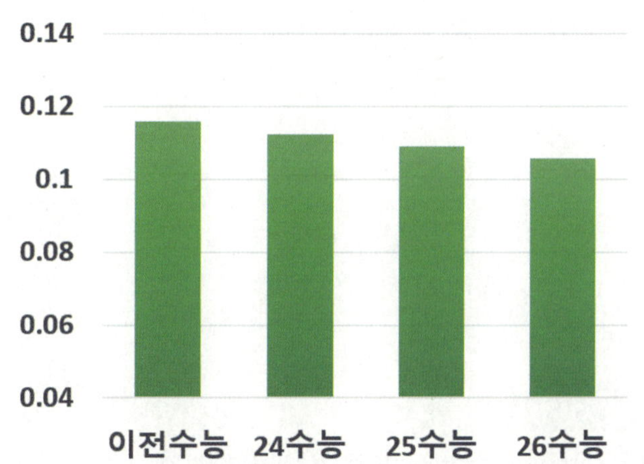

경향11 실전개념분석 068

68. [2019년 수능 (나)형 10번]
연속확률변수 X가 갖는 값의 범위는
$0 \leq X \leq 2$이고, X의 확률밀도함수의 그래프가
그림과 같을 때, $\mathrm{P}\left(\dfrac{1}{3} \leq X \leq a\right)$의 값은?
(단, a는 상수이다.) [3점]

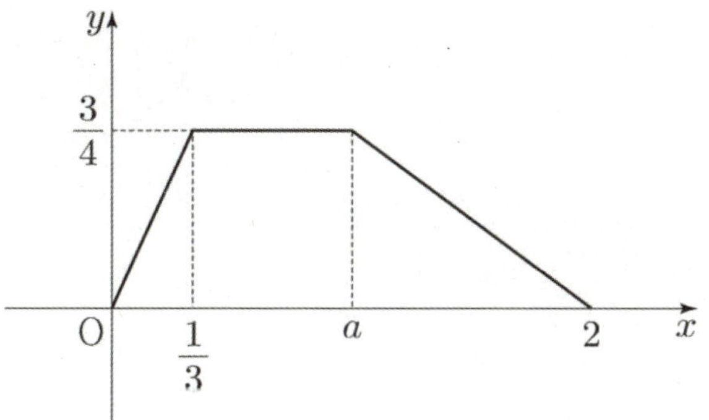

① $\dfrac{11}{16}$ ② $\dfrac{5}{8}$ ③ $\dfrac{9}{16}$ ④ $\dfrac{1}{2}$ ⑤ $\dfrac{7}{16}$

복습	1회	2회	3회	4회	5회
채점 O△X					

Analysis

이산확률분포 vs 연속확률분포

■통계: 확률을 몽땅 다 하기
■확률분포: 확률변수 → 확률 대응(함수 관계)

이산확률분포 vs 연속확률분포	
변수:	변수:
함수:	함수:
대표예시)	대표예시)
표	표
 $\begin{array}{c\|cccc} X & x_1 & x_2 & \cdots & x_n \\ \hline & p_1 & p_2 & \cdots & p_n \end{array}$	
그래프	그래프
그래프에서 확률의 값을 나타내는 것은?	그래프에서 확률의 값을 나타내는 것은?
$\mathrm{P}(X=x_i)$	$\mathrm{P}(X=x_i)$
$\mathrm{P}(x_i \leq X \leq x_j)$	$\mathrm{P}(x_i \leq X \leq x_j)$

경향 11 Minor Trend

경향11 실전개념분석 069

69. [1995년 수능 (인문) & (자연) 12번]

폐구간 $[0, 1]$에서 정의된 모든 확률밀도함수 $f(x)$와 $g(x)$에 대하여 다음 중 확률밀도함수인 것은?

① $f(x)-g(x)$ ② $f(x)+g(x)$

③ $\dfrac{1}{2}\{f(x)-g(x)\}$ ④ $\dfrac{1}{3}\{2f(x)+g(x)\}$

⑤ $2f(x)-g(x)$

복습	1회	2회	3회	4회	5회
채점 O△X					

Analysis〰

비록 적분과 확률밀도함수가 연계되는 내용이 15개정 교육과정에서는 제외되었지만, 어차피 다 배우는 적분이고 확률밀도함수의 밑넓이가 1인 것도 기본 개념이다. 적분을 떠올리며 문제를 풀면 정말 쉽게 풀린다.

경향11 실전개념분석 070

—1등급—

70. [2022년 수능 (확률과 통계) 29번]
두 연속확률변수 X와 Y가 갖는 값의 범위는
$0 \le X \le 6$, $0 \le Y \le 6$이고, X와 Y의 확률밀도함수는
각각 $f(x)$, $g(x)$이다. 확률변수 X의 확률밀도함수
$f(x)$의 그래프는 그림과 같다.

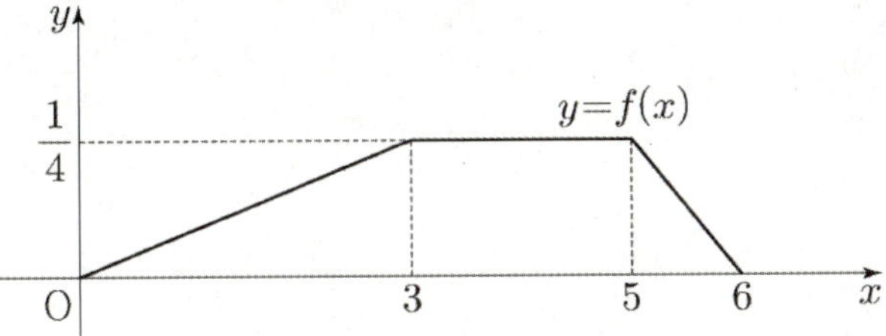

$0 \le x \le 6$인 모든 x에 대하여
$$f(x) + g(x) = k \ (k \text{는 상수})$$

를 만족시킬 때, $\mathrm{P}(6k \le Y \le 15k) = \dfrac{q}{p}$이다. $p+q$의

값을 구하시오. (단, p와 q는 서로소인 자연수이다.)
[4점]

경향 11 Minor Trend

복습	1회	2회	3회	4회	5회
채점					
O△X					

71. [2008년 수능 (가)형 확률과 통계 29번]

두 연속확률변수 X, Y에 대하여 폐구간 $[0, 1]$에서 두 함수 $G(x)$, $H(x)$를 각각 $G(x) = \mathrm{P}(X > x)$, $H(x) = \mathrm{P}(Y > x)$로 정의할 때, 함수 $G(x)$는 $G(x) = -x + 1 \, (0 \le x \le 1)$이고, 함수 $H(x)$의 그래프의 개형은 다음과 같다.

$$\mathrm{P}(X > k) = \mathrm{P}\left(\frac{1}{4} < Y \le \frac{3}{4}\right)$$ 을 만족시키는 k의 값은?

[4점]

① $\dfrac{2}{15}$ ② $\dfrac{1}{5}$ ③ $\dfrac{4}{15}$ ④ $\dfrac{1}{3}$ ⑤ $\dfrac{2}{5}$

Analysis

확률밀도함수를 제대로 공부 안한 학생들은
이 문제를 보고 "밑넓이가 1이 아니잖아!"하며 당황한다.

경향 12 Minor Trend

경향12 수능 출제 난이도

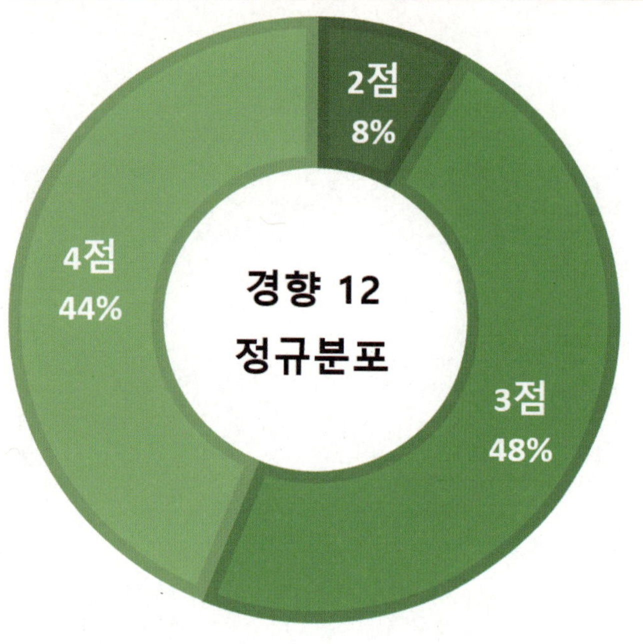

경향12 수능별 데이터 (1)

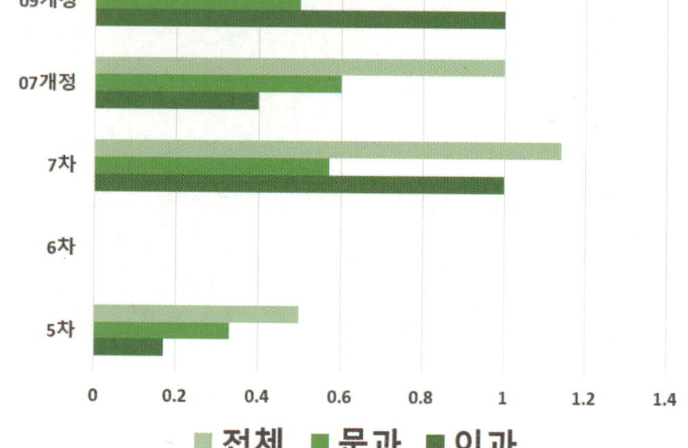

통계 단원에서 제일 중요한 경향이 바로 정규분포야. 통계 후반부 개념이 모두 이 정규분포에서 파생된 개념이니까. 그동안 출제된 문제를 봤을 때, 쉬운 문제와 어려운 문제가 골고루 출제됐어. 특히 고난도 문제 중에서는 마치 미분 적분 그래프 문제를 풀듯이 정규분포의 그래프 개형을 활용해서 풀어야 하는 것도 있다는 걸 주목해야 해. 정규분포 고난도는 정규분포 뿐만 아니라 이항분포도 함께 물어보는 경우가 많이 있고, 최근 수능에서 이 경향에서 고난도 4점 문항으로 출제되었으니까 확실하게 알아두자.

경향12 수능 출제 전망

■■■■■
통계 후반부 개념에서
가장 중요한 내용

경향12 통계 단원 내 출제 비율

24.04%

경향12 공부 우선순위

★★★
평가원 '통계' 파트 최애

경향12 수능별 데이터 (2)

현교육과정
경향12 수능중요도

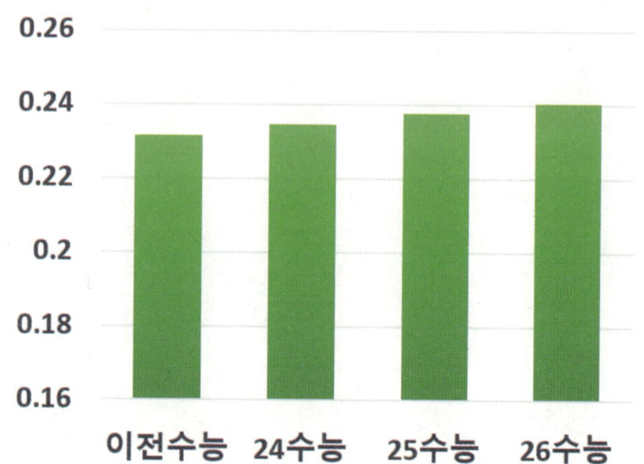

정규분포 실전 개념 적용연습

■ 다른 두 정규분포에서
각각의 평균와 표준편차가 얼마든 상관없이,
각자의 평균으로부터 각자의 표준편차의 몇 배 떨어져
있는 지로 확률 값이 결정된다!

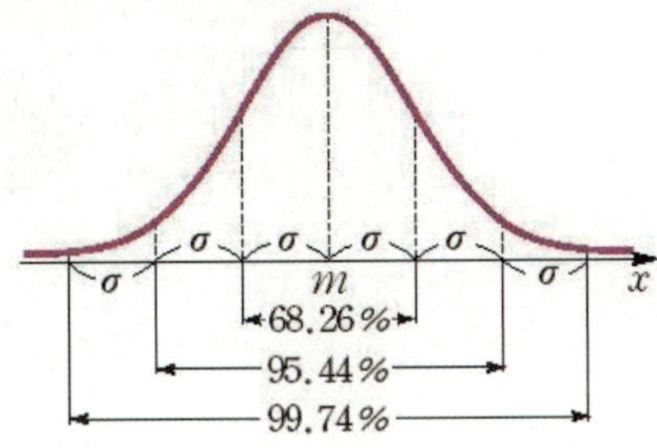

$X \sim \mathrm{N}(m,\ \sigma^2)$ 　　　　　 $Z \sim \mathrm{N}(0,\ 1)$

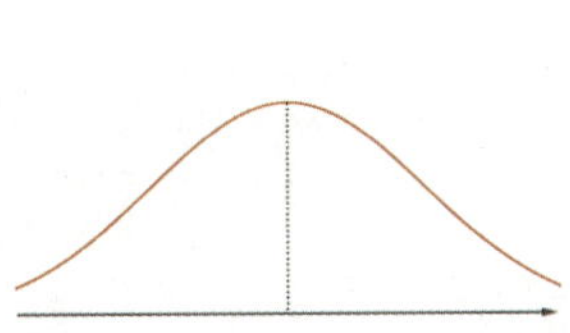
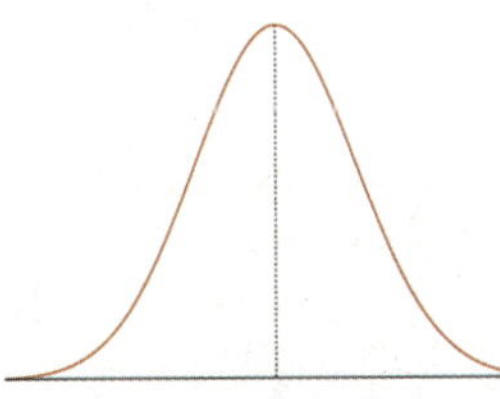

$$\mathrm{P}(m \le X \le a) = \mathrm{P}\left(\frac{m-m}{\sigma} \le \frac{X-m}{\sigma} \le \frac{a-m}{\sigma}\right)$$

$$\mathrm{P}(m \le X \le m + \sigma \times \alpha) = \mathrm{P}(0 \le Z \le \alpha)$$

$X \sim \mathrm{N}(m_1,\ \sigma_1^2),\ Y \sim \mathrm{N}(m_2,\ \sigma_2^2)$일 때

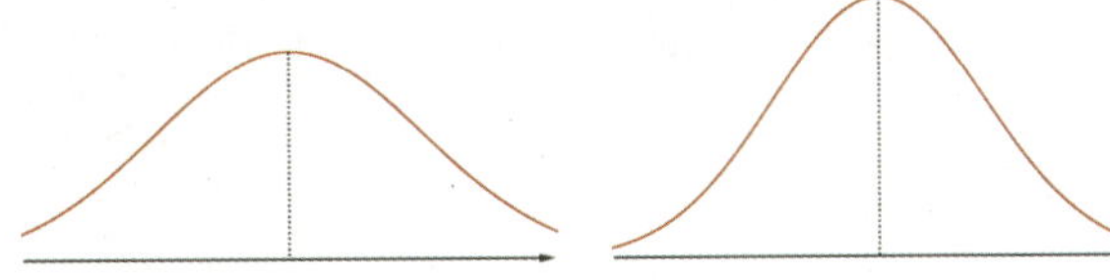

$$\mathrm{P}(m_1 \le X \le m_1 + \sigma_1 \times \alpha) = \mathrm{P}(m_2 \le Y \le b)$$
$$= \mathrm{P}(c \le Y \le m_2)$$

【ex】 $X \sim \mathrm{N}(10,\ 3^2),\ Y \sim \mathrm{N}(7,\ 2^2)$이다.

(1) $\mathrm{P}(10 \le X \le 22) = \mathrm{P}(7 \le Y \le b)$
　　　　　　　　　　 $= \mathrm{P}(c \le Y \le 7)$

일 때, b, c의 값은?

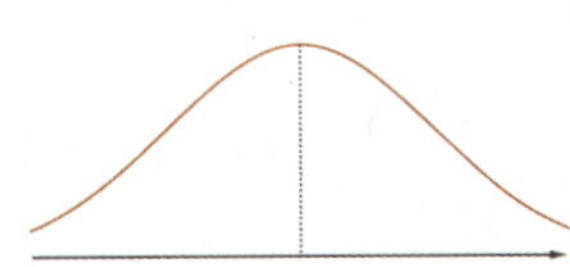

(2) $\mathrm{P}(d \le X \le 22) = \mathrm{P}(5 \le Y \le e)$
일 때, d, e의 값은?

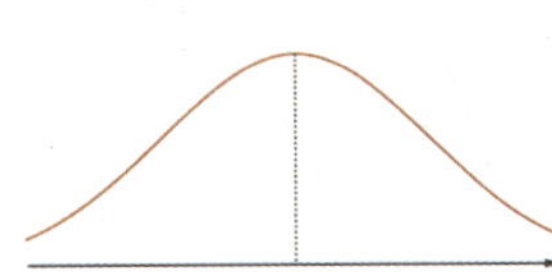
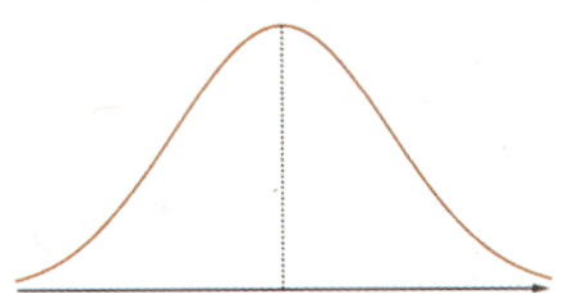

(3) $\mathrm{P}(f \le X \le 22) = \mathrm{P}(g \le Y \le 9)$
일 때, f, g의 값은?

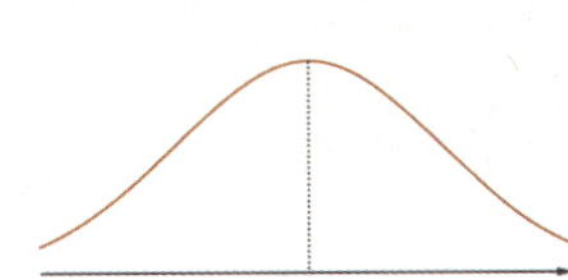
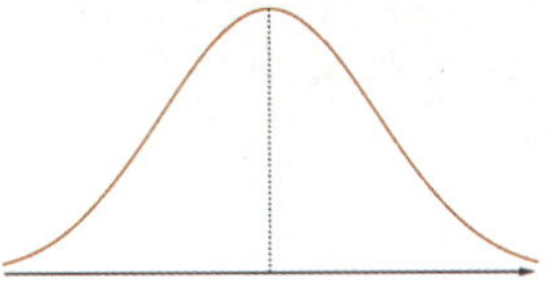

경향 12 Minor Trend

복습	1회	2회	3회	4회	5회
채점 O△X					

72. [2020년 수능 (나)형 13번]

어느 농장에서 수확하는 파프리카 1개의 무게는 평균이 $180\,g$, 표준편차가 $20\,g$인 정규분포를 따른다고 한다. 이 농장에서 수확한 파프리카 중에서 임의로 선택한 파프리카 1개의 무게가 $190\,g$ 이상이고 $210\,g$ 이하일 확률을 오른쪽 표준정규분포표를 이용하여 구한 것은? [3점]

z	$P(0 \leq Z \leq z)$
0.5	0.1915
1.0	0.3413
1.5	0.4332
2.0	0.4772

① 0.0440　② 0.0919　③ 0.1359

④ 0.1498　⑤ 0.2417

Analysis

기본적인 문제이지만 선생님이 알려준 실전개념을 이용해 풀어보자. 그래야 고난도 문제에서 실전개념을 잘 적용할 수 있게 된다.

경향12 실전개념분석 073

73. [2009년 수능 (가)형 확률과 통계 29번]

확률변수 X와 Y는 평균이 모두 0이고 분산이 각각 σ^2과 $\dfrac{\sigma^2}{4}$인 정규분포를 따르고, 확률변수 Z는 표준정규분포를 따른다. 두 양수 a와 b에 대하여

$$P(|X| \leq a) = P(|Y| \leq b)$$

일 때, 옳은 것만을 <보기>에서 있는 대로 고른 것은? [4점]

─── [보 기] ───

ㄱ. $a > b$

ㄴ. $P\left(Z > \dfrac{2b}{\sigma}\right) = P\left(Y > \dfrac{a}{2}\right)$

ㄷ. $P(Y \leq b) = 0.7$일 때, $P(|X| \leq a) = 0.3$
　　이다.

① ㄱ ② ㄴ ③ ㄱ, ㄴ ④ ㄴ, ㄷ ⑤ ㄱ, ㄴ, ㄷ

복습	1회	2회	3회	4회	5회
채점					
O△X					

경향 12 Minor Trend

복습	1회	2회	3회	4회	5회
채점 ○△X					

―1등급―

74. [2010년 수능 (가)형 확률과 통계 29번]
어느 뼈 화석이 두 동물 A와 B 중에서 어느 동물의 것인지 판단하는 방법 가운데 한 가지는 특정 부위의 길이를 이용하는 것이다. 동물 A의 이 부위의 길이는 정규분포 $N(10,\ 0.4^2)$을 따르고, 동물 B의 이 부위의 길이는 정규분포 $N(12,\ 0.6^2)$을 따른다. 이 부위의 길이가 d 미만이면 동물 A의 화석으로 판단하고, d 이상이면 동물 B의 화석으로 판단한다.
동물 A의 화석을 동물 A의 화석으로 판단할 확률과 동물 B의 화석을 동물 B의 화석으로 판단할 확률이 같아지는 d의 값은? (단, 길이의 단위는 cm이다.) [4점]

① 10.4 ② 10.5 ③ 10.6 ④ 10.7 ⑤ 10.8

Analysis

일반적인 표준화 방법으로는 풀이가 길어지지만
선생님이 알려준 실전개념을 활용하면 1줄 컷이다.

경향12 실전개념분석 075

75. [2010년 수능 (가)형 & (나)형 9번]
어느 공장에서 생산되는 병의 내압강도는 정규분포
$N(m, \sigma^2)$ 을 따르고, 내압강도가 40 보다 작은 병은
불량품으로 분류한다.
이 공장의 공정능력을 평가하는 공정능력지수 G 는
$G = \dfrac{m - 40}{3\sigma}$ 으로 계산한다.

$G = 0.8$일 때, 임의 추출한 한 개의 병이 불량품일
확률을 표준정규분포표를 이용하여 구한 것은? [4점]

z	$P(0 \leq Z \leq z)$
2.2	0.4861
2.3	0.4893
2.4	0.4918
2.5	0.4938

① 0.0139 ② 0.0107 ③ 0.0082
④ 0.0062 ⑤ 0.0038

복습	1회	2회	3회	4회	5회
채점					
O△X					

Analysis〰

문제의 단서로 제시된 $G = \dfrac{m - 40}{3\sigma}$ 와

관련 있는 개념이 무엇인지 떠올려보자.

경향 12 Minor Trend

복습	1회	2회	3회	4회	5회
채점 O△X					

76. [2021년 수능 (가)형 12번 & (나)형 19번]
확률변수 X 는 평균이 8, 표준편차가 3인 정규분포를
따르고, 확률변수 Y 는 평균이 m, 표준편차가 σ인
정규분포를 따른다. 두 확률변수 X, Y 가

$\mathrm{P}(4 \leq X \leq 8) + \mathrm{P}(Y \geq 8) = \dfrac{1}{2}$ 을 만족시킬 때,

$\mathrm{P}\left(Y \leq 8 + \dfrac{2\sigma}{3}\right)$ 의 값을 다음 표준정규분포표를

이용하여 구한 것은? [3점]

z	$\mathrm{P}(0 \leq Z \leq z)$
1.0	0.3413
1.5	0.4332
2.0	0.4772
2.5	0.4938

① 0.8351　　② 0.8413　　③ 0.9332

④ 0.9772　　⑤ 0.9938

Analysis

문제 단서에서 $\mathrm{P}(4 \leq X \leq 8) + \mathrm{P}(Y \geq 8) = \dfrac{1}{2}$ 이

나왔다. 숫자의 일치를 우연으로 보지 말자.

정규분포 그래프에서 넓이 $\dfrac{1}{2}$ 과 관련되어 있는 개념이

있다.

정규분포 그래프 분석

정규분포 그래프 핵심 특징
① 꼭짓점
② 좌우대칭

(1) 꼭짓점의 높이와 표준편차의 관계

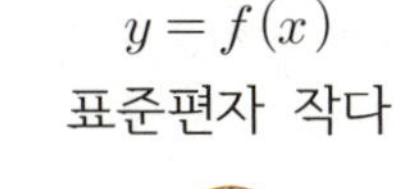
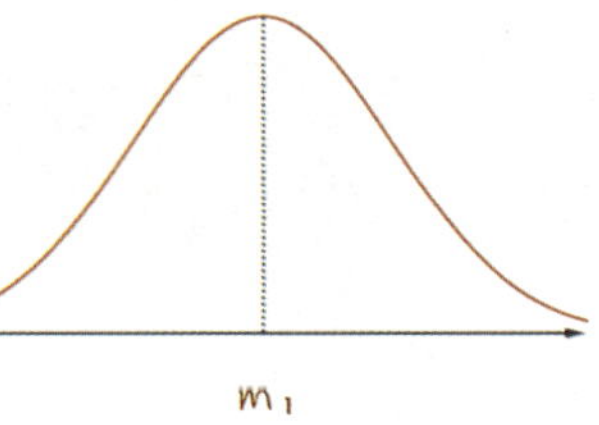
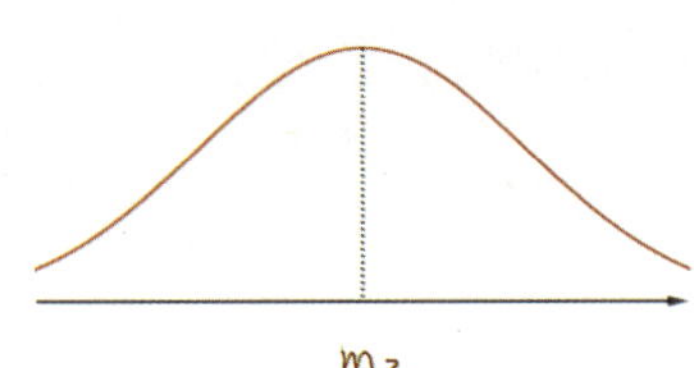

$$\therefore f(m_1) > g(m_2)$$

(2) 함숫값과 평균과의 근접 관계

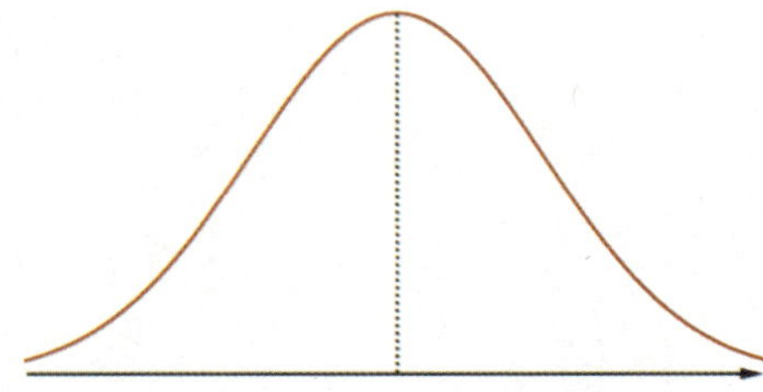

$$\therefore f(x_1) < f(x_2) < f(m)$$

$\therefore x_2$가 x_1보다 m(평균)에 더 가깝다.

경향12 실전개념분석 077

—— 1등급

복습	1회	2회	3회	4회	5회
채점					
O△X					

77. [2020년 수능 (가)형 18번]

확률변수 X는 정규분포 $N(10, 2^2)$, 확률변수 Y는 정규분포 $N(m, 2^2)$을 따르고, 확률변수 X와 Y의 확률밀도함수는 각각 $f(x)$와 $g(x)$이다. $f(12) \leq g(20)$을 만족시키는 m에 대하여 $P(21 \leq Y \leq 24)$의 최댓값을 오른쪽 표준정규분포표를 이용하여 구한 것은? [4점]

z	$P(0 \leq Z \leq z)$
0.5	0.1915
1.0	0.3413
1.5	0.4332
2.0	0.4772

① 0.5328 ② 0.6247 ③ 0.7745
④ 0.8185 ⑤ 0.9104

Analysis

마치 미분 적분 그래프 문제를 풀듯, 정규분포의 그래프의 개형을 활용한 고난도 문제가 출제되고 있다. 2017 수능 출제 당시에는 완전히 신유형이었던 것을 그 이후에 재개발해서 최근 자주 나오고 있다.

경향12 실전개념분석 078

———1등급———

78. [2017년 수능 (가)형 18번 & (나)형 29번]
확률변수 X는 평균이 m, 표준편차가 5인 정규분포를
따르고, 확률변수 X의 확률밀도함수 $f(x)$가 다음
조건을 만족시킨다.

> (가) $f(10) > f(20)$
> (나) $f(4) < f(22)$

m이 자연수일 때, $\mathrm{P}(17 \leq X \leq 18)$의 값을
표준정규분포표를 이용하여 구한 것은? [4점]

z	$\mathrm{P}(0 \leq Z \leq z)$
0.6	0.226
0.8	0.288
1.0	0.341
1.2	0.385

① 0.044 ② 0.053 ③ 0.062
④ 0.078 ⑤ 0.097

복습	1회	2회	3회	4회	5회
채점					
O△X					

경향 12 Minor Trend

경향12 실전개념분석 079

=1등급

복습	1회	2회	3회	4회	5회
채점 O△X					

79. [2024년 수능 (확률과 통계) 30번]

양수 t에 대하여 확률변수 X가 정규분포 $N(1, t^2)$을 따른다.

$$P(X \leq 5t) \geq \frac{1}{2}$$

이 되도록 하는 모든 양수 t에 대하여
$P(t^2 - t + 1 \leq X \leq t^2 + t + 1)$의 최댓값을
표준정규분포표를 이용하여 구한 값을 k라 하자.
$1000 \times k$의 값을 구하시오. [4점]

z	$P(0 \leq Z \leq z)$
0.6	0.226
0.8	0.288
1.0	0.341
1.2	0.385
1.4	0.419

경향12 실전개념분석 080

—————1등급—————

복습	1회	2회	3회	4회	5회
채점					
O△X					

80. [2025년 수능 (확률과 통계) 29번]
정규분포 $N(m_1, \sigma_1^2)$을 따르는 확률변수 X와 정규분포 $N(m_2, \sigma_2^2)$을 따르는 확률변수 Y가 다음 조건을 만족시킨다.

모든 실수 x에 대하여
$P(X \le x) = P(X \ge 40 - x)$이고
$P(Y \le x) = P(X \le x + 10)$이다.

$P(15 \le X \le 20) + P(15 \le Y \le 20)$의 값을 다음 표준정규분포표를 이용하여 구한 것이 0.4772일 때, $m_1 + \sigma_2$의 값을 구하시오. (단, σ_1과 σ_2는 양수이다.)
[4점]

z	$P(0 \le Z \le z)$
0.5	0.1915
1.0	0.3413
1.5	0.4332
2.0	0.4772

경향 12 Minor Trend

81. [2007년 수능 (가)형 확률과 통계 28번]
어느 문구점에 진열되어 있는 공책 중 10%는 A회사의
제품이라고 한다. 한 고객이 이 문구점에서 임의로
100권의 공책을 구입했을 때, A회사 제품이 13권 이상
포함될 확률을 표준정규분포표를 이용하여 구한 것은?
[3점]

z	$\mathrm{P}(0 \leq Z \leq z)$
0.75	0.2734
1.00	0.3413
1.25	0.3944
1.50	0.4332

① 0.0668　　② 0.1056　　③ 0.1587

④ 0.2266　　⑤ 0.2734

Analysis

이항분포에서 시행횟수가 충분히 크면 정규분포로
근사한다.
$$X \sim \mathrm{B}(n,\ p) \fallingdotseq \mathrm{N}(np,\ npq)$$

복습	1회	2회	3회	4회	5회
채점 O△X					

경향12 실전개념분석 082

82. [2005년 수능 (가)형 & (나)형 16번]
다음은 어느 백화점에서 판매하고 있는 등산화에 대한 제조회사별 고객의 선호도를 조사한 표이다.

제조회사	A	B	C	D	계
선호도(%)	20	28	25	27	100

192명의 고객이 각각 한 켤레씩 등산화를 산다고 할 때, C 회사 제품을 선택할 고객이 42명 이상일 확률을 표준정규분포표를 이용하여 구한 것은? [3점]

z	$P(0 \le Z \le z)$
0.5	0.1915
1.0	0.3413
1.5	0.4332
2.0	0.4772

① 0.6915　　② 0.7745　　③ 0.8256
④ 0.8332　　⑤ 0.8413

경향 12 Minor Trend

복습	1회	2회	3회	4회	5회
채점 O△X					

83. [2026년 수능 (확률과 통계) 29번]

6 이하의 자연수 a에 대하여 한 개의 주사위와 한 개의 동전을 사용하여 다음 시행을 한다.

> 주사위를 한 번 던져
> 나온 눈의 수가 a보다 작거나 같으면
> 동전을 5번 던져 앞면이 나온 횟수를 기록하고,
> 나온 눈의 수가 a보다 크면
> 동전을 3번 던져 앞면이 나온 횟수를 기록한다.

이 시행을 19200번 반복하여 기록한 수가 3인 횟수를 확률변수 X라 하자. $E(X) = 4800$일 때, $P(X \leq 4800 + 30a)$의 값을 표준정규분포표를 이용하여 구한 값이 k이다. $1000 \times k$의 값을 구하시오. [4점]

z	$P(0 \leq Z \leq z)$
0.5	0.191
1.0	0.341
1.5	0.433
2.0	0.477
2.5	0.494
3.0	0.499

Analysis

여러 개념이 섞여 있는 문제라서
개념을 탄탄하게 정리하지 않은 학생들은
어디서부터 어떻게 손대야 하는지 혼란스러울 수 있다.
개념을 공식만 암기하는 수준이 아니라
유도과정과 원리까지 꼼꼼히 공부하자.
그리고 항상 문제를 풀 때 무작정
"이 문제를 어떻게 풀지?"라고 생각하지 말고
"이 문제와 관련있는 개념은 뭐지?"라고 생각하는 습관을 갖자.

경향 13 Minor Trend

경향13 수능 출제 난이도

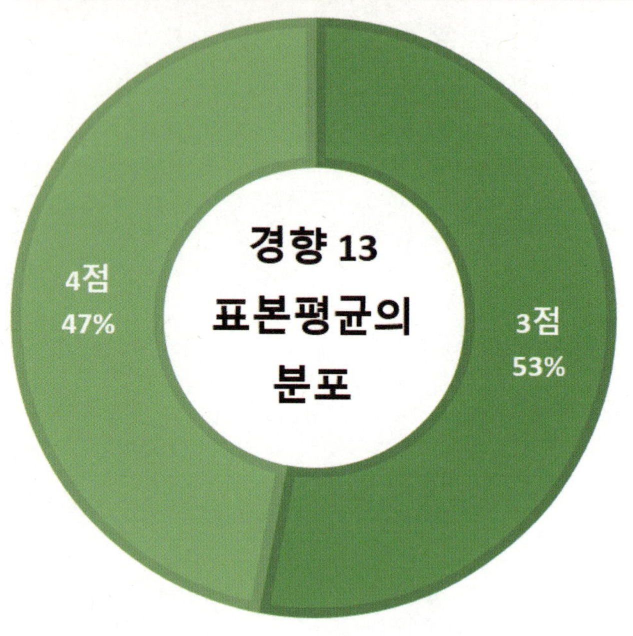

경향13 수능별 데이터 (1)

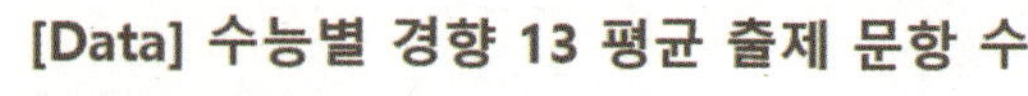
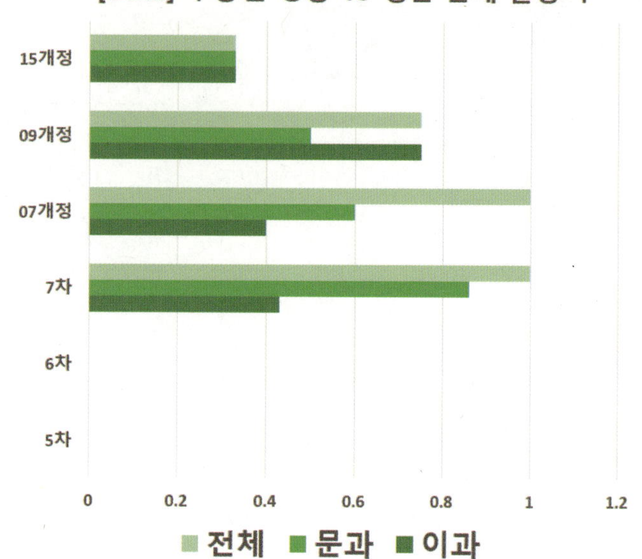

COMMENT

학생들이 오개념을 갖기 쉬운 파트야. 실제로 수능 막판까지도 오개념을 갖고 풀고 있는 수험생들도 적지 않아. 그 학생들의 상당수는 '표본의 분포'와 '표본평균의 분포'의 차이를 근본적으로 이해하지 못해.
15개정 평가원 수능에서는 3점 문제로 출제되었지만 실제 평가원 모의고사에서는 지속적으로 4점 고난도 문항으로 물어보고 있음을 주목해야 해. 언제든 고난도 문항으로 수능에 나와도 이상하지 않다는 거지.
공식만 알지 말고 꼭 정확한 개념과 유도과정까지 확실하게 파악하자. 그래야 고난도 문제에서 당황하지 않아.

경향13 수능 출제 전망

■■■■□
고난도 출제 가능성

경향13 통계 단원 내 출제 비율

16.35%

경향13 공부 우선순위

★★
평가원의 '변화구'

경향13 수능별 데이터 (2)

현교육과정
경향13 수능중요도

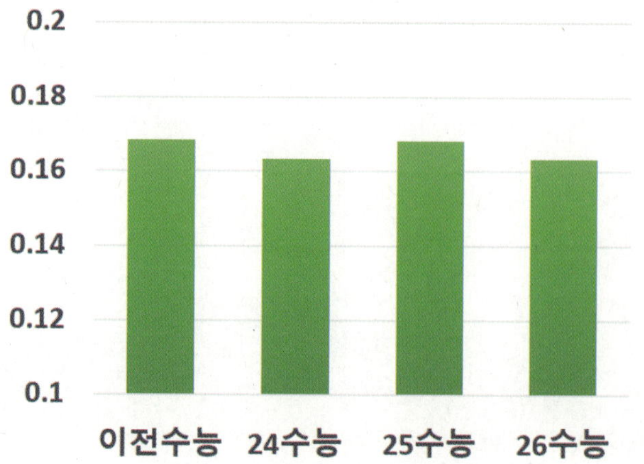

경향13 실전개념분석 084

84. [2017년 수능 (가)형 13번]

정규분포 $N(0, 4^2)$을 따르는 모집단에서 크기가 9인 표본을 임의 추출하여 구한 표본평균을 $\overline{X}$, 정규분포 $N(3, 2^2)$을 따르는 모집단에서 크기가 16인 표본을 임의 추출하여 구한 표본평균을 $\overline{Y}$라 하자.

$P(\overline{X} \geq 1) = P(\overline{Y} \leq a)$를 만족시키는 상수 a의 값은? [3점]

① $\dfrac{19}{8}$　② $\dfrac{5}{2}$　③ $\dfrac{21}{8}$　④ $\dfrac{11}{4}$　⑤ $\dfrac{23}{8}$

복습	1회	2회	3회	4회	5회
채점 O△X					

Analysis

모집단의 분포:　모평균　　모표준편차
전교생 점수

표본(집단)의 분포: 표본평균　표본표준편차
5반 점수

표본평균의 분포: 표본평균의 평균　표본평균의 표준편차
반별 평균 점수

① 모집단의 분포가 정규분포이면

$\overline{X}$는 정규분포 $N(m, \dfrac{\sigma^2}{n})$을 따른다.

② 모집단의 분포가 정규분포가 아닐 때도 표본의 크기 n이 충분히 크면 $\overline{X}$의 분포는 근사적으로

정규분포 $N(m, \dfrac{\sigma^2}{n})$를 따른다.

경향 13 Minor Trend

복습	1회	2회	3회	4회	5회
채점 O△X					

85. [2008년 수능 (나)형 29번]

모평균 75, 모표준편차 5인 정규분포를 따르는 모집단에서 임의추출한 크기 25인 표본의 표본평균을 $\overline{X}$ 라 하자. 표준정규분포를 따르는 확률변수 Z에 대하여 양의 상수 c가 $P(|Z| > c) = 0.06$을 만족시킬 때, <보기>에서 옳은 것을 모두 고른 것은? [4점]

─────── [보 기] ───────

ㄱ. $P(Z > a) = 0.05$인 상수 a에 대하여 $c > a$이다.

ㄴ. $P(\overline{X} \le c + 75) = 0.97$

ㄷ. $P(\overline{X} > b) = 0.01$인 상수 b에 대하여 $c < b - 75$ 이다.

① ㄱ ② ㄷ ③ ㄱ, ㄴ ④ ㄴ, ㄷ ⑤ ㄱ, ㄴ, ㄷ

경향13 실전개념분석 086

복습	1회	2회	3회	4회	5회
채점 O△X					

86. [2011년 수능 (나)형 27번]
어느 도시에서 공용 자전거의 1회 이용 시간은 평균이
60분, 표준편차가 10분인 정규분포를 따른다고 한다.
공용 자전거를 이용한 25회를 임의추출하여 조사할 때,
25회 이용시간의 총합이 1450분이상일 확률을
표준정규분포표를 이용하여 구한 것은? [3점]

z	$P(0 \leq Z \leq z)$
1.0	0.3413
1.5	0.4332
2.0	0.4772
2.5	0.4938

① 0.8351 ② 0.8413 ③ 0.9332
④ 0.9772 ⑤ 0.9938

Analysis

"이 문제를 어떻게 풀지?"라고 생각하지 말고
"이 문제와 관련 있는 개념이 뭐지?"라고 생각하자.

경향 13 Minor Trend

1등급

87. [2015년 수능 (B)형 18번]
주머니 속에 1의 숫자가 적혀 있는 공 1개, 2의 숫자가 적혀 있는 공 2개, 3의 숫자가 적혀 있는 공 5개가 들어 있다. 이 주머니에서 임의로 1개의 공을 꺼내어 공에 적혀 있는 수를 확인한 후 다시 넣는다. 이와 같은 시행을 2번 반복할 때, 꺼낸 공에 적혀 있는 수의 평균을 $\overline{X}$ 라 하자. $P\left(\overline{X}=2\right)$의 값은? [4점]

복습	1회	2회	3회	4회	5회
채점					
O△X					

① $\dfrac{5}{32}$ ② $\dfrac{11}{64}$ ③ $\dfrac{3}{16}$ ④ $\dfrac{13}{64}$ ⑤ $\dfrac{7}{32}$

Analysis

표본평균의 분포에서 어렵게 출제된 건 3문제(2005, 2009, 2015)가 있어. 그렇다고 걱정할 필요는 없어! 왜냐하면 여기에서 어렵게 출제할 수 있는 포인트가 뻔하거든. 모집단이 정규분포가 아니고 표본의 크기가 작게 하여 문제를 출제하는 거지. 이럴 경우 표본 평균의 분포가 정규분포가 되지 않으니까 표를 그려서 해결을 하면 돼.

경향13 실전개념분석 088

1등급

복습	1회	2회	3회	4회	5회
채점 O△X					

88. [2009년 수능 (나)형 29번]
다음은 어떤 모집단의 확률분포표이다.

X	10	20	30	계
$\mathrm{P}(X=x)$	$\dfrac{1}{2}$	a	$\dfrac{1}{2}-a$	1

이 모집단에서 크기가 2인 표본을 복원추출하여 구한
표본평균을 $\overline{X}$라 하자. $\overline{X}$의 평균이 18일 때,
$\mathrm{P}(\overline{X}=20)$의 값은? [4점]

① $\dfrac{2}{5}$　　② $\dfrac{19}{50}$　　③ $\dfrac{9}{25}$　　④ $\dfrac{17}{50}$　　⑤ $\dfrac{8}{25}$

경향 13 Minor Trend

복습	1회	2회	3회	4회	5회
채점 O△X					

1등급

89. [2005년 수능 (가)형 확률과 통계 30번]
다음은 어떤 모집단의 확률분포표이다.

X	1	2	3	계
$P(X)$	0.5	0.3	0.2	1

이 모집단에서 크기 2인 표본을 복원추출할 때,
표본평균 $\overline{X}$의 확률분포표는 다음과 같다.

$\overline{X}$	1	1.5	2	2.5	3
도수	1	a	b	2	1
$P(\overline{X})$	0.25	c	d	0.12	0.04

이때, $100(b+c)$의 값을 구하시오. [4점]

수능을 한 권에 담다 | 수능한권 | orbi.kr | 163

경향 14 Minor Trend

경향14 수능 출제 난이도

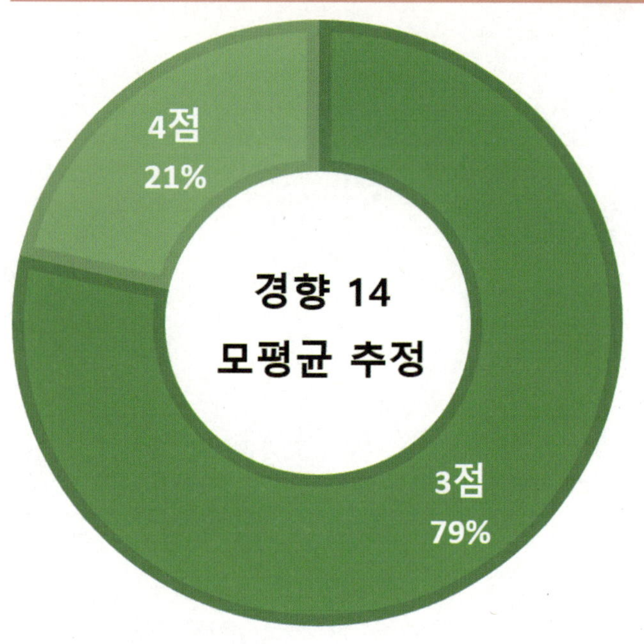

경향14 수능별 데이터 (1)

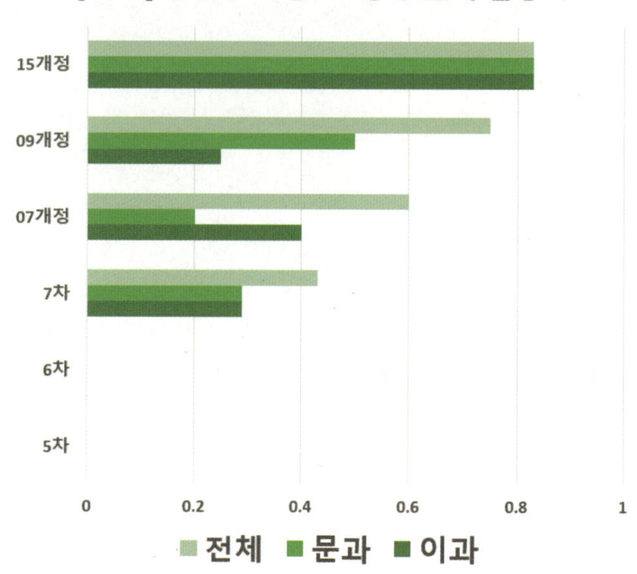

COMMENT …

그동안 여기서 출제된 문제를 살펴보면 다 쉽고 패턴도 거의 같아. 개념만 알고 있으면 풀 수 있는 수준이야. 이 경향은 고등수학 범위 안에서 유도과정을 제대로 설명하기가 어려워서, 교과서에서 개념 유도과정에 대한 설명이 충분하지 않아. 그렇기 때문에 응용보다는 간단한 공식 적용 수준으로 출제되는 편이야. 워낙 뒤쪽이라 이 부분 개념이 약한 친구들이 워낙 많아서 꾸준하게 수능에서 출제하고 있는데 절대로 틀리지 말자.

경향14 수능 출제 전망

■■■■□

5년 연속 출제

경향14 통계 단원 내 출제 비율

13.45%

경향14 공부 우선순위

★★☆

**개념을 까먹으면
안되겠지!!**

경향14 수능별 데이터 (2)

현교육과정
경향14 수능중요도

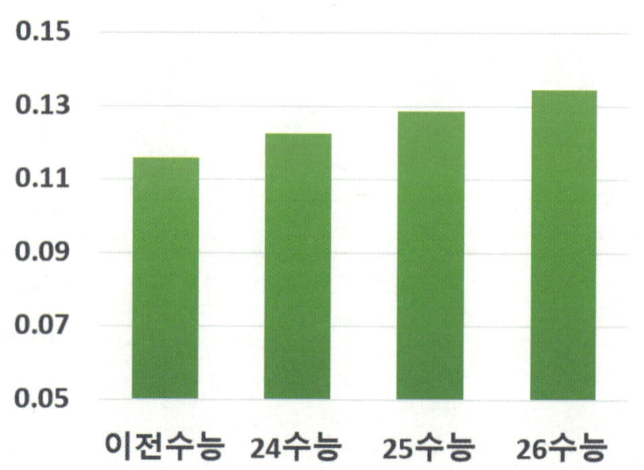

경향14 실전개념분석 090

90. [2005년 수능 (나)형 13번]
다음은 신뢰구간, 신뢰도, 표본의 크기의 관계를 설명한 것이다.

> 정규분포 $N(m, \sigma^2)$을 따르는 모집단이 있다. 이 모집단에서 크기 n인 표본을 임의추출하면 표본평균은 정규분포 □(가)□ 을 따른다.
>
> 이 표본평균의 분포를 이용하여 추정한 모평균 m에 대한 신뢰도 α의 신뢰구간을 $a \le m \le b$라 하자.
>
> 표본의 크기를 n으로 고정하고 신뢰도를 α보다 높게 한 신뢰구간을 $c \le m \le d$라 할 때, $d-c$는 $b-a$보다 □(나)□ .
>
> 한편, 신뢰도를 α로 고정하고 표본의 크기를 $2n$으로 한 신뢰구간을 $e \le m \le f$라 할 때, $f-e$는 $b-a$의 □(다)□ 배가 된다.

위의 과정에서 (가), (나), (다)에 알맞은 것은?[3점]

	(가)	(나)	(다)
①	$N(m, \sigma^2)$	크다	$\dfrac{1}{2}$
②	$N(m, \sigma^2)$	작다	$\dfrac{1}{2}$
③	$N\left(m, \dfrac{\sigma^2}{n}\right)$	크다	$\dfrac{1}{\sqrt{2}}$
④	$N\left(m, \dfrac{\sigma^2}{n}\right)$	크다	$\sqrt{2}$
⑤	$N\left(m, \dfrac{\sigma^2}{n}\right)$	작다	$\dfrac{1}{\sqrt{2}}$

복습	1회	2회	3회	4회	5회
채점 O△X					

Analysis

	좋은 것	단점
신뢰구간	짧은 것	신뢰도 떨어진다 or 표본이 커진다
신뢰도	높은 것	신뢰구간 길어진다 or 표본이 커진다
표본의 크기	작은 것	신뢰구간 길어진다 or 신뢰도 낮아진다

경향14 실전개념분석 091

복습	1회	2회	3회	4회	5회
채점					
O△X					

91. [2022년 수능 (확률과 통계) 27번]

어느 자동차 회사에서 생산하는 전기 자동차의 1회 충전 주행 거리는 평균이 m이고 표준편차가 σ인 정규분포를 따른다고 한다.

이 자동차 회사에서 생산한 전기 자동차 100대를 임의추출하여 얻은 1회 충전 주행 거리의 표본평균이 $\overline{x_1}$일 때, 모평균 m에 대한 신뢰도 95%의 신뢰구간이 $a \le m \le b$이다.

이 자동차 회사에서 생산한 전기 자동차 400대를 임의추출하여 얻은 1회 충전 주행 거리의 표본평균이 $\overline{x_2}$일 때, 모평균 m에 대한 신뢰도 99%의 신뢰구간이 $c \le m \le d$이다.

$\overline{x_1} - \overline{x_2} = 1.34$이고 $a = c$일 때, $b - a$의 값은?

(단, 주행 거리의 단위는 km이고, Z가 표준정규분포를 따르는 확률변수일 때, $\mathrm{P}(|Z| \le 1.96) = 0.95$, $\mathrm{P}(|Z| \le 2.58) = 0.99$로 계산한다.) [3점]

① 5.88 ② 7.84 ③ 9.80 ④ 11.76 ⑤ 13.72

수능한권

WorkBook

확률과 통계

확률과 통계 1. 경우의 수
간접범위

수능 3점

복습	1회	2회	3회	4회	5회
채점 O△X					

1. [2020년 수능 (나)형 22번]
$_7P_2 + _7C_2$의 값을 구하시오. [3점]

복습	1회	2회	3회	4회	5회
채점 O△X					

2. [2019년 수능 (가)형 22번 & (나)형 22번]
$_6P_2 - _6C_2$의 값을 구하시오. [3점]

복습	1회	2회	3회	4회	5회
채점 O△X					

3. [2018년 수능 (가)형 22번 & (나)형 22번]
$_5C_3$의 값을 구하시오. [3점]

복습	1회	2회	3회	4회	5회
채점 O△X					

4. [2017년 수능 (나)형 22번]
$_5P_2 + _5C_2$의 값을 구하시오. [3점]

복습	1회	2회	3회	4회	5회
채점 O△X					

5. [2011년 수능 (나)형 20번]
서로 다른 6개의 공을 두 바구니 A, B에 3개씩 담을 때, 그 결과로 나올 수 있는 경우의 수를 구하시오. [3점]

복습	1회	2회	3회	4회	5회
채점 O△X					

6. [2011년 수능 (나)형 18번]
등식 $2 \times _nC_3 = 3 \times _nP_2$를 만족시키는 자연수 n의 값을 구하시오. [3점]

복습	1회	2회	3회	4회	5회
채점 O△X					

7. [2008년 수능 (나)형 9번]

1부와 2부로 나누어 진행하는 어느 음악회에서 독창 2팀, 중창 2팀, 합창 3팀이 모두 공연할 때, 다음 두 조건에 따라 7팀의 공연 순서를 정하려고 한다.

> (가) 1부에는 독창, 중창, 합창 순으로 3팀이 공연한다.
>
> (나) 2부에는 독창, 중창, 합창, 합창 순으로 4팀이 공연한다.

이 음악회의 공연 순서를 정하는 방법의 수는? [3점]

① 18 ② 20 ③ 22 ④ 24 ⑤ 26

복습	1회	2회	3회	4회	5회
채점 O△X					

8. [2001년 수능 (인문) & (자연) 12번]

그림과 같이 이웃한 두 교차로 사이의 거리가 모두 1인 바둑판모양의 도로망이 있다. 두 차량이 각각 A와 B에서 출발하여 A, B 이외의 교차로 P에서 만났다. 두 차량이 움직인 거리의 합이 4가 되는 P의 위치를 모두 표시하면? [3점]

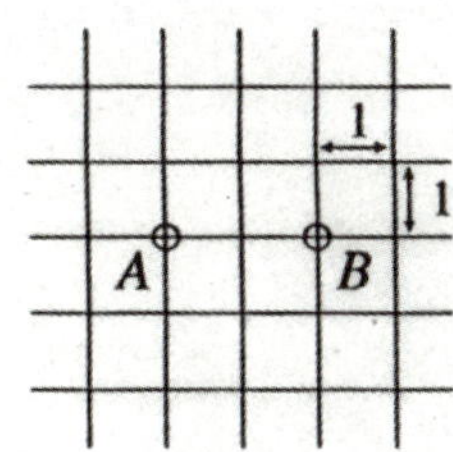

① 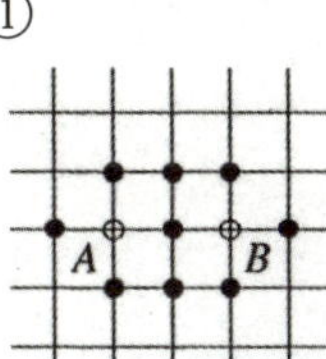

②

③ 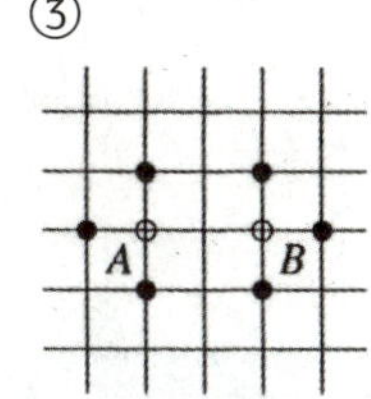

④ 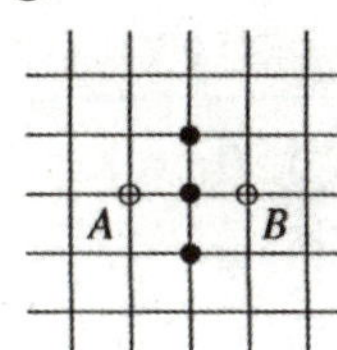

⑤

복습	1회	2회	3회	4회	5회
채점 O△X					

9. [2000년 수능 (인문) & (자연) 29번]
1에서 10까지의 자연수 중에서 서로 다른 두 수를 임의로 선택할 때, 선택된 두 수의 곱이 짝수가 되는 경우의 수를 구하시오. [3점]

복습	1회	2회	3회	4회	5회
채점 O△X					

10. [1998년 수능 (인문) & (자연) 28번]
그림과 같이 4개의 섬이 있다. 3개의 다리를 건설하여 4개의 섬 모두를 연결하는 방법의 수를 구하시오.[3점]

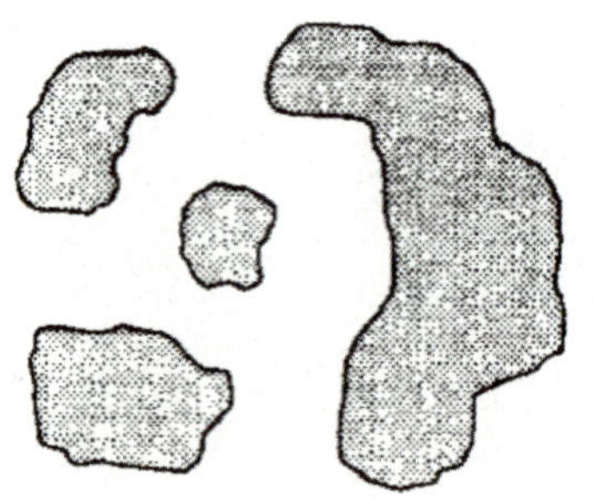

복습	1회	2회	3회	4회	5회
채점 O△X					

11. [1998년 수능 (인문) & (자연) 21번]
다음은 인공적인 핵분열을 가상적으로 모형화 시킨 것이다.

> 모든 불안정한 원자핵은 두 개의 핵으로 분열하고, 이 때 생긴 핵은 안정할 수도 있고 불안정할 수도 있다. 불안정한 핵은 다시 두 개의 핵으로 분열하고, 이 과정은 안정한 핵들만 남을 때까지 계속된다. 또한 불안정한 핵이 분열할 때마다 100MeV 의 에너지가 생성된다.

어떤 불안정한 원자핵 하나가 위와 같은 핵분열을 거듭한 결과 8개의 안정한 핵들만 남았다면, 이 핵분열 과정에서 생성되는 총 에너지는 몇 MeV 인가? [3점]

① 800 ② 700 ③ 600
④ 500 ⑤ 400

복습	1회	2회	3회	4회	5회
채점 O△X					

12. [1996년 수능 (인문) & (자연) 17번]

정육면체에서 임의의 세 꼭짓점을 택하여 삼각형을 만들 때, 그림과 같은 정삼각형과 합동인 삼각형을 만들 수 있는 방법의 수는?

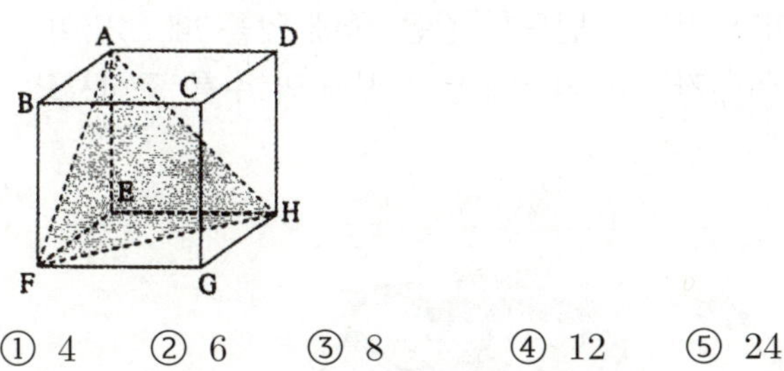

① 4　　② 6　　③ 8　　④ 12　　⑤ 24

복습	1회	2회	3회	4회	5회
채점 O△X					

13. [1995년 수능 (인문) & (자연) 7번]

아래 그림과 같이 반원 위에 7개의 점이 있다. 이 중 세 점을 꼭짓점으로 하는 삼각형의 개수는?

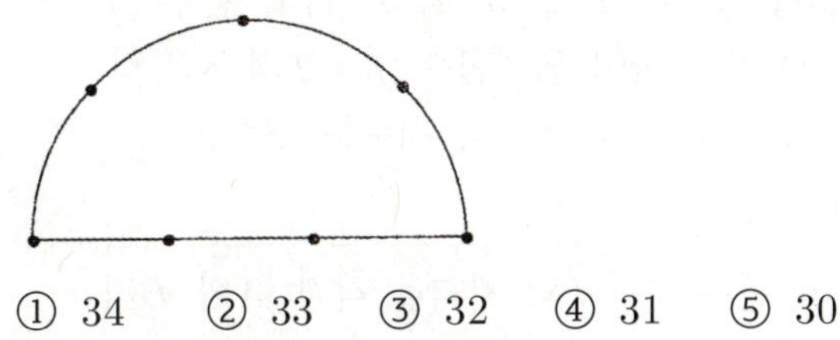

① 34　　② 33　　③ 32　　④ 31　　⑤ 30

수능 4점

복습	1회	2회	3회	4회	5회
채점 O△X					

14. [2019년 수능 (가)형 17번 & (나)형 19번]

다음은 집합 $X = \{1, 2, 3, 4, 5, 6\}$과 함수 $f : X \to X$에 대하여 합성함수 $f \circ f$의 치역의 원소의 개수가 5인 함수 f의 개수를 구하는 과정이다.

함수 f와 함수 $f \circ f$의 치역을 각각 A와 B라 하자. $n(A) = 6$이면 함수 f는 일대일 대응이고, 함수 $f \circ f$도 일대일 대응이므로 $n(B) = 6$이다. 또한 $n(A) \leq 4$이면 $B \subset A$이므로 $n(B) \leq 4$이다. 그러므로 $n(A) = 5$, 즉 $B = A$인 경우만 생각하면 된다.

(ⅰ) $n(A) = 5$인 X의 부분집합 A를 선택하는 경우의 수는 □ (가) □ 이다.

(ⅱ) (ⅰ)에서 선택한 집합 A에 대하여, X의 원소 중 A에 속하지 않은 원소를 k라 하자. $n(A) = 5$이므로 집합 A에서 $f(k)$를 선택하는 경우의 수는 □ (나) □ 이다.

(ⅲ) (ⅰ)에서 선택한 $A = \{a_1, a_2, a_3, a_4, a_5\}$와 (ⅱ)에서 선택한 $f(k)$에 대하여, $f(k) \in A$이며 $A = B$이므로 $A = \{f(a_1), f(a_2), f(a_3), f(a_4), f(a_5)\} \cdots (*)$ 이다. $(*)$을 만족시키는 경우의 수는 집합 A에서 집합 A로의 일대일 대응의 개수와 같으므로 □ (다) □ 이다.

∴ (ⅰ), (ⅱ), (ⅲ)에 의하여 구하는 함수 f의 개수는 □ (가) □ × □ (나) □ × □ (다) □ 이다.

위의 (가), (나), (다)에 알맞은 수를 각각 p, q, r이라 할 때, $p + q + r$의 값은? [4점]

① 131 ② 136 ③ 141 ④ 146 ⑤ 151

복습	1회	2회	3회	4회	5회
채점 O△X					

15. [2007년 수능 (나)형 25번]

어른 2명과 어린이 3명이 함께 놀이 공원에 가서 어느 놀이기구를 타려고 한다. 이 놀이기구는 그림과 같이 앞줄에 2개, 뒷줄에 3개의 의자가 있다. 어린이가 어른과 반드시 같은 줄에 앉을 때, 5명이 모두 놀이기구의 의자에 앉는 방법의 수를 구하시오. [4점]

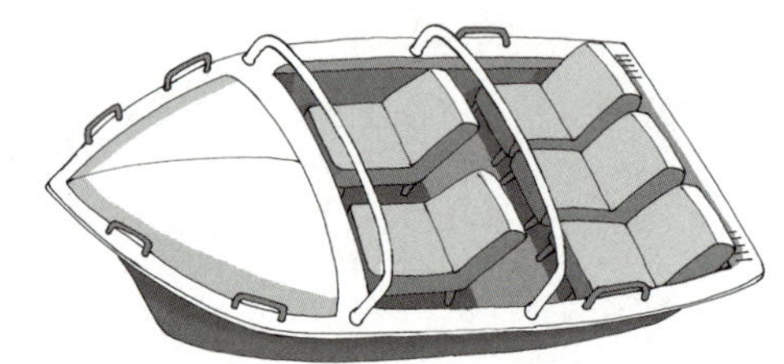

복습	1회	2회	3회	4회	5회
채점 O△X					

16. [2010년 수능 (나)형 14번]

두 인형 A, B에게 색이 정해지지 않은 셔츠와 바지를 모두 입힌 후, 입힌 옷의 색을 정하는 컴퓨터 게임이 있다. 서로 다른 모양의 셔츠와 바지가 각각 3개씩 있고, 각 옷의 색은 빨강과 초록 중 하나를 정한다. 한 인형에게 입힌 셔츠와 바지는 다른 인형에게 입히지 않는다. A인형의 셔츠와 바지의 색은 서로 다르게 정하고, B인형의 셔츠와 바지의 색도 서로 다르게 정한다. 이 게임에서 두 인형 A, B에게 셔츠와 바지를 입히고 색을 정할 때, 그 결과로 나타날 수 있는 경우의 수는? [4점]

① 252 ② 216 ③ 180 ④ 144 ⑤ 108

복습	1회	2회	3회	4회	5회
채점 O△X					

17. [2008년 수능 (가)형 & (나)형 25번]

서로 다른 5종류의 체험 프로그램을 운영하는 어느 수련원이 있다. 이 수련원의 프로그램에 참가한 A와 B가 각각 5종류의 체험 프로그램 중에서 2종류를 선택하려고 한다. A와 B가 선택하는 2종류의 체험 프로그램 중에서 한 종류만 같은 경우의 수를 구하시오. [4점]

복습	1회	2회	3회	4회	5회
채점 O△X					

18. [2006년 수능 (가)형 확률과 통계 30번]
네 사람이 다섯 곳의 휴양지 중에서 각각 하나의
휴양지를 임의로 선택한다고 할 때, 세 사람만 같은
휴양지를 선택하는 경우의 수를 구하시오.
[4점]

복습	1회	2회	3회	4회	5회
채점 O△X					

19. [2006년 수능 (나)형 28번]
1부터 30까지의 홀수 중에서 서로 다른 두 수를
선택할 때, 두 수의 합이 3의 배수가 되는 경우의
수는? [4점]

① 43　　② 41　　③ 39　　④ 37　　⑤ 35

복습	1회	2회	3회	4회	5회
채점 O△X					

20. [2006년 수능 (가)형 & (나)형 17번]
다음 그림과 같이 크기가 같은 정육면체 모양의
투명한 유리 상자 12개로 직육면체를 만들었다.

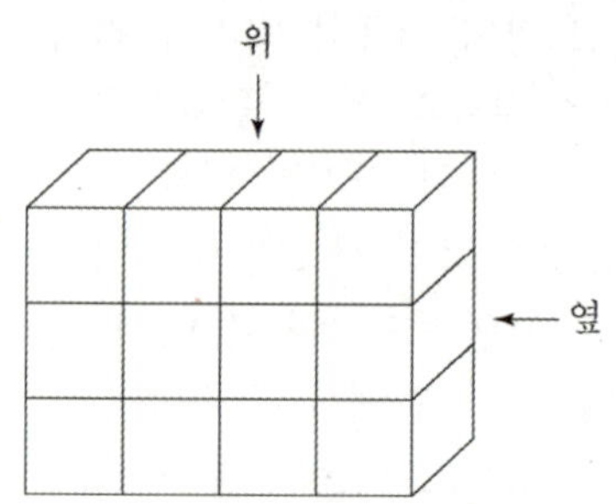

이 중에서 4개의 유리 상자를 같은 크기의 검은 색
유리 상자로 바꾸어 넣은 직육면체를 위에서 내려다
본 모양이 (가), 옆에서 본 모양이 (나)와 같이
되도록 만들 수 있는 방법의 수는? [4점]

① 54　　② 48　　③ 42　　④ 36　　⑤ 30

복습	1회	2회	3회	4회	5회
채점 O△X					

21. [2005년 수능 (가)형 & (나)형 14번]

여덟 개의 a와 네 개의 b를 모두 사용하여 만든 12자리 문자열 중에서 다음 조건을 모두 만족시키는 문자열의 개수는? [4점]

> (가) b는 연속해서 나올 수 없다.
> (나) 첫째 자리 문자가 b이면 마지막 자리 문자는 a이다.

① 70   ② 105   ③ 140   ④ 175   ⑤ 210

복습	1회	2회	3회	4회	5회
채점 O△X					

22. [1997년 수능 (인문) & (자연) 28번]

집합 $A = \{1, 2, 3, 4\}$의 네 원소를 배열하여 만든 순열 (a_1, a_2, a_3, a_4)에 대하여 각 숫자 a_k의 오른쪽에 있는 수 중에서 a_k보다 작은 것들의 개수를 s_k $(k = 1, 2, 3)$이라고 하고, 이들의 합 $s_1 + s_2 + s_3$을 $|(a_1, a_2, a_3, a_4)|$로 나타내자.

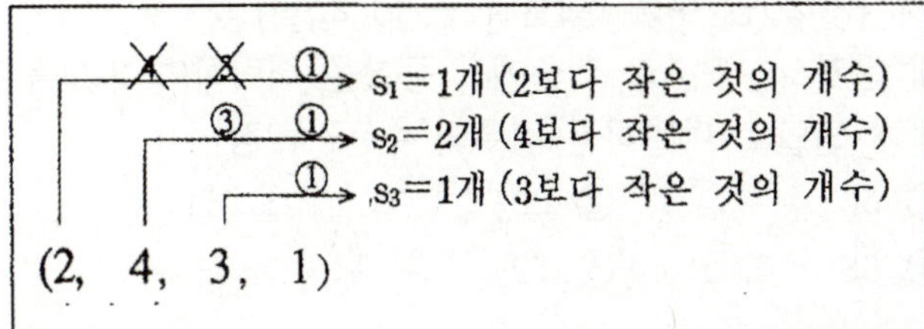

예를 들면
$|(2, 4, 3, 1)| = s_1 + s_2 + s_3 = 1 + 2 + 1 = 4$이다.
집합 A에 대한 24개의 모든 순열 (i_1, i_2, i_3, i_4)마다 각각 정해지는 $|(i_1, i_2, i_3, i_4)|$의 총합을 구하여라. [4점]

확률과 통계 1. 경우의 수 경향01
경우의 수 계산

수능 2점

복습	1회	2회	3회	4회	5회
채점 O△X					

23. [2026년 수능 (확률과 통계) 23번]

네 문자 a, b, c, d 중에서 중복을 허락하여 3개를 택해 일렬로 나열하는 경우의 수는? [2점]

① 56　　② 60　　③ 64

④ 68　　⑤ 72

복습	1회	2회	3회	4회	5회
채점 O△X					

24. [2024년 수능 (확률과 통계) 23번]

5개의 문자 x, x, y, y, z를 모두 일렬로 나열하는 경우의 수는? [2점]

① 10　　② 20　　③ 30

④ 40　　⑤ 50

수능 3점

복습	1회	2회	3회	4회	5회
채점 O△X					

25. [2021년 수능 (가)형 9번]

문자 A, B, C, D, E가 하나씩 적혀 있는 5장의 카드와 숫자 1, 2, 3, 4가 하나씩 적혀 있는 4장의 카드가 있다. 이 9장의 카드를 모두 한 번씩 사용하여 일렬로 임의로 나열할 때, 문자 A가 적혀 있는 카드의 바로 양옆에 각각 숫자가 적혀 있는 카드가 놓일 확률은? [3점]

① $\dfrac{5}{12}$　② $\dfrac{1}{3}$　③ $\dfrac{1}{4}$　④ $\dfrac{1}{6}$　⑤ $\dfrac{1}{12}$

복습	1회	2회	3회	4회	5회
채점 O△X					

26. [2020년 수능 (가)형 6번]

흰 공 3개, 검은 공 4개가 들어 있는 주머니가 있다. 이 주머니에서 임의로 네 개의 공을 동시에 꺼낼 때, 흰 공 2개와 검은 공 2개가 나올 확률은? [3점]

① $\dfrac{2}{5}$　② $\dfrac{16}{35}$　③ $\dfrac{18}{35}$　④ $\dfrac{4}{7}$　⑤ $\dfrac{22}{35}$

복습	1회	2회	3회	4회	5회
채점 O△X					

27. [2017년 수능 (가)형 22번]

$_4H_2$ 의 값을 구하시오. [3점]

복습	1회	2회	3회	4회	5회
채점 O△X					

29. [2012년 수능 (가)형 5번]

흰색 깃발 5 개, 파란색 깃발 5 개를 일렬로 모두 나열할 때, 양 끝에 흰색 깃발이 놓이는 경우의 수는? (단, 같은 색 깃발끼리는 서로 구별하지 않는다.) [3점]

① 56 ② 63 ③ 70 ④ 77 ⑤ 84

복습	1회	2회	3회	4회	5회
채점 O△X					

28. [2013년 수능 (가)형 5번]

그림과 같이 마름모 모양으로 연결된 도로망이 있다. 이 도로망을 따라 A 지점에서 출발하여 C 지점을 지나지 않고, D 지점도 지나지 않으면서 B 지점까지 최단거리로 가는 경우의 수는? [3점]

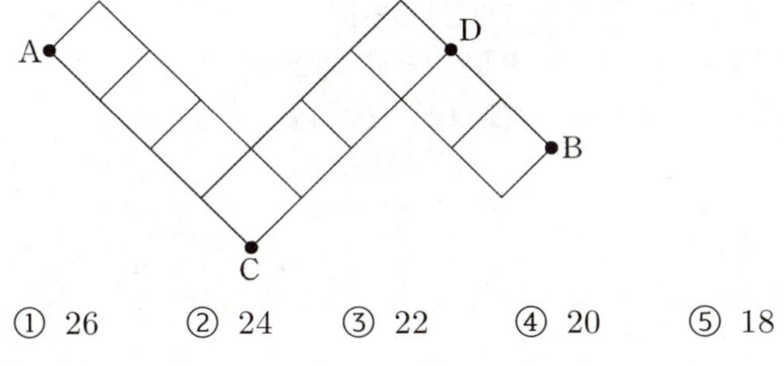

① 26 ② 24 ③ 22 ④ 20 ⑤ 18

복습	1회	2회	3회	4회	5회
채점 O△X					

30. [2012년 수능 (가)형 22번]

자연수 r 에 대하여 $_3H_r = {}_7C_2$ 일 때, $_5H_r$ 의 값을 구하시오. [3점]

복습	1회	2회	3회	4회	5회
채점 O△X					

31. [2011년 수능 (가)형 확률과 통계 27번]

남자 탁구 선수 4명과 여자 탁구 선수 4명이 참가한 탁구 시합에서 임의로 2명씩 4개의 조를 만들 때, 남자 1명과 여자 1명으로 이루어진 조가 2개일 확률은? [3점]

① $\dfrac{3}{7}$ ② $\dfrac{18}{35}$ ③ $\dfrac{3}{5}$ ④ $\dfrac{24}{35}$ ⑤ $\dfrac{27}{35}$

복습	1회	2회	3회	4회	5회
채점 O△X					

33. [2005년 수능 (가)형 확률과 통계 28번]

빨간 공 5개, 노란 공 4개, 파란 공 2개, 흰 공 9개가 들어 있는 주머니가 있다. 이 주머니에서 공을 하나 꺼내어 색깔을 확인한 후 다시 넣는다. 이와 같은 시행을 3번 반복할 때, 꺼내는 순서에 관계없이 빨간 공, 노란 공, 파란 공을 각각 하나씩 꺼낼 확률은? [3점]

① $\dfrac{1}{200}$ ② $\dfrac{3}{100}$ ③ $\dfrac{7}{100}$ ④ $\dfrac{11}{100}$ ⑤ $\dfrac{11}{20}$

복습	1회	2회	3회	4회	5회
채점 O△X					

32. [2010년 수능 (가)형 & (나)형 6번]

어느 회사원이 처리해야할 업무는 A, B를 포함하여 모두 6가지이다. 이 중에서 A, B를 포함한 4가지 업무를 오늘 처리하려고 하는데, A를 B보다 먼저 처리해야 한다. 오늘 처리할 업무를 택하고, 택한 업무의 처리 순서를 정하는 경우의 수는? [3점]

① 60 ② 66 ③ 72 ④ 78 ⑤ 84

복습	1회	2회	3회	4회	5회
채점 O△X					

34. [1996년 수능 (인문) 5번]

영문자 P, A, S, S를 일렬로 배열하는 방법의 수는?

① 6 ② 8 ③ 12 ④ 18 ⑤ 24

수능 4점

복습	1회	2회	3회	4회	5회
채점 O△X					

35. [2021년 수능 (가)형 26번 & (나)형 15번]

실전 분석

세 학생 A, B, C를 포함한 6명의 학생이 있다. 이 6명의 학생이 일정한 간격을 두고 원 모양의 탁자에 다음 조건을 만족시키도록 모두 둘러앉는 경우의 수를 구하시오. (단, 회전하여 일치하는 것은 같은 것으로 본다.) [4점]

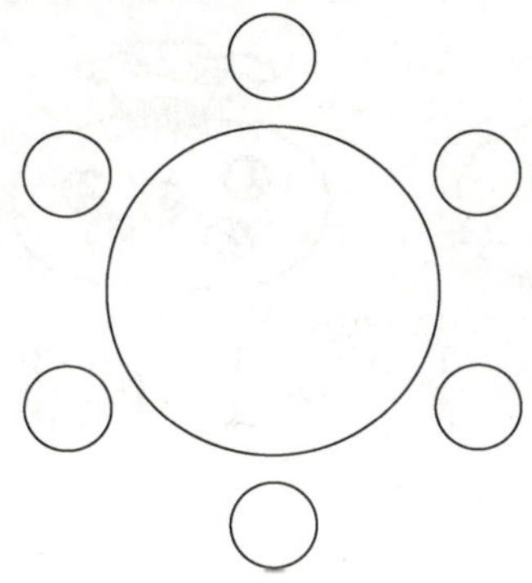

(가) A와 B는 이웃한다.
(나) B와 C는 이웃하지 않는다.

복습	1회	2회	3회	4회	5회
채점 O△X					

36. [2020년 9월 (가)형 9번 & (나)형 14번]

다섯 명이 둘러앉을 수 있는 원 모양의 탁자와 두 학생 A, B를 포함한 8명의 학생이 있다. 이 8명의 학생 중에서 A, B를 포함하여 5명을 선택하고 이 5명의 학생 모두를 일정한 간격으로 탁자에 둘러앉게 할 때, A와 B가 이웃하게 되는 경우의 수는? (단, 회전하여 일치하는 것은 같은 것으로 본다.) [4점]

① 180 ② 200 ③ 220 ④ 240 ⑤ 260

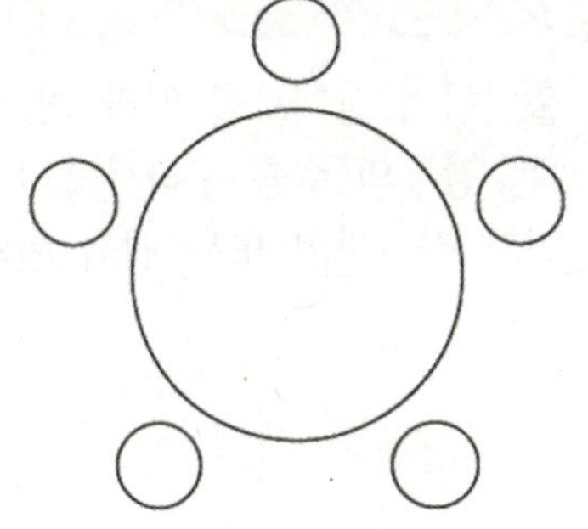

복습	1회	2회	3회	4회	5회
채점 O△X					

37. [2009년 수능 (나)형 25번]

직사각형 모양의 잔디밭에 산책로가 만들어져 있다. 이 산책로는 그림과 같이 반지름의 길이가 같은 원 8개가 서로 외접하고 있는 형태이다.

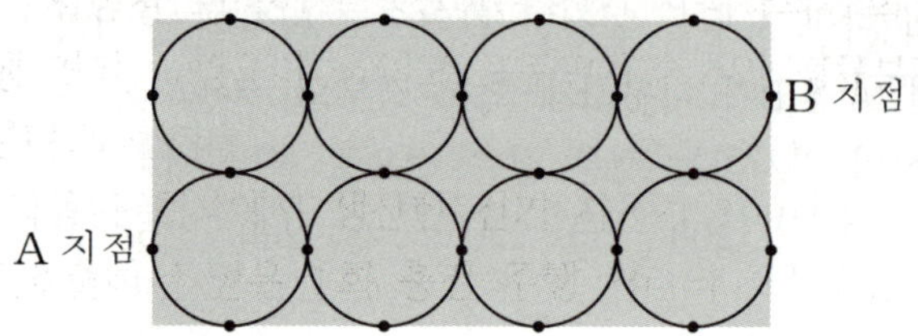

A 지점에서 출발하여 산책로를 따라 최단 거리로 B 지점에 도착하는 경우의 수를 구하시오. (단, 원 위에 표시된 점은 원과 직사각형 또는 원과 원의 접점을 나타낸다.) [4점]

복습	1회	2회	3회	4회	5회
채점 O△X					

38. [2009년 수능 (가)형 & (나)형 16번]

주머니 A와 B에는 1, 2, 3, 4, 5의 숫자가 하나씩 적혀 있는 다섯 개의 구슬이 각각 들어 있다. 철수는 주머니 A에서, 영희는 주머니 B에서 각자 구슬을 임의로 한 개씩 꺼내어 두 구슬에 적혀 있는 숫자를 확인한 후 다시 넣지 않는다.

이와 같은 시행을 반복할 때, 첫 번째 꺼낸 두 구슬에 적혀 있는 숫자가 서로 다르고, 두 번째 꺼낸 두 구슬에 적혀 있는 숫자가 같을 확률은? [4점]

① $\dfrac{3}{20}$ ② $\dfrac{1}{5}$ ③ $\dfrac{1}{4}$ ④ $\dfrac{3}{10}$ ⑤ $\dfrac{7}{20}$

복습	1회	2회	3회	4회	5회
채점 O△X					

39. [2008년 수능 (나)형 27번]

6명의 학생 A, B, C, D, E, F를 임의로 2명씩 짝을 지어 3개의 조로 편성하려고 한다. A와 B는 같은 조에 편성되고, C와 D는 서로 다른 조에 편성될 확률은? [4점]

① $\dfrac{1}{15}$ ② $\dfrac{1}{10}$ ③ $\dfrac{2}{15}$ ④ $\dfrac{1}{6}$ ⑤ $\dfrac{1}{5}$

복습	1회	2회	3회	4회	5회
채점 O△X					

40. [2001년 수능 (인문) & (자연) 28번]

문자 a, b, c에서 중복을 허용하여 세 개를 택하여 만든 단어를 전송하려고 한다. 단, 전송되는 단어에 a가 연속되면 수신이 불가능하다고 하자. 예를 들면 aab, aaa 등은 수신이 불가능하고 bba, aba 등은 수신이 가능하다. 수신 가능한 단어의 개수를 구하시오. [2점]

복습	1회	2회	3회	4회	5회
채점 O△X					

41. [1997년 수능 (인문) & (자연) 8번]
어느 청량 음료 회사의 연간 청량 음료 판매량은 그 해 여름의 평균 기온에 크게 좌우된다. 과거 자료에 따르면, 한 해의 판매 목표액을 달성할 확률은 그 해 여름의 평균 기온이 예년보다 높을 경우에 0.8, 예년과 비슷할 경우에 0.6, 예년보다 낮을 경우에 0.3이다. 일기 예보에 따르면, 내년 여름의 평균 기온이 예년보다 높을 확률이 0.4, 예년과 비슷할 확률이 0.5, 예년보다 낮을 확률이 0.1이라고 한다. 이 회사가 내년에 목표액을 달성할 확률은? [2점]
① 0.55　② 0.60　③ 0.65　④ 0.70　⑤ 0.75

복습	1회	2회	3회	4회	5회
채점 O△X					

42. [2026년 수능 (확률과 통계) 25번]
주머니에 숫자 1, 2, 3, 4, 5가 하나씩 적혀 있는 흰 공 5개와 숫자 2, 3, 4, 5, 6이 하나씩 적혀 있는 검은 공 5개가 들어 있다. 이 주머니에서 임의로 2개의 공을 동시에 꺼낼 때, 꺼낸 2개의 공이 서로 같은 색이거나 꺼낸 2개의 공에 적힌 수가 서로 같을 확률은? [3점]

① $\dfrac{7}{15}$　　② $\dfrac{8}{15}$　　③ $\dfrac{3}{5}$

④ $\dfrac{2}{3}$　　　⑤ $\dfrac{11}{15}$

복습	1회	2회	3회	4회	5회
채점 O△X					

43. [2025년 수능 (확률과 통계) 26번]

어느 학급의 학생 16명을 대상으로 과목 A와 과목 B에 대한 선호도를 조사하였다. 이 조사에 참여한 학생은 과목 A와 과목 B 중 하나를 선택하였고, 과목 A를 선택한 학생은 9명, 과목 B를 선택한 학생은 7명이다. 이 조사에 참여한 학생 16명 중에서 임의로 3명을 선택할 때, 선택한 3명의 학생 중에서 적어도 한 명이 과목 B를 선택한 학생일 확률은? [3점]

① $\dfrac{3}{4}$ ② $\dfrac{4}{5}$ ③ $\dfrac{17}{20}$

④ $\dfrac{9}{10}$ ⑤ $\dfrac{19}{20}$

복습	1회	2회	3회	4회	5회
채점 O△X					

44. [2024년 수능 (확률과 통계) 25번]

숫자 1, 2, 3, 4, 5, 6이 하나씩 적혀 있는 6장의 카드가 있다. 이 6장의 카드를 모두 한 번씩 사용하여 일렬로 임의로 나열할 때, 양 끝에 놓인 카드에 적힌 두 수의 합이 10 이하가 되도록 카드가 놓일 확률은? [3점]

① $\dfrac{8}{15}$ ② $\dfrac{19}{30}$ ③ $\dfrac{11}{15}$

④ $\dfrac{5}{6}$ ⑤ $\dfrac{14}{15}$

복습	1회	2회	3회	4회	5회
채점 O△X					

45. [2023년 수능 (확률과 통계) 25번]

흰색 마스크 5개, 검은색 마스크 9개가 들어 있는 상자가 있다. 이 상자에서 임의로 3개의 마스크를 동시에 꺼낼 때, 꺼낸 3개의 마스크 중에서 적어도 한 개가 흰색 마스크일 확률은? [3점]

① $\dfrac{8}{13}$ ② $\dfrac{17}{26}$ ③ $\dfrac{9}{13}$ ④ $\dfrac{19}{26}$ ⑤ $\dfrac{10}{13}$

복습	1회	2회	3회	4회	5회
채점 O△X					

47. [2022년 수능 (확률과 통계) 26번] `실전 분석`

1부터 10까지 자연수가 하나씩 적혀 있는 10장의 카드가 들어 있는 주머니가 있다. 이 주머니에서 임의로 카드 3장을 동시에 꺼낼 때, 꺼낸 카드에 적혀 있는 세 자연수 중에서 가장 작은 수가 4 이하이거나 7 이상일 확률은? [3점]

① $\dfrac{4}{5}$ ② $\dfrac{5}{6}$ ③ $\dfrac{13}{15}$ ④ $\dfrac{9}{10}$ ⑤ $\dfrac{14}{15}$

복습	1회	2회	3회	4회	5회
채점 O△X					

46. [2023년 수능 (확률과 통계) 26번]

주머니에 1이 적힌 흰 공 1개, 2가 적힌 흰 공 1개, 1이 적힌 검은 공 1개, 2가 적힌 검은 공 3개가 들어 있다. 이 주머니에서 임의로 3개의 공을 동시에 꺼내는 시행을 한다. 이 시행에서 꺼낸 3개의 공 중에서 흰 공이 1개이고 검은 공이 2개인 사건을 A, 꺼낸 3개의 공에 적혀 있는 수를 모두 곱한 값이 8인 사건을 B라 할 때, $\mathrm{P}(A \cup B)$의 값은? [3점]

① $\dfrac{11}{20}$ ② $\dfrac{3}{5}$ ③ $\dfrac{13}{20}$ ④ $\dfrac{7}{10}$ ⑤ $\dfrac{3}{4}$

복습	1회	2회	3회	4회	5회
채점 O△X					

48. [2019년 수능 (가)형 10번] 실전 분석

주머니 속에 2부터 8까지의 자연수가 각각 하나씩 적힌 구슬 7개가 들어 있다. 이 주머니에서 임의로 2개의 구슬을 동시에 꺼낼 때, 꺼낸 구슬에 적힌 두 자연수가 서로소일 확률은? [3점]

① $\dfrac{8}{21}$ ② $\dfrac{10}{21}$ ③ $\dfrac{4}{7}$ ④ $\dfrac{2}{3}$ ⑤ $\dfrac{16}{21}$

복습	1회	2회	3회	4회	5회
채점 O△X					

49. [2012년 수능 (가)형 13번] 실전 분석

상자 A 에는 빨간 공 3개와 검은 공 5개가 들어 있고, 상자 B 는 비어 있다. 상자 A 에서 임의로 2개의 공을 꺼내어 빨간 공이 나오면 [실행1]을, 빨간 공이 나오지 않으면 [실행2]를 할 때, 상자 B 에 있는 빨간 공의 개수가 1일 확률은? [3점]

[실행1] 꺼낸 공을 상자 B 에 넣는다.
[실행2] 꺼낸 공을 상자 B 에 넣고, 상자 A 에서 임의로 2개의 공을 더 꺼내어 상자 B 에 넣는다.

① $\dfrac{1}{2}$ ② $\dfrac{7}{12}$ ③ $\dfrac{2}{3}$ ④ $\dfrac{3}{4}$ ⑤ $\dfrac{5}{6}$

복습	1회	2회	3회	4회	5회
채점 O△X					

50. [2011년 수능 (가)형 & (나)형 6번]

어느 행사장에는 현수막을 1개씩 설치할 수 있는 장소가 5곳이 있다. 현수막은 A, B, C 세 종류가 있고, A는 1개, B는 4개, C는 2개가 있다. 다음 조건을 만족시키도록 현수막 5개를 택하여 5곳을 설치할 때, 그 결과로 나타날 수 있는 경우의 수는? (단, 같은 종류의 현수막끼리는 구분하지 않는다.) [3점]

[보 기]

㉮ A는 반드시 설치한다.

㉯ B는 2곳 이상 설치한다.

---

① 55　　② 65　　③ 75　　④ 85　　⑤ 95

복습	1회	2회	3회	4회	5회
채점 O△X					

51. [2011년 수능 (가)형 & (나)형 7번]

어느 디자인 공모 대회에서 철수가 참가하였다. 참가자는 두 항목에서 점수를 받으며, 각 항목에서 받을 수 있는 점수는 표와 같이 3가지 중 하나이다.

철수가 각 항목에서 점수 A를 받을 확률은 $\frac{1}{2}$, 점수 B를 받을 확률은 $\frac{1}{3}$, 점수 C를 받을 확률은 $\frac{1}{6}$ 이다. 관람객 투표 점수를 받는 사건과 심사 위원점수를 받는 사건이 서로 독립일 때, 철수가 받는 두 점수의 합이 70일 확률은? [3점]

항목 ＼ 점수	점수 A	점수 B	점수 C
관람객 투표	40	30	20
심사 위원	50	40	30

① $\frac{1}{3}$　　② $\frac{11}{36}$　　③ $\frac{5}{18}$　　④ $\frac{1}{4}$　　⑤ $\frac{2}{9}$

복습	1회	2회	3회	4회	5회
채점 O△X					

52. [2009년 수능 (가)형 확률과 통계 28번]

실전 분석

1부터 9까지의 자연수가 하나씩 적혀 있는 9개의 공이 주머니에 들어 있다. 이 주머니에서 임의로 4개의 공을 동시에 꺼낼 때, 꺼낸 공에 적혀 있는 수 중에서 가장 큰 수와 가장 작은 수의 합이 7 이상이고 9 이하일 확률은? [3점]

① $\dfrac{5}{9}$ ② $\dfrac{1}{2}$ ③ $\dfrac{4}{9}$ ④ $\dfrac{7}{18}$ ⑤ $\dfrac{1}{3}$

복습	1회	2회	3회	4회	5회
채점 O△X					

53. [2008년 수능 (가)형 28번] **실전 분석**

여학생 4명과 남학생 2명이 어느 요양 시설에서 6명 모두가 하루에 한 명씩 6일 동안 봉사 활동을 하려고 한다. 이 6명의 학생이 봉사 활동 순번을 임의로 정할 때, 첫째 날 또는 여섯째 날에 남학생이 봉사 활동을 하게 될 확률은? [3점]

① $\dfrac{17}{30}$ ② $\dfrac{3}{5}$ ③ $\dfrac{19}{30}$ ④ $\dfrac{2}{3}$ ⑤ $\dfrac{7}{10}$

복습	1회	2회	3회	4회	5회
채점 O△X					

54. [2005년 수능 (가)형 & (나)형 9번]

키가 서로 다른 네 사람이 있다. 이들을 일렬로 세울 때, 앞에서 세 번째 사람이 자신과 이웃한 두 사람보다 키가 작을 확률은? [3점]

① $\dfrac{1}{3}$ ② $\dfrac{1}{2}$ ③ $\dfrac{3}{5}$ ④ $\dfrac{2}{3}$ ⑤ $\dfrac{3}{4}$

복습	1회	2회	3회	4회	5회
채점 O△X					

55. [2004년 수능 (인문) & (자연) 14번]

세 숫자 1, 2, 3을 중복 사용하여 네 자리의 자연수를 만들 때, 1과 2가 모두 포함되어 있는 자연수의 개수는? [3점]

① 58 ② 56 ③ 54 ④ 52 ⑤ 50

복습	1회	2회	3회	4회	5회
채점 O△X					

56. [2002년 수능 (인문) & (자연) 27번]

$U = \{1, 2, 3, 4, 5\}$일 때, $\{2, 3\} \cap A \neq \varnothing$ 를 만족시키는 U의 부분집합 A의 개수를 구하시오. [3점]

수능 4점

복습	1회	2회	3회	4회	5회
채점 O△X					

1등급

57. [2025년 9월 (확률과 통계) 30번]

학생 A 는 숫자 1, 8이 각각 하나씩 적혀 있는 2장의 카드 중 임의로 한 장의 카드를 선택하여 선택한 카드에 적힌 수가 8일 때만 선택한 카드를 바닥에 내려놓고, 학생 B 는 숫자 2, 3, 4, 5, 6, 7이 각각 하나씩 적혀 있는 6장의 카드 중 임의로 한 장의 카드를 선택하여 선택한 카드에 적힌 수가 자연수 n보다 작거나 같을 때만 선택한 카드를 바닥에 내려놓는다.

다음 규칙에 따라 학생 A 가 귤을 받을 확률을 p, 학생 B 가 귤을 받을 확률을 q라 하자.

- 카드를 내려놓은 학생이 2명이면 더 큰 수가 적힌 카드를 내려놓은 학생만 귤을 받는다.
- 카드를 내려놓은 학생이 1명이면 카드를 내려놓지 않은 학생만 귤을 받는다.
- 카드를 내려놓은 학생이 없으면 어느 학생도 귤을 받지 못한다.

$p = q$일 때, $24(n+p)$의 값을 구하시오. (단, n은 7 이하의 자연수이다.) [4점]

복습	1회	2회	3회	4회	5회
채점 O△X					

58. [2025년 6월 (확률과 통계) 29번]

한 개의 주사위를 세 번 던져서 나오는 눈의 수를 차례로 a, b, c라 할 때, $a+b=8$ 또는 $b \geq c$일 확률은 $\dfrac{q}{p}$이다. $p+q$의 값을 구하시오. (단, p와 q는 서로소인 자연수이다.) [4점]

복습	1회	2회	3회	4회	5회
채점 O△X					

59. [2024년 6월 (확률과 통계) 29번]

40개의 공이 들어 있는 주머니가 있다. 각각의 공은 흰 공 또는 검은 공 중 하나이다. 이 주머니에서 임의로 2개의 공을 동시에 꺼낼 때, 흰 공 2개를 꺼낼 확률을 p, 흰 공 1개와 검은 공 1개를 꺼낼 확률을 q, 검은 공 2개를 꺼낼 확률을 r이라 하자. $p=q$일 때, $60r$의 값을 구하시오. (단, $p>0$) [4점]

복습	1회	2회	3회	4회	5회
채점 O△X					

1등급

60. [2023년 수능 (확률과 통계) 30번] 실전 분석

집합 $X = \{x \mid x$는 10 이하의 자연수 $\}$에 대하여 다음 조건을 만족시키는 함수 $f : X \to X$의 개수를 구하시오. [4점]

> (가) 9 이하의 모든 자연수 x에 대하여
> $f(x) \leq f(x+1)$이다.
> (나) $1 \leq x \leq 5$일 때 $f(x) \leq x$이고,
> $6 \leq x \leq 10$일 때 $f(x) \geq x$이다.
> (다) $f(6) = f(5) + 6$

복습	1회	2회	3회	4회	5회
채점 O△X					

61. [2023년 6월 (확률과 통계) 30번]

주머니에 숫자 1, 2, 3, 4가 하나씩 적혀 있는 흰 공 4개와 숫자 4, 5, 6, 7이 하나씩 적혀 있는 검은 공 4개가 들어 있다. 이 주머니를 사용하여 다음 규칙에 따라 점수를 얻는 시행을 한다.

주머니에서 임의로 2개의 공을 동시에 꺼내어 꺼낸 공이 서로 다른 색이면 12를 점수로 얻고, 꺼낸 공이 서로 같은 색이면 꺼낸 두 공에 적힌 수의 곱을 점수로 얻는다.

이 시행을 한 번 하여 얻은 점수가 24이하의 짝수일 확률이 $\dfrac{q}{p}$일 때, $p+q$의 값을 구하시오. (단, p와 q는 서로소인 자연수이다.) [4점]

복습	1회	2회	3회	4회	5회
채점 O△X					

62. [2023년 6월 (확률과 통계) 28번]

집합 $X=\{1,\ 2,\ 3,\ 4,\ 5\}$에 대하여 다음 조건을 만족시키는 함수 $f:X\rightarrow X$의 개수는? [4점]

(가) $f(1)\times f(3)\times f(5)$는 홀수이다.
(나) $f(2)<f(4)$
(다) 함수 f의 치역의 원소의 개수는 3이다.

① 128 ② 132 ③ 136 ④ 140 ⑤ 144

복습	1회	2회	3회	4회	5회
채점 O△X					

63. [2022년 9월 (확률과 통계) 28번]

1부터 10까지의 자연수 중에서 임의로 서로 다른 3개의 수를 선택한다. 선택된 세 개의 수의 곱이 5의 배수이고 합은 3의 배수일 확률은? [4점]

① $\dfrac{3}{20}$ ② $\dfrac{1}{6}$ ③ $\dfrac{11}{60}$ ④ $\dfrac{1}{5}$ ⑤ $\dfrac{13}{60}$

복습	1회	2회	3회	4회	5회
채점 O△X					

64. [2022년 6월 (확률과 통계) 28번]

숫자 1, 2, 3, 4, 5 중에서 서로 다른 4개를 택해 일렬로 나열하여 만들 수 있는 모든 네 자리의 자연수 중에서 임의로 하나의 수를 택할 때, 택한 수가 5의 배수 또는 3500 이상일 확률은? [4점]

① $\dfrac{9}{20}$ ② $\dfrac{1}{2}$ ③ $\dfrac{11}{20}$ ④ $\dfrac{3}{5}$ ⑤ $\dfrac{13}{20}$

복습	1회	2회	3회	4회	5회
채점 O△X					

복습	1회	2회	3회	4회	5회
채점 O△X					

65. [2021년 9월 (확률과 통계) 28번]

집합 $X = \{1, 2, 3, 4, 5, 6\}$에 대하여 다음 조건을 만족시키는 함수 $f : X \to X$의 개수는? [4점]

> (가) $f(3) + f(4)$는 5의 배수이다.
> (나) $f(1) < f(3)$이고 $f(2) < f(3)$이다.
> (다) $f(4) < f(5)$이고 $f(4) < f(6)$이다.

① 384 ② 394 ③ 404 ④ 414 ⑤ 424

66. [2021년 6월 (확률과 통계) 29번]

1부터 6까지의 자연수가 하나씩 적혀 있는 6개의 의자가 있다. 이 6개의 의자를 일정한 간격을 두고 원형으로 배열할 때, 서로 이웃한 2개의 의자에 적혀 있는 수의 곱이 12가 되지 않도록 배열하는 경우의 수를 구하시오.
(단, 회전하여 일치하는 것은 같은 것으로 본다.)
[4점]

복습	1회	2회	3회	4회	5회
채점 O△X					

67. [2021년 6월 (확률과 통계) 30번]

숫자 1, 2, 3이 하나씩 적혀 있는 3개의 공이 들어 있는 주머니가 있다. 이 주머니에서 임의로 한 개의 공을 꺼내어 공에 적혀 있는 수를 확인한 후 다시 넣는 시행을 한다. 이 시행을 5번 반복하여 확인한 5개의 수의 곱이 6의 배수일 확률이 $\dfrac{q}{p}$일 때, $p+q$의 값을 구하시오.
(단, p와 q는 서로소인 자연수이다.) [4점]

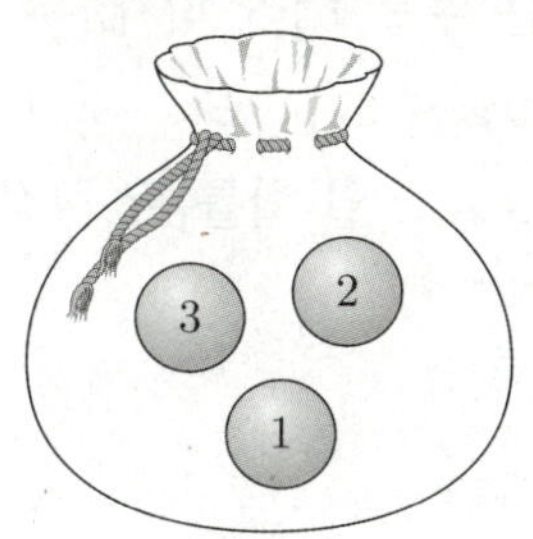

복습	1회	2회	3회	4회	5회
채점 O△X					

68. [2021년 6월 (확률과 통계) 28번]

한 개의 주사위를 한 번 던져 나온 눈의 수가 3 이하이면 나온 눈의 수를 점수로 얻고, 나온 눈의 수가 4 이상이면 0점을 얻는다. 이 주사위를 네 번 던져 나온 눈의 수를 차례로 a, b, c, d라 할 때, 얻은 네 점수의 합이 4가 되는 모든 순서쌍 (a, b, c, d)의 개수는? [4점]

① 187 ② 190 ③ 193 ④ 196 ⑤ 199

복습	1회	2회	3회	4회	5회
채점 O△X					

69. [2020년 수능 (가)형 28번 & (나)형 19번]

실전 분석

숫자 1, 2, 3, 4, 5, 6 중에서 중복을 허락하여 다섯 개를 다음 조건을 만족시키도록 선택한 후, 일렬로 나열하여 만들 수 있는 모든 다섯 자리의 자연수의 개수를 구하시오. [4점]

> (가) 각각의 홀수는 선택하지 않거나 한 번만 선택한다.
> (나) 각각의 짝수는 선택하지 않거나 두 번만 선택한다.

복습	1회	2회	3회	4회	5회
채점 O△X					

1등급

70. [2020년 9월 (나)형 19번]

1부터 6까지의 자연수가 하나씩 적혀 있는 6장의 카드가 들어 있는 주머니가 있다. 이 주머니에서 임의로 두 장의 카드를 동시에 꺼내어 적혀 있는 수를 확인한 후 다시 넣는 시행을 두 번 반복한다. 첫 번째 시행에서 확인한 두 수 중 작은 수를 a_1, 큰 수를 a_2라 하고, 두 번째 시행에서 확인한 두 수 중 작은 수를 b_1, 큰 수를 b_2라 하자. 두 집합 A, B를

$$A = \{x \mid a_1 \le x \le a_2\}, \quad B = \{x \mid b_1 \le x \le b_2\}$$

라 할 때, $A \cap B \ne \varnothing$ 일 확률은? [4점]

① $\dfrac{3}{5}$　　② $\dfrac{2}{3}$　　③ $\dfrac{11}{15}$

④ $\dfrac{4}{5}$　　⑤ $\dfrac{13}{15}$

복습	1회	2회	3회	4회	5회
채점 O△X					

71. [2020년 9월 (가)형 17번]

어느 고등학교에는 5개의 과학 동아리와 2개의 수학 동아리 A, B가 있다. 동아리 학술 발표회에서 이 7개 동아리가 모두 발표하도록 발표 순서를 임의로 정할 때, 수학 동아리 A가 수학 동아리 B보다 먼저 발표하는 순서로 정해지거나 두 수학 동아리의 발표 사이에는 2개의 과학 동아리만이 발표하는 순서로 정해질 확률은? (단, 발표는 한 동아리씩 하고, 각 동아리는 1회만 발표한다.) [4점]

① $\dfrac{4}{7}$ ② $\dfrac{7}{12}$ ③ $\dfrac{25}{42}$ ④ $\dfrac{17}{28}$ ⑤ $\dfrac{13}{21}$

복습	1회	2회	3회	4회	5회
채점 O△X					

72. [2020년 9월 (가)형 19번]

집합 $X = \{1, 2, 3, 4\}$의 공집합이 아닌 모든 부분집합 15개 중에서 임의로 서로 다른 세 부분집합을 뽑아 임의로 일렬로 나열하고, 나열된 순서대로 A, B, C 라 할 때, $A \subset B \subset C$일 확률은? [4점]

① $\dfrac{1}{91}$ ② $\dfrac{2}{91}$ ③ $\dfrac{3}{91}$

④ $\dfrac{4}{91}$ ⑤ $\dfrac{5}{91}$

복습	1회	2회	3회	4회	5회
채점 O△X					

73. [2020년 6월 (가)형 13번 & (나)형 16번]
한 개의 주사위를 두 번 던져서 나오는 눈의 수를 차례로 a, b라 할 때, $|a-3|+|b-3|=2$이거나 $a=b$일 확률은? [4점]

① $\dfrac{1}{4}$ ② $\dfrac{1}{3}$ ③ $\dfrac{5}{12}$ ④ $\dfrac{1}{2}$ ⑤ $\dfrac{7}{12}$

복습	1회	2회	3회	4회	5회
채점 O△X					

74. [2020년 6월 (나)형 29번]
집합 $A=\{1,2,3,4\}$에 대하여 A에서 A로의 모든 함수 f 중에서 임의로 하나를 선택할 때, 이 함수가 다음 조건을 만족시킬 확률은 p이다. $120p$의 값을 구하시오. [4점]

> (가) $f(1) \times f(2) \geq 9$
> (나) 함수 f의 치역의 원소의 개수는 3이다.

복습	1회	2회	3회	4회	5회
채점 O△X					

75. [2020년 6월 (가)형 17번]

숫자 1, 2, 3, 4, 5, 6, 7이 하나씩 적혀 있는 7장의 카드가 있다. 이 7장의 카드를 모두 한 번씩 사용하여 일렬로 임의로 나열할 때, 다음 조건을 만족시킬 확률은? [4점]

> (가) 4가 적혀 있는 카드의 바로 양옆에는 각각 4보다 큰 수가 적혀 있는 카드가 있다.
> (나) 5가 적혀 있는 카드의 바로 양옆에는 각각 5보다 작은 수가 적혀 있는 카드가 있다.

① $\dfrac{1}{28}$ ② $\dfrac{1}{14}$ ③ $\dfrac{3}{28}$ ④ $\dfrac{1}{7}$ ⑤ $\dfrac{5}{28}$

복습	1회	2회	3회	4회	5회
채점 O△X					

76. [2020년 6월 (가)형 19번]

두 집합 $A = \{1, 2, 3, 4\}$, $B = \{1, 2, 3\}$에 대하여 A에서 B로의 모든 함수 f 중에서 임의로 하나를 선택할 때, 이 함수가 다음 조건을 만족시킬 확률은? [4점]

> $f(1) \geq 2$이거나 함수 f의 치역은 B이다.

① $\dfrac{16}{27}$ ② $\dfrac{2}{3}$ ③ $\dfrac{20}{27}$ ④ $\dfrac{22}{27}$ ⑤ $\dfrac{8}{9}$

복습	1회	2회	3회	4회	5회
채점 O△X					

77. [2020년 22예시문항 (확률과 통계) 28번]

1부터 10까지의 자연수 중에서 임의로 서로 다른 3개의 수를 선택한다. 선택한 세 개의 수의 곱이 짝수일 때, 그 세 개의 수의 합이 3의 배수일 확률은? [4점]

① $\dfrac{14}{55}$　　② $\dfrac{3}{10}$　　③ $\dfrac{19}{55}$

④ $\dfrac{43}{110}$　　⑤ $\dfrac{24}{55}$

복습	1회	2회	3회	4회	5회
채점 O△X					

78. [2019년 수능 (나)형 28번] 실전 분석

숫자 1, 2, 3, 4가 하나씩 적혀 있는 흰 공 4개와 숫자 4, 5, 6이 하나씩 적혀 있는 검은 공 3개가 있다. 이 7개의 공을 임의로 일렬로 나열할 때, 같은 숫자가 적혀 있는 공이 서로 이웃하지 않게 나열될 확률은 $\dfrac{q}{p}$이다. $p+q$의 값을 구하시오.

(단, p와 q는 서로소인 자연수이다.) [4점]

복습	1회	2회	3회	4회	5회
채점 O△X					

79. [2019년 9월 (가)형 18번 & (나)형 20번]
빨간색 공 6개, 파란색 공 3개, 노란색 공 3개가 들어있는 주머니가 있다. 이 주머니에서 임의로 한 개의 공을 꺼내는 시행을 하여, 다음 규칙에 따라 세 사람 A, B, C가 점수를 얻는다. (단, 한번 꺼낸 공은 다시 주머니에 넣지 않는다.)

- 빨간색 공이 나오면 A는 3점, B는 1점, C는 1점을 얻는다.
- 파란색 공이 나오면 A는 2점, B는 6점, C는 2점을 얻는다.
- 노란색 공이 나오면 A는 2점, B는 2점, C는 6점을 얻는다.

이 시행을 계속하여 얻은 점수의 합이 처음으로 24점 이상인 사람이 나오면 시행을 멈춘다. 다음은 얻은 점수의 합이 24점 이상인 사람이 A뿐일 확률을 구하는 과정이다.

꺼낸 빨간색 공의 개수를 x, 파란색 공의 개수를 y, 노란색 공의 개수를 z라 할 때, 얻은 점수의 합이 24점 이상인 사람이 A뿐이기 위해서는 x, y, z가 다음 조건을 만족시켜야 한다.
$x = 6$, $0 < y < 3$, $0 < z < 3$, $y + z \geq 3$
이 조건을 만족시키는 순서쌍 (x, y, z)는
$(6, 1, 2)$, $(6, 2, 1)$, $(6, 2, 2)$
이다.
(ⅰ) $(x, y, z) = (6, 1, 2)$인 경우의 확률은 　(가)　이다.
(ⅱ) $(x, y, z) = (6, 2, 1)$인 경우의 확률은 　(가)　이다.
(ⅲ) $(x, y, z) = (6, 2, 2)$인 경우는 10번째 시행에서 빨간색 공이 나와야 하므로 그 확률은 　(나)　이다.
(ⅰ), (ⅱ), (ⅲ)에 의하여 구하는 확률은
$2 \times$ 　(가)　 $+$ 　(나)　 이다.

위의 (가), (나)에 알맞은 수를 각각 p, q라 할 때, $p + q$의 값은? [4점]

① $\dfrac{13}{110}$　　② $\dfrac{27}{220}$　　③ $\dfrac{7}{55}$

④ $\dfrac{29}{220}$　　⑤ $\dfrac{3}{22}$

80. [2019년 9월 (나)형 14번]
다음 조건을 만족시키는 좌표평면 위의 점 (a, b) 중에서 임의로 서로 다른 두 점을 선택할 때, 선택된 두 점 사이의 거리가 1보다 클 확률은? [4점]

(가) a, b는 자연수이다.
(나) $1 \leq a \leq 4$. $1 \leq b \leq 3$

① $\dfrac{41}{66}$　　② $\dfrac{43}{66}$　　③ $\dfrac{15}{22}$

④ $\dfrac{47}{66}$　　⑤ $\dfrac{49}{66}$

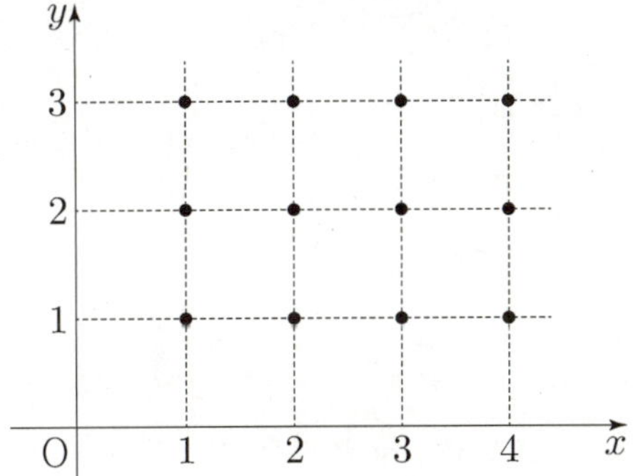

복습	1회	2회	3회	4회	5회
채점 O△X					

81. [2019년 6월 (나)형 16번]

한 개의 주사위를 네 번 던질 때 나오는 눈의 수를 차례로 a, b, c, d라 하자. 네 수 a, b, c, d의 곱 $a \times b \times c \times d$가 12일 확률은? [4점]

① $\dfrac{1}{36}$ ② $\dfrac{5}{72}$ ③ $\dfrac{1}{9}$ ④ $\dfrac{11}{72}$ ⑤ $\dfrac{7}{36}$

복습	1회	2회	3회	4회	5회
채점 O△X					

82. [2019년 6월 (가)형 27번]

숫자 1, 1, 2, 2, 3, 3이 하나씩 적혀 있는 6개의 공이 들어 있는 주머니가 있다. 이 주머니에서 한 개의 공을 임의로 꺼내어 공에 적힌 수를 확인한 후 다시 넣지 않는다. 이와 같은 시행을 6번 반복할 때, $k(1 \leq k \leq 6)$번째 꺼낸 공에 적힌 수를 a_k라 하자. 두 자연수 m, n을

$$m = a_1 \times 100 + a_2 \times 10 + a_3,$$
$$n = a_4 \times 100 + a_5 \times 10 + a_6$$

이라 할 때, $m > n$일 확률은 $\dfrac{q}{p}$이다. $p+q$의 값을 구하시오. (단, p와 q는 서로소인 자연수이다.) [4점]

복습	1회	2회	3회	4회	5회
채점 $O\triangle X$					

83. [2019년 6월 (가)형 14번]

한 개의 주사위를 세 번 던져서 나오는 눈의 수를 차례로 a, b, c라 할 때, $a > b$이고 $a > c$일 확률은? [4점]

① $\dfrac{13}{54}$ ② $\dfrac{55}{216}$ ③ $\dfrac{29}{108}$ ④ $\dfrac{61}{216}$ ⑤ $\dfrac{8}{27}$

복습	1회	2회	3회	4회	5회
채점 $O\triangle X$					

84. [2018년 6월 (나)형 19번]

한 개의 주사위를 세 번 던질 때 나오는 눈의 수를 차례로 a, b, c라 하자. 세 수 a, b, c가 $a < b - 2 \leq c$를 만족시킬 확률은? [4점]

① $\dfrac{2}{27}$ ② $\dfrac{1}{12}$ ③ $\dfrac{5}{54}$

④ $\dfrac{11}{108}$ ⑤ $\dfrac{1}{9}$

복습	1회	2회	3회	4회	5회
채점 O△X					

85. [2018년 6월 (가)형 18번]

좌표평면 위에 두 점 $A(0, 4)$, $B(0, -4)$가 있다. 한 개의 주사위를 두 번 던질 때 나오는 눈의 수를 차례로 m, n이라 하자. 점 $C\left(m\cos\dfrac{n\pi}{3}, m\sin\dfrac{n\pi}{3}\right)$에 대하여 삼각형 ABC의 넓이가 12보다 작을 확률은? [4점]

① $\dfrac{1}{2}$　　② $\dfrac{5}{9}$　　③ $\dfrac{11}{18}$

④ $\dfrac{2}{3}$　　⑤ $\dfrac{13}{18}$

복습	1회	2회	3회	4회	5회
채점 O△X					

86. [2017년 수능 (가)형 26번] 실전 분석

두 주머니 A와 B에는 숫자 1, 2, 3, 4가 하나씩 적혀 있는 4장의 카드가 각각 들어 있다. 갑은 주머니 A에서, 을은 주머니 B에서 각자 임의로 두 장의 카드를 꺼내어 가진다. 갑이 가진 두 장의 카드에 적힌 수의 합과 을이 가진 두 장의 카드에 적힌 수의 합이 같을 확률은 $\dfrac{q}{p}$이다. $p+q$의 값을 구하시오. (단, p, q는 서로소인 자연수이다.) [4점]

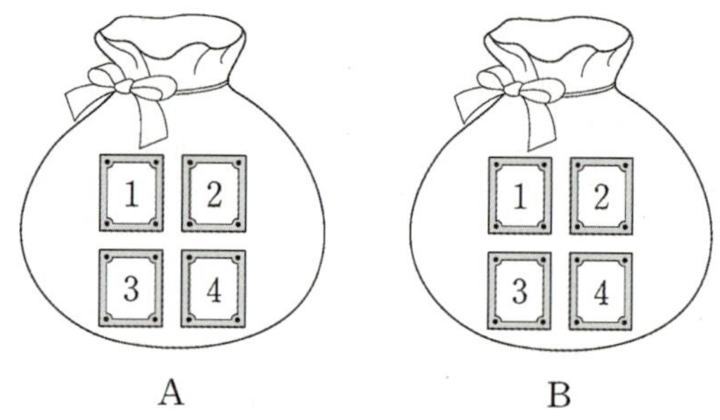

복습	1회	2회	3회	4회	5회
채점 O△X					

87. [2014년 수능 (A)형 15번] 실전 분석

주머니 A에는 흰 공 2개와 검은 공 3개가 들어
있고, 주머니 B에는 흰 공 1개와 검은 공 3개가
들어 있다. 주머니 A에서 임의로 1개의 공을 꺼내어
흰 공이면 흰 공 2개를 주머니 B에 넣고 검은
공이면 검은 공 2개를 주머니 B에 넣은 후 주머니
B에서 임의로 1개의 공을 꺼낼 때 꺼낸 공이 흰
공일 확률은? [4점]

① $\dfrac{1}{6}$ ② $\dfrac{1}{5}$ ③ $\dfrac{7}{30}$ ④ $\dfrac{4}{15}$ ⑤ $\dfrac{3}{10}$

복습	1회	2회	3회	4회	5회
채점 O△X					

88. [2013년 수능 (나)형 29번]

다음 좌석표에서 2행 2열 좌석을 제외한 8개의
좌석에 여학생 4명과 남학생 4명을 1명씩 임의로
배정할 때, 적어도 2명의 남학생이 서로 이웃하게
배정될 확률은 p이다. $70p$의 값을 구하시오. (단,
2명이 같은 행의 바로 옆이나 같은 열의 바로 앞뒤에
있을 때 이웃한 것으로 본다.) [4점]

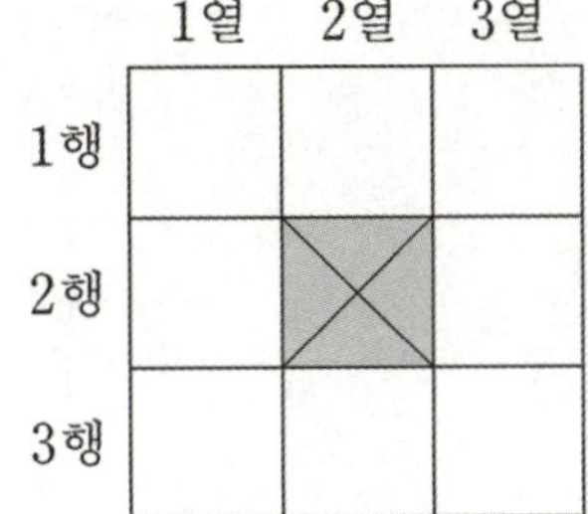

복습	1회	2회	3회	4회	5회
채점 O△X					

89. [2011년 수능 (나)형 17번]

한국, 중국, 일본 학생이 2명씩 있다. 이 6명이 그림과 같이 좌석번호가 지정된 6개의 좌석 중 임의로 1개씩 선택하여 앉을 때, 같은 나라의 두 학생끼리는 좌석 번호의 차가 1 또는 10이 되도록 앉게 될 확률은? [4점]

11	12	13
21	22	23

① $\dfrac{1}{20}$　② $\dfrac{1}{10}$　③ $\dfrac{3}{20}$　④ $\dfrac{1}{5}$　⑤ $\dfrac{1}{4}$

복습	1회	2회	3회	4회	5회
채점 O△X					

90. [2010년 수능 (나)형 29번] 실전 분석

각 면에 1, 1, 1, 2, 2, 3의 숫자가 하나씩 적혀있는 정육면체 모양의 상자를 던져 윗면에 적힌 수를 읽기로 한다. 이 상자를 3번 던질 때, 첫 번째와 두 번째 나온 수의 합이 4이고 세 번째 나온 수가 홀수일 확률은? [4점]

① $\dfrac{5}{27}$　② $\dfrac{11}{54}$　③ $\dfrac{2}{9}$　④ $\dfrac{13}{54}$　⑤ $\dfrac{7}{27}$

복습	1회	2회	3회	4회	5회
채점 O△X					

91. [2009년 수능 (가)형 & (나)형 15번] 실전 분석

어떤 사회봉사센터에서는 다음과 같은 4가지 봉사활동 프로그램을 매일 운영하고 있다.

프로그램	A	B	C	D
봉사활동 시간	1시간	2시간	3시간	4시간

철수는 이 사회봉사센터에서 5일간 매일 하나씩의 프로그램에 참여하여 다섯 번의 봉사활동 시간 합계가 8시간이 되도록 아래와 같은 봉사활동 계획서를 작성하려고 한다. 작성할 수 있는 봉사활동 계획서의 가짓수는? [4점]

봉사활동 계획서

성명 :

참여일	참여프로그램	봉사활동시간
2009. 1. 5		
2009. 1. 6		
2009. 1. 7		
2009. 1. 8		
2009. 1. 9		
봉사활동시간 합계		8시간

① 47 ② 44 ③ 41 ④ 38 ⑤ 35

92. [2009년 수능 (가)형 이산수학 29번]

여섯 개의 문자 A, B, C, D, E, F를 모두 사용하여 만든 6자리 문자열 중에서 다음 조건을 모두 만족시키는 문자열의 개수는?

> (가) A의 바로 다음 자리에 B가 올 수 없다.
>
> (나) B의 바로 다음 자리에 C가 올 수 없다.
>
> (다) C의 바로 다음 자리에 A가 올 수 없다.

(예를 들어 CDFBAE는 조건을 만족시키지만 CDFABE는 조건을 만족시키지 않는다.) [4점]

① 380 ② 432 ③ 484 ④ 536 ⑤ 598

복습	1회	2회	3회	4회	5회
채점 O△X					

93. [2009년 수능 (나)형 22번] 실전 분석

주사위를 두 번 던질 때, 나오는 눈의 수를 차례로 m, n이라 하자. $i^m \cdot (-i)^n$의 값이 1이 될 확률이 $\dfrac{q}{p}$일 때, $p+q$의 값을 구하시오.

(단, $i = \sqrt{-1}$ 이고 p, q는 서로소인 자연수이다.) [4점]

복습	1회	2회	3회	4회	5회
채점 O△X					

95. [2006년 수능 (가)형 & (나)형 23번]

각 면에 1, 1, 1, 2의 숫자가 하나씩 적혀 있는 정사면체 모양의 상자가 있다. 이 상자를 던져서 밑면에 적힌 숫자가 1이면 아래 그림의 영역 A에, 숫자가 2이면 영역 B에 색을 칠하기로 하였다. 두 영역에 색이 모두 칠해질 때까지 이 상자를 계속 던질 때, 3번째에 마칠 확률을 $\dfrac{q}{p}$라 하자. $p+q$의 값을 구하시오. (단, p, q는 서로소인 자연수이다.) [4점]

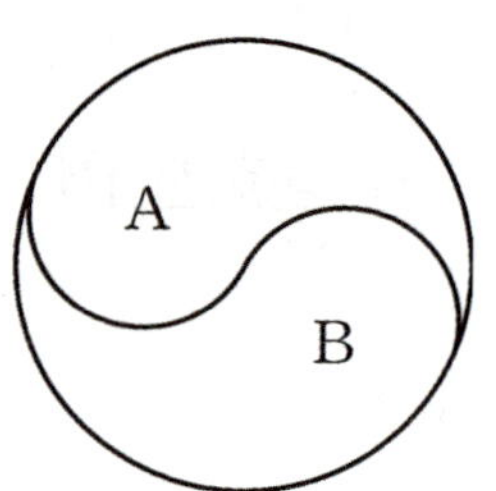

복습	1회	2회	3회	4회	5회
채점 O△X					

94. [2007년 수능 (가)형 & (나)형 14번]

1, 2, 3, 4, 5의 숫자가 하나씩 적힌 5개의 공을 3개의 상자 A, B, C에 넣으려고 한다. 어느 상자에도 넣어진 공에 적힌 수의 합이 13 이상이 되는 경우가 없도록 공을 상자에 넣는 방법의 수는? (단, 빈 상자의 경우에는 넣어진 공에 적힌 수의 합을 0으로 한다.) [4점]

① 233　　② 228　　③ 222　　④ 215　　⑤ 211

복습	1회	2회	3회	4회	5회
채점 O△X					

96. [2005년 수능 (나)형 29번] 실전 분석

두 개의 주사위를 동시에 던질 때, 한 주사위 눈의 수가 다른 주사위 눈의 수의 배수가 될 확률은? [4점]

① $\dfrac{7}{18}$　② $\dfrac{1}{2}$　③ $\dfrac{11}{18}$　④ $\dfrac{13}{18}$　⑤ $\dfrac{5}{6}$

복습	1회	2회	3회	4회	5회
채점 O△X					

97. [2005년 수능 (나)형 30번]

1, 2, 2, 4, 5, 5를 일렬로 배열하여 여섯 자리 자연수를 만들 때, 300000보다 큰 자연수의 개수를 구하시오. [4점]

확률과 통계 1. 경우의 수 경향03
중복순열조합분할

— 수능 3점 —

복습	1회	2회	3회	4회	5회
채점 O△X					

98. [2023년 수능 (확률과 통계) 24번]

숫자 1, 2, 3, 4, 5 중에서 중복을 허락하여 4개를 택해 일렬로 나열하여 만들 수 있는 네 자리의 자연수 중 4000 이상인 홀수의 개수는? [3점]

① 125　② 150　③ 175　④ 200　⑤ 225

복습	1회	2회	3회	4회	5회
채점 O△X					

99. [2022년 수능 (확률과 통계) 25번] 실전 분석

다음 조건을 만족시키는 자연수 a, b, c, d, e의 모든 순서쌍 (a, b, c, d, e)의 개수는? [3점]

> (가) $a+b+c+d+e = 12$
> (나) $|a^2 - b^2| = 5$

① 30 ② 32 ③ 34 ④ 36 ⑤ 38

복습	1회	2회	3회	4회	5회
채점 O△X					

101. [2019년 수능 (가)형 12번] 실전 분석

네 명의 학생 A, B, C, D에게 같은 종류의 초콜릿 8개를 다음 규칙에 따라 남김없이 나누어 주는 경우의 수는? [3점]

> (가) 각 학생은 적어도 1개의 초콜릿을 받는다.
> (나) 학생 A는 학생 B보다 더 많은 초콜릿을 받는다.

① 11 ② 13 ③ 15 ④ 17 ⑤ 19

복습	1회	2회	3회	4회	5회
채점 O△X					

100. [2021년 수능 (나)형 13번] 실전 분석

집합 $X = \{1, 2, 3, 4\}$에 대하여 다음 조건을 만족시키는 함수 $f : X \to X$의 개수는? [3점]

$$f(2) \le f(3) \le f(4)$$

① 64 ② 68 ③ 72 ④ 76 ⑤ 80

복습	1회	2회	3회	4회	5회
채점 O△X					

102. [2017년 수능 (가)형 5번] 실전 분석

숫자 1, 2, 3, 4, 5 중에서 중복을 허락하여 네 개를 택해 일렬로 나열하여 만든 네 자리의 자연수가 5의 배수인 경우의 수는? [3점]

① 115 ② 120 ③ 125 ④ 130 ⑤ 135

복습	1회	2회	3회	4회	5회
채점 O△X					

103. [2014년 수능 (B)형 9번]

숫자 1, 2, 3, 4에서 중복을 허락하여 5개를 택할 때, 숫자 4가 한 개 이하가 되는 경우의 수는? [3점]

① 45　　② 42　　③ 39　　④ 36　　⑤ 33

복습	1회	2회	3회	4회	5회
채점 O△X					

105. [2010년 수능 (가)형 이산수학 27번]

같은 종류의 사탕 5개를 3명의 아이에게 1개 이상씩 나누어 주고, 같은 종류의 초콜릿 5개를 1개의 사탕을 받은 아이에게만 1개 이상씩 나누어 주려고 한다. 사탕과 초콜릿을 남김없이 나누어 주는 경우의 수는? [3점]

① 27　　② 24　　③ 21　　④ 18　　⑤ 15

복습	1회	2회	3회	4회	5회
채점 O△X					

104. [2013년 수능 (나)형 12번]

같은 종류의 주스 4병, 같은 종류의 생수 2병, 우유 1병을 3명에게 남김없이 나누어 주는 경우의 수는? (단, 1병도 받지 못하는 사람이 있을 수 있다. [3점]

① 330　　② 315　　③ 300　　④ 285　　⑤ 270

복습	1회	2회	3회	4회	5회
채점 O△X					

106. [2005년 수능 (가)형 이산수학 28번]

실전 분석

집합 $\{1, 2, 3, 4, 5, 6\}$의 서로소인 두 부분집합 A, B의 순서쌍 (A, B)의 개수는? [3점]

① 729　　② 720　　③ 243　　④ 64　　⑤ 36

수능 4점

복습	1회	2회	3회	4회	5회
채점 O△X					

1등급

107. [2026년 수능 (확률과 통계) 30번] 실전 분석
비어 있는 주머니 10개가 일렬로 놓여 있고, 공 8개가 있다. 각 주머니에 들어 있는 공의 개수가 2 이하가 되도록 공을 주머니에 남김없이 나누어 넣을 때, 다음 조건을 만족시키는 경우의 수를 구하시오. (단, 공끼리는 서로 구별하지 않는다.) [4점]

> (가) 들어 있는 공의 개수가 1인 주머니는 4개 또는 6개이다.
> (나) 들어 있는 공의 개수가 2인 주머니와 이웃한 주머니에는 공이 들어 있지 않다.

복습	1회	2회	3회	4회	5회
채점 O△X					

1등급

108. [2025년 수능 (확률과 통계) 28번] 실전 분석
집합 $X = \{1, 2, 3, 4, 5, 6\}$에 대하여 다음 조건을 만족시키는 함수 $f : X \to X$의 개수는? [4점]

> (가) $f(1) \times f(6)$의 값이 6의 약수이다.
> (나) $2f(1) \leq f(2) \leq f(3) \leq f(4) \leq f(5) \leq 2f(6)$

① 166 ② 171 ③ 176
④ 181 ⑤ 186

복습	1회	2회	3회	4회	5회
채점 O△X					

1등급

109. [2025년 9월 (확률과 통계) 28번]

빨간색 카드 1장, 파란색 카드 1장, 노란색 카드 3장, 보라색 카드 3장이 있다. 이 8장의 카드를 세 학생 A, B, C에게 다음 규칙에 따라 남김없이 나누어 주는 경우의 수는? (단, 같은 색 카드끼리는 서로 구별하지 않는다.) [4점]

> (가) 두 학생 A, B는 각각 1장 이상의 카드를 받고, 학생 C는 카드를 받지 못할 수 있다.
>
> (나) 학생 A가 받는 카드의 색의 가짓수는 3 이하이다.

① 730 ② 746 ③ 762

④ 778 ⑤ 794

복습	1회	2회	3회	4회	5회
채점 O△X					

1등급

110. [2025년 6월 (확률과 통계) 30번]

집합 $X = \{1, 2, 3, 4, 5\}$에 대하여 다음 조건을 만족시키는 함수 $f : X \to X$의 개수를 구하시오. [4점]

> (가) $x = 1, 2, 3, 4$일 때
> $f(x+1) + 3 \geq f(x) + x$이다.
> (나) $f(2)$의 값은 홀수이다.

복습	1회	2회	3회	4회	5회
채점 O△X					

1등급

111. [2025년 28예시문항 (공통) 21번]
숫자 0이 적혀 있는 카드 2장, 숫자 1이 적혀 있는 카드 5장, 숫자 2가 적혀 있는 카드 3장이 있다. 이 10장의 카드를 모두 한 번씩 사용하여 그림과 같은 10개의 자리에 다음 조건을 만족시키도록 각각 한 장씩 놓는 경우의 수는? (단, 같은 숫자가 적혀 있는 카드끼리는 서로 구별하지 않는다.) [4점]

> n $(1 \leq n \leq 10)$번째 자리에 놓인 카드에 적혀 있는 수를 a_n이라 할 때, $|a_{k+1} - a_k| = 2$를 만족시키는 자연수 k $(1 \leq k \leq 9)$의 개수는 3이다.

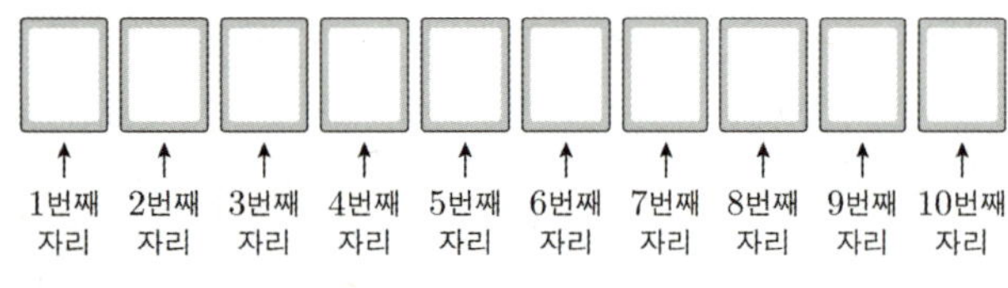

① 136   ② 138   ③ 140
④ 142   ⑤ 144

복습	1회	2회	3회	4회	5회
채점 O△X					

112. [2024년 수능 (확률과 통계) 29번]
다음 조건을 만족시키는 6 이하의 자연수 a, b, c, d의 모든 순서쌍 (a, b, c, d)의 개수를 구하시오. [4점]

> $a \leq c \leq d$이고 $b \leq c \leq d$이다.

복습	1회	2회	3회	4회	5회
채점 O△X					

1등급

113. [2024년 6월 (확률과 통계) 30번]

집합 $X = \{-2, -1, 0, 1, 2\}$에 대하여 다음 조건을 만족시키는 함수 $f : X \to X$의 개수를 구하시오. [4점]

> (가) X의 모든 원소 x에 대하여
> $x + f(x) \in X$이다.
> (나) $x = -2, -1, 0, 1$일 때
> $f(x) \geq f(x+1)$이다.

복습	1회	2회	3회	4회	5회
채점 O△X					

1등급

114. [2024년 9월 (확률과 통계) 30번]

흰 공 4개와 검은 공 4개를 세 명의 학생 A, B, C에게 다음 규칙에 따라 남김없이 나누어 주는 경우의 수를 구하시오. (단, 같은 색 공끼리는 서로 구별하지 않고, 공을 받지 못하는 학생이 있을 수 있다.) [4점]

> (가) 학생 A가 받는 공의 개수는 0 이상 2 이하이다.
> (나) 학생 B가 받는 공의 개수는 2 이상이다.

복습	1회	2회	3회	4회	5회
채점 O△X					

115. [2023년 9월 (확률과 통계) 30번]

다음 조건을 만족시키는 13 이하의 자연수 a, b, c, d의 모든 순서쌍 (a, b, c, d)의 개수를 구하시오. [4점]

> (가) $a \le b \le c \le d$
> (나) $a \times d$는 홀수이고, $b+c$는 짝수이다.

복습	1회	2회	3회	4회	5회
채점 O△X					

116. [2023년 6월 (확률과 통계) 29번]

그림과 같이 2장의 검은색 카드와 1부터 8까지의 자연수가 하나씩 적혀 있는 8장의 흰색 카드가 있다. 이 카드를 모두 한 번씩 사용하여 왼쪽에서 오른쪽으로 일렬로 배열할 때, 다음 조건을 만족시키는 경우의 수를 구하시오. (단, 검은색 카드는 서로 구별하지 않는다.) [4점]

> (가) 흰색 카드에 적힌 수가 작은 수부터 크기순으로 왼쪽에서 오른쪽으로 배열되도록 카드가 놓여 있다.
> (나) 검은색 카드 사이에는 흰색 카드가 2장 이상 놓여 있다.
> (다) 검은색 카드 사이에는 3의 배수가 적힌 흰색 카드가 1장 이상 놓여 있다.

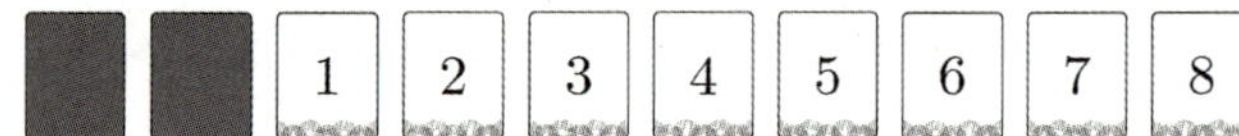

복습	1회	2회	3회	4회	5회
채점 O△X					

1등급

117. [2022년 수능 (확률과 통계) 28번] 실전 분석

두 집합 $X=\{1,\ 2,\ 3,\ 4,\ 5\}$, $Y=\{1,\ 2,\ 3,\ 4\}$에 대하여 다음 조건을 만족시키는 X에서 Y로의 함수 f의 개수는? [4점]

> (가) 집합 X의 모든 원소 x에 대하여
> $f(x) \geq \sqrt{x}$ 이다.
> (나) 함수 f의 치역의 원소의 개수는 3이다.

① 128　② 138　③ 148　④ 158　⑤ 168

복습	1회	2회	3회	4회	5회
채점 O△X					

1등급

118. [2022년 9월 (확률과 통계) 30번]

집합 $X=\{1,\ 2,\ 3,\ 4,\ 5\}$와 함수 $f:X \to X$에 대하여 함수 f의 치역을 A, 합성함수 $f \circ f$의 치역을 B라 할 때, 다음 조건을 만족시키는 함수 f의 개수를 구하시오. [4점]

> (가) $n(A) \leq 3$
> (나) $n(A) = n(B)$
> (다) 집합 X의 모든 원소 x에 대하여
> $f(x) \neq x$ 이다.

복습	1회	2회	3회	4회	5회
채점 O△X					

1등급

119. [2022년 6월 (확률과 통계) 29번]

집합 $X = \{1,\ 2,\ 3,\ 4,\ 5\}$에 대하여 다음 조건을 만족시키는 함수 $f : X \to X$의 개수를 구하시오. [4점]

> (가) $f(f(1)) = 4$
> (나) $f(1) \leq f(3) \leq f(5)$

복습	1회	2회	3회	4회	5회
채점 O△X					

1등급

120. [2021년 수능 (가)형 29번] 실전 분석

네 명의 학생 A, B, C, D 에게 검은색 모자 6개와 흰색 모자 6개를 다음 규칙에 따라 남김없이 나누어 주는 경우의 수를 구하시오. (단, 같은 색 모자끼리는 서로 구별하지 않는다.) [4점]

> (가) 각 학생은 1개 이상의 모자를 받는다.
> (나) 학생 A 가 받는 검은색 모자의 개수는 4 이상이다.
> (다) 흰색 모자보다 검은색 모자를 더 많이 받는 학생은 A 를 포함하여 2명뿐이다.

복습	1회	2회	3회	4회	5회
채점 O△X					

1등급

121. [2021년 9월 (확률과 통계) 30번]

네 명의 학생 A, B, C, D 에게 같은 종류의 사인펜 14개를 다음 규칙에 따라 남김없이 나누어 주는 경우의 수를 구하시오. [4점]

> (가) 각 학생은 1개 이상의 사인펜을 받는다.
> (나) 각 학생이 받는 사인펜의 개수는 9 이하이다.
> (다) 적어도 한 학생은 짝수 개의 사인펜을 받는다.

복습	1회	2회	3회	4회	5회
채점 O△X					

122. [2020년 수능 (가)형 16번] 실전 분석

다음 조건을 만족시키는 음이 아닌 정수 a, b, c, d의 모든 순서쌍 (a, b, c, d)의 개수는? [4점]

> (가) $a+b+c-d=9$
> (나) $d \leq 4$이고 $c \geq d$ 이다.

① 265 ② 270 ③ 275 ④ 280 ⑤ 285

복습	1회	2회	3회	4회	5회
채점 O△X					

123. [2020년 수능 (나)형 29번] 실전 분석

세 명의 학생 A, B, C에게 같은 종류의 사탕 6개와 같은 종류의 초콜릿 5개를 다음 규칙에 따라 남김없이 나누어 주는 경우의 수를 구하시오. [4점]

> (가) 학생 A가 받는 사탕의 개수는 1 이상이다.
> (나) 학생 B가 받는 초콜릿의 개수는 1 이상이다.
> (다) 학생 C가 받는 사탕의 개수와 초콜릿의
>   개수의 합은 1 이상이다.

복습	1회	2회	3회	4회	5회
채점 O△X					

1등급

124. [2020년 9월 (가)형 29번 & (나)형 29번]

흰 공 4개와 검은 공 6개를 세 상자 A, B, C에 남김없이 나누어 넣을 때, 각 상자에 공이 2개 이상씩 들어가도록 나누어 넣는 경우의 수를 구하시오. (단, 같은 색 공끼리는 서로 구별하지 않는다.) [4점]

복습	1회	2회	3회	4회	5회
채점 O△X					

125. [2020년 6월 (나)형 27번]

다음 조건을 만족시키는 음이 아닌 정수 a, b, c, d의 모든 순서쌍 (a, b, c, d)의 개수를 구하시오. [4점]

> (가) $a+b+c+d=6$
> (나) a, b, c, d 중에서 적어도 하나는 0이다.

복습	1회	2회	3회	4회	5회
채점 O△X					

1등급

126. [2020년 6월 (가)형 29번]

검은색 볼펜 1자루, 파란색 볼펜 4자루, 빨간색 볼펜 4자루가 있다. 이 9자루의 볼펜 중에서 5자루를 선택하여 2명의 학생에게 남김없이 나누어 주는 경우의 수를 구하시오.
(단, 같은 색 볼펜끼리는 서로 구별하지 않고, 볼펜을 1자루도 받지 못하는 학생이 있을 수 있다.) [4점]

복습	1회	2회	3회	4회	5회
채점 O△X					

127. [2020년 22예시문항 (확률과 통계) 29번]

다음 조건을 만족시키는 음이 아닌 정수 $a,\ b,\ c,\ d$의 모든 순서쌍 $(a,\ b,\ c,\ d)$의 개수를 구하시오. [4점]

> (가) $a+b+c+d=12$
> (나) $a\neq 2$ 이고 $a+b+c\neq 10$ 이다.

복습	1회	2회	3회	4회	5회
채점 O△X					

128. [2019년 9월 (가)형 28번 & (나)형 29번]

연필 7자루와 볼펜 4자루를 다음 조건을 만족시키도록 여학생 3명과 남학생 2명에게 남김없이 나누어 주는 경우의 수를 구하시오. (단, 연필끼리는 서로 구별하지 않고, 볼펜끼리도 서로 구별하지 않는다.) [4점]

> (가) 여학생이 각각 받는 연필의 개수는 서로 같고, 남학생이 각각 받는 볼펜의 개수도 서로 같다.
> (나) 여학생은 연필을 1자루 이상 받고, 볼펜을 받지 못하는 여학생이 있을 수 있다.
> (다) 남학생은 볼펜을 1자루 이상 받고, 연필을 받지 못하는 남학생이 있을 수 있다.

복습	1회	2회	3회	4회	5회
채점 O△X					

129. [2019년 6월 (나)형 29번]

다음 조건을 만족시키는 음이 아닌 정수 x_1, x_2, x_3의 모든 순서쌍 (x_1, x_2, x_3)의 개수를 구하시오. [4점]

> (가) $n = 1$, 2일 때, $x_{n+1} - x_n \geq 2$이다.
>
> (나) $x_3 \leq 10$

복습	1회	2회	3회	4회	5회
채점 O△X					

130. [2019년 6월 (가)형 19번]

다음 조건을 만족시키는 음이 아닌 정수 x_1, x_2, x_3, x_4의 모든 순서쌍 (x_1, x_2, x_3, x_4)의 개수는? [4점]

> (가) $n = 1$, 2, 3일 때, $x_{n+1} - x_n \geq 2$이다.
>
> (나) $x_4 \leq 12$

① 210 ② 220 ③ 230 ④ 240 ⑤ 250

복습	1회	2회	3회	4회	5회
채점 O△X					

131. [2018년 수능 (가)형 18번] 실전 분석

서로 다른 공 4개를 남김없이 서로 다른 상자 4개에 나누어 넣으려고 할 때, 넣은 공의 개수가 1인 상자가 있도록 넣는 경우의 수는? (단, 공을 하나도 넣지 않은 상자가 있을 수 있다.) [4점]

① 220 ② 216 ③ 212

④ 208 ⑤ 204

복습	1회	2회	3회	4회	5회
채점 O△X					

132. [2018년 수능 (가)형 28번]

방정식 $x+y+z=10$을 만족시키는 음이 아닌 정수 x, y, z의 모든 순서쌍 (x, y, z) 중에서 임의로 한 개를 선택한다. 선택한 순서쌍 (x, y, z)가

$(x-y)(y-z)(z-x) \neq 0$을 만족시킬 확률은 $\dfrac{q}{p}$이다.

$p+q$의 값을 구하시오.

(단, p와 q는 서로소인 자연수이다.) [4점]

복습	1회	2회	3회	4회	5회
채점 $\bigcirc\triangle\times$					

133. [2018년 6월 (가)형 27번]

세 문자 a, b, c 중에서 중복을 허락하여 4개를 택해 일렬로 나열할 때, 문자 a가 두 번 이상 나오는 경우의 수를 구하시오. [4점]

복습	1회	2회	3회	4회	5회
채점 $\bigcirc\triangle\times$					

134. [2018년 6월 (나)형 20번]

자연수 n에 대하여 $2a+2b+c+d=2n$을 만족시키는 음이 아닌 정수 a, b, c, d의 모든 순서쌍 (a, b, c, d)의 개수를 a_n이라 하자. 다음은 $\sum_{n=1}^{8} a_n$의 값을 구하는 과정이다.

> 음이 아닌 정수 a, b, c, d가
> $2a+2b+c+d=2n$을 만족시키려면 음이 아닌 정수 k에 대하여 $c+d=2k$이어야 한다.
> $c+d=2k$인 경우는 (1) 음이 아닌 정수 k_1, k_2에 대하여 $c=2k_1$, $d=2k_2$인 경우이거나
> (2) 음이 아닌 정수 k_3, k_4에 대하여 $c=2k_3+1$, $d=2k_4+1$인 경우이다.
>
> (1) $c=2k_1$, $d=2k_2$인 경우 :
> $2a+2b+c+d=2n$을 만족시키는 음이 아닌 정수 a, b, c, d의 모든 순서쌍 (a, b, c, d) 개수는 $\boxed{\ \ (가)\ \ }$ 이다.
>
> (2) $c=2k_3+1$, $d=2k_4+1$인 경우 :
> $2a+2b+c+d=2n$을 만족시키는 음이 아닌 정수 a, b, c, d의 모든 순서쌍 (a, b, c, d) 개수는 $\boxed{\ \ (나)\ \ }$ 이다.
>
> (1), (2)에 의하여 $2a+2b+c+d=2n$을 만족시키는
> 음이 아닌 정수 a, b, c, d의 모든 순서쌍 (a, b, c, d)의 개수 a_n은
> $$a_n = \boxed{\ \ (가)\ \ } + \boxed{\ \ (나)\ \ }$$
> 이다. 자연수 m에 대하여
> $$\sum_{n=1}^{m} \boxed{\ \ (나)\ \ } = {}_{m+3}C_4$$
> 이므로
> $$\sum_{n=1}^{8} a_n = \boxed{\ \ (다)\ \ }$$
> 이다.

위의 (가), (나)에 알맞은 식을 각각 $f(n)$, $g(n)$이라 하고, (다)에 알맞은 수를 r이라 할 때, $f(6)+g(5)+r$의 값은? [4점]

① 893 ② 918 ③ 943

④ 968 ⑤ 993

복습	1회	2회	3회	4회	5회
채점 O△X					

135. [2018년 9월 (나)형 16번]

서로 다른 종류의 사탕 3개와 같은 종류의 구슬 7개를 같은 종류의 주머니 3개에 남김없이 나누어 넣으려고 한다. 각 주머니에 사탕과 구슬이 각각 1개 이상씩 들어가도록 나누어 넣는 경우의 수는? [4점]

① 11 ② 12 ③ 13
④ 14 ⑤ 15

복습	1회	2회	3회	4회	5회
채점 O△X					

136. [2018년 9월 (가)형 28번]

방정식 $a+b+c=9$ 를 만족시키는 음이 아닌 정수 a, b, c의 모든 순서쌍 (a, b, c) 중에서 임의로 한 개를 선택할 때, 선택한 순서쌍 (a, b, c)가
$$a < 2 \text{ 또는 } b < 2$$
를 만족시킬 확률은 $\dfrac{q}{p}$ 이다. $p+q$의 값을 구하시오. (단, p와 q는 서로소인 자연수이다.) [4점]

복습	1회	2회	3회	4회	5회
채점 O△X					

137. [2017년 수능 (가)형 & (나)형 27번]

다음 조건을 만족시키는 음이 아닌 정수 a, b, c의 모든 순서쌍 $(a,\ b,\ c)$의 개수를 구하시오. [4점]

> (가) $a+b+c=7$
> (나) $2^a \times 4^b$은 8의 배수이다.

복습	1회	2회	3회	4회	5회
채점 O△X					

138. [2016년 수능 (A)형 17번]

다음 조건을 만족시키는 음이 아닌 정수 a, b, c, d, e의 모든 순서쌍 (a, b, c, d, e)의 개수는? [4점]

> (가) a, b, c, d, e 중에서 0의 개수는 2이다.
> (나) $a+b+c+d+e=10$

① 240 ② 280 ③ 320
④ 360 ⑤ 400

복습	1회	2회	3회	4회	5회
채점 O△X					

139. [2016년 수능 (B)형 14번] 실전 분석

세 정수 a, b, c에 대하여

$$1 \leq |a| \leq |b| \leq |c| \leq 5$$

를 만족시키는 모든 순서쌍 $(a,\ b,\ c)$의 개수는? [4점]

① 360 ② 320 ③ 280
④ 240 ⑤ 200

복습	1회	2회	3회	4회	5회
채점 O△X					

140. [2015년 수능 (A)형 18번]

연립방정식 $\begin{cases} x+y+z+3w = 14 \\ x+y+z+w = 10 \end{cases}$ 을 만족시키는

음이 아닌 정수 $x,\ y,\ z,\ w$의 모든 순서쌍 (x, y, z, w)의 개수는? [4점]

① 40 ② 45 ③ 50 ④ 55 ⑤ 60

복습	1회	2회	3회	4회	5회
채점 O△X					

142. [2014년 수능 (A)형 18번] 실전 분석

흰색 탁구공 8개와 주황색 탁구공 7개를 3명의 학생에게 남김없이 나누어 주려고 한다. 각 학생이 흰색 탁구공과 주황색 탁구공을 각각 한 개 이상 갖도록 나누어 주는 경우의 수는? [4점]

① 295 ② 300 ③ 305 ④ 310 ⑤ 315

복습	1회	2회	3회	4회	5회
채점 O△X					

141. [2015년 수능 (B)형 26번] 실전 분석

다음 조건을 만족시키는 자연수 $a,\ b,\ c$의 모든 순서쌍 (a, b, c)의 개수를 구하시오. [4점]

> (가) $a \times b \times c$는 홀수이다.
> (나) $a \le b \le c \le 20$

복습	1회	2회	3회	4회	5회
채점 O△X					

143. [2006년 수능 (가)형 이산수학 30번]

실전 분석

네 종류의 사탕 중에서 15개를 선택하려고 한다. 초콜릿사탕은 4개 이하, 박하사탕은 3개 이상, 딸기사탕은 2개 이상, 버터사탕은 1개 이상을 선택하는 경우의 수를 구하시오. (단, 각 종류의 사탕은 15개 이상씩 있다.) [4점]

확률과 통계 1. 경우의 수 경향04
이항정리

수능 2점

복습	1회	2회	3회	4회	5회
채점 O△X					

144. [2025년 수능 (확률과 통계) 23번]

다항식 $(x^3 + 2)^5$의 전개식에서 x^6의 계수는? [2점]

① 40   ② 50   ③ 60
④ 70   ⑤ 80

복습	1회	2회	3회	4회	5회
채점 O△X					

145. [2023년 수능 (확률과 통계) 23번]

다항식 $(x^3 + 3)^5$의 전개식에서 x^9의 계수는? [2점]

① 30   ② 60   ③ 90   ④ 120   ⑤ 150

복습	1회	2회	3회	4회	5회
채점 O△X					

146. [2022년 수능 (확률과 통계) 23번]

다항식 $(x + 2)^7$의 전개식에서 x^5의 계수는? [2점]

① 42   ② 56   ③ 70   ④ 84   ⑤ 98

수능 3점

복습	1회	2회	3회	4회	5회
채점 O△X					

147. [2021년 수능 (가)형 22번] 실전 분석

$\left(x + \dfrac{3}{x^2}\right)^5$의 전개식에서 x^2의 계수를

구하시오. [3점]

복습	1회	2회	3회	4회	5회
채점 O△X					

148. [2021년 수능 (나)형 22번]

다항식 $(3x + 1)^8$의 전개식에서 x의 계수를

구하시오. [3점]

복습	1회	2회	3회	4회	5회
채점 O△X					

149. [2020년 수능 (가)형 4번]

$\left(2x + \dfrac{1}{x^2}\right)^4$의 전개식에서 x의 계수는? [3점]

① 16   ② 20   ③ 24   ④ 28   ⑤ 32

복습	1회	2회	3회	4회	5회
채점 O△X					

150. [2019년 수능 (나)형 6번]

다항식 $(1+x)^7$의 전개식에서 x^4의 계수는? [3점]

① 42 ② 35 ③ 28 ④ 21 ⑤ 14

복습	1회	2회	3회	4회	5회
채점 O△X					

151. [2018년 수능 (가)형 6번 & (나)형 12번]

$\left(x+\dfrac{2}{x}\right)^8$의 전개식에서 x^4의 계수는? [3점]

① 108 ② 112 ③ 116
④ 120 ⑤ 124

복습	1회	2회	3회	4회	5회
채점 O△X					

152. [2015년 수능 (A)형 7번]

다항식 $(x+a)^6$의 전개식에서 x^4의 계수가 60일 때, 양수 a의 값은? [3점]

① 1 ② 2 ③ 3 ④ 4 ⑤ 5

복습	1회	2회	3회	4회	5회
채점 O△X					

153. [2012년 수능 (나)형 8번]

다항식 $(x+a)^7$의 전개식에서 x^4의 계수가 280일 때, x^5의 계수는? (단, a는 상수이다.) [3점]

① 84 ② 91 ③ 98 ④ 105 ⑤ 112

복습	1회	2회	3회	4회	5회
채점 O△X					

154. [2010년 수능 (나)형 19번]

다항식 $(1+x)^n$의 전개식에서 x^2의 계수가 45일 때, 자연수 n의 값을 구하시오. [3점]

복습	1회	2회	3회	4회	5회
채점 O△X					

155. [2008년 수능 (나)형 7번]

$\left(2x+\dfrac{1}{2x}\right)^7$의 전개식에서 x의 계수는? [3점]

① 14 ② 28 ③ 42 ④ 56 ⑤ 70

복습	1회	2회	3회	4회	5회
채점 O△X					

156. [2007년 수능 (나)형 7번]

다항식 $(x-a)^5$의 전개식에서 x의 계수와 상수항의 합이 0일 때, 양의 상수 a의 값은? [3점]

① 1　　② 2　　③ 3　　④ 4　　⑤ 5

복습	1회	2회	3회	4회	5회
채점 O△X					

158. [2009년 수능 (나)형 9번]

$\left(x+\dfrac{1}{x^3}\right)^4$의 전개식에서 $\dfrac{1}{x^4}$의 계수는? [4점]

① 4　　② 6　　③ 8　　④ 10　　⑤ 12

수능 4점

복습	1회	2회	3회	4회	5회
채점 O△X					

157. [2019년 6월 (나)형 14번]

$\left(x^2-\dfrac{1}{x}\right)\left(x+\dfrac{a}{x^2}\right)^4$의 전개식에서 x^3의 계수가 7일 때, 상수 a의 값은? [4점]

① 1　　② 2　　③ 3　　④ 4　　⑤ 5

복습	1회	2회	3회	4회	5회
채점 O△X					

159. [2006년 수능 (나)형 30번] `실전 분석`

다항식 $2(x+a)^n$의 전개식에서 x^{n-1}의 계수와 다항식 $(x-1)(x+a)^n$의 전개식에서 x^{n-1}의 계수가 같게 되는 모든 순서쌍 $(a,\ n)$에 대하여 an의 최댓값을 구하시오. (단, a는 자연수이고, n은 $n \geq 2$인 자연수이다.) [4점]

<table>
<tr><td>복습</td><td>1회</td><td>2회</td><td>3회</td><td>4회</td><td>5회</td></tr>
<tr><td>채점
O△X</td><td></td><td></td><td></td><td></td><td></td></tr>
</table>

확률과 통계 2. 확률 경향05
확률연산

수능 3점

160. [2020년 수능 (나)형 5번] 실전 분석

두 사건 A, B에 대하여

$$\mathrm{P}(A^C) = \frac{2}{3},\ \mathrm{P}(A^C \cap B) = \frac{1}{4}$$

일 때, $\mathrm{P}(A \cup B)$의 값은? (단, A^C은 A 의 여사건이다.) [3점]

① $\dfrac{1}{2}$ ② $\dfrac{7}{12}$ ③ $\dfrac{2}{3}$ ④ $\dfrac{3}{4}$ ⑤ $\dfrac{5}{6}$

161. [2019년 수능 (가)형 4번 & (나)형 8번]

두 사건 A, B에 대하여 A와 B^C은 서로 배반사건이고

$$\mathrm{P}(A) = \frac{1}{3},\ \mathrm{P}(A^C \cap B) = \frac{1}{6}$$

일 때, $\mathrm{P}(B)$의 값은?

(단, A^C은 A의 여사건이다.) [3점]

① $\dfrac{5}{12}$ ② $\dfrac{1}{2}$ ③ $\dfrac{7}{12}$ ④ $\dfrac{2}{3}$ ⑤ $\dfrac{3}{4}$

162. [2017년 수능 (나)형 4번]

두 사건 A, B에 대하여

$$\mathrm{P}(A \cap B) = \frac{1}{8},\ \mathrm{P}(A \cap B^C) = \frac{3}{16}$$

일 때, $\mathrm{P}(A)$의 값은? (단, B^C은 B의 여사건이다.) [3점]

① $\dfrac{3}{16}$ ② $\dfrac{7}{32}$ ③ $\dfrac{1}{4}$ ④ $\dfrac{9}{32}$ ⑤ $\dfrac{5}{16}$

복습	1회	2회	3회	4회	5회
채점 O△X					

163. [2015년 수능 (B)형 8번]

두 사건 A, B에 대하여 A^C과 B는 서로

배반사건이고 $P(A) = 2P(B) = \dfrac{3}{5}$ 일 때,

$P(A \cap B^C)$의 값은? (단, A^C은 A의 여사건이다.)
[3점]

① $\dfrac{7}{20}$ ② $\dfrac{3}{10}$ ③ $\dfrac{1}{4}$ ④ $\dfrac{1}{5}$ ⑤ $\dfrac{3}{20}$

복습	1회	2회	3회	4회	5회
채점 O△X					

165. [2010년 수능 (나)형 5번]

두 사건 A와 B는 서로 배반사건이고

$P(A) = P(B)$, $P(A)P(B) = \dfrac{1}{9}$일 때,

$P(A \cup B)$의 값은? [3점]

① $\dfrac{1}{6}$ ② $\dfrac{1}{3}$ ③ $\dfrac{1}{2}$ ④ $\dfrac{2}{3}$ ⑤ $\dfrac{5}{6}$

복습	1회	2회	3회	4회	5회
채점 O△X					

164. [2014년 수능 (B)형 5번]

두 사건 A, B에 대하여

$P(A^C \cup B^C) = \dfrac{4}{5}$, $P(A \cap B^C) = \dfrac{1}{4}$

일 때, $P(A^C)$의 값은? (단, A^C은 A의
여사건이다.) [3점]

① $\dfrac{1}{2}$ ② $\dfrac{11}{20}$ ③ $\dfrac{3}{5}$ ④ $\dfrac{13}{20}$ ⑤ $\dfrac{7}{10}$

복습	1회	2회	3회	4회	5회
채점 O△X					

166. [2006년 수능 (나)형 4번]

사건 전체의 집합 S의 두 사건 A와 B는 서로

배반사건이고, $A \cup B = S$, $P(A) = 2P(B)$일 때,

$P(A)$의 값은? [3점]

① $\dfrac{2}{3}$ ② $\dfrac{1}{2}$ ③ $\dfrac{2}{5}$ ④ $\dfrac{1}{3}$ ⑤ $\dfrac{1}{4}$

확률과 통계 2. 확률 경향06
조건부 확률

수능 3점

복습	1회	2회	3회	4회	5회
채점 O△X					

167. [2026년 수능 (확률과 통계) 24번]

두 사건 A, B에 대하여

$$P(A)=\frac{2}{5}, \ P(B\,|\,A)=\frac{1}{4}, \ P(A\cup B)=1$$

일 때, $P(B)$의 값은? [3점]

① $\dfrac{7}{10}$　　② $\dfrac{3}{4}$　　③ $\dfrac{4}{5}$

④ $\dfrac{17}{20}$　　⑤ $\dfrac{9}{10}$

복습	1회	2회	3회	4회	5회
채점 O△X					

168. [2025년 수능 (확률과 통계) 24번] 실전 분석

두 사건 A, B에 대하여

$$P(A\,|\,B)=P(A)=\frac{1}{2}, \ \ P(A\cap B)=\frac{1}{5}$$

일 때, $P(A\cup B)$의 값은? [3점]

① $\dfrac{1}{2}$　　② $\dfrac{3}{5}$　　③ $\dfrac{7}{10}$

④ $\dfrac{4}{5}$　　⑤ $\dfrac{9}{10}$

복습	1회	2회	3회	4회	5회
채점 O△X					

169. [2021년 수능 (가)형 4번] 실전 분석

두 사건 A, B에 대하여

$$P(B\,|\,A)=\frac{1}{4}, \ \ P(A\,|\,B)=\frac{1}{3},$$

$$P(A)+P(B)=\frac{7}{10}$$ 일 때, $P(A\cap B)$의

값은? [3점]

① $\dfrac{1}{7}$　② $\dfrac{1}{8}$　③ $\dfrac{1}{9}$　④ $\dfrac{1}{10}$　⑤ $\dfrac{1}{11}$

복습	1회	2회	3회	4회	5회
채점 O△X					

170. [2020년 수능 (나)형 9번] 실전 분석

어느 학교 학생 200명을 대상으로 체험활동에 대한 선호도를 조사하였다. 이 조사에 참여한 학생은 문화체험과 생태연구 중 하나를 선택하였고, 각각의 체험활동을 선택한 학생의 수는 다음과 같다.

(단위 : 명)

구분	문화체험	생태연구	합계
남학생	40	60	100
여학생	50	50	100
합계	90	110	200

이 조사에 참여한 학생 200명 중에서 임의로 선택한 1명이 생태연구를 선택한 학생일 때, 이 학생이 여학생일 확률은? [3점]

① $\dfrac{5}{11}$ ② $\dfrac{1}{2}$ ③ $\dfrac{6}{11}$ ④ $\dfrac{5}{9}$ ⑤ $\dfrac{3}{5}$

복습	1회	2회	3회	4회	5회
채점 O△X					

171. [2018년 수능 (나)형 7번]

어느 고등학교 전체 학생 500명을 대상으로 지역 A와 지역 B에 대한 국토 문화 탐방 희망 여부를 조사한 결과는 다음과 같다.

(단위 : 명)

지역 B \ 지역 A	희망함	희망하지 않음	합계
희망함	140	310	450
희망하지 않음	40	10	50
합계	180	320	500

이 고등학교 학생 중에서 임의로 선택한 1명이 지역 A를 희망한 학생일 때, 이 학생이 지역 B도 희망한 학생일 확률은? [3점]

① $\dfrac{19}{45}$ ② $\dfrac{23}{45}$ ③ $\dfrac{3}{5}$

④ $\dfrac{31}{45}$ ⑤ $\dfrac{7}{9}$

복습	1회	2회	3회	4회	5회
채점 O△X					

172. [2018년 수능 (가)형 13번]

한 개의 주사위를 두 번 던진다. 6의 눈이 한 번도 나오지 않을 때, 나온 두 눈의 수의 합이 4의 배수일 확률은? [3점]

① $\dfrac{4}{25}$ ② $\dfrac{1}{5}$ ③ $\dfrac{6}{25}$

④ $\dfrac{7}{25}$ ⑤ $\dfrac{8}{25}$

복습	1회	2회	3회	4회	5회
채점 O△X					

174. [2016년 수능 (A)형 6번]

두 사건 A, B에 대하여

$$P(A) = \frac{2}{5}, \quad P(B|A) = \frac{5}{6}$$

일 때, $P(A \cap B)$의 값은? [3점]

① $\dfrac{1}{3}$ ② $\dfrac{4}{15}$ ③ $\dfrac{1}{5}$

④ $\dfrac{2}{15}$ ⑤ $\dfrac{1}{15}$

복습	1회	2회	3회	4회	5회
채점 O△X					

173. [2017년 수능 (나)형 13번] 실전 분석

어느 학교의 전체 학생은 360명이고, 각 학생은 체험 학습 A, 체험 학습 B 중 하나를 선택하였다. 이 학교의 학생 중 체험 학습 A를 선택한 학생은 남학생 90명과 여학생 70명이다. 이 학교의 학생 중 임의로 뽑은 1명의 학생이 체험 학습 B를 선택한 학생일 때, 이 학생이 남학생일 확률은 $\dfrac{2}{5}$이다. 이 학교의 여학생의 수는? [3점]

① 180 ② 185 ③ 190 ④ 195 ⑤ 200

복습	1회	2회	3회	4회	5회
채점 O△X					

175. [2014년 수능 (B)형 23번]

어느 마라톤 대회에 참가한 50명의 동호회 회원 중 마라톤에서 완주한 회원 수와 기권한 회원 수가 다음과 같다.

(단위 : 명)

구분	남성	여성
완주한 회원 수	27	9
기권한 회원 수	8	6

참가한 회원 중에서 임의로 선택한 한 명의 회원이 여성이었을 때, 이 회원이 마라톤에서 완주하였을 확률이 p이다. $100p$의 값을 구하시오. [3점]

복습	1회	2회	3회	4회	5회
채점 O△X					

176. [2013년 수능 (나)형 8번]

두 사건 A, B에 대하여

$$P(A \cap B) = \frac{1}{8}, \quad P(B^c|A) = 2P(B|A)$$

일 때, $P(A)$의 값은? (단, B^c은 B의 여사건이다.) [3점]

① $\frac{5}{12}$ ② $\frac{3}{8}$ ③ $\frac{1}{3}$ ④ $\frac{7}{24}$ ⑤ $\frac{1}{4}$

복습	1회	2회	3회	4회	5회
채점 O△X					

177. [2013년 수능 (가)형 8번]

어느 학교 전체 학생의 60%는 버스로, 나머지 40%는 걸어서 등교하였다. 버스로 등교한 학생의 $\frac{1}{20}$이 지각하였고, 걸어서 등교한 학생의 $\frac{1}{15}$이 지각하였다. 이 학교 전체 학생 중 임의로 선택한 1명의 학생이 지각하였을 때, 이 학생이 버스로 등교하였을 확률은? [3점]

① $\frac{3}{7}$ ② $\frac{9}{20}$ ③ $\frac{9}{19}$ ④ $\frac{1}{2}$ ⑤ $\frac{9}{17}$

복습	1회	2회	3회	4회	5회
채점 O△X					

178. [2012년 수능 (나)형 13번]

주머니 A에는 1, 2, 3, 4, 5의 숫자가 하나씩 적혀 있는 5장의 카드가 들어 있고, 주머니 B에는 1, 2, 3, 4, 5, 6의 숫자가 하나씩 적혀 있는 6장의 카드가 들어 있다. 한 개의 주사위를 한 번 던져서 나온 눈의 수가 3의 배수이면 주머니 A에서 임의로 카드를 한 장 꺼내고, 3의 배수가 아니면 주머니 B에서 임의로 카드를 한 장 꺼낸다. 주머니에서 꺼낸 카드에 적힌 수가 짝수일 때, 그 카드가 주머니 A에서 꺼낸 카드일 확률은? [3점]

① $\frac{1}{5}$ ② $\frac{2}{9}$ ③ $\frac{1}{4}$ ④ $\frac{2}{7}$ ⑤ $\frac{1}{3}$

복습	1회	2회	3회	4회	5회
채점 O△X					

179. [2011년 수능 (가)형 & (나)형 13번]

실전 분석

어느 재래시장을 이용하는 고객의 집에서 시장까지의 거리는 평균이 $1740m$, 표준편차가 $500m$인 정규분포를 따른다고 한다. 집에서 시장까지의 거리가 $2000m$ 이상인 고객 중에서 15%, $2000m$ 미만인 고객 중에서 5%는 자가용을 이용하여 시장에 온다고 한다. 자가용을 이용하여 시장에 온 고객 중에서 임의로 1명을 선택할 때, 이 고객의 집에서 시장까지의 거리가 $2000m$ 미만일 확률은? (단, Z가 표준정규분포를 따르는 확률변수일 때, $\mathrm{P}(0 \leq Z \leq 0.52) = 0.2$로 계산한다.) [3점]

① $\dfrac{3}{8}$ ② $\dfrac{7}{16}$ ③ $\dfrac{1}{2}$ ④ $\dfrac{9}{16}$ ⑤ $\dfrac{5}{8}$

복습	1회	2회	3회	4회	5회
채점 O△X					

180. [2010년 수능 (가)형 7번 & (나)형 7번]

철수가 받은 전자우편의 10%는 '여행'이라는 단어를 포함한다. '여행'을 포함한 전자우편의 50%가 광고이고, '여행'을 포함하지 않은 전자우편의 20%가 광고이다. 철수가 받은 한 전자우편이 광고일 때, 이 전자우편이 '여행'을 포함할 확률은? [3점]

① $\dfrac{5}{23}$ ② $\dfrac{6}{23}$ ③ $\dfrac{7}{23}$ ④ $\dfrac{8}{23}$ ⑤ $\dfrac{9}{23}$

복습	1회	2회	3회	4회	5회
채점 O△X					

181. [2010년 수능 (가)형 확률과 통계 28번]

실전 분석

세 코스 A, B, C를 순서대로 한 번씩 체험하는 수련장이 있다. A코스에는 30개, B코스에는 60개, C코스에는 90개의 봉투가 마련되어 있고, 각 봉투에는 1장 또는 2장 또는 3장의 쿠폰이 들어 있다. 다음 표는 쿠폰 수에 따른 봉투의 수를 코스별로 나타낸 것이다.

쿠폰수 코스	1장	2장	3장	계
A	20	10	0	30
B	30	20	10	60
C	40	30	20	90

각 코스를 마친 학생은 그 코스에 있는 봉투를 임의로 1개 선택하여 봉투 속에 들어있는 쿠폰을 받는다. 첫째 번에 출발한 학생이 세 코스를 모두 체험한 후 받은 쿠폰이 모두 4장이었을 때, B코스에서 받은 쿠폰이 2장일 확률은? [3점]

① $\dfrac{14}{23}$ ② $\dfrac{12}{23}$ ③ $\dfrac{10}{23}$ ④ $\dfrac{8}{23}$ ⑤ $\dfrac{6}{23}$

복습	1회	2회	3회	4회	5회
채점 O△X					

182. [2009년 수능 (나)형 26번]

두 사건 A, B에 대하여 $P(A) = \dfrac{1}{2}$, $P(B^C) = \dfrac{2}{3}$ 이며 $P(B|A) = \dfrac{1}{6}$ 일 때, $P(A^C|B)$의 값은?

(단, A^C은 A의 여사건이다.) [3점]

① $\dfrac{1}{2}$ ② $\dfrac{7}{12}$ ③ $\dfrac{2}{3}$ ④ $\dfrac{3}{4}$ ⑤ $\dfrac{5}{6}$

복습	1회	2회	3회	4회	5회
채점 O△X					

183. [2008년 수능 (가)형 & (나)형 12번]

실전 분석

주머니 A에는 1, 2, 3, 4, 5의 숫자가 하나씩 적혀 있는 5장의 카드가 들어 있고, 주머니 B에는 6, 7, 8, 9, 10의 숫자가 하나씩 적혀 있는 5장의 카드가 들어 있다.

두 주머니 A, B에서 각각 카드를 임의로 한 장씩 꺼냈다. 꺼낸 2장의 카드에 적혀 있는 두 수의 합이 홀수일 때, 주머니 A에서 꺼낸 카드에 적혀 있는 수가 짝수일 확률은? [3점]

① $\dfrac{5}{13}$ ② $\dfrac{4}{13}$ ③ $\dfrac{3}{13}$ ④ $\dfrac{2}{13}$ ⑤ $\dfrac{1}{13}$

184. [2007년 수능 (나)형 5번]

두 사건 A, B에 대하여

$P(A) = \dfrac{1}{4}$, $P(B) = \dfrac{2}{3}$, $A \subset B$일 때, $P(A \mid B)$의 값은? [3점]

① $\dfrac{1}{8}$ ② $\dfrac{1}{4}$ ③ $\dfrac{3}{8}$ ④ $\dfrac{1}{2}$ ⑤ $\dfrac{5}{8}$

복습	1회	2회	3회	4회	5회
채점 O△X					

185. [2006년 수능 (나)형 26번]

어느 학급은 남학생 18명, 여학생 16명으로 이루어져 있다. 이 학급의 모든 학생은 중국어와 일본어 중 한 과목만 수업을 받는다고 한다. 남학생 중에서 중국어 수업을 받는 학생은 12명이고, 여학생 중에서 일본어 수업을 받는 학생은 7명이다. 이 학급에서 선택된 한 학생이 중국어 수업을 받는다고 할 때, 이 학생이 여학생일 확률은? [3점]

① $\dfrac{1}{7}$ ② $\dfrac{2}{7}$ ③ $\dfrac{3}{7}$ ④ $\dfrac{4}{7}$ ⑤ $\dfrac{5}{7}$

복습	1회	2회	3회	4회	5회
채점 ○△X					

186. [1994년 수능 (2차) 18번]

어떤 의사가 암에 걸린 사람을 암에 걸렸다고 진단할 확률은 98%이고, 암에 걸리지 않은 사람을 암에 걸리지 않았다고 진단할 확률은 92%라고 한다. 이 의사가 실제로 암에 걸린 사람 400명과 실제로 암에 걸리지 않은 사람 600명을 진찰하여 암에 걸렸는지 아닌지를 진단하였다. 이들 1000명 중 임의로 한 사람을 택했을 때, 그 사람이 암에 걸렸다고 진단받은 사람일 확률은?

① 39.2%   ② 40.0%   ③ 40.8%

④ 44.0%   ⑤ 44.8%

복습	1회	2회	3회	4회	5회
채점 ○△X					

187. [2025년 28예시문항 (공통) 29번]

두 주머니 A와 B에는 숫자 1, 2, 3이 하나씩 적힌 3개의 공이 각각 들어 있다. 갑은 주머니 A에서, 을은 주머니 B에서 각자 임의로 한 개의 공을 꺼내어 공에 적힌 수를 확인한 후 자신이 꺼낸 주머니에 다시 넣는 시행을 두 번 반복한다. 갑이 확인한 두 수의 합이 을이 확인한 두 수의 합보다 클 때, 갑이 확인한 두 수의 합이 5일 확률은 $\dfrac{q}{p}$ 이다.

$p+q$의 값을 구하시오. (단, p와 q는 서로소인 자연수이다.) [4점]

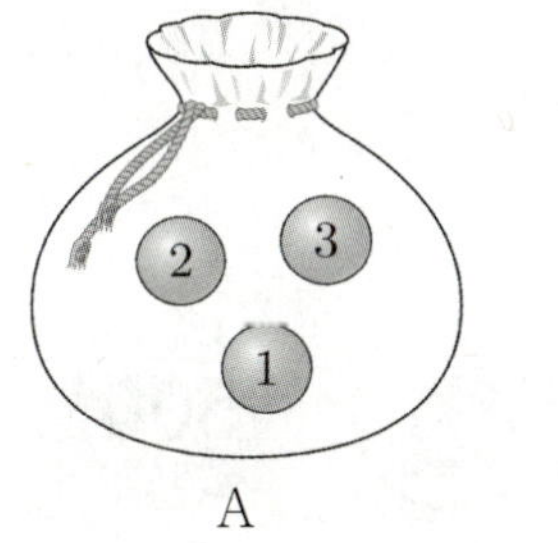

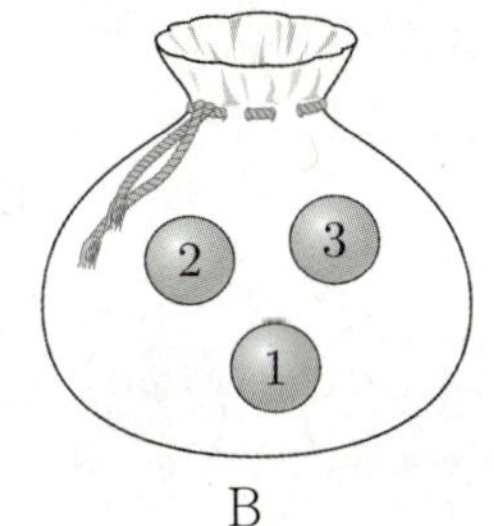

복습	1회	2회	3회	4회	5회
채점 O△X					

1등급

188. [2024년 6월 (확률과 통계) 28번]

탁자 위에 놓인 4개의 동전에 대하여 다음 시행을 한다.

> 4개의 동전 중 임의로 한 개의 동전을 택하여 한 번 뒤집는다.

처음에 3개의 동전은 앞면이 보이도록, 1개의 동전은 뒷면이 보이도록 놓여 있다. 위의 시행을 5번 반복한 후 4개의 동전이 모두 같은 면이 보이도록 놓여 있을 때, 모두 앞면이 보이도록 놓여 있을 확률은? [4점]

① $\dfrac{17}{32}$ ② $\dfrac{35}{64}$ ③ $\dfrac{9}{16}$

④ $\dfrac{37}{64}$ ⑤ $\dfrac{19}{32}$

복습	1회	2회	3회	4회	5회
채점 O△X					

189. [2024년 9월 (확률과 통계) 28번]

집합 $X = \{1, 2, 3, 4\}$에 대하여 $f : X \to X$인 모든 함수 f 중에서 임의로 하나를 선택하는 시행을 한다. 이 시행에서 선택한 함수 f가 다음 조건을 만족시킬 때, $f(4)$가 짝수일 확률은? [4점]

> $a \in X$, $b \in X$에 대하여
> a가 b의 약수이면 $f(a)$는 $f(b)$의 약수이다.

① $\dfrac{9}{19}$ ② $\dfrac{8}{15}$ ③ $\dfrac{3}{5}$

④ $\dfrac{27}{40}$ ⑤ $\dfrac{19}{25}$

복습	1회	2회	3회	4회	5회
채점 O△X					

1등급

190. [2022년 6월 (확률과 통계) 30번]

주머니에 1부터 12까지의 자연수가 각각 하나씩 적혀 있는 12개의 공이 들어 있다. 이 주머니에서 임의로 3개의 공을 동시에 꺼내어 공에 적혀 있는 수를 작은 수부터 크기 순서대로 a, b, c라 하자.

$b - a \geq 5$일 때, $c - a \geq 10$일 확률은 $\dfrac{q}{p}$이다.

$p + q$의 값을 구하시오. (단, p와 q는 서로소인 자연수이다.) [4점]

복습	1회	2회	3회	4회	5회
채점 O△X					

191. [2020년 6월 (가)형 27번 & (나)형 20번]

주머니에 숫자 1, 2, 3, 4가 하나씩 적혀 있는 흰 공 4개와 숫자 3, 4, 5, 6이 하나씩 적혀 있는 검은 공 4개가 들어 있다. 이 주머니에서 임의로 4개의 공을 동시에 꺼내는 시행을 한다.
이 시행에서 꺼낸 공에 적혀 있는 수가 같은 것이 있을 때, 꺼낸 공 중 검은 공이 2개일 확률은

$\dfrac{q}{p}$이다. $p + q$의 값을 구하시오. (단, p와 q는 서로소인 자연수이다.) [4점]

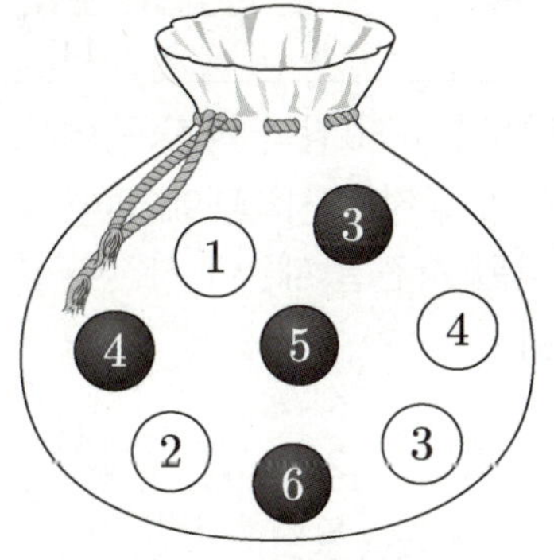

복습	1회	2회	3회	4회	5회
채점 O△X					

192. [2018년 6월 (나)형 14번]

어느 인공지능 시스템에 고양이 사진 40장과 강아지 사진 40장을 입력한 후, 이 인공지능 시스템이 각각의 사진을 인식하는 실험을 실시하여 다음 결과를 얻었다.

(단위 : 명)

입력＼인식	고양이 사진	강아지 사진	합계
고양이 사진	32	8	40
강아지 사진	4	36	40
합계	36	44	80

이 실험에서 입력된 80장의 사진 중에서 임의로 선택한 1장이 인공지능 시스템에 의해 고양이 사진으로 인식된 사진일 때, 이 사진이 고양이 사진일 확률은? [4점]

① $\dfrac{4}{9}$ ② $\dfrac{5}{9}$ ③ $\dfrac{2}{3}$

④ $\dfrac{7}{9}$ ⑤ $\dfrac{8}{9}$

1등급

193. [2018년 6월 (가)형 28번]

자연수 n $(n \geq 3)$에 대하여 집합 A를
$A = \{(x,\ y) \,|\, 1 \leq x \leq y \leq n,\ x$와 y는 자연수$\}$
라 하자. 집합 A에서 임의로 선택된 한 개의 원소 $(a,\ b)$에 대하여 b가 3의 배수일 때, $a = b$일 확률이 $\dfrac{1}{9}$이 되도록 하는 모든 자연수 n의 값의 합을 구하시오. [4점]

복습	1회	2회	3회	4회	5회
채점 O△X					

194. [2016년 수능 (A)형 26번]

어느 회사의 직원은 모두 60명이고, 각 직원은 두 개의 부서 A, B 중 한 부서에 속해 있다. 이 회사의 A 부서는 20명, B 부서는 40명의 직원으로 구성되어 있다. 이 회사의 A 부서에 속해 있는 직원의 50%가 여성이다. 이 회사 여성 직원의 60%가 B 부서에 속해 있다. 이 회사의 직원 60명 중에서 임의로 선택한 한 명이 B 부서에 속해 있을 때, 이 직원이 여성일 확률은 p이다. $80p$의 값을 구하시오. [4점]

복습	1회	2회	3회	4회	5회
채점 O△X					

195. [2015년 수능 (A)형 16번]

두 사건 A, B에 대하여 $\mathrm{P}(A) = \dfrac{1}{3}$, $\mathrm{P}(A \cap B) = \dfrac{1}{8}$일 때, $\mathrm{P}(B^C | A)$의 값은?

(단, B^C은 B의 여사건이다.) [4점]

① $\dfrac{11}{24}$ ② $\dfrac{1}{2}$ ③ $\dfrac{13}{24}$ ④ $\dfrac{7}{12}$ ⑤ $\dfrac{5}{8}$

복습	1회	2회	3회	4회	5회
채점 O△X					

196. [2015년 수능 (B)형 15번] 실전 분석

어느 학교의 전체 학생 320명을 대상으로 수학동아리 가입여부를 조사한 결과 남학생의 60%와 여학생의 50%가 수학동아리에 가입하였다고 한다. 이 학교의 수학동아리에 가입한 학생 중 임의로 1명을 선택할 때 이 학생이 남학생일 확률을 p_1, 이 학교의 수학동아리에 가입한 학생 중 임의로 1명을 선택할 때 이 학생이 여학생일 확률을 p_2라 하자.

$p_1 = 2p_2$일 때, 이 학교의 남학생의 수는? [4점]

① 170 ② 180 ③ 190 ④ 200 ⑤ 210

복습	1회	2회	3회	4회	5회
채점 O△X					

1등급

197. [1996년 수능 (인문) & (자연) 22번]

실전 분석

1부터 10까지 자연수가 하나씩 적힌 열 개의 공이 들어 있는 상자가 있다. 이 상자 안의 공들을 잘 섞은 후에 차례로 두 개의 공을 꺼낼 때, 두 번째 꺼낸 공에 적힌 수가 처음 꺼낸 공에 적힌 수보다 큰 수일 확률은 $\frac{1}{2}$이다. 다음은 이에 대한 증명이다. (단, 꺼낸 공은 다시 넣지 않는다)

[증 명]

처음 꺼낸 공에 적힌 수를 X_1, 두 번째 꺼낸 공에 적힌 수를 X_2라 하고 구하는 확률을 p라 하자. 1부터 10까지의 자연수 n에 대하여 $X_1 = n$인 사건을 A_n이라 하고, $X_2 \geq n+1$인 사건을 B_n이라 하자.

그러면

$$p = \sum_{n=1}^{10} \boxed{(가)} \cdot P(A_n) = \sum_{n=1}^{9} \frac{10-n}{9} \cdot \boxed{(나)}$$

$$= \frac{1}{2} \text{이다.}$$

위의 증명에서 (가), (나)에 알맞은 것은?

	(가)	(나)
①	$P(A_n \cap B_n)$	$\frac{1}{10}$
②	$P(B_n)$	$\frac{1}{10}$
③	$P(B_n)$	$\frac{1}{9}$
④	$P(B_n \mid A_n)$	$\frac{9}{10}$
⑤	$P(B_n \mid A_n)$	$\frac{1}{10}$

확률과 통계 2. 확률 경향07
독립과 종속

--- 수능 3점 ---

복습	1회	2회	3회	4회	5회
채점 O△X					

198. [2024년 수능 (확률과 통계) 24번]

두 사건 A, B는 서로 독립이고

$$P(A \cap B) = \frac{1}{4}, \ P(A^C) = 2P(A)$$

일 때, $P(B)$의 값은? (단, A^C은 A의 여사건이다.)
[3점]

① $\frac{3}{8}$ ② $\frac{1}{2}$ ③ $\frac{5}{8}$

④ $\frac{3}{4}$ ⑤ $\frac{7}{8}$

복습	1회	2회	3회	4회	5회
채점 O△X					

199. [2021년 수능 (나)형 5번] 실전 분석

두 사건 A와 B는 서로 독립이고

$P(A \mid B) = P(B)$, $P(A \cap B) = \frac{1}{9}$일 때,

$P(A)$의 값은? [3점]

① $\frac{7}{18}$ ② $\frac{1}{3}$ ③ $\frac{5}{18}$ ④ $\frac{2}{9}$ ⑤ $\frac{1}{6}$

복습	1회	2회	3회	4회	5회
채점 O△X					

200. [2018년 수능 (가)형 4번 & (나)형 10번]

두 사건 A와 B는 서로 독립이고

$$P(A) = \frac{2}{3}, \ P(A \cup B) = \frac{5}{6}$$

일 때, $P(B)$의 값은? [3점]

① $\frac{1}{3}$ ② $\frac{5}{12}$ ③ $\frac{1}{2}$

④ $\frac{7}{12}$ ⑤ $\frac{2}{3}$

복습	1회	2회	3회	4회	5회
채점 O△X					

201. [2017년 수능 (가)형 4번] 실전 분석

두 사건 A와 B는 서로 독립이고

$$P(B^C) = \frac{1}{3}, \ P(A \mid B) = \frac{1}{2}$$

일 때, $P(A)P(B)$의 값은? (단, B^C은 B의
여사건이다.) [3점]

① $\frac{5}{6}$ ② $\frac{2}{3}$ ③ $\frac{1}{2}$ ④ $\frac{1}{3}$ ⑤ $\frac{1}{6}$

복습	1회	2회	3회	4회	5회
채점 O△X					

202. [2016년 수능 (B)형 5번] 실전 분석

두 사건 A, B가 서로 독립이고

$$P(A^c) = \frac{1}{4}, \quad P(A \cap B) = \frac{1}{2}$$

일 때, $P(B|A^c)$의 값은? (단, A^c은 A의 여사건이다.) [3점]

① $\dfrac{5}{12}$　　② $\dfrac{1}{2}$　　③ $\dfrac{7}{12}$

④ $\dfrac{2}{3}$　　⑤ $\dfrac{3}{4}$

복습	1회	2회	3회	4회	5회
채점 O△X					

204. [2012년 수능 (나)형 10번]

두 사건 A와 B는 서로 독립이고,

$$P(A \cup B) = \frac{1}{2}, \quad P(A|B) = \frac{3}{8}$$

일 때, $P(A \cap B^c)$의 값은? (단, B^c은 B의 여사건이다.) [3점]

① $\dfrac{1}{10}$　② $\dfrac{3}{20}$　③ $\dfrac{1}{5}$　④ $\dfrac{1}{4}$　⑤ $\dfrac{3}{10}$

복습	1회	2회	3회	4회	5회
채점 O△X					

203. [2014년 수능 (A)형 7번] 실전 분석

두 사건 A, B가 서로 독립이고

$P(A) = \dfrac{1}{3}$, $P(B) = \dfrac{1}{3}$일 때, $P(A \cap B^C)$의 값은?

(단, B^C은 B의 여사건이다.) [3점]

① $\dfrac{5}{27}$　② $\dfrac{2}{9}$　③ $\dfrac{7}{27}$　④ $\dfrac{8}{27}$　⑤ $\dfrac{1}{3}$

복습	1회	2회	3회	4회	5회
채점 O△X					

205. [2011년 수능 (나)형 5번]

두 사건 A와 B는 서로 독립이고,

$P(A) = \dfrac{2}{3}$, $P(A \cap B) = P(A) - P(B)$ 일 때,

$P(B)$의 값은? [3점]

① $\dfrac{1}{10}$　② $\dfrac{1}{5}$　③ $\dfrac{3}{10}$　④ $\dfrac{2}{5}$　⑤ $\dfrac{1}{2}$

복습	1회	2회	3회	4회	5회
채점 O△X					

206. [2008년 수능 (나)형 6번]

두 사건 A, B가 서로 독립이고

$P(A^C) = P(B) = \dfrac{1}{3}$일 때, $P(A \cap B)$의 값은?

(단, A^C는 A의 여사건이다.) [3점]

① $\dfrac{1}{18}$ ② $\dfrac{1}{9}$ ③ $\dfrac{1}{6}$ ④ $\dfrac{2}{9}$ ⑤ $\dfrac{5}{18}$

복습	1회	2회	3회	4회	5회
채점 O△X					

1등급

208. [2019년 수능 (가)형 27번] 실전 분석

한 개의 주사위를 한 번 던진다. 홀수의 눈이 나오는 사건을 A, 6이하의 자연수 m에 대하여 m의 약수의 눈이 나오는 사건을 B라 하자. 두 사건 A와 B가 서로 독립이 되도록 하는 모든 m의 값의 합을 구하시오. [4점]

복습	1회	2회	3회	4회	5회
채점 O△X					

207. [2007년 수능 (가)형 확률과 통계 26번]

서로 독립인 두 사건 A, B에 대하여

$P(A \cap B) = 2P(A \cap B^c)$, $P(A^c \cap B) = \dfrac{1}{12}$일 때,

$P(A)$의 값은? (단, $P(A) \neq 0$이다.) [3점]

① $\dfrac{1}{2}$ ② $\dfrac{5}{8}$ ③ $\dfrac{3}{4}$ ④ $\dfrac{7}{8}$ ⑤ $\dfrac{15}{16}$

복습	1회	2회	3회	4회	5회
채점 O△X					

209. [2009년 수능 (가)형 & (나)형 17번]

정보이론에서는 사건 E가 발생했을 때, 사건 E의 정보량 $I(E)$가 다음과 같이 정의된다고 한다.

$$I(E) = -\log_2 P(E)$$

<보기>에서 옳은 것만을 있는 대로 고른 것은? (단, 사건 E가 일어날 확률 $P(E)$는 양수이고, 정보량의 단위는 비트이다.) [4점]

───── [보 기] ─────

ㄱ. 한 개의 주사위를 던져 홀수의 눈이 나오는 사건을 E라 하면 $I(E) = 1$이다.

ㄴ. 두 사건 A, B가 서로 독립이고 $P(A \cap B) > 0$이면 $I(A \cap B) = I(A) + I(B)$이다.

ㄷ. $P(A) > 0$, $P(B) > 0$인 두 사건 A, B에 대하여 $2I(A \cup B) \leq I(A) + I(B)$이다.

① ㄱ ② ㄱ, ㄴ ③ ㄱ, ㄷ ④ ㄴ, ㄷ ⑤ ㄱ, ㄴ, ㄷ

복습	1회	2회	3회	4회	5회
채점 O△X					

210. [2007년 수능 (나)형 28번]

3개의 동전을 동시에 던질 때, 앞면이 나오는 동전이 1개 이하인 사건을 A, 동전 3개가 모두 같은 면이 나오는 사건을 B라 하자. <보기>에서 옳은 것을 모두 고른 것은? [4점]

───── [보 기] ─────

ㄱ. $P(A) = \dfrac{1}{2}$ ㄴ. $P(A \cap B) = \dfrac{1}{8}$

ㄷ. 사건 A와 사건 B는 서로 독립이다.

① ㄱ ② ㄷ ③ ㄱ, ㄴ ④ ㄴ, ㄷ ⑤ ㄱ, ㄴ, ㄷ

복습	1회	2회	3회	4회	5회
채점 $O\triangle X$					

211. [2005년 수능 (나)형 24번] 실전 분석

다음은 어느 회사에서 전체 직원 360 명을 대상으로 재직 연수와 새로운 조직 개편안에 대한 찬반 여부를 조사한 표이다.

(단위 : 명)

찬반 여부 재직 연수	찬성	반대	계
10년 미만	a	b	120
10년 이상	c	d	240
계	150	210	360

재직 연수가 10년 미만일 사건과 조직 개편안에 찬성할 사건이 서로 독립일 때, a 의 값을 구하시오. [4점]

복습	1회	2회	3회	4회	5회
채점 $O\triangle X$					

212. [1995년 수능 (인문) 16번]

표본공간 S의 부분집합으로 $\mathrm{P}(A)\neq 0$, $\mathrm{P}(B)\neq 0$인 임의의 두 사건 A, B에 대하여, 다음 <보기> 중 옳은 것을 모두 고르면?

[보 기]

ㄱ. A, B가 독립사건이면,
　　조건부확률 $\mathrm{P}(A\,|\,B)$와 $\mathrm{P}(B\,|\,A)$는 같다.

ㄴ. A, B가 배반사건이면,
　　$\mathrm{P}(A)+\mathrm{P}(B)\leq 1$이다.

ㄷ. $\mathrm{P}(A\cup B)=1$이면, B는 A의 여사건이다.

① ㄱ ② ㄴ ③ ㄱ, ㄷ ④ ㄴ, ㄷ ⑤ ㄱ, ㄴ, ㄷ

확률과 통계 2. 확률 경향08
독립시행의 확률

수능 2점

복습	1회	2회	3회	4회	5회
채점 O△X					

213. [1998년 수능 (인문) & (자연) 14번]

실전 분석

다음 <보기> 중 옳은 것을 모두 고르면? (단, 동전의 앞면과 뒷면이 나올 확률은 같다.) [2점]

[보 기]

ㄱ. 동전을 10회 던질 때 앞면이 4회 나타날 확률과 앞면이 6회 나타날 확률은 같다.

ㄴ. 동전을 10회 던질 때 앞면이 5회 나타날 확률과 20회 던질 때 앞면이 10회 나타날 확률은 같다.

ㄷ. 동전을 10회 던질 때 앞면이 나타날 횟수가 5회 이하일 확률은 0.5보다 크다.

① ㄱ ② ㄷ ③ ㄱ, ㄴ ④ ㄱ, ㄷ ⑤ ㄱ, ㄴ, ㄷ

수능 3점

복습	1회	2회	3회	4회	5회
채점 O△X					

214. [2021년 수능 (나)형 8번]

한 개의 주사위를 세 번 던져서 나오는 눈의 수를 차례로 a, b, c라 할 때, $a \times b \times c = 4$일 확률은? [3점]

① $\dfrac{1}{54}$ ② $\dfrac{1}{36}$ ③ $\dfrac{1}{27}$ ④ $\dfrac{5}{108}$ ⑤ $\dfrac{1}{18}$

복습	1회	2회	3회	4회	5회
채점 O△X					

215. [2020년 수능 (가)형 25번]

한 개의 주사위를 5번 던질 때 홀수의 눈이 나오는 횟수를 a라 하고, 한 개의 동전을 4번 던질 때 앞면이 나오는 횟수를 b라 하자. $a - b$의 값이 3일 확률을 $\dfrac{q}{p}$라 할 때, $p + q$의 값을 구하시오. (단, p와 q는 서로소인 자연수이다.) [3점]

복습	1회	2회	3회	4회	5회
채점 $O \triangle X$					

216. [2017년 수능 (가)형 7번 & (나)형 11번]

한 개의 주사위를 3번 던질 때, 4의 눈이 한 번만 나올 확률은? [3점]

① $\dfrac{25}{72}$ ② $\dfrac{13}{36}$ ③ $\dfrac{3}{8}$ ④ $\dfrac{7}{18}$ ⑤ $\dfrac{29}{72}$

복습	1회	2회	3회	4회	5회
채점 $O \triangle X$					

218. [2013년 수능 (가)형 11번]

흰 공 4개, 검은 공 3개가 들어 있는 주머니가 있다. 이 주머니에서 임의로 2개의 공을 동시에 꺼내어, 꺼낸 2개의 공의 색이 서로 다르면 1개의 동전을 3번 던지고, 꺼낸 2개의 공의 색이 서로 같으면 1개의 동전을 2번 던진다. 이 시행에서 동전의 앞면이 2번 나올 확률은? [3점]

① $\dfrac{9}{28}$ ② $\dfrac{19}{56}$ ③ $\dfrac{5}{14}$ ④ $\dfrac{3}{8}$ ⑤ $\dfrac{11}{28}$

복습	1회	2회	3회	4회	5회
채점 $O \triangle X$					

217. [2016년 수능 (B)형 8번]

한 개의 동전을 5번 던질 때, 앞면이 나오는 횟수와 뒷면이 나오는 횟수의 곱이 6일 확률은? [3점]

① $\dfrac{5}{8}$ ② $\dfrac{9}{16}$ ③ $\dfrac{1}{2}$

④ $\dfrac{7}{16}$ ⑤ $\dfrac{3}{8}$

복습	1회	2회	3회	4회	5회
채점 $O \triangle X$					

219. [2003년 수능 (인문) & (자연) 11번]

A와 B 두 팀이 축구 경기에서 연장전까지 0 : 0 으로 승부를 가리지 못하여 승부차기를 하였다. 각 팀당 5명의 선수가 A팀부터 시작하여 1명씩 교대로 승부차기를 할 때, B팀이 5 : 4로 이길 확률은? (단, 각 선수의 승부차기는 독립시행이고 성공할 확률은 0.8이다.) [3점]

① 0.2×0.8^8 ② 0.8^8

③ 0.2×0.8^9 ④ 0.8^9

⑤ 0.8^{10}

복습	1회	2회	3회	4회	5회
채점 O△X					

220. [1999년 수능 (인문) & (자연) 12번]

흰 공 2개, 검은 공 2개가 들어있는 상자에서 1개의 공을 꺼내어 그것이 흰 공이면 동전을 3회 던지고 검은 공이면 동전을 4회 던질 때, 앞면이 3회 나올 확률은? (단, 동전의 앞면과 뒷면이 나올 확률은 같다.) [3점]

① $\dfrac{3}{16}$　② $\dfrac{5}{16}$　③ $\dfrac{7}{16}$　④ $\dfrac{9}{16}$　⑤ $\dfrac{11}{16}$

복습	1회	2회	3회	4회	5회
채점 O△X					

221. [1998년 수능 (인문) 24번]

어떤 야구 선수가 상대팀의 투수 A와 대결할 때 안타를 칠 확률은 0.2이고, 투수 B와 대결할 때 안타를 칠 확률은 0.25이다. 한 경기에서 이 선수가 투수 A와 2회 대결한 후 투수 B와 1회 대결한다면, 3회의 대결 중 2회 이상 안타를 칠 확률은? [3점]

① 0.10　② 0.12　③ 0.14　④ 0.15　⑤ 0.16

복습	1회	2회	3회	4회	5회
채점 O△X					

1등급

222. [2026년 수능 (확률과 통계) 28번]　실전 분석

16 개의 공과 1부터 6까지의 자연수가 하나씩 적혀 있는 여섯 개의 빈 상자가 있다. 한 개의 주사위를 사용하여 다음 시행을 한다.

> 주사위를 한 번 던져 나온 눈의 수가 k일 때,
> k가 홀수이면
> 1, 3, 5가 적힌 상자에 공을 각각 1개씩 넣고,
> k가 짝수이면
> k의 약수가 적힌 상자에 공을 각각 1개씩 넣는다.

이 시행을 4번 반복한 후 여섯 개의 상자에 들어 있는 모든 공의 개수의 합이 홀수일 때, 3이 적힌 상자에 들어 있는 공의 개수가 2가 적힌 상자에 들어 있는 공의 개수보다 1개 더 많을 확률은? [4점]

① $\dfrac{1}{8}$　② $\dfrac{3}{16}$　③ $\dfrac{1}{4}$

④ $\dfrac{5}{16}$　⑤ $\dfrac{3}{8}$

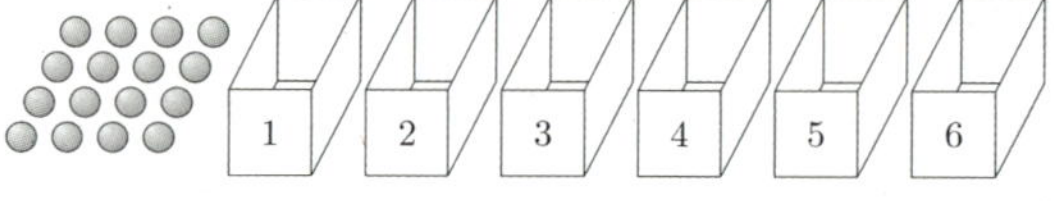

복습	1회	2회	3회	4회	5회
채점 O△X					

223. [2025년 수능 (확률과 통계) 30번]

탁자 위에 5개의 동전이 일렬로 놓여 있다. 이 5개의 동전 중 1번째 자리와 2번째 자리의 동전은 앞면이 보이도록 놓여 있고, 나머지 자리의 3개의 동전은 뒷면이 보이도록 놓여 있다. 이 5개의 동전과 한 개의 주사위를 사용하여 다음 시행을 한다.

> 주사위를 한 번 던져 나온 눈의 수가 k일 때, $k \leq 5$이면 k번째 자리의 동전을 한 번 뒤집어 제자리에 놓고, $k = 6$이면 모든 동전을 한 번씩 뒤집어 제자리에 놓는다.

위의 시행을 3번 반복한 후 이 5개의 동전이 모두 앞면이 보이도록 놓여 있을 확률은 $\dfrac{q}{p}$이다. $p+q$의 값을 구하시오. (단, p와 q는 서로소인 자연수이다.) [4점]

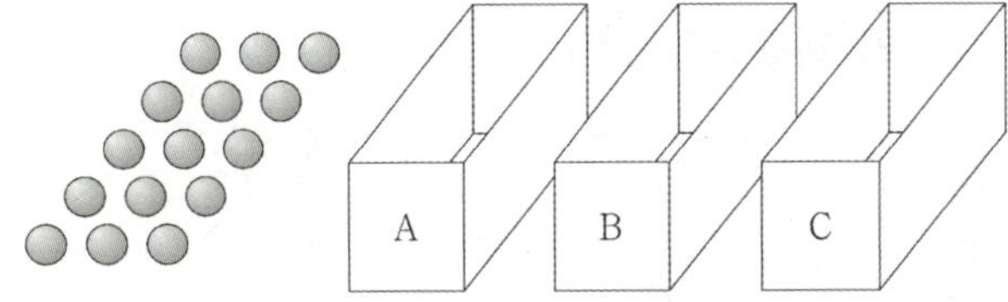

복습	1회	2회	3회	4회	5회
채점 O△X					

1등급

224. [2025년 6월 (확률과 통계) 28번]

공 15개와 비어 있는 세 상자 A, B, C가 있다. 한 개의 주사위를 사용하여 다음 규칙에 따라 세 상자 A, B, C에 공을 넣는 시행을 한다.

> 주사위를 한 번 던져 나온 눈의 수가 3의 배수이면 세 상자 A, B, C에 넣는 공의 개수가 각각 1, 2, 0이고, 나온 눈의 수가 3의 배수가 아니면 세 상자 A, B, C에 넣는 공의 개수가 각각 1, 1, 1이다.

이 시행을 5번 반복한 후 상자 B에 들어 있는 공의 개수가 홀수일 때, 상자 A에 들어 있는 공의 개수와 상자 C에 들어 있는 공의 개수의 합이 8 이상일 확률은? [4점]

① $\dfrac{44}{61}$ ② $\dfrac{47}{61}$ ③ $\dfrac{50}{61}$

④ $\dfrac{53}{61}$ ⑤ $\dfrac{56}{61}$

복습	1회	2회	3회	4회	5회
채점 O△X					

복습	1회	2회	3회	4회	5회
채점 O△X					

1등급

225. [2024년 수능 (확률과 통계) 28번] 실전 분석

하나의 주머니와 두 상자 A, B가 있다. 주머니에는 숫자 1, 2, 3, 4가 하나씩 적힌 4장의 카드가 들어 있고, 상자 A에는 흰 공과 검은 공이 각각 8개 이상 들어 있고, 상자 B는 비어 있다. 이 주머니와 두 상자 A, B를 사용하여 다음 시행을 한다.

> 주머니에서 임의로 한 장의 카드를 꺼내어 카드에 적힌 수를 확인한 후 다시 주머니에 넣는다.
> 확인한 수가 1이면
> 상자 A에 있는 흰 공 1개를 상자 B에 넣고,
> 확인한 수가 2 또는 3이면
> 상자 A에 있는 흰 공 1개와 검은 공 1개를 상자 B에 넣고,
> 확인한 수가 4이면
> 상자 A에 있는 흰 공 2개와 검은 공 1개를 상자 B에 넣는다.

이 시행을 4번 반복한 후 상자 B에 들어 있는 공의 개수가 8일 때, 상자 B에 들어 있는 검은 공의 개수가 2일 확률은? [4점]

① $\dfrac{3}{70}$ 　② $\dfrac{2}{35}$ 　③ $\dfrac{1}{14}$

④ $\dfrac{3}{35}$ 　⑤ $\dfrac{1}{10}$

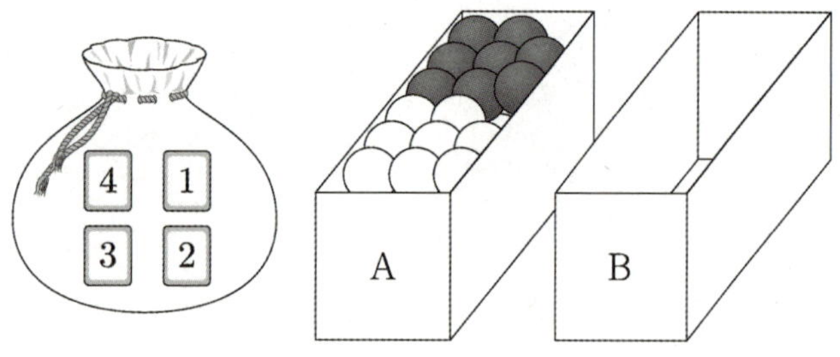

1등급

226. [2023년 수능 (확률과 통계) 29번] 실전 분석

앞면에는 1부터 6까지의 자연수가 하나씩 적혀 있고 뒷면에는 모두 0이 하나씩 적혀 있는 6장의 카드가 있다. 이 6장의 카드가 그림과 같이 6 이하의 자연수 k에 대하여 k번째 자리에 자연수 k가 보이도록 놓여 있다.

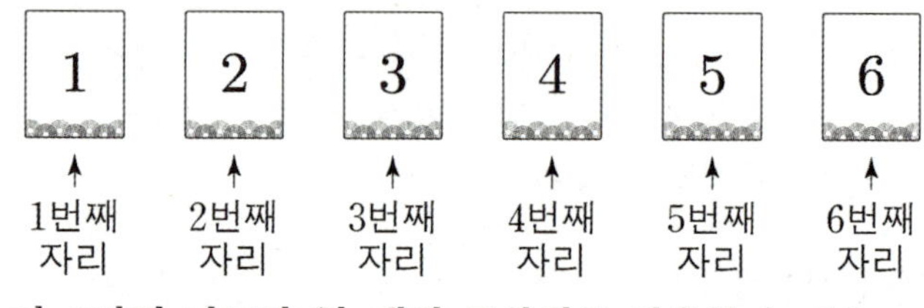

이 6장의 카드와 한 개의 주사위를 사용하여 다음 시행을 한다.

> 주사위를 한 번 던져 나온 눈의 수가 k이면 k번째 자리에 놓여 있는 카드를 한 번 뒤집어 제자리에 놓는다.

위의 시행을 3번 반복한 후 6장의 카드에 보이는 모든 수의 합이 짝수일 때, 주사위의 1의 눈이 한 번만 나왔을 확률은 $\dfrac{q}{p}$이다. $p+q$의 값을 구하시오. (단, p와 q는 서로소인 자연수이다.) [4점]

복습	1회	2회	3회	4회	5회
채점 O△X					

227. [2023년 9월 (확률과 통계) 29번]

앞면에는 문자 A, 뒷면에는 문자 B가 적힌 한 장의 카드가 있다. 이 카드와 한 개의 동전을 사용하여 다음 시행을 한다.

> 동전을 두 번 던져
> 앞면이 나온 횟수가 2이면 카드를 한 번 뒤집고,
> 앞면이 나온 횟수가 0 또는 1이면 카드를 그대로 둔다.

처음에 문자 A가 보이도록 카드가 놓여 있을 때, 이 시행을 5번 반복한 후 문자 B가 보이도록 카드가 놓일 확률은 p이다. $128 \times p$의 값을 구하시오. [4점]

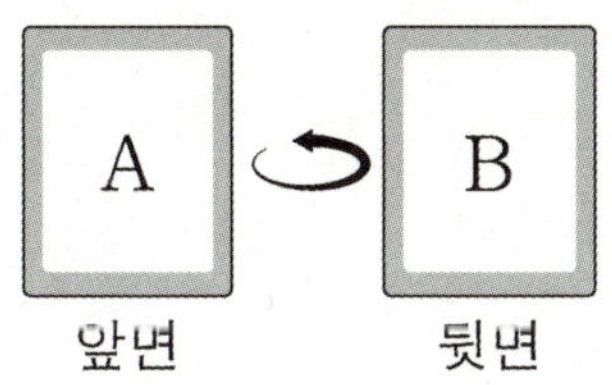

복습	1회	2회	3회	4회	5회
채점 O△X					

1등급

228. [2022년 수능 (확률과 통계) 30번] 실전 분석

흰 공과 검은 공이 각각 10개 이상 들어 있는 바구니와 비어 있는 주머니가 있다. 한 개의 주사위를 사용하여 다음 시행을 한다.

> 주사위를 한 번 던져 나온 눈의 수가 5 이상이면 바구니에 있는 흰 공 2개를 주머니에 넣고, 나온 눈의 수가 4 이하이면 바구니에 있는 검은 공 1개를 주머니에 넣는다.

위의 시행을 5번 반복할 때, $n\ (1 \le n \le 5)$번째 시행 후 주머니에 들어 있는 흰 공과 검은 공의 개수를 각각 a_n, b_n이라 하자. $a_5 + b_5 \ge 7$일 때, $a_k = b_k$인 자연수 $k\ (1 \le k \le 5)$가 존재할 확률은 $\dfrac{q}{p}$이다. $p+q$의 값을 구하시오. (단, q와 q는 서로소인 자연수이다.) [4점]

복습	1회	2회	3회	4회	5회
채점 O△X					

1등급

229. [2021년 수능 (가)형 19번 & (나)형 29번]

실전 분석

숫자 3, 3, 4, 4, 4가 하나씩 적힌 5개의 공이 들어 있는 주머니가 있다. 이 주머니와 한 개의 주사위를 사용하여 다음 규칙에 따라 점수를 얻는 시행을 한다.

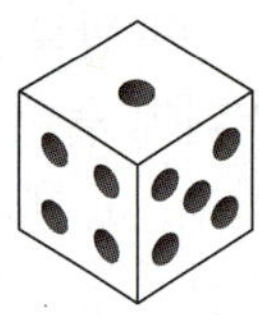

주머니에서 임의로 한 개의 공을 꺼내어
꺼낸 공에 적힌 수가 3이면 주사위를 3번 던져서 나오는 세 눈의 수의 합을 점수로 하고,
꺼낸 공에 적힌 수가 4이면 주사위를 4번 던져서 나오는 네 눈의 수의 합을 점수로 한다.

이 시행을 한 번 하여 얻은 점수가 10점일 확률은? [4점]

① $\dfrac{13}{180}$ ② $\dfrac{41}{540}$ ③ $\dfrac{43}{540}$ ④ $\dfrac{1}{12}$ ⑤ $\dfrac{47}{540}$

1등급

230. [2020년 수능 (가)형 20번] 실전 분석

한 개의 동전을 7번 던질 때, 다음 조건을 만족시킬 확률은? [4점]

(가) 앞면이 3번 이상 나온다.
(나) 앞면이 연속해서 나오는 경우가 있다.

① $\dfrac{11}{16}$ ② $\dfrac{23}{32}$ ③ $\dfrac{3}{4}$ ④ $\dfrac{25}{32}$ ⑤ $\dfrac{13}{16}$

복습	1회	2회	3회	4회	5회
채점 O△X					

1등급

231. [2019년 수능 (나)형 18번] <실전 분석>

좌표평면의 원점에 점 A가 있다. 한 개의 동전을 사용하여 다음 시행을 한다.

> 동전을 한 번 던져 앞면이 나오면 점 A를 x축의 양의 방향으로 1만큼, 뒷면이 나오면 점 A를 y축의 양의 방향으로 1만큼 이동시킨다.

위의 시행을 반복하여 점 A의 x좌표 또는 y좌표가 처음으로 3이 되면 이 시행을 멈춘다. 점 A의 y좌표가 처음으로 3이 되었을 때, 점 A의 x좌표가 1일 확률은? [4점]

① $\dfrac{1}{4}$ ② $\dfrac{5}{16}$ ③ $\dfrac{3}{8}$ ④ $\dfrac{7}{16}$ ⑤ $\dfrac{1}{2}$

232. [2019년 6월 (가)형 17번 & (나)형 19번]

1부터 8까지의 자연수가 하나씩 적혀 있는 8장의 카드가 있다. 이 카드를 모두 한 번씩 사용하여 그림과 같은 8개의 자리에 각각 한 장씩 임의로 놓을 때, 8 이하의 자연수 k에 대하여 k번째 자리에 놓인 카드에 적힌 수가 k 이하인 사건을 A_k라 하자.

□	□	□	□	□	□	□	□
↑	↑	↑	↑	↑	↑	↑	↑
1번째 자리	2번째 자리	3번째 자리	4번째 자리	5번째 자리	6번째 자리	7번째 자리	8번째 자리

다음은 두 자연수 $m, n(1 \le m < n \le 8)$에 대하여 두 사건 A_m과 A_n이 서로 독립이 되도록 하는 m, n의 모든 순서쌍 (m, n)의 개수를 구하는 과정이다.

> A_k는 k번째 자리에 k 이하의 자연수 중 하나가 적힌 카드가 놓여있고, k번째 자리를 제외한 7개의 자리에 나머지 7장의 카드가 놓여 있는 사건이므로
>
> $P(A_k) = \boxed{(가)}$
>
> 이다.
>
> $A_m \cap A_n (m < n)$은 m번째 자리에 m 이하의 자연수 중 하나가 적힌 카드가 놓여 있고, n번째 자리에 n 이하의 자연수 중 m번째 자리에 놓인 카드에 적힌 수가 아닌 자연수가 적힌 카드가 놓여 있고, m번째와 n번째 자리를 제외한 6개의 자리에 나머지 6장의 카드가 놓여있는 사건이므로
>
> $P(A_m \cap A_n) = \boxed{(나)}$
>
> 이다.
>
> 한편, 두 사건 A_m과 A_n이 서로 독립이기 위해서는
>
> $P(A_m \cap A_n) = P(A_m)P(A_n)$
>
> 을 만족시켜야 한다.
>
> 따라서 두 사건 A_m과 A_n이 서로 독립이 되도록 하는 m, n의 모든 순서쌍 (m, n)의 개수는 $\boxed{(다)}$ 이다.

위의 (가)에 알맞은 식에 $k=4$를 대입한 값을 p, (나)에 알맞은 식에 $m=3, n=5$를 대입한 값을 q, (다)에 알맞은 수를 r라 할 때, $p \times q \times r$의 값은? [4점]

① $\dfrac{3}{8}$ ② $\dfrac{1}{2}$ ③ $\dfrac{5}{8}$ ④ $\dfrac{3}{4}$ ⑤ $\dfrac{7}{8}$

복습	1회	2회	3회	4회	5회
채점 O△X					

233. [2018년 수능 (나)형 28번]

한 개의 동전을 6번 던질 때, 앞면이 나오는 횟수가 뒷면이 나오는 횟수보다 클 확률은 $\dfrac{q}{p}$ 이다. $p+q$ 의 값을 구하시오. (단, p 와 q 는 서로소인 자연수이다.) [4점]

복습	1회	2회	3회	4회	5회
채점 O△X					

234. [2018년 9월 (나)형 20번]

상자 A와 상자 B에 각각 6개의 공이 들어 있다. 동전 1개를 사용하여 다음 시행을 한다.

> 동전을 한 번 던져 앞면이 나오면 상자 A 에서 공 1개를 꺼내어 상자 B 에 넣고, 뒷면이 나오면 상자 B 에서 공 1개를 꺼내어 상자 A 에 넣는다.

위의 시행을 6번 반복할 때, 상자 B 에 들어 있는 공의 개수가 6번째 시행 후 처음으로 8이 될 확률은? [4점]

① $\dfrac{1}{64}$　　② $\dfrac{3}{64}$　　③ $\dfrac{5}{64}$

④ $\dfrac{7}{64}$　　⑤ $\dfrac{9}{64}$

복습	1회	2회	3회	4회	5회
채점 O△X					

235. [2018년 9월 (가)형 15번]

동전 A의 앞면과 뒷면에는 각각 1과 2가 적혀 있고, 동전 B의 앞면과 뒷면에는 각각 3과 4가 적혀 있다. 동전 A를 세 번, 동전 B를 네 번 던져 나온 7개의 수의 합이 19 또는 20일 확률은? [4점]

① $\dfrac{7}{16}$　　② $\dfrac{15}{32}$　　③ $\dfrac{1}{2}$

④ $\dfrac{17}{32}$　　⑤ $\dfrac{9}{16}$

복습	1회	2회	3회	4회	5회
채점 O△X					

236. [2007년 수능 (나)형 29번]

채널이 1부터 100까지 설정된 텔레비전이 있다. 이 텔레비전의 리모콘의 일부는 그림과 같고, 현재 켜져 있는 채널은 50이다. 채널증가 버튼 채널 ▲ 과 채널감소 버튼 채널 ▼ 두 개 중 한 번에 한 개의 버튼을 임의로 여섯 번 누를 때, 채널이 다시 50이 될 확률은? (단, 버튼을 한 번 누르면 채널은 1씩 변한다.) [4점]

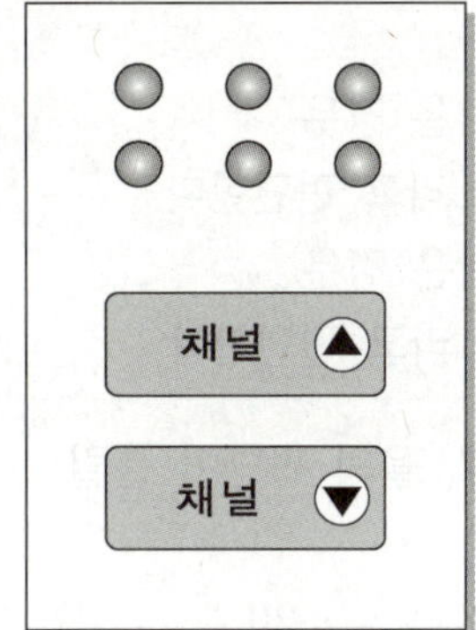

① $\dfrac{1}{4}$　② $\dfrac{5}{16}$　③ $\dfrac{3}{8}$　④ $\dfrac{7}{16}$　⑤ $\dfrac{1}{2}$

복습	1회	2회	3회	4회	5회
채점 O△X					

237. [2006년 수능 (가)형 확률과 통계 29번]

상자 A에는 빨간 공 1개, 흰 공 2개가 들어 있고, 상자 B에는 빨간 공 2개, 흰 공 1개가 들어 있다. 갑은 을이 모르게 두 상자 A, B 중에서 하나를 선택한 후, 그 상자에서 공을 한 번에 한 개씩 복원추출로 5번 꺼내었다. 을은 갑이 꺼낸 공에서 빨간 공이 나온 횟수를 세어 갑이 어느 상자를 선택하였는지 다음과 같은 방법으로 판단하기로 하였다.

> (가) 빨간 공이 3회 이하 나온 경우
> '갑이 상자 A를 선택하였다.'라고 판단한다.
> (나) 빨간 공이 4회 이상 나온 경우
> '갑이 상자 B를 선택하였다.'라고 판단한다.

갑이 상자 B를 선택하였을 때, 을의 판단이 틀릴 확률은? [4점]

① $\dfrac{232}{3^5}$ ② $\dfrac{64}{3^4}$ ③ $\dfrac{131}{3^5}$ ④ $\dfrac{20}{3^4}$ ⑤ $\dfrac{17}{3^4}$

수능 2점

복습	1회	2회	3회	4회	5회
채점 O△X					

238. [1998년 수능 (인문) & (자연) 11번]

`실전 분석`

그림과 같이 1부터 9까지 숫자가 쓰여진 표적이 있다. 5명의 사격선수 A, B, C, D, E가 10발씩 사격하여 맞춘 10개의 수의 평균이 모두 5가 되었다. 5명이 사격한 결과는 다음과 같다.

1	2	3
4	5	6
7	8	9

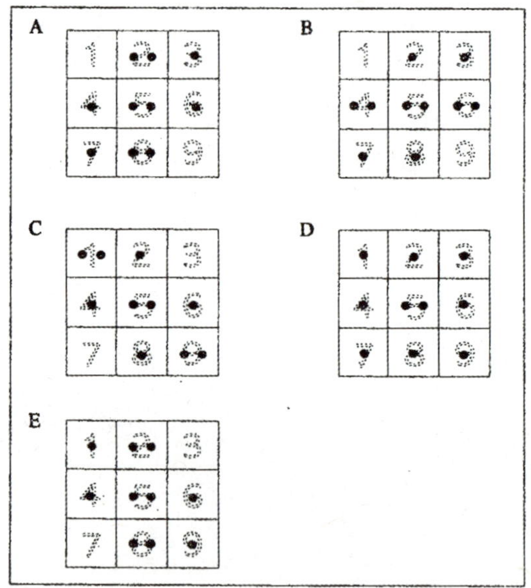

5명 중 맞춘 10개 수의 표준편차가 가장 작은 사람은? [2점]

① A ② B ③ C ④ D ⑤ E

복습	1회	2회	3회	4회	5회
채점 O△X					

239. [1996년 수능 (인문) & (자연) 12번]

실전 분석

다음 자료들 중에서 표준편차가 가장 큰 것은?

① 1, 5, 1, 5, 1, 5, 1, 5, 1, 5
② 1, 5, 1, 5, 1, 5, 3, 3, 3, 3
③ 2, 4, 2, 4, 2, 4, 2, 4, 2, 4
④ 2, 4, 2, 4, 2, 4, 3, 3, 3, 3
⑤ 4, 4, 4, 4, 4, 4, 4, 4, 4, 4

수능 3점

복습	1회	2회	3회	4회	5회
채점 O△X					

240. [2026년 수능 (확률과 통계) 27번]

이산확률변수 X 가 가지는 값이 0 부터 4 까지의 정수이고

$$P(X=x)=\begin{cases} \dfrac{|2x-1|}{12} & (x=0,\,1,\,2,\,3) \\ a & (x=4) \end{cases}$$

일 때, $V\left(\dfrac{1}{a}X\right)$ 의 값은? (단, a 는 0 이 아닌 상수이다.) [3점]

① 36   ② 39   ③ 42
④ 45   ⑤ 48

복습	1회	2회	3회	4회	5회
채점 O△X					

241. [2024년 수능 (확률과 통계) 26번] 실전 분석

4개의 동전을 동시에 던져서 앞면이 나오는 동전의 개수를 확률변수 X라 하고, 이산확률변수 Y를

$$Y=\begin{cases} X & (X가\ 0\ 또는\ 1의\ 값을\ 가지는\ 경우) \\ 2 & (X가\ 2\ 이상의\ 값을\ 가지는\ 경우) \end{cases}$$

라 하자. $E(Y)$의 값은? [3점]

① $\dfrac{25}{16}$ ② $\dfrac{13}{8}$ ③ $\dfrac{27}{16}$
④ $\dfrac{7}{4}$ ⑤ $\dfrac{29}{16}$

복습	1회	2회	3회	4회	5회
채점 O△X					

242. [2016년 수능 (A)형 25번]

이산확률변수 X의 확률분포를 표로 나타내면 다음과 같다.

X	-5	0	5	**합계**
$P(X=x)$	$\dfrac{1}{5}$	$\dfrac{1}{5}$	$\dfrac{3}{5}$	1

$E(4X+3)$의 값을 구하시오. [3점]

복습	1회	2회	3회	4회	5회
채점 O△X					

244. [2011년 수능 (나)형 8번]

확률변수 X의 확률분포표는 다음과 같다.

X	-1	0	1	2	계
$P(X=x)$	$\dfrac{3-a}{8}$	$\dfrac{1}{8}$	$\dfrac{3+a}{8}$	$\dfrac{1}{8}$	1

$P(0 \leq X \leq 2) = \dfrac{7}{8}$ 일 때, 확률변수 X의 평균 $E(X)$의 값은? [3점]

① $\dfrac{1}{4}$ ② $\dfrac{3}{8}$ ③ $\dfrac{1}{2}$ ④ $\dfrac{5}{8}$ ⑤ $\dfrac{3}{4}$

복습	1회	2회	3회	4회	5회
채점 O△X					

243. [2012년 수능 (나)형 6번]

확률변수 X의 확률변수를 표로 나타내면 다음과 같다.

X	0	1	2	계
$P(X=x)$	$\dfrac{1}{4}$	a	$2a$	1

$E(4X+10)$의 값은? [3점]

① 11 ② 12 ③ 13 ④ 14 ⑤ 15

복습	1회	2회	3회	4회	5회
채점 O△X					

245. [2011년 수능 (가)형 확률과 통계 26번]

이산확률변수 X의 확률질량함수가

$$P(X=x) = \frac{ax+2}{10} \quad (x=-1, 0, 1, 2)$$

일 때, 확률변수 $3X+2$의 분산 $V(3X+2)$의 값은? (단, a는 상수이다.) [3점]

① 9 ② 18 ③ 27 ④ 36 ⑤ 45

복습	1회	2회	3회	4회	5회
채점 O△X					

246. [2010년 수능 (나)형 8번]

확률변수 X의 확률분포표는 다음과 같다.

X	0	1	2	계
$P(X=x)$	$\dfrac{2}{7}$	$\dfrac{3}{7}$	$\dfrac{2}{7}$	1

확률변수 $7X$의 분산 $V(7X)$의 값은? [3점]

① 14　　② 21　　③ 28　　④ 35　　⑤ 42

복습	1회	2회	3회	4회	5회
채점 O△X					

247. [2009년 수능 (가)형 확률과 통계 27번]

한 개의 동전을 세 번 던져 나온 결과에 대하여, 다음 규칙에 따라 얻은 점수를 확률변수 X라 하자.

> (가) 같은 면이 연속하여 나오지 않으면 0점으로 한다.
> (나) 같은 면이 연속하여 두 번만 나오면 1점으로 한다.
> (다) 같은 면이 연속하여 세 번 나오면 3점으로 한다.

확률변수 X의 분산 $V(X)$의 값은? [3점]

① $\dfrac{9}{8}$　　② $\dfrac{19}{16}$　　③ $\dfrac{5}{4}$　　④ $\dfrac{21}{16}$　　⑤ $\dfrac{11}{8}$

복습	1회	2회	3회	4회	5회
채점 O△X					

248. [2008년 수능 (가)형 확률과 통계 27번]

이산확률변수 X에 대하여

$$P(X=2)=1-P(X=0),$$

$$0 < P(X=0) < 1, \ \{E(X)\}^2 = 2V(X)$$

일 때, 확률 $P(X=2)$의 값은? [3점]

① $\dfrac{1}{6}$　　② $\dfrac{1}{3}$　　③ $\dfrac{1}{2}$　　④ $\dfrac{2}{3}$　　⑤ $\dfrac{5}{6}$

복습	1회	2회	3회	4회	5회
채점 O△X					

249. [2006년 수능 (가)형 확률과 통계 27번]

이산확률변수 X의 확률질량함수가

$$P(X=x) = \frac{x}{15} \quad (x=1,\,2,\,3,\,4,\,5)$$

이다. $g(t) = \displaystyle\sum_{x=1}^{5} P(X=x) \cdot t^x$일 때,

$E(2X) - g'(1)$의 값은? [3점]

① $\dfrac{10}{3}$　　② $\dfrac{11}{3}$　　③ 4　　④ $\dfrac{13}{3}$　　⑤ $\dfrac{14}{3}$

복습	1회	2회	3회	4회	5회
채점 O△X					

250. [2006년 수능 (가)형 & (나)형 22번]

다음은 확률변수 X의 확률분포표이다.

X	k	$2k$	$4k$	계
$P(X=x)$	$\dfrac{4}{7}$	a	b	1

$\dfrac{4}{7}$, a, b가 이 순서로 등비수열을 이루고 X의

평균이 24일 때, k의 값을 구하시오. [3점]

복습	1회	2회	3회	4회	5회
채점 O△X					

251. [2005년 수능 (나)형 20번] 실전 분석

확률변수 X의 확률분포표가 아래와 같을 때,
확률변수 $Y=10X+5$의 분산을 구하시오. [3점]

X	0	1	2	3	계
$P(X)$	$\dfrac{2}{10}$	$\dfrac{3}{10}$	$\dfrac{3}{10}$	$\dfrac{2}{10}$	1

252. [2003년 수능 (인문) & (자연) 30번]

실전 분석

다음은 첫째 항이 $a-15d$, 공차가 d, 항의 개수가
31인 등차수열이다.

$$a-15d, \cdots, a-d, a, a+d, \cdots, a+15d$$

위 항들의 값의 표준편차를 σ라고 할 때, $\dfrac{\sigma}{d}$의 값을

소수점 아래 둘째 자리까지 구하시오.

(단, $d>0$이고 $\sqrt{5}=2.24$로 계산한다.) [3점]

복습	1회	2회	3회	4회	5회
채점 O△X					

253. [2002년 수능 (인문) & (자연) 8번]

실전 분석

세 자료

A : 1부터 50까지의 자연수

B : 51부터 100까지의 자연수

C : 1부터 100까지의 짝수

의 표준편차를 순서대로 a, b, c라 할 때, a, b, c의
대소관계를 바르게 나타낸 것은? [3점]

① $a=b=c$ ② $a=b<c$ ③ $a<b=c$

④ $a<b<c$ ⑤ $a<c<b$

복습	1회	2회	3회	4회	5회
채점 O△X					

254. [2002년 수능 (인문) & (자연) 30번]

어떤 상품의 가격은 매달 0.5의 확률로 10%상승하거나 0.5의 확률로 10% 하락한다. 이 상품의 현재가격은 500원이다. 두 달 후, 이 상품의 가격이 500원 이하이면 500원에서 두 달 후 상품 가격을 뺀 금액을 받고, 500원 이상이면 받지 않기로 하였다. 두 달 후 받을 수 있는 금액의 기댓값을 소수점 아래 둘째 자리까지 구하시오. (단, 첫 번째 달의 가격변동과 두 번째 달의 가격변동은 서로 독립이다.) [3점]

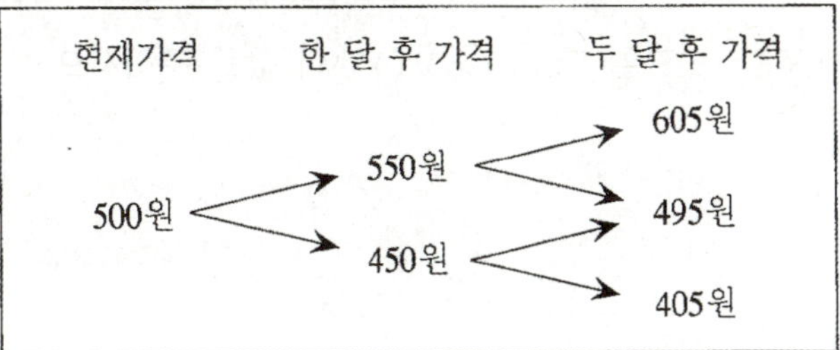

복습	1회	2회	3회	4회	5회
채점 O△X					

255. [2000년 수능 (인문) & (자연) 13번]

주사위를 한 번 던져 나오는 눈의 수를 4로 나눈 나머지를 확률변수 X라 하자. X의 평균은? (단, 주사위의 각 눈이 나올 확률은 모두 같다.) [3점]

① 2   ② $\dfrac{5}{3}$ ③ $\dfrac{3}{2}$ ④ $\dfrac{4}{3}$ ⑤ 1

복습	1회	2회	3회	4회	5회
채점 O△X					

256. [1999년 수능 (인문) & (자연) 22번]

어떤 고등학교 3학년 남학생 수는 여학생 수의 1.5배이다. 대학수학능력시험 모의고사 성적의 통계에 따르면 남학생의 평균 점수는 점 400만점에 225점이고 여학생의 평균 점수는 235점이다. 3학년 전체 학생의 평균 점수는 몇 점인가? [3점]

① 229   ② 230   ③ 231   ④ 232   ⑤ 233

수능 4점

복습	1회	2회	3회	4회	5회
채점 O△X					

257. [2025년 28예시문항 (공통) 26번]

자연수 k에 대하여 이산확률변수 X가 가질 수 있는 값은 0부터 k까지의 정수이고, X의 확률질량함수가

$$\mathrm{P}(X=x)=\begin{cases} a & (x=0) \\ \dfrac{b}{x} & (1 \le x \le k) \end{cases}$$

이고 $\mathrm{E}(X^2)=2\mathrm{E}(X)$이다. $\mathrm{V}(X)$의 값이 최대가 되도록 하는 a의 값이 $\dfrac{q}{p}$일 때, $p+q$의 값을 구하시오. (단, a와 b는 양수이고, p와 q는 서로소인 자연수이다.) [4점]

복습	1회	2회	3회	4회	5회
채점 O△X					

1등급

258. [2021년 9월 (확률과 통계) 29번]

두 이산확률변수 X, Y의 확률분포를 표로 나타내면 각각 다음과 같다.

X	1	3	5	7	9	합계
$\mathrm{P}(X=x)$	a	b	c	b	a	1

Y	1	3	5	7	9	합계
$\mathrm{P}(Y=y)$	$a+\dfrac{1}{20}$	b	$c-\dfrac{1}{10}$	b	$a+\dfrac{1}{20}$	1

$\mathrm{V}(X)=\dfrac{31}{5}$일 때, $10 \times \mathrm{V}(Y)$의 값을 구하시오.

[4점]

복습	1회	2회	3회	4회	5회
채점 O△X					

259. [2020년 9월 (가)형 26번 & (나)형 27번]

두 이산확률변수 X, Y의 확률분포를 표로 나타내면 각각 다음과 같다.

X	1	2	3	4	합계
$P(X=x)$	a	b	c	d	1

Y	11	21	31	41	합계
$P(Y=y)$	a	b	c	d	1

$E(X)=2$, $E(X^2)=5$일 때, $E(Y)+V(Y)$의 값을 구하시오. [4점]

복습	1회	2회	3회	4회	5회
채점 O△X					

260. [2018년 수능 (가)형 19번]

무게가 1인 추 6개, 무게가 2인 추 3개와 비어 있는 주머니 1개가 있다. 주사위 한 개를 사용하여 다음의 시행을 한다. (단, 무게의 단위는 g 이다.)

> 주사위를 한 번 던져 나온 눈의 수가 2 이하이면 무게가 1인 추 1개를 주머니에 넣고, 눈의 수가 3 이상이면 무게가 2인 추 1개를 주머니에 넣는다.

위의 시행을 반복하여 주머니에 들어 있는 추의 총무게가 처음으로 6보다 크거나 같을 때, 주머니에 들어 있는 추의 개수를 확률변수 X라 하자. 다음은 X의 확률질량함수 $P(X=x)$ $(x=3,\ 4,\ 5,\ 6)$을 구하는 과정이다.

> (ⅰ) $X=3$인 사건은 주머니에 무게가 2인 추 3개가 들어 있는 경우이므로
> $$P(X=3)=\boxed{\text{(가)}}$$
>
> (ⅱ) $X=4$인 사건은
> 세 번째 시행까지 넣은 추의 총무게가 4이고 네 번째 시행에서 무게가 2인 추를 넣는 경우와 세 번째 시행까지 넣은 추의 총무게가 5인 경우로 나눌 수 있다. 그러므로
> $$P(X=4)=\boxed{\text{(나)}}+{}_3C_1\left(\frac{1}{3}\right)^1\left(\frac{2}{3}\right)^2$$
>
> (ⅲ) $X=5$인 사건은
> 네 번째 시행까지 넣은 추의 총무게가 4이고 다섯 번째 시행에서 무게가 2인 추를 넣는 경우와
> 네 번째 시행까지 넣은 추의 총무게가 5인 경우로 나눌 수 있다. 그러므로
> $$P(X=5)={}_4C_4\left(\frac{1}{3}\right)^4\left(\frac{2}{3}\right)^0\times\frac{2}{3}+\boxed{\text{(다)}}$$
>
> (ⅳ) $X=6$인 사건은 다섯 번째 시행까지 넣은 추의 총무게가 5인 경우이므로
> $$P(X=6)=\left(\frac{1}{3}\right)^5$$

위의 (가), (나), (다)에 알맞은 수를 각각 a, b, c라 할 때, $\dfrac{ab}{c}$의 값은? [4점]

① $\dfrac{4}{9}$ ② $\dfrac{7}{9}$ ③ $\dfrac{10}{9}$ ④ $\dfrac{13}{9}$ ⑤ $\dfrac{16}{9}$

복습	1회	2회	3회	4회	5회
채점 O△X					

261. [2018년 수능 (나)형 17번]

확률변수 X의 확률분포를 표로 나타내면 다음과 같다.

X	0.121	0.221	0.321	합계
$P(X=x)$	a	b	$\dfrac{2}{3}$	1

다음은 $E(X)=0.271$일 때, $V(X)$를 구하는 과정이다.

$Y=10X-2.21$이라 하자. 확률변수 Y의 확률분포를 표로 나타내면 다음과 같다.

Y	-1	0	1	합계
$P(Y=y)$	a	b	$\dfrac{2}{3}$	1

$E(Y)=10E(X)-2.21=0.5$이므로

$a=\boxed{(가)}$, $b=\boxed{(나)}$

이고 $V(Y)=\dfrac{7}{12}$이다.

한편, $Y=10X-2.21$이므로

$V(Y)=\boxed{(다)}\times V(X)$이다.

$\therefore\ V(X)=\dfrac{1}{\boxed{(다)}}\times\dfrac{7}{12}$이다.

위의 (가), (나), (다)에 알맞은 수를 각각 p, q, r라 할 때, pqr의 값은? (단, a, b는 상수이다.) [4점]

① $\dfrac{13}{9}$ ② $\dfrac{16}{9}$ ③ $\dfrac{19}{9}$

④ $\dfrac{22}{9}$ ⑤ $\dfrac{25}{9}$

복습	1회	2회	3회	4회	5회
채점 O△X					

262. [2017년 수능 (가)형 17번 & (나)형 19번]

좌표평면 위의 한 점 $(x,\ y)$에서 세 점 $(x+1,\ y)$, $(x,\ y+1)$, $(x+1,\ y+1)$ 중 한 점으로 이동하는 것을 점프라 하자. 점프를 반복하여 점 $(0,\ 0)$에서 점 $(4,\ 3)$까지 이동하는 모든 경우 중에서, 임의로 한 경우를 선택할 때 나오는 점프의 횟수를 확률변수 X라 하자. 다음은 확률변수 X의 평균 $E(X)$를 구하는 과정이다. (단, 각 경우가 선택되는 확률은 동일하다.)

점프를 반복하여 점 $(0,\ 0)$에서 점 $(4,\ 3)$까지 이동하는 모든 경우의 수를 N이라 하자. 확률변수 X가 가질 수 있는 값 중 가장 작은 값을 k라 하면 $k=\boxed{(가)}$ 이고, 가장 큰 값은 $k+3$이다.

$$P(X=k)=\frac{1}{N}\times\frac{4!}{3!}=\frac{4}{N}$$

$$P(X=k+1)=\frac{1}{N}\times\frac{5!}{2!2!}=\frac{30}{N}$$

$$P(X=k+2)=\frac{1}{N}\times\boxed{(나)}$$

$$P(X=k+3)=\frac{1}{N}\times\frac{7!}{3!4!}=\frac{35}{N}$$

이고

$$\sum_{i=k}^{k+3}P(X=i)=1$$

이므로 $N=\boxed{(다)}$ 이다.

$\therefore$ 확률변수 X의 평균 $E(X)$는 다음과 같다.

$$E(X)=\sum_{i=k}^{k+3}\{i\times P(X=i)\}=\frac{257}{43}$$

위의 (가), (나), (다)에 알맞은 수를 각각 a, b, c라 할 때, $a+b+c$의 값은? [4점]

① 190   ② 193   ③ 196   ④ 199   ⑤ 202

복습	1회	2회	3회	4회	5회
채점 O△X					

263. [2014년 수능 (A)형 27번]

1부터 5까지의 자연수가 각각 하나씩 적혀 있는
5개의 서랍이 있다. 5개의 서랍 중 영희에게 임의로
2개를 배정해 주려고 한다. 영희에게 배정되는
서랍에 적혀 있는 자연수 중 작은 수를 확률변수
X라 할 때, $E(10X)$의 값을 구하시오. [4점]

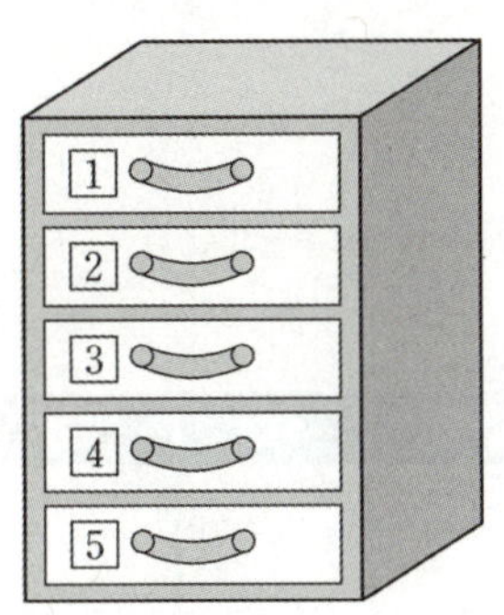

확률과 통계 3. 통계 경향10
이항분포

— 수능 2점 —

복습	1회	2회	3회	4회	5회
채점 O△X					

264. [2012년 수능 (가)형 3번]

확률변수 X가 이항분포 $B(200, p)$를 따르고 X의
평균이 40일 때, X의 분산은? [2점]

① 32　　② 33　　③ 34　　④ 35　　⑤ 36

— 수능 3점 —

복습	1회	2회	3회	4회	5회
채점 O△X					

265. [2022년 수능 (확률과 통계) 24번]

확률변수 X가 이항분포 $B\left(n, \dfrac{1}{3}\right)$을 따르고

$V(2X) = 40$일 때, n의 값은? [3점]

① 30　　② 35　　③ 40　　④ 45　　⑤ 50

복습	1회	2회	3회	4회	5회
채점 O△X					

266. [2020년 수능 (가)형 23번 & (나)형 24번]

확률변수 X가 이항분포 $B(80, p)$를 따르고 $E(X) = 20$일 때, $V(X)$의 값을 구하시오. [3점]

복습	1회	2회	3회	4회	5회
채점 O△X					

267. [2019년 수능 (가)형 8번]

확률변수 X 가 이항분포 $B\left(n, \dfrac{1}{2}\right)$을 따르고 $E(X^2) = V(X) + 25$를 만족시킬 때, n의 값은? [3점]

① 10　② 12　③ 14　④ 16　⑤ 18

복습	1회	2회	3회	4회	5회
채점 O△X					

268. [2015년 수능 (A)형 25번]

확률변수 X가 이항분포 $B\left(n, \dfrac{1}{3}\right)$을 따르고 $V(3X) = 40$일 때, n의 값을 구하시오. [3점]

복습	1회	2회	3회	4회	5회
채점 O△X					

269. [2014년 수능 (A)형 9번]

확률변수 X가 이항분포 $B(9, p)$를 따르고 $\{E(X)\}^2 = V(X)$일 때, p의 값은? (단, $0 < p < 1$) [3점]

① $\dfrac{1}{13}$　② $\dfrac{1}{12}$　③ $\dfrac{1}{11}$　④ $\dfrac{1}{10}$　⑤ $\dfrac{1}{9}$

복습	1회	2회	3회	4회	5회
채점 O△X					

270. [2013년 수능 (나)형 10번]

확률변수 X가 이항분포 $B(n, p)$를 따른다. 확률변수 $2X - 5$의 평균과 표준편차가 각각 175와 12일 때, n의 값은? [3점]

① 130　② 135　③ 140　④ 145　⑤ 150

복습	1회	2회	3회	4회	5회
채점 O△X					

271. [2011년 수능 (나)형 21번]

동전 2개를 동시에 던지는 시행을 10회 반복할 때, 동전 2개 모두 앞면이 나오는 횟수를 확률변수 X라고 하자. 확률변수 $4X + 1$의 분산 $V(4X + 1)$의 값을 구하시오. [3점]

복습	1회	2회	3회	4회	5회
채점 O△X					

272. [2010년 수능 (가)형 확률과 통계 27번]

어느 수학 반에 남학생 3명, 여학생 2명으로 구성된 모둠이 10개 있다. 각 모둠에서 임의로 2명씩 선택할 때, 남학생들만 선택된 모둠의 수를 확률변수 X라고 하자. X의 평균 $E(X)$의 값은? (단, 두 모둠 이상에 속한 학생은 없다.) [3점]

① 6 ② 5 ③ 4 ④ 3 ⑤ 2

수능 4점

복습	1회	2회	3회	4회	5회
채점 O△X					

274. [2021년 수능 (가)형 17번] 실전 분석

좌표평면의 원점에 점 P가 있다. 한 개의 주사위를 사용하여 다음 시행을 한다.

> 주사위를 한 번 던져 나온 눈의 수가
> 2 이하이면 점 P를 x축의 양의 방향으로
> 3만큼, 3 이상이면 점 P를 y축의 양의
> 방향으로 1만큼 이동시킨다.

이 시행을 15번 반복하여 이동된 점 P와 직선 $3x+4y=0$ 사이의 거리를 확률변수 X라 하자. $E(X)$의 값은? [4점]

① 13 ② 15 ③ 17 ④ 19 ⑤ 21

복습	1회	2회	3회	4회	5회
채점 O△X					

273. [2006년 수능 (나)형 5번]

확률변수 X가 이항분포 $B\left(100, \dfrac{1}{5}\right)$을 따를 때, 확률변수 $3X-4$의 표준편차는? [3점]

① 12 ② 15 ③ 18 ④ 21 ⑤ 24

복습	1회	2회	3회	4회	5회
채점 O△X					

275. [2018년 9월 (가)형 24번]

이항분포 $B\left(n, \dfrac{1}{2}\right)$을 따르는 확률변수 X에 대하여 $V\left(\dfrac{1}{2}X+1\right)=5$일 때, n의 값을 구하시오. [4점]

복습	1회	2회	3회	4회	5회
채점 O△X					

276. [2009년 수능 (나)형 30번] 실전 분석

두 주사위 A, B를 동시에 던질 때, 나오는 각각의 눈의 수 m, n에 대하여 $m^2+n^2 \leq 25$가 되는 사건을 E라 하자. 두 주사위 A, B를 동시에 던지는 12회의 독립시행에서 사건 E가 일어나는 횟수를 확률변수 X라 할 때, X의 분산 $V(X)$는 $\dfrac{q}{p}$이다. $p+q$의 값을 구하시오. (단, p, q는 서로소인 자연수이다.) [4점]

복습	1회	2회	3회	4회	5회
채점 O△X					

277. [2008년 수능 (나)형 23번]

한 개의 주사위를 20번 던질 때 1의 눈이 나오는 횟수를 확률변수 X라 하고, 한 개의 동전을 n번 던질 때 앞면이 나오는 횟수를 확률변수 Y라 하자. Y의 분산이 X의 분산보다 크게 되도록 하는 n의 최솟값을 구하시오. [4점]

복습	1회	2회	3회	4회	5회
채점 O△X					

278. [2007년 수능 (가)형 확률과 통계 30번]

실전 분석

어느 공장에서 생산되는 제품은 한 상자에 50개씩 넣어 판매되는데, 상자에 포함된 불량품의 개수는 이항분포를 따르고 평균이 m, 분산이 $\dfrac{48}{25}$이라 한다.

한 상자를 판매하기 전에 불량품을 찾아내기 위하여 50개의 제품을 모두 검사하는 데 총 60000원의 비용이 발생한다. 검사하지 않고 한 상자를 판매할 경우에는 한 개의 불량품에 a원의 애프터서비스 비용이 필요하다. 한 상자의 제품을 모두 검사하는 비용과 애프터서비스로 인해 필요한 비용의 기댓값이 같다고 할 때, $\dfrac{a}{1000}$의 값을 구하시오. (단, a는 상수이고, m은 5 이하인 자연수이다.) [4점]

확률과 통계 3. 통계 경향11
확률밀도함수

수능 3점

복습	1회	2회	3회	4회	5회
채점 O△X					

279. [2019년 수능 (나)형 10번] 실전 분석

연속확률변수 X가 갖는 값의 범위는

$0 \leq X \leq 2$이고, X의 확률밀도함수의 그래프가

그림과 같을 때, $P\left(\dfrac{1}{3} \leq X \leq a\right)$의 값은?

(단, a는 상수이다.) [3점]

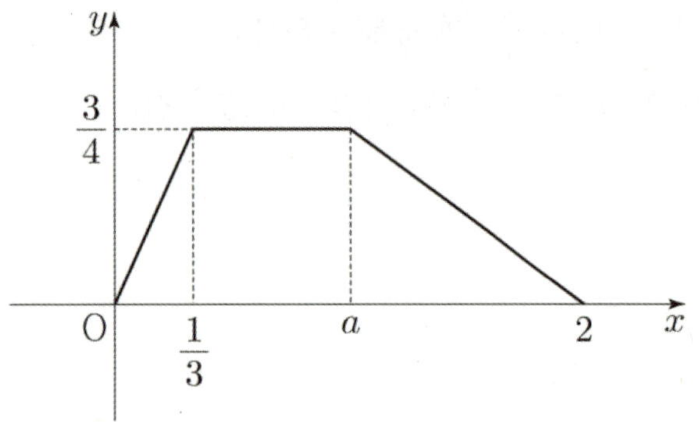

① $\dfrac{11}{16}$ ② $\dfrac{5}{8}$ ③ $\dfrac{9}{16}$ ④ $\dfrac{1}{2}$ ⑤ $\dfrac{7}{16}$

복습	1회	2회	3회	4회	5회
채점 O△X					

280. [2008년 수능 (나)형 8번]

연속확률변수 X가 갖는 값의 범위는

$0 \leq X \leq 3$이고, 확률 $P(X \leq 1)$과 확률

$P(X \leq 2)$의 값이 이차방정식 $6x^2 - 5x + 1 = 0$의

두 근일 때, 확률 $P(1 < X \leq 2)$의 값은? [3점]

① $\dfrac{1}{12}$ ② $\dfrac{1}{6}$ ③ $\dfrac{1}{4}$ ④ $\dfrac{1}{3}$ ⑤ $\dfrac{5}{12}$

복습	1회	2회	3회	4회	5회
채점 O△X					

281. [2006년 수능 (나)형 8번]

연속확률변수 X가 갖는 값의 범위가

$0 \leq X \leq 3$이고, 확률밀도함수의 그래프는 다음과

같다.

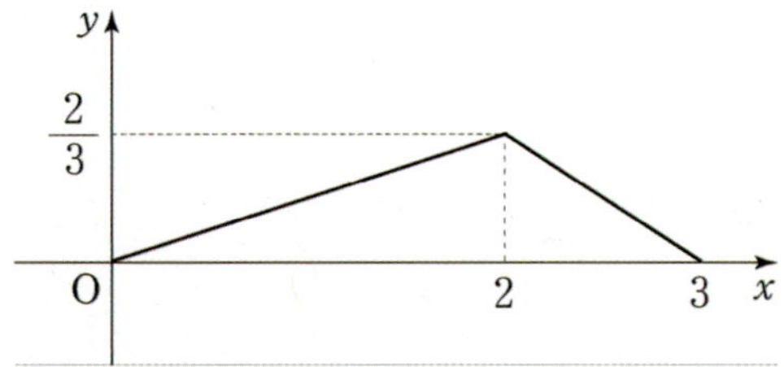

$P(m \leq X \leq 2) = P(2 \leq X \leq 3)$일 때, m의 값은?

(단, $0 < m < 2$이다.) [3점]

① $\dfrac{\sqrt{2}}{2}$ ② $\dfrac{\sqrt{3}}{2}$ ③ 1 ④ $\sqrt{2}$ ⑤ $\sqrt{3}$

복습	1회	2회	3회	4회	5회
채점 O△X					

282. [2001년 수능 (인문) & (자연) 10번]

구간 $[0,\ 1]$에서 정의된 연속확률변수 X의 확률밀도함수가 $f(x)=ax+a$로 주어졌을 때, 상수 a의 값은? [3점]

① $\dfrac{1}{3}$　② $\dfrac{2}{3}$　③ 1　④ $\dfrac{3}{2}$　⑤ 2

복습	1회	2회	3회	4회	5회
채점 O△X					

283. [1995년 수능 (인문) & (자연) 12번]

실전 분석

폐구간 $[0,\ 1]$에서 정의된 모든 확률밀도함수 $f(x)$와 $g(x)$에 대하여 다음 중 확률밀도함수인 것은?

① $f(x)-g(x)$　　② $f(x)+g(x)$

③ $\dfrac{1}{2}\{f(x)-g(x)\}$　　④ $\dfrac{1}{3}\{2f(x)+g(x)\}$

⑤ $2f(x)-g(x)$

복습	1회	2회	3회	4회	5회
채점 O△X					

284. [2023년 수능 (확률과 통계) 28번]

연속확률변수 X가 갖는 값의 범위는 $0 \le X \le a$이고, X의 확률밀도함수의 그래프가 그림과 같다.

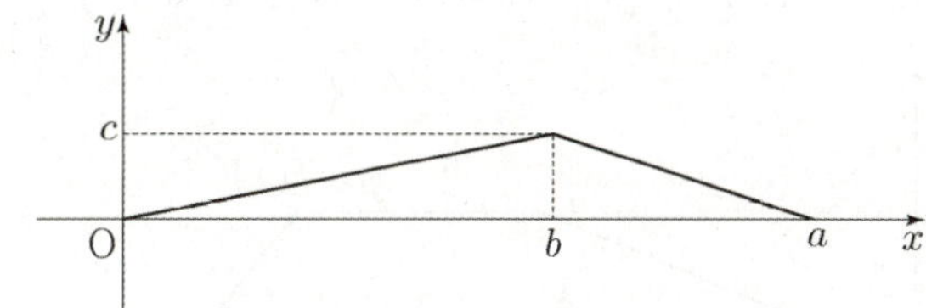

$\mathrm{P}(X \le b) - \mathrm{P}(X \ge b) = \dfrac{1}{4}$, $\mathrm{P}(X \le \sqrt{5}) = \dfrac{1}{2}$일 때, $a+b+c$의 값은? (단, $a,\ b,\ c$는 상수이다.) [4점]

① $\dfrac{11}{2}$　② 6　③ $\dfrac{13}{2}$　④ 7　⑤ $\dfrac{15}{2}$

복습	1회	2회	3회	4회	5회
채점 O△X					

1등급

285. [2022년 수능 (확률과 통계) 29번] `실전 분석`

두 연속확률변수 X와 Y가 갖는 값의 범위는
$0 \le X \le 6$, $0 \le Y \le 6$이고, X와 Y의
확률밀도함수는 각각 $f(x)$, $g(x)$이다. 확률변수 X의
확률밀도함수 $f(x)$의 그래프는 그림과 같다.

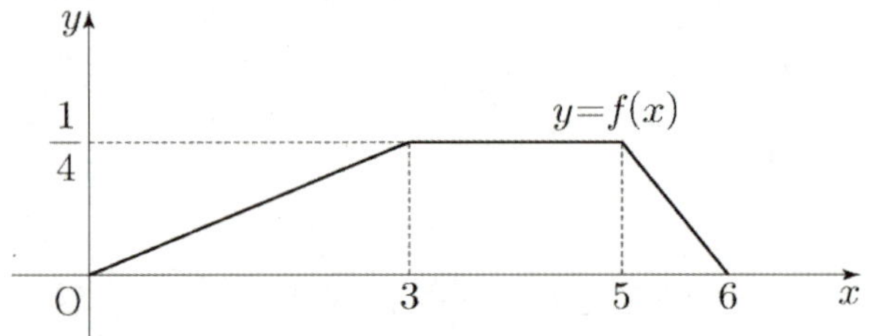

$0 \le x \le 6$인 모든 x에 대하여
$$f(x) + g(x) = k \quad (k\text{는 상수})$$

를 만족시킬 때, $\mathrm{P}(6k \le Y \le 15k) = \dfrac{q}{p}$이다. $p+q$의

값을 구하시오. (단, p와 q는 서로소인 자연수이다.)
[4점]

복습	1회	2회	3회	4회	5회
채점 O△X					

286. [2015년 수능 (A)형 27번]

구간 $[0, 3]$의 모든 실수 값을 가지는 연속확률변수
X에 대하여 X의 확률밀도함수의 그래프는 그림과
같다.

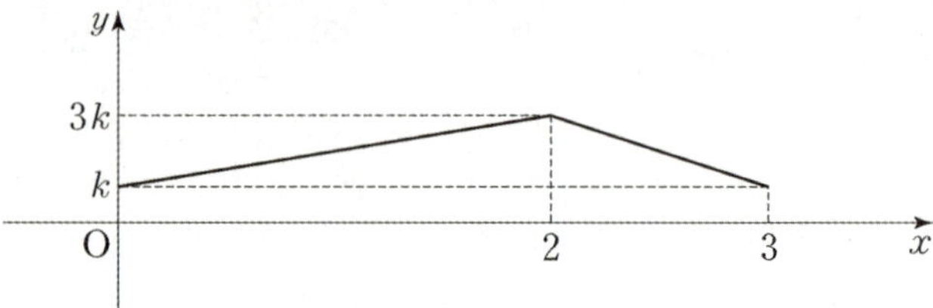

$\mathrm{P}(0 \le X \le 2) = \dfrac{q}{p}$라 할 때, $p+q$의 값을

구하시오. (단, k는 상수이고, p와 q는 서로소인
자연수이다.) [4점]

복습	1회	2회	3회	4회	5회
채점 O△X					

287. [2010년 수능 (나)형 21번]

연속확률변수 X가 갖는 값의 범위는
$0 \le X \le 4$이고 X의 확률밀도함수의 그래프는
다음과 같다. $100\mathrm{P}(0 \le X \le 2)$의 값을 구하시오.
[4점]

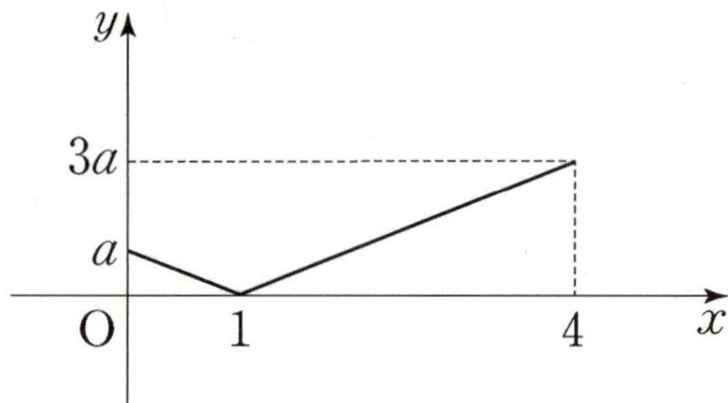

복습	1회	2회	3회	4회	5회
채점 O△X					

288. [2008년 수능 (가)형 확률과 통계 29번]

실전 분석

두 연속확률변수 X, Y에 대하여 폐구간 $[0, 1]$에서 두 함수 $G(x)$, $H(x)$를 각각 $G(x) = \mathrm{P}(X > x)$, $H(x) = \mathrm{P}(Y > x)$로 정의할 때, 함수 $G(x)$는 $G(x) = -x + 1 \, (0 \le x \le 1)$이고, 함수 $H(x)$의 그래프의 개형은 다음과 같다.

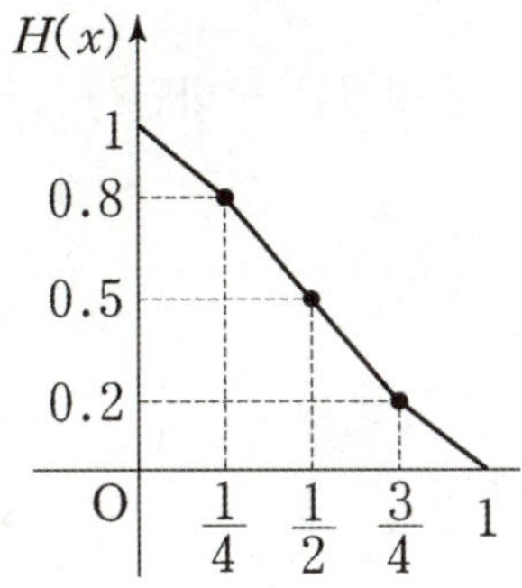

$\mathrm{P}(X > k) = \mathrm{P}\left(\dfrac{1}{4} < Y \le \dfrac{3}{4}\right)$을 만족시키는 k의 값은? [4점]

① $\dfrac{2}{15}$ ② $\dfrac{1}{5}$ ③ $\dfrac{4}{15}$ ④ $\dfrac{1}{3}$ ⑤ $\dfrac{2}{5}$

복습	1회	2회	3회	4회	5회
채점 O△X					

289. [2007년 수능 (나)형 24번]

두 양수 a, b에 대하여 연속확률변수 X가 갖는 값의 범위는 $0 \le X \le a$이고, 확률밀도함수의 그래프는 다음과 같다. $\mathrm{P}\left(0 \le X \le \dfrac{a}{2}\right) = \dfrac{b}{2}$일 때, $a^2 + 4b^2$의 값을 구하시오. [4점]

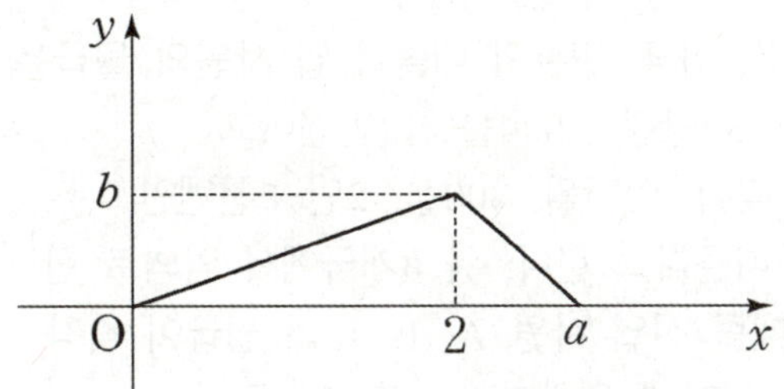

확률과 통계 3. 통계 경향12
정규분포

수능 2점

복습	1회	2회	3회	4회	5회
채점 O△X					

290. [1997년 수능 (인문) 12번]

어느 해 한국, 미국, 일본의 대졸 신입 사원의 월급은 평균이 각각 80만원, 2000불, 18만엔이고 표준편차가 각각 10만원, 300불, 2만 5천엔인 정규분포를 따른다고 한다. 위 3개국에서 임의로 한 명씩 뽑힌 대졸 신입 사원 A, B, C의 월급이 각각 94만원, 2250불, 21만엔이라고 할 때, 각각 자국내에서 상대적으로 월급을 많이 받는 사람부터 순서대로 적은 것은? [2점]

① A, B, C ② A, C, B ③ B, A, C
④ C, A, B ⑤ C, B, A

복습	1회	2회	3회	4회	5회
채점 O△X					

291. [1997년 수능 (자연) 12번]

연속확률변수 X 가 평균 m, 표준편차 σ 인 정규분포를 따를 때, X 의 확률밀도함수는

$$f(x) = \frac{1}{\sqrt{2\pi}\,\sigma} e^{-\frac{1}{2\sigma^2}(x-m)^2}$$

$(-\infty < x < \infty)$ 이다.

표준정규분포표를 이용하여

$$\int_{4}^{6.6} \sqrt{\frac{2}{\pi}}\, e^{-\frac{(x-5)^2}{8}}\, dx$$ 의 근삿값을 구하면? [2점]

z	$P(0 \leq Z \leq z)$
0.1	0.0398
0.2	0.0793
0.3	0.1179
0.4	0.1554
0.5	0.1915
0.6	0.2257
0.7	0.2580
0.8	0.2881
0.9	0.3159
1.0	0.3413

① 0.1199 ② 0.3864 ③ 0.6826
④ 0.9505 ⑤ 1.9184

수능 3점

복습	1회	2회	3회	4회	5회
채점 O△X					

292. [2021년 수능 (가)형 12번 & (나)형 19번]

실전 분석

확률변수 X는 평균이 8, 표준편차가 3인 정규분포를 따르고, 확률변수 Y는 평균이 m, 표준편차가 σ인 정규분포를 따른다. 두 확률변수 X, Y가 $\mathrm{P}(4 \leq X \leq 8) + \mathrm{P}(Y \geq 8) = \dfrac{1}{2}$을 만족시킬 때, $\mathrm{P}\left(Y \leq 8 + \dfrac{2\sigma}{3}\right)$의 값을 다음 표준정규분포표를 이용하여 구한 것은? [3점]

z	$\mathrm{P}(0 \leq Z \leq z)$
1.0	0.3413
1.5	0.4332
2.0	0.4772
2.5	0.4938

① 0.8351　② 0.8413　③ 0.9332
④ 0.9772　⑤ 0.9938

복습	1회	2회	3회	4회	5회
채점 O△X					

293. [2020년 수능 (나)형 13번] 실전 분석

어느 농장에서 수확하는 파프리카 1개의 무게는 평균이 $180\,\mathrm{g}$, 표준편차가 $20\,\mathrm{g}$인 정규분포를 따른다고 한다. 이 농장에서 수확한 파프리카 중에서 임의로 선택한 파프리카 1개의 무게가 $190\,\mathrm{g}$ 이상이고 $210\,\mathrm{g}$ 이하일 확률을 오른쪽 표준정규분포표를 이용하여 구한 것은? [3점]

z	$\mathrm{P}(0 \leq Z \leq z)$
0.5	0.1915
1.0	0.3413
1.5	0.4332
2.0	0.4772

① 0.0440　② 0.0919　③ 0.1359
④ 0.1498　⑤ 0.2417

복습	1회	2회	3회	4회	5회
채점 O△X					

294. [2016년 수능 (A)형 12번]
어느 쌀 모으기 행사에 참여한 각 학생이 기부한 쌀의 무게는 평균이 $1.5\,\text{kg}$, 표준편차가 $0.2\,\text{kg}$인 정규분포를 따른다고 한다. 이 행사에 참여한 학생 중 임의로 1명을 선택할 때, 이 학생이 기부한 쌀의 무게가 $1.3\,\text{kg}$ 이상이고 $1.8\,\text{kg}$ 이하일 확률을 표준정규분포표를 이용하여 구한 것은? [3점]

z	$\mathrm{P}(0 \leq Z \leq z)$
1.00	0.3413
1.25	0.3944
1.50	0.4332
1.75	0.4599

① 0.8543 ② 0.8012 ③ 0.7745
④ 0.7357 ⑤ 0.6826

295. [2015년 수능 (A)형 12번]
어느 연구소에서 토마토 모종을 심은 지 3주가 지났을 때 토마토 줄기의 길이를 조사한 결과 토마토 줄기의 길이는 평균이 $30\,\text{cm}$, 표준편차가 $2\,\text{cm}$인 정규분포를 따른다고 한다. 이 연구소에서 토마토 모종을 심은 지 3주가 지났을 때 토마토 줄기 중 임의로 선택한 줄기의 길이가 $27\,\text{cm}$ 이상이고 $32\,\text{cm}$ 이하일 확률을 표준정규분포표를 이용하여 구한 것은? [3점]

z	$\mathrm{P}(0 \leq Z \leq z)$
0.5	0.1915
1.0	0.3413
1.5	0.4332
2.0	0.4772

① 0.6826 ② 0.7745 ③ 0.8185
④ 0.9104 ⑤ 0.9270

복습	1회	2회	3회	4회	5회
채점 O△X					

296. [2015년 수능 (B)형 11번]

어느 공장에서 생산되는 과자 1봉지의 무게는 평균이 75g, 표준편차가 2g인 정규분포를 따른다고 한다. 이 공장에서 생산된 과자 중 임의로 선택한 과자 1봉지의 무게가 76g 이상이고 78g 이하일 확률을 표준정규분포표를 이용하여 구한 것은? [3점]

z	$P(0 \le Z \le z)$
0.5	0.1915
1.0	0.3413
1.5	0.4332
2.0	0.4772

① 0.0440 ② 0.0919 ③ 0.1359

④ 0.1498 ⑤ 0.2417

복습	1회	2회	3회	4회	5회
채점 O△X					

297. [2013년 수능 (가)형 13번]

확률변수 X가 정규분포 $N(m, \sigma^2)$을 따르고 다음 조건을 만족시킨다.

(가) $P(X \ge 64) = P(X \le 56)$

(나) $E(X^2) = 3616$

$P(X \le 68)$의 값을 표를 이용하여 구한 것은? [3점]

x	$P(m \le X \le x)$
$m + 1.5\sigma$	0.4332
$m + 2\sigma$	0.4772
$m + 2.5\sigma$	0.4938

① 0.9104 ② 0.9332 ③ 0.9544

④ 0.9772 ⑤ 0.9938

복습	1회	2회	3회	4회	5회
채점 O△X					

298. [2013년 수능 (나)형 13번]

어느 학교 전체 학생의 시험 점수는 평균이 500점, 표준편차가 25점인 정규분포를 따른다고 한다. 이 학교 학생 중 임의로 1명을 선택할 때, 이 학생의 시험 점수가 475점 이상이고 550점 이하일 확률을 표준정규분포표를 이용하여 구한 것은? [3점]

z	$P(0 \leq Z \leq z)$
1.0	0.3413
1.5	0.4332
2.0	0.4772
2.5	0.4938

① 0.7745　　② 0.8185　　③ 0.9104

④ 0.9270　　⑤ 0.9710

299. [2011년 수능 (가)형 확률과 통계 28번]

어느 회사 직원의 하루 생산량은 근무 기간에 따라 달라진다고 한다. 근무 기간이 n개월 $(1 \leq n \leq 100)$인 직원의 하루 생산량은 평균이 $an+100$(a는 상수), 표준편차가 12인 정규분포를 따른다고 한다. 근무 기간이 16개월인 직원의 하루 생산량이 84 이하일 확률이 0.0228일 때, 근무 기간이 36개월인 직원의 하루 생산량이 100 이상이고 142 이하일 확률을 표준정규분포표를 이용하여 구한 것은? [3점]

z	$P(0 \leq Z \leq z)$
1.0	0.3413
1.5	0.4332
2.0	0.4772
2.4	0.4918

① 0.7745　　② 0.8185　　③ 0.9104

④ 0.9270　　⑤ 0.9710

복습	1회	2회	3회	4회	5회
채점 O△X					

300. [2007년 수능 (가)형 확률과 통계 28번]

실전 분석

어느 문구점에 진열되어 있는 공책 중 10%는 A회사의 제품이라고 한다. 한 고객이 이 문구점에서 임의로 100권의 공책을 구입했을 때, A회사 제품이 13권 이상 포함될 확률을 표준정규분포표를 이용하여 구한 것은? [3점]

z	$P(0 \leq Z \leq z)$
0.75	0.2734
1.00	0.3413
1.25	0.3944
1.50	0.4332

① 0.0668   ② 0.1056   ③ 0.1587
④ 0.2266   ⑤ 0.2734

복습	1회	2회	3회	4회	5회
채점 O△X					

301. [2007년 수능 (나)형 9번]

어느 세차장에서 승용차 한 대를 세차하는 데 걸리는 세차 시간은 평균 30분, 표준편차 2분인 정규분포를 따른다고 한다. 한 대의 승용차를 이 세차장에서 세차할 때, 세차 시간이 33분 이상일 확률을 표준정규분포표를 이용하여 구한 것은? [3점]

z	$P(0 \leq Z \leq z)$
0.5	0.1915
1.0	0.3413
1.5	0.4332
2.0	0.4772

① 0.0228   ② 0.0668   ③ 0.1587
④ 0.2708   ⑤ 0.3085

복습	1회	2회	3회	4회	5회
채점 O△X					

302. [2005년 수능 (가)형 & (나)형 16번]

실전 분석

다음은 어느 백화점에서 판매하고 있는 등산화에 대한 제조회사별 고객의 선호도를 조사한 표이다.

제조회사	A	B	C	D	계
선호도(%)	20	28	25	27	100

192명의 고객이 각각 한 켤레씩 등산화를 산다고 할 때, C 회사 제품을 선택할 고객이 42명 이상일 확률을 표준정규분포표를 이용하여 구한 것은? [3점]

z	$P(0 \leq Z \leq z)$
0.5	0.1915
1.0	0.3413
1.5	0.4332
2.0	0.4772

① 0.6915   ② 0.7745   ③ 0.8256
④ 0.8332   ⑤ 0.8413

복습	1회	2회	3회	4회	5회
채점 O△X					

303. [1997년 수능 (인문) 11번]

3학년 재학생수가 각각 500명인 같은 지역 A, B, C 세 고등학교 3학년 학생의 수학 성적 분포가 각각 정규분포를 이루고 아래 그림과 같을 때, 다음 <보기> 중 옳은 것을 모두 고른 것은? [3점]

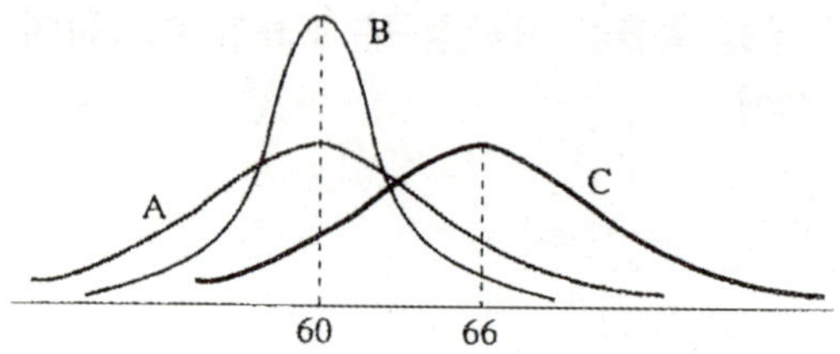

[보 기]

ㄱ. 성적이 우수한 학생이 B고등학교보다 A고등학교에 더 많이 있다.

ㄴ. B고등학교 학생들은 평균적으로 A고등학교 학생들보다 성적이 더 우수하다.

ㄷ. C고등학교 학생들보다 B고등학교 학생들의 성적이 더 고른 편이다.

① ㄱ   ② ㄴ   ③ ㄷ   ④ ㄱ, ㄷ   ⑤ ㄴ, ㄷ

수능 4점

복습	1회	2회	3회	4회	5회
채점 O△X					

304. [2026년 수능 (확률과 통계) 29번] 실전 분석

6 이하의 자연수 a에 대하여 한 개의 주사위와 한 개의 동전을 사용하여 다음 시행을 한다.

> 주사위를 한 번 던져
> 나온 눈의 수가 a보다 작거나 같으면
> 동전을 5번 던져 앞면이 나온 횟수를 기록하고,
> 나온 눈의 수가 a보다 크면
> 동전을 3번 던져 앞면이 나온 횟수를 기록한다.

이 시행을 19200번 반복하여 기록한 수가 3인 횟수를 확률변수 X라 하자. $E(X)=4800$일 때, $P(X \le 4800+30a)$의 값을 표준정규분포표를 이용하여 구한 값이 k이다. $1000 \times k$의 값을 구하시오. [4점]

z	$P(0 \le Z \le z)$
0.5	0.191
1.0	0.341
1.5	0.433
2.0	0.477
2.5	0.494
3.0	0.499

복습	1회	2회	3회	4회	5회
채점 O△X					

1등급

305. [2025년 9월 (확률과 통계) 29번]

두 집합 $A = \{2, 3, 4\}$, $B = \{2, 3\}$에 대하여 다음 시행을 한다.

> 집합 A의 모든 부분집합 8개 중에서
> 임의로 한 개를 선택하고,
> 집합 B의 모든 부분집합 4개 중에서
> 임의로 한 개를 선택한다.
> 선택한 두 집합의 교집합의 원소의 개수를
> 기록한다.

이 시행을 15360번 반복하여 기록한 수가 1인 횟수가 5880 이상일 확률을 표준정규분포표를 이용하여 구한 값이 k일 때, $1000 \times k$의 값을 구하시오. [4점]

z	$P(0 \le Z \le z)$
1.0	0.341
1.5	0.433
2.0	0.477
2.5	0.494
3.0	0.499

복습	1회	2회	3회	4회	5회
채점 O△X					

1등급

306. [2025년 수능 (확률과 통계) 29번] **실전 분석**

정규분포 $N(m_1, \sigma_1^2)$을 따르는 확률변수 X와 정규분포 $N(m_2, \sigma_2^2)$을 따르는 확률변수 Y가 다음 조건을 만족시킨다.

> 모든 실수 x에 대하여
> $P(X \leq x) = P(X \geq 40 - x)$이고
> $P(Y \leq x) = P(X \leq x + 10)$이다.

$P(15 \leq X \leq 20) + P(15 \leq Y \leq 20)$의 값을 다음 표준정규분포표를 이용하여 구한 것이 0.4772일 때, $m_1 + \sigma_2$의 값을 구하시오. (단, σ_1과 σ_2는 양수이다.) [4점]

z	$P(0 \leq Z \leq z)$
0.5	0.1915
1.0	0.3413
1.5	0.4332
2.0	0.4772

1등급

307. [2024년 수능 (확률과 통계) 30번] **실전 분석**

양수 t에 대하여 확률변수 X가 정규분포 $N(1, t^2)$을 따른다.

$$P(X \leq 5t) \geq \frac{1}{2}$$

이 되도록 하는 모든 양수 t에 대하여 $P(t^2 - t + 1 \leq X \leq t^2 + t + 1)$의 최댓값을 표준정규분포표를 이용하여 구한 값을 k라 하자. $1000 \times k$의 값을 구하시오. [4점]

z	$P(0 \leq Z \leq z)$
0.6	0.226
0.8	0.288
1.0	0.341
1.2	0.385
1.4	0.419

복습	1회	2회	3회	4회	5회
채점 O△X					

308. [2024년 9월 (확률과 통계) 29번]

수직선의 원점에 점 A가 있다. 한 개의 주사위를 사용하여 다음 시행을 한다.

> 주사위를 한 번 던져 나온 눈의 수가
> 4 이하이면 점 A를 양의 방향으로 1만큼 이동시키고,
> 5 이상이면 점 A를 음의 방향으로 1만큼 이동시킨다.

이 시행을 16200번 반복하여 이동된 점 A의 위치가 5700 이하일 확률을 다음 표준정규분포표를 이용하여 구한 값을 k라 하자. $1000 \times k$의 값을 구하시오. [4점]

z	$P(0 \le Z \le z)$
1.0	0.341
1.5	0.433
2.0	0.477
2.5	0.494

복습	1회	2회	3회	4회	5회
채점 O△X					

1등급

309. [2020년 수능 (가)형 18번] 실전 분석

확률변수 X는 정규분포 $N(10,\ 2^2)$, 확률변수 Y는 정규분포 $N(m,\ 2^2)$을 따르고, 확률변수 X와 Y의 확률밀도함수는 각각 $f(x)$와 $g(x)$이다. $f(12) \le g(20)$을 만족시키는 m에 대하여 $P(21 \le Y \le 24)$의 최댓값을 오른쪽 표준정규분포표를 이용하여 구한 것은? [4점]

z	$P(0 \le Z \le z)$
0.5	0.1915
1.0	0.3413
1.5	0.4332
2.0	0.4772

① 0.5328 ② 0.6247 ③ 0.7745

④ 0.8185 ⑤ 0.9104

복습	1회	2회	3회	4회	5회
채점 O△X					

310. [2019년 수능 (가)형 15번]

어느 회사 직원들의 어느 날의 출근 시간은 평균이 66.4분, 표준편차가 15인 정규분포를 따른다고 한다. 이 날 출근 시간이 73분 이상인 직원들 중에서 40%, 73분 미만인 직원들 중에서 20%가 지하철을 이용하였고, 나머지 직원들은 다른 교통수단을 이용하였다. 이 날 출근한 이 회사 직원들 중 임의로 선택한 1명이 지하철을 이용하였을 확률은?

(단, Z가 표준정규분포를 따르는 확률변수일 때, $P(0 \leq Z \leq 0.44) = 0.17$로 계산한다.) [4점]

① 0.306 ② 0.296 ③ 0.286
④ 0.276 ⑤ 0.266

복습	1회	2회	3회	4회	5회
채점 O△X					

311. [2018년 수능 (가)형 26번]

확률변수 X가 평균이 m, 표준편차가 σ인 정규분포를 따르고

$$P(X \leq 3) = P(3 \leq X \leq 80) = 0.3$$

일 때, $m + \sigma$의 값을 구하시오.

(단, Z가 표준정규분포를 따르는 확률변수일 때, $P(0 \leq Z \leq 0.25) = 0.1$, $P(0 \leq Z \leq 0.52) = 0.2$로 계산한다.) [4점]

복습	1회	2회	3회	4회	5회
채점 O△X					

1등급

312. [2017년 수능 (가)형 18번 & (나)형 29번] 실전 분석

확률변수 X는 평균이 m, 표준편차가 5인 정규분포를 따르고, 확률변수 X의 확률밀도함수 $f(x)$가 다음 조건을 만족시킨다.

> (가) $f(10) > f(20)$
> (나) $f(4) < f(22)$

m이 자연수일 때, $P(17 \leq X \leq 18)$의 값을 표준정규분포표를 이용하여 구한 것은? [4점]

z	$P(0 \leq Z \leq z)$
0.6	0.226
0.8	0.288
1.0	0.341
1.2	0.385

① 0.044　　② 0.053　　③ 0.062
④ 0.078　　⑤ 0.097

313. [2010년 수능 (가)형 & (나)형 9번] 실전 분석

어느 공장에서 생산되는 병의 내압강도는 정규분포 $N(m, \sigma^2)$을 따르고, 내압강도가 40보다 작은 병은 불량품으로 분류한다.

이 공장의 공정능력을 평가하는 공정능력지수 G는

$$G = \frac{m - 40}{3\sigma} \text{으로 계산한다.}$$

$G = 0.8$일 때, 임의 추출한 한 개의 병이 불량품일 확률을 표준정규분포표를 이용하여 구한 것은? [4점]

z	$P(0 \leq Z \leq z)$
2.2	0.4861
2.3	0.4893
2.4	0.4918
2.5	0.4938

① 0.0139　　② 0.0107　　③ 0.0082
④ 0.0062　　⑤ 0.0038

복습	1회	2회	3회	4회	5회
채점 O△X					

1등급

314. [2010년 수능 (가)형 확률과 통계 29번]

실전 분석

어느 뼈 화석이 두 동물 A와 B 중에서 어느 동물의 것인지 판단하는 방법 가운데 한 가지는 특정 부위의 길이를 이용하는 것이다. 동물 A의 이 부위의 길이는 정규분포 $N(10,\ 0.4^2)$을 따르고, 동물 B의 이 부위의 길이는 정규분포 $N(12,\ 0.6^2)$을 따른다. 이 부위의 길이가 d 미만이면 동물 A의 화석으로 판단하고, d 이상이면 동물 B의 화석으로 판단한다.

동물 A의 화석을 동물 A의 화석으로 판단할 확률과 동물 B의 화석을 동물 B의 화석으로 판단할 확률이 같아지는 d의 값은? (단, 길이의 단위는 cm이다.) [4점]

① 10.4 ② 10.5 ③ 10.6 ④ 10.7 ⑤ 10.8

복습	1회	2회	3회	4회	5회
채점 O△X					

315. [2009년 수능 (가)형 확률과 통계 29번]

실전 분석

확률변수 X와 Y는 평균이 모두 0이고 분산이 각각 σ^2과 $\dfrac{\sigma^2}{4}$인 정규분포를 따르고, 확률변수 Z는 표준정규분포를 따른다. 두 양수 a와 b에 대하여 $P(|X| \le a) = P(|Y| \le b)$일 때, 옳은 것만을 <보기>에서 있는 대로 고른 것은? [4점]

[보 기]

ㄱ. $a > b$

ㄴ. $P\left(Z > \dfrac{2b}{\sigma}\right) = P\left(Y > \dfrac{a}{2}\right)$

ㄷ. $P(Y \le b) = 0.7$일 때, $P(|X| \le a) = 0.3$ 이다.

① ㄱ ② ㄴ ③ ㄱ, ㄴ ④ ㄴ, ㄷ ⑤ ㄱ, ㄴ, ㄷ

복습	1회	2회	3회	4회	5회
채점 O△X					

316. [2008년 수능 (가)형 & (나)형 13번]
어느 회사의 전체 신입 사원 1000명을 대상으로 신체검사를 한 결과, 키는 평균 m, 표준편차 10인 정규분포를 따른다고 한다. 전체 신입 사원 중에서 키가 177 이상인 사원이 242명이었다. 전체 신입 사원 중에서 임의로 선택한 한 명의 키가 180 이상일 확률을 표준정규분포표를 이용하여 구한 것은? (단, 키의 단위는 cm이다.)
[4점]

z	$P(0 \le Z \le z)$
0.7	0.2580
0.8	0.2881
0.9	0.3159
1.0	0.3413

① 0.1587 ② 0.1841 ③ 0.2119
④ 0.2267 ⑤ 0.2420

확률과 통계 3. 통계 경향13
표본평균 분포

수능 3점

복습	1회	2회	3회	4회	5회
채점 O△X					

317. [2025년 수능 (확률과 통계) 27번]
숫자 1, 3, 5, 7, 9가 각각 하나씩 적혀 있는 5장의 카드가 들어 있는 주머니가 있다. 이 주머니에서 임의로 1장의 카드를 꺼내어 카드에 적혀 있는 수를 확인한 후 다시 넣는 시행을 한다. 이 시행을 3번 반복하여 확인한 세 개의 수의 평균을 $\overline{X}$ 라 하자. $V(a\overline{X}+6)=24$일 때, 양수 a의 값은? [3점]

① 1 ② 2 ③ 3
④ 4 ⑤ 5

복습	1회	2회	3회	4회	5회
채점 $O\triangle X$					

318. [2021년 수능 (가)형 6번 & (나)형 11번]

정규분포 $N(20, 5^2)$을 따르는 모집단에서 크기가 16인 표본을 임의추출하여 구한 표본평균을 $\overline{X}$ 라 할 때, $E(\overline{X})+\sigma(\overline{X})$의 값은? [3점]

① $\dfrac{83}{4}$ ② $\dfrac{85}{4}$ ③ $\dfrac{87}{4}$ ④ $\dfrac{89}{4}$ ⑤ $\dfrac{91}{4}$

복습	1회	2회	3회	4회	5회
채점 $O\triangle X$					

320. [2016년 수능 (A)형 9번]

모표준편차가 14인 모집단에서 크기가 n인 표본을 임의추출하여 구한 표본평균을 $\overline{X}$ 라 하자. $\sigma(\overline{X}) = 2$일 때, n의 값은? [3점]

① 9 ② 16 ③ 25

④ 36 ⑤ 49

복습	1회	2회	3회	4회	5회
채점 $O\triangle X$					

319. [2017년 수능 (가)형 13번] 실전 분석

정규분포 $N(0, 4^2)$을 따르는 모집단에서 크기가 9인 표본을 임의 추출하여 구한 표본평균을 $\overline{X}$, 정규분포 $N(3, 2^2)$을 따르는 모집단에서 크기가 16인 표본을 임의 추출하여 구한 표본평균을 $\overline{Y}$라 하자. $P(\overline{X} \geq 1)= P(\overline{Y}\leq a)$를 만족시키는 상수 a의 값은? [3점]

① $\dfrac{19}{8}$ ② $\dfrac{5}{2}$ ③ $\dfrac{21}{8}$ ④ $\dfrac{11}{4}$ ⑤ $\dfrac{23}{8}$

복습	1회	2회	3회	4회	5회
채점 $O\triangle X$					

321. [2014년 수능 (A)형 12번]

어느 약품 회사가 생산하는 약품 1병의 용량은 평균이 m, 표준편차가 10인 정규분포를 따른다고 한다. 이 회사가 생산한 약품 중에서 임의로 추출한 25병의 용량의 표본평균이 2000 이상일 확률이 0.9772일 때, m의 값을 표준정규분포표를 이용하여 구한 것은? (단, 용량의 단위는 mL이다.) [3점]

z	$P(0 \leq Z \leq z)$
1.5	0.4332
2.0	0.4772
2.5	0.4938
3.0	0.4987

① 2003 ② 2004 ③ 2005 ④ 2006 ⑤ 2007

복습	1회	2회	3회	4회	5회
채점 O△X					

322. [2011년 수능 (나)형 27번] 실전 분석

어느 도시에서 공용 자전거의 1회 이용 시간은 평균이 60분, 표준편차가 10분인 정규분포를 따른다고 한다. 공용 자전거를 이용한 25회를 임의추출하여 조사할 때, 25회 이용시간의 총합이 1450분이상일 확률을 표준정규분포표를 이용하여 구한 것은? [3점]

z	$P(0 \leq Z \leq z)$
1.0	0.3413
1.5	0.4332
2.0	0.4772
2.5	0.4938

① 0.8351   ② 0.8413   ③ 0.9332
④ 0.9772   ⑤ 0.9938

323. [2010년 수능 (나)형 27번]

어느 방송사의 '○○뉴스'의 방송시간은 평균이 50분, 표준편차가 2분인 정규분포를 따른다. 방송된 '○○뉴스'를 대상으로 크기가 9인 표본을 임의추출하여 조사한 방송시간의 표본평균을 $\overline{X}$라 할 때, $P(49 \leq \overline{X} \leq 51)$의 값을 표준정규분포표를 이용하여 구한 것은? [3점]

z	$P(0 \leq Z \leq z)$
1.5	0.4332
1.6	0.4452
1.7	0.4554
1.8	0.4641

① 0.8664   ② 0.8904   ③ 0.9108
④ 0.9282   ⑤ 0.9452

복습	1회	2회	3회	4회	5회
채점 O△X					

324. [2009년 수능 (가)형 & (나)형 8번]

세계핸드볼연맹에서 공인한 여자 일반부용 핸드볼 공을 생산하는 회사가 있다. 이 회사에서 생산된 핸드볼 공의 무게는 평균 350g, 표준편차 16g인 정규분포를 따른다고 한다.

이 회사는 일정한 기간 동안 생산된 핸드볼 공 중에서 임의로 추출된 핸드볼 공 64개의 무게의 평균이 346g 이하이거나 355g 이상이면 생산 공정에 문제가 있다고 판단한다.

이 회사에서 생산 공정에 문제가 있다고 판단할 확률을 표준정규분포표를 이용하여 구한 것은? [3점]

z	$P(0 \le Z \le z)$
2.00	0.4772
2.25	0.4878
2.50	0.4938
2.75	0.4970

① 0.0290   ② 0.0258   ③ 0.0184
④ 0.0152   ⑤ 0.0092

325. [2006년 수능 (가)형 & (나)형 14번]

어느 공장에서 생산되는 제품의 무게가 정규분포 $N(11,\ 2^2)$을 따른다고 하자.

A와 B 두 사람이 크기가 4인 표본을 각각 독립적으로 임의추출하였다. A와 B가 추출한 표본의 평균이 모두 10 이상 14 이하가 될 확률을 표준정규분포표를 이용하여 구한 것은? [3점]

z	$P(0 \le Z \le z)$
1	0.3413
2	0.4772
3	0.4987

① 0.8123   ② 0.7056   ③ 0.6587
④ 0.5228   ⑤ 0.2944

수능 4점

복습	1회	2회	3회	4회	5회
채점 O△X					

1등급

326. [2023년 9월 (확률과 통계) 28번]

주머니 A에는 숫자 1, 2, 3이 하나씩 적힌 3개의 공이 들어 있고, 주머니 B에는 숫자 1, 2, 3, 4가 하나씩 적힌 4개의 공이 들어 있다. 두 주머니 A, B와 한 개의 주사위를 사용하여 다음 시행을 한다.

주사위를 한 번 던져
나온 눈의 수가 3의 배수이면
주머니 A에서 임의로 2개의 공을 동시에
꺼내고, 나온 눈의 수가 3의 배수가 아니면
주머니 B에서 임의로 2개의 공을 동시에 꺼낸다.
꺼낸 2개의 공에 적혀 있는 수의 차를 기록한
후, 공을 꺼낸 주머니에 이 2개의 공을 다시
넣는다.

이 시행을 2번 반복하여 기록한 두 개의 수의 평균을 $\overline{X}$라 할 때, $\mathrm{P}\left(\overline{X}=2\right)$의 값은? [4점]

① $\dfrac{11}{81}$ ② $\dfrac{13}{81}$ ③ $\dfrac{5}{27}$

④ $\dfrac{17}{81}$ ⑤ $\dfrac{19}{81}$

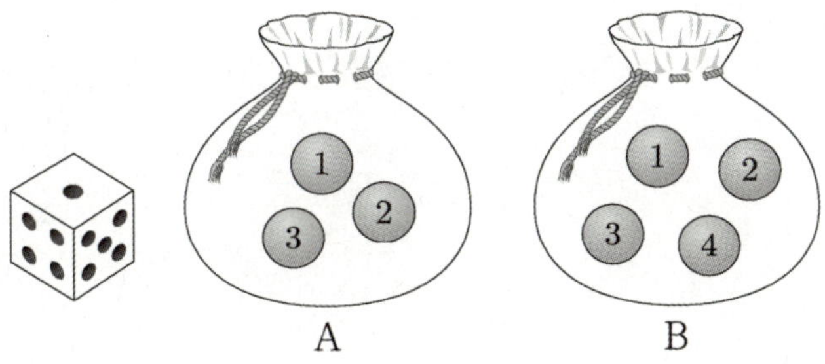

복습	1회	2회	3회	4회	5회
채점 O△X					

1등급

327. [2022년 9월 (확률과 통계) 29번]

1부터 6까지의 자연수가 하나씩 적힌 6장의 카드가 들어 있는 주머니가 있다. 이 주머니에서 임의로 한 장의 카드를 꺼내어 카드에 적힌 수를 확인한 후 다시 넣는 시행을 한다. 이 시행을 4번 반복하여 확인한 네 개의 수의 평균을 $\overline{X}$라 할 때, $\mathrm{P}\left(\overline{X}=\dfrac{11}{4}\right)=\dfrac{q}{p}$이다. $p+q$의 값을 구하시오. (단, p와 q는 서로소인 자연수이다.) [4점]

복습	1회	2회	3회	4회	5회
채점 O△X					

328. [2020년 수능 (가)형 14번 & (나)형 16번]

숫자 1이 적혀 있는 공 10개, 숫자 2가 적혀 있는 공 20개, 숫자 3이 적혀 있는 공 30개가 들어 있는 주머니가 있다. 이 주머니에서 임의로 한 개의 공을 꺼내어 공에 적혀 있는 수를 확인한 후 다시 넣는다. 이와 같은 시행을 10번 반복하여 확인한 10개의 수의 합을 확률변수 Y라 하자. 다음은 확률변수 Y의 평균 $E(Y)$와 분산 $V(Y)$를 구하는 과정이다.

주머니에 들어 있는 60개의 공을 모집단으로 하자. 이 모집단에서 임의로 한 개의 공을 꺼낼 때, 이 공에 적혀 있는 수를 확률변수 X라 하면 X의 확률분포, 즉 모집단의 확률분포는 다음 표와 같다.

X	1	2	3	합계
$P(X=x)$	$\dfrac{1}{6}$	$\dfrac{1}{3}$	$\dfrac{1}{2}$	1

$\therefore$ 모평균 m과 모분산 σ^2는

$$m = E(X) = \frac{7}{3}, \quad \sigma^2 = V(X) = \boxed{\text{(가)}} \ \text{이다.}$$

모집단에서 크기가 10인 표본을 임의추출하여 구한

표본평균을 $\overline{X}$라 하면

$$E(\overline{X}) = \frac{7}{3}, \quad V(\overline{X}) = \boxed{\text{(나)}} \ \text{이다.}$$

주머니에서 n번째 꺼낸 공에 적혀 있는 수를 X_n이라 하면

$$Y = \sum_{n=1}^{10} X_n = 10\overline{X} \ \text{이므로}$$

$$E(Y) = \frac{70}{3}, \quad V(Y) = \boxed{\text{(다)}} \ \text{이다.}$$

위의 (가), (나), (다)에 알맞은 수를 각각 p, q, r라 할 때, $p+q+r$의 값은? [4점]

① $\dfrac{31}{6}$ ② $\dfrac{11}{2}$ ③ $\dfrac{35}{6}$ ④ $\dfrac{37}{6}$ ⑤ $\dfrac{13}{2}$

329. [2020년 9월 (가)형 14번]

어느 지역 신생아의 출생 시 몸무게 X가 정규분포를 따르고

$$P(X \geq 3.4) = \frac{1}{2}, \quad P(X \leq 3.9) + P(Z \leq -1) = 1$$

이다. 이 지역 신생아 중에서 임의추출한 25명의 출생 시 몸무게의 표본평균을 $\overline{X}$라 할 때, $P(\overline{X} \geq 3.55)$의 값을 표준정규분포표를 이용하여 구한 것은? (단, 몸무게의 단위는 kg이고, Z는 표준정규분포를 따르는 확률변수이다.) [4점]

z	$P(0 \leq Z \leq z)$
1.0	0.3413
1.5	0.4332
2.0	0.4772
2.5	0.4938

① 0.0062 ② 0.0228 ③ 0.0668
④ 0.1587 ⑤ 0.3413

복습	1회	2회	3회	4회	5회
채점 O△X					

330. [2020년 22예시문항 (확률과 통계) 30번]
주머니 A 에는 숫자 1, 2 가 하나씩 적혀 있는
2개의 공이 들어 있고, 주머니 B 에는 숫자
3, 4, 5 가 하나씩 적혀 있는 3개의 공이 들어 있다.
다음의 시행을 3번 반복하여 확인한 세 개의 수의
평균을 $\overline{X}$ 라 하자.

> 두 주머니 A, B 중 임의로 선택한 하나의
> 주머니에서 임의로 한 개의 공을 꺼내어 공에
> 적혀 있는 수를 확인한 후 꺼낸 주머니에 다시
> 넣는다.

$\mathrm{P}(\overline{X}=2)=\dfrac{q}{p}$ 일 때, $p+q$ 의 값을 구하시오.
(단, p 와 q 는 서로소인 자연수이다.) [4점]

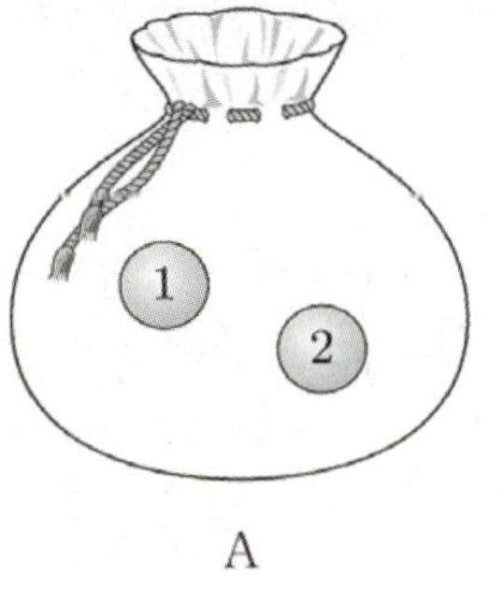

복습	1회	2회	3회	4회	5회
채점 O△X					

331. [2018년 수능 (가)형 10번 & (나)형 15번]
어느 공장에서 생산하는 화장품 1개의 내용량은
평균이 201.5 g이고 표준편차가 1.8 g인 정규분포를
따른다고 한다.
이 공장에서 생산한 화장품 중 임의추출한 9개의
화장품 내용량의 표본평균이 200 g 이상일 확률을
오른쪽 표준정규분포표를 이용하여 구한 것은? [4점]

z	$\mathrm{P}(0 \leq Z \leq z)$
1.0	0.3413
1.5	0.4332
2.0	0.4772
2.5	0.4938

① 0.7745   ② 0.8413   ③ 0.9332
④ 0.9772   ⑤ 0.9938

복습	1회	2회	3회	4회	5회
채점 O△X					

332. [2016년 수능 (B)형 18번]

정규분포 $N(50, 8^2)$을 따르는 모집단에서 크기가 16인 표본을 임의추출하여 구한 표본평균을 $\overline{X}$, 정규분포 $N(75, \sigma^2)$을 따르는 모집단에서 크기가 25인 표본을 임의추출하여 구한 표본평균을 $\overline{Y}$ 라 하자. $P(\overline{X} \le 53) + P(\overline{Y} \le 69) = 1$일 때, $P(\overline{Y} \ge 71)$의 값을 표준정규분포표를 이용하여 구한 것은? [4점]

z	$P(0 \le Z \le z)$
1.0	0.3413
1.2	0.3849
1.4	0.4192
1.6	0.4452

① 0.8413　　② 0.8644　　③ 0.8849
④ 0.9192　　⑤ 0.9452

복습	1회	2회	3회	4회	5회
채점 O△X					

1등급

333. [2015년 수능 (B)형 18번] 실전 분석

주머니 속에 1의 숫자가 적혀 있는 공 1개, 2의 숫자가 적혀 있는 공 2개, 3의 숫자가 적혀 있는 공 5개가 들어 있다. 이 주머니에서 임의로 1개의 공을 꺼내어 공에 적혀 있는 수를 확인한 후 다시 넣는다. 이와 같은 시행을 2번 반복할 때, 꺼낸 공에 적혀 있는 수의 평균을 $\overline{X}$ 라 하자. $P(\overline{X} = 2)$의 값은? [4점]

① $\dfrac{5}{32}$　② $\dfrac{11}{64}$　③ $\dfrac{3}{16}$　④ $\dfrac{13}{64}$　⑤ $\dfrac{7}{32}$

복습	1회	2회	3회	4회	5회
채점 O△X					

334. [2012년 수능 (나)형 16번]

어느 공장에서 생산되는 제품의 길이 X 는 평균이 m 이고, 표준편차가 4 인 정규분포를 따른다고 한다. $P(m \leq X \leq a) = 0.3413$ 일 때, 이 공장에서 생산된 제품 중에서 임의추출한 제품 16 개의 길이의 표본평균이 $a-2$ 이상일 확률을 표준정규분포표를 이용하여 구한 것은? [4점]

(단, a 는 상수이고, 길이의 단위는 cm 이다.)

z	$P(0 \leq Z \leq z)$
1.0	0.3413
1.5	0.4332
2.0	0.4772

① 0.0228 ② 0.0668 ③ 0.0919
④ 0.1359 ⑤ 0.1587

복습	1회	2회	3회	4회	5회
채점 O△X					

1등급

335. [2009년 수능 (나)형 29번] `실전 분석`

다음은 어떤 모집단의 확률분포표이다.

X	10	20	30	계
$P(X=x)$	$\dfrac{1}{2}$	a	$\dfrac{1}{2}-a$	1

이 모집단에서 크기가 2인 표본을 복원추출하여 구한 표본평균을 $\overline{X}$ 라 하자. $\overline{X}$ 의 평균이 18일 때, $P(\overline{X}=20)$ 의 값은? [4점]

① $\dfrac{2}{5}$ ② $\dfrac{19}{50}$ ③ $\dfrac{9}{25}$ ④ $\dfrac{17}{50}$ ⑤ $\dfrac{8}{25}$

복습	1회	2회	3회	4회	5회
채점 $O\triangle X$					

336. [2008년 수능 (나)형 29번] 실전 분석

모평균 75, 모표준편차 5인 정규분포를 따르는 모집단에서 임의추출한 크기 25인 표본의 표본평균을 $\overline{X}$ 라 하자. 표준정규분포를 따르는 확률변수 Z에 대하여 양의 상수 c가 $\mathrm{P}(|Z|>c)=0.06$을 만족시킬 때, <보기>에서 옳은 것을 모두 고른 것은? [4점]

[보 기]

ㄱ. $\mathrm{P}(Z>a)=0.05$인 상수 a에 대하여

  $c>a$이다.

ㄴ. $\mathrm{P}(\overline{X}\leq c+75)=0.97$

ㄷ. $\mathrm{P}(\overline{X}>b)=0.01$인 상수 b에 대하여

  $c<b-75$ 이다.

---

① ㄱ ② ㄷ ③ ㄱ, ㄴ ④ ㄴ, ㄷ ⑤ ㄱ, ㄴ, ㄷ

복습	1회	2회	3회	4회	5회
채점 $O\triangle X$					

1등급

337. [2005년 수능 (가)형 확률과 통계 30번]

실전 분석

다음은 어떤 모집단의 확률분포표이다.

X	1	2	3	계
$\mathrm{P}(X)$	0.5	0.3	0.2	1

이 모집단에서 크기 2인 표본을 복원추출할 때, 표본평균 $\overline{X}$ 의 확률분포표는 다음과 같다.

$\overline{X}$	1	1.5	2	2.5	3
도수	1	a	b	2	1
$\mathrm{P}(\overline{X})$	0.25	c	d	0.12	0.04

이때, $100(b+c)$의 값을 구하시오. [4점]

확률과 통계 3. 통계 경향14
모평균 추정

수능 3점

복습	1회	2회	3회	4회	5회
채점 O△X					

338. [2026년 수능 (확률과 통계) 26번]

평균이 m이고 표준편차가 5인 정규분포를 따르는 모집단에서 크기가 36인 표본을 임의추출하여 얻은 표본평균을 이용하여 구한 모평균 m에 대한 신뢰도 99 %의 신뢰구간이 $1.2 \leq m \leq a$이다. a의 값은? (단, Z가 표준정규분포를 따르는 확률변수일 때, $\mathrm{P}(\,|\,Z\,| \leq 2.58) = 0.99$로 계산한다.) [3점]

① 5.1   ② 5.2   ③ 5.3

④ 5.4   ⑤ 5.5

복습	1회	2회	3회	4회	5회
채점 O△X					

339. [2025년 수능 (확률과 통계) 25번]

정규분포 $\mathrm{N}(m, 2^2)$을 따르는 모집단에서 크기가 256인 표본을 임의추출하여 얻은 표본평균을 이용하여 구한 m에 대한 신뢰도 95 %의 신뢰구간이 $a \leq m \leq b$이다. $b-a$의 값은? (단, Z가 표준정규분포를 따르는 확률변수일 때, $\mathrm{P}(\,|\,Z\,| \leq 1.96) = 0.95$로 계산한다.) [3점]

① 0.49   ② 0.52   ③ 0.55

④ 0.58   ⑤ 0.61

복습	1회	2회	3회	4회	5회
채점 O△X					

340. [2024년 수능 (확률과 통계) 27번]

정규분포 $\mathrm{N}(m, 5^2)$을 따르는 모집단에서 크기가 49인 표본을 임의추출하여 얻은 표본평균이 $\overline{x}$일 때, 모평균 m에 대한 신뢰도 95%의 신뢰구간이 $a \leq m \leq \dfrac{6}{5}a$이다. $\overline{x}$의 값은? (단, Z가 표준정규분포를 따르는 확률변수일 때, $\mathrm{P}(\,|Z| \leq 1.96) = 0.95$로 계산한다.) [3점]

① 15.2   ② 15.4   ③ 15.6

④ 15.8   ⑤ 16.0

복습	1회	2회	3회	4회	5회
채점 $O\triangle X$					

341. [2023년 수능 (확률과 통계) 27번]

어느 회사에서 생산하는 샴푸 1개의 용량은 정규분포 $N(m, \sigma^2)$을 따른다고 한다. 이 회사에서 생산하는 샴푸 중에서 16개를 임의추출하여 얻은 표본평균을 이용하여 구한 m에 대한 신뢰도 95%의 신뢰구간이 $746.1 \leq m \leq 755.9$이다.

이 회사에서 생산하는 샴푸 중에서 n개를 임의추출하여 얻은 표본평균을 이용하여 구하는 m에 대한 신뢰도 99%의 신뢰구간이 $a \leq m \leq b$일 때, $b-a$의 값이 6 이하가 되기 위한 자연수 n의 최솟값은? (단, 용량의 단위는 mL이고, Z가 표준정규분포를 따르는 확률변수일 때, $P(|Z| \leq 1.96) = 0.95$, $P(|Z| \leq 2.58) = 0.99$로 계산한다.)[3점]

① 70 ② 74 ③ 78 ④ 82 ⑤ 86

복습	1회	2회	3회	4회	5회
채점 $O\triangle X$					

342. [2022년 수능 (확률과 통계) 27번] 실전 분석

어느 자동차 회사에서 생산하는 전기 자동차의 1회 충전 주행 거리는 평균이 m이고 표준편차가 σ인 정규분포를 따른다고 한다.

이 자동차 회사에서 생산한 전기 자동차 100대를 임의추출하여 얻은 1회 충전 주행 거리의 표본평균이 $\overline{x_1}$일 때, 모평균 m에 대한 신뢰도 95%의 신뢰구간이 $a \leq m \leq b$이다.

이 자동차 회사에서 생산한 전기 자동차 400대를 임의추출하여 얻은 1회 충전 주행 거리의 표본평균이 $\overline{x_2}$일 때, 모평균 m에 대한 신뢰도 99%의 신뢰구간이 $c \leq m \leq d$이다.

$\overline{x_1} - \overline{x_2} = 1.34$이고 $a = c$일 때, $b-a$의 값은?

(단, 주행 거리의 단위는 km이고, Z가 표준정규분포를 따르는 확률변수일 때, $P(|Z| \leq 1.96) = 0.95$, $P(|Z| \leq 2.58) = 0.99$로 계산한다.) [3점]

① 5.88 ② 7.84 ③ 9.80 ④ 11.76 ⑤ 13.72

복습	1회	2회	3회	4회	5회
채점 O△X					

343. [2019년 수능 (나)형 12번]

어느 마을에서 수확하는 수박의 무게는 평균이 $m\,\mathrm{kg}$, 표준편차가 $1.4\,\mathrm{kg}$인 정규분포를 따른다고 한다. 이 마을에서 수확한 수박 중에서 49개를 임의추출하여 얻은 표본평균을 이용하여, 이 마을에서 수확하는 수박의 무게의 평균 m에 대한 신뢰도 95%의 신뢰구간을 구하면 $a \leq m \leq 7.992$이다. a의 값은? (단, Z가 표준정규분포를 따르는 확률변수일 때, $\mathrm{P}(\,|Z| \leq 1.96\,) = 0.95$로 계산한다.) [3점]

① 7.198 ② 7.208 ③ 7.218
④ 7.228 ⑤ 7.238

복습	1회	2회	3회	4회	5회
채점 O△X					

344. [2013년 수능 (나)형 25번]

어느 회사에서 생산된 모니터의 수명은 정규분포를 따른다고 한다. 이 회사에서 생산된 모니터 중 임의추출한 100대의 수명의 표본평균이 $\overline{x}$, 표본표준편차가 500이었다. 이 결과를 이용하여 이 회사에서 생산된 모니터의 수명의 평균을 신뢰도 95%로 추정한 신뢰구간이 $[\overline{x}-c,\ \overline{x}+c]$이다. c의 값을 구하시오.(단, Z가 표준정규분포를 따르는 확률변수일 때, $\mathrm{P}(0 \leq Z \leq 1.96) = 0.4750$ 이다.) [3점]

복습	1회	2회	3회	4회	5회
채점 O△X					

345. [2013년 수능 (가)형 25번]

표준편차 σ가 알려진 정규분포를 따르는 모집단에서 크기가 n인 표본을 임의추출하여 얻은 모평균에 대한 신뢰도 95%의 신뢰구간이 $[100.4,\ 139.6]$이었다. 같은 표본을 이용하여 얻은 모평균에 대한 신뢰도 99%의 신뢰구간에 속하는 자연수의 개수를 구하시오.

(단, Z가 표준정규분포를 따르는 확률변수일 때, $\mathrm{P}(0 \leq Z \leq 1.96) = 0.475$, $\mathrm{P}(0 \leq Z \leq 2.58) = 0.495$로 계산한다.) [3점]

복습	1회	2회	3회	4회	5회
채점 O△X					

346. [2012년 수능 (가)형 9번]

어느 회사에서 생산하는 음료수 1병에 들어 있는 칼슘 함유량은 모평균이 m, 모표준편차가 σ인 정규분포를 따른다고 한다. 이 회사에서 생산한 음료수 16병을 임의추출하여 칼슘 함유량을 측정한 결과 표본평균이 12.34 이었다. 이 회사에서 생산한 음료수 1병에 들어 있는 칼슘 함유량의 모평균 m에 대한 신뢰도 95%의 신뢰구간이 $11.36 \leq m \leq a$일 때, $a+\sigma$ 의 값은? (단, Z가 표준정규분포를 따를 때 $\mathrm{P}(0 \leq Z \leq 1.96) = 0.4750$ 이고, 칼슘함유량의 단위는 mg이다.) [3점]

① 14.32 ② 14.82 ③ 15.32
④ 15.82 ⑤ 16.32

복습	1회	2회	3회	4회	5회
채점 O△X					

347. [2007년 수능 (가)형 & (나)형 10번]

어느 공장에서 생산되는 탁구공을 일정한 높이에서 강철바닥에 떨어뜨렸을 때 탁구공이 튀어 오른 높이는 정규분포를 따른다고 한다. 이 공장에서 생산된 탁구공 중 임의추출한 100개에 대하여 튀어 오른 높이를 측정하였더니 평균이 245, 표준편차가 20이었다. 이 공장에서 생산되는 탁구공 전체의 튀어 오른 높이의 평균에 대한 신뢰도 95%의 신뢰구간에 속하는 정수의 개수는? (단, 높이의 단위는 mm이고, Z가 표준정규분포를 따를 때 $P(0 \le Z \le 1.96) = 0.4750$이다.) [3점]

① 5   ② 6   ③ 7   ④ 8   ⑤ 9

복습	1회	2회	3회	4회	5회
채점 O△X					

348. [2005년 수능 (나)형 13번] `실전 분석`

다음은 신뢰구간, 신뢰도, 표본의 크기의 관계를 설명한 것이다.

> 정규분포 $N(m, \sigma^2)$을 따르는 모집단이 있다. 이 모집단에서 크기 n인 표본을 임의추출하면 표본평균은 정규분포 $\boxed{\text{(가)}}$을 따른다.
>
> 이 표본평균의 분포를 이용하여 추정한 모평균 m에 대한 신뢰도 α의 신뢰구간을 $a \le m \le b$ 라 하자.
>
> 표본의 크기를 n으로 고정하고 신뢰도를 α보다 높게 한 신뢰구간을 $c \le m \le d$라 할 때, $d-c$는 $b-a$보다 $\boxed{\text{(나)}}$.
>
> 한편, 신뢰도를 α로 고정하고 표본의 크기를 $2n$으로 한 신뢰구간을 $e \le m \le f$라 할 때, $f-e$는 $b-a$의 $\boxed{\text{(다)}}$배가 된다.

위의 과정에서 (가), (나), (다)에 알맞은 것은?[3점]

	(가)	(나)	(다)
①	$N(m, \sigma^2)$	크다	$\dfrac{1}{2}$
②	$N(m, \sigma^2)$	작다	$\dfrac{1}{2}$
③	$N\left(m, \dfrac{\sigma^2}{n}\right)$	크다	$\dfrac{1}{\sqrt{2}}$
④	$N\left(m, \dfrac{\sigma^2}{n}\right)$	크다	$\sqrt{2}$
⑤	$N\left(m, \dfrac{\sigma^2}{n}\right)$	작다	$\dfrac{1}{\sqrt{2}}$

수능 4점

복습	1회	2회	3회	4회	5회
채점 O△X					

349. [2019년 수능 (가)형 26번]

어느 지역 주민들의 하루 여가 활동 시간은 평균이 m분, 표준편차가 σ분인 정규분포를 따른다고 한다. 이 지역 주민 중 16명을 임의추출하여 구한 하루 여가 활동 시간의 표본평균이 75분일 때, 모평균 m에 대한 신뢰도 95%의 신뢰구간이 $a \le m \le b$이다. 이 지역 주민 중 16명을 다시 임의추출하여 구한 하루 활동 시간의 표본평균이 77분일 때, 모평균 m에 대한 신뢰도 99%의 신뢰구간이 $c \le m \le d$이다. $d - b = 3.86$을 만족시키는 σ의 값을 구하시오.

(단, Z가 표준정규분포를 따르는 확률변수일 때, $\mathrm{P}(|Z| \le 1.96) = 0.95$, $\mathrm{P}(|Z| \le 2.58) = 0.99$로 계산한다.) [4점]

복습	1회	2회	3회	4회	5회
채점 O△X					

350. [2018년 9월 (가)형 17번]

어느 고등학교 학생들의 1개월 자율학습실 이용시간은 평균이 m, 표준편차가 5인 정규분포를 따른다고 한다.

이 고등학교 학생 25명을 임의추출하여 1개월 자율학습실 이용 시간을 조사한 표본평균이 $\overline{x_1}$일 때, 모평균 m에 대한 신뢰도 95%의 신뢰구간이 $80 - a \le m \le 80 + a$이었다.

또 이 고등학교 학생 n명을 임의추출하여 1개월 자율학습실 이용 시간을 조사한 표본평균이 $\overline{x_2}$일 때, 모평균 m에 대한 신뢰도 95%의 신뢰구간이 다음과 같다.

$$\frac{15}{16}\overline{x_1} - \frac{5}{7}a \le m \le \frac{15}{16}\overline{x_1} + \frac{5}{7}a$$

$n + \overline{x_2}$의 값은? (단, 이용 시간의 단위는 시간이고, Z가 표준정규분포를 따르는 확률변수일 때, $\mathrm{P}(0 \le Z \le 1.96) = 0.475$로 계산한다.) [4점]

① 121 ② 124 ③ 127
④ 130 ⑤ 133

복습	1회	2회	3회	4회	5회
채점 O△X					

351. [2017년 수능 (나)형 16번]

어느 농가에서 생산하는 석류의 무게는 평균이 m, 표준편차가 40인 정규분포를 따른다고 한다. 이 농가에서 생산하는 석류 중에서 임의 추출한, 크기가 64인 표본을 조사하였더니 석류 무게의 표본평균의 값이 $\bar{x}$이었다. 이 결과를 이용하여, 이 농가에서 생산하는 석류 무게의 평균 m에 대한 신뢰도 99%의 신뢰구간을 구하면 $\bar{x}-c \leq m \leq \bar{x}+c$이다. c의 값은? (단, 무게의 단위는 g이고, Z가 표준정규분포를 따르는 확률변수일 때 $\mathrm{P}(0 \leq Z \leq 2.58)=0.495$로 계산한다.) [4점]

① 25.8　② 21.5　③ 17.2　④ 12.9　⑤ 8.6

복습	1회	2회	3회	4회	5회
채점 O△X					

352. [2007년 수능 (가)형 확률과 통계 29번]

정규분포 $\mathrm{N}(m,\, 2^2)$을 따르는 모집단에서 임의추출한 크기 7인 표본과 크기 10인 표본의 표본평균을 각각 $\overline{X_A}$, $\overline{X_B}$라 하고, $\overline{X_A}$와 $\overline{X_B}$의 분포를 이용하여 추정한 모평균 m에 대한 신뢰도 95%의 신뢰구간을 각각 $[a,\, b]$, $[c,\, d]$라고 하자. <보기>에서 옳은 것을 모두 고른 것은? [4점]

[보 기]

ㄱ. $\overline{X_A}$의 분산은 $\overline{X_B}$의 분산보다 크다.

ㄴ. $\mathrm{P}(\overline{X_A} \leq m+2) < \mathrm{P}(\overline{X_B} \leq m+2)$

ㄷ. $d-c < b-a$

① ㄱ　② ㄷ　③ ㄱ, ㄴ　④ ㄴ, ㄷ　⑤ ㄱ, ㄴ, ㄷ

경향 00 — 간접범위

1	63	**2**	15	**3**	10	**4**	30	**5**	20
6	11	**7**	④	**8**	①	**9**	35	**10**	16
11	②	**12**	③	**13**	④	**14**	①	**15**	72
16	④	**17**	60	**18**	80	**19**	⑤	**20**	④
21	②	**22**	72						

경향 01 — 경우의 수 계산

				23	③	**24**	③	**25**	④
26	③	**27**	10	**28**	②	**29**	①	**30**	126
31	④	**32**	③	**33**	②	**34**	③	**35**	36
36	④	**37**	40	**38**	①	**39**	③		

경향 02 — 케이스 나누기

								40	22
41	③	**42**	②	**43**	③	**44**	⑤	**45**	⑤
46	③	**47**	③	**48**	④	**49**	④	**50**	①
51	③	**52**	⑤	**53**	④	**54**	①	**55**	⑤
56	24	**57**	80	**58**	44	**59**	6	**60**	100
61	51	**62**	⑤	**63**	③	**64**	④	**65**	④
66	48	**67**	47	**68**	⑤	**69**	450	**70**	⑤
71	③	**72**	②	**73**	②	**74**	15	**75**	②
76	④	**77**	③	**78**	12	**79**	②	**80**	⑤
81	①	**82**	22	**83**	②	**84**	④	**85**	④
86	11	**87**	⑤	**88**	68	**89**	④	**90**	①
91	⑤	**92**	②	**93**	23	**94**	②	**95**	19
96	③	**97**	90						

경향 03 — 중복순열조합분할

				98	②	**99**	①	**100**	⑤
101	②	**102**	③	**103**	④	**104**	⑤	**105**	⑤
106	①	**107**	262	**108**	⑤	**109**	②	**110**	115
111	⑤	**112**	196	**113**	108	**114**	93	**115**	336
116	25	**117**	①	**118**	260	**119**	115	**120**	201
121	218	**122**	③	**123**	285	**124**	168	**125**	74
126	114	**127**	332	**128**	49	**129**	84	**130**	①
131	②	**132**	19	**133**	33	**134**	⑤	**135**	⑤
136	89	**137**	32	**138**	④	**139**	③	**140**	②
141	220	**142**	⑤	**143**	185				

경향 04 — 이항정리

						144	⑤	**145**	③
146	④	**147**	15	**148**	24	**149**	⑤	**150**	②
151	②	**152**	②	**153**	①	**154**	10	**155**	⑤
156	⑤	**157**	②	**158**	②	**159**	12		

경향 05 — 확률연산

								160	②
161	②	**162**	⑤	**163**	②	**164**	②	**165**	④
166	①								

경향 06 — 조건부확률

		167	①	**168**	③	**169**	④	**170**	①
171	⑤	**172**	③	**173**	③	**174**	①	**175**	60
176	②	**177**	⑤	**178**	④	**179**	②	**180**	①
181	④	**182**	④	**183**	②	**184**	③	**185**	③
186	④	**187**	43	**188**	①	**189**	④	**190**	9
191	46	**192**	⑤	**193**	48	**194**	30	**195**	⑤
196	④	**197**	⑤						

경향 07 독립과 종속

		198 ④	**199** ②	**200** ③					
201 ④	**202** ④	**203** ②	**204** ⑤	**205** ④					
206 ④	**207** ④	**208** 8	**209** ⑤	**210** ⑤					
211 50	**212** ②								

경향 08 독립시행의 확률

		213 ④	**214** ②	**215** 137
216 ①	**217** ①	**218** ①	**219** ④	**220** ①
221 ②	**222** ②	**223** 19	**224** ⑤	**225** ④
226 49	**227** 62	**228** 191	**229** ⑤	**230** ①
231 ③	**232** ④	**233** 43	**234** ③	**235** ①
236 ②	**237** ③			

경향 09 평균과 분산

		238 ②	**239** ①	**240** ④
241 ②	**242** 11	**243** ⑤	**244** ⑤	**245** ①
246 ③	**247** ②	**248** ④	**249** ②	**250** 14
251 105	**252** 8.96	**253** ②	**254** 26.25	**255** ③
256 ①	**357** 25	**258** 78	**259** 121	**260** ①
261 ⑤	**262** ②	**263** 20		

경향 10 이항분포

			264 ①	**265** ④
266 15	**267** ①	**268** 20	**269** ④	**270** ⑤
271 30	**272** ④	**273** ①	**274** ③	**275** 80
276 47	**277** 12	**278** 30		

경향 11 확률밀도함수

			279 ④	**280** ②
281 ④	**282** ②	**283** ④	**284** ④	**285** 31
286 5	**287** 20	**288** ⑤	**289** 10	

경향 12 정규분포

				290 ②
291 ⑤	**292** ④	**293** ⑤	**294** ③	**295** ②
296 ⑤	**297** ④	**298** ②	**299** ③	**300** ③
301 ②	**302** ⑤	**303** ④	**304** 977	**305** 23
306 25	**307** 673	**308** 994	**309** ①	**310** ⑤
311 155	**312** ②	**313** ③	**314** ⑤	**315** ③
316 ①				

경향 13 표본평균 분포

	317 ③	**318** ②	**319** ③	**320** ⑤
321 ②	**322** ②	**323** ①	**324** ①	**325** ②
326 ⑤	**327** 175	**328** ④	**329** ③	**330** 71
331 ⑤	**332** ①	**333** ⑤	**334** ①	**335** ④
336 ⑤	**337** 330			

경향 14 모평균 추정

		338 ⑤	**339** ①	**340** ②
341 ②	**342** ②	**343** ②	**344** 98	**345** 51
346 ③	**347** ③	**348** ③	**349** 12	**350** ②
351 ④	**352** ⑤			

확률과 통계 실전개념분석 빠른정답

오개념 잡기1

1-(1)	10	**1-(2)**	20	**2-(1)**	1	**2-(2)**	1	**2-(3)**	10
2-(4)	60	**2-(5)**	60	**2-(6)**	10	**2-(7)**	10	**3**	126

오개념 잡기2

4-(1)	10	**4-(2)**	1	**4-(3)**	$\dfrac{2}{9}$	**4-(4)**	$\dfrac{2}{9}$	**4-(5)**	$\dfrac{10}{21}$
5-(1)	2	**5-(2)**	$\dfrac{6}{10}$	**5-(3)**	$\dfrac{1}{3}$	**5-(4)**	$\dfrac{3}{7}$	**6-(1)**	3
6-(2)	4	**6-(3)**	$\dfrac{1}{4}$	**6-(4)**	$\dfrac{1}{4}$	**6-(5)**	$\dfrac{1}{4}$	**7**	①
8	$\dfrac{13}{120}$								

경향 01 경우의 수 계산

1	36

경향 02 케이스 나누기

2	①	**3**	⑤	**4**	⑤	**5**	11	**6**	450
7	⑤	**8**	④	**9**	③	**10**	23	**11**	④
12	12	**13**	②	**14**	③	**15**	100		

경향 03 중복순열조합분열

16	①	**17**	②	**18**	185	**19**	⑤	**20**	285
21	201	**22**	③	**23**	⑤	**24**	220	**25**	③
26	262	**27**	②	**28**	③	**29**	①	**30**	①
31	②								

경향 04 이항정리

32	15	**33**	12

경향 05 확률연산

34	②

경향 06 조건부확률

35	①	**36**	③	**37**	③	**38**	④	**39**	④
40	②	**41**	②	**42**	④	**43**	⑤		

경향 07 독립과 종속

44	50	**45**	④	**46**	④	**47**	②	**48**	②
49	8								

경향 08 독립시행의 확률

50	④	**51**	①	**52**	⑤	**53**	③	**54**	191
55	49	**56**	④	**57**	②				

경향 09 평균과 분산

58	①	**59**	②	**60**	②	**61**	8.96	**62**	③
63	105	**64**	②						

경향 10 이항분포

65	47	**66**	③	**67**	30

경향 11 확률밀도함수

68	④	**69**	④	**70**	31	**71**	⑤

경향 12 정규분포

72	⑤	**73**	③	**74**	⑤	**75**	③	**76**	④
77	①	**78**	③	**79**	673	**80**	25	**81**	③
82	⑤	**83**	977						

경향 13 표본평균의 분포

84	③	**85**	⑤	**86**	②	**87**	⑤	**88**	④
89	330								

경향 14 모평균 추정

90	③	**91**	②

내 손으로 수능 전체 범위
9종 교과서를 10일 만에
개념과 실전의 연결고리
수학의 단권화
Orbi.kr
orbibooks
THIS IS THE BOOK

[연구16] 함수 $f(x)$가 어떤 구간에서 미분가능하고, 그 구간의 모든 x에 대하여 $f'(x) > 0$이면 $f(x)$는 이 구간에서 증가함을 유도하시오.

[연구17] 다음 명제의 참 거짓을 판별하시오.
① $y = f(x)$가 증가함수이면 $f'(x) > 0$이다.
② $f'(x) > 0$이면 $y = f(x)$가 증가함수이다.
③ $y = f(x)$가 증가함수이면 $f'(x) \geq 0$이다.
④ $f'(x) \geq 0$이면 $y = f(x)$가 증가함수이다.

9 함수의 증가와 감소

함수 $f(x)$가 어떤 구간의 임의의 두 수 x_1, x_2에 대하여

연구 15

함수의 증가:

함수의 감소:

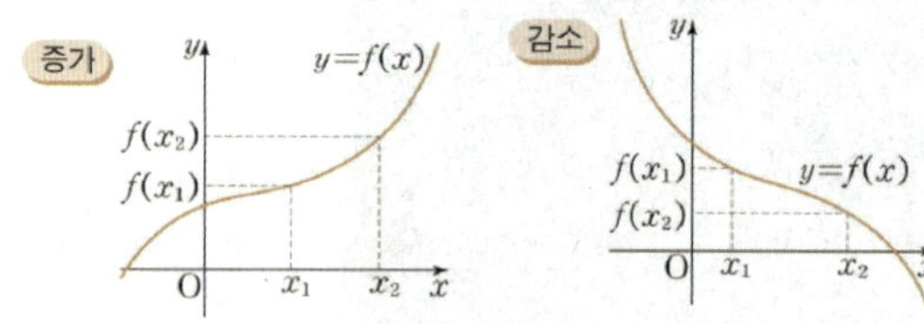

함수 $f(x)$가 어떤 구간에서 미분가능하고, 그 구간에서

연구 16
① $f'(x) > 0$이면

② $f'(x) < 0$이면

연구 17
$f(x)$ 증가 $\rightleftarrows$ $f'(x) > 0$

$f(x)$ 증가 $\rightleftarrows$ $f'(x) \geq 0$

✎ 함수의 증가와 감소

▲ **수학의 단권화 - 빈칸책**
내 손으로 빈칸에 개념을 채워넣고

연구16 함수 $f(x)$가 어떤 구간에서 미분가능하고, 그 구간의 모든 x에 대하여 $f'(x) > 0$이면 $f(x)$는 이 구간에서 증가함을 유도하시오.

연구17 다음 명제의 참 거짓을 판별하시오.
① $y = f(x)$가 증가함수이면 $f'(x) > 0$이다.
② $f'(x) > 0$이면 $y = f(x)$가 증가함수이다.
③ $y = f(x)$가 증가함수이면 $f'(x) \geq 0$이다.
④ $f'(x) \geq 0$이면 $y = f(x)$가 증가함수이다.

9 함수의 증가와 감소

함수 $f(x)$가 어떤 구간의 임의의 두 수 x_1, x_2에 대하여

연구15 함수의 증가: $x_1 < x_2$ 이면 $f(x_1) < f(x_2)$
왼   오른   아래   위

함수의 감소: $x_1 < x_2$ 이면 $f(x_1) > f(x_2)$
왼   오른   위   아래

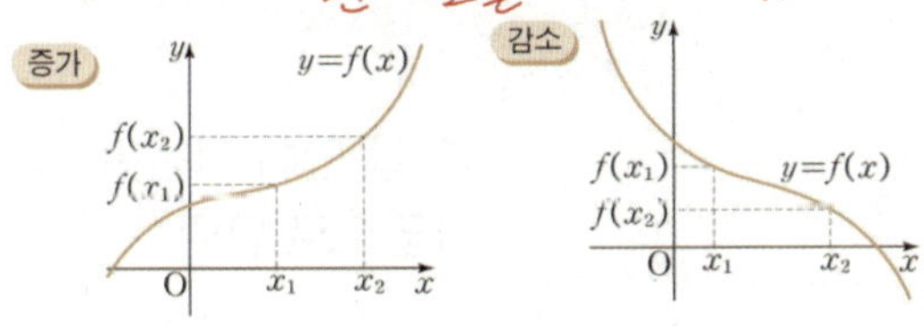

함수 $f(x)$가 어떤 구간에서 미분가능하고, 그 구간에서

연구16 ① $f'(x) > 0$이면
$f(x)$는 그 구간에서 증가

② $f'(x) < 0$이면
$f(x)$는 그 구간에서 감소

연구17 $f(x)$ 증가 $\overset{x}{\rightleftarrows}$ $f'(x) > 0$

$f(x)$ 증가 $\overset{o}{\rightleftarrows}$ $f'(x) \geq 0$

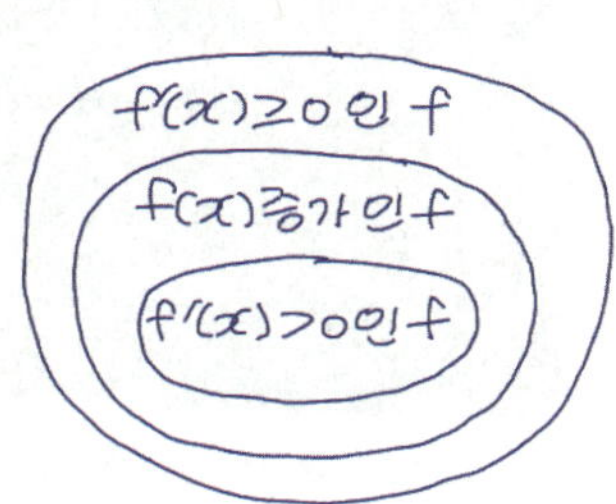

함수의 증가와 감소

유도

① 구간의 임의의 두 수 x_1, x_2에 대하여 $x_1 < x_2$라고 하자

평균값의 정리에 의하여

$$\frac{f(x_2) - f(x_1)}{x_2 - x_1} = f'(c)$$ 인 c가

구간에 적어도 하나 존재한다. } 개념

$f'(x) > 0$ 이므로 $f'(c) > 0$이고
$x_2 - x_1 > 0$ 이므로
$f(x_2) - f(x_1) > 0$ 이다. } 조건

결국 $x_1 < x_2$ 일때, $f(x_1) < f(x_2)$ } 정의

반례

※ $f(x) = x^3$ 증가함수 → $f'(x) = 3x^2 > 0$
$x_1 < x_2 \Rightarrow f(x_1) < f(x_2)$
$x_1^3 < x_2^3$
$f'(0) = 0$ 모순

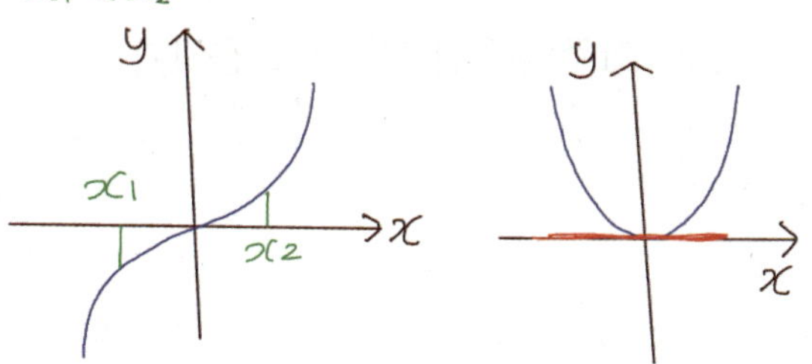

▲ 수학의 단권화 - 김지석의 필기노트
김지석의 필기노트에서 확인하고

2027 김지석 커리큘럼

수 학 정 복, 약 점 을 빠 르 게

STEP.1

수학의 단권화

"7일 만에 전범위
1권으로 단권화"

STEP. 0 노베

노베스피드

"1주일에 한 과목씩 탈출하기"

그래프테크닉 기본편

"그래프 기초부터 기본까지
그래프 실력 업그레이드"

STEP. 4

고난도정신

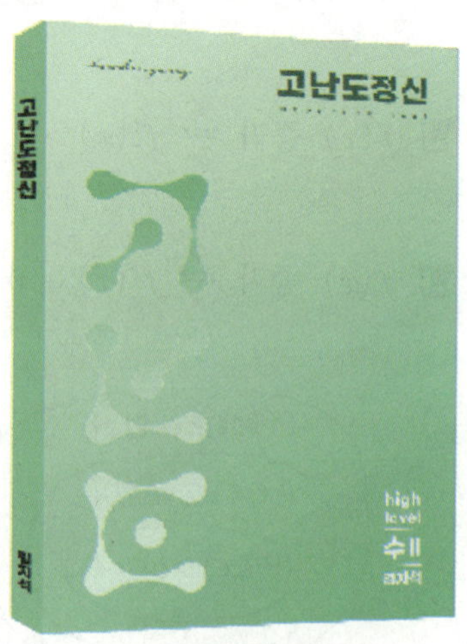

"테마별 고난도 주제
완전 정복"

2027
김지석 프리패스

수능한권

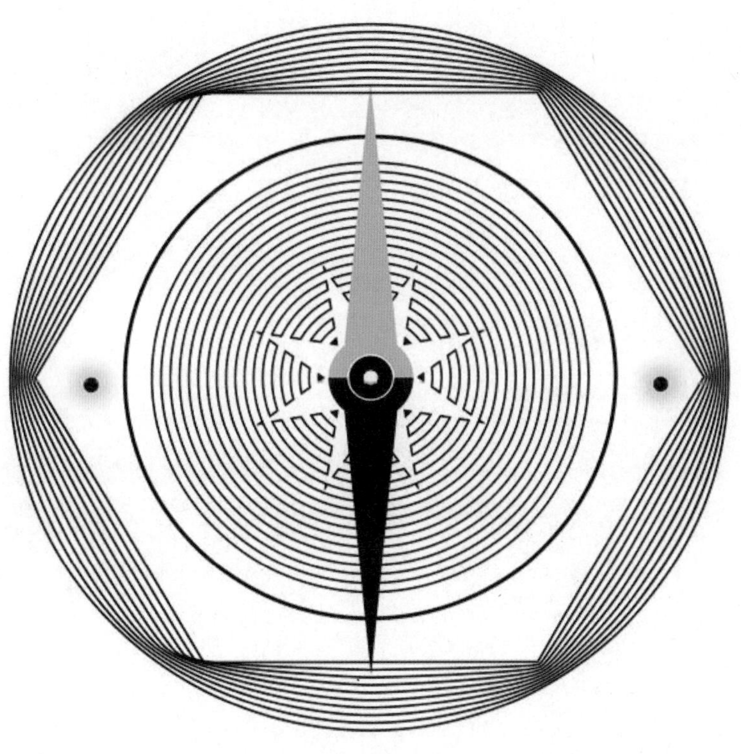

확률과 통계
프리즘 해설서

김지석

- 서울대학교 수학교육과 졸업 (영문학 부전공)
- 현) EBS-i 인강
- 현) 오르비 인강
- 현) 수학혁명 유튜브
- 전) 공신닷컴(gongsin.com) 대표 멘토
- 전) 미국 Lehi High School 교사인턴
- 『대박타점 공부법』 저자

수능의 Major Trend와 Minor Trend를 알면
올해 수능이 보입니다.

15개정 교육과정에 맞는
수능 기출 전문항에 대한
Big-Data Analysis

X

수능문제와 6월 9월 평가원을
한 권으로 깊고 자세하게
서울대학교 수학교육과의 풀컬러 손풀이와 함께하세요.

수능을 한 권에 담았습니다.

수능한권

수능한권 확률과 통계 Contents

수능을 한 권에 담다.
Big Data Report와 Analysis, 실전개념분석, Prism 해설지, 수능수학과 평가원 모든 문항을 한 권에

수능한권은 실전개념분석이 있는 파트와 워크북 파트가 있어요.
워크북에는 수능 전개년 + 평가원 8개년 4점 문제 중 현 15개정 시험범위에 맞춘 모든 수능문제가 있답니다.
수능을 정복하는 나만의 맞춤전략을 세워보세요.

수능한권 확률과 통계 Preview

수능한권 Big Data Analysis0

수능한권 실전개념분석

수능한권 확률과 통계 WorkBook 1. 경우의 수

수능한권 확률과 통계 WorkBook 2. 확률

수능한권 확률과 통계 WorkBook 3. 통계

수능한권 6일 완성 Guide

수능한권은 학습자의 편의에 따라 독학을 해도 혹은 인강을 수강해도 전체 실전개념 분석을
6일 안에 완성할 수 있도록 플랜을 제시해 드려요.
수능한권 인강 타임라인을 기록하여 두었으니 인강을 수강한다면 하루에 얼마큼 들을지 계산하기 좋고,
독학으로 공부해도 제시된 타임라인 스케줄에 맞게 공부시간을 짤 수 있으니 안성맞춤이에요.
하루 평균 3시간 제시된 플래너로 6일 동안 수능한권을 집중적으로 완성해보세요.
눈에 띄게 달라진 나의 수학실력과 문제를 보는 힘이 생길 거예요.

수능한권 1일 [경우의 수]   [공부] 월   일 [복습]   /

Day	Progress		Topic	Time	☑
1일 (175m)	1강	1일(1)	[Major Trend] 확률과 통계, 경우의수 Big-data Report	14	☐
	2강	1일(2)	경우의수 오개념잡기 (1)	40	☐
	3강	1일(3)	경우의수 오개념잡기 (2)	52	☐
	4강	1일(4)	경우의수 경향01 Big-data Report, 대표 문제 (1번)	6	☐
	5강	1일(5)	경우의수 경향02 Big-data Report	2	☐
	6강	1일(6)	경우의수 경향02 대표 문제 분석 (2~6번)	30	☐
	7강	1일(7)	경우의수 경향02 대표 문제 분석 (7~8번)	13	☐
	8강	1일(8)	경우의수 경향02 대표 문제 분석 (9~11번)	18	☐

수능한권 2일 [경우의 수]   [공부] 월   일 [복습]   /

Day	Progress		Topic	Time	☑
2일 (180m)	9강	2일(1)	경우의수 경향02 대표 문제 분석 (12~14번)	20	☐
	10강	2일(2)	경우의수 경향02 대표 문제 분석 (15번)	34	☐
	11강	2일(3)	경우의수 경향03 Big-data Report	3	☐
	12강	2일(4)	경우의수 경향03 실전개념 정리	58	☐
	13강	2일(5)	경우의수 경향03 대표 문제 분석 (16~18번)	37	☐
	14강	2일(6)	경우의수 경향03 대표 문제 분석 (19~21번)	28	☐

수능한권
확률과 통계
인강

수능한권 3일 [경우의 수/확률]　　[공부]　월　일　[복습]　　/

Day	Progress		Topic	Time	☑
3일 (176m)	15강	3일(1)	경우의수 경향03 대표 문제 분석 (22~25번)	23	☐
	16강	3일(2)	경우의수 경향03 대표 문제 분석 (26번)	20	☐
	17강	3일(3)	경우의수 경향03 대표 문제 분석 (27번)	8	☐
	18강	3일(4)	경우의수 경향03 대표 문제 분석 (28~31번)	27	☐
	19강	3일(5)	경우의수 경향04 Big-data Report	3	☐
	20강	3일(6)	경우의수 경향04 대표 문제 분석 (32~33번)	12	☐
	21강	3일(7)	[Major Trend] 확률 경향05 Big-data Report	5	☐
	22강	3일(8)	확률 경향05 대표 문제 분석 (34번)	8	☐
	23강	3일(9)	확률 경향06 Big-data Report	3	☐
	24강	3일(10)	확률 경향06 대표 문제 분석 (35~36번)	29	☐
	25강	3일(11)	확률 경향06 대표 문제 분석 (37~38번)	9	☐
	26강	3일(12)	확률 경향06 대표 문제 분석 (39~40번)	17	☐
	27강	3일(13)	확률 경향06 대표 문제 분석 (41~42번)	12	☐

수능한권 4일 [확률]　　　　[공부]　월　일　[복습]　　/

Day	Progress		Topic	Time	☑
4일 (160m)	28강	4일(1)	확률 경향06 대표 문제 분석 (43번)	12	☐
	29강	4일(2)	확률 경향07 Big-data Report	2	☐
	30강	4일(3)	확률 경향07 대표 문제 분석 (44~48번)	35	☐
	31강	4일(4)	확률 경향07 대표 문제 분석 (49번)	5	☐
	32강	4일(5)	확률 경향08 Big-data Report	3	☐
	33강	4일(6)	확률 경향08 대표 문제 분석 (50~51번)	24	☐
	34강	4일(7)	확률 경향08 대표 문제 분석 (52번)	10	☐
	35강	4일(8)	확률 경향08 대표 문제 분석 (53~55번)	40	☐
	36강	4일(9)	확률 경향08 대표 문제 분석 (56번)	14	☐
	37강	4일(10)	확률 경향08 대표 문제 분석 (57번)	15	☐

수능한권 6일 완성 Guide

Day	Progress		Topic	Time	☑
5일 (180m)	38강	5일(1)	[Major Trend] 통계 경향09 Big-data Report	8	☐
	39강	5일(2)	통계 경향09 대표 문제 분석 (58~60번)	10	☐
	40강	5일(3)	통계 경향09 대표 문제 분석 (61~63번)	13	☐
	41강	5일(4)	통계 경향09 대표 문제 분석 (64번)	9	☐
	42강	5일(5)	통계 경향10 Big-data Report	2	☐
	43강	5일(6)	통계 경향10 대표 문제 분석 (65~67번)	31	☐
	44강	5일(7)	통계 경향11 Big-data Report	2	☐
	45강	5일(8)	통계 경향11 대표 문제 분석 (68~70번)	29	☐
	46강	5일(9)	통계 경향11 대표 문제 분석 (71번)	20	☐
	47강	5일(10)	통계 경향12 Big-data Report	3	☐
	48강	5일(11)	통계 경향12 대표 문제 분석 (72번)	26	☐
	49강	5일(12)	통계 경향12 대표 문제 분석 (73~76번)	27	☐

Day	Progress		Topic	Time	☑
6일 (162m)	50강	6일(1)	통계 경향12 대표 문제 분석 (77~78번)	25	☐
	51강	6일(2)	통계 경향12 대표 문제 분석 (79번)	7	☐
	52강	6일(3)	통계 경향12 대표 문제 분석 (80번)	14	☐
	53강	6일(4)	통계 경향12 대표 문제 분석 (81~82번)	17	☐
	54강	6일(5)	통계 경향12 대표 문제 분석 (83번)	15	☐
	55강	6일(6)	통계 경향13 Big-data Report	2	☐
	56강	6일(7)	통계 경향13 대표 문제 분석 (84~86번)	39	☐
	57강	6일(8)	통계 경향13 대표 문제 분석 (87~89번)	16	☐
	58강	6일(9)	통계 경향14 Big-data Report	2	☐
	59강	6일(10)	통계 경향14 대표 문제 분석 (90~91번)	25	☐

수능한권 전체 공부 스케줄

수능한권은 하루마다 공부해야 할 스케줄을 나눠 두었습니다.
중단 없이 몰아서 학습하는 것이 효과가 좋기 때문에 병행 없이 수능한권만 집중적으로
매일 공부 분량에 맞게 공부하고 데일리 복습해주세요. 탄탄한 수학실력을 갖출 수 있을 거예요.

■ Day1 'WorkBook' 2점-3점
- 워크북 전체 2점 문항만 풀어보기
- 워크북 3점 문항만 풀어보기 (1)

■ Day2 'WorkBook' 3점
- 워크북 3점 문항만 풀어보기 (2)

■ Day3 수능한권 실전개념분석 1일차 공부
　　　(인강 or 독학)

■ Day4 수능한권 실전개념분석 2일차 공부
　　　(인강 or 독학)

■ Day5 수능한권 실전개념분석 3일차 공부
　　　(인강 or 독학)

■ Day6 수능한권 실전개념분석 4일차 공부
　　　(인강 or 독학)

■ Day7 수능한권 실전개념분석 5일차 공부
　　　(인강 or 독학)

■ Day8 수능한권 실전개념분석 6일차 공부
　　　(인강 or 독학)

■ Day9 'WorkBook' 4점 (+실전개념분석 복습)
- 수능한권 워크북 4점 문항만 풀어보기 (1)
*1등급 문항 제외

■ Day10 'WorkBook' 4점 (+실전개념분석 복습)
- 수능한권 워크북 4점 문항 1단원 풀어보기 (1)
*1등급 문항 제외

■ Day11 'WorkBook' 4점 (+실전개념분석 복습)
- 수능한권 워크북 4점 문항 2단원 풀어보기 (2)
*1등급 문항 제외

■ Day11 'WorkBook' 4점 (+실전개념분석 복습)
- 수능한권 워크북 4점 문항 3단원 풀어보기 (3)
*1등급 문항 제외

■ Day12 'WorkBook' 4점 (+실전개념분석 복습)
- 수능한권 워크북 1등급 문항 풀어보기 (1)

■ Day13 'WorkBook' 4점 (+실전개념분석 복습)
- 수능한권 워크북 1등급 문항 풀어보기 (2)

■ Day14 전문항 틀린 문항 복습

수능한권 200%활용하기

수능한권은 기존에 보던 문제집에서 볼 수 없는 독특한 매력과 장점을 지니고 있어요.
그렇기 때문에 학습자 여러분이 낯설지 않도록 수능한권을 200% 활용할 수 있는 공부법과 수능한권을 소개해
드려요. 수능한권 200% 활용 공부법으로 보다 똑똑하게 좋은 성적을 낼 수 있는 밑거름으로 수능한권을 활용해
보세요. 수능기출에서 얻을 수 있는 모든 것을 얻어가는 것은 물론 수능한권만의 수능분석을 경험하고 올해
평가원 모의고사를 거쳐서 자신만의 수능약점을 분석한다면 수능에 최적화된 여러분을 만나실 수 있을 거예요.

■ 기출문제에 대한 이해

수능은 과거에도 그렇고 올해 수능도
① 기존 출제되어왔던 포인트 + ② 미출제 포인트 + ③ 출제된 적은 있지만 한동안 출제되지 않았던 포인트
이렇게 3가지 요소를 섞어서 출제가 될 거예요. 그렇기 때문에 기출문제도 중요하고 나의 실력 역시
업그레이드를 꾸준하게 하는 것이 매우 중요하죠. 하지만 수능이 시작되고 30년이나 흐른 지금 각종 교육청,
평가원 모의고사를 합하면 기출문제가 1만여 문제를 훨씬 뛰어 넘는다는 걸 알고 계시나요? 1년을 기출문제에만
올인 해도 다 풀지 못하고 수능장으로 가는 것이 15개정 수능, 올해 수능이 되었어요.

■ 3세대 수능분석 '수능한권'

수능이 시작한지 얼마 되지 않았을 때, 기출문제가 별로 없어서 그냥 기출문제라면 무조건 풀어도 되는 시대가
있었어요. 우리는 그것을 1세대 기출분석이라고 불러요. 기출문제를 풀고 정답을 맞히면서 학습하는 과정이죠.
이 시기에는 학습의 방향성이 없이 기출분석을 해도 되는 시기였어요.

하지만 수능이 점차 해를 거듭할수록 기출문제가 많아지자 유형별로 기출문제를 학습하는 시대가 왔어요.
유형별로 학습하는 과정과 기출문제를 푸는 과정을 동시에 하죠. 하지만 유형별로 기출문제를 학습해온 시기가
벌써 20여년이나 지난 오래된 공부법으로 공부하면서 수능의 큰 흐름과 작은 흐름을 놓치는 것도 모자라 볼륨이
너무 크기 때문에 막상 '나'를 위한 공부를 할 시간도 부족해졌어요.

그래서 우리는 2세대 기출분석을 넘어 3세대 기출분석이 필요해졌어요. 기출문제 1만여 문제 중 현재 수능
범위에 맞는 수능 기출 문제들, 그리고 Data-Analysis를 통해 분류된 수능의 Major Trend와 Minor Trend를
공부하면서 함께 체득해 나가기 위해서예요.

기출문제도 풀어야하고, N제도 풀어야하고, 모의고사도 풀어야 하는 수험생은 한 권의 기출문제를 하더라도
똑똑하고 빠르게 유형별로 학습해야 해요. 수능의 큰 흐름과 그 안에 있는 작은 흐름도 놓치지 않고 수능
기출문제로 전체 뼈대를 잡아보세요. 수능한권은 수능의 100%를 담았기 때문에 총체적인 것들을 모두 흡수하며
학습하는 과정이 바로 3세대 수능분석 '수능한권'이 도와줄 거예요.

■ 수능의 Major Trend와 Minor Trend

수능한권은 단원별 Major Trend와 단원 안에 있는 경향별로 Minor Trend가 있어요.
하나의 단원을 공부하더라도 그 단원의 흐름을 먼저 알고 세부적으로 그 단원에 출제된 수능기출문제를
경향별로 나누었어요. 각 경향별로 수능에서 어떻게 출제 되었는지 올해 수능에서 이 경향이 나올지에 대한
Data-Analysis를 같이 넣었고, 김지석t가 경향별로 중요한 코멘트를 달았답니다. 단원 전체의 Major Trend와
경향별로 Minor Trend를 문제를 풀기 전에 읽는다면 향후 학습방향과 내가 취약한 경향이 어떤 것인지
정확하게 파악될 거예요.

■ 수능 기출문제의 모든 것 '수능한권 Work Book'

수능기출문제 중 과목별로 올해 수능범위에 해당하는 모든 기출문제를 Work Book에 실었어요.
또한 8개년 평가원 4점 문제를 한 문제도 빠트리지 않고 모두 넣었죠. 수능한권 워크북을 통해 수능기출문제를
우선적으로 풀어본다면 수능 기출문제에 대한 걱정이 없어요. 범위에 맞는 모든 기출문제를 넣어놨기
때문이에요. 경향별 실전개념분석으로 Minor Trend를 학습하고 워크북으로 완성해보아요.

■ 수능한권 '실전개념분석'

수능한권은 실전개념분석이 있어요. Data-Analysis 다음 나오는 실전개념분석은 그 경향에서 얻을 수 있는
스킬들을 누적적으로 활용할 수 있게 구성하였답니다. 난이도가 쉬운 순에서 어려운 순으로 앞에서 풀었던
내용을 누적해서 활용할 수 있게 구성하였으니 실전개념분석에 실린 순서대로 따라 풀면서 경향의 흐름을
체험해 보세요.

■ 수능한권 '프리즘 해설지'

수능한권의 또 다른 장점 프리즘 해설지는 '문제를 해결하는 순서와 방향성'에 초점을 맞추었고 문제를 분석할
수 있는 '문제 분석력'과 문제를 해결하는 힘인 '문제 해결력'을 한꺼번에 기를 수 있게 고안되었어요.
해설을 봐도 봐도 이해가 안 되었을 때가 있나요? 걱정하지마세요. 해설을 이해하고자 하는 노력이 필요 없는
'한눈에 흡수되는 해설'을 풀컬러 손해설로 수능한권에서 만나보세요.

■ 5회독 복습법

문제마다 5회독 복습표를 붙여놨어요. 나의 약점을 '워크북'에 체크해 둔 뒤 체크한 문제만 골라서 복습해보세요.
수능한권을 완성하는 것은 6일정도 걸리지만 수능한권을 체화하는 것은 꾸준한 나의 약점 복습을 얼마나
하느냐에 따라 달렸어요. 푸는 방법이 익숙하지 않은 것들은 맞았더라도 △로 표시하고 확실하게 내 것이 될
때까지 복습해 보세요! 복습하는 데 시간이 오래 걸릴 것 같지만 5회독 복습표가 있으니 나의 약점만 골라서
복습하니까 시간이 오래 걸리지도 않아요.

수능한권 5회독 하는 법

수능한권에는 전 문항에 '5회독 복습표'가 달려있어요.
5회독 복습표를 효과적으로 활용하기 위해 가이드를 제공해드려요. 가이드대로 수능한권 5회독에 도전해보세요.
나의 약점이 극복되는 것은 물론 수능수학의 뼈대를 보다 확실하게 세울 수 있을 거예요!

■ STEP1 '실전개념분석' 먼저 풀어보기

오늘 공부하기로 한 분량에 수능한권 실전개념분석을 먼저 풀어보세요.
문제가 만약 막힌다면 시간을 너무 오래 끌지 마세요.
고민하는 시간을 충분히 주고 문제를 푸는 것은 내가 충분히 문제를 많이 풀었을 때 해도 늦지 않아요.
고민하는 시간을 최대 5분 이내로 잡고 (추천 1분) 프리즘 해설지를 보거나 강의를 수강하도록 해요!

■ STEP2 실전개념분석 강의듣기 or 프리즘 해설지로 스스로 공부하기

내가 못 풀었던 문제는 X표시
풀긴 풀었으나 프리즘 해설지나 강의를 듣고 더 이해가 되는 지점이 있거나 익숙하지 않다면 △표시
내가 완벽하게 알고 있고 왜 이런지 설명가능하다면 O표시
이렇게 실전개념분석에 5회독 복습표에 표시해 두도록 해요.

■ STEP3 모든 문제가 O이 될수록 △X만 골라서 학습하기!

[복습표 예시 ▼]

복습	1회	2회	3회	4회	5회
채점 O△X	X	△	O		O

복습	1회	2회	3회	4회	5회
채점 O△X	X	X	△	O	O

복습	1회	2회	3회	4회	5회
채점 O△X	△	O			O

복습	1회	2회	3회	4회	5회
채점 O△X	O				O

■ STEP4 한 단원이 끝났다면 실전개념분석+워크북 전체적으로 한 번 풀어보기

복습	1회	5회
채점 ○△X	△	O

복습	1회	5회
채점 ○△X	X	O

한 단원이 끝났으면 문제에서 △X가 적혀있는 문제들은 다시 한 번 점검차원에서 풀어보도록 해요.
△X가 적혀있는 문제들만 보면 되기 때문에 복습 횟수가 늘어날수록 복습시간이 줄어드는 마법 같은 일이
벌어질 거예요.

■ STEP5 추천 스케줄 예시

Day	Progress	Review Topic	Time	□ Check it!
1	1일차 진도	■ 인강 1일차 진도 ■ 실전개념분석 11번까지 (문항 당 2분 예습 겸 문제풀기) +실전개념분석 오답정리하기		
2	1일 복습 + 2일차 진도	■ 실전개념분석 누적복습 경향04까지 실전개념분석 △X 풀기 →잘 풀리면 0 ■ 인강 2일차 진도 경향05까지 실전개념분석 문항 당 2분 예습 →프리즘 해설 또는 인강으로 공부하기		
3	누적복습 + 3일차 진도	■ 실전개념분석 누적복습 경향05까지 누적복습 (△X 문제만!) ■인강 3일차 진도 경향08까지 실전개념분석 문항 당 2분 예습 →프리즘 해설 또는 인강으로 공부하기		
4 리뷰데이	지수로그	워크북 경향05까지 전체풀기 (지수로그 단원만) +프리즘 해설로 풀었던 문제도 이해해두기 **+전문항 ○△X 체크해두기 (나의 지수로그 수능 약점!)**		
…		■실전개념분석 누적복습 ■인강 N일차 진도		
리뷰데이		■ 한 단원이 끝나면 　워크북으로 해당 단원 전체 풀어보고 ■ 이전단원 워크북 △X 문제 풀어보기!		

김지석T의 1등급 태도

수능을 잘 보려면 문제만 단순히 많이 풀어서는 잘 볼 수가 없어요.
적은 문제를 풀어도 많은 문제를 풀 수 있는 효과는 바로 학습자의 '태도'에 달려있어요.
단순히 열심히 풀기만 하는 것을 넘어 김지석T의 1등급 태도를 지속적으로 읽고
문제 풀이에 적용해보려는 연습을 해보세요. 내 실력이 빠르게 올라가는 것을 경험하게 될 거예요.

■ 김지석T의 1등급 태도

#1.

N등급  이 문제를 어떻게 풀어? (x)

1등급  이 문제와 관련 있는 개념이 뭐지? (O)

문제를 단순히 보면서 어떻게 풀 지를 생각하는 것은 누구나 다 합니다.
하지만 한 문제 한 문제를 보면서 이 문제와 관련 있는 개념이 무엇인지
떠올려보는 버릇이 들어야 실력이 늡니다.

#2.

N등급  단서를 어떻게 변형하지? (x)

1등급  답을 내려면 뭐가 필요하지? (O)

많은 학생들이 단서를 이렇게 저렇게 요렇게 변형해서 답을 내려 합니다.
하지만 답 중심으로 사고를 하고 답에서 필요한 것이 무엇인지 거꾸로
거슬러 생각할 줄 알아야 실력이 오릅니다.

#3.

N등급  여러 가지라서 어쩔 줄 모르겠어. ㅠㅠ (x)

1등급  여러 가지 다 해본다. (O)

여러 가지 경우가 많을 때 대부분 어쩔 줄 몰라 하면서 우왕좌왕합니다.
하지만 과감하게 여러 가지 다 해보세요. 바로 답이 뿅! 하고 안 떠올라도
괜찮아요.

#4.

N등급  무한히 많은 경우가 있어서 다 해볼 수도 없잖아! (x)

1등급  그럼 아무거나 예시를 들어 한 가지라도 해본다. (O)

시행착오를 겁내지 마세요. 이렇게 저렇게 해보면서 시행착오도 겪어보면서 맞는 걸 찾아가는 과정이 훈련이고 그것이 수학입니다.

#5.

N등급  시도하려는 것이 맞다는 확신이 없어. 어쩌지? (x)

1등급  빨리 시도하고 빨리 틀려보고 빨리 새로운 시도를 한다. (O)

어쩌지. 하고 멈추지 마세요. 빨리 시도해보고 조건에 안 맞아 나의 시도가 틀렸다면 빨리 또 다른 시도를 하면 됩니다. 도전을 겁내지 마세요. 확신이 없어서 시도하는 것을 망설이지 마세요. 중요한 건 여러 번 시도를 해보는 거예요.

#6.

N등급  아는 유형인데 응용되어 못 풀겠어. (x)

1등급  알고 있는 문제와 공통적인 측면부터 시도해보자.(O)

알고 있는 문제랑 비슷한 데 응용되어 못 풀겠다고요? 걱정하지 마세요. 알고 있는 문제로부터 공통적인 측면을 찾아서 도전해보는 겁니다. 아는 것으로부터 모르는 것으로의 확장은 '공통점'을 찾아가는 것에 달렸어요.

#7.

N등급  고난도 문제에서 숫자가 일치하는 여러 단서가 있어도 어렵다고 멍 때린다. (x)

1등급  단서와 단서들의 숫자의 일치를 우연으로 보지 않는다. 무슨 관련이 있을 것이다! (O)

문제에 숫자가 일치하는 여러 단서가 있는 데 대부분 학생들은 문제가 어렵다고 혹은 문제의 비주얼에 쫄아서 멍때립니다. 숫자의 일치를 우연으로 보지 말고 무슨 관련이 있을 것이라고 집요하게 생각해 보세요. 길이 보일 수도 있습니다.

김지석T의 1등급 태도

#8.

N등급

문제의 단서가 국어(문장)로 서술 되어 있을 때
그런가보다~~~ 하고 생각한다. (x)

1등급

국어(문장)으로 되어 있는 단서를
수학(식)으로 변역하여 표현한다.(O)

문제의 단서가 줄줄이 표현되어 있는 데 대부분 단서를 읽다가 지치거나
그런가보다~ 하고 생각하고 그 이상 생각하기를 멈춥니다. 국어로 서술되어 있는
문제의 단서를 수학 식으로 번역하여 표현해 봅시다. 그래야 문제에 제시된 단서를
올바르게 써먹을 수 있어요.

#9.

N등급

좌표평면, 곡선, 교점 ... 그래프 관련 표현이 문제에 말로 언급되어
있어도 아무생각 없이 문제를 읽어낸다. (x)

1등급

문제에서 언급된 대로 그래프부터 그릴 생각을 하자. (O)

그래프가 주어지지 않는 문제들 경우 좌표평면, 곡선, 교점 등으로 그래프에 대한
설명을 문제에서 합니다. 대부분의 학생들이 그냥 그대로 직독직해(?)를 하는데
이제부터는 그래프 관련 된 표현들이 문제에 그냥 언급이 되어 있다면
그래프부터 그릴 생각을 해봅시다. 그래야 문제가 잘 풀려요.

#10.

N등급  문제가 정말 안 풀리네...(5분 지남)... (x)

1등급  **문제가 안 풀리면 체크하고 넘어가세요.**
체크하고 다시 돌아와서 또 시도해보는 거예요. (O)
한 문제를 주구장창 오래 붙잡고 생각해야지
내 실력이 올라간다고 생각하는 사람들이 많아요. 그러면 괴롭기만 할 뿐!

문제가 안 풀리면서 1분 이상 지체된다면 체크하고 다른 문제를 풉시다.
그리고 다시 돌아와서 또 1분 동안 문제를 푸는 시도를 해보는 거예요.
그렇게 여러 번 5번, 6번 시도를 해봐도 좋아요.
문제를 풀다 생각이 막힐 때도 체크하고 건너뛰고
다른 문제 풀고 다시 돌아와도 됩니다.

1문제 1번 시도 x 10분 생각 < 1문제 10번 시도 x 1분 생각

중요한 건 한 문제를 한 번에 오래 붙잡아보는 것이 아니라
여러 번 시도를 해보는 것입니다. 그래야 내 수학실력이 빠르게 올라가요.

수능한권
확률과 통계

1. 경우의 수

2. 확률

3. 통계

Big Data Report

[수능]

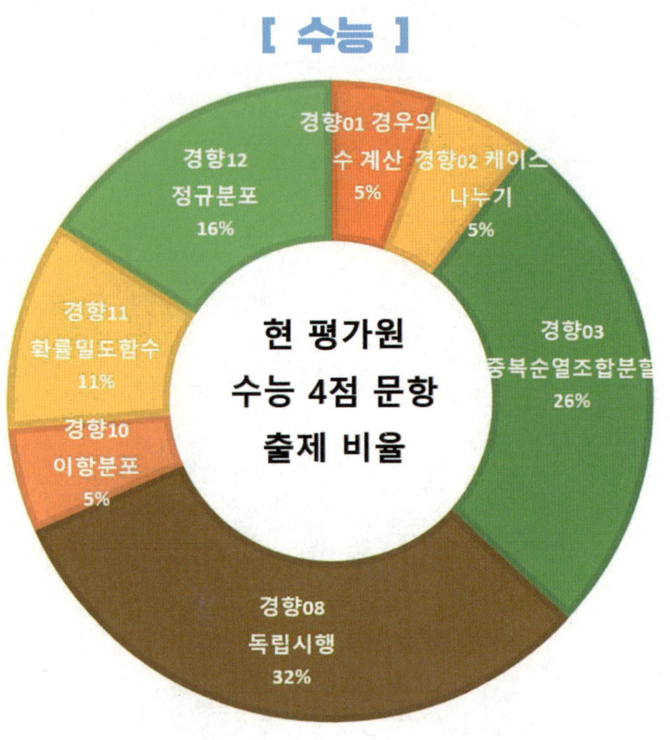

[6월 & 9월 & 수능]

■ 확통은 고난도 문제 번호인 28번, 29번, 30번 4점 고난도 문항이 아주 어렵지는 않다. 기출변형에 불과한 문제들도 많고, 신유형으로 나온다고 해도 많이 어렵지 않다. 따라서 기출분석만 꼼꼼히 되어 있다면 충분히 좋은 점수가 나올 수 있다.

■ 본 교재에서 확률 문제라도 $확률 = \dfrac{경우의\ 수}{경우의\ 수}$ 정도의 개념만 있으면 풀리는 문제는 경우의 수 문제로 분류하였다. 문제 해결 접근법도 동일하기 때문에 수험생 입장에서 이런 문제를 경우의 수 문제와 구분해 놓는 건 실전적인 의미가 없어서이다. 함께 정리하는 것이 학습효과가 더 크다.

■ 현 평가원에서 수능에서 4점 문항으로 자주 나오는 Top4가 뚜렷하게 보인다.

Top1. [경향08] 독립시행 (32%)
Top2. [경향03] 중복순열조합분할 (26%)
Top3. [경향12] 정규분포 (16%)
Top4. [경향11] 확률밀도함수(11%)

작년 확통 수능에서도 4점 문항은 이 Top4 안에서 출제되었다.

■ 6모, 9모와 수능까지 다 합치면 Top4가 달라지는데 전 범위가 아니라 앞 단원 범위만 보는 6모 때문에 Top4가 달라진다. 어차피 전범위 아닌데 뭐~ 이렇게 생각할 게 아니라 이번년도 수능에서 만약에 Top4에서 고난도로 출제하지 않는다면 여기에서 고난도로 출제 할 수도 있겠구나처럼 이해하는 것이 바람직하다.

■ [경향02] 케이스 나누기는 유독 평가원 모의고사에서 좋아하는 경향이다. 6모에서는 거의 빠지지 않고 나오는 편이고 9모에서도 심심찮게 등장한다. 정작 수능에서 잘 나오지 않아서 그렇지.. 하지만 이 경향에서 배우는 아이디어는 확통 고난도에서 쓰이는 것이고 다른 경향과 접목해서 출제될 수도 있는 '하이브리드' 성격이 있기 때문에 확실하게 대비해두는 편이 좋다.

■ 확통은 특정 경향을 깊게 공부하기 위해서 선수 학습이 필요하다. 예를 들어 [경향03] 중복순열조합분할을 제대로 공부하기 위해서는 수학(하)에 있는 경우의 수가 잘 되어 있어야 하고, [경향01] 경우의 수 계산도 잘 되어 있어야 [경향03] 중복순열조합분할을 헷갈리지 않게 빠르게 정복할 수 있다.

■ 확통은 다른 과목과 다른, 확통만의 특성이 있다. 처음에 별거 아니다싶고 고난도 문항을 봐도 어렵지 않다고 생각하다가 어느 순간 갑자기
해설지 해설과 내가 푼 풀이가 '왜' 다른지,
'왜' 내 풀이는 안 되고, 해설지 풀이로만 풀어야 하는지 헷갈리는 순간이 온다면 확통이 갑자기 확 어렵게 느껴지게 될 것이다.

■ 확통에서 '헷갈리는' 것을 방지하기 위해서는 확통 공부할 때 개념 간의 '차이점'에 주목해서 공부하는 것이 좋다. 또 서로 비슷한 문제라고 생각했는데 풀이가 다르다면 왜 풀이의 '차이점'이 생기는지 문제의 '차이점'은 무엇인지 주목해서 공부한다면 확통 실력이 빠르게 올라갈 것이다.

확통 최우선 기출 학습 경향정리

■ 현 평가원 확통 최우선 학습 경향

[고난도 출제 포인트]
경향03 중복순열조합분할 ★★★
경향08 독립시행 ★★★
경향12 정규분포 ★★★

[필수 학습 포인트]
경향02 케이스 나누기 ★★★
경향06 조건부확률 ★★★
경향07 독립과 종속 ★★☆
경향10 이항분포 ★★☆
경향11 확률밀도 함수 ★★☆

[개념을 튼튼하게]
경향09 평균과 분산 ★★
경향13 표본평균의 분포 ★★

작년 수능 출제 문항 분류

단원	문항 수	2점	3점	4점
경우의 수	3문제	23번 (경향01)	25번 (경향02)	30번 (경향03)
확률	2문제		24번 (경향06)	28번 (경향08)
통계	3문제		26번 (경향14) 27번 (경향09)	29번 (경향12)

확률과 통계

1. 경우의 수

Big Data Report

전체 수능 출제 비율

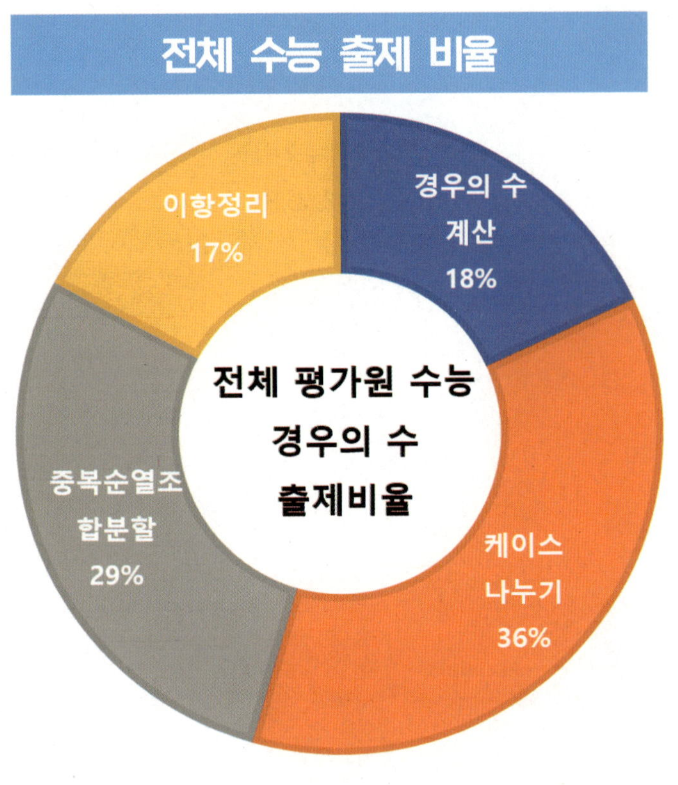

현 평가원 수능 출제 비율

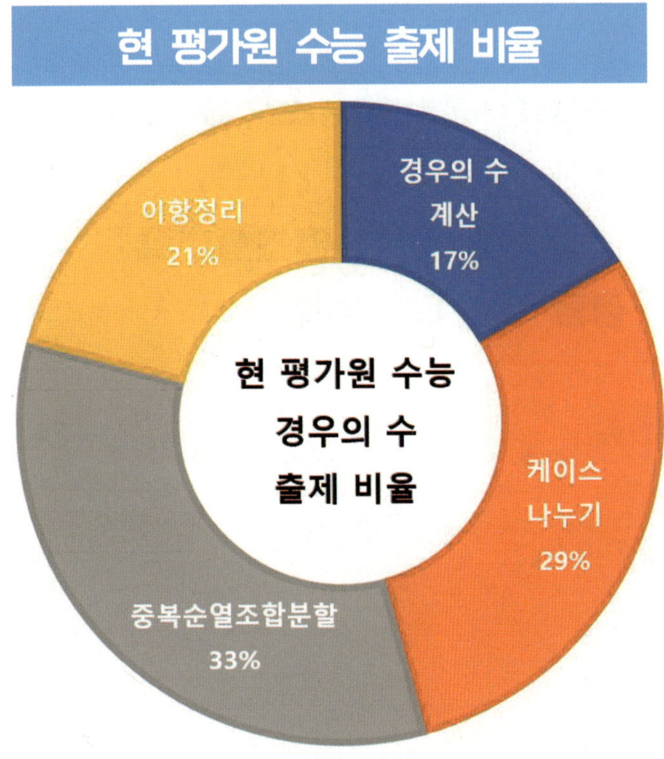

■ 경우의 수 단원은 4가지 경향으로 분석하였다.

■ [경향01] 경우의 수 계산
이전 교육과정까지는 꾸준히 출제됐으나 선택과목 체제로 인해 출제 문항 수가 줄어들면서 자주 출제하지 않는 편이다. 하지만 확통의 근본이기도 하고 21수능에서 4점 문항으로 출제 한 전례가 있기 때문에 꼼꼼하게 공부하자.

■ [경향02] 케이스 나누기
고난도 경우의 수 문제일수록 공식을 바로 적용할 수 없는 경우가 많다. 그래서 공식을 적용할 수 있도록 케이스를 나눠야 하는 것이다. 이 경향은 고난도 경우의 수를 문제를 푸는데 중요한 사고방식을 담은 경향이다. 케이스를 어떻게 나누는지 그 기준을 확립하도록 하자. 다른 경향에서도 함께 쓰이니 꼭 꼼꼼하게 공부하도록 하자.

■ [경향03] 중복순열조합분할
경우의 수 단원에서 가장 중요한 경향이다.
평가원에서 다양한 개념 중에서도 중복조합 문제를 많이 출제하는 편이다. 더군다나 여기에서는 대체로 4점 문제로, 그것도 고난도 4점 문제로 출제되는 경우가 많다. 쉽지 않은 부분이니 철저한 대비가 필요하다. 경우의 수 역시 수학이기 때문에 본질적으로 일관된 논리성을 가지고 공부해야 한다.

■ [경향04] 이항정리
이항정리는 <경우의 수> 단원에 포함된 내용인데 딱히 경우의 수를 구하는 게 아니기 때문에 고난도 문제를 출제하기는 어렵다. 거의 쉬운 문제만 나오는 편이다. 즉, 경우의 수의 $_nC_r$ 개념을 활용해 '식을 전개하는 방법'을 배우는 것이지 '경우의 수'를 자체를 구하는 게 아닌 것이다. 물론 공부하는 입장에서 고난도 이항정리 문제를 풀어보는 건 나쁘진 않지만, 고난도로 출제될 가능성이 많이 낮다는 건 감안하자.

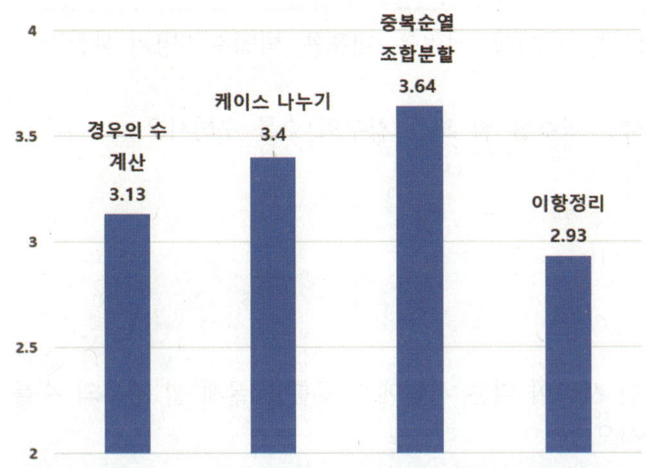

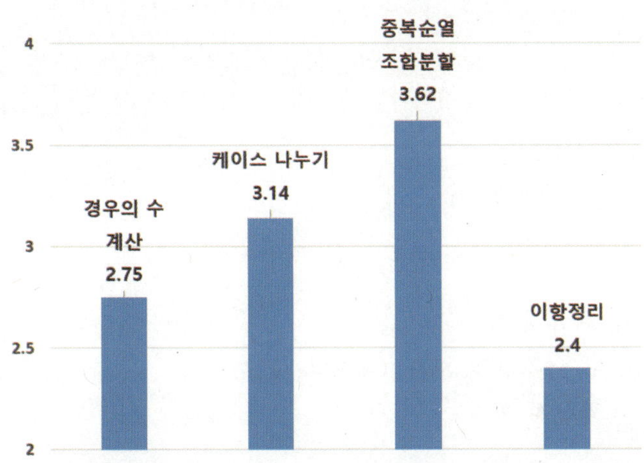

◆ 경우의 수 계산 (3.13점)

◆ 케이스 나누기 (3.4점)

◆ 중복순열조합분할 (3.64점)

◆ 이항정리 (2.93점)

■ 작년 수능 출제 문항 분류

[경향 01] 경우의 수 계산
 - 23번 [2점]

[경향02] 케이스 나누기
 - 25번 [3점]
$*\dfrac{경우의 수}{경우의 수}$ 를 구하는 확률 문제지만
풀이 전략은 경우의 수 단원과 동일하기 때문에
경우의 수로 분류하였다.

[경향 03] 중복순열조합분할
 - 30번 [4점]

올해 수능 경우의 수 학습 방향

**고난도 경우의 수 문제는
케이스 나누기를 해야 한다는 생각을
기본적으로 갖고 있기**

중복조합/중복순열 극도로 중요함

**명확한 근거를 바탕으로
경우의 수 문제 풀기
각 개념별로 '차이점'에 주목하기
절대 감에 의존하지 말고
논리적으로 풀어내는 훈련하기**

오개념 잡기1
순열 vs 조합

복습	1회	2회	3회	4회	5회
채점					
O△X					

순열 $_nP_r$

서로 다른 n개에서 r개를 택하여
이들의 순서를 생각하여 일렬로 배열하는 것
　　　↳ 다른 자리에 배치 (차별)
　　사실 '순서,' '일렬'이 아니어도 된다!

$$_nP_r = n(n-1)(n-2) \times \cdots \times (n-r+1)$$

조합 $_nC_r$　　　=같은 자리에 배치(평등)

순서를 생각하지 않고, 자리를 구별하지 않고
서로 다른 n개에서 r개를 택하는 경우의 수

$$_nC_r = \frac{_nP_r}{r!} = \frac{n!}{r!(n-r)!}$$

■ 순열 vs 조합 (1)

	$_nP_r$
다른 n개	‖
r개 선택	$_nC_r$
~~순서 일렬 배열~~	×
다른 자리 배치	r!

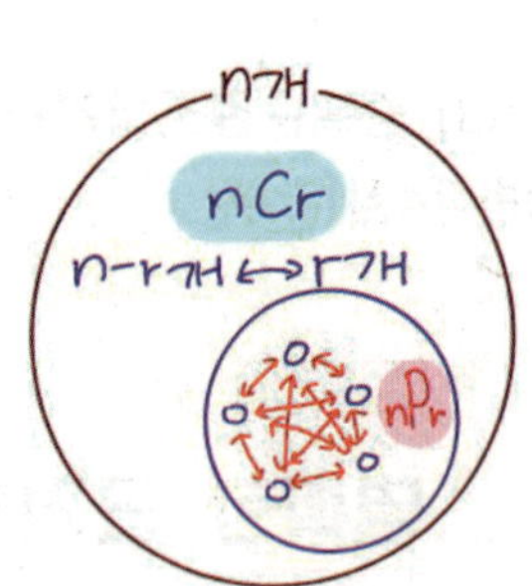

■ 순열 vs 조합 (2)

다른 차별　　다른 평등
$$_nP_r \quad vs \quad _nC_r$$
차별　　　　차별

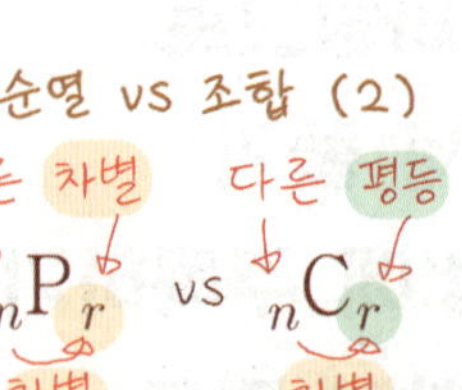

---

1. 김지석, 유재석, 정형돈, 데프콘, 박명수 5명의 사람이
있다.
(1) 서로 악수를 할 모든 경우의 수를 구하시오.

악수는 평등하다 → 조합
$$_5C_2 = 10$$

(2) 한 사람이 다른 사람에게 무릎을 꿇게 할 경우의 수를
구하시오.

무릎 꿇는 건 차별이다 → 순열
$$_5P_2 = 20$$

■ 개수 세기 원칙
경우의 수 : 주관적 개수 (종류의 수)
확률 : 객관적 개수

■ 같다 vs 다르다
= 구별을 안한다 vs 구별을 한다
　　　(출제자의 주관이)

복습	1회	2회	3회	4회	5회
채점 O△X					

2. 동주는 5개의 서로 다른 알사탕과 5개의 똑같은 박하사탕을 가지고 있다.

(1) 박하사탕 중에서 세 개를 뽑는 경우의 수

▶ 1 vs $\cancel{{}_5C_3 = 10}$

   '다른'일 때 사용

(2) 박하사탕 중에서 세 개를 뽑아 일렬로 배열하는 경우의 수

▶ 1 vs $\cancel{{}_5P_3 = 60}$

   '다른'일 때 사용

(3) 알사탕 중에서 세 개를 뽑는 경우의 수

▶ ${}_5C_3 = 10$

(4) 알사탕 중에서 세 개를 뽑아 일렬로 배열하는 경우의 수

▶ ${}_5P_3 = 60$

(5) 알사탕 중에서 세 개를 뽑아 아래와 같은 칸에 하나씩 배치하는 경우의 수

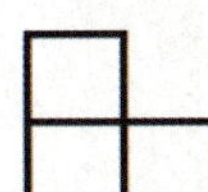

▶ ${}_5P_3 = 60$

'순서,' '일렬'이 아니어도 순열을 쓴다!

(6) 알사탕 중에서 세 개를 뽑아 지석이형에게 주는 경우의 수

   ↙ 같은 자리

▶ ${}_5C_3 = 10$

(7) 알사탕 중에서 지석이형에게 주지 않을 두 개를 고르는 경우의 수

▶ ${}_5C_2 = 10$

3. 3개의 증권 회사, 3개의 통신 회사, 4개의 건설 회사가 있다. 증권, 통신, 건설 각 업종별로 적어도 하나의 회사를 선택하여 총 4개의 회사에 입사원서를 내는 경우의 수를 구하시오. [3점]

[잘못된 풀이]

우선 증권, 통신, 건설에서 1개씩 뽑는 경우의 수

▶ $3 \times 3 \times 4$

남은 증권, 통신, 건설 중 1개를 뽑는 경우의 수

▶ $2 + 2 + 3$

∴ $(3 \times 3 \times 4) \times (2 + 2 + 3) = 512 \cdots (×)$

[올바른 풀이]

ⅰ) 증권 2개, 통신 1개, 건설 1개를 뽑는 경우의 수

▶ ${}_3C_2 \times 3 \times 4$

ⅱ) 증권 1개, 통신 2개, 건설 1개를 뽑는 경우의 수

▶ $3 \times {}_3C_2 \times 4$

ⅲ) 증권 1개, 통신 1개, 건설 2개를 뽑는 경우의 수

▶ $3 \times 3 \times {}_4C_2$

∴ ${}_3C_2 \times 3 \times 4 + 3 \times {}_3C_2 \times 4 + 3 \times 3 \times {}_4C_2 = 126$

※ 오류 원인 분석

$(3 \times 3 \times 4) \times (2 + 2 + 3)$
$= (3 \times 3 \times 4) \times 2$
$\quad + (3 \times 3 \times 4) \times 2$
$\quad + (3 \times 3 \times 4) \times 3$
$= {}_3P_2 \times 3 \times 4$
$\quad + 3 \times {}_3P_2 \times 4$
$\quad + 3 \times 3 \times {}_4P_2$

오개념 잡기2
경우의 수 vs 확률

시행

같은 상태의 조건 아래 반복될 수 있는 실험

사건

시행으로 나타난 결과

표본공간

어떤 시행에서 일어날 수 있는 사건
전체의 집합

수학적 확률

하나의 시행에서
일어날 수 있는 사건 전체를 S라 할 때,
일어날 수 있는 모든 경우의 수는 $n(S)$이고,
사건 A가 일어날 경우의 수는 $n(A)$라 하자.
이 때, 이 시행에서 기본적인 사건들이
같은 정도로 기대된다고 하면 $P(A) = \dfrac{n(A)}{n(S)}$

■ 개수 세기 원칙

경우의 수 : 주관적 개수 (종류의 수)
확률 : 객관적 개수 → 확률 문제에서는
　　　　　　　　　　같은 물체가 존재하지 않는다!

■ 같다 vs 다르다
= 구별을 안한다 vs 구별을 한다
　　　(출제자의 주관이)

---

4. 5개의 서로 다른 알사탕과 5개의 똑같은 박하사탕이
있다. ← 출제자의 주관

(1) 알사탕 2개를 고르는 경우의 수를 구하시오.

▶ $_5C_2 = 10$

(2) 박하사탕 2개를 고르는 경우의 수를 구하시오.

▶ 1 vs $_5C_2 = 10$

(3) 10개의 사탕 중 임의의 2개의 사탕을 골랐을 때, 그
2개의 사탕 모두 알사탕일 확률을 구하시오.

▶ $\dfrac{_5C_2}{_{10}C_2} = \dfrac{2}{9}$

(4) 10개의 사탕 중 임의의 2개의 사탕을 골랐을 때, 그
2개의 사탕 모두 박하사탕일 확률을 구하시오.

'다른'일 때 사용

▶ $\dfrac{_5C_2}{_{10}C_2} = \dfrac{2}{9}$ vs $\dfrac{1}{_{10}C_2} = \dfrac{2}{9}$

(5) 10개의 사탕 중 임의의 4개의 사탕을 골랐을 때,
알사탕 2개와 박하사탕 2개일 확률을 구하시오.

▶ $\dfrac{_5C_2 \times _5C_2}{_{10}C_4} = \dfrac{10}{21}$

5. 노란 구슬 6개와 파란 구슬 4개가 들어 있는 상자가
있다. 다음을 구하여라.

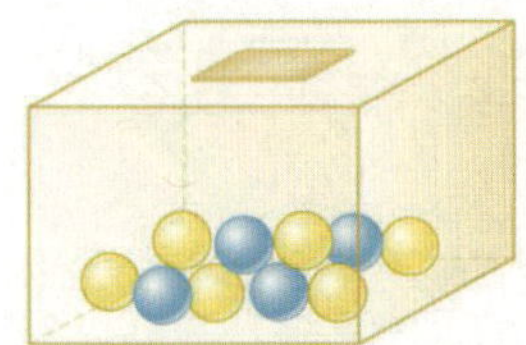

(1) 1개의 구슬을 꺼낼 때, 구슬의 색깔의 경우의 수

▶ 2

(2) 1개의 구슬을 꺼낼 때, 구슬의 색깔이 노란색일 확률

▶ $\dfrac{6}{10}$

(3) 2개의 구슬을 동시에 꺼낼 때, 2개가 모두 노란
구슬일 확률

다른

▶ $\dfrac{{}_6C_2}{{}_{10}C_2} = \dfrac{1}{3}$

(4) 4개의 구슬을 동시에 꺼낼 때, 노란 구슬 2개, 파란
구슬 2개가 나올 확률

▶ $\dfrac{{}_6C_2 \times {}_4C_2}{{}_{10}C_4} = \dfrac{3}{7}$

6. 동전 2개를 던지는 시행을 한다.

(1) 같은 종류의 동전 2개를 던질 때, 나올 수 있는 동전의
앞면, 뒷면의 경우의 수를 구하여라.

▶ 3

(2) 다른 종류의 동전 2개를 던질 때, 나올 수 있는
동전의 앞면, 뒷면의 경우의 수를 구하여라.

▶ 4

(3) 같은 종류의 동전 2개를 던질 때, 앞면이 2개 나올
확률을 구하여라.

▶ $\dfrac{1}{4}$ vs $\dfrac{1}{3}$

(4) 다른 종류의 동전 2개를 던질 때, 앞면이 2개 나올
확률을 구하여라.

▶ $\dfrac{1}{4}$

(5) 동전 2개를 던질 때, 앞면이 2개 나올 확률을
구하여라.

▶ $\dfrac{1}{4}$

복습	1회	2회	3회	4회	5회
채점 O△X					

7. [2015년 9월 (B)형 15번]

주머니에 1, 1, 2, 3, 4 의 숫자가 하나씩 적혀 있는 5개의 공이 들어 있다. 이 주머니에서 임의로 4개의 공을 동시에 꺼내어 임의로 일렬로 나열하고, 나열된 순서대로 공에 적혀있는 수를 a, b, c, d 라 할 때,

$a \le b \le c \le d$ 일 확률은? [4점]

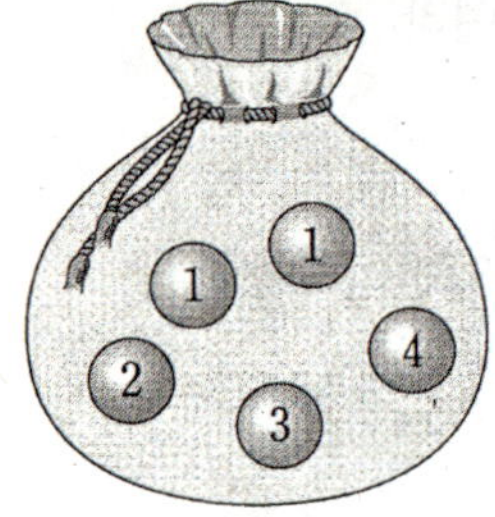

① $\dfrac{1}{15}$ ② $\dfrac{1}{12}$ ③ $\dfrac{1}{9}$

④ $\dfrac{1}{6}$ ⑤ $\dfrac{1}{3}$

[잘못된 풀이]

1) ①을 두 개 포함한 경우 [①①□□]

□□에 들어갈 ①이 아닌 공 2개 선택 후 전체 나열하는 경우의 수

▶ $_3C_2 \times \dfrac{4!}{2!}$ ← ① 두 개를 같은 것으로 취급하는 오류

$a \le b \le c \le d$ 로 나열하는 경우의 수

▶ $_3C_2 \times 1$

2) ①을 한 개 포함한 경우 [①□□□]

□□□에 들어갈 ①이 아닌 공 3개 선택 후 전체 나열하는 경우의 수

▶ $_3C_3 \times 4!$

$a \le b \le c \le d$ 로 나열하는 경우의 수

▶ $_3C_3 \times 1$

1)과 2)에 의하여

$$\dfrac{a \le b \le c \le d \text{로 나열하는 경우의 수}}{\text{전체 나열하는 경우의 수}}$$

$$= \dfrac{_3C_2 \times 1 + _3C_3 \times 1}{_3C_2 \times \dfrac{4!}{2!} + _3C_3 \times 4!} = \dfrac{1}{15}$$

[올바른 풀이]

①의 공 두 개를 다른 것으로 취급해 계산한다.

1) ①을 두 개 포함한 경우 [①①□□]

▶ $\dfrac{_2P_2 \times _3C_2}{_5P_4} = \dfrac{1}{20}$

2) ①을 한 개 포함한 경우 [①□□□]

▶ $\dfrac{_2P_1 \times _3C_3}{_5P_4} = \dfrac{1}{60}$

1)과 2)에 의하여

$$\therefore \dfrac{1}{20} + \dfrac{1}{60} = \dfrac{1}{15}$$

8. [2015년 9월 (B)형 15번] (변형)

주머니에 1, 1, 1, 2, 3, 4 의 숫자가 하나씩 적혀 있는 6개의 공이 들어 있다. 이 주머니에서 임의로 4개의 공을 동시에 꺼내어 임의로 일렬로 나열하고, 나열된 순서대로 공에 적혀있는 수를 a, b, c, d 라 할 때, $a \leq b \leq c \leq d$ 일 확률은? [4점]

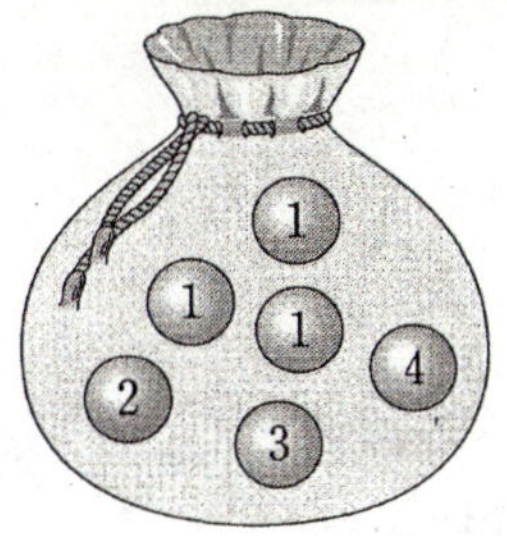

[올바른 풀이]

①의 공 세 개를 다른 것으로 취급해 계산한다.

1) ①을 세 개 포함한 경우 [①①①□]

▸ $\dfrac{_3\mathrm{P}_3 \times _3\mathrm{C}_1}{_6\mathrm{P}_4}$

2) ①을 두 개 포함한 경우 [①①□□]

▸ $\dfrac{_3\mathrm{P}_2 \times _3\mathrm{C}_2}{_6\mathrm{P}_4}$

3) ①을 한 개 포함한 경우 [①□□□]

▸ $\dfrac{_3\mathrm{P}_1 \times _3\mathrm{C}_3}{_6\mathrm{P}_4}$

1)과 2)와 3)에 의하여

$$\dfrac{_3\mathrm{P}_3 \times _3\mathrm{C}_1}{_6\mathrm{P}_4} + \dfrac{_3\mathrm{P}_2 \times _3\mathrm{C}_2}{_6\mathrm{P}_4} + \dfrac{_3\mathrm{P}_1 \times _3\mathrm{C}_3}{_6\mathrm{P}_4} = \dfrac{13}{120}$$

$\dfrac{13}{120}$

[잘못된 풀이]

1) ①을 세 개 포함한 경우 [①①①□]

□에 들어갈 ①이 아닌 공 1개 선택 후 전체 나열하는 경우의 수

▸ $_3\mathrm{C}_1 \times \dfrac{4!}{3!}$

$a \leq b \leq c \leq d$ 로 나열하는 경우의 수

▸ $_3\mathrm{C}_1 \times 1$

2) ①을 두 개 포함한 경우 [①①□□]

□□에 들어갈 ①이 아닌 공 2개 선택 후 전체 나열하는 경우의 수

▸ $_3\mathrm{C}_2 \times \dfrac{4!}{2!}$

$a \leq b \leq c \leq d$ 로 나열하는 경우의 수

▸ $_3\mathrm{C}_2 \times 1$

3) ①을 한 개 포함한 경우 [①□□□]

□□□에 들어갈 ①이 아닌 공 3개 선택 후 전체 나열하는 경우의 수

▸ $_3\mathrm{C}_3 \times 4!$

$a \leq b \leq c \leq d$ 로 나열하는 경우의 수

▸ $_3\mathrm{C}_3 \times 1$

1)과 2)와 3)에 의하여

$$\dfrac{a \leq b \leq c \leq d \text{로 나열하는 경우의 수}}{\text{전체 나열하는 경우의 수}}$$

$$= \dfrac{_3\mathrm{C}_1 \times 1 + _3\mathrm{C}_2 \times 1 + _3\mathrm{C}_3 \times 1}{_3\mathrm{C}_1 \times \dfrac{4!}{3!} + _3\mathrm{C}_2 \times \dfrac{4!}{2!} + _3\mathrm{C}_3 \times 4!} = \dfrac{7}{72} \cdots (\times)$$

경향 01 Minor Trend

경향01 수능 출제 난이도

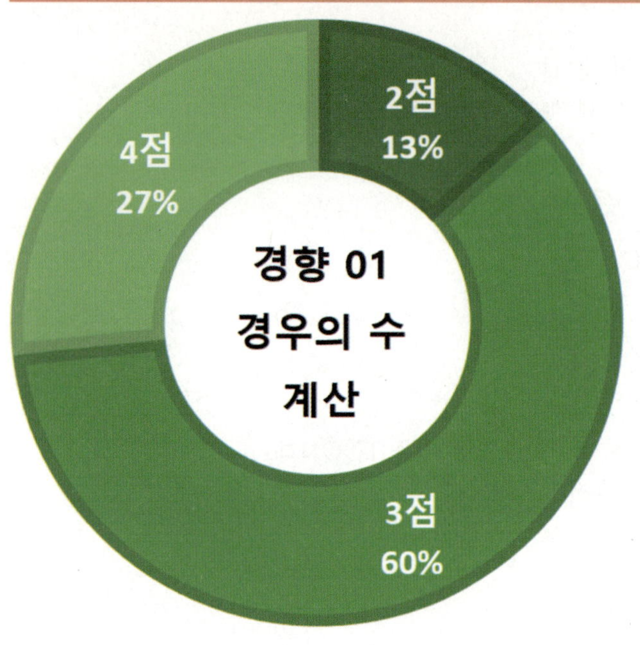

경향01 수능별 데이터 (1)

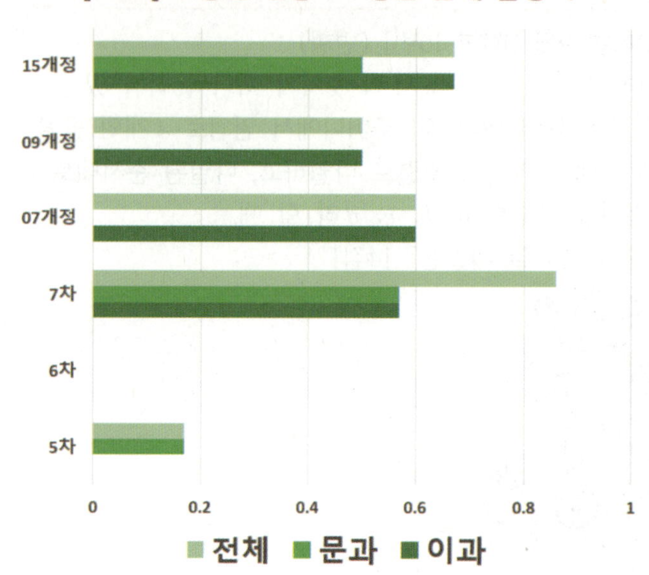

COMMENT

작년 수능에서 2점 문항으로 출제되었어. 선택 과목 체제가 되면서 출제 되는 문항 수가 줄어든 편이지만 확통의 '근본'이므로 헷갈리는 부분을 확실하게 정리해야 해.

경향01 수능 출제 전망

■■■□□

선택과목 체제로 인한 문제 수 축소

경향01 경우의 수 단원 내 출제 비율

18.18%

경향01 공부 우선순위

★★

확통의 근본

경향01 수능별 데이터 (2)

현교육과정
경향01 수능중요도

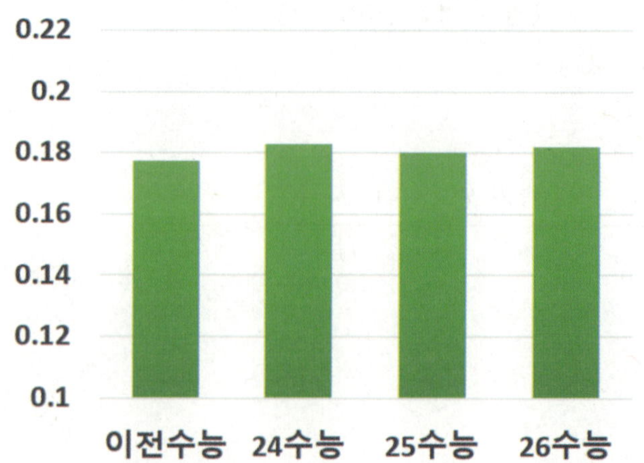

경향01 실전개념분석 001

1. [2021년 수능 (가)형 26번 & (나)형 15번]
세 학생 A, B, C를 포함한 6명의 학생이 있다. 이
6명의 학생이 일정한 간격을 두고 원 모양의 탁자에 다음
조건을 만족시키도록 모두 둘러앉는 경우의 수를 구하시오.
(단, 회전하여 일치하는 것은 같은 것으로 본다.) [4점]

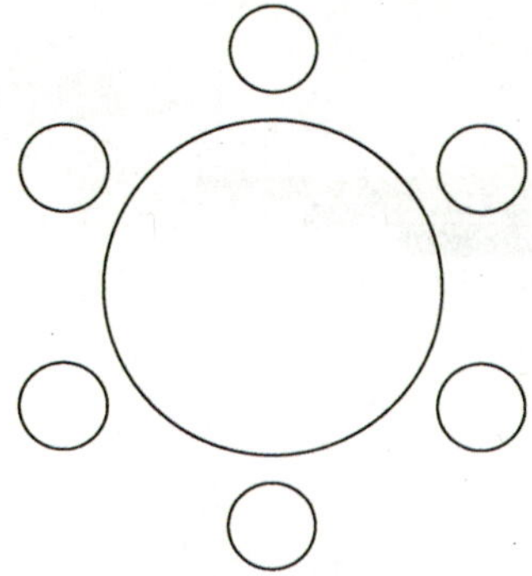

(가) A 와 B 는 이웃한다.
(나) B 와 C 는 이웃하지 않는다.

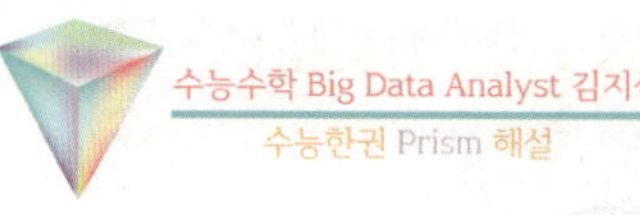

36

A, B가 이웃하므로

한 덩어리로 생각하고 원형 탁자에 배치하는 경우의 수

▶ 1 (∵ 어디 배치하든 똑같다)

한 덩어리 내에서 A, B 위치를 바꾸는 경우의 수

▶ 2!

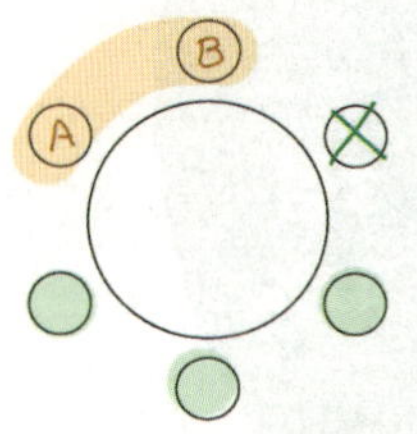

C를 B와 이웃하지 않도록 배치하는 경우의 수

▶ 3

나머지 학생 3명을 배치하는 경우의 수

▶ 3!

∴ 1×2!×3×3!=36

[다른 풀이]

A, B가 이웃하므로 한 덩어리로 생각하고

(AB), C, D, E, F를 원순열로 배치하는 경우의 수

▶ (5-1)!

한 덩어리 내에서 A, B 위치를 바꾸는 경우의 수

▶ 2!

이 중에서 B,C가 이웃한 경우를 제외하자

A, B, C가 이웃하므로 한 덩어리로 생각하고

(ABC), D, E, F를 원순열로 배치하는 경우의 수

▶ (4-1)!

한 덩어리 내에서 (ABC) (CBA) 위치를 바꾸는 경우의 수

▶ 2

∴ (5-1)!×2!-(4-1)!×2=36

경향 02 Minor Trend

경향02 수능 출제 난이도

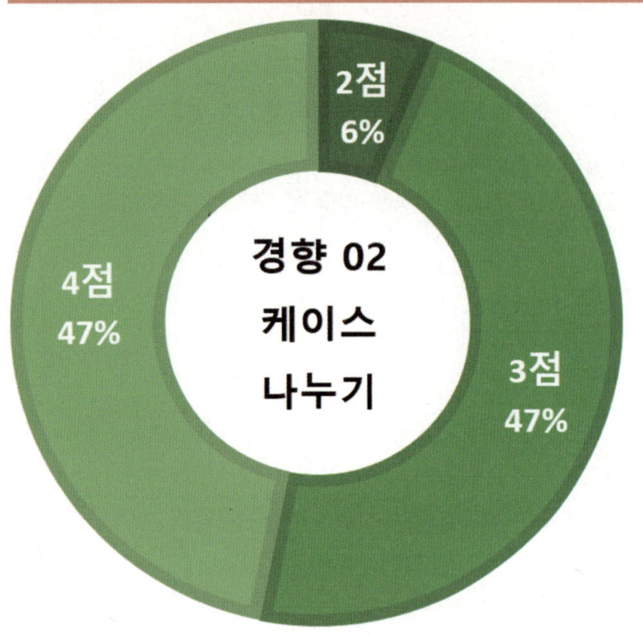

경향02 수능별 데이터 (1)

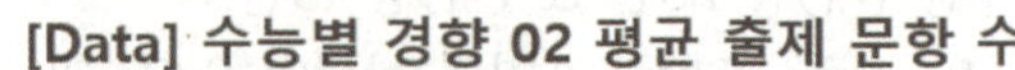

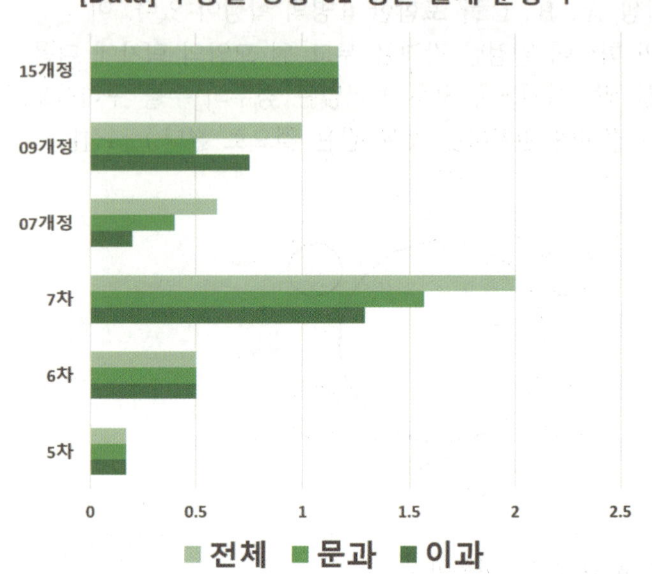

COMMENT

문제의 난이도가 올라가면 문제에서 구하라는 것을 바로 직접적으로 구할 수 없을 때가 대부분이야.
이럴 때는 문제의 질문에서 구하라는 것을 네가 구체화시킬 생각을 해야 해. 그 방법이 '케이스 나누기'를 하는 거야. 케이스 나누기를 어려워하는 친구들이 많은데 실전개념분석을 하면서 확통 고난도 문제 풀이의 가장 핵심적인 사고방식을 익혀 보도록 하자. 작년 수능에서는 3점 문항으로 출제되었어.

경향02 수능 출제 전망

■■■■■

**이 경향에서 사용되는 사고방식이
다른 경향에서도 모두 적용**

경향02 경우의 수 단원 내 출제 비율

36.36%

경향02 공부 우선순위

★★★

'고난도' 문항의 밑거름

경향02 수능별 데이터 (2)

현교육과정
경향02 수능중요도

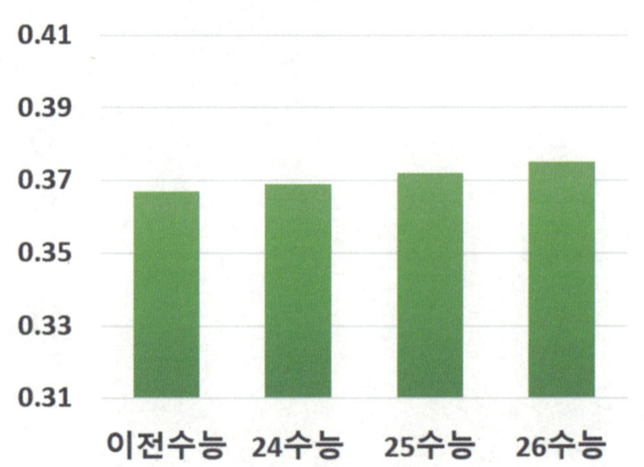

경향02 실전개념분석 002

2. [2010년 수능 (나)형 29번]
각 면에 1, 1, 1, 2, 2, 3 의 숫자가 하나씩 적혀있는 정육면체 모양의 상자를 던져 윗면에 적힌 수를 읽기로 한다. 이 상자를 3번 던질 때, 첫 번째와 두 번째 나온 수의 합이 4 이고 세 번째 나온 수가 홀수일 확률은? [4점]

① $\dfrac{5}{27}$ ② $\dfrac{11}{54}$ ③ $\dfrac{2}{9}$ ④ $\dfrac{13}{54}$ ⑤ $\dfrac{7}{27}$

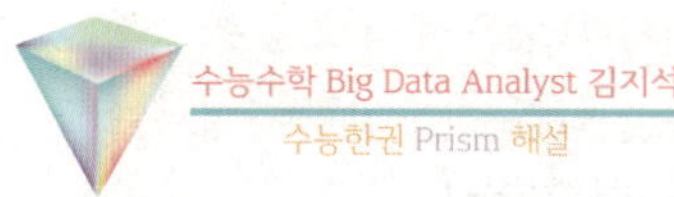

(첫 번째)+(두 번째)=4

→ 그래서 각각이 얼마인가?

→ 케이스를 나누는 것이 핵심!

ⅰ) (첫 번째)=1, (두 번째)=3
첫 번째 수가 1이 나올 확률
▶ $\dfrac{3}{6}$

두 번째 수가 3이 나올 확률
▶ $\dfrac{1}{6}$

ⅱ) (첫 번째)=2, (두 번째)=2
첫 번째 수, 두 번째 수가 2가 나올 확률
▶ $\dfrac{2}{6}$, $\dfrac{2}{6}$

ⅲ) (첫 번째)=3, (두 번째)=1
첫 번째 수가 3이 나올 확률
▶ $\dfrac{1}{6}$

두 번째 수가 1이 나올 확률
▶ $\dfrac{3}{6}$

세 번째 수가 홀수일 확률
▶ $\dfrac{4}{6}$

∴ ⅰ), ⅱ), ⅲ)에 의해
▶ $\left(\dfrac{3}{6} \times \dfrac{1}{6} + \dfrac{2}{6} \times \dfrac{2}{6} + \dfrac{1}{6} \times \dfrac{3}{6} \right) \times \dfrac{4}{6} = \dfrac{5}{27}$

Analysis

다른 수학 과목과는 달리 확률과 통계에서는
"두 수의 합=4"에 대한 식을 세워서 푸는 것이 아니다.
"두 수의 합=4"이면 "그래서 그 두 수가 각각
얼마인데?"라는 관점으로 케이스를 나눠야 한다.
경우의 수에서의 응용문제에서는 대체로 구해야 하는
대상이 공식을 바로 적용해서 풀 수 없도록 나온다. 그래서
공식이 적용할 수 있는 형태로 케이스를 나누는 것이다.

경향 02 Minor Trend

3. [2009년 수능 (가)형 & (나)형 15번]
어떤 사회봉사센터에서는 다음과 같은 4가지 봉사활동 프로그램을 매일 운영하고 있다.

프로그램	A	B	C	D
봉사활동 시간	1시간	2시간	3시간	4시간

철수는 이 사회봉사센터에서 5일간 매일 하나씩의 프로그램에 참여하여 다섯 번의 봉사활동 시간 합계가 8시간이 되도록 아래와 같은 봉사활동 계획서를 작성하려고 한다. 작성할 수 있는 봉사활동 계획서의 가짓수는? [4점]

봉사활동 계획서

성명 :

참여일	참여프로그램	봉사활동시간
2009. 1. 5		
2009. 1. 6		
2009. 1. 7		
2009. 1. 8		
2009. 1. 9		
봉사활동시간 합계		8시간

① 47　　② 44　　③ 41　　④ 38　　⑤ 35

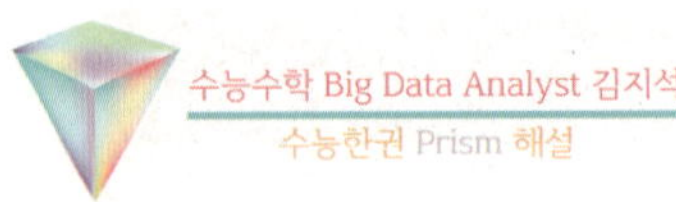

5일 합=8

→ 그래서 각각이 얼마인가?

→ 케이스를 나누는 것이 핵심!

여러 개의 합을 생각할 때는 큰 것부터 고려하자.

$$8 = 4+1+1+1+1$$
$$= 3+2+1+1+1$$
$$= 2+2+2+1+1$$

i) 4+1+1+1+1

D, A, A, A, A를 배열하는 경우의 수

▶ $\dfrac{5!}{4!}$

ii) 3+2+1+1+1

C, B, A, A, A를 배열하는 경우의 수

▶ $\dfrac{5!}{3!}$

iii) 2+2+2+1+1

B, B, B, A, A를 배열하는 경우의 수

▶ $\dfrac{5!}{3!2!}$

∴ i), ii), iii)에 의해 구하는 경우의 수

▶ $\dfrac{5!}{4!} + \dfrac{5!}{3!} + \dfrac{5!}{3!2!} = 35$

경향02 실전개념분석 004

4. [2009년 수능 (가)형 확률과 통계 28번]
1부터 9까지의 자연수가 하나씩 적혀 있는 9개의 공이 주머니에 들어 있다. 이 주머니에서 임의로 4개의 공을 동시에 꺼낼 때, 꺼낸 공에 적혀 있는 수 중에서 가장 큰 수와 가장 작은 수의 합이 7 이상이고 9 이하일 확률은?
[3점]

① $\dfrac{5}{9}$ ② $\dfrac{1}{2}$ ③ $\dfrac{4}{9}$ ④ $\dfrac{7}{18}$ ⑤ $\dfrac{1}{3}$ ✓

(큰 수)+(작은 수)=7~9
→ 그래서 각각이 얼마인가?
→ 케이스를 나누는 것이 핵심!

항상 큰 경우를 먼저 고려하자
ⅰ) (큰 수)+(작은 수)=7
6+1=7
→ 1, 6 사이 2,3,4,5에서 두 수를 고르는 경우의 수
▸ $_4C_2 = 6$
5+2=7
→ 2, 5 사이 3,4에서 두 수를 고르는 경우의 수
▸ $_2C_2 = 1$
4+3=7
→ 3, 4 사이에는 두 수가 존재하지 않는다.

ⅱ) (큰 수)+(작은 수)=8
7+1=8
→ 1, 7 사이 2,3,4,5,6에서 두 수를 고르는 경우의 수
▸ $_5C_2 = 10$
6+2=8
→ 2, 6 사이 3,4,5에서 두 수를 고르는 경우의 수
▸ $_3C_2 = 3$
5+3=8
→ 3, 5 사이 4뿐이라 두 수가 존재하지 않는다.

ⅲ) (큰 수)+(작은 수)=9
8+1=9
→ 1, 8 사이 2,3,4,5,6,7에서 두 수를 고르는 경우의 수
▸ $_6C_2 = 15$
7+2=9
→ 2, 7 사이 3,4,5,6에서 두 수를 고르는 경우의 수
▸ $_4C_2 = 6$
6+3=9
→ 3, 6 사이 4,5에서 두 수를 고르는 경우의 수
▸ $_2C_2 = 1$
5+4=9
→ 4, 5 사이에는 두 수가 존재하지 않는다.

∴ 구하는 확률
▸ $\dfrac{\overset{\text{ⅰ)}}{(6+1)} + \overset{\text{ⅱ)}}{(10+3)} + \overset{\text{ⅲ)}}{(15+6+1)}}{_9C_4} = \dfrac{1}{3}$

경향 02 Minor Trend

5. [2017년 수능 (가)형 26번]

두 주머니 A와 B에는 숫자 1, 2, 3, 4가 하나씩 적혀 있는 4장의 카드가 각각 들어 있다. 갑은 주머니 A에서, 을은 주머니 B에서 각자 임의로 두 장의 카드를 꺼내어 가진다. 갑이 가진 두 장의 카드에 적힌 수의 합과 을이 가진 두 장의 카드에 적힌 수의 합이 같을 확률은 $\dfrac{q}{p}$ 이다. $p+q$의 값을 구하시오. (단, p, q는 서로소인 자연수이다.) [4점]

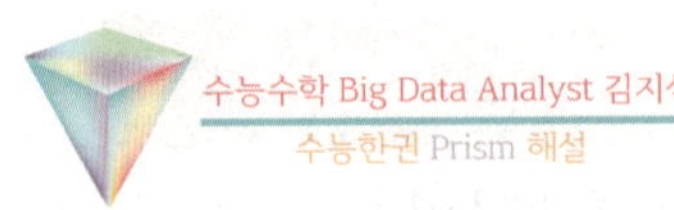

11

합이 같다

→ 그래서 각각이 얼마인가?

→ 케이스를 나누는 것이 핵심!

7=4+3

6=4+2

5=4+1=3+2

4=3+1

3=2+1

ⅰ) 합이 7,6,4,3일 때

숫자 조합이 1가지 뿐이다.

(갑 경우의 수)×(을 경우의 수)=1×1

ⅱ) 합이 5일 때

숫자 조합이 2가지

(갑 경우의 수)×(을 경우의 수)=2×2

∴ 구하는 경우의 수는

$$\dfrac{4\times(1\times1)+(2\times2)}{{}_4C_2\times{}_4C_2}=\dfrac{2}{9}$$

∴ $p+q=9+2=11$

경향02 실전개념분석 006

6. [2020년 수능 (가)형 28번 & (나)형 19번]
숫자 1, 2, 3, 4, 5, 6 중에서 중복을 허락하여 다섯 개를
다음 조건을 만족시키도록 선택한 후, 일렬로 나열하여
만들 수 있는 모든 다섯 자리의 자연수의 개수를 구하시오.
[4점]

> (가) 각각의 홀수는 선택하지 않거나 한 번만
> 선택한다.
> (나) 각각의 짝수는 선택하지 않거나 두 번만
> 선택한다.

450

홀수, 짝수에 대한 조건
→ 그래서 각각이 몇 개인가?
→ 케이스를 나누는 것이 핵심!

개수가 큰 것부터 고려하는 것이 편리하다.
따라서 짝수를 기준으로 고려하자.

5자릿수 → 짝수는 2개씩 & 홀수는 1개씩
i) 5=2+2+1
ii) 5=2+1+1+1
iii) 5=1+1+1+1+1 (홀수가 3종류 뿐이므로 불가능)

i) 5=2+2+1
(짝A, 짝A, 짝B, 짝B, 홀) 배열하는 경우의 수

▶ $\dfrac{5!}{2!2!}$

짝수A,B 2종류 고르는 경우의 수

▶ $_3C_2$

홀수를 1개 고르는 경우의 수

▶ $_3C_1$

∴ $_3C_2 \times _3C_1 \times \dfrac{5!}{2!2!}$

ii) 5=2+1+1+1
(짝A, 짝A, 홀A, 홀B, 홀C) 배열하는 경우의 수

▶ $\dfrac{5!}{2!}$

짝수를 고르는 경우의 수

▶ $_3C_1$

홀수를 고르는 경우의 수

▶ $_3C_3$

∴ $_3C_1 \times _3C_3 \times \dfrac{5!}{2!}$

∴ 구하는 경우의 수

▶ $_3C_2 \times _3C_1 \times \dfrac{5!}{2!2!} + _3C_1 \times _3C_3 \times \dfrac{5!}{2!} = 450$

경향 02 Minor Trend

7. [2014년 수능 (A)형 15번]
주머니 A에는 흰 공 2개와 검은 공 3개가 들어 있고, 주머니 B에는 흰 공 1개와 검은 공 3개가 들어 있다. 주머니 A에서 임의로 1개의 공을 꺼내어 흰 공이면 흰 공 2개를 주머니 B에 넣고 검은 공이면 검은 공 2개를 주머니 B에 넣은 후 주머니 B에서 임의로 1개의 공을 꺼낼 때 꺼낸 공이 흰 공일 확률은? [4점]

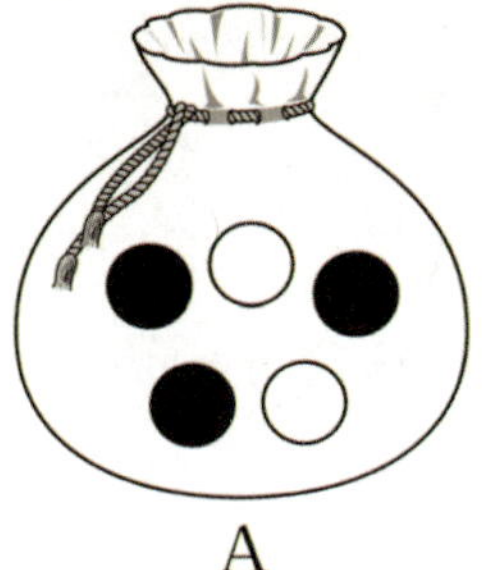

① $\dfrac{1}{6}$　② $\dfrac{1}{5}$　③ $\dfrac{7}{30}$　④ $\dfrac{4}{15}$　✓⑤ $\dfrac{3}{10}$

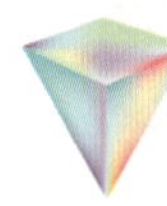

첫번째 시행 결과에 따라 다음 시행 상황이 달라진다
→ 케이스를 나눠라!

i) A에서 흰 공을 꺼냈을 때

A에서 흰 공을 뽑을 확률
▶ $\dfrac{2}{5}$

B에서 흰 공을 꺼낼 확률
▶ $\dfrac{3}{6}$

∴ $\dfrac{2}{5} \times \dfrac{3}{6}$

ii) A에서 검은 공을 꺼냈을 때

A에서 검은 공을 뽑을 확률
▶ $\dfrac{3}{5}$

B에서 흰 공을 꺼낼 확률
▶ $\dfrac{1}{6}$

∴ $\dfrac{3}{5} \times \dfrac{1}{6}$

∴ 전체 확률
▶ $\dfrac{2}{5} \times \dfrac{3}{6} + \dfrac{3}{5} \times \dfrac{1}{6} = \dfrac{3}{10}$

Analysis

첫 시행에 의한 결과에 따라 다음 시행이 달라지는 문제가 나오면, 케이스를 나눠서 푸는 문제다.

경향02 실전개념분석 008

8. [2012년 수능 (가)형 13번]
상자 A 에는 빨간 공 3 개와 검은 공 5 개가 들어 있고, 상자 B 는 비어 있다. 상자 A 에서 임의로 2 개의 공을 꺼내어 빨간 공이 나오면 [실행1]을, 빨간 공이 나오지 않으면 [실행2]를 할 때, 상자 B 에 있는 빨간 공의 개수가 1 일 확률은? [3점]

> [실행1] 꺼낸 공을 상자 B 에 넣는다.
> [실행2] 꺼낸 공을 상자 B 에 넣고, 상자
> A 에서 임의로 2 개의 공을 더 꺼내어
> 상자 B 에 넣는다.

① $\dfrac{1}{2}$　② $\dfrac{7}{12}$　③ $\dfrac{2}{3}$　✓④ $\dfrac{3}{4}$　⑤ $\dfrac{5}{6}$

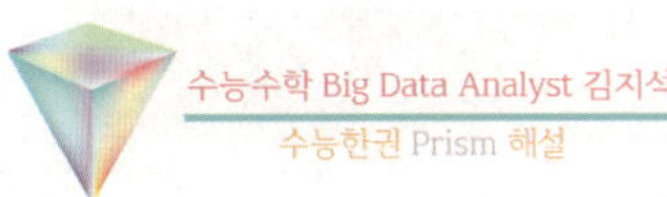

첫번째 시행 결과에 따라
다음 시행 상황이 달라진다
→ 케이스를 나눠라!

상자A[●●●●●●●●]

ⅰ) +●● → 실행1 → 상자B[●●]
빨간 공 2개

ⅱ) +●● → 실행1 → 상자B[●●]
빨간 공 1개

$\qquad \blacktriangleright \dfrac{{}_3C_1 \times {}_5C_1}{{}_8C_2}$

ⅲ) +●● → 실행2 → +●● → 상자B[●●+●●]
빨간 공 0개

ⅳ) +●● → 실행2 → +●● → 상자B[●●+●●]
빨간 공 1개

$\qquad \blacktriangleright \dfrac{{}_5C_2}{{}_8C_2} \times \dfrac{{}_3C_1 \times {}_3C_1}{{}_6C_2}$

$\therefore \dfrac{{}_3C_1 \times {}_5C_1}{{}_8C_2} + \dfrac{{}_5C_2}{{}_8C_2} \times \dfrac{{}_3C_1 \times {}_3C_1}{{}_6C_2} = \dfrac{3}{4}$

경향02 실전개념분석 009

9. [2005년 수능 (나)형 29번]
두 개의 주사위를 동시에 던질 때, 한 주사위 눈의 수가 다른 주사위 눈의 수의 배수가 될 확률은? [4점]

① $\dfrac{7}{18}$ ② $\dfrac{1}{2}$ ③ $\dfrac{11}{18}$ ④ $\dfrac{13}{18}$ ⑤ $\dfrac{5}{6}$

주사위 2개 → 표를 그린다..
전체 경우가 6×6=36이기 때문에
모든 경우를 다 해버리는 게 가장 쉽고 빠르다!

	1	2	3	4	5	6
1	O	O	O	O	O	O
2	O	O	X	O	X	O
3	O	X	O	X	X	O
4	O	O	X	O	X	X
5	O	X	X	X	O	X
6	O	O	O	X	X	O

$\therefore \dfrac{22}{36} = \dfrac{11}{18}$

Analysis

주사위 2개가 나오는 문제는 수능에서 여러 번 출제된
소재다. 전체 경우가 6×6=36뿐이기 때문에, 이때는 케이스
나누기고 뭐고 표를 그려서 모든 경우를 다 확인해서 푸는
게 제일 빠르다.

경향02 실전개념분석 010

10. [2009년 수능 (나)형 22번]
주사위를 두 번 던질 때, 나오는 눈의 수를 차례로
m, n이라 하자. $i^m \cdot (-i)^n$의 값이 1이 될 확률이 $\dfrac{q}{p}$일
때, $p+q$의 값을 구하시오.
(단, $i = \sqrt{-1}$이고 p, q는 서로소인 자연수이다.) [4점]

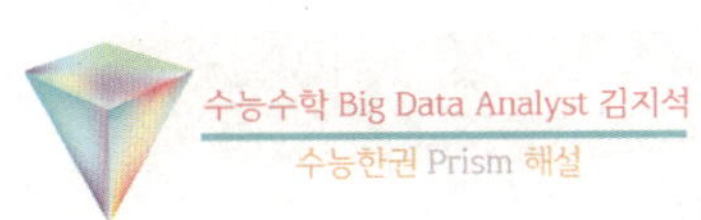

23

주사위 2개 → 표를 그린다.
전체 경우가 6×6=36이기 때문에
모든 경우를 다 해버리는 게 가장 쉽고 빠르다!

$i^m \cdot (-i)^n = 1$
→ m, n이 각각 얼마인가?

$i^m \cdot (-i)^n = 1$
⇔ $i^{m+n} \times (-1)^n = 1$

ⅰ) $i^{m+n} = 1$, $(-1)^n = 1$
m+n=4배수, n=짝수

ⅱ) $i^{m+n} = -1$, $(-1)^n = -1$
m+n=4배수아닌짝수, n=홀수

m·n	1	2	3	4	5	6
1	2	3	4	5	6	7
2	3	4	5	6	7	8
3	4	5	6	7	8	9
4	5	6	7	8	9	10
5	6	7	8	9	10	11
6	7	8	9	10	11	12

∴ $\dfrac{5+5}{36} = \dfrac{5}{18}$

∴ $p+q = 18+5 = 23$

경향 02 Minor Trend

11. [2019년 수능 (가)형 10번]
주머니 속에 2부터 8까지의 자연수가 각각 하나씩 적힌 구슬 7개가 들어 있다. 이 주머니에서 임의로 2개의 구슬을 동시에 꺼낼 때, 꺼낸 구슬에 적힌 두 자연수가 서로소일 확률은? [3점]

① $\dfrac{8}{21}$　② $\dfrac{10}{21}$　③ $\dfrac{4}{7}$　✓④ $\dfrac{2}{3}$　⑤ $\dfrac{16}{21}$

주머니에서 숫자 2개 뽑기

→ 주사위와 다를 바 없다

→ 표를 그린다

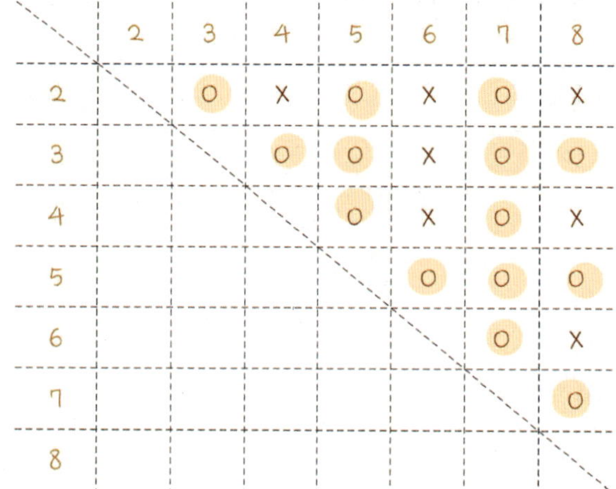

$$\therefore \dfrac{14}{{}_7\mathrm{C}_2} = \dfrac{2}{3}$$

Analysis

주사위 2개인 상황은 생각보다 광범위하게 적용할 수 있다. 주머니에서 숫자 뽑는 것이 주사위와 별반 다르지 않다.

경향02 실전개념분석 012

12. [2019년 수능 (나)형 28번]
숫자 1, 2, 3, 4가 하나씩 적혀 있는 흰 공 4개와 숫자 4, 5, 6이 하나씩 적혀 있는 검은 공 3개가 있다. 이 7개의 공을 임의로 일렬로 나열할 때, 같은 숫자가 적혀 있는 공이 서로 이웃하지 않게 나열될 확률은 $\dfrac{q}{p}$ 이다. $p+q$의 값을 구하시오. (단, p와 q는 서로소인 자연수이다.) [4점]

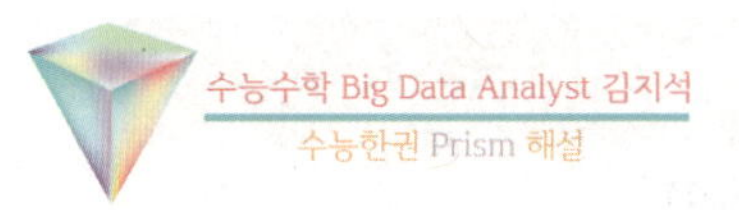

12

① ② ③ ④ ❹ ❺ ❻

같은 숫자가 적혀 있는 공이 서로 이웃하는 경우는 ④❹ 뿐이다.
이웃한 걸 한 덩어리로 보고
①, ②, ③, (④❹), ❺, ❻
를 배열하는 경우의 수
▸ 6!
④❹ 끼리 위치를 바꾸는 경우의 수
▸ 2!

$$\therefore\ 1 - \frac{6! \times 2!}{7!} = 1 - \frac{2}{7} = \frac{5}{7}$$
$$\therefore\ p + q = 7 + 5 = 12$$

Analysis

여사건의 확률을 적용해야 하는 상황은
(돼 = 전체 − 안돼)
(1) 안되는 것이 문제에서 명시됐을 때
(2) 되는 케이스가 너무 많을 때
  ex) ~이상, ~이하, 적어도~

경향 02 Minor Trend

경향02 실전개념분석 013

13. [2008년 수능 (가)형 28번]

여학생 4명과 남학생 2명이 어느 요양 시설에서 6명
모두가 하루에 한 명씩 6일 동안 봉사 활동을 하려고
한다. 이 6명의 학생이 봉사 활동 순번을 임의로 정할 때,
첫째 날 또는 여섯째 날에 남학생이 봉사 활동을 하게 될
확률은? [3점]

① $\dfrac{17}{30}$　② $\dfrac{3}{5}$　③ $\dfrac{19}{30}$　④ $\dfrac{2}{3}$　⑤ $\dfrac{7}{10}$

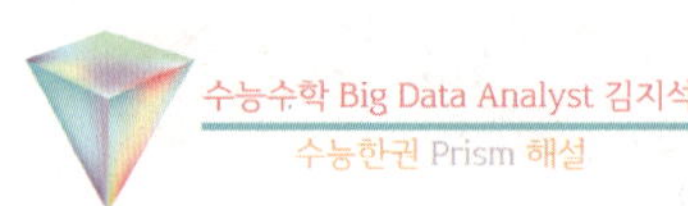

케이스 나누기

(1일, 6일)

i) (남, 여)

ii) (여, 남)

iii) (남, 남)

iv) (여, 여)

전체에서 iv) (여, 여)인 경우만 제외하면 된다.

여학생 4명중 2명을 (1일, 6일)에 배치하는 경우의 수

▶ $_4P_2$

나머지 4명을 배치하는 경우의 수

▶ $4!$

$$\therefore\ 1 - \frac{_4P_2 \times 4!}{6!} = \frac{3}{5}$$

[다른 풀이]

i) (남, 여)

▶ $_2P_1 \times _4P_1 \times 4!$

ii) (여, 남)

▶ $_4P_1 \times _2P_1 \times 4!$

iii) (남, 남)

▶ $_2P_2 \times 4!$

$$\therefore\ \frac{_2P_1 \times _4P_1 \times 4! + _4P_1 \times _2P_1 \times 4! + _2P_2 \times 4!}{6!} = \frac{3}{5}$$

Analysis

A 또는 B의 경우의 수

$n(A \cup B)$

$= n(A) + n(B) - n(A \cap B)$

$= n(A - B) + n(B - A) + n(A \cap B)$

$= n(S) - n(A^c \cap B^c)$

위 세 가지 접근법을 기억해뒀다가
문제마다 가장 편한 방법이 뭔지만 판단하면 된다.

경향02 실전개념분석 014

14. [2022년 수능 (확률과 통계) 26번]
1부터 10까지 자연수가 하나씩 적혀 있는 10장의 카드가 들어 있는 주머니가 있다. 이 주머니에서 임의로 카드 3장을 동시에 꺼낼 때, 꺼낸 카드에 적혀 있는 세 자연수 중에서 가장 작은 수가 4 이하이거나 7 이상일 확률은? [3점]

① $\dfrac{4}{5}$ ② $\dfrac{5}{6}$ ③ $\dfrac{13}{15}$ ✓ ④ $\dfrac{9}{10}$ ⑤ $\dfrac{14}{15}$

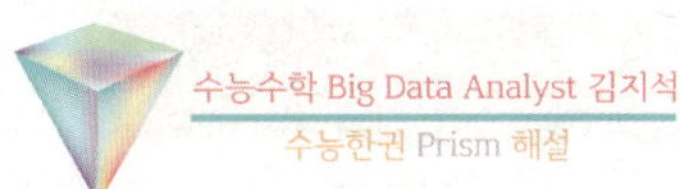

사건A: 가장 작은 수가 4 이하
사건B: 가장 작은 수가 7 이상
사건$A^c \cap B^c$: 가장 작은 수가 4 초과 7 미만 = 5, 6

$$P(A \cup B) = 1 - P(A^c \cap B^c)$$

ⅰ) 가장 작은 수가 5일 때
6~10 중에서 나머지 2장 더 선택하는 경우의 수
▶ $_5C_2$

ⅱ) 가장 작은 수가 6일 때
7~10 중에서 나머지 2장 더 선택하는 경우의 수
▶ $_4C_2$

$$P(A \cup B)$$
$$= 1 - P(A^c \cap B^c)$$
$$= 1 - \dfrac{_5C_2 + {_4C_2}}{_{10}C_3} = \dfrac{13}{15}$$

경향 02 Minor Trend

경향02 실전개념분석 015

━━━━━━ 1등급 ━━━

15. [2023년 수능 (확률과 통계) 30번]
집합 $X = \{x \mid x$는 10 이하의 자연수 $\}$에 대하여 다음
조건을 만족시키는 함수 $f : X \to X$의 개수를 구하시오.
[4점]

> (가) 9 이하의 모든 자연수 x에 대하여
> $$f(x) \leq f(x+1)$$이다.
> (나) $1 \leq x \leq 5$일 때 $f(x) \leq x$이고,
> $6 \leq x \leq 10$일 때 $f(x) \geq x$이다.
> (다) $f(6) = f(5) + 6$

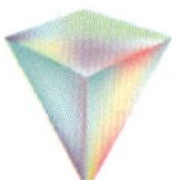

수능수학 Big Data Analyst 김지석
수능한권 Prism 해설   100

(step1) 조건 (가)
$$f(1) \leq f(2) \leq f(3) \leq f(4) \leq f(5)$$
$$\leq f(6) \leq f(7) \leq f(8) \leq f(9) \leq f(10)$$

(step2) 조건 (나)
$$f(1) \leq 1 \ \to \ f(1) = 1$$
$$f(10) \geq 10 \ \to \ f(10) = 10$$

$f(5)$, $f(6)$는 조건 (다)가 있으니
우선 조건(가), (나)를 만족하는
$f(2)$, $f(3)$, $f(4)$와 $f(7)$, $f(8)$, $f(9)$의
경우부터 구해보면

	$f(2) \leq 2$	$f(3) \leq 3$	$f(4) \leq 4$
1	1	1,2,3,4	
		2	2,3,4
		3	3,4
2		2	2,3,4
		3	3,4

14개

	$f(9) \geq 9$	$f(8) \geq 8$	$f(7) \geq 7$
10		10	10,9,8,7
		9	9,8,7
		8	8,7
9		9	9,8,7
		8	8,7

14개

(step3) 조건 (다) 케이스 나누기
$$f(6) = f(5) + 6$$
ⅰ) $f(5) = 1$, $f(6) = 7$
ⅱ) $f(5) = 2$, $f(6) = 8$
ⅲ) $f(5) = 3$, $f(6) = 9$
ⅳ) $f(5) = 4$, $f(6) = 10$

ⅰ) $f(5) = 1$, $f(6) = 7$
$1 \leq f(2) \leq f(3) \leq f(4) \leq 1$의 경우의 수
▶ 1
$7 \leq f(7) \leq f(8) \leq f(9) \leq 10$의 경우의 수

	$f(9) \geq 9$	$f(8) \geq 8$	$f(7) \geq 7$
10		10	10,9,8,7
		9	9,8,7
		8	8,7
9		9	9,8,7
		8	8,7

▶ 14
$\therefore \ 1 \times 14 = 14$

ⅱ) $f(5) = 2$, $f(6) = 8$
$1 \leq f(2) \leq f(3) \leq f(4) \leq 2$의 경우의 수

	$f(2) \leq 2$	$f(3) \leq 3$	$f(4) \leq 4$
1		1	1,2,~~3~~,~~4~~
		2	2,~~3~~,~~4~~
		~~3~~	~~3~~,~~4~~
2		2	2,~~3~~,~~4~~
		~~3~~	~~3~~,~~4~~

▶ 14−10=4
$8 \leq f(7) \leq f(8) \leq f(9) \leq 10$의 경우의 수

	$f(9) \geq 9$	$f(8) \geq 8$	$f(7) \geq 7$
10		10	10,9,8,~~7~~
		9	9,8,~~7~~
		8	8,~~7~~
9		9	9,8,~~7~~
		8	8,~~7~~

▶ 14−5=9
$\therefore \ 4 \times 9 = 36$

iii) $f(5) = 3$, $f(6) = 9$

$1 \leq f(2) \leq f(3) \leq f(4) \leq 3$의 경우의 수

$f(2) \leq 2$	$f(3) \leq 3$	$f(4) \leq 4$
1	1	1,2,3,~~4~~
	2	2,3,~~4~~
	3	3,~~4~~
2	2	2,3,~~4~~
	3	3,~~4~~

▶ $14-5=9$

$9 \leq f(7) \leq f(8) \leq f(9) \leq 10$의 경우의 수

$f(9) \geq 9$	$f(8) \geq 8$	$f(7) \geq 7$
10	10	10,9,~~8,7~~
	9	9,~~8,7~~
	~~8~~	~~8,7~~
9	9	9,~~8,7~~
	~~8~~	~~8,7~~

▶ $14-10=4$

∴ $9 \times 4 = 36$

iv) $f(5) = 4$, $f(6) = 10$

$1 \leq f(2) \leq f(3) \leq f(4) \leq 4$의 경우의 수

$f(2) \leq 2$	$f(3) \leq 3$	$f(4) \leq 4$
1	1	1,2,3,4
	2	2,3,4
	3	3,4
2	2	2,3,4
	3	3,4

▶ 14

$10 \leq f(7) \leq f(8) \leq f(9) \leq 10$의 경우의 수

▶ 1

∴ $14 \times 1 = 14$

∴ 구하는 경우의 수는
$14+36+36=14=100$

[참고]
iii)는 ii)와 구조가 같으므로 경우의 수도 같을 수밖에 없다.
iv)는 i)와 구조가 같으므로 경우의 수도 같을 수밖에 없다.
즉, iii), iv) 경우는 계산해보지 않아도 풀이가 가능하다.

경향 02 Minor Trend

[다른 풀이2]
조건 (가) $f(x) \leq f(x+1)$를 만족하는 함수의 개수를
최단경로 경우의 수로 치환하여 해결할 수 있다.

ⅰ) $f(5)=1,\ f(6)=7$

$1 \leq f(2) \leq f(3) \leq f(4) \leq 1$의 경우의 수

▶ 1

$7 \leq f(7) \leq f(8) \leq f(9) \leq 10$의 경우의 수

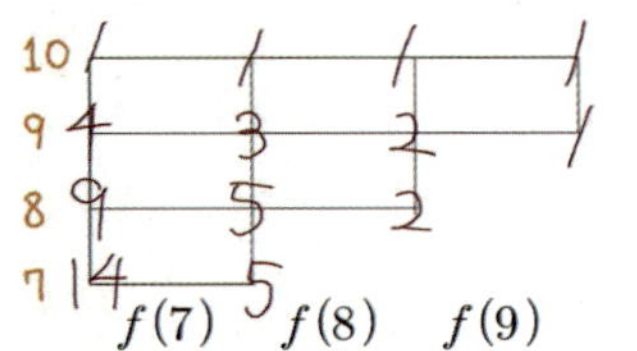

▶ 14

$\therefore 1 \times 14 = 14$

ⅱ) $f(5)=2,\ f(6)=8$

$1 \leq f(2) \leq f(3) \leq f(4) \leq 2$의 경우의 수

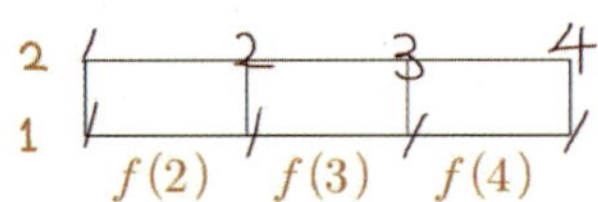

▶ 4

$8 \leq f(7) \leq f(8) \leq f(9) \leq 10$의 경우의 수

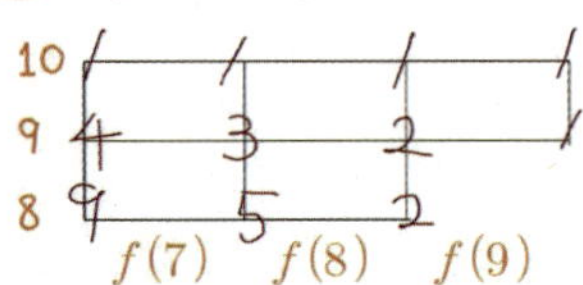

▶ 9

$\therefore 4 \times 9 = 36$

ⅲ) $f(5)=3,\ f(6)=9$

$1 \leq f(2) \leq f(3) \leq f(4) \leq 3$의 경우의 수

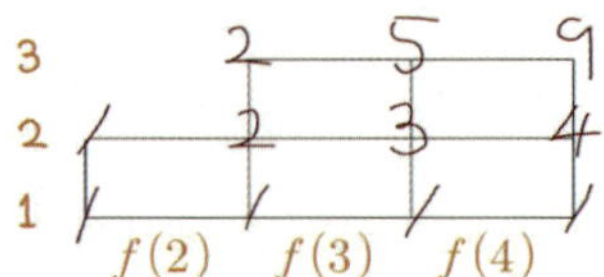

▶ 9

$9 \leq f(7) \leq f(8) \leq f(9) \leq 10$의 경우의 수

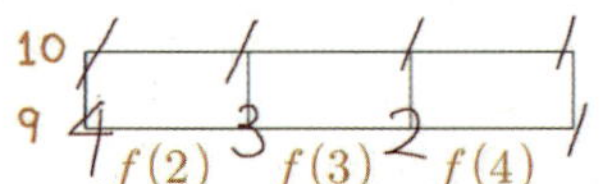

▶ 4

$\therefore 9 \times 4 = 36$

ⅳ) $f(5)=4,\ f(6)=10$

$1 \leq f(2) \leq f(3) \leq f(4) \leq 4$의 경우의 수

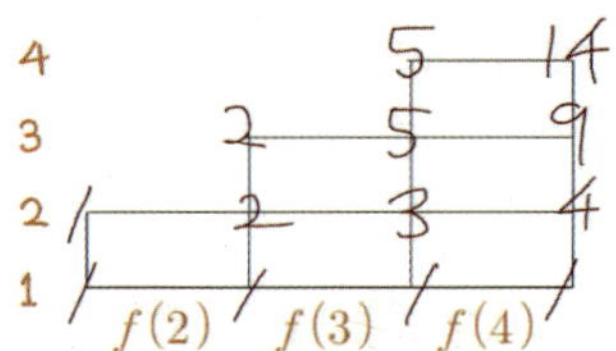

▶ 14

$10 \leq f(7) \leq f(8) \leq f(9) \leq 10$의 경우의 수

▶ 1

$\therefore 14 \times 1 = 14$

[2023년 수능 (확률과 통계) 30번]
집합 $X = \{x|x$는 10 이하의 자연수$\}$에 대하여 다음
조건을 만족시키는 함수 $f : X \to X$의 개수를 구하시오.
[4점]

> (가) 9 이하의 모든 자연수 x에 대하여
> $\qquad f(x) \leq f(x+1)$이다.
> (나) $1 \leq x \leq 5$일 때 $f(x) \leq x$이고,
> $\qquad 6 \leq x \leq 10$일 때 $f(x) \geq x$이다.
> (다) $f(6) = f(5) + 6$

경향 03 Minor Trend

경향03 수능 출제 난이도

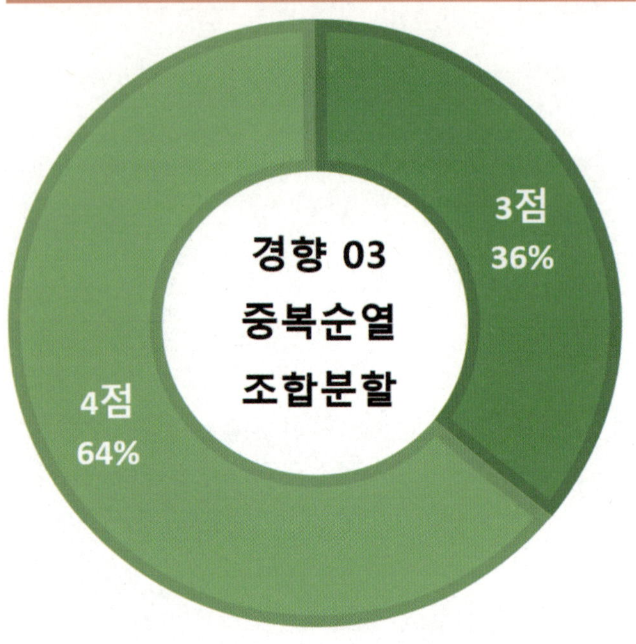

경향03 수능별 데이터 (1)

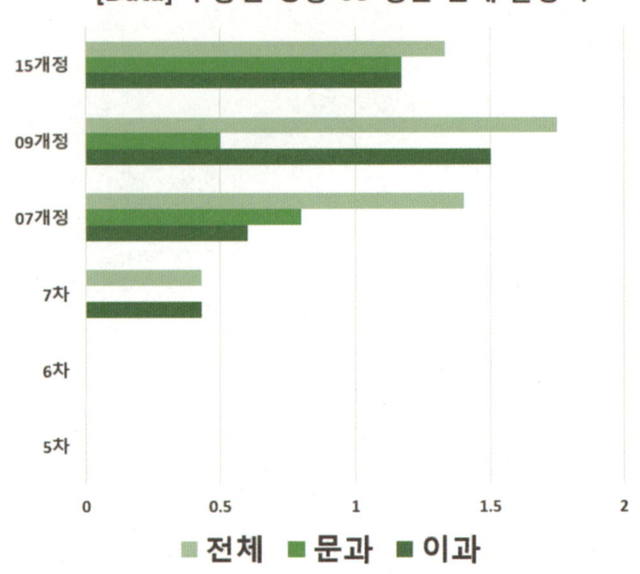

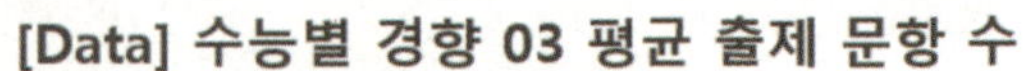

COMMENT

중복순열조합분할은 하나의 개념으로만 풀어내는 문제도 있지만 복합적으로 풀어내야 하는 문제도 있어. 특히 어떨 때 순열인지 조합인지 중복순열인지 중복조합인지 헷갈린다면 반드시 정리하도록 하자. 하나의 경향 안에서 각각의 차이점이 무엇인지 파악하는 훈련을 해야 해. 수능한권에서는 이 헷갈리는 것들을 한 번에 정리할 수 있도록 실전개념 미니 테스트를 넣어놨으니 반드시 반복 학습하도록 하자. 개념의 차이점을 통해 문제의 차이점을 정확하게 파악해야 실수 없이 깔끔한 풀이가 가능하겠지. 작년 수능에서 30번, 4점 문항으로 나왔어.

경향03 수능 출제 전망

■■■■■

13년간 한 번도 빠짐없이 계속 출제
고난도 문제도 다수

경향03 경우의 수 단원 내 출제 비율

28.41%

경향03 공부 우선순위

★★★

간접범위, 경향01, 경향02
먼저 공부하고 공부하자

경향03 수능별 데이터 (2)

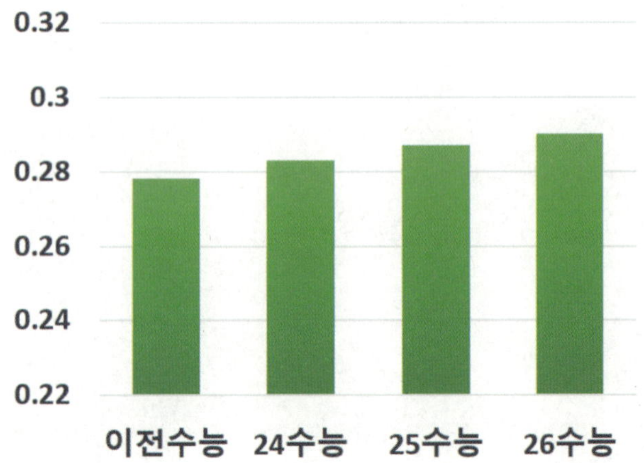

중복순열조합분할 실전개념 정리

■ 이상

$x_1 + x_2 + \cdots + x_n = r$의 경우의 수

① $x_1, x_2, \cdots, x_n \geq 0$일 때

$\Rightarrow {}_n\mathrm{H}_r$

② $x_1 \geq k_1, x_2 \geq k_2, \cdots, x_n \geq k_n$일 때

$x_1 - k_1 = x_1{}', x_2 - k_2 = x_2{}', x_n - k_n = x_n{}'$치환

$x_1{}', x_2{}', \cdots, x_n{}' \geq 0$일 때

$x_1{}' + x_2{}' + \cdots + x_n{}' = r - (k_1 + k_2 + \cdots + k_n)$

$\Rightarrow {}_n\mathrm{H}_{r - (k_1 + k_2 + \cdots + k_n)}$

■ 이하

$0 \leq x_1, x_2, \cdots, x_n \leq k$일 때

$x_1 + x_2 + \cdots + x_n = r$의 경우의 수

① 케이스 열거
② 여사건
③ $x_i = k - x_i{}'$ 치환 $(x_i{}' \geq 0)$

■ 단순 열거

케이스 나누기

■ 여러 종류의 공 (독립)

서로 다른 n개의 통에
서로 같은 종류의 빨간공 p개
서로 같은 종류의 파란공 q개
넣는 경우의 수

$\Rightarrow {}_n\mathrm{H}_p \times {}_n\mathrm{H}_q$

■ 여러 종류의 공 (종속)

특수한 조건이 있는(개수가 적은 종류) 공을
넣는 것으로 케이스 나눈다.

■ 부등식 (등식으로 변환)

$x \geq k \Rightarrow x = k + x' \quad (x' \geq 0)$
$y > m \Rightarrow y = m + 1 + y' \quad (y' \geq 0)$

■ 부등식 (등호 포함)

$3 \leq x_1 < x_2 < x_3 < x_4 \leq 10 \quad \Rightarrow {}_8\mathrm{C}_4$
$3 \leq x_1 \leq x_2 \leq x_3 \leq x_4 \leq 10 \quad \Rightarrow {}_8\mathrm{H}_4$

경향 03 Minor Trend

중복순열 vs 중복조합 vs 분할
실전개념 Mini-Test

문제 상황 (1)

통 3개에 / 공 6개를 / 빈 통 / 넣는다.

---

① 다른 / 다른 / Ok ▸ $_3\Pi_6 = 729$

② 다른 / 다른 / No
i) $_3\Pi_6 - \{_3C_2 \times (_2\Pi_6 - 2) + _3C_1 \times _1\Pi_6\}$
ii) 6개를 3개로 분할 $\times 3! = 540$

③ 다른 / 같은 / Ok ▸ $_3H_6 = 28$

④ 다른 / 같은 / No ▸ $_3H_{6-3} = 10$

⑤ 같은 / 다른 / Ok
▸ 6개를 3개로 분할 + 2개로 분할 + 1개로 분할
$= 90 + 31 + 1 = 122$

⑥ 같은 / 다른 / No ▸ 6개를 3개로 분할

⑦ 같은 / 같은 / Ok ▸ 7

⑧ 같은 / 같은 / No ▸ 3

문제 상황 (2)

3개에서 6개를 / 중복 선택 / 자리에 배치한다.

---

① 다른 / Ok / 다른 ▸ $_3\Pi_6 = 729$

② 다른 / Ok / 같은 ▸ $_3H_6 = 28$

문제 상황 (3)

4개에서 2개를 / 중복 선택 / 자리에 배치한다.

---

① 다른 / Ok / 다른 ▸ $_4\Pi_2 = 16$

② 다른 / Ok / 같은 ▸ $_4H_2 = 10$

③ 다른 / No / 다른 ▸ $_4P_2 = 12$

④ 다른 / No / 같은 ▸ $_4C_2 = 6$

---

① **중복순열** $_n\Pi_r$
서로 다른 n개에서
중복을 허용하여 r개를 택하여
이들의 순서를 생각하여 일렬로 배열하는 것
다른 자리 배치(차별)

② **중복조합** $_nH_r$
서로 다른 n개에서
중복을 허용하여 r개를 택하는 조합
같은 자리 배치(평등)

③ **분할**
서로 다른 n개를 r개의 묶음으로 나누는 방법의 수

④ **순열** $_nP_r$
서로 다른 n개에서 r개를 택하여
이들의 순서를 생각하여 일렬로 배열하는 경우의 수

⑤ **조합** $_nC_r$
순서를 생각하지 않고, 서로 다른 n개에서
r개를 택하는 경우의 수

6개를 3개로 분할

▸ $_6C_4 \cdot {_2C_1} \cdot {_1C_1} \cdot \dfrac{1}{2!}$
$+ {_6C_3} \cdot {_3C_2} \cdot {_1C_1}$
$+ {_6C_2} \cdot {_4C_2} \cdot {_2C_2} \cdot \dfrac{1}{3!} = 90$

6개를 2개로 분할

▸ $_6C_5 \cdot {_1C_1} + {_6C_4} \cdot {_2C_2} + {_6C_3} \cdot {_3C_3} \cdot \dfrac{1}{2!} = 31$

6개를 1개로 분할

▸ 1

중복순열 vs 중복조합 vs 분할
실전개념

①

빈O(중복) 차별
다른통　　다른공

$_n\Pi_r$

ex) $_3\Pi_6$

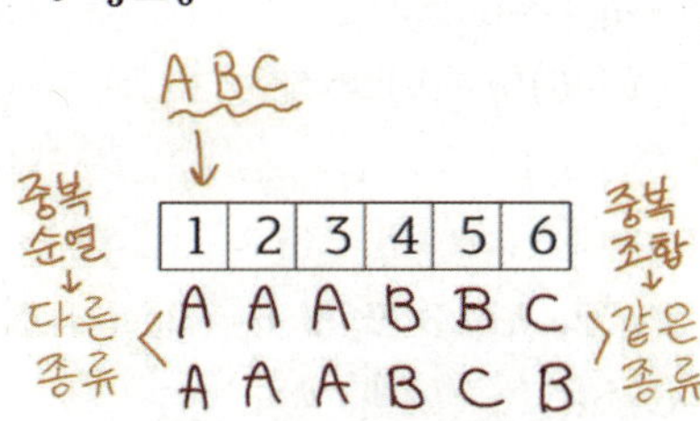

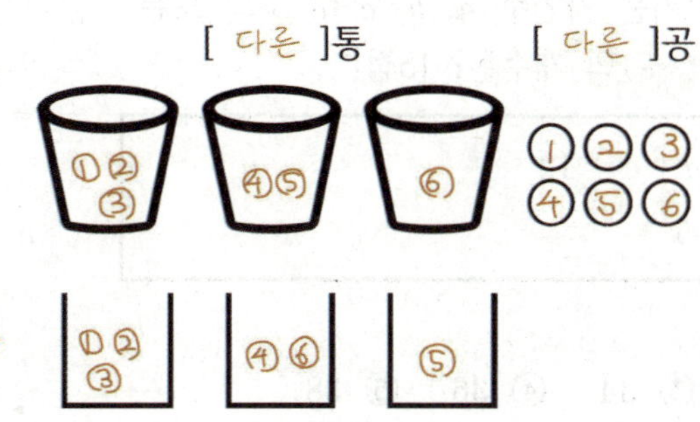

②

빈O(중복) 차별
다른통　　같은공

$_n\mathrm{H}_r$

ex) $_3\mathrm{H}_6$

③

n개를 → 다른공
r개로 → 같은통

분할　빈X

ex) 6개를 3개로 분할

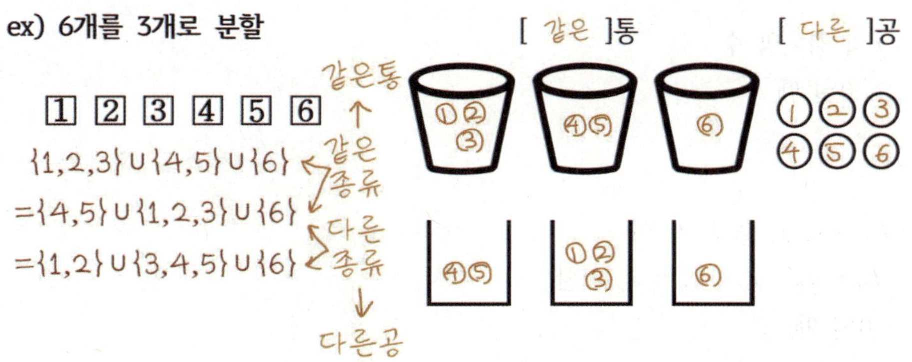

경향 03 Minor Trend

16. [2022년 수능 (확률과 통계) 25번]
다음 조건을 만족시키는 자연수 a, b, c, d, e의 모든 순서쌍 (a, b, c, d, e)의 개수는? [3점]

> (가) $a+b+c+d+e=12$
> (나) $|a^2-b^2|=5$

① 30　② 32　③ 34　④ 36　⑤ 38

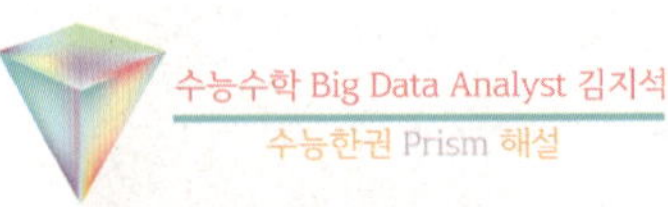

(step1) 조건 (나)

$|a^2-b^2|=5$

$\Leftrightarrow |(a-b)(a+b)|=5$

$a+b \neq \pm 1$이므로 ($\because$ a, b는 자연수)

$a-b=\pm 1$, $a+b=5$

$\therefore$ $a=2$, $b=3$ 또는 $a=3$, $b=2$

$\therefore$ 순서쌍 (a, b)의 개수

▶ 2

(step2) 조건 (가)

$a+b+c+d+e=12$

$\Leftrightarrow c+d+e=7$ ($\because$ $a+b=5$)

$\Leftrightarrow c'+d'+e'=7-3=4$

$(c=c'+1$, $d=d'+1$, $e=e'+1)$

순서쌍 (c', d', e')의 개수

▶ $_3H_4 = {}_{3+4-1}C_4 = {}_6C_4 = {}_6C_2 = \dfrac{6 \times 5}{2 \times 1} = 15$

$\therefore$ 순서쌍 (a, b, c, d, e)의 개수는

$2 \times 15 = 30$

Analysis

■ 이상

$x_1 + x_2 + \cdots + x_n = r$의 경우의 수

① x_1, x_2, $\cdots$, $x_n \geq 0$일 때

$\Rightarrow {}_nH_r$

② $x_1 \geq k_1$, $x_2 \geq k_2$, $\cdots$, $x_n \geq k_n$일 때

$x_1 - k_1 = x_1{}'$, $x_2 - k_2 = x_2{}'$, $x_n - k_n = x_n{}'$ 치환

$x_1{}'$, $x_2{}'$, $\cdots$, $x_n{}' \geq 0$일 때

$x_1' + x_2' + \cdots + x_n' = r - (k_1 + k_2 + \cdots + k_n)$

$\Rightarrow {}_nH_{r-(k_1+k_2+\cdots+k_n)}$

■ 단순열거

케이스 나누기

경향03 실전개념분석 017

17. [2019년 수능 (가)형 12번]
네 명의 학생 A, B, C, D에게 같은 종류의 초콜릿 8개를 다음 규칙에 따라 남김없이 나누어 주는 경우의 수는? [3점]

> (가) 각 학생은 적어도 1개의 초콜릿을 받는다.
> (나) 학생 A는 학생 B보다 더 많은 초콜릿을 받는다.

① 11 ② 13 ③ 15 ④ 17 ⑤ 19

수능수학 Big Data Analyst 김지석
수능한권 Prism 해설

(가)와 같이 사전에 배운 조건은 공식을 활용하고
(나)와 같은 특수한 조건은 공식 활용이 불가능하므로
수작업을 한다. 즉, 케이스를 나눈다.

$a + b + c + d = 8$
$\Leftrightarrow a' + b' + c' + d' = 8 - 4 = 4$
$(a = a' + 1, \ b = b' + 1, \ c = c' + 1, \ d = d' + 1)$

ⅰ) $a' + b' = 4$인 경우
$a' > b'$인 $(a', \ b')$은 $(4, \ 0), \ (3, \ 1)$
▸ 2
$c' + d' = 0$의 경우의 수
▸ $_2H_0$
∴ $2 \times _2H_0$

ⅱ) $a' + b' = 3$인 경우
$a' > b'$인 $(a', \ b')$은 $(3, \ 0), \ (2, \ 1)$
▸ 2
$c' + d' = 1$의 경우의 수
▸ $_2H_1$
∴ $2 \times _2H_1$

ⅲ) $a' + b' = 2$인 경우
$a' > b'$인 $(a', \ b')$은 $(2, \ 0)$ 뿐이다.
$c' + d' = 2$의 경우의 수
▸ $_2H_2$
∴ $1 \times _2H_2$

ⅳ) $a' + b' = 1$
$a' > b'$인 $(a', \ b')$은 $(1, \ 0)$ 뿐이다.
$c' + d' = 3$의 경우의 수
▸ $_2H_3$
∴ $1 \times _2H_3$

∴ 전체 경우의 수는
$2 \times _2H_0 + 2 \times _2H_1 + 1 \times _2H_2 + 1 \times _2H_3 = 13$

[다른 풀이]
$a' > b' \Leftrightarrow a' = b' + 1 + e$ (단, $e \geq 0$인 정수)
$a' + b' + c' + d' = 4$
$\Leftrightarrow 2b' + c' + d' + e = 3$

ⅰ) $b' = 1 \Leftrightarrow c' + d' + e = 1$
▸ $_3H_1$
ⅱ) $b' = 0 \Leftrightarrow c' + d' + e = 3$
▸ $_3H_3$

∴ $_3H_1 + _3H_3 = 13$

경향 03 Minor Trend

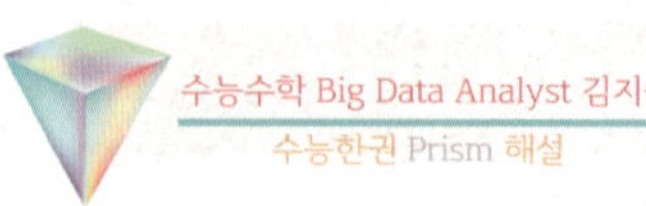

18. [2006년 수능 (가)형 이산수학 30번]
네 종류의 사탕 중에서 15개를 선택하려고 한다. 초콜릿사탕은 4개 이하, 박하사탕은 3개 이상, 딸기사탕은 2개 이상, 버터사탕은 1개 이상을 선택하는 경우의 수를 구하시오. (단, 각 종류의 사탕은 15개 이상씩 있다.)
[4점]

초코 $= a \leq 4$

박하 $= b \geq 3$

딸기 $= c \geq 2$

버터 $= d \geq 1$

$a + b + c + d = 15$

$\Leftrightarrow a + b' + c' + d' = 15 - (3 + 2 + 1) = 9$

$(b = b' + 3,\ c = c' + 2,\ d = d' + 1)$

ⅰ) $a = 4$일 때, $b' + c' + d' = 5$

▶ $_3H_5$

ⅱ) $a = 3$일 때, $b' + c' + d' = 6$

▶ $_3H_6$

ⅲ) $a = 2$일 때, $b' + c' + d' = 7$

▶ $_3H_7$

ⅳ) $a = 1$일 때, $b' + c' + d' = 8$

▶ $_3H_8$

ⅴ) $a = 0$일 때, $b' + c' + d' = 9$

▶ $_3H_9$

$\therefore\ _3H_5 + _3H_6 + _3H_7 + _3H_8 + _3H_9 = 185$

Analysis

■ 이하

$0 \leq x_1,\ x_2,\ \cdots,\ x_n \leq k$일 때

$x_1 + x_2 + \cdots + x_n = r$의 경우의 수

① 케이스 열거

② 여사건

③ $x_i = k - x_i'$ 치환 $(x_i' \geq 0)$

【ex】 $0 \leq a,\ b,\ c \leq 2$인 정수이고
$a + b + c = 5$를 만족하는 순서쌍 $(a,\ b,\ c)$의 개수는?

$a + b + c = 5$

$\Leftrightarrow (2 - \alpha) + (2 - \beta) + (2 - \gamma) = 5$

(단, $0 \leq \alpha, \beta, \gamma \leq 2$)

$\Leftrightarrow \alpha + \beta + \gamma = 1$

$\therefore\ _3H_1$

[다른 풀이]

여사건 활용하기

박하 $= b \geq 3$, 딸기 $= c \geq 2$, 버터 $= d \geq 1$

$a + b + c + d = 15$

$\Leftrightarrow a + b' + c' + d' = 15 - (3 + 2 + 1) = 9$

$(b = b' + 3,\ c = c' + 2,\ d = d' + 1)$

▶ $_4H_9$

초코 $= a \geq 5$, 박하 $= b \geq 3$, 딸기 $= c \geq 2$, 버터 $= d \geq 1$

$a + b + c + d = 15$

$\Leftrightarrow a' + b' + c' + d' = 15 - (5 + 3 + 2 + 1) = 4$

$(a = a' + 5,\ b = b' + 3,\ c = c' + 2,\ d = d' + 1)$

▶ $_4H_4$

$\therefore\ _4H_9 - _4H_4 = 185$

경향03 실전개념분석 019

19. [2014년 수능 (A)형 18번]
흰색 탁구공 8개와 주황색 탁구공 7개를 3명의 학생에게 남김없이 나누어 주려고 한다. 각 학생이 흰색 탁구공과 주황색 탁구공을 각각 한 개 이상 갖도록 나누어 주는 경우의 수는? [4점]

① 295　　② 300　　③ 305　　④ 310　　⑤ 315 ✓

수능수학 Big Data Analyst 김지석
수능한권 Prism 해설

흰색 탁구공과 주황색 탁구공이
각각 1개 이상 있어야 하므로
모든 학생에게 먼저 1개씩 나눠주면
흰색 탁구공은 8−3=5개,
주황색 탁구공은 7−3=4개 남게 된다.

남은 흰색 탁구공을 나누어 주는 경우의 수
▶ $_3H_5$
남은 주황색 탁구공을 나누어 주는 경우의 수
▶ $_3H_4$
∴ $_3H_5 \times _3H_4 = 315$

Analysis〜

■ 여러 종류의 공 (독립)
서로 다른 n개의 통에
서로 같은 종류의 빨간공 p개
서로 같은 종류의 파란공 q개
넣는 경우의 수
⇒ $_nH_p \times _nH_q$

경향03 실전개념분석 020

20. [2020년 수능 (나)형 29번]
세 명의 학생 A, B, C에게 같은 종류의 사탕 6개와 같은 종류의 초콜릿 5개를 다음 규칙에 따라 남김없이 나누어 주는 경우의 수를 구하시오. [4점]

> (가) 학생 A가 받는 사탕의 개수는 1 이상이다.
> (나) 학생 B가 받는 초콜릿의 개수는 1 이상이다.
> (다) 학생 C가 받는 사탕의 개수와 초콜릿의 개수의 합은 1 이상이다.

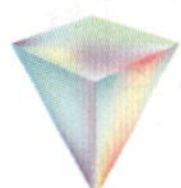
수능수학 Big Data Analyst 김지석
수능한권 Prism 해설　　285

(Step1) 조건 (가)
학생 A에게 사탕 1개를 먼저 나눠주면
사탕은 6−1=5개 남는다.
남은 사탕 5개를 학생 A, B, C에게 나눠주는 경우의 수
▶ $_3H_5$

(Step2) 조건 (나)
학생 B에게 초콜릿 1개를 먼저 나눠주면
초콜릿은 5−1=4개 남는다.
남은 초콜릿 4개를 학생 A, B, C에게 나눠주는 경우의 수
▶ $_3H_4$

(Step3) 조건 (다)
조건 (다)를 만족하는 케이스가 너무 많으므로
여사건의 경우의 수를 활용한다.
여사건: 학생 C가 받는 사탕과 초콜릿의 개수는 0
⇔ 학생 A와 B만 사탕과 초콜릿을 받는다.
남은 사탕 5개를 학생 A, B에게만 나눠주는 경우의 수
▶ $_2H_5$
남은 초콜릿 4개를 학생 A, B에게만 나눠주는 경우의 수
▶ $_2H_4$

∴ $_3H_5 \times _3H_4 - _2H_5 \times _2H_4 = 285$

경향 03 Minor Trend

경향03 실전개념분석 021

1등급

21. [2021년 수능 (가)형 29번]
네 명의 학생 A, B, C, D 에게 검은색 모자 6개와 흰색 모자 6개를 다음 규칙에 따라 남김없이 나누어 주는 경우의 수를 구하시오. (단, 같은 색 모자끼리는 서로 구별하지 않는다.) [4점]

> (가) 각 학생은 1개 이상의 모자를 받는다.
> (나) 학생 A 가 받는 검은색 모자의 개수는 4 이상이다.
> (다) 흰색 모자보다 검은색 모자를 더 많이 받는 학생은 A 를 포함하여 2명뿐이다.

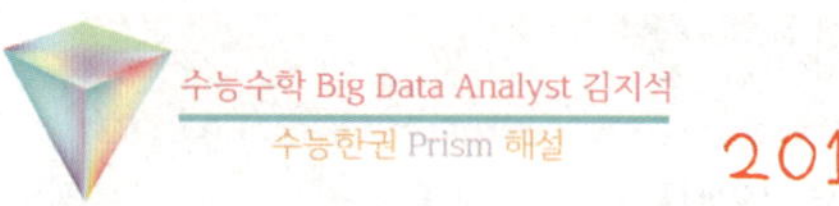

201

조건 (나)에서 검은색 모자에 특수한 조건이 있으므로 검은색 모자로 케이스를 나눈다.

i) 학생 A의 검은색 모자 6개

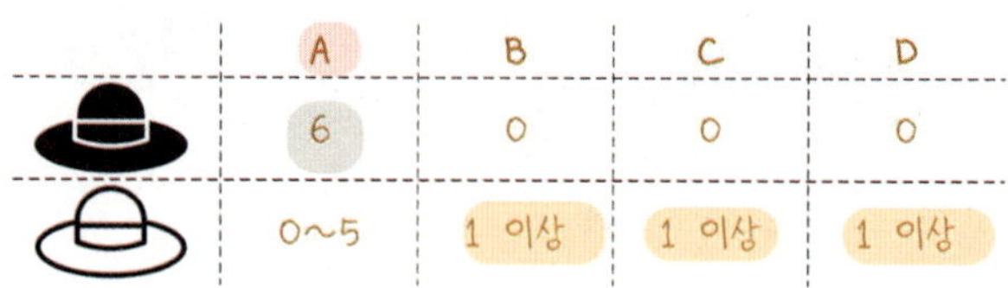

	A	B	C	D
(검은색)	6	0	0	0
(흰색)	0~5	1 이상	1 이상	1 이상

학생 A 이외에 흰색 모자보다 검은색 모자를 더 많이 받는 학생이 없다. (모순)

ii) 학생 A의 검은색 모자 5개

	A	B	C	D
(검은색)	5	1	0	0
(흰색)	0~4	0	1 이상	1 이상

학생 A 이외에 흰색 모자보다 검은색 모자를 더 많이 받는 학생
▶ 3
흰색 모자의 경우의 수
$a+0+c+d=6$
$\Leftrightarrow a+c'+d'=6-2=4$
▶ $_3H_4$
$\therefore 3 \times _3H_4$

Analysis〰

■ 여러 종류의 공 (종속)
특수한 조건이 있는(개수가 적은 종류) 공을 넣는 것으로 케이스 나눈다.

ⅱ) 학생 A의 검은색 모자 4개 (1)

	A	B	C	D
모자	4	2	0	0
	0~3	i) 0, 1 ii)	1 이상	1 이상

학생 A 이외에 흰색 모자보다 검은색 모자를 더 많이 받는 학생
▶ 3

흰색 모자의 경우의 수 (b=0일 때)

$a+0+c+d=6$

$\Leftrightarrow a+c'+d'=6-2=4$

(단, $a=4$인 경우 제외)

▶ $_3\mathrm{H}_4-1$

흰색 모자의 경우의 수 (b=1일 때)

$a+1+c+d=6$

$\Leftrightarrow a+c'+d'=6-2-1=3$

▶ $_3\mathrm{H}_3$

$\therefore 3\times(_3\mathrm{H}_4-1+_3\mathrm{H}_3)$

ⅱ) 학생 A의 검은색 모자 4개 (2)

	A	B	C	D
모자	4	1	1	0
	0~3	0	1 이상	1 이상

학생 A 이외에 흰색 모자보다 검은색 모자를 더 많이 받는 학생
▶ 3

검은색 모자 1개, 흰색 모자 1개 이상 받는 학생
▶ 2

흰색 모자의 경우의 수

$a+0+c+d=6$

$\Leftrightarrow a+c'+d'=6-2=4$

(단, $a=4$인 경우 제외)

▶ $_3\mathrm{H}_4-1$

$\therefore 3\times2\times(_3\mathrm{H}_4-1)$

$\therefore 3\times_3\mathrm{H}_4$

$+3\times(_3\mathrm{H}_4-1+_3\mathrm{H}_3)$

$+3\times2\times(_3\mathrm{H}_4-1)$

$=201$

경향 03 Minor Trend

경향03 실전개념분석 022

22. [2020년 수능 (가)형 16번]
다음 조건을 만족시키는 음이 아닌 정수 a, b, c, d의 모든 순서쌍 (a, b, c, d)의 개수는? [4점]

> (가) $a+b+c-d=9$
> (나) $d \leq 4$ 이고 $c \geq d$ 이다.

① 265 ② 270 ③ 275 ④ 280 ⑤ 285

수능수학 Big Data Analyst 김지석
수능한권 Prism 해설

(Step1) 부등식 조건 변형하기
$c \geq d$
$\Leftrightarrow c = d + e \ (e \geq 0)$

$a+b+c-d=9$
$\Leftrightarrow a+b+e=9 \ (\because c-d=e)$

(Step2) 순서쌍 (a, b, e)의 경우의 수
▸ $_3H_9$

(Step3) d의 경우의 수
$d \leq 4$ 이므로 $d = 4, 3, 2, 1, 0$
▸ 5

(Step4) c의 경우의 수
d, e가 결정되면 $c = d + e$도 한가지로 정해진다.
▸ 1

$\therefore {}_3H_9 \times 5 \times 1 = 275$

경향03 실전개념분석 023

23. [2021년 수능 (나)형 13번]
집합 $X = \{1, 2, 3, 4\}$에 대하여 다음 조건을 만족시키는 함수 $f : X \to X$ 의 개수는? [3점]

> $f(2) \leq f(3) \leq f(4)$

① 64 ② 68 ③ 72 ④ 76 ⑤ 80

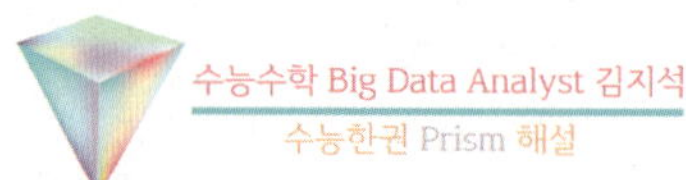
수능수학 Big Data Analyst 김지석
수능한권 Prism 해설

$f(1)$의 경우의 수 ($f(1) = 1, 2, 3, 4$ 모두 가능)
▸ 4

$f(2) \leq f(3) \leq f(4)$인 경우의 수
(1, 2, 3, 4 중에서 중복을 허락하여 3개를 선택하고, 크지 않은 수부터 차례로 $f(2)$, $f(3)$, $f(4)$에 배치)
▸ $_4H_3$

$\therefore$ 함수 f의 개수는
▸ $4 \times {}_4H_3 = 4 \times 20 = 80$

Analysis〰

■ 부등식 (등식으로 변환)
$x \geq k \Rightarrow x = k + x' \ (x' \geq 0)$
$y > m \Rightarrow y = m + 1 + y' \ (y' \geq 0)$

Analysis〰

부등식 (등호포함)
$3 \leq x_1 < x_2 < x_3 < x_4 \leq 10 \ \Rightarrow \ {}_8C_4$
$3 \leq x_1 \leq x_2 \leq x_3 \leq x_4 \leq 10 \ \Rightarrow \ {}_8H_4$

경향03 실전개념분석 024

24. [2015년 수능 (B)형 26번]
다음 조건을 만족시키는 자연수 a, b, c의 모든 순서쌍 (a, b, c)의 개수를 구하시오. [4점]

> (가) $a \times b \times c$는 홀수이다.
> (나) $a \le b \le c \le 20$

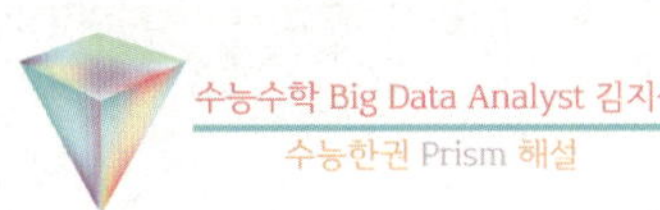
수능수학 Big Data Analyst 김지석
수능한권 Prism 해설

220

$a \times b \times c$는 홀수
→ 그래서 각각이 얼마인가?
∴ a, b, c 모두 홀수

1~20 중 홀수는 10개이므로
이 중 중복을 허락하여 3개를 선택하고,
크지 않은 수부터 a, b, c에 배치하는 경우의 수

▶ $_{10}H_3 = 220$

경향03 실전개념분석 025

25. [2016년 수능 (B)형 14번]
세 정수 a, b, c에 대하여
$$1 \le |a| \le |b| \le |c| \le 5$$
를 만족시키는 모든 순서쌍 (a, b, c)의 개수는? [4점]

① 360　　② 320　　③ 280
④ 240　　⑤ 200

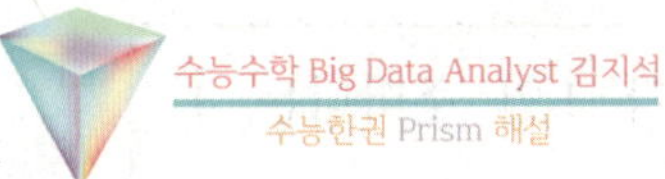
수능수학 Big Data Analyst 김지석
수능한권 Prism 해설

$|a|$, $|b|$, $|c|$를 각각 A, B, C라 하면
$1 \le |a| \le |b| \le |c| \le 5$
⇔ $1 \le A \le B \le C \le 5$

$1 \le A \le B \le C \le 5$를 만족하는 A, B, C를 고르는 경우의 수
▶ $_5H_3$

a, b, c의 부호를 결정하는 경우의 수는
▶ 2^3

∴ $_5H_3 \times 2^3 = 280$

경향 03 Minor Trend

경향03 실전개념분석 026

___1등급___

26. [2026년 수능 (확률과 통계) 30번]
비어 있는 주머니 10개가 일렬로 놓여 있고, 공 8개가
있다. 각 주머니에 들어 있는 공의 개수가 2 이하가
되도록 공을 주머니에 남김없이 나누어 넣을 때, 다음
조건을 만족시키는 경우의 수를 구하시오. (단, 공끼리는
서로 구별하지 않는다.) [4점]

> (가) 들어 있는 공의 개수가 1인 주머니는 4
>   개 또는 6개이다.
> (나) 들어 있는 공의 개수가 2인 주머니와 이
>   웃한 주머니에는 공이 들어 있지 않다.

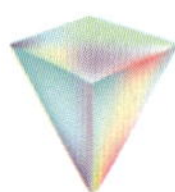

수능수학 Big Data Analyst 김지석
수능한권 Prism 해설
262

i) 들어있는 공의 개수가 1인 주머니가 4개 일 때
→ 총 공의 개수는 8이므로
  공의 개수가 2인 주머니가 2개
→ 총 주머니의 수가 10개이므로
  공의 개수가 0인 주머니는 4개
∴ 1111 22 0000

조건 (나)에서 2는 0에만 이웃해야 하므로.
0을 먼저 배치하고 그 사이사이에 2를 배치하자.

… 0 … 0 … 0 … 0 …

5개의 … 중에서 2개를 선택해
22를 배치하는 경우의 수
▶ $_5C_2$
나머지 3개의 … 에 중복을 허락하여 선택해
1111을 배치하는 경우의 수
▶ $_3H_4$
∴ $_5C_2 \times _3H_4$

ii) 들어있는 공의 개수가 1인 주머니가 6개 일 때
→ 총 공의 개수는 8이므로
  공의 개수가 2인 주머니가 1개
→ 총 주머니의 수가 10개이므로
  공의 개수가 0인 주머니는 3개
∴ 111111 2 000

조건 (나)에서 2는 0에만 이웃해야 하므로.
0을 먼저 배치하고 그 사이사이에 2를 배치하자.

… 0 … 0 … 0 …

4개의 … 중에서 1개를 선택해
2를 배치하는 경우의 수
▶ $_4C_1$
나머지 3개의 … 에 중복을 허락하여 선택해
111111을 배치하는 경우의 수
▶ $_3H_6$
∴ $_4C_1 \times _3H_6$

∴ $_5C_2 \times _3H_4 + _4C_1 \times _3H_6 = 150 + 112 = 262$

Analysis

이 문제 조건을 만족시키도록 공을 배치하는 방법을
중복조합을 관점으로 찾을 생각을 하는 것 자체가 어렵게
느껴질 수 있다. 번뜩이는 새로운 발상으로 해내야만 풀 수
있는 문제라고 여겨서, 문제를 많이 풀어도 수능 날 또
낯선 고난도 문제가 나오면 못 풀지 않을까 걱정이 될 수
있다.
하지만 중복조합 공식의 유도과정을 알고 있다면 딱히 이
문제를 해결하는 관점이 그렇게 낯설게 느껴지지 않을
것이다. 문제 푸는 과정이 중복조합 공식의 유도과정과
매우 유사하기 때문이다.
무작정 많은 문제를 푼다고 문제 풀이 능력이 향상된다고
생각하지 말자. 그런 학생은 풀어야 할 문제가 너무 많음에
절망하게 되고, 많은 문제를 풀었음에도 시험에서 또
새로운 문제가 안 풀려서 절망하게 된다.
어설프게 공식 결론만 암기한 채로 넘어가지 말고
유도과정까지 깊이 있게 이해하고 체화하자. 그게 막강한
문제 풀이 능력을 만들어낼 것이다.

경향03 실전개념분석 027

1등급

27. [2025년 수능 (확률과 통계) 28번]
집합 $X = \{1, 2, 3, 4, 5, 6\}$에 대하여 다음 조건을
만족시키는 함수 $f : X \to X$의 개수는? [4점]

> (가) $f(1) \times f(6)$의 값이 6의 약수이다.
> (나) $2f(1) \leq f(2) \leq f(3) \leq f(4) \leq f(5) \leq 2f(6)$

① 166 ② 171 ③ 176
④ 181 ⑤ 186

Analysis〰

다른 수학 과목과는 달리 확률과 통계에서는
"두 수의 곱=6의 약수"에 대한 식을 세워서 푸는 것이
아니다.
"두 수의 곱=6의 약수"이면 "그래서 그 두 수가 각각
얼마인데?"라는 관점으로 케이스를 나눠야 한다.
경우의 수에서의 응용문제에서는 대체로 구해야 하는
대상이 공식을 바로 적용해서 풀 수 없도록 나온다. 그래서
공식이 적용할 수 있는 형태로 케이스를 나누는 것이다.

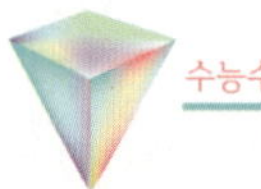
수능수학 Big Data Analyst 김지석
수능한권 Prism 해설

(Step1) 조건 (가) 분석하기

$f(1) \times f(6) = 6$의 약수

→ 그래서 각각이 얼마인가?

→ 케이스를 나누는 것이 핵심!

ⅰ) $1 = 1 \times 1$

ⅱ) $2 = 1 \times 2$

ⅲ) $3 = 1 \times 3$

ⅳ) $6 = 1 \times 6$

ⅴ) $6 = 2 \times 3$

(Step2) 조건 (나)

$2f(1) \leq \cdots \leq 2f(6) \;\to\; f(1) \leq f(6)$

ⅰ) $f(1) = 1$, $f(6) = 1$인 경우

$2 \leq f(2) \leq f(3) \leq f(4) \leq f(5) \leq 2$

$\Leftrightarrow f(2) = f(3) = f(4) = f(5) = 2$

조건을 만족시키는 함수 f의 경우의 수는

▶ 1

ⅱ) $f(1) = 1$, $f(6) = 2$인 경우

$2 \leq f(2) \leq f(3) \leq f(4) \leq f(5) \leq 4$

조건을 만족시키는 함수 f의 경우의 수는

▶ $_3H_4 = {_6}C_4 = 15$

ⅲ) $f(1) = 1$, $f(6) = 3$인 경우

$2 \leq f(2) \leq f(3) \leq f(4) \leq f(5) \leq 6$

조건을 만족시키는 함수 f의 경우의 수는

▶ $_5H_4 = {_8}C_4 = 70$

ⅳ) $f(1) = 1$, $f(6) = 6$인 경우

$2 \leq f(2) \leq f(3) \leq f(4) \leq f(5) \leq 6 \leq 12$

조건을 만족시키는 함수 f의 경우의 수는

▶ $_5H_4 = {_8}C_4 = 70$

ⅴ) $f(1) = 2$, $f(6) = 3$인 경우

$4 \leq f(2) \leq f(3) \leq f(4) \leq f(5) \leq 6$

조건을 만족시키는 함수 f의 경우의 수는

▶ $_3H_4 = {_6}C_4 = 15$

∴ f의 경우의 수는

$1 + 15 + 70 + 70 + 15 = 171$

경향 03 Minor Trend

경향03 실전개념분석 028

28. [2017년 수능 (가)형 5번]

숫자 1, 2, 3, 4, 5 중에서 중복을 허락하여 네 개를 택해 일렬로 나열하여 만든 네 자리의 자연수가 5의 배수인 경우의 수는? [3점]

① 115　　② 120　　③ 125　　④ 130　　⑤ 135

5의 배수가 되려면 일의 자리의 수가 5여야만 한다.

▸ 1

나머지 자리에는 5개 중 중복을 허락하여
3개를 선택하여 다른 자리에 배치하는 경우의 수

▸ $_5\Pi_3 = 5^3$

$\therefore 1 \times 5^3 = 125$

경향03 실전개념분석 029

29. [2005년 수능 (가)형 이산수학 28번]

집합 $\{1, 2, 3, 4, 5, 6\}$의 서로소인 두 부분집합 A, B의 순서쌍 (A, B)의 개수는? [3점]

① 729　　② 720　　③ 243　　④ 64　　⑤ 36

각 원소를 A, B 쓰레기통에 넣으면
집합 A, B는 서로소가 된다.

∴ 다른 3개의 통에 다른 6개의 물건을 넣는 경우의 수

▸ $_3\Pi_6 = 3^6 = 729$

Analysis

다른 통에 다른 공을 넣는 상황이니 중복조합으로 푸는
문제가 아니다.

경향03 실전개념분석 030

—————1등급—————

30. [2022년 수능 (확률과 통계) 28번]
두 집합 $X = \{1, 2, 3, 4, 5\}$, $Y = \{1, 2, 3, 4\}$에 대하여 다음 조건을 만족시키는 X에서 Y로의 함수 f의 개수는? [4점]

(가) 집합 X의 모든 원소 x에 대하여
  $f(x) \geq \sqrt{x}$ 이다.
(나) 함수 f의 치역의 원소의 개수는 3이다.
---

① 128 ② 138 ③ 148 ④ 158 ⑤ 168

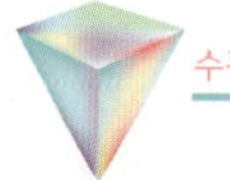
수능수학 Big Data Analyst 김지석
수능한권 Prism 해설

조건 (가)에 의하여
$f(1) \geq 1$
$f(2) \geq \sqrt{2} \Leftrightarrow f(2) \geq 2$
$f(3) \geq \sqrt{3} \Leftrightarrow f(3) \geq 2$
$f(4) \geq \sqrt{4} \Leftrightarrow f(4) \geq 2$
$f(5) \geq \sqrt{5} \Leftrightarrow f(5) \geq 3$
이고 조건 (나)에 의하여 치역으로 가능한 경우는
$\{1, 2, 3\}$, $\{1, 2, 4\}$, $\{1, 3, 4\}$, $\{2, 3, 4\}$

ⅰ) 치역이 $\{1, 2, 3\}$인 경우
$f(1) = 1$, $f(5) = 3$만 가능하다.
$f(2)$, $f(3)$, $f(4)$는 $\{2, 3\}$으로 대응된다.
▸ ${}_2\Pi_3$
$f(2) = f(3) = f(4) = 3$이면 $\{2\}$가 치역에서 제외되므로
▸ -1
∴ ${}_2\Pi_3 - 1 = 2^3 - 1 = 7$

ⅱ) 치역이 $\{1, 2, 4\}$인 경우
$f(1) = 1$, $f(5) = 4$만 가능하다.
$f(2)$, $f(3)$, $f(4)$는 $\{2, 4\}$으로 대응된다.
▸ ${}_2\Pi_3$
$f(2) = f(3) = f(4) = 4$이면 $\{2\}$가 치역에서 제외되므로
▸ -1
∴ ${}_2\Pi_3 - 1 = 2^3 - 1 = 7$

ⅲ) 치역이 $\{1, 3, 4\}$인 경우
$f(1) = 1$만 가능하다.
$f(2)$, $f(3)$, $f(4)$, $f(5)$는 $\{3, 4\}$로 대응된다.
▸ ${}_2\Pi_4$
$f(2) = f(3) = f(4) = f(5) = 3$ or 4인 경우를 제외
▸ -2
∴ ${}_2\Pi_4 - 2 = 2^4 - 2 = 14$

ⅳ) 치역이 $\{2, 3, 4\}$인 경우
$f(5) = 3$ or 4
▸ 2
$f(1)$, $f(2)$, $f(3)$, $f(4)$는 $\{2, 3, 4\}$으로 대응된다.
▸ ${}_3\Pi_4$
$f(5)$를 포함한 2개의 원소에만 대응되는 경우 제외
▸ $-2 \times ({}_2\Pi_4 - 2)$
1개의 원소에만 대응되는 경우를 제외한다.
▸ -3
∴ $2 \times \{{}_3\Pi_4 - 2 \times ({}_2\Pi_4 - 2) - 3\} = 100$

∴ 함수 f의 개수는
$7 + 7 + 14 + 100 = 128$

[다른 방법]

ⅳ) 치역이 {2, 3, 4}인 경우

$f(5) = 3$ or 4

▸ 2

$f(1), f(2), f(3), f(4)$ 4개를

4=3+1로 분할하여 $f(5)$를 제외한 나머지 두 원소에 대응하는 경우

▸ $_4C_3 \times _1C_1 \times 2! = 8$

4=2+2로 분할하여 $f(5)$를 제외한 나머지 두 원소에 대응하는 경우

▸ $_4C_2 \times _2C_2 \times \dfrac{1}{2!} \times 2! = 6$

4=2+1+1로 분할하여 세 원소에 대응하는 경우

▸ $_4C_2 \times _2C_1 \times _1C_1 \times \dfrac{1}{2!} \times 3! = 36$

∴ $2 \times (8+6+36) = 100$

경향03 실전개념분석 031

31. [2018년 수능 (가)형 18번]
서로 다른 공 4개를 남김없이 서로 다른 상자 4개에 나누어 넣으려고 할 때, 넣은 공의 개수가 1인 상자가 있도록 넣는 경우의 수는? (단, 공을 하나도 넣지 않은 상자가 있을 수 있다.) [4점]

① 220　　　② 216　　　③ 212
④ 208　　　⑤ 204

수능수학 Big Data Analyst 김지석
수능한권 Prism 해설

4를 네 개의 정수의 합으로 나타낼 때 1을 포함하는 경우는 다음과 같다.

$4 = 3+1+0+0$
$\quad = 2+1+1+0$
$\quad = 1+1+1+1$

ⅰ) 3+1+0+0
상자가 A, B, C, D라 할 때 각 상자에 들어갈 공의 개수를 정하는 경우의 수

▶ $\dfrac{4!}{2!}$

상자에 들어갈 공의 종류를 정하는 경우의 수

▶ $_4C_3 \times _1C_1$

∴ $\dfrac{4!}{2!} \times _4C_3 \times _1C_1 = 48$

ⅱ) 2+1+1+0
각 상자에 들어갈 공의 개수를 정하는 경우의 수

▶ $\dfrac{4!}{2!}$

상자에 들어갈 공의 종류를 정하는 경우의 수

▶ $_4C_2 \times _2C_1 \times _1C_1$

∴ $\dfrac{4!}{2!} \times _4C_2 \times _2C_1 \times _1C_1 = 144$

ⅲ) 1+1+1+1
각 상자에 들어갈 공의 개수를 정하는 경우의 수

▶ 1

상자에 들어갈 공의 종류를 정하는 경우의 수

▶ 4!

∴ $1 \times 4! = 24$

∴ 구하는 경우의 수
$48 + 144 + 24 = 216$

[다른 풀이]
ⅰ) 3+1+0+0
분할하는 경우의 수

▶ $_4C_3 \times _1C_1$

각 상자로 분배하는 경우의 수

▶ $_4P_2$

∴ $_4C_3 \times _4P_2$

ⅱ) 2+1+1+0
분할하는 경우의 수

▶ $_4C_2 \times _2C_1 \times \dfrac{1}{2!}$

각 상자로 분배하는 경우의 수

▶ $_4P_3$

∴ $_4C_2 \times _2C_1 \times \dfrac{1}{2!} \times _4P_3$

ⅲ) 1+1+1+1
분할하는 경우의 수

▶ 1

각 상자로 분배하는 경우의 수

▶ 4!

∴ $1 \times 4! = 24$

∴ 구하는 경우의 수
$48 + 144 + 24 = 216$

경향04 수능 출제 난이도

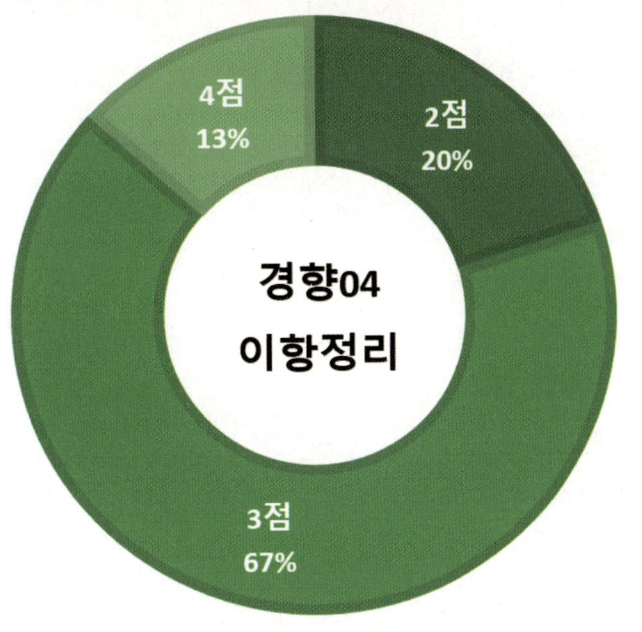

경향04 수능별 데이터 (1)

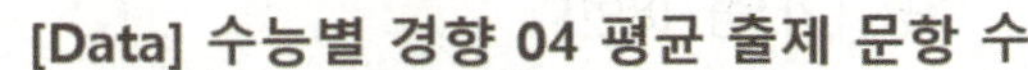
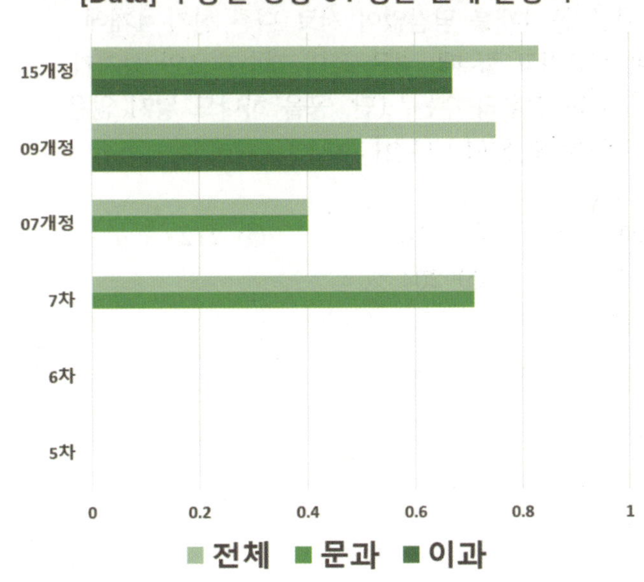

COMMENT

15개정 수능에서 이 경향은 총 5문항이 나왔는데 줄곧 2-3점 문항으로만 출제 했어. 이항정리에서는 쉽게 내는 편이라고 볼 수 있지. 만약 지금 수능까지 남은 시간이 얼마 없다면 이항정리 파트의 고난도 문항을 푸는데 시간을 쏟는 것 보다 15개정 평가원이 고난도를 잘 출제하는 다른 경향에 집중하는 것도 방법이야.

경향04 수능 출제 전망

■■■□□
쉬운 문항으로 자주 출제

경향04 경우의 수 단원 내 출제 비율

17.05%

경향04 공부 우선순위

★☆
개념만 아는정도면

경향04 수능별 데이터 (2)

현교육과정
경향04 수능중요도

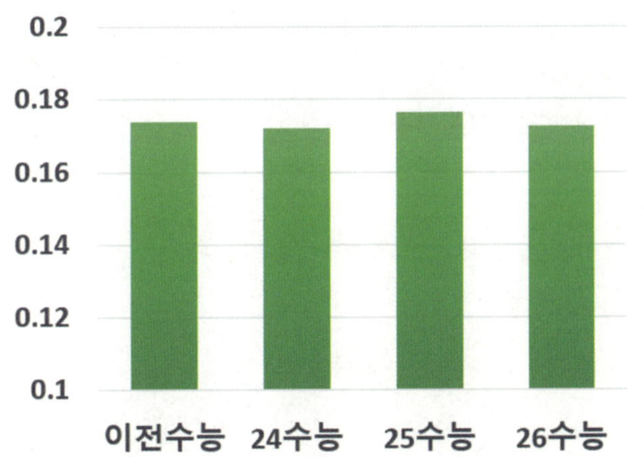

경향04 실전개념분석 032

32. [2021년 수능 (가)형 22번]
$\left(x + \dfrac{3}{x^2}\right)^5$ 의 전개식에서 x^2 의 계수를 구하시오. [3점]

수능수학 Big Data Analyst 김지석
수능한권 Prism 해설
15

$\left(x + \dfrac{3}{x^2}\right)^5$

$= \cdots + {}_5C_r \, x^r \left(\dfrac{3}{x^2}\right)^{5-r} + \cdots$

$= \cdots + {}_5C_r \, 3^r x^{5-3r} + \cdots$

$5 - 3r = 2$

$\therefore \ r = 1$

$\therefore \ {}_5C_1 \times 3 = 5 \times 3 = 15$

경향04 실전개념분석 033

33. [2006년 수능 (나)형 30번]
다항식 $2(x+a)^n$ 의 전개식에서 x^{n-1} 의 계수와 다항식 $(x-1)(x+a)^n$ 의 전개식에서 x^{n-1} 의 계수가 같게 되는 모든 순서쌍 (a, n) 에 대하여 an 의 최댓값을 구하시오. (단, a 는 자연수이고, n 은 $n \geq 2$ 인 자연수이다.) [4점]

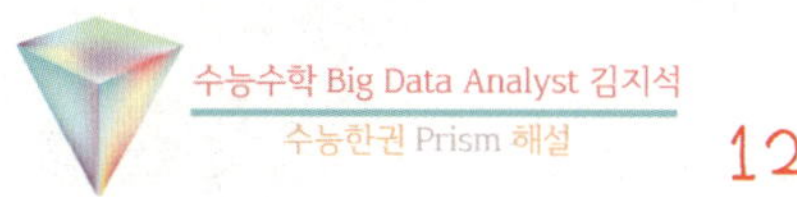
수능수학 Big Data Analyst 김지석
수능한권 Prism 해설
12

$2(x+a)^n$ 에서 x^{n-1} 인 부분

▶ $2 \times {}_nC_1 \, a^1 x^{n-1}$

$(x-1)(x+a)^n$

$= x(x+a)^n - (x+a)^n$ 에서 x^{n-1} 인 부분

▶ $x \times {}_nC_2 \, a^2 x^{n-2} - {}_nC_1 \, a^1 x^{n-1}$

$\therefore \ 2 \times {}_nC_1 \, a^1 = {}_nC_2 \, a^2 - {}_nC_1 \, a^1$

$\Leftrightarrow \ 2an = \dfrac{n(n-1)}{2} a^2 - an$

$\Leftrightarrow \ a(n-1) = 6$

자연수, 정수 조건이 나왔을 때는 케이스를 나열한다.

a	$n-1$	→	n	an
1	6		7	7
2	3		4	8
3	2		3	9
6	1		2	12

$\therefore \ an$ 의 최댓값은 12

Analysis

이항정리는 경우의 수의 ${}_nC_r$ 개념을 활용해 '식을 전개하는 방법'을 배우는 것이지 '경우의 수' 자체를 구하는 게 아니기 때문에, 경우의 수 단원에서 그동안 고난도 문제가 출제되지 않은 거야. 물론 공부하는 입장에서 고난도 이항정리 문제를 풀어보는 건 나쁘진 않지만, 출제 가능성이 많이 낮다는 건 감안을 하자.

Analysis

역대 수능 문제 중 이항정리에서 가장 어렵게 나와 봤자 이 정도야.

확률과 통계

2. 확률

Big Data Report

전체 수능 출제 비율

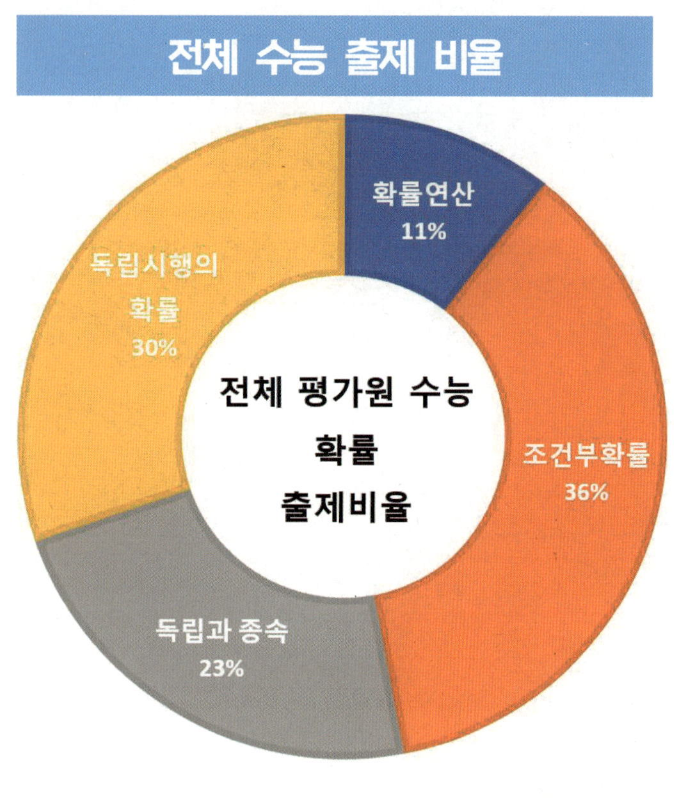

현 평가원 수능 출제 비율

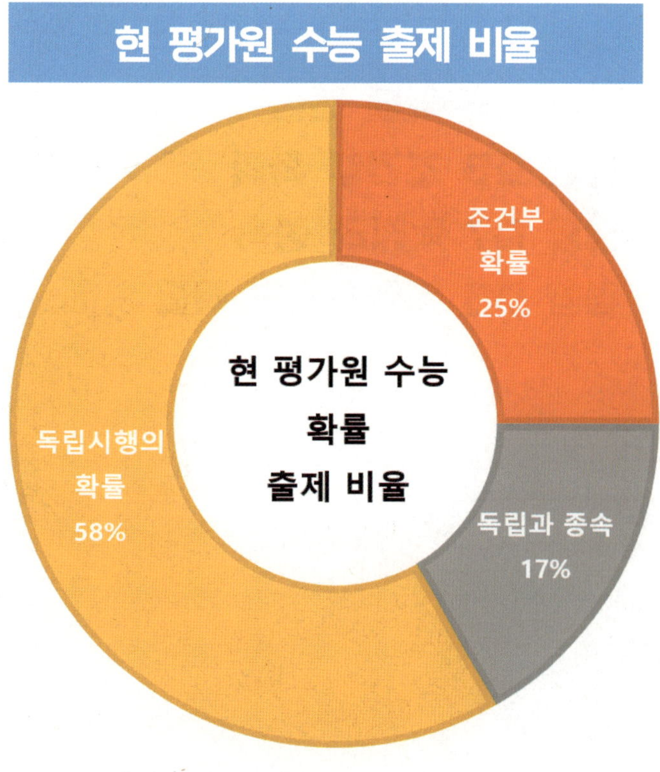

■ 확률 단원은 4가지 경향으로 분석하였다.

■ [경향05] 확률연산
이전 교육과정에서는 [경향05] 확률연산이 수능에서 비교적 자주 출제되었다. 그러나 선택과목 체제로 전환되면서 확통 문항 수가 줄어들었고, 그 결과 다른 평가 요소에 밀려 현 평가원 수능에서는 실제 출제가 이루어진 적이 없다. 그럼에도 불구하고 이 경향은 모든 확률 문제의 기초가 되므로 반드시 학습할 필요가 있다.

■ [경향06] 조건부확률
현 평가원 수능에서 독립시행의 확률과 결합해 출제되어 고난도로 출제되는 일이 여러 번 있었고 작년 수능에서도 그렇게 출제되었다. [~일 때=조건부 확률] 라고 암기하는 건 잘못 된 습관이고 고난도 문제로 확장하기 매우 힘드니까 개념을 본질적으로 이해하는 것이 중요하다. 조건부 확률과 독립과 종속은 개념이 서로 밀접하게 관련되어 있고 두 개념의 연결고리를 잘 이해하고 있어야 수능 출제자들이 의도한 대로 최적화된 풀이를 할 수 있으니 깊이 있게 공부하자.

■ [경향07] 독립과 종속
두 사건이 독립이면 무조건 $P(A \cap B) = P(A)P(B)$ 공식부터 쓰려는 학생들이 많은데, 독립의 본질은 그게 아니다. 근본적인 원리를 이해하면 계산을 거의 하지 않고 푸는 게 가능해진다.

■ [경향08] 독립시행의 확률
[현 평가원 수능 확률 단원 출제 비율]을 보자. 무려 50% 넘게 이 경향에서 출제되고 있다. 수능에서 확률에서 2문제가 출제된다면 그냥 바로 이 독립시행의 확률이 출제된다는 거다. 쉬운 문제로 자주 나오는 것이 아니라 [현 평가원 수능 평균 난이도]를 보면 난이도도 높은데 자주 나오는 거다. 평가원에서 내가 변별을 당하지 않으려면 꼭 대비를 해두자.

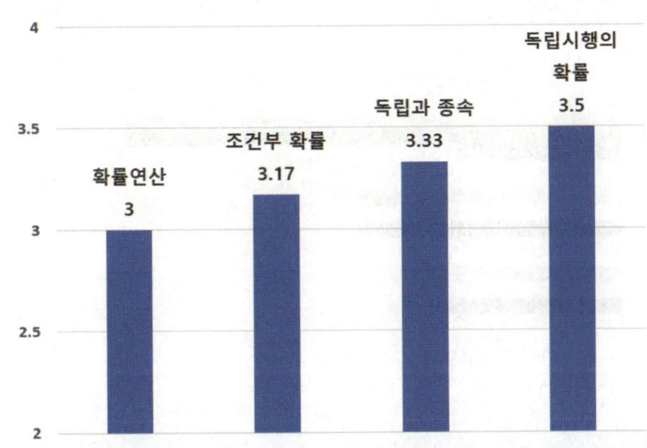

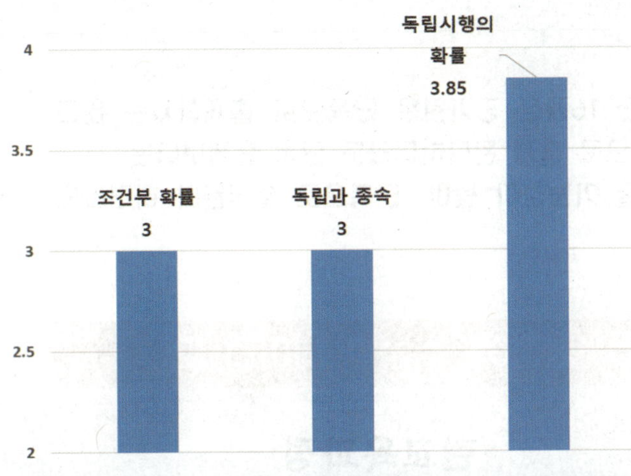

◆ 확률 연산 (3.0점)

◆ 조건부 확률 (3.17점)

◆ 독립과 종속 (3.33점)

◆ 독립시행의 확률 (3.5점)

■ 작년 수능 출제 문항 분류

[경향06] 조건부 확률
 - 24번 [3점]

[경향08] 독립시행의 확률
 - 28번 [4점]

올해 수능 확률 학습 방향

1. 조건부 확률의 정확한 개념
고난도 대비

2. 독립과 종속은 근본 원리 이해
→ 계산양 줄이기

3. 독립시행의 확률 단독
고난도 대비

3-1. 독립시행의 확률 + 조건부 결합
고난도 대비

경향 05 Minor Trend

경향05 수능 출제 난이도

경향 05
확률연산

3점
100%

경향05 수능별 데이터 (1)

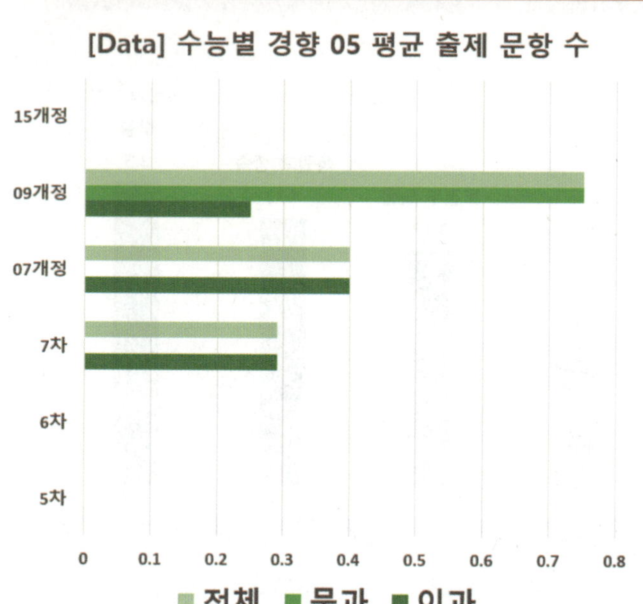

바로 이전 09개정 교육과정에서는 잘 출제되는 경향이었지만 15개정 평가원은 단독으로 출제하지는 않고 있어. 선택과목 체제로 출제 문항 수가 축소됐기 때문이야. 앞으로 출제 된다하더라도 단독 출제보다는 「조건부 확률」과 「독립과 종속」경향과 함께 결합되어 출제 될 가능성이 높아. 단독으로 출제된다 하더라도 고난도 문항이 나오기는 어려워.

경향05 수능 출제 전망

■■□□□

단독 출제 ↓ 섞여서 출제 ↑

경향05 확률 단원 내 출제 비율

10.61%

경향05 공부 우선순위

★☆

표 그려서 푸는 것도 연습해두기

경향05 수능별 데이터 (2)

현교육과정
경향05 수능중요도

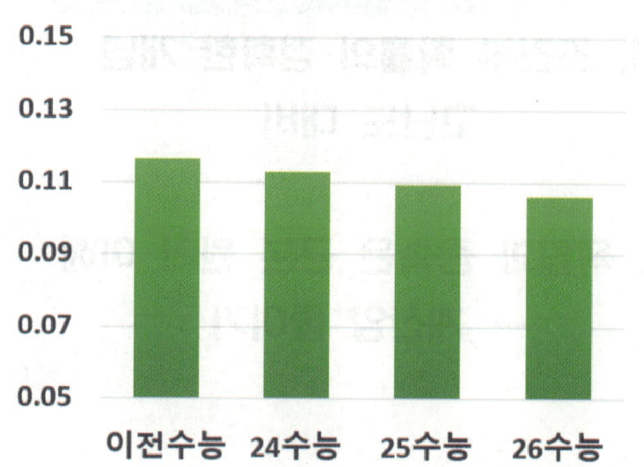

경향05 실전개념분석 034

34. [2020년 수능 (나)형 5번]
두 사건 A, B에 대하여

$$P(A^C) = \frac{2}{3},\ P(A^C \cap B) = \frac{1}{4}$$

일 때, $P(A \cup B)$의 값은? (단, A^C은 A 의 여사건이다.)
[3점]

① $\frac{1}{2}$　✓② $\frac{7}{12}$　③ $\frac{2}{3}$　④ $\frac{3}{4}$　⑤ $\frac{5}{6}$

[스킬] 전체 집합의 원소의 개수 예를 드는 방법
→ 문제 단서 or 객관식 답지의 분모가
2, 3, 4, 6, 12인데 이들의 적당한 공배수로 예를 들면
된다. 그러면 분수 계산없이 문제를 풀 수 있다.

전체 집합의 원소의 개수를 12라고 예를 들어보자.

$$P(A^C) = \frac{2}{3} = \frac{8}{12},\ P(A^C \cap B) = \frac{1}{4} = \frac{3}{12}$$

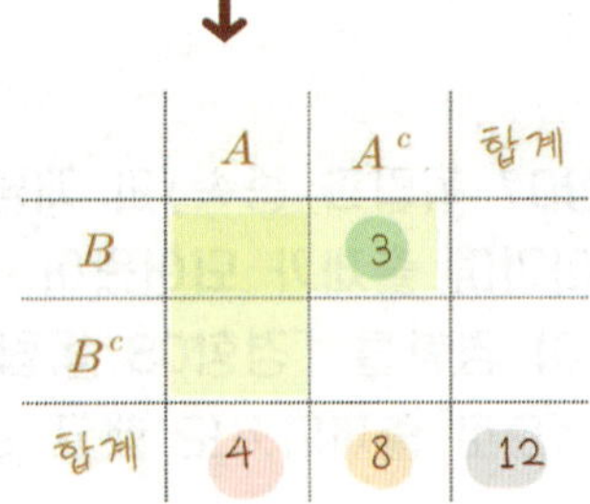

	A	A^c	합계
B		3	
B^c			
합계		8	12

↓

	A	A^c	합계
B		3	
B^c			
합계	4	8	12

$$\therefore P(A \cup B) = \frac{3+4}{12} = \frac{7}{12}$$

Analysis

기본적인 풀이방법은 집합의 연산 법칙을 활용하는
것이지만, 아래와 같은 표를 그려서 해결하는 것이
실전에서 빠르고 정확할 때가 많다.

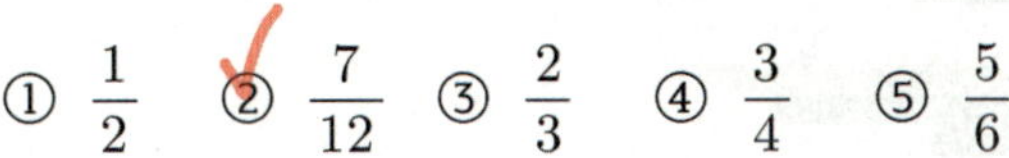

	A	A^c	합계
B			
B^c			
합계			

[다른 풀이]

$$P(A^C) = \frac{2}{3}$$

$$\therefore P(A) = 1 - \frac{2}{3} = \frac{1}{3}$$

$A \cup B = A \cup (A^C \cap B)$이고 $A \cap (A^C \cap B) = \varnothing$
$P(A \cup B)$
$$= P(A) + P(A^C \cap B)$$
$$= \frac{1}{3} + \frac{1}{4} = \frac{7}{12}$$

경향 06 Minor Trend

경향06 수능 출제 난이도

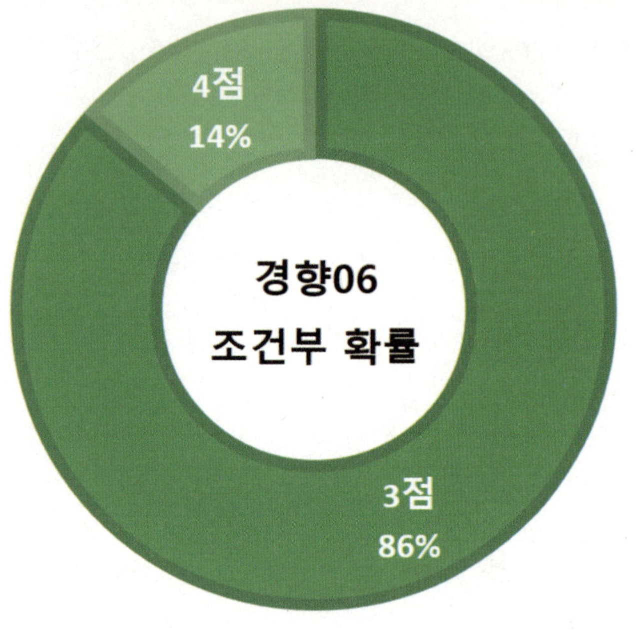

경향06 수능별 데이터 (1)

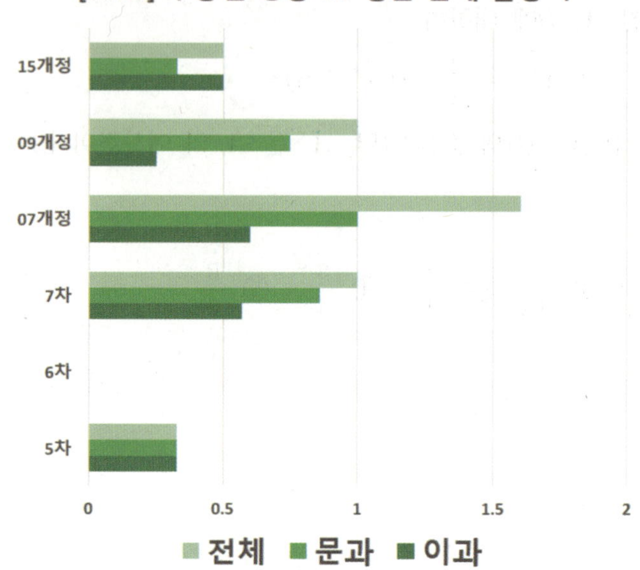

COMMENT

「경향06 조건부 확률」과 「경향07 독립과 종속」의 개념이 밀접하게 연관되어 있어서 이전 교육과정까지는 보통 둘 중 한 경향에서 번갈아가며 출제가 되어왔어. 그런데 선택과목 체제가 되면서 확통 출제 문항 수 감소로 15개정 평가원에서는 이 경향을 「경향08 독립시행의 확률」과 섞어서 줄기차게 출제해왔지. 작년 수능에서는 24번 문항으로 단독으로 출제되기도 했고 28번에서 독립시행과 섞여서 고난도로 출제됐어.

경향06 수능 출제 전망

▮▮▮▮☐

다른 경향이랑 섞여서 고난도 출제

경향06 확률 단원 내 출제 비율

36.36%

경향06 공부 우선순위

★★★

'확률' 단원의 중심

경향06 수능별 데이터 (2)

**현교육과정
경향06 수능중요도**

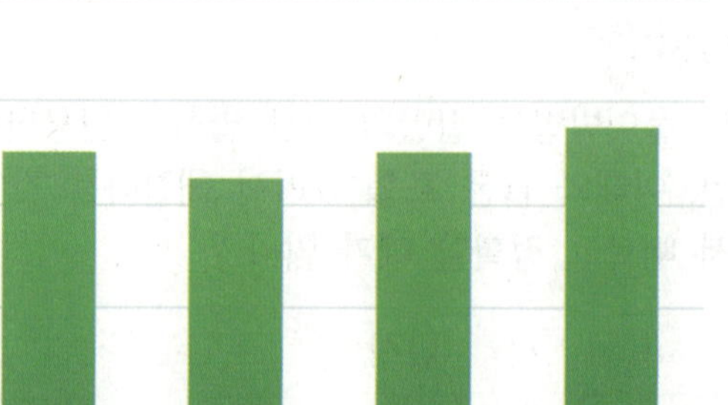

■ 확률의 뜻

시행: 동일한 조건 아래 반복될 수 있으며 그
　결과가 우연에 의하여 결정되는 실험이나 관찰
표본공간: 어떤 시행에서 일어날 수 있는
　모든 결과들의 집합
사건: 표본공간의 부분집합

■ 조건부 확률

두 사건 A, B에 대하여 사건 A가 일어났다는 조건 아래,
사건 B가 일어날 확률을 사건 A가 일어났을 때의 사건 B의
조건부 확률이라 함. (단, $P(A) > 0$)

$$P(B|A) = \frac{n(A \cap B)}{n(A)} = \frac{P(A \cap B)}{P(A)}$$

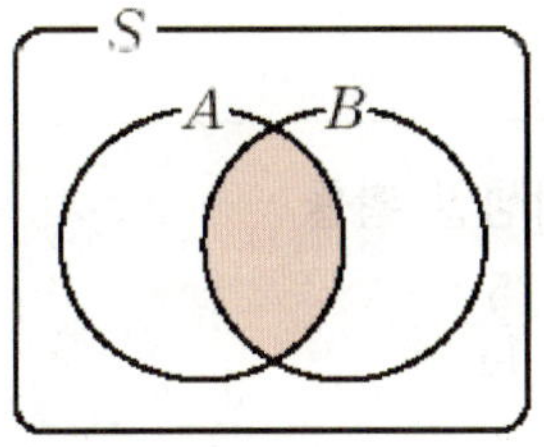

■ "~일 때"라는 표현이 나오는 아래 문제가
조건부 확률 문제인지를 판단해보자.

[2010년 수능 (나)형 29번]
각 면에 1, 1, 1, 2, 2, 3 의 숫자가 하나씩 적혀있는
정육면체 모양의 상자를 던져 윗면에 적힌 수를 읽기로
한다. 이 상자를 3 번 던질 때, 첫 번째와 두 번째 나온
수의 합이 4 이고 세 번째 나온 수가 홀수일 확률은?
[4점]

① $\dfrac{5}{27}$　② $\dfrac{11}{54}$　③ $\dfrac{2}{9}$　④ $\dfrac{13}{54}$　⑤ $\dfrac{7}{27}$

[2009년 수능 (가)형 확률과 통계 28번]
1부터 9까지의 자연수가 하나씩 적혀 있는 9개의 공이
주머니에 들이 있다. 이 주머니에서 임의로 4개의 공을
동시에 꺼낼 때, 꺼낸 공에 적혀 있는 수 중에서 가장 큰
수와 가장 작은 수의 합이 7 이상이고 9 이하일 확률은?
[3점]

① $\dfrac{5}{9}$　② $\dfrac{1}{2}$　③ $\dfrac{4}{9}$　④ $\dfrac{7}{18}$　⑤ $\dfrac{1}{3}$

두 문제 다 조건부 확률 문제가 아니다.
"~일 때"라는 표현이 나오면 조건부확률이라는 것은
조건부확률에 대해 아무 것도 모르는 걸 드러내는
심각한 오개념이다.

경향 06 Minor Trend

35. [2020년 수능 (나)형 9번]
어느 학교 학생 200명을 대상으로 체험활동에 대한 선호도를 조사하였다. 이 조사에 참여한 학생은 문화체험과 생태연구 중 하나를 선택하였고, 각각의 체험활동을 선택한 학생의 수는 다음과 같다.

(단위 : 명)

구분	문화체험	생태연구	합계
남학생	40	60	100
여학생	50	50	100
합계	90	110	200

이 조사에 참여한 학생 200명 중에서 임의로 선택한 1명이 생태연구를 선택한 학생일 때, 이 학생이 여학생일 확률은? [3점]

① $\dfrac{5}{11}$ ② $\dfrac{1}{2}$ ③ $\dfrac{6}{11}$ ④ $\dfrac{5}{9}$ ⑤ $\dfrac{3}{5}$

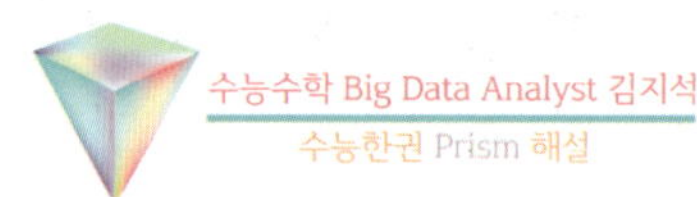
수능수학 Big Data Analyst 김지석
수능한권 Prism 해설

$$P(\text{여}|\text{생}) = \frac{n(\text{생} \cap \text{여})}{n(\text{생})} = \frac{50}{110} = \frac{5}{11}$$

Analysis

■ Check it

생태연구를 선택한 학생일 확률

$$P(\text{생태}) = \frac{110}{200}$$

여학생일 확률

$$P(\text{여}) = \frac{100}{200}$$

생태연구를 선택한 여학생일 확률

$$P(\text{생} \cap \text{여}) = \frac{n(\text{생} \cap \text{여})}{n(\text{전})} = \frac{50}{200}$$

여학생일 때, 생태연구를 선택한 학생일 확률

$$P(\text{생}|\text{여}) = \frac{n(\text{생} \cap \text{여})}{n(\text{여})} = \frac{50}{100}$$

생태연구를 선택한 학생일 때, 여학생일 확률

$$P(\text{여}|\text{생}) = \frac{n(\text{생} \cap \text{여})}{n(\text{생})} = \frac{50}{110} = \frac{5}{11}$$

경향06 실전개념분석 036

36. [2017년 수능 (나)형 13번]
어느 학교의 전체 학생은 360명이고, 각 학생은 체험 학습 A, 체험 학습 B 중 하나를 선택하였다. 이 학교의 학생 중 체험 학습 A를 선택한 학생은 남학생 90명과 여학생 70명이다. 이 학교의 학생 중 임의로 뽑은 1명의 학생이 체험 학습 B를 선택한 학생일 때, 이 학생이 남학생일 확률은 $\frac{2}{5}$이다. 이 학교의 여학생의 수는? [3점]

① 180 ② 185 ③ 190 ④ 195 ⑤ 200

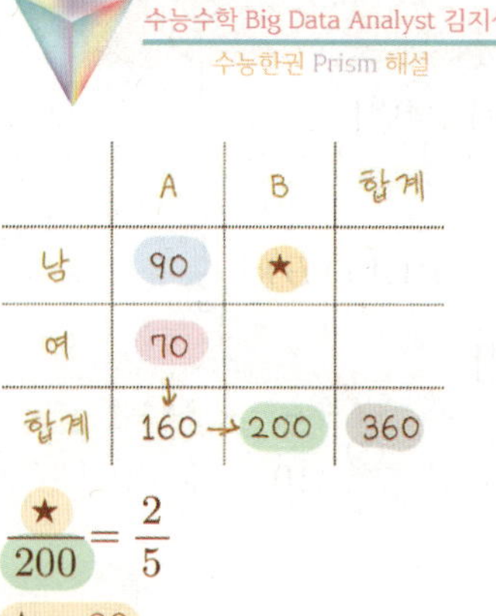

	A	B	합계
남	90	★	
여	70		
합계	160 → 200		360

$$\frac{★}{200} = \frac{2}{5}$$

$$★ = 80$$

	A	B	합계
남	90	80	
여	70	120 → 190	
합계	160	200	360

$$\therefore \text{여학생 수} = 190$$

경향 06 Minor Trend

37. [2025년 수능 (확률과 통계) 24번]
두 사건 A, B에 대하여

$$P(A\,|\,B)=P(A)=\frac{1}{2}, \quad P(A\cap B)=\frac{1}{5}$$

일 때, $P(A\cup B)$의 값은? [3점]

① $\frac{1}{2}$ ② $\frac{3}{5}$ ③ $\frac{7}{10}$

④ $\frac{4}{5}$ ⑤ $\frac{9}{10}$

Analysis

기본적인 풀이방법은 집합의 연산 법칙을 활용하는 것이지만, 아래와 같은 표를 그려서 해결하는 것이 실전에서 빠르고 정확할 때가 많다.
특히나 조건부확률에서는 이 방법이 더더욱 유리하다.

	A	A^c	합계
B			
B^c			
합계			

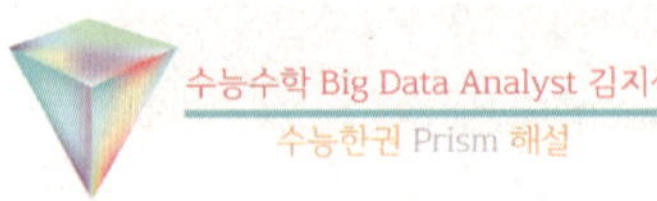

[스킬] 전체 집합의 원소의 개수 예를 드는 방법
→ 문제 단서 or 객관식 답지의 분모가
2, 5, 10인데 이들의 적당한 공배수로 예를 들면 된다.
그러면 분수 계산 없이 문제를 풀 수 있다.

전체 집합의 원소의 개수를 10이라고 예를 들어보자.

$$P(A)=\frac{1}{2}=\frac{5}{10}, \quad P(A\cap B)=\frac{1}{5}=\frac{2}{10},$$

$$P(A\,|\,B)=\frac{1}{2}=\frac{2}{4}$$

	A	A^c	합계
B	2		4
B^c			
합계	5		10

	A	A^c	합계
B	2	2	4
B^c	3		
합계	5		10

$$\therefore P(A\cup B)=\frac{2+2+3}{10}=\frac{7}{10}$$

[다른 풀이]

$$P(A\cap B)=\frac{1}{5}, \ P(A)=\frac{1}{2}$$

$$P(A\,|\,B)=P(A)=\frac{1}{2}$$

$$\Leftrightarrow \frac{P(A\cap B)}{P(B)}=P(A)$$

$$\Leftrightarrow P(B)=\frac{P(A\cap B)}{P(A)}=\frac{\frac{1}{5}}{\frac{1}{2}}=\frac{2}{5}$$

$$\therefore P(A\cup B)=P(A)+P(B)-P(A\cap B)$$

$$=\frac{1}{2}+\frac{2}{5}-\frac{1}{5}=\frac{7}{10}$$

경향06 실전개념분석 038

38. [2021년 수능 (가)형 4번]
두 사건 A, B에 대하여

$$P(B\,|\,A) = \frac{1}{4}, \quad P(A\,|\,B) = \frac{1}{3},$$

$$P(A) + P(B) = \frac{7}{10}$$ 일 때, $P(A \cap B)$의 값은? [3점]

① $\dfrac{1}{7}$ ② $\dfrac{1}{8}$ ③ $\dfrac{1}{9}$ ④ $\dfrac{1}{10}$ ⑤ $\dfrac{1}{11}$

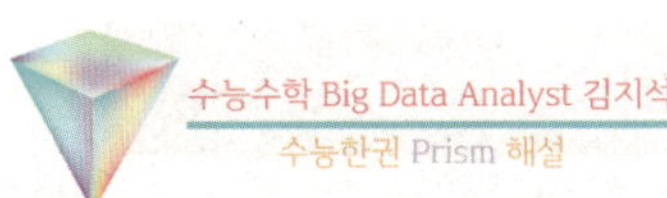

$$P(B\,|\,A) = \frac{1}{4}, \quad P(A\,|\,B) = \frac{1}{3}\ 이므로$$

	A	A^c	합계
B	1		3
B^c			
합계	4		

↓

$$P(A) + P(B) = \frac{7}{10} = \frac{3+4}{10}\ 이므로$$

	A	A^c	합계
B	1		3
B^c			
합계	4		10

$$\therefore\ P(A \cap B) = \frac{1}{10}$$

[다른 풀이]

$$P(B\,|\,A) = \frac{P(B \cap A)}{P(A)} = \frac{1}{4}$$
$$\therefore\ P(A) = 4P(A \cap B)$$
$$P(A\,|\,B) = \frac{P(A \cap B)}{P(B)} = \frac{1}{3}$$
$$\therefore\ P(B) = 3P(A \cap B)$$
$$\therefore\ P(A) + P(B) = 4P(A \cap B) + 3P(A \cap B)$$
$$= 7P(A \cap B) = \frac{7}{10}$$
$$\therefore\ P(A \cap B) = \frac{1}{10}$$

경향 06 Minor Trend

39. [2015년 수능 (B)형 15번]

어느 학교의 전체 학생 320명을 대상으로 수학동아리 가입여부를 조사한 결과 남학생의 60%와 여학생의 50%가 수학동아리에 가입하였다고 한다. 이 학교의 수학동아리에 가입한 학생 중 임의로 1명을 선택할 때 이 학생이 남학생일 확률을 p_1, 이 학교의 수학동아리에 가입한 학생 중 임의로 1명을 선택할 때 이 학생이 여학생일 확률을 p_2라 하자. $p_1 = 2p_2$일 때, 이 학교의 남학생의 수는? [4점]

① 170 ② 180 ③ 190 ④ 200 ⑤ 210

남학생의 60%가 수학동아리이므로

	남	여	합계
수	6		
수^c	×60%		
합계	10		

$p_1 = 2p_2$ 이므로

	남	여	합계
수	6	3	
수^c			
합계	10		

여학생의 50%가 수학동아리이므로

	남	여	합계
수	6	3	
수^c		×50%	
합계	10	6 → 16	

전체 학생의 수는 320명인데 비가 16이므로
$16 \times 20 = 320$
남학생의 수는 남학생의 비의 20을 곱하면 된다.
$\therefore 10 \times 20 = 200$

경향06 실전개념분석 040

40. [2011년 수능 (가)형 & (나)형 13번]
어느 재래시장을 이용하는 고객의 집에서 시장까지의 거리는 평균이 $1740m$, 표준편차가 $500m$인 정규분포를 따른다고 한다. 집에서 시장까지의 거리가 $2000m$ 이상인 고객 중에서 15%, $2000m$미만인 고객 중에서 5%는 자가용을 이용하여 시장에 온다고 한다. 자가용을 이용하여 시장에 온 고객 중에서 임의로 1명을 선택할 때, 이 고객의 집에서 시장까지의 거리가 $2000m$미만일 확률은?
(단, Z가 표준정규분포를 따르는 확률변수일 때, $P(0 \leq Z \leq 0.52) = 0.2$로 계산한다.) [3점]

① $\dfrac{3}{8}$　② $\dfrac{7}{16}$　③ $\dfrac{1}{2}$　④ $\dfrac{9}{16}$　⑤ $\dfrac{5}{8}$

$X \sim \mathrm{N}(1740,\ 500^2)$

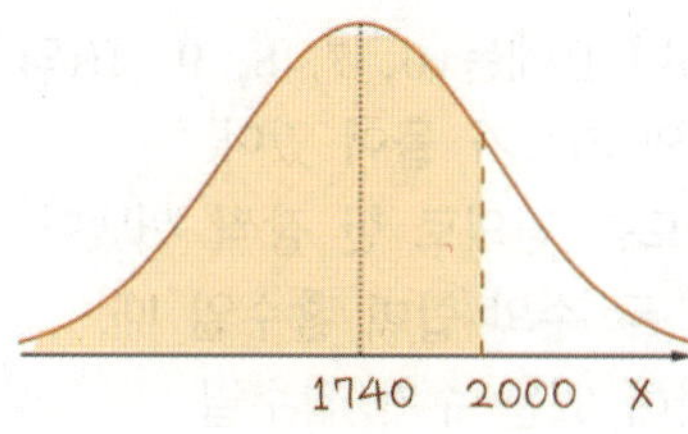

$P(X < 2000)$
$= P\left(\dfrac{X-1740}{500} < \dfrac{2000-1740}{500}\right)$
$= P(Z < 0.52) = 0.5 + 0.2 = 0.7$

전체를 1000이라고 예를 들어보자.

	2000이상	2000미만	합계
자가용O	45	35 →	80
자가용X	(×15%	×5%)	
합계	300 ←	700 ←	1000

$\therefore \dfrac{35}{80} = \dfrac{7}{16}$

Analysis

정규분포 개념이 결합되어 있어서 문제 풀이의 방향을 잡기 어렵게 느껴질 수 있지만, 어쨌거나 조건부 확률 문제인 것이 명백한 만큼, 표를 그려보면 제시된 단서를 어떻게 해결할지 자연스럽게 보이게 돼.

경향 06 Minor Trend

경향06 실전개념분석 041

41. [2008년 수능 (가)형 & (나)형 12번]

주머니 A에는 1, 2, 3, 4, 5의 숫자가 하나씩 적혀 있는 5장의 카드가 들어 있고, 주머니 B에는 6, 7, 8, 9, 10의 숫자가 하나씩 적혀 있는 5장의 카드가 들어 있다.
두 주머니 A, B에서 각각 카드를 임의로 한 장씩 꺼냈다. 꺼낸 2장의 카드에 적혀 있는 두 수의 합이 홀수일 때, 주머니 A에서 꺼낸 카드에 적혀 있는 수가 짝수일 확률은? [3점]

① $\dfrac{5}{13}$ ② $\dfrac{4}{13}$ ③ $\dfrac{3}{13}$ ④ $\dfrac{2}{13}$ ⑤ $\dfrac{1}{13}$

주머니에서 숫자 2개 뽑기
→ 주사위와 다를 바 없다
→ 표를 그린다

B＼A	1	2	3	4	5
6	7	8	9	10	11
7	8	9	10	11	12
8	9	10	11	12	13
9	10	11	12	13	14
10	11	12	13	14	15

$$\therefore \dfrac{4}{13}$$

Analysis

주사위 2개인 상황은 생각보다 광범위하게 적용할 수 있다. 주머니에서 숫자 뽑는 것이 주사위와 별반 다르지 않다.

경향06 실전개념분석 042

42. [2010년 수능 (가)형 확률과 통계 28번]
세 코스 A, B, C를 순서대로 한 번씩 체험하는 수련장이 있다. A코스에는 30개, B코스에는 60개, C코스에는 90개의 봉투가 마련되어 있고, 각 봉투에는 1장 또는 2장 또는 3장의 쿠폰이 들어 있다. 다음 표는 쿠폰 수에 따른 봉투의 수를 코스별로 나타낸 것이다.

쿠폰수 코스	1장	2장	3장	계
A	20	10	0	30
B	30	20	10	60
C	40	30	20	90

각 코스를 마친 학생은 그 코스에 있는 봉투를 임의로 1개 선택하여 봉투 속에 들어있는 쿠폰을 받는다. 첫째 번에 출발한 학생이 세 코스를 모두 체험한 후 받은 쿠폰이 모두 4장이었을 때, B 코스에서 받은 쿠폰이 2 장일 확률은? [3점]

① $\dfrac{14}{23}$　② $\dfrac{12}{23}$　③ $\dfrac{10}{23}$　④ $\dfrac{8}{23}$　⑤ $\dfrac{6}{23}$

수능수학 Big Data Analyst 김지석
수능한권 Prism 해설

합=4

→ 그래서 각각이 얼마인가?
→ 케이스를 나누는 것이 핵심!

i) (A, B, C) = (2, 1, 1)

A코스에서 2장 쿠폰을 받을 확률
▶ $\dfrac{10}{30} = \dfrac{1}{3}$

	1장	2장	3장	계
A	20	10	0	30
B	30	20	10	60
C	40	30	20	90

B코스에서 1장 쿠폰을 받을 확률
▶ $\dfrac{30}{60} = \dfrac{3}{6}$

C코스에서 1장 쿠폰을 받을 확률
▶ $\dfrac{40}{90} = \dfrac{4}{9}$

∴ $\dfrac{1}{3} \times \dfrac{3}{6} \times \dfrac{4}{9}$

ii) (A, B, C) = (1, 2, 1)

A코스에서 1장 쿠폰을 받을 확률
▶ $\dfrac{20}{30} = \dfrac{2}{3}$

B코스에서 2장 쿠폰을 받을 확률
▶ $\dfrac{20}{60} = \dfrac{2}{6}$

C코스에서 1장 쿠폰을 받을 확률
▶ $\dfrac{40}{90} = \dfrac{4}{9}$

	1장	2장	3장	계
A	20	10	0	30
B	30	20	10	60
C	40	30	20	90

∴ $\dfrac{2}{3} \times \dfrac{2}{6} \times \dfrac{4}{9}$

iii) (A, B, C) = (1, 1, 2)

A코스에서 1장 쿠폰을 받을 확률
▶ $\dfrac{20}{30} = \dfrac{2}{3}$

B코스에서 1장 쿠폰을 받을 확률
▶ $\dfrac{30}{60} = \dfrac{3}{6}$

C코스에서 2장 쿠폰을 받을 확률
▶ $\dfrac{30}{90} = \dfrac{3}{9}$

	1장	2장	3장	계
A	20	10	0	30
B	30	20	10	60
C	40	30	20	90

∴ $\dfrac{2}{3} \times \dfrac{3}{6} \times \dfrac{3}{9}$

∴ $\dfrac{\overset{ii)}{\dfrac{2}{3} \times \dfrac{2}{6} \times \dfrac{4}{9}}}{\underset{i)}{\dfrac{1}{3} \times \dfrac{3}{6} \times \dfrac{4}{9}} + \overset{ii)}{\dfrac{2}{3} \times \dfrac{2}{6} \times \dfrac{4}{9}} + \overset{iii)}{\dfrac{2}{3} \times \dfrac{3}{6} \times \dfrac{3}{9}}} = \dfrac{8}{23}$

Analysis

조건부 확률의 대부분의 문제는
$$P(B|A) = \dfrac{n(A \cap B)}{n(A)}$$
로 푸는 것이 편하지만 반드시
$$P(B|A) = \dfrac{P(A \cap B)}{P(A)}$$
로 풀어야만 하는 문제가 있다.

경향 06 Minor Trend

1등급

43. [1996년 수능 (인문) & (자연) 22번]

1부터 10까지 자연수가 하나씩 적힌 열 개의 공이 들어 있는 상자가 있다. 이 상자 안의 공들을 잘 섞은 후에 차례로 두 개의 공을 꺼낼 때, 두 번째 꺼낸 공에 적힌 수가 처음 꺼낸 공에 적힌 수보다 큰 수일 확률은 $\frac{1}{2}$ 이다.

다음은 이에 대한 증명이다. (단, 꺼낸 공은 다시 넣지 않는다)

[증 명]

처음 꺼낸 공에 적힌 수를 X_1, 두 번째 꺼낸 공에 적힌 수를 X_2라 하고 구하는 확률을 p라 하자. 1부터 10까지의 자연수 n에 대하여 $X_1 = n$인 사건을 A_n이라 하고, $X_2 \geq n+1$인 사건을 B_n이라 하자.

그러면

$$p = \sum_{n=1}^{10} \boxed{(가)} \cdot P(A_n) = \sum_{n=1}^{9} \frac{10-n}{9} \cdot \boxed{(나)}$$

$$= \frac{1}{2} \text{이다.}$$

위의 증명에서 (가), (나)에 알맞은 것은?

	(가)	(나)
①	$P(A_n \cap B_n)$	$\frac{1}{10}$
②	$P(B_n)$	$\frac{1}{10}$
③	$P(B_n)$	$\frac{1}{9}$
④	$P(B_n \mid A_n)$	$\frac{9}{10}$
⑤	$P(B_n \mid A_n)$	$\frac{1}{10}$

✓⑤

수능수학 Big Data Analyst 김지석
수능한권 Prism 해설

사건 A_n이 발생하고 사건 B_n이 발생해야 두 번째 꺼낸 공에 적힌 수가 처음 꺼낸 공에 적힌 수보다 큰 수인 사건이 발생하는 것이다.

$A_n \cap B_n$인 모든 확률 값의 합을 구하면 된다.

$$p = \sum_{n=1}^{10} P(A_n \cap B_n)$$

$$= \sum_{n=1}^{10} P(A_n) \cdot P(B_n \mid A_n) \quad (가)$$

$$= \sum_{n=1}^{10} \frac{1}{10} \cdot \frac{10-n}{9}$$

$$= \sum_{n=1}^{9} \frac{1}{10} \cdot \frac{10-n}{9} \quad (\because P(A_{10} \cap B_{10}) = 0)$$

$$(나)$$

[깊은 이해]

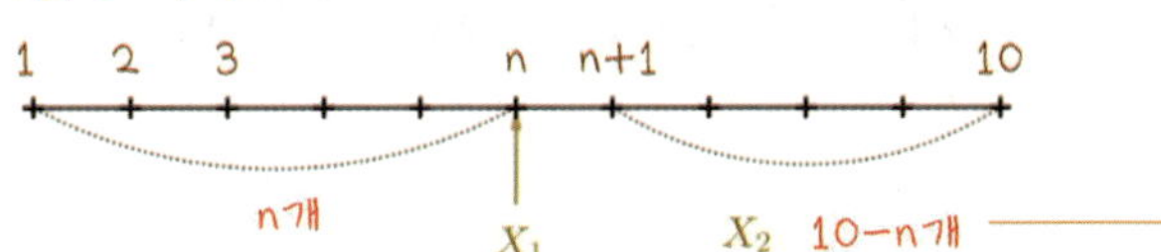

$X_2 \geq n+1$를 만족하는 X_2는 $10-n$개가 있다.

전체 숫자가 10개이므로

$$P(B_n) = \frac{10-n}{10}$$

그런데 사건 A_n이 발생하면

$X_1 = n$을 제외한 9개의 숫자가 남으므로

$$P(B_n \mid A_n) = \frac{10-n}{9}$$

Analysis

■ 확률의 곱셈 정리

두 사건 A, B가 동시에 일어날 확률은

$$P(A \cap B) = P(A)P(B \mid A)$$
$$= P(B)P(A \mid B)$$

경향 07 Minor Trend

경향07 수능 출제 난이도

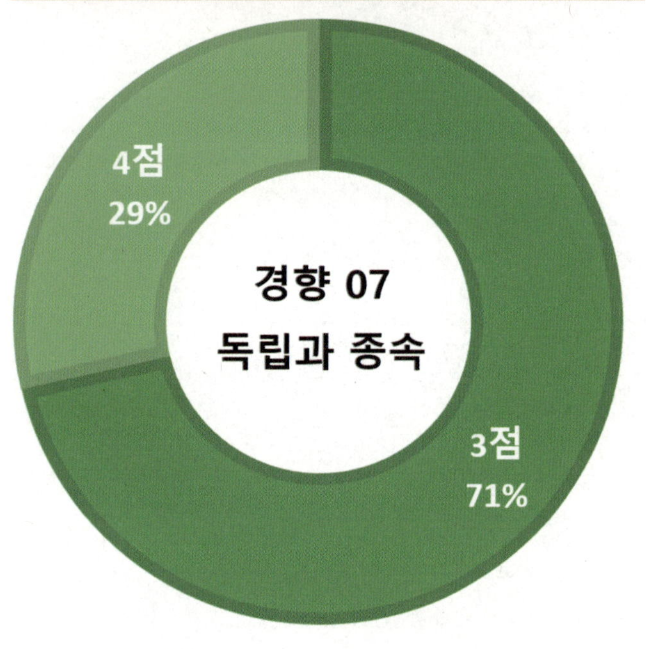

경향07 수능별 데이터 (1)

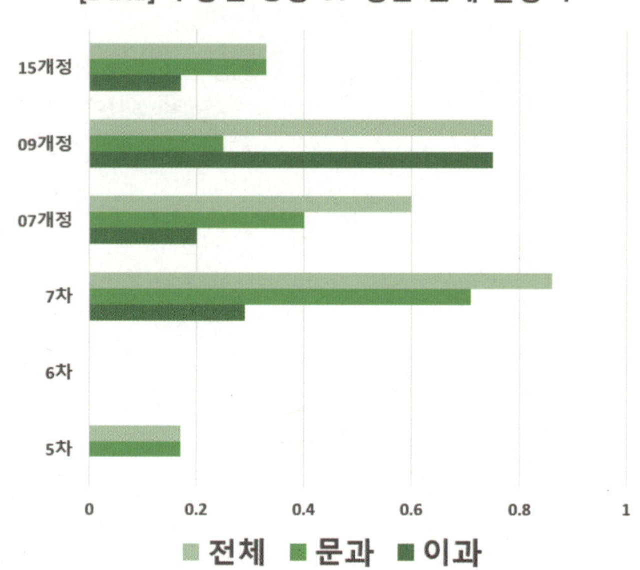

COMMENT

출제할 수 있는 포인트가 뻔하기 때문에 대비만 잘 해두면 걱정할 게 없어. 문제에 나온 수치를 표로 정리했을 때 어떤 특징이 생기는지만 잘 파악하고 이를 활용할 수 있으면 돼. 실전개념분석 문제에서 기똥찬 접근법을 알려줄테니까 기대해! 아직까지 15개정 평가원에서 고난도로 출제한 적은 없어. 이 경향 말고도 다른 경향에서 고난도로 출제하는 트렌드라 그런 것일 수도 있어.

경향07 수능 출제 전망

■■■□□

**확실한 접근법을 알아두면
난이도가 어렵지 않음**

경향07 확률 단원 내 출제 비율

22.73%

경향07 공부 우선순위

★★☆

독립과 종속을 완벽하게 이해하기

경향07 수능별 데이터 (2)

현교육과정
경향07 수능중요도

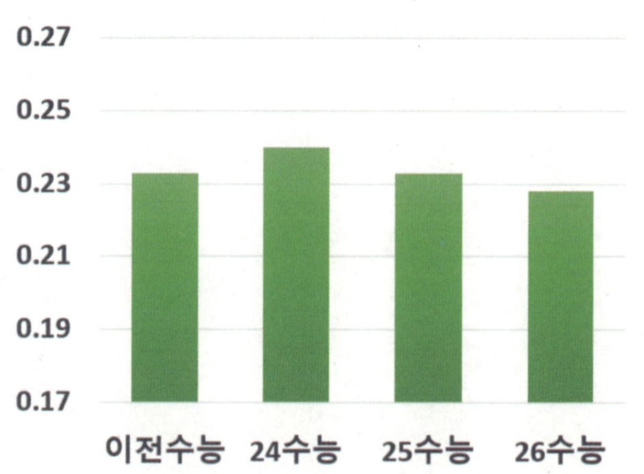

독립과 종속 연습문제 1

어느 고등학교의 작년 졸업생 400명 중에서 대학에 합격한 학생은 10명이라고 한다. 지석이는 이중에서 수능 당일 찹쌀떡을 먹은 학생이 8명이라는 놀라운 사실을 깨달았다. 지석이는 찹쌀떡을 먹으면 대학 합격할 가능성이 높아진다고 추리하고, 졸업생 중에서 수능 당일 찹쌀떡을 먹은 학생 수를 조사해본 결과 수능 당일 찹쌀떡을 먹은 학생이 320명이고 찹쌀떡을 먹지 않은 학생이 80명이라고 한다. 그렇다면 지석이의 추리는 타당한가?

[스킬]
독립일 경우 표의
가로줄끼리의 비율
세로줄끼리의 비율이 같다.

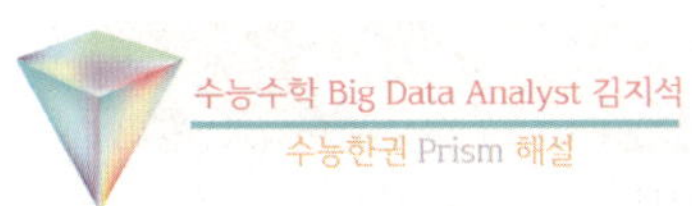

	대학O	대학X	합계
찹쌀떡O	8	312	320
찹쌀떡X	2	78	80
합계	10	390	400

[스킬]
독립일 경우 표의
가로줄끼리의 비율
세로줄끼리의 비율이 같다.

$$P(대O) = \frac{10}{400} = \frac{1}{40}$$
$$\|$$
$$P(대O|찹O) = \frac{8}{320} = \frac{1}{40}$$
$$\|$$
$$P(대O|찹X) = \frac{2}{80} = \frac{1}{40}$$

∴ 타당하지 않다.

대학에 합격할 확률은 찹쌀떡 먹었는지 여부에 영향을 받지 않으므로, 두 사건이 독립이라고 한다.

독립과 종속 연습문제 2

어느 고등학교의 작년 졸업생 400명 중에서 김지석의 사진을 바라보며 수능을 본 학생은 100명이라고 한다. 이중 90명이 sky에 합격하였다. 또 김지석의 사진을 보지 않고 수능을 본 학생들 중 sky에 합격한 학생도 90명이라고 한다. 그렇다면 김지석의 사진을 바라보며 수능을 보는 것이 sky에 합격하는데 긍정적인 영향을 미치는가?

	SkyO	SkyX	합계
김지석O	90	10	100
김지석X	90	210	300
합계	180	220	400

$$P(SkyO) = \frac{180}{400} = 45\%$$
$$\nparallel$$
$$P(SkyO|김O) = \frac{90}{100} = 90\%$$
$$\nparallel$$
$$P(SkyO|김X) = \frac{90}{300} = 30\%$$

∴ 긍정적인 영향을 미친다.

이런 경우 두 사건이 종속이라고 한다.

경향 07 Minor Trend

44. [2005년 수능 (나)형 24번]

다음은 어느 회사에서 전체 직원 360명을 대상으로 재직 연수와 새로운 조직 개편안에 대한 찬반 여부를 조사한 표이다.

(단위 : 명)

재직 연수 \ 찬반 여부	찬성	반대	계
10년 미만	a	b	120
10년 이상	c	d	240
계	150	210	360

재직 연수가 10년 미만일 사건과 조직 개편안에 찬성할 사건이 서로 독립일 때, a 의 값을 구하시오. [4점]

(단위 : 명)

재직 연수 \ 찬반 여부	찬성	반대	계
10년 미만	a	b	120
10년 이상	c	d	240
계	150	210	360

[스킬] 독립이면 가로줄끼리 & 세로줄끼리 비율이 같다.

$$120 : 240 : 360 = a : c : 150$$

$$\therefore a = 50$$

[다른 풀이]

사건A: 조직 개편안에 찬성할 사건

사건B: 재직 연수가 10년 미만일 사건

독립이므로

$$P(B) = P(B \mid A)$$

$$\Leftrightarrow \frac{120}{360} = \frac{a}{150}$$

$$\therefore a = 50$$

[다른 풀이2]

독립이므로

$$P(A \cap B) = P(A) \times P(B)$$

$$\frac{a}{360} = \frac{150}{360} \times \frac{120}{360}$$

$$\therefore a = 50$$

Analysis

사건의 독립 개념의 본질은

$$P(A \cap B) = P(A) \times P(B)$$

이 아니라

$$P(B) = P(B \mid A) = P(B \mid A^c)$$

이다!

경향07 실전개념분석 045

45. [2017년 수능 (가)형 4번]
두 사건 A와 B는 서로 독립이고

$$P(B^C) = \frac{1}{3}, \quad P(A|B) = \frac{1}{2}$$

일 때, $P(A)P(B)$의 값은? (단, B^C은 B의 여사건이다.)
[3점]

① $\dfrac{5}{6}$ ② $\dfrac{2}{3}$ ③ $\dfrac{1}{2}$ ④ $\dfrac{1}{3}$ ⑤ $\dfrac{1}{6}$

Analysis

사건의 독립 개념도 결국 조건부 확률 개념의 연장에
있으니, 표를 그려 해결하면 편하다.

	A	A^c	합계
B			
B^c			
합계			

전체 개수가 6이라고 예를 들어 풀어보자.

$$P(B^C) = \frac{1}{3} = \frac{2}{6}, \quad P(A|B) = \frac{1}{2} = \frac{2}{4} \text{이므로}$$

	A	A^c	합계
B	2		4
B^c			2
합계			6

[스킬] 독립이면 가로줄끼리 & 세로줄끼리 비율이 같다.

	A	A^c	합계
B	2		4
B^c			2
합계	3		6

$$\therefore P(A)P(B) = \frac{3}{6} \times \frac{4}{6} = \frac{1}{3}$$

[다른 풀이]

$$P(B^C) = \frac{1}{3}$$

$$P(B) = 1 - P(B^C) = 1 - \frac{1}{3} = \frac{2}{3}$$

$$P(A|B) = \frac{1}{2} \Leftrightarrow \frac{P(A \cap B)}{P(B)} = \frac{1}{2}$$

$$P(A \cap B) = \frac{1}{2} P(B) = \frac{1}{2} \times \frac{2}{3} = \frac{1}{3}$$

두 사건 A와 B는 서로 독립이므로

$$P(A)P(B) = P(A \cap B) = \frac{1}{3}$$

경향 07 Minor Trend

46. [2016년 수능 (B)형 5번]

두 사건 A, B 가 서로 독립이고

$$P(A^c) = \frac{1}{4}, \quad P(A \cap B) = \frac{1}{2}$$

일 때, $P(B|A^c)$의 값은? (단, A^c은 A의 여사건이다.)
[3점]

① $\dfrac{5}{12}$ ② $\dfrac{1}{2}$ ③ $\dfrac{7}{12}$

④ $\dfrac{2}{3}$ ⑤ $\dfrac{3}{4}$

전체 개수가 12라고 예를 들어 풀어보자.

$$P(A^c) = \frac{1}{4} = \frac{3}{12}, \quad P(A \cap B) = \frac{1}{2} = \frac{6}{12} \text{이므로}$$

	A	A^c	합계
B	6		
B^c			
합계	9 ← 3		12

[스킬] 독립이면 가로줄끼리 & 세로줄끼리 비율이 같다.

	A	A^c	합계
B	6 → 2		
B^c			
합계	9	3	12

$$\therefore P(B|A^c) = \frac{2}{3}$$

[다른 풀이]

$$P(A^c) = \frac{1}{4} \Leftrightarrow 1 - P(A) = \frac{1}{4}$$

$$\therefore P(A) = \frac{3}{4}$$

두 사건 A, B 가 서로 독립이므로

$$P(A \cap B) = \frac{1}{2} \text{에서} \frac{3}{4} P(B) = \frac{1}{2}$$

$$\therefore P(B) = \frac{2}{3}$$

두 사건 A, B 가 서로 독립이면 두 사건 A^c, B도 서로 독립이므로

$$P(B|A^c) = P(B) = \frac{2}{3}$$

경향07 실전개념분석 047

47. [2014년 수능 (A)형 7번]
두 사건 A, B가 서로 독립이고
$P(A) = \dfrac{1}{3}$, $P(B) = \dfrac{1}{3}$일 때, $P(A \cap B^C)$의 값은? (단,
B^C은 B의 여사건이다.) [3점]

① $\dfrac{5}{27}$　　② $\dfrac{2}{9}$　　③ $\dfrac{7}{27}$　　④ $\dfrac{8}{27}$　　⑤ $\dfrac{1}{3}$

전체 개수가 27라고 예를 들어 풀어보자.

$P(A) = \dfrac{1}{3} = \dfrac{9}{27}$, $P(B) = \dfrac{1}{3} = \dfrac{9}{27}$ 이므로

	A	A^c	합계
B			9
B^c			18
합계	9		27

↓

[스킬] 독립이면 가로줄끼리 & 세로줄끼리 비율이 같다.

	A	A^c	합계
B			9
B^c	6		18
합계	9		27

$$\therefore P(A \cap B^C) = \dfrac{6}{27} = \dfrac{2}{9}$$

경향 07 Minor Trend

48. [2021년 수능 (나)형 5번]

두 사건 A 와 B 는 서로 독립이고

$P(A|B) = P(B)$, $P(A \cap B) = \dfrac{1}{9}$ 일 때, $P(A)$ 의 값은? [3점]

① $\dfrac{7}{18}$ ② $\dfrac{1}{3}$ ③ $\dfrac{5}{18}$ ④ $\dfrac{2}{9}$ ⑤ $\dfrac{1}{6}$

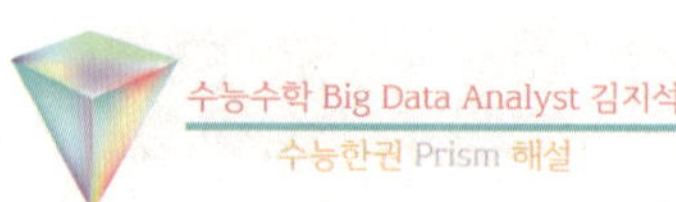

전체 개수가 18라고 예를 들어 풀어보자.

$P(A \cap B) = \dfrac{1}{9} = \dfrac{2}{18}$ 이므로

	A	A^c	합계
B	2		x
B^c			
합계			18

$P(A|B) = P(B)$

 $\dfrac{2}{x} = \dfrac{x}{18}$

$\therefore x = 6$

↓

[스킬] 독립이면 가로줄끼리 & 세로줄끼리 비율이 같다.

	A	A^c	합계
B	2		6
B^c			
합계	6		18

$\therefore P(A) = \dfrac{6}{18} = \dfrac{1}{3}$

경향07 실전개념분석 049

1등급

49. [2019년 수능 (가)형 27번]
한 개의 주사위를 한 번 던진다. 홀수의 눈이 나오는 사건을 A, 6이하의 자연수 m에 대하여 m의 약수의 눈이 나오는 사건을 B라 하자. 두 사건 A와 B가 서로 독립이 되도록 하는 모든 m의 값의 합을 구하시오. [4점]

주사위 눈을 사건 A, B에 대해 분류하면

	A (홀)	A^c (짝)	합계
B	1	1	
B^c			
합계	3	3	6

[스킬] 독립이면 가로줄끼리 & 세로줄끼리 비율이 같다.
주사위 눈에서
홀 : 짝 = 3 : 3 = 1 : 1
이므로 사건 B의 원소(m의 약수)도
홀 : 짝 = 1 : 1
이면 A와 B가 독립이다.

ⅰ) m=1의 약수는 1
홀 : 짝 = 1 : 0 (성립 안함)

ⅱ) m=2의 약수는 1, 2
홀 : 짝 = 1 : 1 (성립)

ⅲ) m=3의 약수는 1, 3
홀 : 짝 = 2 : 0 (성립 안함)

ⅳ) m=4의 약수는 1, 2, 4
홀 : 짝 = 1 : 2 (성립 안함)

ⅴ) m=5의 약수는 1, 5
홀 : 짝 = 2 : 0 (성립 안함)

ⅵ) m=6의 약수는 1, 2, 3, 6
홀 : 짝 = 2 : 2 = 1 : 1 (성립)

∴ m으로 가능한 값은 2, 6이다.
∴ $2 + 6 = 8$

경향 08 Minor Trend

경향08 수능 출제 난이도

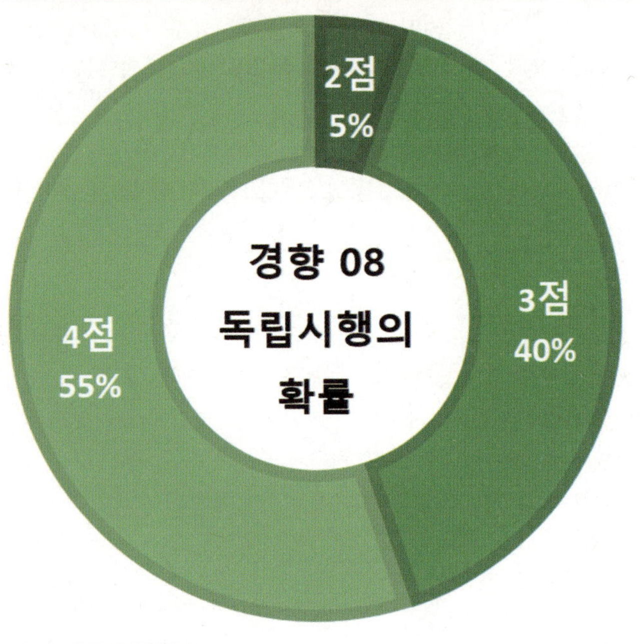

경향08 수능별 데이터 (1)

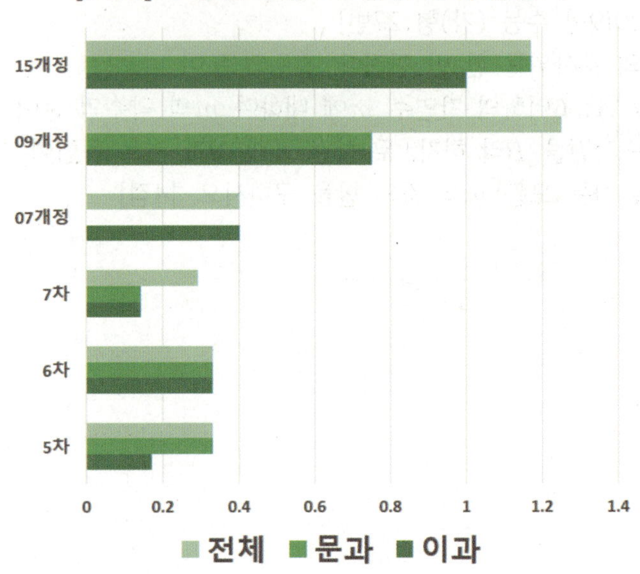

COMMENT

작년 수능 28번으로 출제되었고 최근 중요도가 갈수록 커지고 있어. 출제 빈도가 높아졌을 뿐만 아니라 고난도 문제까지 나오고 있고 15개정 평가원은 이 경향을 「경향 06 조건부확률」 내용을 섞어서 출제하는 것이 하나의 트렌드로도 볼 수 있어. 작년 수능에서도 그랬고 말이야. 공식만 알아서는 안 되고 근본적인 원리까지 이해해야 풀 수 있는 문제가 나오니까 반드시 대비하도록 하자.

경향08 수능 출제 전망

■■■■■
고난도 출제★
작년 수능 28번

경향08 확률 단원 내 출제 비율

30.3%

경향08 공부 우선순위

★★★
조건부확률과 결합한 고난도 대비
철저한 기출분석 필요

경향08 수능별 데이터 (2)

현교육과정
경향08 수능중요도

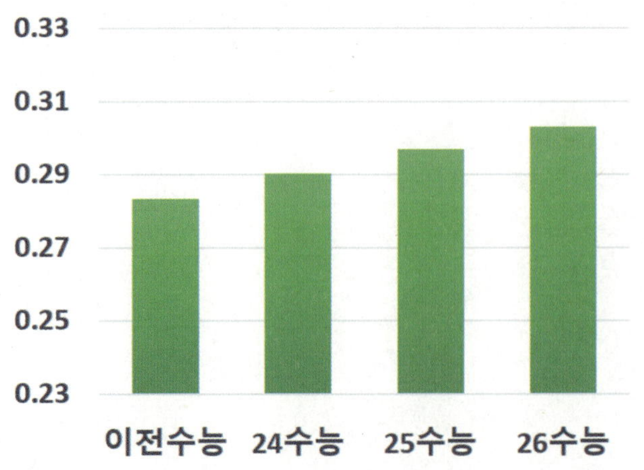

경향08 실전개념분석 050

50. [1998년 수능 (인문) & (자연) 14번]
다음 <보기> 중 옳은 것을 모두 고르면? (단, 동전의
앞면과 뒷면이 나올 확률은 같다.) [2점]

[보 기]

ㄱ. 동전을 10회 던질 때 앞면이 4회 나타날
　확률과 앞면이 6회 나타날 확률은 같다.

ㄴ. 동전을 10회 던질 때 앞면이 5회 나타날
　확률과 20회 던질 때 앞면이 10회 나타날
　확률은 같다.

ㄷ. 동전을 10회 던질 때 앞면이 나타날 횟수가
　5회 이하일 확률은 0.5보다 크다.

① ㄱ　② ㄷ　③ ㄱ, ㄴ　④ ㄱ, ㄷ　⑤ ㄱ, ㄴ, ㄷ

독립시행의 확률

정의: 한 번의 시행에서
사건 A가 일어날 확률이 p일 때,
n번의 독립시행에서
사건 A가 일어나는 횟수를 r이라 하면
이때의 확률 P_r은

$$\mathrm{P}_r = {}_n\mathrm{C}_r\, p^r q^{n-r} \ (q = 1-p)$$

【ex】4회중 2회 성공할 확률
(성공: 주사위 던져서 3배수)

	1회	2회	3회	4회
P	(O ∩	O ∩	X ∩	X)	$= \mathrm{P(O)P(O)P(X)P(X)} = \left(\frac{1}{3}\right)^2\left(\frac{2}{3}\right)^2$
P	(O ∩	X ∩	O ∩	X)	$= \mathrm{P(O)P(X)P(O)P(X)} = \left(\frac{1}{3}\right)^2\left(\frac{2}{3}\right)^2$
	O	X	X	O
	X	O	O	X
	X	X	O	O
P	(X ∩	O ∩	X ∩	O)	$= \mathrm{P(X)P(O)P(X)P(O)} = \left(\frac{1}{3}\right)^2\left(\frac{2}{3}\right)^2$

$\dfrac{4!}{2!2!} = {}_4\mathrm{C}_2$

수능수학 Big Data Analyst 김지석
수능한권 Prism 해설

ㄱ. (참)

앞면이 4회 나타날 확률

▶ $\displaystyle {}_{10}\mathrm{C}_4\left(\frac{1}{2}\right)^4\left(\frac{1}{2}\right)^6$

앞면이 6회 나타날 확률

▶ $\displaystyle {}_{10}\mathrm{C}_6\left(\frac{1}{2}\right)^6\left(\frac{1}{2}\right)^4$

$\therefore {}_{10}\mathrm{C}_4\left(\frac{1}{2}\right)^4\left(\frac{1}{2}\right)^6 = {}_{10}\mathrm{C}_6\left(\frac{1}{2}\right)^6\left(\frac{1}{2}\right)^4 \ \left(\because {}_{10}\mathrm{C}_4 = {}_{10}\mathrm{C}_6\right)$

ㄴ. (거짓)

10회 중 앞면이 5회 나타날 확률

▶ $\displaystyle {}_{10}\mathrm{C}_5\left(\frac{1}{2}\right)^5\left(\frac{1}{2}\right)^5$

20회 중 앞면에 10회 나타날 확률

▶ $\displaystyle {}_{20}\mathrm{C}_{10}\left(\frac{1}{2}\right)^{10}\left(\frac{1}{2}\right)^{10}$

$\therefore {}_{10}\mathrm{C}_5\left(\frac{1}{2}\right)^5\left(\frac{1}{2}\right)^5 \neq {}_{20}\mathrm{C}_{10}\left(\frac{1}{2}\right)^{10}\left(\frac{1}{2}\right)^{10}$

ㄷ. (참)

$$ {}_{10}\mathrm{C}_0\left(\frac{1}{2}\right)^{10} + {}_{10}\mathrm{C}_1\left(\frac{1}{2}\right)^{10} + \cdots + {}_{10}\mathrm{C}_5\left(\frac{1}{2}\right)^{10} + \cdots + {}_{10}\mathrm{C}_9\left(\frac{1}{2}\right)^{10} + {}_{10}\mathrm{C}_{10}\left(\frac{1}{2}\right)^{10} $$

이항계수의 대칭성 ${}_n\mathrm{C}_r = {}_n\mathrm{C}_{n-r}$에 의해

$$ {}_{10}\mathrm{C}_0\left(\frac{1}{2}\right)^{10} + {}_{10}\mathrm{C}_1\left(\frac{1}{2}\right)^{10} + \cdots + {}_{10}\mathrm{C}_5\left(\frac{1}{2}\right)^{10} > \frac{1}{2} $$

경향 08 Minor Trend

——— 1등급 ———

51. [2020년 수능 (가)형 20번]
한 개의 동전을 7번 던질 때, 다음 조건을 만족시킬 확률은? [4점]

> (가) 앞면이 3번 이상 나온다.
> (나) 앞면이 연속해서 나오는 경우가 있다.

① $\dfrac{11}{16}$ ② $\dfrac{23}{32}$ ③ $\dfrac{3}{4}$ ④ $\dfrac{25}{32}$ ⑤ $\dfrac{13}{16}$

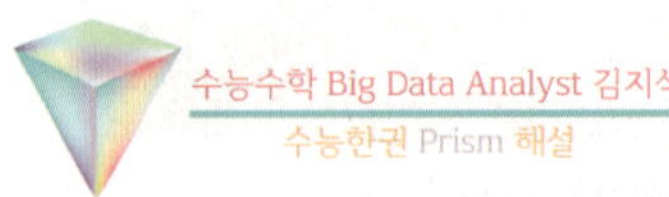

사건A : 앞면 3번 이상 나온다.
사건B : 앞면이 연속해서 나오는 경우가 있다.

$$P(A \cap B) = P(A) - P(A \cap B^c)$$
$$= 1 - P(A^c) - P(A \cap B^c)$$

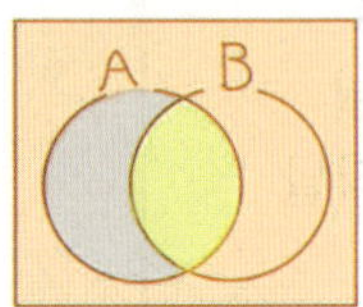

(step1) $P(A^c)$: 앞면이 2번 이하 나올 확률
앞면이 0번＋1번＋2번

$$\left({}_7C_0 + {}_7C_1 + {}_7C_2 \right)\left(\dfrac{1}{2}\right)^7$$

(step2) $P(A \cap B^c)$: 앞면이 3번 이상이고 연속해서 나오지 않을 확률

앞면이 충분히 많이 나오면 어떻게 배열하더라도 앞면이 연속해서 나오는 경우가 생긴다.
앞면이 연속해서 나오지 않으면서 앞면의 개수가 최대인 경우를 생각해보자.

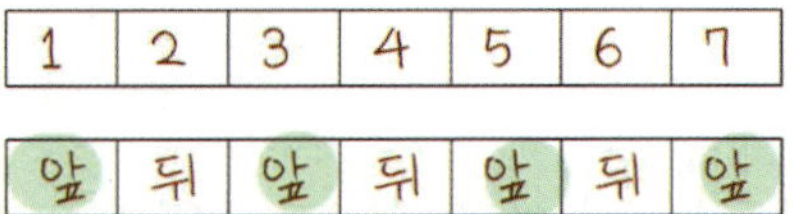

Analysis

여사건의 확률을 적용해야 하는 상황은
(돼 = 전체 − 안돼)
(1) 안되는 것이 문제에서 명시됐을 때
(2) 되는 케이스가 너무 많을 때
 ex) ~이상, ~이하, 적어도~

ⅰ) 앞면이 4개인 경우

$$1 \times \left(\frac{1}{2}\right)^7$$

ⅱ) 앞면이 3개인 경우

∨뒤∨뒤∨뒤∨뒤∨

뒷면 4개 사이 ∨ 5개 중 3개를 선택해

앞면 3개를 배치하면 앞면과 뒷면이 이웃하지 않는다.

$$_5C_3 \times \left(\frac{1}{2}\right)^7$$

$$P\,(A \cap B)$$
$$= 1 - P\,(A^c) - P\,(A \cap B^c)$$
$$= 1 - \left(_7C_0 + {_7}C_1 + {_7}C_2\right)\left(\frac{1}{2}\right)^7 - \left(1 + {_5}C_3\right) \times \left(\frac{1}{2}\right)^7$$
$$= \frac{88}{128} = \frac{11}{16}$$

경향 08 Minor Trend

경향08 실전개념분석 052

1등급

52. [2021년 수능 (가)형 19번 & (나)형 29번]
숫자 3, 3, 4, 4, 4가 하나씩 적힌 5개의 공이 들어
있는 주머니가 있다. 이 주머니와 한 개의 주사위를
사용하여 다음 규칙에 따라 점수를 얻는 시행을 한다.

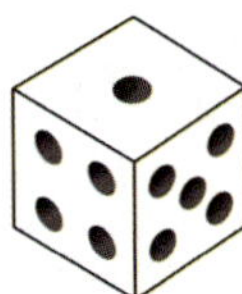

주머니에서 임의로 한 개의 공을 꺼내어
꺼낸 공에 적힌 수가 3이면 주사위를 3번 던져서
나오는 세 눈의 수의 합을 점수로 하고,
꺼낸 공에 적힌 수가 4이면 주사위를 4번 던져서
나오는 네 눈의 수의 합을 점수로 한다.

이 시행을 한 번 하여 얻은 점수가 10점일 확률은? [4점]

① $\dfrac{13}{180}$ ② $\dfrac{41}{540}$ ③ $\dfrac{43}{540}$ ④ $\dfrac{1}{12}$ ⑤ $\dfrac{47}{540}$

Analysis

독립시행의 확률의 공식 적용으로는 풀 수 없고
공식이 유도되는 원리를 알고 있어야 풀 수 있는
문제다.

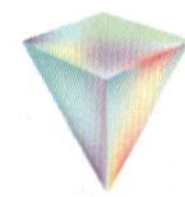

합이 10

→ 그래서 각각이 얼마인가?
→ 케이스 나누는 것이 핵심!

i) 주머니에서 3을 꺼낼 때

▶ $\dfrac{2}{5}$

세 자연수의 합이 10이 되는 방법의 수
$a + b + c = 10$
$\Leftrightarrow a' + b' + c' = 10 - 3 = 7$
$(a = a' + 1,\ b = b' + 1,\ c = c' + 1)$

▶ $_3H_7$

$1 \le a, b, c \le 6 \Leftrightarrow 0 \le a', b', c' \le 5$이므로
a', b', c' 중 하나가 6이상인 것이 있을 방법의 수
$a' + b' + c' = 7$
$\Leftrightarrow a'' + b' + c' = 7 - 6 = 1$
$(a' = a'' + 6)$

▶ $3 \times {_3}H_1$

$\therefore \dfrac{2}{5} \times ({_3}H_7 - 3 \times {_3}H_1) \times \left(\dfrac{1}{6}\right)^3$

ii) 주머니에서 4를 꺼낼 때

▶ $\dfrac{3}{5}$

네 자연수의 합이 10이 되는 방법의 수
$a + b + c + d = 10$
$\Leftrightarrow a' + b' + c' + d' = 10 - 4 = 6$
$(a = a' + 1,\ b = b' + 1,\ c = c' + 1,\ d = d' + 1)$

▶ $_4H_6$

$1 \le a, b, c, d \le 6 \Leftrightarrow 0 \le a', b', c', d' \le 5$이므로
a', b', c', d' 중 하나가 6이상인 것이 있을 방법의 수

▶ 4

$\therefore \dfrac{3}{5} \times ({_4}H_6 - 4) \times \left(\dfrac{1}{6}\right)^4$

$\therefore \dfrac{2}{5} \times ({_3}H_7 - 3 \times {_3}H_1) \times \left(\dfrac{1}{6}\right)^3$

$+ \dfrac{3}{5} \times ({_4}H_6 - 4) \times \left(\dfrac{1}{6}\right)^4 = \dfrac{47}{540}$

[다른 풀이]

ⅰ) 주머니에서 3을 꺼낼 때

▶ $\dfrac{2}{5}$

주사위를 3번 던져 수의 합이 10이 되는 경우

10

$= 6+2+2$ ▶ $\dfrac{3!}{2!}$

$= 4+3+3$ ▶ $\dfrac{3!}{2!}$

$= 6+3+1$ ▶ $3!$

$= 4+4+2$ ▶ $\dfrac{3!}{2!}$

$= 5+4+1$ ▶ $3!$

$= 5+3+2$ ▶ $3!$

ⅱ) 주머니에서 4를 꺼낼 때

▶ $\dfrac{3}{5}$

주사위를 4번 던져 수의 합이 10이 되는 경우

10

$= 6+2+1+1$ ▶ $\dfrac{4!}{2!}$

$= 5+3+1+1$ ▶ $\dfrac{4!}{2!}$

$= 5+2+2+1$ ▶ $\dfrac{4!}{2!}$

$= 4+4+1+1$ ▶ $\dfrac{4!}{2!2!}$

$= 4+3+2+1$ ▶ $4!$

$= 4+2+2+2$ ▶ $\dfrac{4!}{3!}$

$= 3+3+3+1$ ▶ $\dfrac{4!}{3!}$

$= 3+3+2+2$ ▶ $\dfrac{4!}{2!2!}$

$\therefore \dfrac{2}{5} \times \left(3! \times 3 + \dfrac{3!}{2!} \times 3\right)\left(\dfrac{1}{6}\right)^3$

$\quad + \dfrac{3}{5} \times \left(\dfrac{4!}{2!} \times 3 + \dfrac{4!}{2!2!} \times 2 + \dfrac{4!}{3!} \times 2 + 4!\right)\left(\dfrac{1}{6}\right)^4 = \dfrac{47}{540}$

경향 08 Minor Trend

—— 1등급 ——

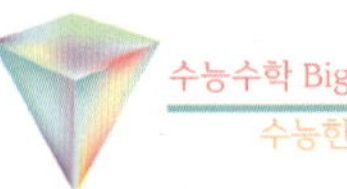

53. [2019년 수능 (나)형 18번]
좌표평면의 원점에 점 A가 있다. 한 개의 동전을 사용하여 다음 시행을 한다.

> 동전을 한 번 던져 앞면이 나오면 점 A를 x축의 양의 방향으로 1만큼, 뒷면이 나오면 점 A를 y축의 양의 방향으로 1만큼 이동시킨다.

위의 시행을 반복하여 점 A의 x좌표 또는 y좌표가 처음으로 3이 되면 이 시행을 멈춘다. 점 A의 y좌표가 처음으로 3이 되었을 때, 점 A의 x좌표가 1일 확률은?
[4점]

$①\ \dfrac{1}{4}$ $②\ \dfrac{5}{16}$ ✓ $③\ \dfrac{3}{8}$ $④\ \dfrac{7}{16}$ $⑤\ \dfrac{1}{2}$

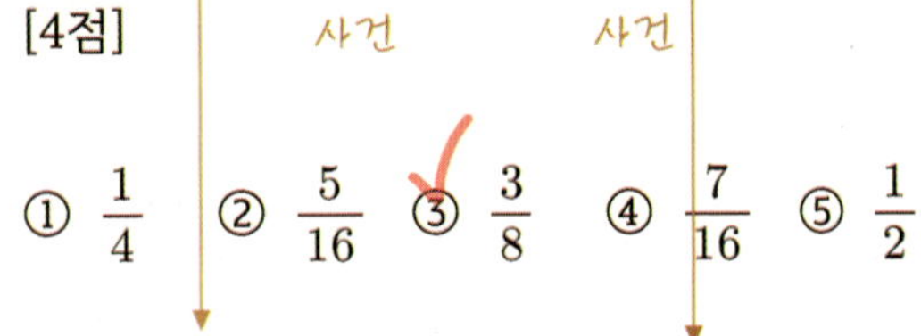

[개념] 독립시행의 확률, 조건부확률

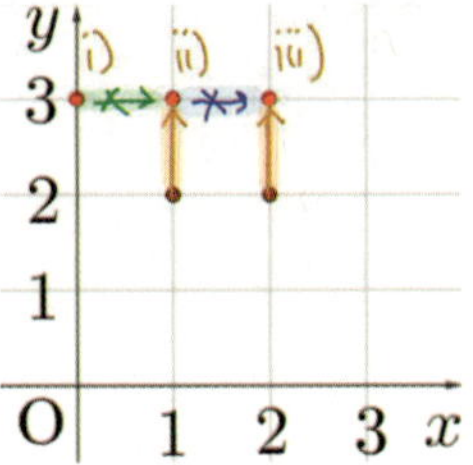

i) A$(0,\ 3)$일 때
앞면 0번, 뒷면 3번

▶ $_3C_3\left(\dfrac{1}{2}\right)^3\left(\dfrac{1}{2}\right)^0=\dfrac{1}{8}$

ii) A$(1,\ 3)$일 때
$(0,\ 3) \to (1,\ 3)$는 불가능
($\because$ $(0,\ 3)$이 되면 멈춰야 한다)
반드시 $(1,\ 2) \to (1,\ 3)$ 경로로 이동해야 한다.

▶ $_3C_2\left(\dfrac{1}{2}\right)^2\left(\dfrac{1}{2}\right)^1 \times \dfrac{1}{2} = \dfrac{3}{16}$

iii) A$(2,\ 3)$일 때
$(1,\ 3) \to (2,\ 3)$는 불가능
($\because$ $(1,\ 3)$이 되면 멈춰야 한다)
반드시 $(2,\ 2) \to (2,\ 3)$ 경로로 이동해야 한다.

▶ $_4C_2\left(\dfrac{1}{2}\right)^2\left(\dfrac{1}{2}\right)^2 \times \dfrac{1}{2} = \dfrac{3}{16}$

$$\therefore \frac{\dfrac{3}{16}}{\dfrac{1}{8}+\dfrac{3}{16}+\dfrac{3}{16}} = \frac{3}{2+3+3} = \frac{3}{8}$$

Analysis ∿

독립시행의 확률과 조건부 확률 개념이 결합된 고난도 문제다. 당시에 개념의 본질을 분석하지 않고 단순 문제풀이만 했던 수험생들이 많이 당황했었다.

경향08 실전개념분석 054

— 1등급 —

54. [2022년 수능 (확률과 통계) 30번]
흰 공과 검은 공이 각각 10개 이상 들어 있는 바구니와
비어 있는 주머니가 있다. 한 개의 주사위를 사용하여 다음
시행을 한다.

> 주사위를 한 번 던져 나온 눈의 수가 5
> 이상이면 바구니에 있는 흰 공 2개를 주머니에
> 넣고, 나온 눈의 수가 4 이하이면 바구니에
> 있는 검은 공 1개를 주머니에 넣는다.

위의 시행을 5번 반복할 때, n $(1 \le n \le 5)$번째 시행 후
주머니에 들어 있는 흰 공과 검은 공의 개수를 각각
a_n, b_n이라 하자. $a_5 + b_5 \ge 7$일 때, $a_k = b_k$인 자연수
k $(1 \le k \le 5)$가 존재할 확률은 $\dfrac{q}{p}$이다. $p+q$의 값을
구하시오. (단, q와 q는 서로소인 자연수이다.) [4점]

[개념] 독립시행의 확률, 조건부확률

Analysis

독립시행의 확률과 조건부 확률 개념이 결합된 고난도
문제가 다시 출제됐다. 기출문제를 적당히 풀어보기만
하고, 제대로 분석을 하지 않은 수험생들은 같은 구조의
문제가 나와도 틀렸을 뿐이다. 기출을 공부할 때 단순
풀이만이 아닌 접근법까지 분석해야 기출을 공부하는 것이
효과가 있다는 교훈을 얻을 수 있다.

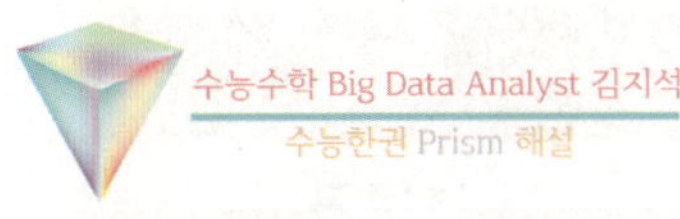

191

$a_5 + b_5 \ge 7$

→ 그래서 각각이 얼마인가?
→ 케이스 나누는 것이 핵심!

(step1) 케이스 나누기

사건A	사건B	$a_5 + b_5 \ge 7$
0회	5회	0+5=5
1회	4회	2+4=6
2회	3회	4+3=7
3회	2회	6+2=8
4회	1회	8+1=9
5회	0회	10+0=10

(step2) $a_5 + b_5 \ge 7$일 확률
성립하지 않는 경우는 $a_5 + b_5 = 5, 6$
여사건의 확률을 활용하는 것이 더 빠르다.

$$\therefore \; 1 - \left\{ {}_5C_0 \left(\frac{2}{6}\right)^0 \left(\frac{4}{6}\right)^5 + {}_5C_1 \left(\frac{2}{6}\right)^1 \left(\frac{4}{6}\right)^4 \right\}$$

(step3) $a_k = b_k$인 자연수 k가 존재할 확률
$a_5 + b_5 \ge 7$일 때, $b_5 \le 3$이므로
$a_k = b_k = 2$ 뿐이다!
⇔ 사건A 1회, 사건B 2회 (3번째 시행 시점)

1회	2회	3회	4회	5회	
			A	A	⋯i)
	A, B, B		A	B	⋯ii)
			B	B	⋯(X) $b_5 \le 3$

i) ${}_2C_2 \times \left(\frac{2}{6}\right)^2$ ii) ${}_2C_1 \left(\frac{2}{6}\right)^1 \left(\frac{4}{6}\right)^1$

$$\therefore \; \frac{{}_3C_1 \left(\frac{2}{6}\right)^1 \left(\frac{4}{6}\right)^2 \times \left\{ {}_2C_2 \times \left(\frac{2}{6}\right)^2 + {}_2C_1 \left(\frac{2}{6}\right)^1 \left(\frac{4}{6}\right)^1 \right\}}{1 - \left\{ {}_5C_0 \left(\frac{2}{6}\right)^0 \left(\frac{4}{6}\right)^5 + {}_5C_1 \left(\frac{2}{6}\right)^1 \left(\frac{4}{6}\right)^4 \right\}}$$

$$= \frac{60}{131}$$

$$\therefore \; p+q = 131 + 60 = 191$$

경향 08 Minor Trend

55. [2023년 수능 (확률과 통계) 29번]
앞면에는 1부터 6까지의 자연수가 하나씩 적혀 있고
뒷면에는 모두 0이 하나씩 적혀 있는 6장의 카드가 있다.
이 6장의 카드가 그림과 같이 6 이하의 자연수 k에
대하여 k번째 자리에 자연수 k가 보이도록 놓여 있다.

| 1번째 자리 | 2번째 자리 | 3번째 자리 | 4번째 자리 | 5번째 자리 | 6번째 자리 |

이 6장의 카드와 한 개의 주사위를 사용하여 다음 시행을
한다.

> 주사위를 한 번 던져 나온 눈의 수가 k이면
> k번째 자리에 놓여 있는 카드를 한 번 뒤집어
> 제자리에 놓는다.

위의 시행을 3번 반복한 후 6장의 카드에 보이는 모든
수의 합이 짝수일 때, 주사위의 1의 눈이 한 번만 나왔을
확률은 $\dfrac{q}{p}$이다. $p+q$의 값을 구하시오. (단, p와 q는
서로소인 자연수이다.) [4점]

[개념] 독립시행의 확률, 조건부확률

Analysis

앞면 상태인 카드 한장을
1번 뒤집으면 뒷면
2번 뒤집으면 다시 앞면
3번 뒤집으면 다시 뒷면이다.

수능수학 Big Data Analyst 김지석
수능한권 Prism 해설

49

(step1) 6장의 카드에 보이는 모든 수의 합이 짝수일 확률

합=짝수

→ 그래서 각각이 얼마인가?

→ 케이스를 나누는 것이 핵심!

짝+짝=짝

홀+짝=홀

홀+홀=짝

∴ 홀수가 0개 or 2개 있어야 한다.

→ 홀수 카드를 3개 or 1개를 뒷면으로 만들어야 한다.

i) 홀수 3개를 모두 뒤집으려면
각각의 홀수가 모두 1번씩 나와야 해서
홀수가 3번 나와야 한다.

ii) 홀수 1개만 뒤집으려면
홀수가 1번 나오고 짝수가 2번 나오거나
한 홀수가 1번 나오고 다른 홀수가 2번나오거나
같은 홀수만 3번 나와야 한다.

∴ 홀수의 눈이 나오는 횟수가 3 or 1이어야 한다.

$$\blacktriangleright \ _3C_3\left(\dfrac{3}{6}\right)^3 + {}_3C_1\left(\dfrac{3}{6}\right)^1\left(\dfrac{3}{6}\right)^2 = \dfrac{1}{2}$$

(step2) 합이 짝수이고 주사위 1의 눈이 한 번만 나올 확률

i) 홀수가 3번 나오는 경우
주사위 1의 눈 1번, 주사위 3 or 5의 눈 2번

$$\blacktriangleright \ _3C_1\left(\dfrac{1}{6}\right)^1\left(\dfrac{2}{6}\right)^2$$

ii) 홀수가 1번 나오는 경우
주사위 1의 눈 1번, 주사위 짝수의 눈 2번

$$\blacktriangleright \ _3C_1\left(\dfrac{1}{6}\right)^1\left(\dfrac{3}{6}\right)^2$$

$$\therefore \ \frac{_3C_1\left(\dfrac{1}{6}\right)^1\left(\dfrac{2}{6}\right)^2 + {}_3C_1\left(\dfrac{1}{6}\right)^1\left(\dfrac{3}{6}\right)^2}{_3C_3\left(\dfrac{3}{6}\right)^3 + {}_3C_1\left(\dfrac{3}{6}\right)^1\left(\dfrac{3}{6}\right)^2} = \dfrac{13}{36}$$

$$\therefore p+q = 36 + 13 = 49$$

경향08 실전개념분석 056

——— **1등급** ———

56. [2024년 수능 (확률과 통계) 28번]

하나의 주머니와 두 상자 A, B가 있다. 주머니에는 숫자 1, 2, 3, 4가 하나씩 적힌 4장의 카드가 들어 있고, 상자 A에는 흰 공과 검은 공이 각각 8개 이상 들어 있고, 상자 B는 비어 있다. 이 주머니와 두 상자 A, B를 사용하여 다음 시행을 한다.

> 주머니에서 임의로 한 장의 카드를 꺼내어 카드에 적힌 수를 확인한 후 다시 주머니에 넣는다.
> 확인한 수가 1이면
> 상자 A에 있는 흰 공 1개를 상자 B에 넣고,
> 확인한 수가 2 또는 3이면
> 상자 A에 있는 흰 공 1개와 검은 공 1개를 상자 B에 넣고,
> 확인한 수가 4이면
> 상자 A에 있는 흰 공 2개와 검은 공 1개를 상자 B에 넣는다.

이 시행을 4번 반복한 후 상자 B에 들어 있는 공의 개수가 8일 때, 상자 B에 들어 있는 검은 공의 개수가 2일 확률은? [4점]

① $\dfrac{3}{70}$ 　② $\dfrac{2}{35}$ 　③ $\dfrac{1}{14}$

④ $\dfrac{3}{35}$ 　⑤ $\dfrac{1}{10}$ [개념] 독립시행의 확률, 조건부확률

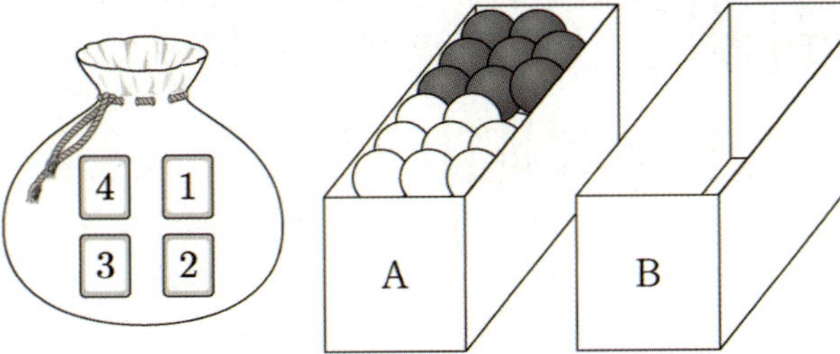

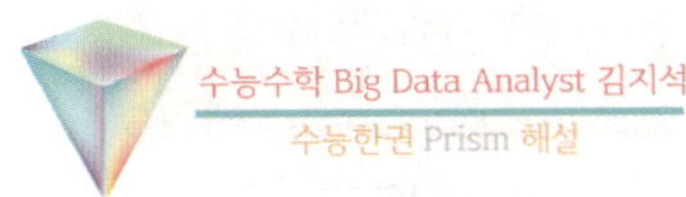

4회 공 개수 합=8

→ 그래서 각각이 얼마인가?

→ 케이스를 나누는 것이 핵심!

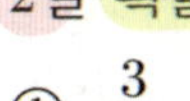 카드 **1** → 확률 $\dfrac{1}{4}$ → 공 1개 ○

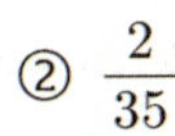 카드 **2 3** → 확률 $\dfrac{2}{4}$ → 공 2개 ○●

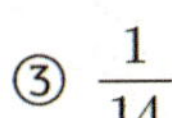 카드 **4** → 확률 $\dfrac{1}{4}$ → 공 3개 ○○●

$8 = 3+3+1+1$
$\ \ = 3+2+2+1$
$\ \ = 2+2+2+2$

ⅰ) $8 = 3+3+1+1$ → 검은공 ● 2개
[○○●]+[○○●]+[○]+[○]

▶ $\dfrac{4!}{2!2!}\left(\dfrac{1}{4}\right)^2\left(\dfrac{1}{4}\right)^2$

ⅱ) $8 = 3+2+2+1$ → 검은공 ● 3개
[○○●]+[○●]+[○●]+[○]

▶ $\dfrac{4!}{2!}\left(\dfrac{1}{4}\right)\left(\dfrac{2}{4}\right)^2\left(\dfrac{1}{4}\right)$

ⅲ) $8 = 2+2+2+2$ → 검은공 ● 4개
[○●]+[○●]+[○●]+[○●]

▶ $\left(\dfrac{2}{4}\right)^4$

$$\therefore \frac{\dfrac{4!}{2!2!}\left(\dfrac{1}{4}\right)^2\left(\dfrac{1}{4}\right)^2}{\dfrac{4!}{2!2!}\left(\dfrac{1}{4}\right)^2\left(\dfrac{1}{4}\right)^2 + \dfrac{4!}{2!}\left(\dfrac{1}{4}\right)\left(\dfrac{2}{4}\right)^2\left(\dfrac{1}{4}\right) + \left(\dfrac{2}{4}\right)^4} = \frac{3}{35}$$

경향 08 Minor Trend

경향08 실전개념분석 057

1등급

57. [2026년 수능 (확률과 통계) 28번]
16개의 공과 1부터 6까지의 자연수가 하나씩 적혀 있는
여섯 개의 빈 상자가 있다. 한 개의 주사위를 사용하여
다음 시행을 한다.

> 주사위를 한 번 던져 나온 눈의 수가 k일 때,
> k가 홀수이면
> 1, 3, 5가 적힌 상자에 공을 각각 1개씩 넣고,
> k가 짝수이면
> k의 약수가 적힌 상자에 공을 각각 1개씩
> 넣는다.

이 시행을 4번 반복한 후 여섯 개의 상자에 들어 있는
모든 공의 개수의 합이 홀수일 때, 3이 적힌 상자에 들어
있는 공의 개수가 2가 적힌 상자에 들어 있는 공의
개수보다 1개 더 많을 확률은? [4점]

① $\dfrac{1}{8}$ ② $\dfrac{3}{16}$ ③ $\dfrac{1}{4}$

④ $\dfrac{5}{16}$ ⑤ $\dfrac{3}{8}$

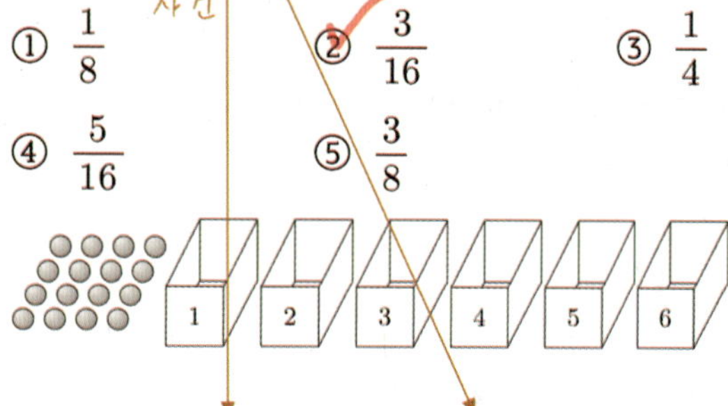

[개념] 독립시행의 확률, 조건부확률

공의 개수의 합이 홀수
→ 그래서 각각이 얼마인가?
→ 케이스를 나누는 것이 핵심!

주사위 **1** → ☐1 ③ ⑤ 상자 공 추가 → 공3개: 홀
주사위 **3** → ☐1 ③ ⑤ 상자 공 추가 → 공3개: 홀
주사위 **5** → ☐1 ③ ⑤ 상자 공 추가 → 공3개: 홀
주사위 **2** → 1 2 상자 공 추가 → 공2개: 짝
주사위 **4** → 1 2 4 상자 공 추가 → 공3개: 홀
주사위 **6** → 1 2 3 6 상자 공 추가 → 공4개: 짝

(Step1) 4회 시행 후 공 개수의 합이 홀수일 확률
추가되는 공의 개수가 홀수일 확률
주사위 **1 3 4 5**

▶ $\dfrac{4}{6}$

추가되는 공의 개수가 짝수일 확률
주사위 **2 6**

▶ $\dfrac{2}{6}$

4회 시행 후 공 개수의 합이 홀수일 확률

ⅰ) 홀+짝+짝+짝=홀

▶ $_4\mathrm{C}_1\left(\dfrac{4}{6}\right)\left(\dfrac{2}{6}\right)^3$

ⅱ) 홀+홀+홀+짝=홀

▶ $_4\mathrm{C}_3\left(\dfrac{4}{6}\right)^3\left(\dfrac{2}{6}\right)$

∴ $_4\mathrm{C}_1\left(\dfrac{4}{6}\right)\left(\dfrac{2}{6}\right)^3 + {}_4\mathrm{C}_3\left(\dfrac{4}{6}\right)^3\left(\dfrac{2}{6}\right)$

Analysis

독립시행의 확률과 조건부 확률 개념이 결합된 고난도
문제가 2년만에 또다시 출제됐다. 수능은 완전히 매년
새로운 문제를 내는 시험이 아니라, 냈던 것을 서슴없이
다시 내는 시험이다.

(Step2) 상자 ③의 공의 개수가
상자 ②의 공의 개수보다 1개 더 많을 확률
주사위의 눈이 어떤 것이 나오건
상자 ② or ③에 공은 반드시 하나씩 들어간다.
→ ④회 시행이면 상자 ②, ③의 공 개수의 합은 ④이상
& 각 상자의 공은 ④개 이하

i) 상자 ② 공 2개, 상자 ③ 공 3개
상자 ②, ③의 공 개수 합
$=2+3=5$
4보다 1크므로
상자 ②, ③에 공이 한 번에 들어간 사건이 1회 발생
→ 주사위 ⑥ 1회 → 공 추가 개수: 짝
남은 3회의 시행 중
상자 ②에만 공이 들어가는 사건 1회
→ 주사위 ② or ④ 1회 → 공 추가 개수: 짝 or 홀
상자 ③에만 공이 들어가는 사건 2회
→ 주사위 ① or ③ or ⑤ 2회 → 공 추가 개수: 홀, 홀
∴ ⑥ 1회 & ④ 1회 & ①③⑤ 2회

▸ $\dfrac{4!}{1!2!1!}\left(\dfrac{1}{6}\right)\left(\dfrac{1}{6}\right)\left(\dfrac{3}{6}\right)^2$

ii) 상자 ② 공 3개, 상자 ③ 공 4개
상자 ②, ③의 공 개수 합
$=2+3=7$
4보다 3크므로
상자 ②, ③에 공이 한 번에 들어간 사건이 3회 발생
→ 주사위 ⑥ 3회 → 공 추가 개수: 짝, 짝, 짝
상자 ③에만 공이 들어가는 사건 1회
→ 주사위 ① or ③ or ⑤ 1회 → 공 추가 개수: 홀
∴ ⑥ 3회 & ①③⑤ 1회

▸ $_4C_3\left(\dfrac{1}{6}\right)^3\left(\dfrac{3}{6}\right)$

∴ $\dfrac{4!}{1!2!1!}\left(\dfrac{1}{6}\right)\left(\dfrac{1}{6}\right)\left(\dfrac{3}{6}\right)^2 + {_4C_3}\left(\dfrac{1}{6}\right)^3\left(\dfrac{3}{6}\right)$

∴ 문제에서 구하는 확률은
$$\frac{\dfrac{4!}{1!2!1!}\left(\dfrac{1}{6}\right)\left(\dfrac{1}{6}\right)\left(\dfrac{3}{6}\right)^2 + {_4C_3}\left(\dfrac{1}{6}\right)^3\left(\dfrac{3}{6}\right)}{{_4C_1}\left(\dfrac{4}{6}\right)\left(\dfrac{2}{6}\right)^3 + {_4C_3}\left(\dfrac{4}{6}\right)^3\left(\dfrac{2}{6}\right)} = \frac{3}{16}$$

확률과 통계

3.통계

Big Data Report

전체 수능 출제 비율

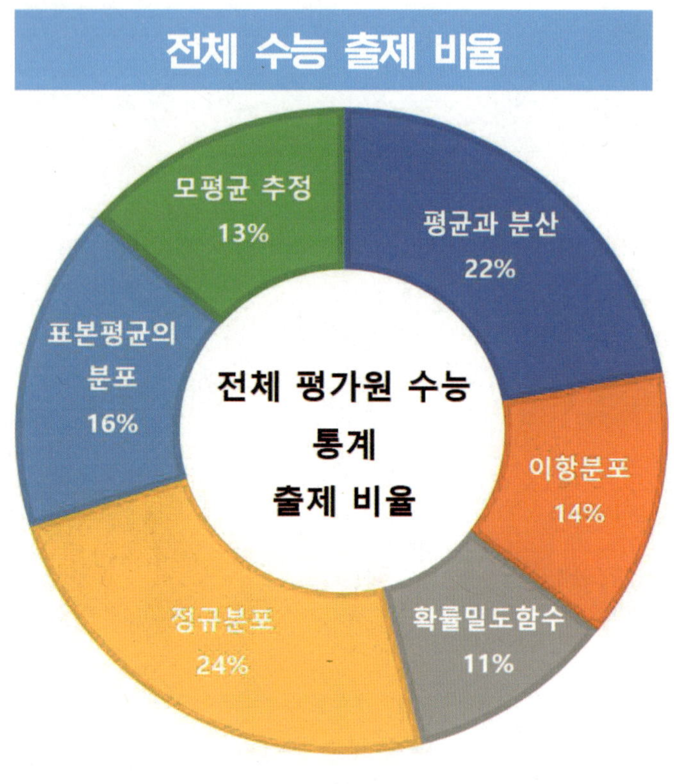

현 평가원 수능 출제 비율

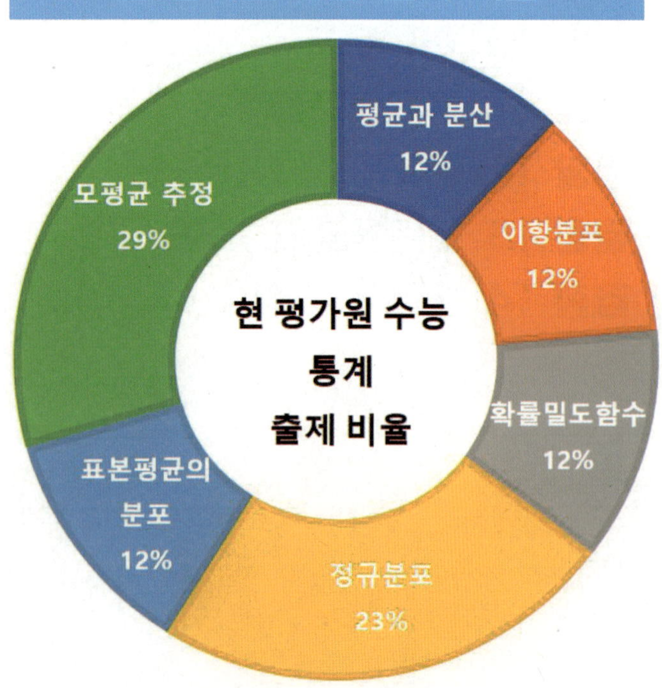

■ 통계 단원은 6가지 경향으로 분석하였다. 개념이 복잡해지는 만큼 경향도 다양해진다.

■ [경향09] 평균과 분산

분산하면 무조건 $V(X) = E(X^2) - \{E(X)\}^2$ 공식부터 적용하려고 드는 학생들이 많은데, 분산의 의미와 정의 자체를 물어보는 문제가 출제될 수도 있다. 적어도 분산이 왜 나왔는지, 언제 분산을 쓰는지 알고 있어야 한다. 현 평가원 모의고사에서 분산의 정확하고 깊은 의미를 물어보는 문제가 출제된 전례도 있다.

■ [경향10] 이항분포

대체로 쉬운 문제가 나오지만, 21수능에서 4점 문제로 출제된 전례가 있고 작년 수능에서도 정규분포와 결합된 4점 문제가 출제됐다. 이항분포의 정확한 의미를 모른 채로 이항분포의 평균과 분산, 표준편차 공식만 외우고 적용하려 하지 말고, 수능 때 당황하지 않으려면 본질적인 개념과 의미를 알고 있어야 한다.

■ [경향11] 확률밀도함수

22수능, 23수능 고난도로 출제된 적이 있다. 확률 밀도 함수에서 고난도로 출제하면 정규분포에서 고난도로 안 나오고, 정규분포에서 고난도로 출제하면 확률밀도함수는 쉽게 물어보는 형식이다. [그래프 밑넓이 =1] 이외에 확률밀도 함수에 대한 정확한 개념 이해가 중요하다.

■ [경향12] 정규분포

모든 교육과정을 통틀어 통계 단원의 항상 '스타'였다. 누적된 문제 수가 가장 많고 후반부 모든 개념과 밀접하게 연관된 만큼 중요하다고 할 수 있다. 현 평가원에서 정규분포의 그래프 특징을 물어보는 문제가 자주 출제되고 최근 3년 통계 고난도 문항은 모두 이 경향에서 출제되었다. 수능한권에 있는 워크북을 꼭 다 풀어보고 꼭 정규분포의 특징과 그래프의 특징을 잘 정리해두자. 준비만 잘 해두면 결코 어렵지 않다.

전체 수능 평균 난이도

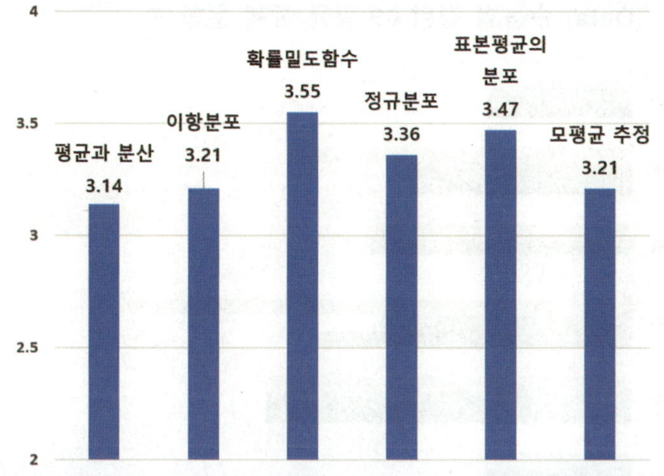

현 평가원 수능 평균 난이도

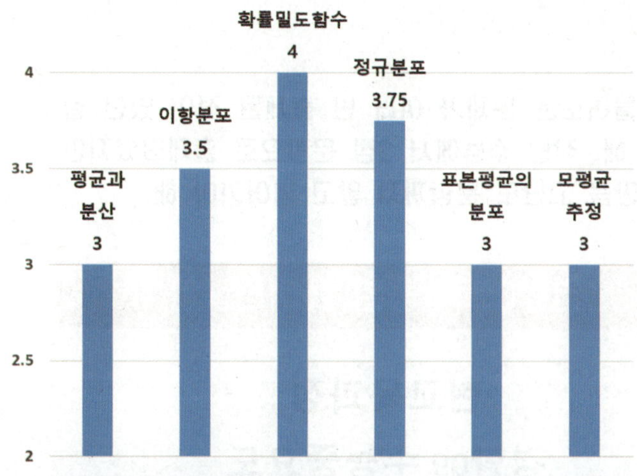

올해 수능 통계 학습 방향

1. 문제 풀면서 개념 메꾸기…X
개념을 정확하게 한 다음 문제 풀기…□
2. 통계는 큰 변형과 응용이 어렵기 때문에
고난도 문제는 주로 '개념의 완벽한 이해'
3. 정규분포와 확률밀도함수의
그래프 특징 정리
4. 표본평균의 분포 오개념 주의

◆ 평균과 분산 (3.14점)

◆ 이항분포 (3.21점)

◆ 확률밀도함수 (3.55점)

◆ 정규분포 (3.36점)

◆ 표본평균의 분포 (3.47점)

◆ 모평균 추정 (3.21점)

■ [경향13] 표본평균의 분포
현 평가원 수능에서 지속적으로 3점 문제로만 출제했던 것에 반해 평가원 모의고사에서는 고난도 4점 문항으로 출제했었다. 모의고사에서 이미 충분히 예고가 됐으므로 이번 수능에서 기습적으로 높은 난이도로 출제될 수도 있다. 특히 이 경향은 학생들이 오개념을 갖고 있는 경우가 많으니 주의하자.

■ [경향14] 모평균 추정
공식만 알고 있으면 풀 수 있는 수준의 쉬운 문제가 4년 연속 꾸준하게 출제되었다. 작년 수능에서 26번 3점 문항으로 출제되었다.

■ 작년 수능 출제 문항 분류
[경향09] 평균과 분산
 - 27번 [3점]

[경향12] 정규분포
 - 29번 [4점]

[경향14] 모평균 추정
 - 26번 [3점]

경향 09 Minor Trend

경향09 수능 출제 난이도

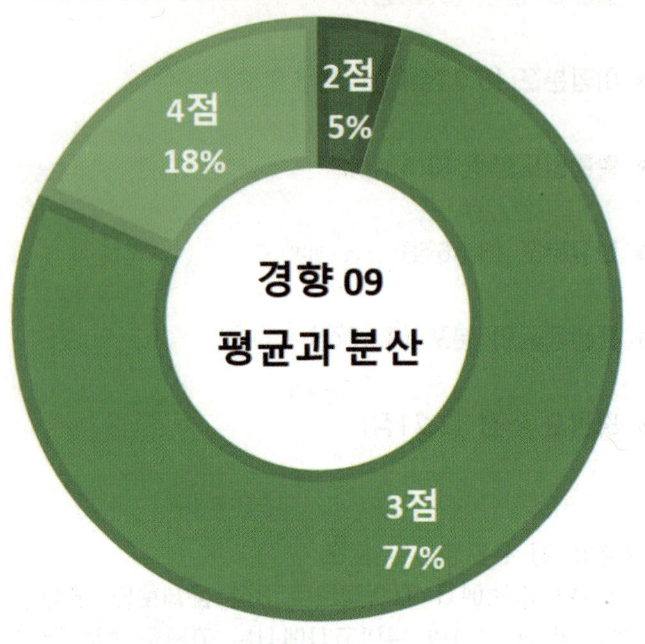

경향09 수능별 데이터 (1)

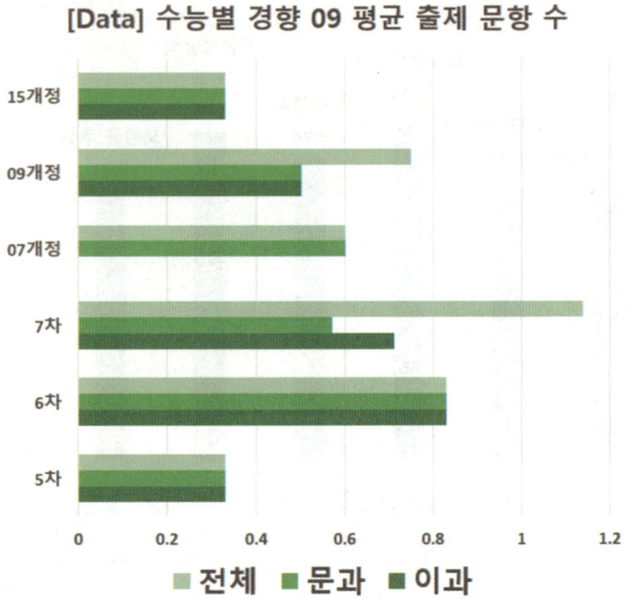

COMMENT

평가원에서 분산의 '공식 사용'이 아닌 '의미와 정의 자체'를 물어보는 문제가 여러 번 출제된 적이 있던 걸 감안하면 평균과 분산의 의미와 정의를 확실히 짚고 넘어가야 해. 작년 수능에서 3점 문항으로 출제되었지만 22학년도 9월 모의고사에서 4점 문항으로 출제된 적이 있는 만큼 고난도 문항까지 알고 넘어가야 해.

경향09 수능 출제 전망

■■■□□

정의 자체를 이해하자

경향09 통계 단원 내 출제 비율

22.12%

경향09 공부 우선순위

★★

공식보다 '개념'과 유도과정
개념과 유도과정을 이해하면서
문제풀기

경향09 수능별 데이터 (2)

현교육과정
경향09 수능중요도

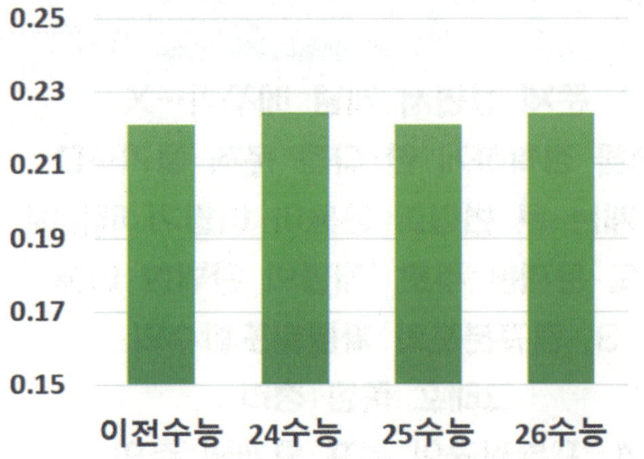

경향09 실전개념분석 058

58. [1996년 수능 (인문) & (자연) 12번]
다음 자료들 중에서 표준편차가 가장 큰 것은?
① 1, 5, 1, 5, 1, 5, 1, 5, 1, 5
② 1, 5, 1, 5, 1, 5, 3, 3, 3, 3
③ 2, 4, 2, 4, 2, 4, 2, 4, 2, 4
④ 2, 4, 2, 4, 2, 4, 3, 3, 3, 3
⑤ 4, 4, 4, 4, 4, 4, 4, 4, 4, 4

수능수학 Big Data Analyst 김지석
수능한권 Prism 해설

계산부터 하려들지 말고
분산과 표준편차의 의미를 알고 있으면 된다.
의미는 "자료가 평균으로부터 흩어진 정도를 수치화 한 것"

① 1, 5, 1, 5, 1, 5, 1, 5, 1, 5 → 평균 3
② 1, 5, 1, 5, 1, 5, 3, 3, 3, 3 → 평균 3
③ 2, 4, 2, 4, 2, 4, 2, 4, 2, 4 → 평균 3
④ 2, 4, 2, 4, 2, 4, 3, 3, 3, 3 → 평균 3
⑤ 4, 4, 4, 4, 4, 4, 4, 4, 4, 4 → 평균 4

평균으로부터 동떨어진 자료가 가장 많은 것은 ①

[참고]
표준편차가 가장 작은 것은 ⑤

경향09 실전개념분석 059

59. [2002년 수능 (인문) & (자연) 8번]
세 자료
$$A : 1부터 \ 50까지의 \ 자연수$$
$$B : 51부터 \ 100까지의 \ 자연수$$
$$C : 1부터 \ 100까지의 \ 짝수$$
의 표준편차를 순서대로 a, b, c라 할 때, a, b, c의 대소관계를 바르게 나타낸 것은? [3점]
① $a = b = c$ ② $a = b < c$ ③ $a < b = c$
④ $a < b < c$ ⑤ $a < c < b$

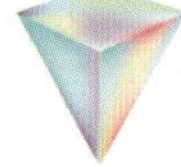
수능수학 Big Data Analyst 김지석
수능한권 Prism 해설

계산부터 하려들지 말고
분산과 표준편차의 의미를 알고 있으면 된다.
의미는 "자료가 평균으로부터 흩어진 정도를 수치화 한 것"
A와 B는 50개의 자료가 1 간격씩 떨어져 있으므로
표준편차가 같고
C는 50개의 자료가 2 간격씩 떨어져 있으므로
표준편차가 A, B에 비해 크다.

Analysis

분산에 대한 도식적 계산이 아닌, 분산의 개념과 의미를
알고 있는지 물어보는 문제.

경향 09 Minor Trend

60. [1998년 수능 (인문) & (자연) 11번]
그림과 같이 1부터 9까지 숫자가 쓰여진 표적이 있다.
5명의 사격선수 A, B, C, D, E가 10발씩 사격하여 맞춘
10개의 수의 평균이 모두 5가 되었다. 5명이 사격한
결과는 다음과 같다.

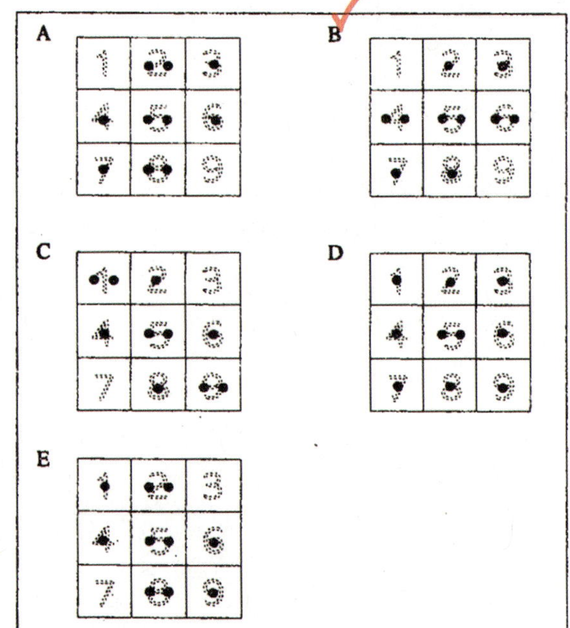

5명 중 맞춘 10개 수의 표준편차가 가장 작은 사람은?
[2점]
① A   ② B   ③ C   ④ D   ⑤ E

계산부터 하려들지 말고
분산과 표준편차의 의미를 알고 있으면 된다.
의미는 "자료가 평균으로부터 흩어진 정도를 수치화 한 것"

5명의 사격 결과는 다음과 같다.
A : 2, 2, 3, 4, 5, 5, 6, 7, 8, 8
B : 2, 3, 4, 4, 5, 5, 6, 6, 7, 8
C : 1, 1, 2, 4, 5, 5, 6, 8, 9, 9
D : 1, 2, 3, 4, 5, 5, 6, 7, 8, 9
E : 1, 2, 2, 4, 5, 5, 6, 8, 8, 9

모든 자료가 평균은 5이고,
(∵ 모든 자료가 5 기준으로 대칭으로 분포되어 있어
계산해보지 않아도 알아볼 수 있다)
5와 가까이에 가장 많이 밀집되어 있는 자료는 B

[참고]
표준편차가 가장 큰 것은 C

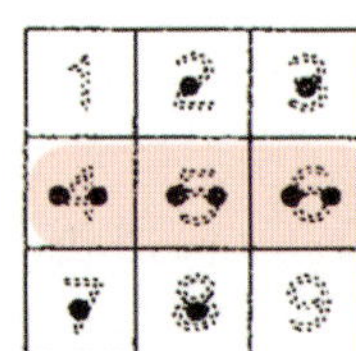

경향09 실전개념분석 061

61. [2003년 수능 (인문) & (자연) 30번]
다음은 첫째 항이 $a - 15d$, 공차가 d, 항의 개수가 31 인 등차수열이다.

$$a - 15d, \cdots, a - d, a, a + d, \cdots, a + 15d$$

위 항들의 값의 표준편차를 σ 라고 할 때, $\dfrac{\sigma}{d}$ 의 값을 소수점 아래 둘째 자리까지 구하시오.
(단, $d > 0$ 이고 $\sqrt{5} = 2.24$ 로 계산한다.) [3점]

8.96

수열이 a 를 기준으로 좌우 대칭이므로, 평균 $m = a$
변수 $X = a - 15d, \cdots, a - d, a, a + d, \cdots, a + 15d$
편차 $X - m = -15d, \cdots, -d, 0, +d, \cdots, +15d$
편차 제곱
$(X - m)^2 = (-15d)^2, (-14d)^2, (-13d)^2, \cdots, 0^2, d^2, \cdots, (14d)^2, (15d)^2$
분산 (편차 제곱의 평균)

$$V(X) = E((X - m)^2)$$
$$= \frac{d^2(15^2 + 14^2 + \cdots + 1^2) \times 2}{31}$$
$$= d^2 \frac{15 \cdot 16 \cdot 31}{6} \times \frac{2}{31} = 4^2 \cdot 5d$$

$$\therefore \sigma = 4\sqrt{5}\, d$$
$$\therefore \frac{\sigma}{d} = 4\sqrt{5} = 8.96$$

Analysis

분산의 공식이라고 하면
$$V(X) = E(X^2) - \{E(X)\}^2$$
밖에 모르는 학생이 많은데,
그보다 더 먼저 배우고 개념상 더 중요한 공식은
$$V(X) = E((X - m)^2)$$
이다.

경향 09 Minor Trend

경향09 실전개념분석 062

62. [2010년 수능 (나)형 8번]
확률변수 X 의 확률분포표는 다음과 같다.

X	0	1	2	계
$P(X=x)$	$\dfrac{2}{7}$	$\dfrac{3}{7}$	$\dfrac{2}{7}$	1

확률변수 $7X$ 의 분산 $V(7X)$ 의 값은? [3점]

① 14　　② 21　　③ 28　　④ 35　　⑤ 42

$$E(X) = 0 \cdot \frac{2}{7} + 1 \cdot \frac{3}{7} + 2 \cdot \frac{2}{7} = 1$$

$$V(X) = \left(0^2 \cdot \frac{2}{7} + 1^2 \cdot \frac{3}{7} + 2^2 \cdot \frac{2}{7}\right) - 1^2 = \frac{4}{7}$$

$$\therefore V(7X) = 7^2 V(X) = 49 \times \frac{4}{7} = 28$$

[다른 풀이]

확률변수의 값은 $X=1$을 중심으로 대칭이고,
확률값 또한 $P(X=1)$을 중심으로 대칭이다.
따라서 계산하지 않아도 평균이 1임을 알 수 있다.
분산을 $E(X^2) - \{E(X)\}^2$를 사용하여 구할 수도 있지만,
$E((X-m)^2)$로 구할 수도 있다.

X	0	1	2	계
$P(X=x)$	$\dfrac{2}{7}$	$\dfrac{3}{7}$	$\dfrac{2}{7}$	1

$$\therefore V(X) = E((X-m)^2)$$
$$= 1 \times \frac{2}{7} + 0 \times \frac{3}{7} + 1 \times \frac{2}{7} = \frac{4}{7}$$

Analysis

평균은 꼭 계산해봐야 알 수 있는 게 아니다.
자료의 대칭성에 주목하자.

경향09 실전개념분석 063

63. [2005년 수능 (나)형 20번]
확률변수 X 의 확률분포표가 아래와 같을 때, 확률변수
$Y = 10X + 5$ 의 분산을 구하시오. [3점]

X	0	1	2	3	계
$P(X)$	$\dfrac{2}{10}$	$\dfrac{3}{10}$	$\dfrac{3}{10}$	$\dfrac{2}{10}$	1

105

$$E(X) = 0 \times \frac{2}{10} + 1 \times \frac{3}{10} + 2 \times \frac{3}{10} + 3 \times \frac{2}{10} = \frac{3}{2}$$

$$V(X) = \frac{0 + 1^2 \times 3 + 2^2 \times 3 + 3^2 \times 2}{10} - \left(\frac{3}{2}\right)^2 = \frac{21}{20}$$

$$V(Y) = V(10X+5) = 10^2 V(X) = \frac{100 \times 21}{20} = 105$$

[다른 풀이]

X	0	1	2	3	계
$P(X)$	$\dfrac{2}{10}$	$\dfrac{3}{10}$	$\dfrac{3}{10}$	$\dfrac{2}{10}$	1

확률변수의 값이 균등하게 증가하고,
확률값은 좌우 대칭이다.
따라서 계산하지 않아도 평균이 1.5임을 알 수 있다.

$$\therefore E(X) = \frac{3}{2}$$

$(X-m)^2$	$\left(-\dfrac{3}{2}\right)^2$	$\left(-\dfrac{1}{2}\right)^2$	$\left(\dfrac{1}{2}\right)^2$	$\left(\dfrac{3}{2}\right)^2$	계
$P(X)$	$\dfrac{2}{10}$	$\dfrac{3}{10}$	$\dfrac{3}{10}$	$\dfrac{2}{10}$	1

$$V(X) = E((X-m)^2)$$
$$= \left(-\frac{3}{2}\right)^2 \times \frac{2}{10} + \left(-\frac{1}{2}\right)^2 \times \frac{3}{10} + \left(\frac{1}{2}\right)^2 \times \frac{3}{10} + \left(\frac{3}{2}\right)^2 \times \frac{2}{10}$$
$$= \frac{21}{20}$$

$$V(Y) = V(10X+5) = 10^2 V(X) = \frac{100 \times 21}{20} = 105$$

경향09 실전개념분석 064

64. [2024년 수능 (확률과 통계) 26번]
4개의 동전을 동시에 던져서 앞면이 나오는 동전의 개수를 확률변수 X라 하고, 이산확률변수 Y를

$$Y = \begin{cases} X & (X가\ 0\ 또는\ 1의\ 값을\ 가지는\ 경우) \\ 2 & (X가\ 2\ 이상의\ 값을\ 가지는\ 경우) \end{cases}$$

라 하자. $E(Y)$의 값은? [3점]

① $\dfrac{25}{16}$ ② $\dfrac{13}{8}$ ③ $\dfrac{27}{16}$

④ $\dfrac{7}{4}$ ⑤ $\dfrac{29}{16}$

확률변수 X는 이항분포 $B\left(4, \dfrac{1}{2}\right)$를 따르므로

$$P(X=x) = {}_4C_x \left(\dfrac{1}{2}\right)^4$$

X	0	1	2	3	4
$P(X=x)$	$\dfrac{1}{16}$	$\dfrac{4}{16}$	$\dfrac{6}{16}$	$\dfrac{4}{16}$	$\dfrac{1}{16}$

$\downarrow$

Y	0	1	2
$P(Y=y)$	$\dfrac{1}{16}$	$\dfrac{4}{16}$	$\dfrac{6}{16}+\dfrac{4}{16}+\dfrac{1}{16}$

$$E(Y) = 0 \times \dfrac{1}{16} + 1 \times \dfrac{4}{16} + 2 \times \left(\dfrac{6}{16} + \dfrac{4}{16} + \dfrac{1}{16}\right)$$

$$= \dfrac{13}{8}$$

Analysis

■ 독립시행의 확률

정의: 한 번의 시행에서
사건 A가 일어날 확률이 p일 때,
n번의 독립시행에서
사건 A가 일어나는 횟수를
r이라 하면
이때의 확률 P_r은

$$P_r = {}_nC_r p^r q^{n-r} \quad (q = 1-p)$$

경향 10 Minor Trend

경향10 수능 출제 난이도

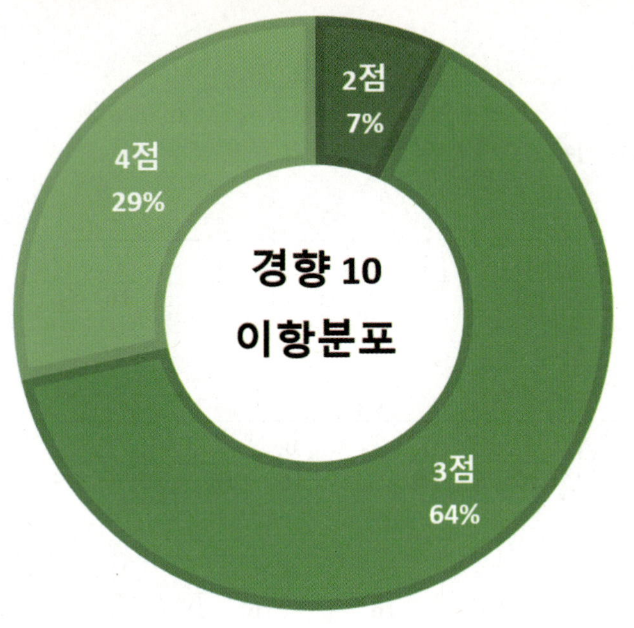

경향10 수능별 데이터 (1)

공식만 외워서 풀 수 있는 문항들도 많지만 제법 난이도 있게 출제될 수도 있어. 21수능에서도 고난도로 출제했던 전례가 있기도 해. 고난도 이항분포 문항을 풀기 위해서는 이항분포가 <확률>단원에서 독립시행의 확률로부터 나온다는 개념을 정확히 이해하고, 이항분포의 정의를 꼭 알고 있어야 해. 작년 수능에서는 이항분포에서 단독적으로 나오지는 않았지만 정규분포와 섞여서 출제됐으니까 유심히 보도록 하자.

경향10 수능 출제 전망

방심은 금물

경향10 통계 단원 내 출제 비율

13.46%

경향10 공부 우선순위

★★☆

작년 수능 정규분포와 섞여서 출제

경향10 수능별 데이터 (2)

**현교육과정
경향10 수능중요도**

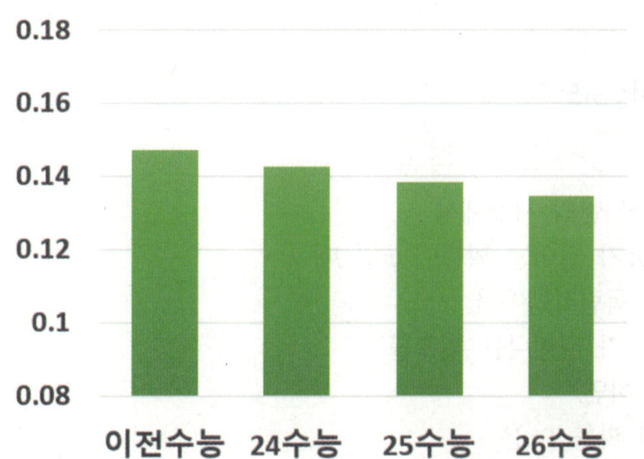

경향10 실전개념분석 065

65. [2009년 수능 (나)형 30번]
두 주사위 A, B를 동시에 던질 때, 나오는 각각의 눈의 수 m, n에 대하여 $m^2 + n^2 \leq 25$가 되는 사건을 E라 하자. 두 주사위 A, B를 동시에 던지는 12회의 독립시행에서 사건 E가 일어나는 횟수를 확률변수 X라 할 때, X의 분산 $V(X)$는 $\dfrac{q}{p}$이다. $p+q$의 값을 구하시오. (단, p, q는 서로소인 자연수이다.) [4점]

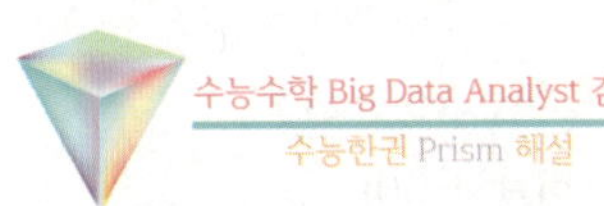

47

이항분포의 정의에 따라 $X \sim \mathrm{B}\left(12, \mathrm{P}(E)\right)$

주사위 2개 → 표를 그린다.
전체 경우가 6×6=36이기 때문에
모든 경우를 다 해버리는 게 가장 쉽고 빠르다!

	1^2	2^2	3^2	4^2	5^2	6^2
1^2	2	5	10	17	26	37
2^2	5	8	13	20	23	40
3^2	10	13	18	25	34	45
4^2	17	20	25	32	41	52
5^2	26	29	34	41	50	61
6^2	37	40	45	52	61	72

$m^2 + n^2 \leq 25$가 될 확률

$$\mathrm{P}(E) = \frac{15}{36} = \frac{5}{12}$$

$$\therefore V(X) = 12 \times \frac{5}{12} \times \left(1 - \frac{5}{12}\right) = \frac{35}{12}$$

$$\therefore p + q = 12 + 35 = 47$$

Analysis

이항분포 $\mathrm{B}(n, p)$

이항분포의 정의:
한 번의 시행에서
사건 A가 일어날 확률이 p일 때,
n번의 독립시행에서
사건 A가 일어나는 횟수를
확률변수 X라 하면
이때의 확률분포를 이항분포라고 한다.
$$\mathrm{P}(X=x) = {}_n\mathrm{C}_x\, p^x q^{n-x} \quad (q = 1 - p)$$

① 평균: $\mathrm{E}(X) = np$
② 분산: $\mathrm{V}(X) = npq$
③ 표준편차: $\sigma(X) = \sqrt{npq}$

독립시행의 확률

정의: 한 번의 시행에서
사건 A가 일어날 확률이 p일 때,
n번의 독립시행에서
사건 A가 일어나는 횟수를
r이라 하면
이때의 확률 P_r은
$$\mathrm{P}_r = {}_n\mathrm{C}_r\, p^r q^{n-r} \quad (q = 1 - p)$$

경향 10 Minor Trend

66. [2021년 수능 (가)형 17번]
좌표평면의 원점에 점 P 가 있다. 한 개의 주사위를 사용하여 다음 시행을 한다.

> 주사위를 한 번 던져 나온 눈의 수가 2 이하이면 점 P 를 x축의 양의 방향으로 3 만큼, 3 이상이면 점 P 를 y축의 양의 방향으로 1만큼 이동시킨다.

이 시행을 15번 반복하여 이동된 점 P 와 직선 $3x + 4y = 0$ 사이의 거리를 확률변수 X 라 하자. $E(X)$의 값은? [4점]

① 13 ② 15 ③ 17 ④ 19 ⑤ 21

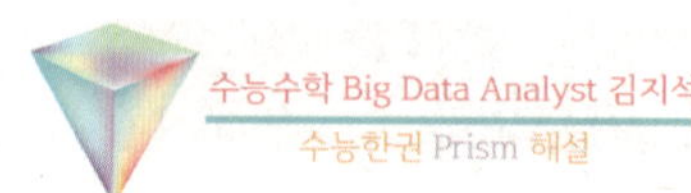

(step1) 독립시행의 확률 개념 적용하기
주사위를 15번 던져서 나온 눈의 수가
2 이하인 횟수를 A,
3 이상인 횟수를 B라하자.

$\therefore A \sim B\left(15, \dfrac{1}{3}\right)$

$\therefore A + B = 15 \Leftrightarrow B = 15 - A$

(step2) $E(X)$ 구하기
점 P의 좌표는 $P(3A, B) \Leftrightarrow P(3A, 15 - A)$

$$X = \frac{|3 \times 3A + 4 \times (15 - A)|}{\sqrt{3^2 + 4^2}} = \frac{|5A + 60|}{5} = A + 12$$

$\therefore E(X) = E(A + 12)$

$\qquad = E(A) + 12 = 5 + 12$

$\qquad = 17$

$\left(\because E(A) = 15 \times \dfrac{1}{3} = 5\right)$

Analysis

수학(상) 간접범위를 외면하면 이렇듯 수능에서 큰 낭패를 보니, 반드시 간접범위 정리를 해두자.
고난도 문제일수록 간접범위와 결합될 가능성이 크다.

■ 점 (x_1, y_1)과 직선 $ax + by + c = 0$ 사이의 거리는

$$d = \frac{|ax_1 + by_1 + c|}{\sqrt{a^2 + b^2}}$$

경향10 실전개념분석 067

67. [2007년 수능 (가)형 확률과 통계 30번]
어느 공장에서 생산되는 제품은 한 상자에 50개씩 넣어 판매되는데, 상자에 포함된 불량품의 개수는 이항분포를 따르고 평균이 m, 분산이 $\dfrac{48}{25}$ 이라 한다. 한 상자를 판매하기 전에 불량품을 찾아내기 위하여 50개의 제품을 모두 검사하는 데 총 60000원의 비용이 발생한다. 검사하지 않고 한 상자를 판매할 경우에는 한 개의 불량품에 a원의 애프터서비스 비용이 필요하다. 한 상자의 제품을 모두 검사하는 비용과 애프터서비스로 인해 필요한 비용의 기댓값이 같다고 할 때, $\dfrac{a}{1000}$ 의 값을 구하시오. (단, a는 상수이고, m은 5 이하인 자연수이다.) [4점]

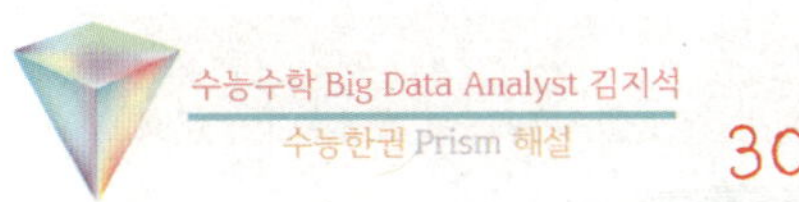

30

$X = ($불량품 개수$)$라고 할 때

$($AS 비용$) = a \times ($불량품 개수$) = aX$

AS 비용의 기댓값은
$\mathrm{E}(aX) = a\mathrm{E}(X)$

제품의 불량률을 p라 하면
X는 이항분포 $\mathrm{B}(50,\ p)$를 따른다.

$V(X) = 50p(1-p) = \dfrac{48}{25}$

$p(1-p) = \dfrac{48}{25} \times \dfrac{1}{50} = \dfrac{48}{50} \times \dfrac{2}{50}$

$\therefore\ p = \dfrac{2}{50}$ 또는 $\dfrac{48}{50}$

$\therefore\ p = \dfrac{2}{50}$ $(\because\ m = 50p$이 5 이하인 자연수$)$

$\therefore\ a\mathrm{E}(X) = a \times 50p = a \times 50 \times \dfrac{2}{50} = 60000$

$\therefore\ \dfrac{a}{1000} = 30$

Analysis

국어(문장)를 → 수학(식)으로 번역을 해보자.
그럼 문제 해결의 방향이 보인다.

경향 11 Minor Trend

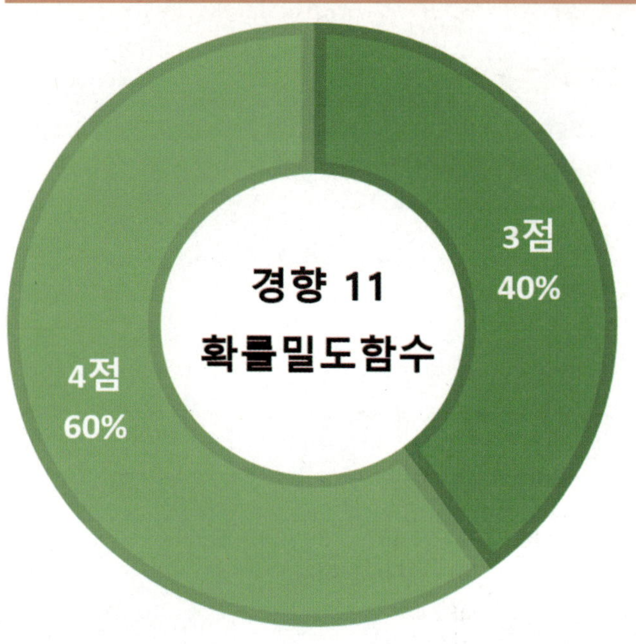

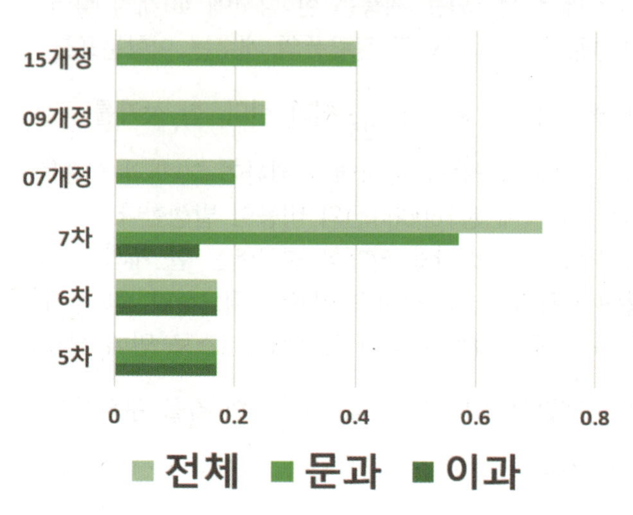

COMMENT

그래프의 밑넓이=1 이라는 것만 활용하면 금방 풀리는 쉬운 문제가 대부분이나, 23수능과 22수능에서 고난도 문제가 출제되어 많은 학생들이 당황했어. 하지만 이 경향에서 선생님이 알려줄 실전개념만 익히고 있으면 어떤 응용문제가 나오든 쉽게 해결할 수 있으니 너무 걱정 하지 않아도 돼.

경향11 수능 출제 전망

■■■□□
실전개념 충분히 익히기
고난도 출제 포인트 존재

경향11 통계 단원 내 출제 비율

10.58%

경향11 공부 우선순위

★★☆
고난도 문제까지 풀어보기

현교육과정
경향11 수능중요도

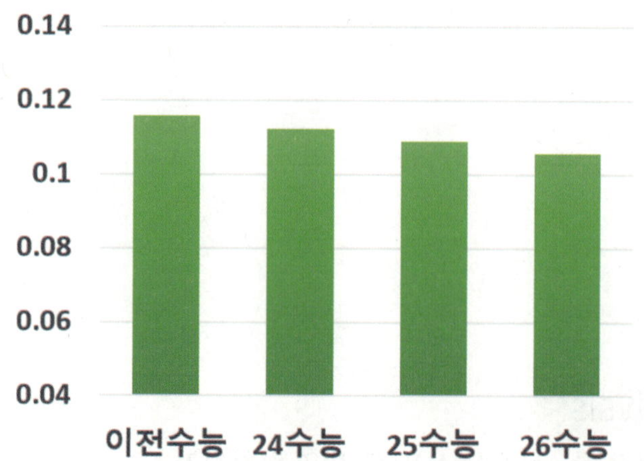

경향11 실전개념분석 068

68. [2019년 수능 (나)형 10번]
연속확률변수 X가 갖는 값의 범위는
$0 \leq X \leq 2$이고, X의 확률밀도함수의 그래프가 그림과
같을 때, $\mathrm{P}\left(\dfrac{1}{3} \leq X \leq a\right)$의 값은?
(단, a는 상수이다.) [3점]

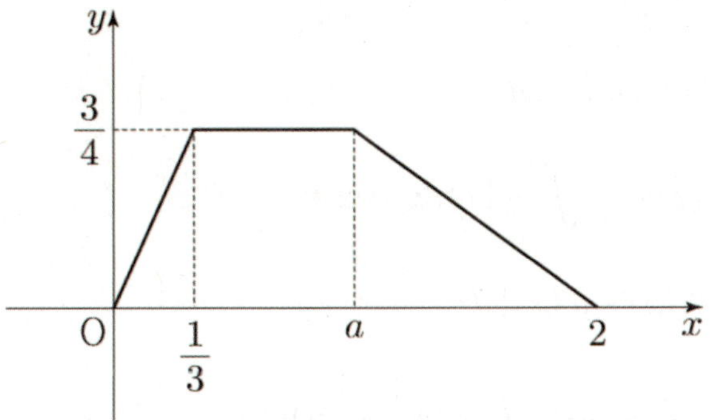

① $\dfrac{11}{16}$ ② $\dfrac{5}{8}$ ③ $\dfrac{9}{16}$ ④ $\dfrac{1}{2}$ ⑤ $\dfrac{7}{16}$

수능수학 Big Data Analyst 김지석
수능한권 Prism 해설

[개념] 확률밀도함수 전체 밑넓이는 1

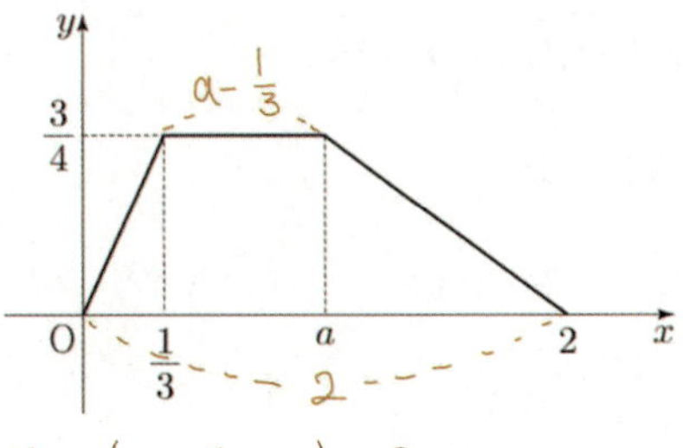

$$\frac{1}{2}\times\left(a-\frac{1}{3}+2\right)\times\frac{3}{4}=1$$

$$\therefore \ a=1$$

$$\therefore \ \mathrm{P}\left(\frac{1}{3} \leq X \leq a\right)= \frac{2}{3}\times\frac{3}{4}=\frac{1}{2}$$

Analysis

이산확률분포 vs 연속확률분포

■통계: 확률을 몽땅 다 하기
■확률분포: 확률변수 → 확률 대응(함수 관계)

이산확률분포 vs 연속확률분포	
변수: 이산확률변수 (유한개의 값)	변수: 연속확률변수 (구간 안의 모든 실수)
함수: 확률질량함수	함수: 확률밀도함수
대표예시) 이항분포	대표예시) 정규분포
표 X: x_1, x_2, $\cdots$, x_n / p_1, p_2, $\cdots$, p_n	표 존재하지 않음
그래프	그래프
그래프에서 확률의 값을 나타내는 것은? 높이값	그래프에서 확률의 값을 나타내는 것은? 그래프 밑넓이 (높이값: 의미 없음)
$\mathrm{P}(X=x_i)=p_i \geq 0$	$\mathrm{P}(X=x_i)=0$
$\mathrm{P}(x_i \leq X \leq x_j)$ $= p_i + \cdots p_j$	$\mathrm{P}(x_i \leq X \leq x_j)$ $= \displaystyle\int_{x_i}^{x_j} f(x)\,dx$

경향 11 Minor Trend

69. [1995년 수능 (인문) & (자연) 12번]

폐구간 $[0, 1]$에서 정의된 모든 확률밀도함수 $f(x)$와 $g(x)$에 대하여 다음 중 확률밀도함수인 것은?

① $f(x) - g(x)$

② $f(x) + g(x)$

③ $\dfrac{1}{2}\{f(x) - g(x)\}$

④ $\dfrac{1}{3}\{2f(x) + g(x)\}$

⑤ $2f(x) - g(x)$

수능수학 Big Data Analyst 김지석
수능한권 Prism 해설

[개념] 확률밀도함수 전체 밑넓이는 1

$$\int_0^1 f(x)dx = 1, \quad \int_0^1 g(x)dx = 1$$

① $\displaystyle\int_0^1 \{f(x) - g(x)\}dx$

$$= \int_0^1 f(x)dx - \int_0^1 g(x)dx = 0 \neq 1$$

② $\displaystyle\int_0^1 \{f(x) + g(x)\}dx$

$$= \int_0^1 f(x)dx + \int_0^1 g(x)dx = 2 \neq 1$$

③ $\displaystyle\int_0^1 \dfrac{1}{2}\{f(x) - g(x)\}dx$

$$= \dfrac{1}{2}\left\{\int_0^1 f(x)dx - \int_0^1 g(x)dx\right\} = 0 \neq 1$$

④ $\displaystyle\int_0^1 \dfrac{1}{3}\{2f(x) + g(x)\}dx$

$$= \dfrac{2}{3}\int_0^1 f(x)dx + \dfrac{1}{3}\int_0^1 g(x)dx = \dfrac{2}{3} + \dfrac{1}{3} = 1$$

⑤ $\displaystyle\int_0^1 \{2f(x) - g(x)\}dx$

$$= 2\int_0^1 f(x)dx - \int_0^1 g(x)dx = 1\,\text{이지만}$$

$2f(x) - g(x) < 0$일 수도 있다.

Analysis〰

비록 적분과 확률밀도함수가 연계되는 내용이 15개정 교육과정에서는 제외되었지만, 어차피 다 배우는 적분이고 확률밀도함수의 밑넓이가 1인 것도 기본 개념이다. 적분을 떠올리며 문제를 풀면 정말 쉽게 풀린다.

경향11 실전개념분석 070

—— 1등급 ——

70. [2022년 수능 (확률과 통계) 29번]
두 연속확률변수 X와 Y가 갖는 값의 범위는 $0 \le X \le 6$, $0 \le Y \le 6$이고, X와 Y의 확률밀도함수는 각각 $f(x)$, $g(x)$이다. 확률변수 X의 확률밀도함수 $f(x)$의 그래프는 그림과 같다.

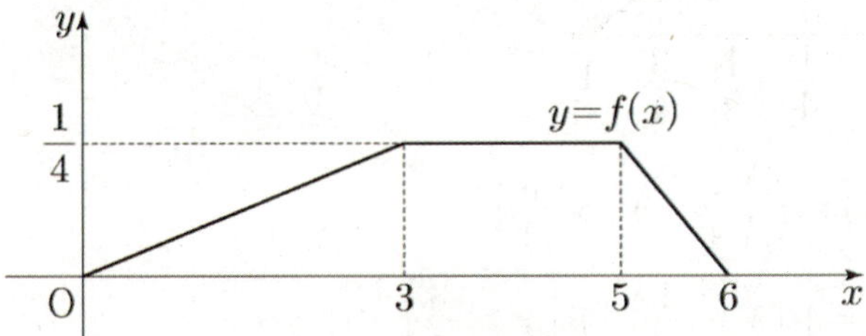

$0 \le x \le 6$인 모든 x에 대하여

$$f(x)+g(x)= k \ (k\text{는 상수})$$

를 만족시킬 때, $\mathrm{P}(6k \le Y \le 15k)=\dfrac{q}{p}$이다. $p+q$의 값을 구하시오. (단, p와 q는 서로소인 자연수이다.) [4점]

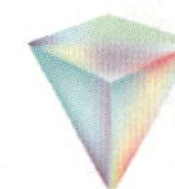

31

[개념] 확률밀도함수 전체 밑넓이는 1

$$\int_0^6 f(x)dx = 1, \quad \int_0^6 g(x)dx = 1$$

$$\int_0^6 \{f(x)+g(x)\}dx = \int_0^6 kdx$$

$$\Leftrightarrow \int_0^6 f(x)dx + \int_0^6 g(x)dx = 6k$$

$$\Leftrightarrow 2 = 6k$$

$$\therefore k = \frac{1}{3}$$

$$\mathrm{P}(6k \le Y \le 15k)$$
$$= \mathrm{P}(2 \le Y \le 5)$$
$$= \int_2^5 g(x)dx$$
$$= \int_2^5 \left\{\frac{1}{3} - f(x)\right\}dx$$
$$= \frac{1}{3}\times 3 - \int_2^5 f(x)dx$$

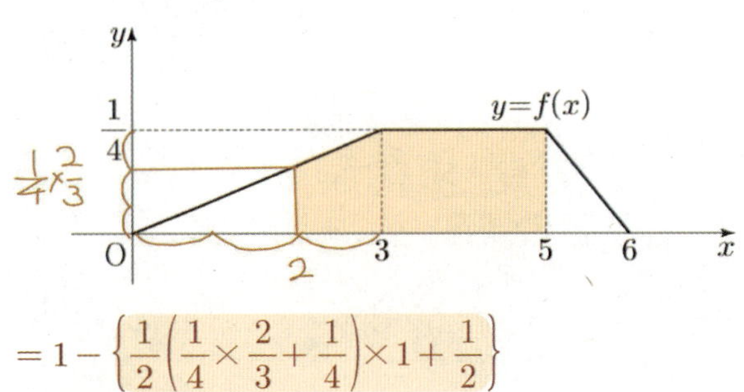

$$= 1 - \left\{\frac{1}{2}\left(\frac{1}{4}\times\frac{2}{3}+\frac{1}{4}\right)\times 1 + \frac{1}{2}\right\}$$
$$= \frac{7}{24}$$

$$\therefore p+q = 24+7 = 31$$

경향 11 Minor Trend

71. [2008년 수능 (가)형 확률과 통계 29번]
두 연속확률변수 X, Y에 대하여 폐구간 $[0, 1]$에서 두 함수 $G(x)$, $H(x)$를 각각 $G(x) = \mathrm{P}(X > x)$, $H(x) = \mathrm{P}(Y > x)$로 정의할 때, 함수 $G(x)$는 $G(x) = -x + 1 \, (0 \le x \le 1)$이고, 함수 $H(x)$의 그래프의 개형은 다음과 같다.

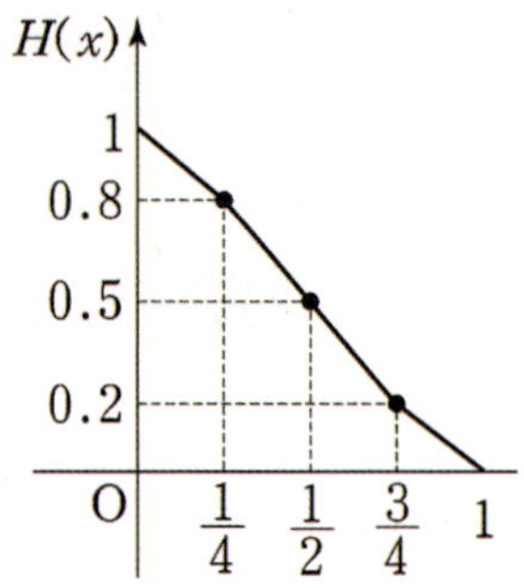

$\mathrm{P}(X > k) = \mathrm{P}\left(\dfrac{1}{4} < Y \le \dfrac{3}{4}\right)$을 만족시키는 k의 값은?

[4점]

① $\dfrac{2}{15}$　② $\dfrac{1}{5}$　③ $\dfrac{4}{15}$　④ $\dfrac{1}{3}$　⑤ $\dfrac{2}{5}$

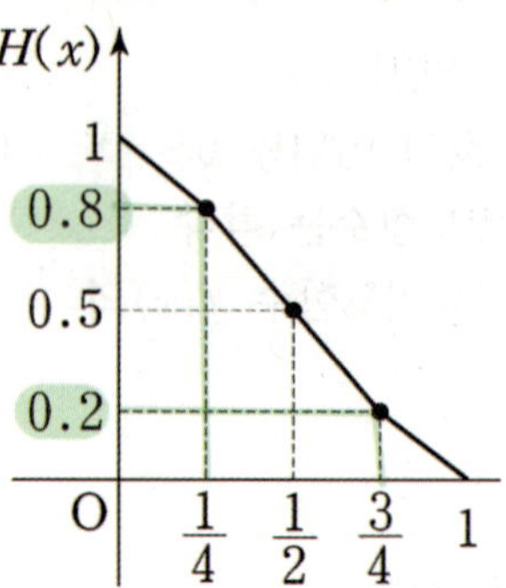

$$\mathrm{P}(X > k) = \mathrm{P}\left(\frac{1}{4} < Y \le \frac{3}{4}\right)$$

$$\Leftrightarrow G(k) = \mathrm{P}\left(Y > \frac{1}{4}\right) - \mathrm{P}\left(Y > \frac{3}{4}\right)$$

$$\Leftrightarrow -k + 1 = H\left(\frac{1}{4}\right) - H\left(\frac{3}{4}\right)$$

$$\Leftrightarrow -k + 1 = 0.8 - 0.2$$

$$\therefore k = 0.4 = \frac{2}{5}$$

[깊은 분석]

연속확률변수 X, Y의 확률밀도함수를 각각 $g(x)$, $h(x)$라 하면

$$H(x) = \int_x^1 h(x)dx, \quad G(x) = \int_x^1 g(x)dx$$

$$\therefore h(x) = -H'(x), \quad g(x) = -G'(x) = 1$$

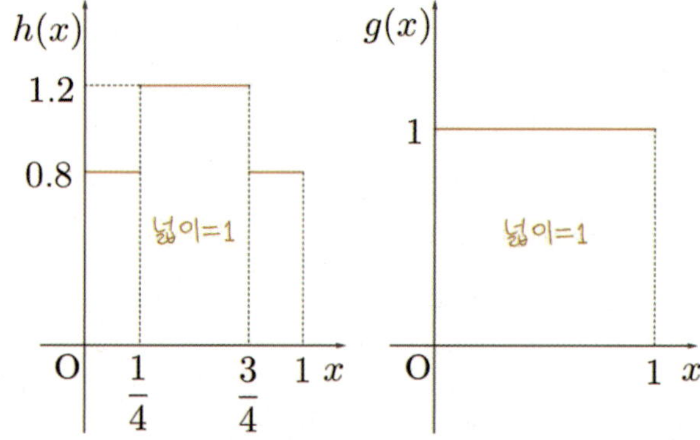

Analysis

확률밀도함수를 제대로 공부 안한 학생들은 이 문제를 보고 "밑넓이가 1이 아니잖아!"하며 당황한다.

경향 12 Minor Trend

경향12 수능 출제 난이도

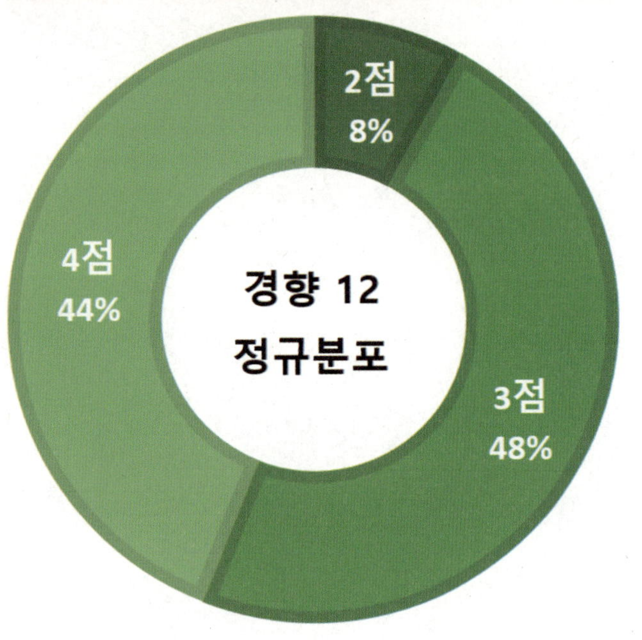

경향12 수능별 데이터 (1)

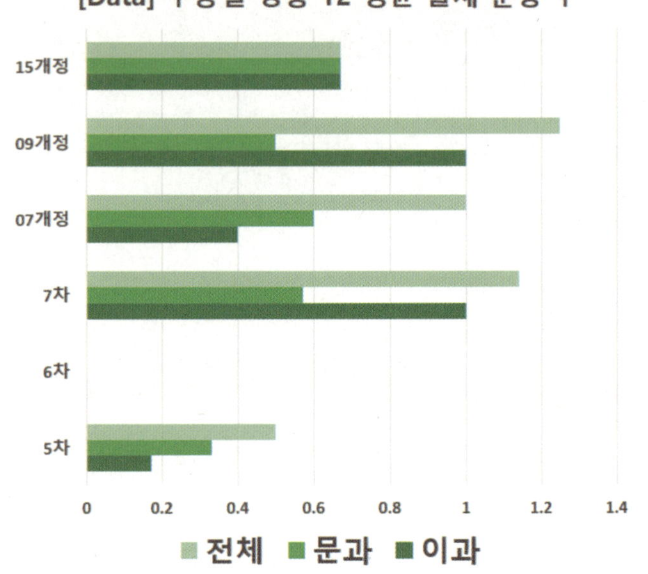

COMMENT

통계 단원에서 제일 중요한 경향이 바로 정규분포야. 통계 후반부 개념이 모두 이 정규분포에서 파생된 개념이니까. 그동안 출제된 문제를 봤을 때, 쉬운 문제와 어려운 문제가 골고루 출제됐어. 특히 고난도 문제 중에서는 마치 미분 적분 그래프 문제를 풀듯이 정규분포의 그래프 개형을 활용해서 풀어야 하는 것도 있다는 걸 주목해야 해. 정규분포 고난도는 정규분포 뿐만 아니라 이항분포도 함께 물어보는 경우가 많이 있고, 최근 수능에서 이 경향에서 고난도 4점 문항으로 출제되었으니까 확실하게 알아두자.

경향12 수능 출제 전망

통계 후반부 개념에서
가장 중요한 내용

경향12 통계 단원 내 출제 비율

24.04%

경향12 공부 우선순위

★★★

평가원 '통계' 파트 최애

경향12 수능별 데이터 (2)

현교육과정
경향12 수능중요도

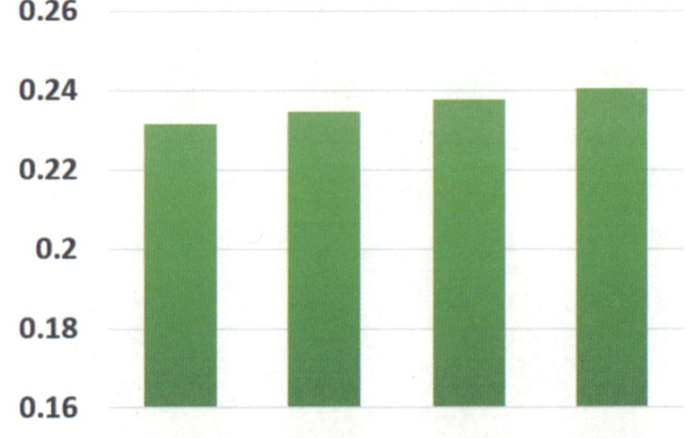

정규분포 실전 개념 적용연습

■ 다른 두 정규분포에서
각각의 평균와 표준편차가 얼마든 상관없이,
각자의 평균으로부터 각자의 표준편차의 몇 배 떨어져
있는 지로 확률 값이 결정된다!

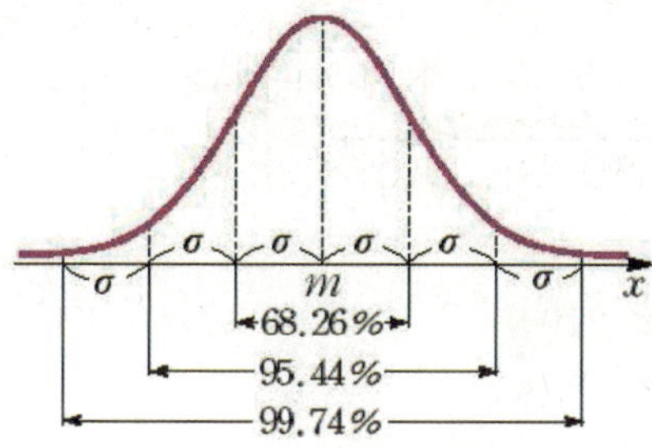

$X \sim \mathrm{N}(m,\ \sigma^2)$ \qquad $Z \sim \mathrm{N}(0,\ 1)$

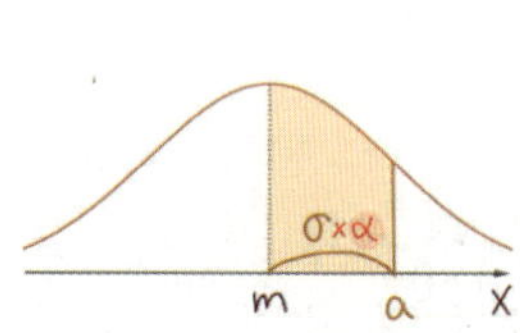
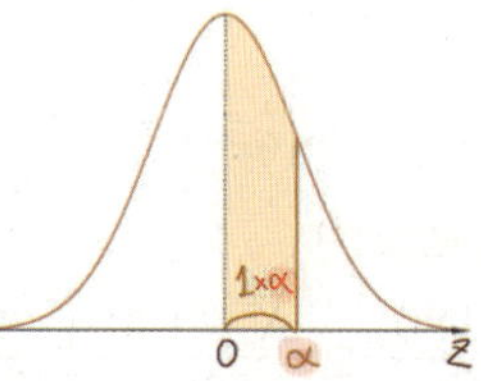

$$\mathrm{P}(m \leq X \leq a) = \mathrm{P}\left(\frac{m-m}{\sigma} \leq \frac{X-m}{\sigma} \leq \frac{a-m}{\sigma}\right)$$

$$\mathrm{P}(m \leq X \leq m + \sigma \times \alpha) = \mathrm{P}(0 \leq Z \leq \alpha)$$

$X \sim \mathrm{N}(m_1,\ \sigma_1^2)$, $Y \sim \mathrm{N}(m_2,\ \sigma_2^2)$일 때

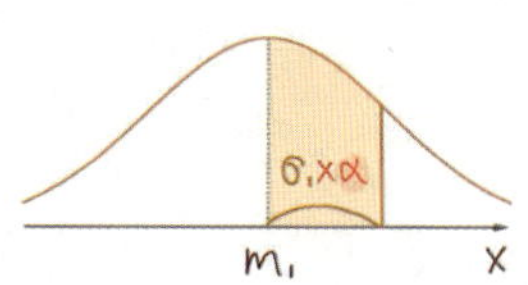
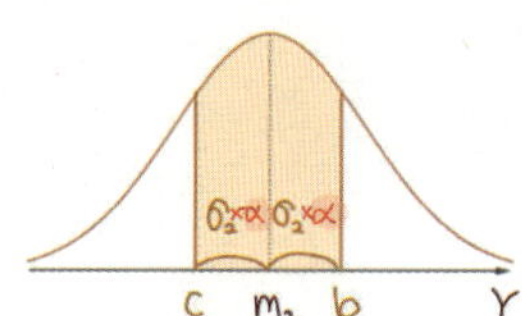

$$\mathrm{P}(m_1 \leq X \leq m_1 + \sigma_1 \times \alpha) = \mathrm{P}(m_2 \leq Y \leq \overset{m_2 + \sigma_2 \alpha}{b})$$
$$= \mathrm{P}(c \leq Y \leq m_2)$$
$$\overset{m_2 + \sigma_2(-\alpha)}{}$$

【ex】 $X \sim \mathrm{N}(10,\ 3^2)$, $Y \sim \mathrm{N}(7,\ 2^2)$이다.
(1) $\mathrm{P}(10 \leq X \leq 22) = \mathrm{P}(7 \leq Y \leq b)$
$\qquad\qquad\qquad\quad = \mathrm{P}(c \leq Y \leq 7)$
일 때, b, c의 값은?
[답] b=15, c=−1

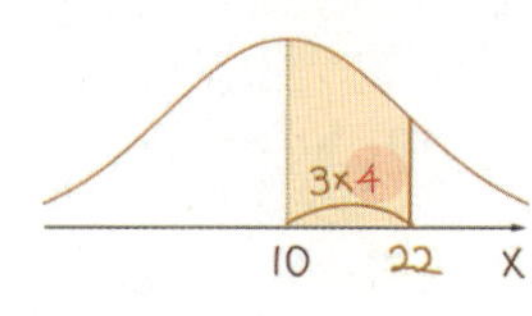
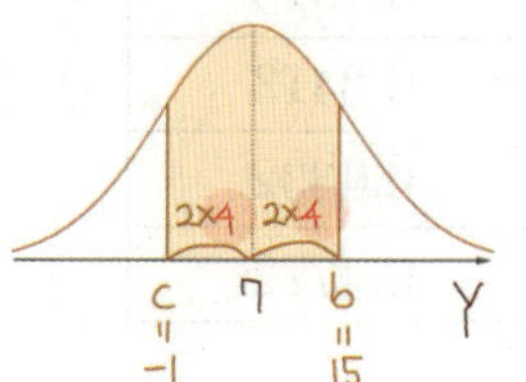

(2) $\mathrm{P}(d \leq X \leq 22) = \mathrm{P}(5 \leq Y \leq e)$
일 때, d, e의 값은?
[답] d=7, e=15

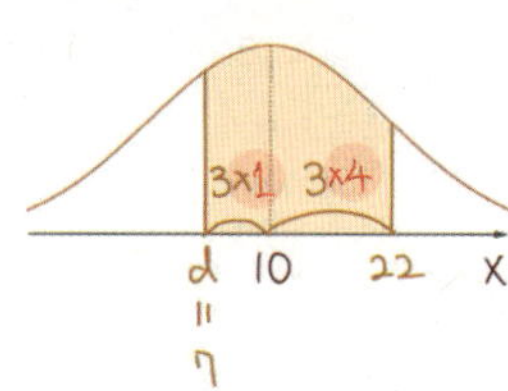
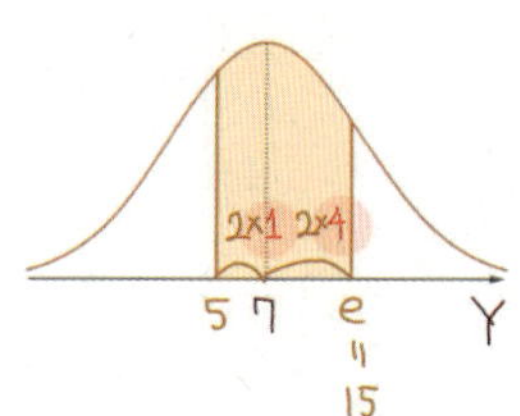

(3) $\mathrm{P}(f \leq X \leq 22) = \mathrm{P}(g \leq Y \leq 9)$
일 때, f, g의 값은?
[답] f=7, g=−1

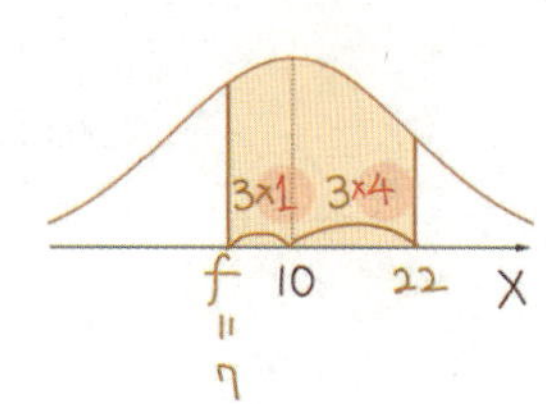
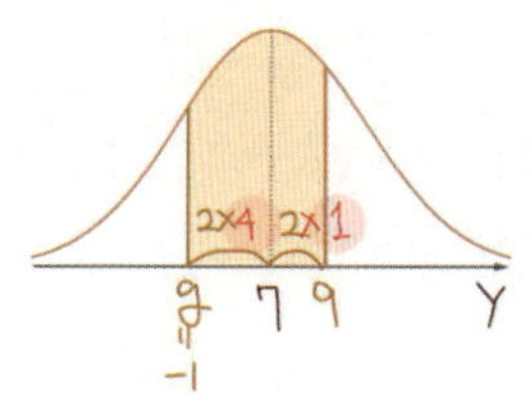

경향 12 Minor Trend

72. [2020년 수능 (나)형 13번]
어느 농장에서 수확하는 파프리카 1개의 무게는 평균이 180 g, 표준편차가 20 g인 정규분포를 따른다고 한다. 이 농장에서 수확한 파프리카 중에서 임의로 선택한 파프리카 1개의 무게가 190 g 이상이고 210 g 이하일 확률을 오른쪽 표준정규분포표를 이용하여 구한 것은? [3점]

z	$P(0 \leq Z \leq z)$
0.5	0.1915
1.0	0.3413
1.5	0.4332
2.0	0.4772

① 0.0440 ② 0.0919 ③ 0.1359
④ 0.1498 ⑤ 0.2417

$X \sim N(180,\ 20^2)$

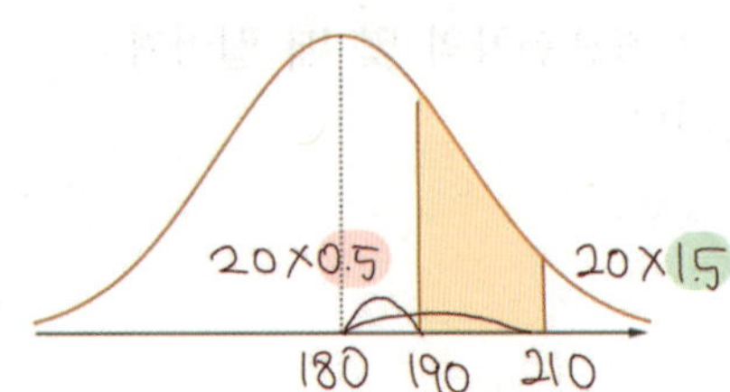

$P(190 \leq X \leq 210)$
$= P(0.5 \leq Z \leq 1.5)$
$= 0.4332 - 0.1915 = 0.2417$

[다른 풀이]
파프리카 1개의 무게를 X라 하자.
$P(190 \leq X \leq 210)$
$$= P\left(\frac{190-180}{20} \leq \frac{X-180}{20} \leq \frac{210-180}{20} \right)$$
$= P(0.5 \leq Z \leq 1.5)$
$= 0.4332 - 0.1915 = 0.2417$

Analysis

기본적인 문제이지만 선생님이 알려준 실전개념을 이용해 풀어보자. 그래야 고난도 문제에서 실전개념을 잘 적용할 수 있게 된다.

경향12 실전개념분석 073

73. [2009년 수능 (가)형 확률과 통계 29번]
확률변수 X와 Y는 평균이 모두 0이고 분산이 각각 σ^2과 $\dfrac{\sigma^2}{4}$인 정규분포를 따르고, 확률변수 Z는 표준정규분포를 따른다. 두 양수 a와 b에 대하여
$$P(|X| \le a) = P(|Y| \le b)$$
일 때, 옳은 것만을 <보기>에서 있는 대로 고른 것은? [4점]

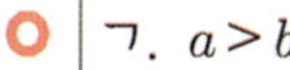
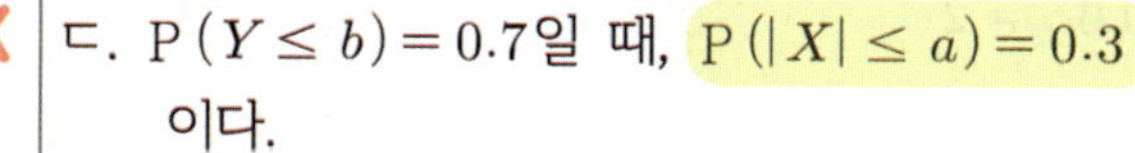

[보 기]

ㄱ. $a > b$

ㄴ. $P\left(Z > \dfrac{2b}{\sigma}\right) = P\left(Y > \dfrac{a}{2}\right)$

ㄷ. $P(Y \le b) = 0.7$일 때, $P(|X| \le a) = 0.3$ 이다.

① ㄱ ② ㄴ ③ ㄱ, ㄴ ④ ㄴ, ㄷ ⑤ ㄱ, ㄴ, ㄷ

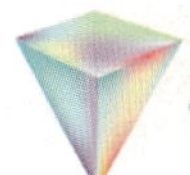

[스킬] 표준화를 하지 않고도 서로 다른 두 정규분포 값을 비교하자.

$$X \sim N(0,\ \sigma^2) \qquad\qquad Y \sim N\left(0,\ \left(\dfrac{\sigma}{2}\right)^2\right)$$

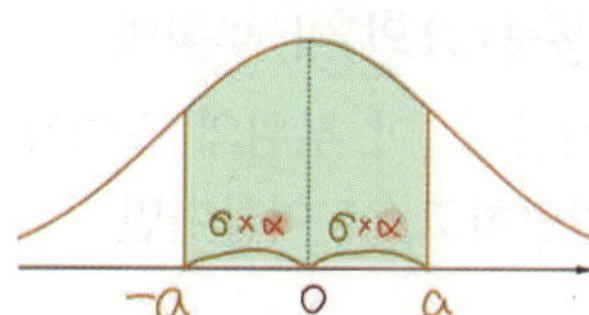
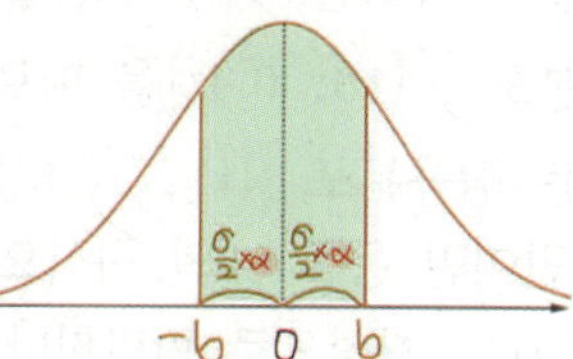

$\therefore\ a = \sigma \times \alpha$ 라 하면, $b = \dfrac{\sigma}{2} \times \alpha$

$\therefore\ a = 2b,\quad \alpha = \dfrac{2b}{\sigma}$

ㄱ. (참)

$\therefore\ a = 2b$

ㄴ. (참)

$$P\left(Z > \dfrac{2b}{\sigma}\right) = P\left(Y > \dfrac{a}{2}\right)$$
$$\Leftrightarrow P(Z > \alpha) = P(Y > b)$$

[다른 풀이]

$$P\left(Y > \dfrac{a}{2}\right) = P(Y > b) = P\left(Z > \dfrac{b - 0}{\frac{\sigma}{2}}\right) = P\left(Z > \dfrac{2b}{\sigma}\right)$$

ㄷ. (거짓)

$$X \sim N(0,\ \sigma^2) \qquad\qquad Y \sim N\left(0,\ \left(\dfrac{\sigma}{2}\right)^2\right)$$

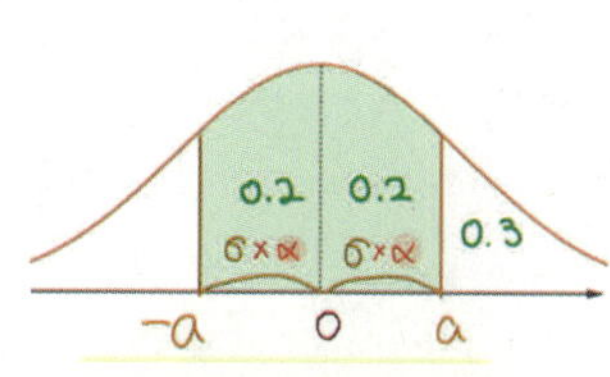
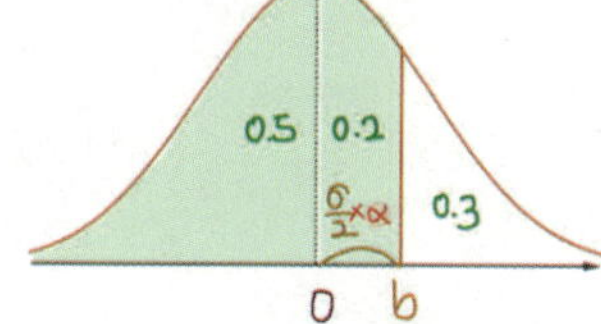

$\therefore\ P(|X| \le a) = 0.4$

경향 12 Minor Trend

1등급

74. [2010년 수능 (가)형 확률과 통계 29번]
어느 뼈 화석이 두 동물 A와 B 중에서 어느 동물의 것인지 판단하는 방법 가운데 한 가지는 특정 부위의 길이를 이용하는 것이다. 동물 A의 이 부위의 길이는 정규분포 $N(10,\ 0.4^2)$을 따르고, 동물 B의 이 부위의 길이는 정규분포 $N(12,\ 0.6^2)$을 따른다. 이 부위의 길이가 d 미만이면 동물 A의 화석으로 판단하고, d 이상이면 동물 B의 화석으로 판단한다.
동물 A의 화석을 동물 A의 화석으로 판단할 확률과 동물 B의 화석을 동물 B의 화석으로 판단할 확률이 같아지는 d의 값은? (단, 길이의 단위는 cm이다.) [4점]

① 10.4 ② 10.5 ③ 10.6 ④ 10.7 ⑤ 10.8

d값을 두 확률변수 A, B 모두 사용하므로 두 정규분포의 그래프를 한 평면에 그리자.

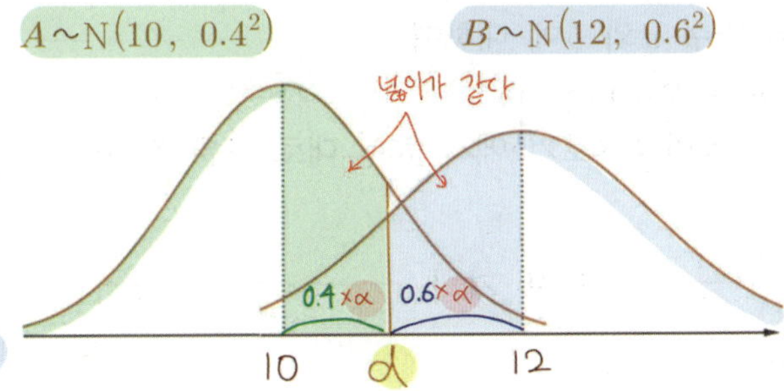

$$\therefore\ 0.4\alpha + 0.6\alpha = 2$$
$$\therefore\ \alpha = 2$$
$$\therefore\ d = 10 + 0.4\alpha = 10.8$$

[다른 풀이]

동물 A의 화석을 동물 A의 화석으로 판단할 확률은
$$P(A < d) = P\left(Z < \frac{d-10}{0.4}\right)$$

동물 B의 화석을 동물 B의 화석으로 판단할 확률은
$$P(B \geq d) = P\left(Z \geq \frac{d-12}{0.6}\right)$$

$$P(A < d) = P(B \geq d)$$
$$\Leftrightarrow \frac{d-10}{0.4} = -\frac{d-12}{0.6}$$
$$\Leftrightarrow 0.6d - 6 = -0.4d + 4.8$$
$$\therefore\ d = 10.8$$

Analysis

일반적인 표준화 방법으로는 풀이가 길어지지만 선생님이 알려준 실전개념을 활용하면 1줄 컷이다.

경향12 실전개념분석 075

75. [2010년 수능 (가)형 & (나)형 9번]
어느 공장에서 생산되는 병의 내압강도는 정규분포
$N(m, \sigma^2)$ 을 따르고, 내압강도가 40 보다 작은 병은
불량품으로 분류한다.
이 공장의 공정능력을 평가하는 공정능력지수 G 는
$G = \dfrac{m-40}{3\sigma}$ 으로 계산한다.

$G = 0.8$일 때, 임의 추출한 한 개의 병이 불량품일 확률을
표준정규분포표를 이용하여 구한 것은? [4점]

z	$P(0 \leq Z \leq z)$
2.2	0.4861
2.3	0.4893
2.4	0.4918
2.5	0.4938

① 0.0139　　② 0.0107　　③ 0.0082
④ 0.0062　　⑤ 0.0038

문제에서 제시한 공정능력지수 $G = \dfrac{m-40}{3\sigma}$ 이
표준화 꼴을 하고 있기 때문에 이 문제는 표준화로 푼다.

$P(X < 40)$
$= P\left(\dfrac{X-m}{\sigma} < \dfrac{40-m}{\sigma} \right) = P(Z < -2.4)$
$\left(\because \ \dfrac{40-m}{\sigma} = -3G = -2.4 \right)$
$= 0.5 - 0.4918 = 0.0082$

Analysis

문제의 단서로 제시된 $G = \dfrac{m-40}{3\sigma}$ 와
관련 있는 개념이 무엇인지 떠올려보자.

경향 12 Minor Trend

76. [2021년 수능 (가)형 12번 & (나)형 19번]
확률변수 X 는 평균이 8, 표준편차가 3인 정규분포를
따르고, 확률변수 Y 는 평균이 m, 표준편차가 σ 인
정규분포를 따른다. 두 확률변수 X, Y 가

$$P(4 \le X \le 8) + P(Y \ge 8) = \frac{1}{2}$$ 을 만족시킬 때,

$P\left(Y \le 8 + \dfrac{2\sigma}{3}\right)$ 의 값을 다음 표준정규분포표를 이용하여

구한 것은? [3점]

z	$P(0 \le Z \le z)$
1.0	0.3413
1.5	0.4332
2.0	0.4772
2.5	0.4938

① 0.8351 ② 0.8413 ③ 0.9332

④ 0.9772 ⑤ 0.9938

Analysis

문제 단서에서 $P(4 \le X \le 8) + P(Y \ge 8) = \dfrac{1}{2}$ 이

나왔다. 숫자의 일치를 우연으로 보지 말자.

정규분포 그래프에서 넓이 $\dfrac{1}{2}$ 과 관련되어 있는 개념이

있다.

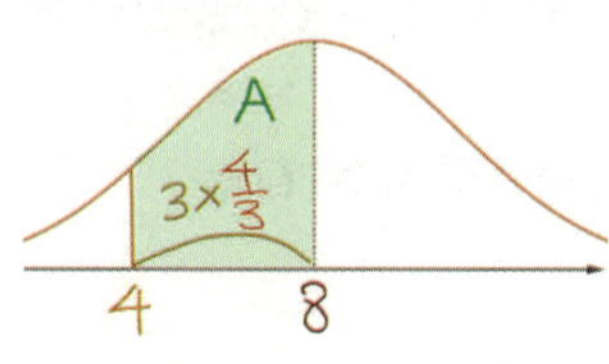

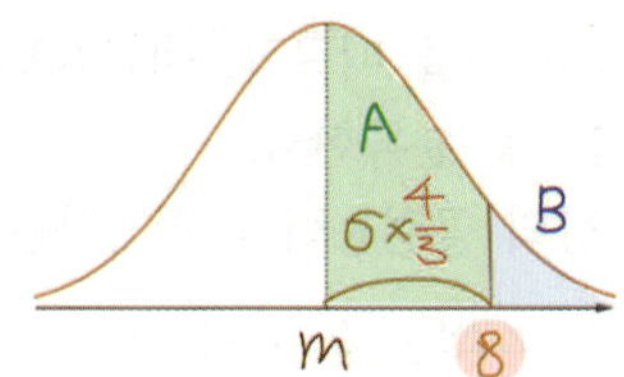

$$8 = m + \frac{4}{3}\sigma$$

$$P\left(Y \le 8 + \frac{2\sigma}{3}\right)$$

$$= P\left(Y \le \left(m + \frac{4}{3}\sigma\right) + \frac{2\sigma}{3}\right) = P(Y \le m + 2\sigma)$$

$$= P(Z \le 2)$$

$$= 0.5 + 0.4772 = 0.9772$$

[다른 풀이]

$$P(4 \le X \le 8) + P(Y \ge 8)$$

$$= P\left(\frac{4-8}{3} \le \frac{X-8}{3} \le \frac{8-8}{3}\right) + P\left(\frac{Y-m}{\sigma} \ge \frac{8-m}{\sigma}\right)$$

$$= P\left(-\frac{4}{3} \le Z \le 0\right) + P\left(Z \ge \frac{8-m}{\sigma}\right)$$

$$= P\left(0 \le Z \le \frac{4}{3}\right) + P\left(Z \ge \frac{8-m}{\sigma}\right)$$

$$= \frac{1}{2}$$

$$\therefore \frac{8-m}{\sigma} = \frac{4}{3}$$

$$\therefore m = 8 - \frac{4}{3}\sigma$$

$$P\left(Y \le 8 + \frac{2\sigma}{3}\right)$$

$$= P\left(\frac{Y - \left(8 - \frac{4\sigma}{3}\right)}{\sigma} \le \frac{8 + \frac{2\sigma}{3} - \left(8 - \frac{4\sigma}{3}\right)}{\sigma}\right)$$

$$= P(Z \le 2)$$

$$= \frac{1}{2} + P(0 \le Z \le 2)$$

$$= 0.5 + 0.4772 = 0.9772$$

경향 12 Minor Trend

정규분포 그래프 분석

정규분포 그래프 핵심 특징
① 꼭짓점
② 좌우대칭

(1) 꼭짓점의 높이와 표준편차의 관계
표준편차가 클수록 꼭짓점의 높이가 낮아진다.

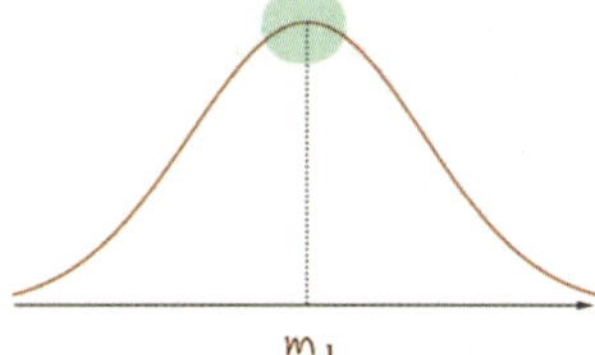 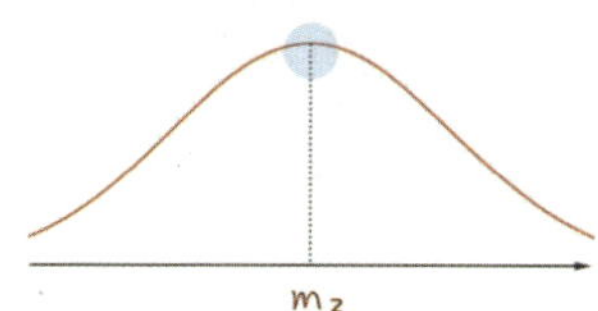

$\therefore f(m_1) > g(m_2)$

(2) 함숫값과 평균과의 근접 관계
$y = f(x)$는 $x = m\,(평균)$일 때 최대
함숫값이 클수록 정의역이 평균에 더 가깝다.

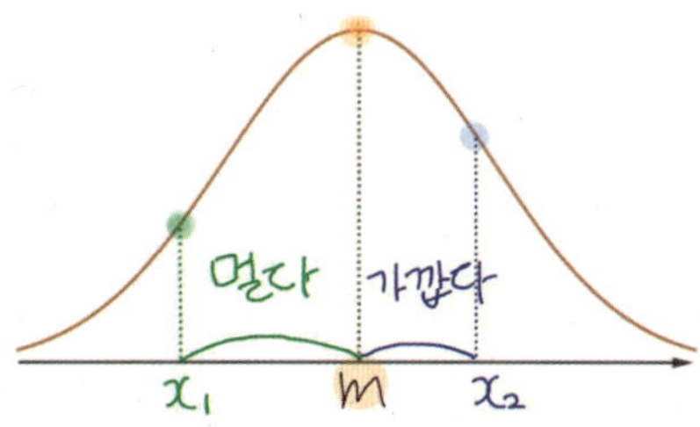

$\therefore f(x_1) < f(x_2) < f(m)$

$\therefore x_2$가 x_1보다 $m\,(평균)$에 더 가깝다.

경향12 실전개념분석 077

1등급

77. [2020년 수능 (가)형 18번]
확률변수 X는 정규분포 $N(10, 2^2)$, 확률변수 Y는
정규분포 $N(m, 2^2)$을 따르고, 확률변수 X와 Y의
확률밀도함수는 각각 $f(x)$와 $g(x)$이다.
$f(12) \leq g(20)$을 만족시키는 m에 대하여
$P(21 \leq Y \leq 24)$의 최댓값을 오른쪽 표준정규분포표를
이용하여 구한 것은? [4점]

z	$P(0 \leq Z \leq z)$
0.5	0.1915
1.0	0.3413
1.5	0.4332
2.0	0.4772

① 0.5328 ② 0.6247 ③ 0.7745
④ 0.8185 ⑤ 0.9104

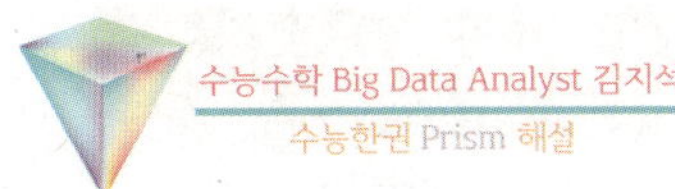

m이 $\dfrac{21+24}{2} = 22.5$에 가까울수록

$P(21 \leq Y \leq 24)$가 커진다.
→ m값의 범위를 파악하자.

확률변수 X와 Y의 표준편차가 2로 같기 때문에 $f(x)$와
$g(x)$는 합동이다.

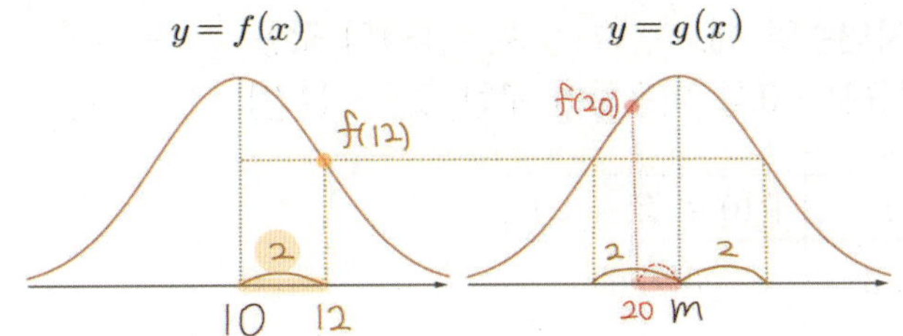

∴ m과 20의 거리가 10과 12의 거리보다 가깝다.
∴ $|m - 20| \leq 2 \Leftrightarrow 18 \leq m \leq 22$

m의 범위 내에서 22.5에 가장 가까운 값은 22이므로
$m = 22$일 때 확률 $P(21 \leq Y \leq 24)$은 최댓값을 갖는다.

$P(21 \leq Y \leq 24)$의 최대
$= P(22 + 2 \times (-0.5) \leq Y \leq 22 + 2 \times 1)$
$= P(-0.5 \leq Z \leq 1)$
$= 0.1915 + 0.3413$
$= 0.5328$

Analysis

마치 미분 적분 그래프 문제를 풀듯, 정규분포의 그래프의
개형을 활용한 고난도 문제가 출제되고 있다. 2017 수능
출제 당시에는 완전히 신유형이었던 것을 그 이후에
재개발해서 최근 자주 나오고 있다.

경향 12 Minor Trend

경향12 실전개념분석 078

1등급

78. [2017년 수능 (가)형 18번 & (나)형 29번]
확률변수 X는 평균이 m, 표준편차가 5인 정규분포를 따르고, 확률변수 X의 확률밀도함수 $f(x)$가 다음 조건을 만족시킨다.

> (가) $f(10) > f(20)$
> (나) $f(4) < f(22)$

m이 자연수일 때, $\mathrm{P}(17 \le X \le 18)$의 값을 표준정규분포표를 이용하여 구한 것은? [4점]

z	$\mathrm{P}(0 \le Z \le z)$
0.6	0.226
0.8	0.288
1.0	0.341
1.2	0.385

① 0.044 ② 0.053 ③ 0.062
④ 0.078 ⑤ 0.097

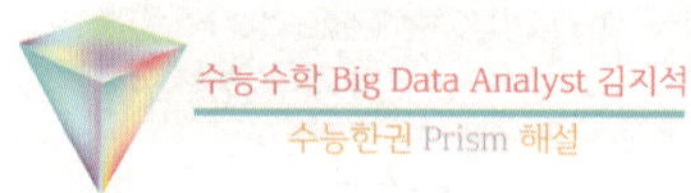

(Step1) 조건 해석하기

(가) $f(10) > f(20)$

→ 10이 20보다 m에 더 가깝다.

→ $m < \dfrac{10 + 20}{2} = 15$

(나) $f(4) < f(22)$

→ 22가 4보다 m에 더 가깝다.

→ $m > \dfrac{4 + 22}{2} = 13$

$\therefore 13 < m < 15$

$\therefore m = 14$ ($\because m$이 자연수)

(Step2) 계산하기

$\mathrm{P}(17 \le X \le 18)$

$= \mathrm{P}\left(14 + 5 \times \dfrac{3}{5} \le X \le 14 + 5 \times \dfrac{4}{5}\right)$

$= \mathrm{P}(0.6 \le Z \le 0.8)$

$= 0.288 - 0.226 = 0.062$

경향12 실전개념분석 079

————————1등급————————

79. [2024년 수능 (확률과 통계) 30번]
양수 t에 대하여 확률변수 X가 정규분포 $N(1, t^2)$을 따른다.

$$P(X \leq 5t) \geq \frac{1}{2}$$

이 되도록 하는 모든 양수 t에 대하여
$P(t^2 - t + 1 \leq X \leq t^2 + t + 1)$의 최댓값을
표준정규분포표를 이용하여 구한 값을 k라 하자.
$1000 \times k$의 값을 구하시오. [4점]

z	$P(0 \leq Z \leq z)$
0.6	0.226
0.8	0.288
1.0	0.341
1.2	0.385
1.4	0.419

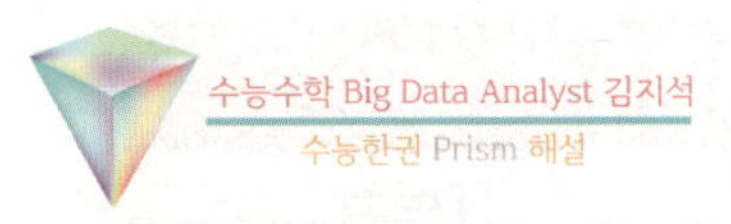

673

$$P(X \leq 5t) \geq \frac{1}{2}$$

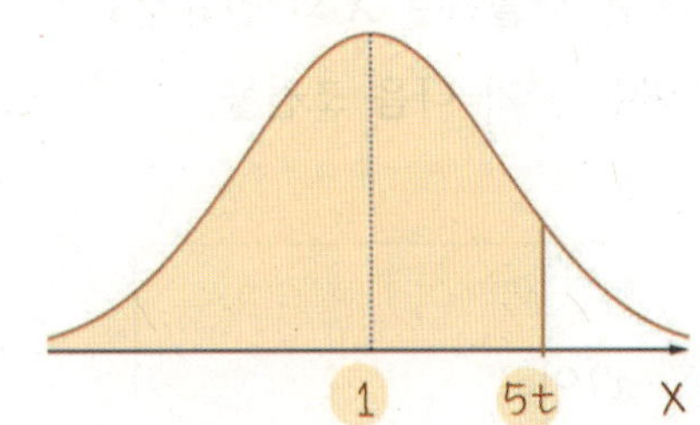

$$\therefore 5t \geq 1, \quad t \geq \frac{1}{5}$$

$$P(t^2 - t + 1 \leq X \leq t^2 + t + 1)$$
$$= P(t - 1 \leq Z \leq t + 1)$$

구간의 평균값 $\dfrac{(t-1)+(t+1)}{2} = t$ 가

표준정규분포의 평균값 0에 가까울수록
$P(t-1 \leq Z \leq t+1)$의 확률값이 커진다.

$$\therefore t = \frac{1}{5} \text{일 때 최대}$$

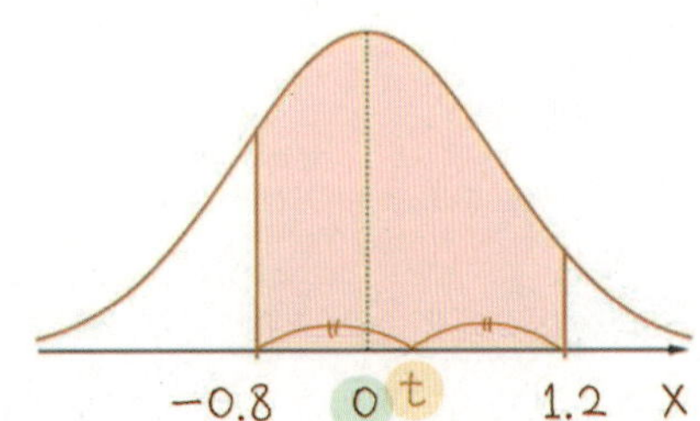

$$P(-0.8 \leq Z \leq 1.2)$$
$$= P(0 \leq Z \leq 0.8) + P(0 \leq Z \leq 1.2)$$
$$= 0.288 + 0.385 = 0.673$$
$$\therefore k = 0.673$$
$$\therefore 1000 \times k = 673$$

경향 12 Minor Trend

경향12 실전개념분석 080

1등급

80. [2025년 수능 (확률과 통계) 29번]
정규분포 $N(m_1, \sigma_1^2)$을 따르는 확률변수 X와 정규분포 $N(m_2, \sigma_2^2)$을 따르는 확률변수 Y가 다음 조건을 만족시킨다.

> 모든 실수 x에 대하여
> $P(X \le x) = P(X \ge 40 - x)$이고
> $P(Y \le x) = P(X \le x + 10)$이다.

$P(15 \le X \le 20) + P(15 \le Y \le 20)$의 값을 다음 표준정규분포표를 이용하여 구한 것이 0.4772일 때, $m_1 + \sigma_2$의 값을 구하시오. (단, σ_1과 σ_2는 양수이다.) [4점]

z	$P(0 \le Z \le z)$
0.5	0.1915
1.0	0.3413
1.5	0.4332
2.0	0.4772

25

(step1) $P(X \le x) = P(X \ge 40 - x)$ 활용하기
정규분포의 대칭성

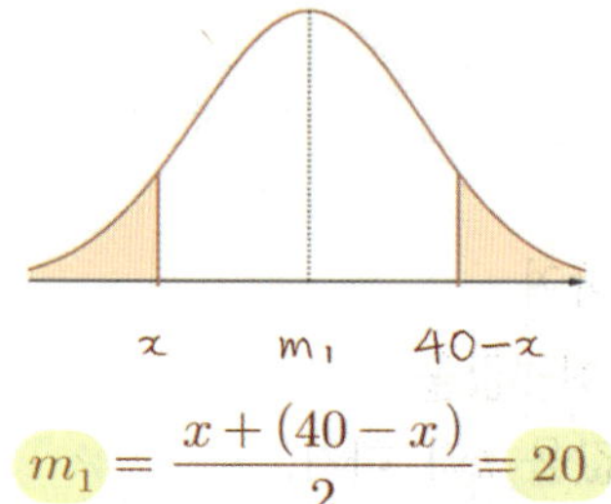

$$m_1 = \frac{x + (40 - x)}{2} = 20$$

(step2) $P(Y \le x) = P(X \le x + 10)$ 활용하기

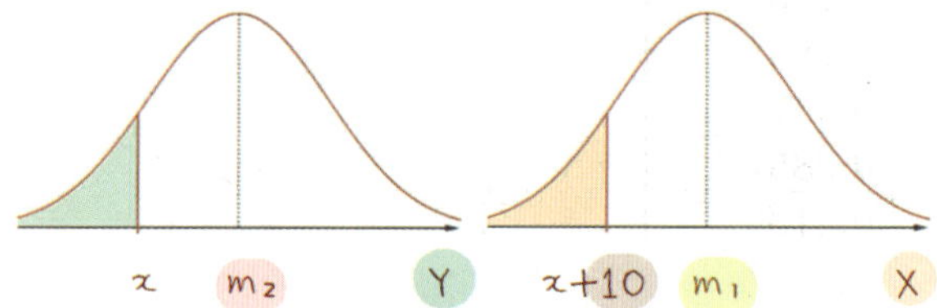

$Y \sim N(m_2, \sigma_2^2)$의 확률밀도함수와

$X \sim N(m_1, \sigma_1^2)$의 확률밀도함수는

x축 방향으로 10만큼 평행이동된 관계이다.

$\therefore \sigma_1 = \sigma_2, \ m_2 + 10 = m_1$

$\therefore m_2 = 10$

(step3)

$P(15 \leq X \leq 20) + P(15 \leq Y \leq 20)$ 활용하기

$P(15 \leq X \leq 20)$

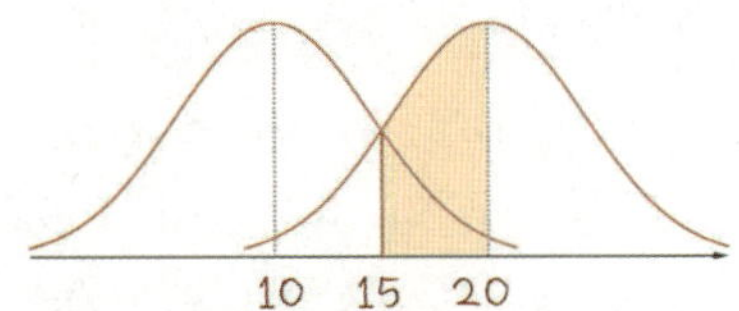

$P(15 \leq Y \leq 20)$

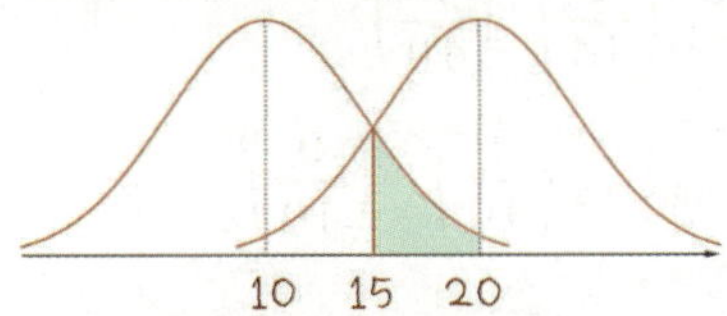

$P(15 \leq X \leq 20) + P(15 \leq Y \leq 20)$

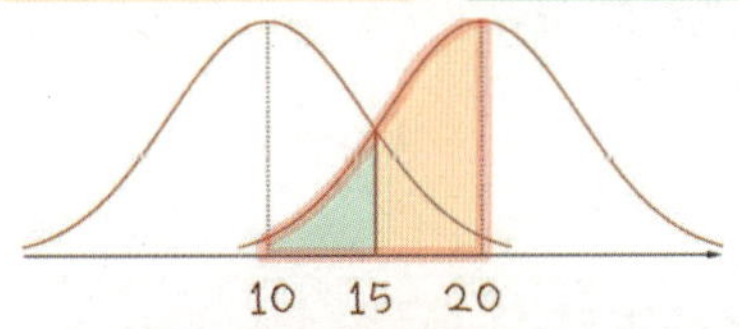

$\therefore\ P(15 \leq X \leq 20) + P(15 \leq Y \leq 20)$
$\quad = P(10 \leq X \leq 20)$

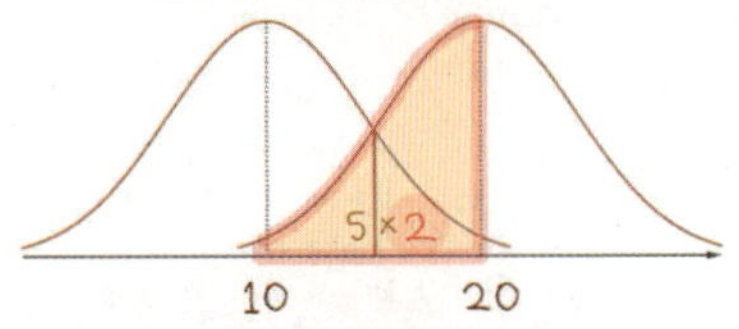

$P(0 \leq Z \leq 2) = 0.4772$ 이므로
$= P(10 \leq X \leq 20)$
$= P(20 - 5 \times 2 \leq X \leq 20)$
$\therefore\ \sigma_1 = \sigma_2 = 5$
$\therefore\ m_1 + \sigma_2 = 20 + 5 = 25$

[다른 풀이]
$P(10 \leq X \leq 20) = 0.4772$
$= P\left(\dfrac{10 - 20}{\sigma_1} \leq Z \leq \dfrac{20 - 20}{\sigma_1}\right)$
$= P\left(-\dfrac{10}{\sigma_1} \leq Z \leq 0\right)$
$\therefore\ \dfrac{10}{\sigma_1} = 2,\ \sigma_2 = \sigma_1 = 5$
$\therefore\ m_1 + \sigma_2 = 20 + 5 = 25$

경향 12 Minor Trend

81. [2007년 수능 (가)형 확률과 통계 28번]
어느 문구점에 진열되어 있는 공책 중 10%는 A 회사의
제품이라고 한다. 한 고객이 이 문구점에서 임의로
100권의 공책을 구입했을 때, A 회사 제품이 13권 이상
포함될 확률을 표준정규분포표를 이용하여 구한 것은?
[3점]

z	$P(0 \le Z \le z)$
0.75	0.2734
1.00	0.3413
1.25	0.3944
1.50	0.4332

① 0.0668 ② 0.1056 ③ 0.1587
④ 0.2266 ⑤ 0.2734

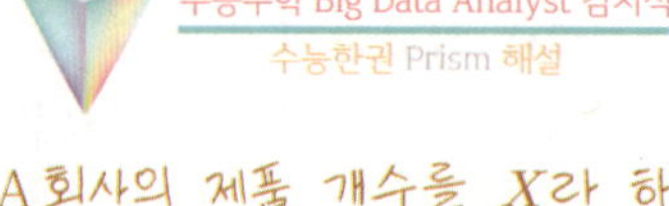

A 회사의 제품 개수를 X라 하면,
구하는 확률은 $P(X \ge 13)$이다.

X는 이항분포 $B\left(100, \dfrac{1}{10}\right)$을 따른다.

$P(X \ge 13)$

$= P(X=13) + P(X=14) + \cdots P(X=100)$

$= {}_{100}C_{13}\left(\dfrac{1}{10}\right)^{13}\left(\dfrac{9}{10}\right)^{87} + {}_{100}C_{14}\left(\dfrac{1}{10}\right)^{14}\left(\dfrac{9}{10}\right)^{86}$

$\qquad\qquad + \cdots + {}_{100}C_{100}\left(\dfrac{1}{10}\right)^{100}\left(\dfrac{9}{10}\right)^{0}$

이지만 계산이 터무니없이 많다.
따라서 정규분포로 근사시킨다.

$B\left(100, \dfrac{1}{10}\right)$를 정규분포로 근사하면

$E(X) = 100 \times \dfrac{1}{10} = 10$

$\sigma(X)^2 = 100 \times \dfrac{1}{10} \times \dfrac{9}{10} = 9 = 3^2$

$N(10, 3^2)$을 따른다.

$P(X \ge 13)$
$= P(X \ge 10 + 3 \times 1)$
$= P(Z \ge 1)$
$= 0.5 - 0.3413$
$= 0.1587$

Analysis〰

이항분포에서 시행횟수가 충분히 크면 정규분포로
근사한다.

$X \sim B(n, p) \fallingdotseq N(np, npq)$

경향12 실전개념분석 082

82. [2005년 수능 (가)형 & (나)형 16번]
다음은 어느 백화점에서 판매하고 있는 등산화에 대한
제조회사별 고객의 선호도를 조사한 표이다.

제조회사	A	B	C	D	계
선호도(%)	20	28	25	27	100

192명의 고객이 각각 한 켤레씩 등산화를 산다고 할 때,
C 회사 제품을 선택할 고객이 42명 이상일 확률을
표준정규분포표를 이용하여 구한 것은? [3점]

z	$P(0 \leq Z \leq z)$
0.5	0.1915
1.0	0.3413
1.5	0.4332
2.0	0.4772

① 0.6915　　② 0.7745　　③ 0.8256
④ 0.8332　　⑤ 0.8413

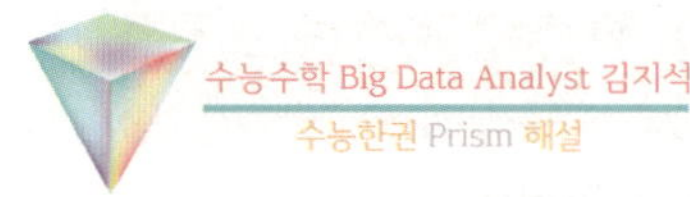

C회사의 제품을 선택할 확률

▶ $\dfrac{25}{100} = \dfrac{1}{4}$

C회사의 제품을 선택할 사람의 수를 확률변수 X 라 하면

X 는 이항분포 $B\left(192, \dfrac{1}{4}\right)$ 를 따른다.

이걸 정규분포로 근사하면

$$N\left(192 \times \dfrac{1}{4},\ 192 \times \dfrac{1}{4} \times \dfrac{3}{4}\right) \Leftrightarrow N(48,\ 6^2)$$

$P(X \geq 42)$
$= P(X \geq 48 + 6(-1))$
$= P(Z \geq -1)$
$= 0.5 + 0.3413$
$= 0.8413$

경향 12 Minor Trend

경향12 실전개념분석 083

83. [2026년 수능 (확률과 통계) 29번]

6 이하의 자연수 a에 대하여 한 개의 주사위와 한 개의 동전을 사용하여 다음 시행을 한다.

> 주사위를 한 번 던져
> 나온 눈의 수가 a보다 작거나 같으면
> 동전을 5번 던져 앞면이 나온 횟수를 기록하고,
> 나온 눈의 수가 a보다 크면
> 동전을 3번 던져 앞면이 나온 횟수를 기록한다.

이 시행을 19200번 반복하여 기록한 수가 3인 횟수를 확률변수 X라 하자. $E(X) = 4800$일 때, $P(X \le 4800 + 30a)$의 값을 표준정규분포표를 이용하여 구한 값이 k이다. $1000 \times k$의 값을 구하시오. [4점]

z	$P(0 \le Z \le z)$
0.5	0.191
1.0	0.341
1.5	0.433
2.0	0.477
2.5	0.494
3.0	0.499

Analysis〰

여러 개념이 섞여 있는 문제라서
개념을 탄탄하게 정리하지 않은 학생들은
어디서부터 어떻게 손대야 하는지 혼란스러울 수 있다.
개념을 공식만 암기하는 수준이 아니라
유도과정과 원리까지 꼼꼼히 공부하자.
그리고 항상 문제를 풀 때 무작정
"이 문제를 어떻게 풀지?"라고 생각하지 말고
"이 문제와 관련있는 개념은 뭐지?"라고 생각하는 습관을
갖자.

수능수학 Big Data Analyst 김지석
수능한권 Prism 해설 977

(step1) X의 확률분포 파악하기

한 번의 시행에서 기록한 수가 3일 확률을 p라 하자.

그러면 확률 변수 X는 이항분포

$B(19200, \ p)$를 따른다.

$E(X) = 19200 \times p = 4800$

$\therefore \ p = \dfrac{1}{4}$

$\therefore \ V(X) = 19200 \times \dfrac{1}{4} \times \dfrac{3}{4} = 3600 = 60^2$

시행 횟수 19200은 충분히 크므로

이항분포 $X \sim B\left(19200, \ \dfrac{1}{4}\right)$는 근사적으로

정규분포 $X \sim N(4800, \ 60^2)$을 따른다.

(step2) a의 값 구하기

주사위를 한 번 던져 나온 눈의 수가 a이하일 확률

$\blacktriangleright \ \dfrac{a}{6}$

동전을 5번 던져 앞면이 3번 나올 확률은

$\blacktriangleright \ {}_5C_3\left(\dfrac{1}{2}\right)^3\left(\dfrac{1}{2}\right)^2$

$\therefore \ \dfrac{a}{6} \times {}_5C_3\left(\dfrac{1}{2}\right)^3\left(\dfrac{1}{2}\right)^2$

주사위를 한 번 던져 나온 눈의 수가 a보다 클 확률

$\blacktriangleright \ \dfrac{6-a}{6}$

동전을 3번 던져 앞면이 3번 나올 확률은

$\blacktriangleright \ {}_3C_3\left(\dfrac{1}{2}\right)^3\left(\dfrac{1}{2}\right)^0$

$\therefore \ \dfrac{6-a}{6} \times {}_3C_3\left(\dfrac{1}{2}\right)^3\left(\dfrac{1}{2}\right)^0$

한 번의 시행에서 기록한 수가 3일(앞면이 3번 나올) 확률

$\therefore \ \dfrac{a}{6} \times {}_5C_3\left(\dfrac{1}{2}\right)^3\left(\dfrac{1}{2}\right)^2 + \dfrac{6-a}{6} \times {}_3C_3\left(\dfrac{1}{2}\right)^3\left(\dfrac{1}{2}\right)^0 = \dfrac{1}{4}$

$\therefore \ a = 4$

(Step3) $\mathrm{P}(X \le 4800 + 30a)$ 구하기

$\mathrm{P}(X \le 4800 + 30a) = \mathrm{P}(X \le 4800 + 120)$
$= \mathrm{P}(Z \le 2) = \mathrm{P}(Z \le 0) + \mathrm{P}(0 \le Z \le 2)$
$= 0.5 + 0.477$
$= 0.977 = k$
$\therefore 1000k = 1000 \times 0.977 = 977$

경향 13 Minor Trend

경향13 수능 출제 난이도

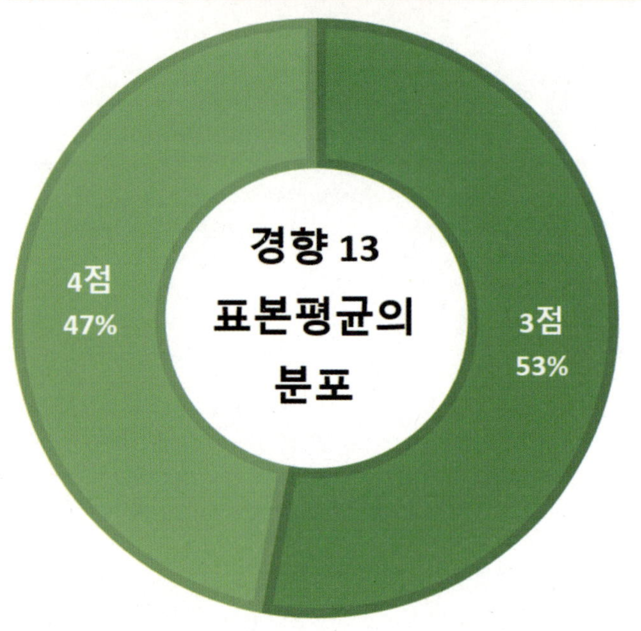

경향13 수능별 데이터 (1)

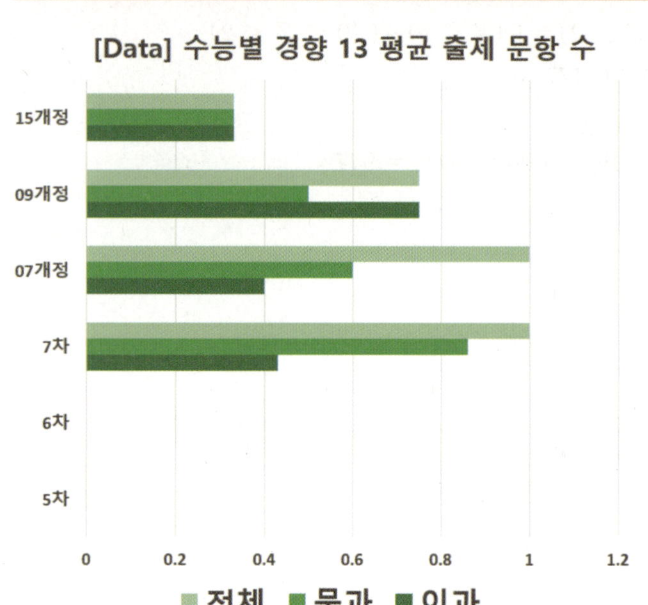

학생들이 오개념을 갖기 쉬운 파트야. 실제로 수능 막판까지도 오개념을 갖고 풀고 있는 수험생들도 적지 않아. 그 학생들의 상당수는 '표본의 분포'와 '표본평균의 분포'의 차이를 근본적으로 이해하지 못해.
15개정 평가원 수능에서는 3점 문제로 출제되었지만 실제 평가원 모의고사에서는 지속적으로 4점 고난도 문항으로 물어보고 있음을 주목해야 해. 언제든 고난도 문항으로 수능에 나와도 이상하지 않다는 거지.
공식만 알지 말고 꼭 정확한 개념과 유도과정까지 확실하게 파악하자. 그래야 고난도 문제에서 당황하지 않아.

경향13 수능 출제 전망

■■■■□
고난도 출제 가능성

경향13 통계 단원 내 출제 비율

16.35%

경향13 공부 우선순위

★★
평가원의 '변화구'

경향13 수능별 데이터 (2)

현교육과정
경향13 수능중요도

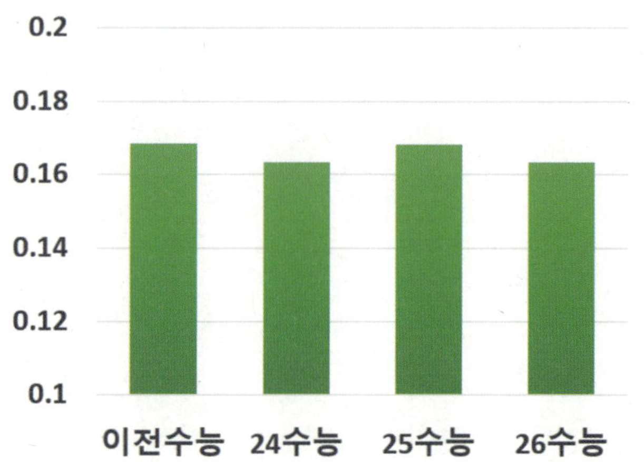

경향13 실전개념분석 084

84. [2017년 수능 (가)형 13번]

정규분포 $N(0, 4^2)$을 따르는 모집단에서 크기가 9인 표본을 임의 추출하여 구한 표본평균을 $\overline{X}$, 정규분포 $N(3, 2^2)$을 따르는 모집단에서 크기가 16인 표본을 임의 추출하여 구한 표본평균을 $\overline{Y}$라 하자.

$P(\overline{X} \geq 1) = P(\overline{Y} \leq a)$를 만족시키는 상수 a의 값은? [3점]

① $\dfrac{19}{8}$ ② $\dfrac{5}{2}$ ③ $\dfrac{21}{8}$ ④ $\dfrac{11}{4}$ ⑤ $\dfrac{23}{8}$

수능수학 Big Data Analyst 김지석
수능한권 Prism 해설

$$\overline{X} \sim N\left(0, \left(\frac{4}{3}\right)^2\right) \qquad \overline{Y} \sim N\left(3, \left(\frac{1}{2}\right)^2\right)$$

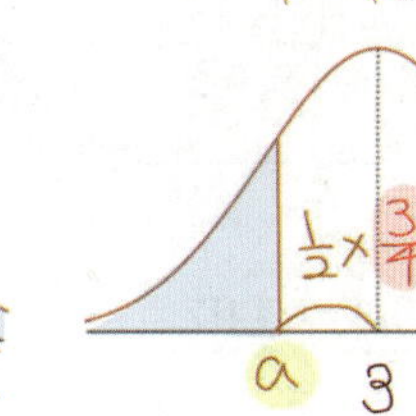

$$\therefore a = 3 - \frac{1}{2} \times \frac{3}{4} = \frac{21}{8}$$

[다른 풀이]

$$P(\overline{X} \geq 1) = P(\overline{Y} \leq a)$$

$$\Leftrightarrow P\left(Z \geq \frac{1-0}{\frac{4}{3}}\right) = P\left(Z \leq \frac{a-3}{\frac{1}{2}}\right)$$

$$\Leftrightarrow P\left(Z \geq \frac{3}{4}\right) = P(Z \leq 2(a-3))$$

$$\Leftrightarrow \frac{3}{4} = -2(a-3)$$

$$\therefore a = \frac{21}{8}$$

Analysis

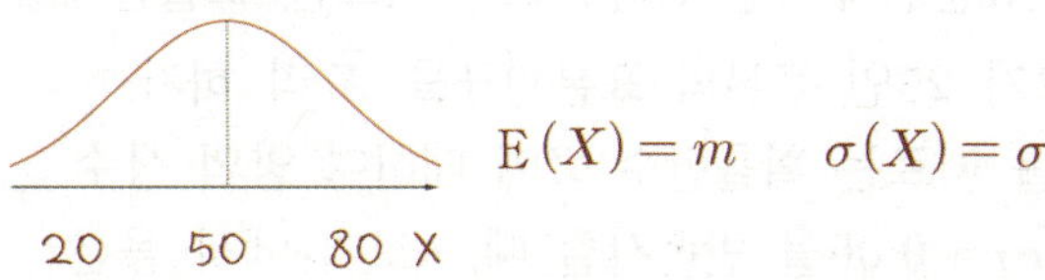

모집단의 분포: 　모평균 　모표준편차
전교생 점수

$$E(X) = m \qquad \sigma(X) = \sigma$$

20 50 80 X

표본(집단)의 분포: 표본평균 표본표준편차
5반 점수

(운이 크게 나쁘지 않다면)
근삿값
$$\overline{X} \fallingdotseq m \qquad s \fallingdotseq \sigma$$

20 47 78

상수(표본 1개) → 모평균추정
변수(표본 여러개) → 표본평균의 분포

표본평균의 분포: 표본평균의 평균 표본평균의 표준편차
반별 평균 점수 ↳ 이층적인 평균 ↳ 당연히 작아지겠지

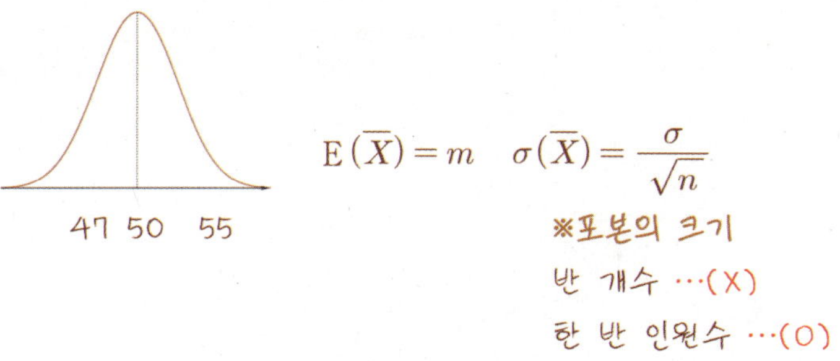

$$E(\overline{X}) = m \qquad \sigma(\overline{X}) = \frac{\sigma}{\sqrt{n}}$$

47 50 55

※표본의 크기
반 개수 …(X)
한 반 인원수 …(O)

① 모집단의 분포가 정규분포이면
$\overline{X}$는 정규분포 $N\left(m, \dfrac{\sigma^2}{n}\right)$을 따른다.

② 모집단의 분포가 정규분포가 아닐 때도 표본의 크기 n이 충분히 크면 $\overline{X}$의 분포는 근사적으로 정규분포 $N\left(m, \dfrac{\sigma^2}{n}\right)$를 따른다.

경향 13 Minor Trend

85. [2008년 수능 (나)형 29번]
모평균 75, 모표준편차 5인 정규분포를 따르는 모집단에서
임의추출한 크기 25인 표본의 표본평균을 $\overline{X}$ 라 하자.
표준정규분포를 따르는 확률변수 Z에 대하여 양의 상수
c가 $P(|Z|>c)=0.06$을 만족시킬 때, <보기>에서 옳은
것을 모두 고른 것은? [4점]

――――――――[보 기]――――――――
ㄱ. $P(Z>a)=0.05$인 상수 a에 대하여
   $c>a$이다.

ㄴ. $P(\overline{X}\le c+75)=0.97$

ㄷ. $P(\overline{X}>b)=0.01$인 상수 b에 대하여
   $c<b-75$이다.

① ㄱ ② ㄷ ③ ㄱ, ㄴ ④ ㄴ, ㄷ ⑤ ㄱ, ㄴ, ㄷ

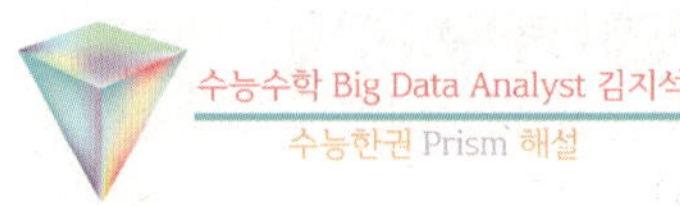

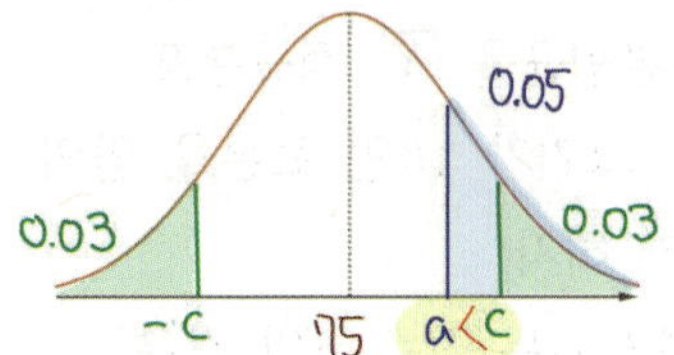

ㄴ. (참)
$\overline{X}\sim N(75,\ 1^2)$

$\overline{X}$ 의 표준편차와 Z의 표준편차가 1로 같기 때문에
그래프는 합동이다.

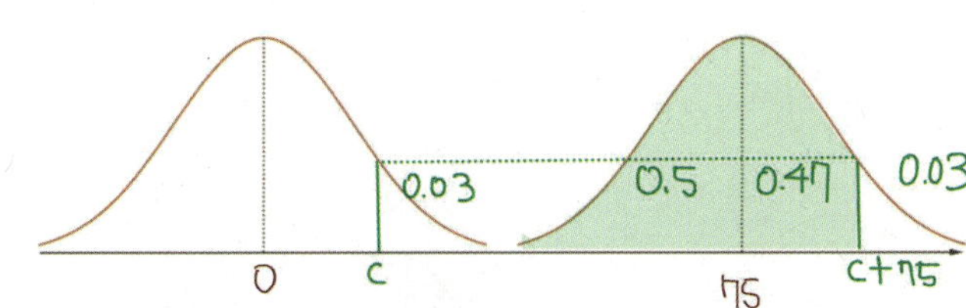

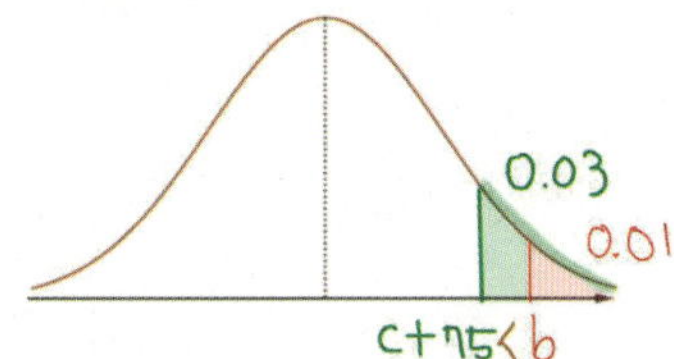

$P(\overline{X}>b)=0.01$
⇔ $75+c<b$
∴ $c<b-75$

경향13 실전개념분석 086

86. [2011년 수능 (나)형 27번]
어느 도시에서 공용 자전거의 1회 이용 시간은 평균이 60분, 표준편차가 10분인 정규분포를 따른다고 한다. 공용 자전거를 이용한 25회를 임의추출하여 조사할 때, 25회 이용시간의 총합이 1450분이상일 확률을 표준정규분포표를 이용하여 구한 것은? [3점]

z	$P(0 \le Z \le z)$
1.0	0.3413
1.5	0.4332
2.0	0.4772
2.5	0.4938

① 0.8351 ② 0.8413 ③ 0.9332
④ 0.9772 ⑤ 0.9938

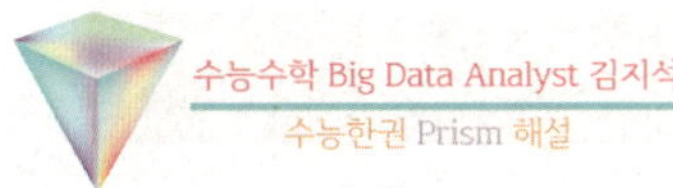

평균 $= \dfrac{합}{개수}$ 이므로 표본평균의 분포 개념과 관련시켜서 생각해보자

$$\overline{X} \sim N(60, 2^2)$$

$P(합 \ge 1450)$

$$= P\left(\dfrac{합}{개수} \ge \dfrac{1450}{25} \right)$$
$$= P(\overline{X} \ge 58) \quad (\because 평균 = \dfrac{합}{개수})$$
$$= P(\overline{X} \ge 60 + 2 \times (-1))$$
$$= P(Z \ge -1)$$
$$= 0.5 + 0.3413 = 0.8413$$

Analysis

"이 문제를 어떻게 풀지?"라고 생각하지 말고
"이 문제와 관련 있는 개념이 뭐지?"라고 생각하자.

경향 13 Minor Trend

___1등급___

87. [2015년 수능 (B)형 18번]

주머니 속에 1의 숫자가 적혀 있는 공 1개, 2의 숫자가 적혀 있는 공 2개, 3의 숫자가 적혀 있는 공 5개가 들어 있다. 이 주머니에서 임의로 1개의 공을 꺼내어 공에 적혀 있는 수를 확인한 후 다시 넣는다. 이와 같은 시행을 2번 반복할 때, 꺼낸 공에 적혀 있는 수의 평균을 $\overline{X}$ 라 하자. $P(\overline{X}=2)$의 값은? [4점]

① $\dfrac{5}{32}$ ② $\dfrac{11}{64}$ ③ $\dfrac{3}{16}$ ④ $\dfrac{13}{64}$ ⑤ $\dfrac{7}{32}$

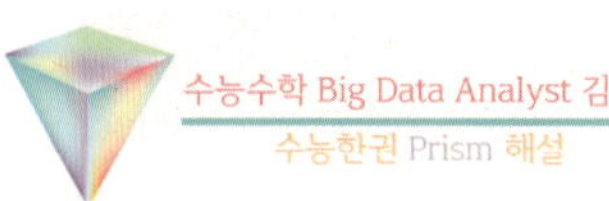

주머니에서 숫자 2개 뽑기
→ 주사위와 다를 바 없다
→ 표를 그린다

$\overline{X}$	1	2	2	3	3	3	3	3
1	1	1.5	1.5	2	2	2	2	2
2	1.5	2	2	2.5	2.5	2.5	2.5	2.5
2	1.5	2	2	2.5	2.5	2.5	2.5	2.5
3	2	2.5	2.5	3	3	3	3	3
3	2	2.5	2.5	3	3	3	3	3
3	2	2.5	2.5	3	3	3	3	3
3	2	2.5	2.5	3	3	3	3	3
3	2	2.5	2.5	3	3	3	3	3

$$\therefore\ P(\overline{X}=2)=\frac{14}{64}=\frac{7}{32}$$

Analysis

표본평균의 분포에서 어렵게 출제된 건 3문제(2005, 2009, 2015)가 있어. 그렇다고 걱정할 필요는 없어! 왜냐하면 여기에서 어렵게 출제할 수 있는 포인트가 뻔하거든. 모집단이 정규분포가 아니고 표본의 크기가 작게 하여 문제를 출제하는 거지. 이럴 경우 표본 평균의 분포가 정규분포가 되지 않으니까 표를 그려서 해결을 하면 돼.

경향13 실전개념분석 088

1등급

88. [2009년 수능 (나)형 29번]
다음은 어떤 모집단의 확률분포표이다.

X	10	20	30	계
$P(X=x)$	$\dfrac{1}{2}$	a	$\dfrac{1}{2}-a$	1

이 모집단에서 크기가 2인 표본을 복원추출하여 구한 표본평균을 $\overline{X}$라 하자. $\overline{X}$의 평균이 18일 때, $P(\overline{X}=20)$의 값은? [4점]

① $\dfrac{2}{5}$　② $\dfrac{19}{50}$　③ $\dfrac{9}{25}$　④ $\dfrac{17}{50}$　⑤ $\dfrac{8}{25}$

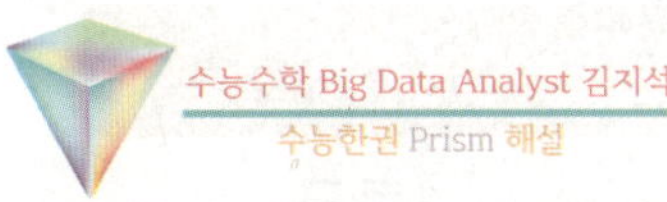

(step1) X의 확률분포

$$E(\overline{X}) = E(X) = 18$$

$$E(X) = 10 \cdot \frac{1}{2} + 20a + 30\left(\frac{1}{2}-a\right) = 20 - 10a = 18$$

$$\therefore a = \frac{1}{5}$$

X	10	20	30	계
$P(X=x)$	$\dfrac{1}{2}$	$\dfrac{1}{5}$	$\dfrac{3}{10}$	1

(step2) $\overline{X}$의 확률분포

$\overline{X}$	10	20	30
10	10	15	20
20	15	20	25
30	20	25	30

$\overline{X}=20$인 경우는 아래 3가지다.

ⅰ) (10, 30)일 때 확률

▶ $\dfrac{1}{2} \times \dfrac{3}{10}$

ⅱ) (20, 20)일 때 확률

▶ $\dfrac{1}{5} \times \dfrac{1}{5}$

ⅲ) (30, 10)일 때 확률

▶ $\dfrac{3}{10} \times \dfrac{1}{2}$

크기가 2인 표본을 복원추출할 때, $\overline{X}=20$인 경우는 10과 30, 20과 20, 30과 10을 추출하는 경우이므로

$$P(\overline{X}=20)$$

$$= \frac{1}{2} \cdot \frac{3}{10} + \frac{1}{5} \cdot \frac{1}{5} + \frac{3}{10} \cdot \frac{1}{2}$$

$$= \frac{3}{20} + \frac{1}{25} + \frac{3}{20} = \frac{17}{50}$$

경향 13 Minor Trend

경향13 실전개념분석 089

1등급

89. [2005년 수능 (가)형 확률과 통계 30번]
다음은 어떤 모집단의 확률분포표이다.

X	1	2	3	계
$P(X)$	0.5	0.3	0.2	1

이 모집단에서 크기 2인 표본을 복원추출할 때, 표본평균 $\overline{X}$의 확률분포표는 다음과 같다.

$\overline{X}$	1	1.5	2	2.5	3
도수	1	a	b	2	1
$P(\overline{X})$	0.25	c	d	0.12	0.04

이때, $100(b+c)$의 값을 구하시오. [4점]

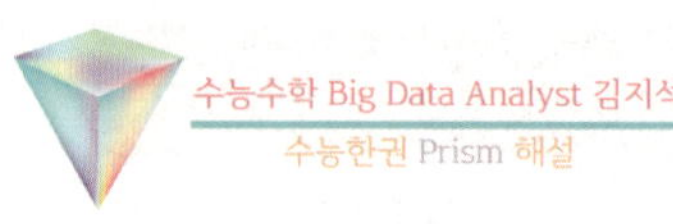

330

(step1) $\overline{X}$의 도수 파악하기

$\overline{X}$	1	2	3
1	1	1.5	2
2	1.5	2	2.5
3	2	2.5	3

$\therefore a = 2,\ b = 3$

(step2) $\overline{X}$의 확률 파악하기

$c = P(\overline{X} = 1.5)$

ⅰ) (1, 2)일 때 확률
▶ 0.5×0.3

ⅱ) (2, 1)일 때 확률
▶ 0.3×0.5

$\therefore c = 0.5 \times 0.3 + 0.3 \times 0.5 = 0.3$

$\therefore 100(b+c) = 100 \times 3.3 = 330$

경향 14 Minor Trend

경향14 수능 출제 난이도

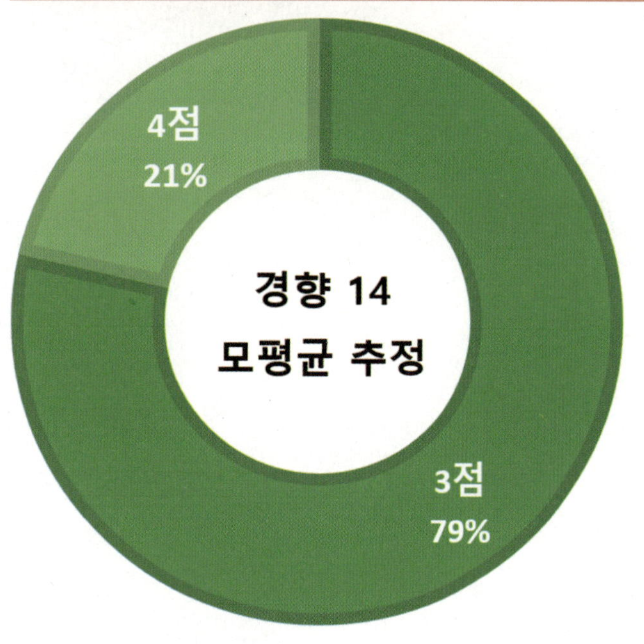

경향14 수능별 데이터 (1)

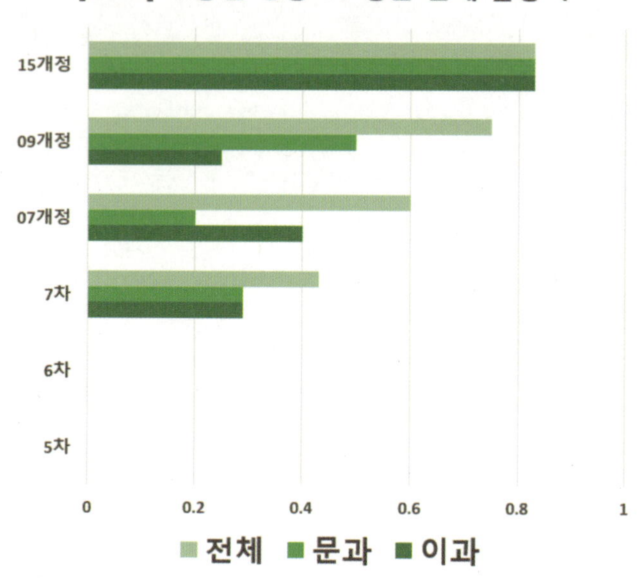

COMMENT

그동안 여기서 출제된 문제를 살펴보면 다 쉽고 패턴도 거의 같아. 개념만 알고 있으면 풀 수 있는 수준이야. 이 경향은 고등수학 범위 안에서 유도과정을 제대로 설명하기가 어려워서, 교과서에서 개념 유도과정에 대한 설명이 충분하지 않아. 그렇기 때문에 응용보다는 간단한 공식 적용 수준으로 출제되는 편이야. 워낙 뒤쪽이라 이 부분 개념이 약한 친구들이 워낙 많아서 꾸준하게 수능에서 출제하고 있는데 절대로 틀리지 말자.

경향14 수능 출제 전망

■■■■□

5년 연속 출제

경향14 통계 단원 내 출제 비율

13.45%

경향14 공부 우선순위

★★☆

**개념을 까먹으면
안되겠지!!**

경향14 수능별 데이터 (2)

**현교육과정
경향14 수능중요도**

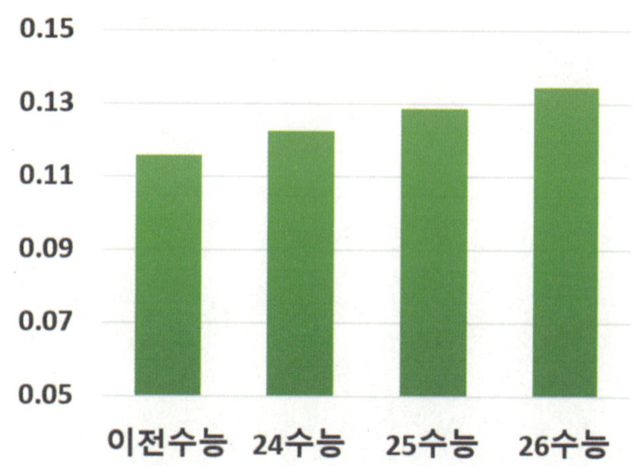

경향14 실전개념분석 090

90. [2005년 수능 (나)형 13번]
다음은 신뢰구간, 신뢰도, 표본의 크기의 관계를 설명한 것이다.

정규분포 $N(m, \sigma^2)$을 따르는 모집단이 있다. 이 모집단에서 크기 n인 표본을 임의추출하면 표본평균은 정규분포 [(가)]을 따른다.

이 표본평균의 분포를 이용하여 추정한 모평균 m에 대한 신뢰도 α의 신뢰구간을 $a \leq m \leq b$라 하자.

표본의 크기를 n으로 고정하고 신뢰도를 α보다 높게 한 신뢰구간을 $c \leq m \leq d$라 할 때, $d - c$는 $b - a$보다 [(나)].

한편, 신뢰도를 α로 고정하고 표본의 크기를 $2n$으로 한 신뢰구간을 $e \leq m \leq f$라 할 때, $f - e$는 $b - a$의 [(다)] 배가 된다.

위의 과정에서 (가), (나), (다)에 알맞은 것은?[3점]

	(가)	(나)	(다)
①	$N(m, \sigma^2)$	크다	$\dfrac{1}{2}$
②	$N(m, \sigma^2)$	작다	$\dfrac{1}{2}$
③	$N\left(m, \dfrac{\sigma^2}{n}\right)$	크다	$\dfrac{1}{\sqrt{2}}$
④	$N\left(m, \dfrac{\sigma^2}{n}\right)$	크다	$\sqrt{2}$
⑤	$N\left(m, \dfrac{\sigma^2}{n}\right)$	작다	$\dfrac{1}{\sqrt{2}}$

(step1) (가)

정규분포 $N(m, \sigma^2)$을 따르는 모집단에서 크기 n인 표본을 임의추출하면

$$\overline{X} \sim N\left(m, \frac{\sigma^2}{n}\right)$$

(step2) (나)

표본 평균을 $\overline{x}$라 할 때 모평균에 대한 95% 신뢰구간은

$$\overline{x} - 1.96 \times \frac{\sigma}{\sqrt{n}} \leq m \leq \overline{x} + 1.96 \times \frac{\sigma}{\sqrt{n}}$$

모평균에 대한 99% 신뢰구간은

$$\overline{x} - 2.58 \times \frac{\sigma}{\sqrt{n}} \leq m \leq \overline{x} + 2.58 \times \frac{\sigma}{\sqrt{n}}$$

이처럼 신뢰도가 높아지면 신뢰구간의 길이는 커진다.

(step3) (다)

예를 들어 신뢰도가 95%일 경우

$a \leq m \leq b$

$\Leftrightarrow \overline{x} - 1.96 \times \dfrac{\sigma}{\sqrt{n}} \leq m \leq \overline{x} + 1.96 \times \dfrac{\sigma}{\sqrt{n}}$

$e \leq m \leq f$

$\Leftrightarrow \overline{x} - 1.96 \times \dfrac{\sigma}{\sqrt{2n}} \leq m \leq \overline{x} + 1.96 \times \dfrac{\sigma}{\sqrt{2n}}$

$b - a = 2 \times 1.96 \times \dfrac{\sigma}{\sqrt{n}}$

$f - e = 2 \times 1.96 \times \dfrac{\sigma}{\sqrt{2n}}$

$\therefore f - e$는 $b - a$의 $\dfrac{1}{\sqrt{2}}$ 배

Analysis

	좋은 것	단점
신뢰구간	짧은 것	신뢰도 떨어진다 or 표본이 커진다
신뢰도	높은 것	신뢰구간 길어진다 or 표본이 커진다
표본의 크기	작은 것	신뢰구간 길어진다 or 신뢰도 낮아진다

경향 14 Minor Trend

91. [2022년 수능 (확률과 통계) 27번]

어느 자동차 회사에서 생산하는 전기 자동차의 1회 충전 주행 거리는 평균이 m이고 표준편차가 σ인 정규분포를 따른다고 한다.

이 자동차 회사에서 생산한 전기 자동차 100대를 임의추출하여 얻은 1회 충전 주행 거리의 표본평균이 $\overline{x_1}$일 때, 모평균 m에 대한 신뢰도 95%의 신뢰구간이 $a \le m \le b$이다.

이 자동차 회사에서 생산한 전기 자동차 400대를 임의추출하여 얻은 1회 충전 주행 거리의 표본평균이 $\overline{x_2}$일 때, 모평균 m에 대한 신뢰도 99%의 신뢰구간이 $c \le m \le d$이다.

$\overline{x_1} - \overline{x_2} = 1.34$이고 $a = c$일 때, $b - a$의 값은?

(단, 주행 거리의 단위는 km이고, Z가 표준정규분포를 따르는 확률변수일 때, $\mathrm{P}(|Z| \le 1.96) = 0.95$, $\mathrm{P}(|Z| \le 2.58) = 0.99$로 계산한다.) [3점]

① 5.88　② 7.84　③ 9.80　④ 11.76　⑤ 13.72

$$a \le m \le b$$

$$\Leftrightarrow \overline{x_1} - 1.96 \times \frac{\sigma}{\sqrt{100}} \le m \le \overline{x_1} + 1.96 \times \frac{\sigma}{\sqrt{100}}$$

$$c \le m \le d$$

$$\Leftrightarrow \overline{x_2} - 2.58 \times \frac{\sigma}{\sqrt{400}} \le m \le \overline{x_2} + 2.58 \times \frac{\sigma}{\sqrt{400}}$$

$$a - c = 0 \ (\because \ a = c)$$

$$= \left(\overline{x_1} - 1.96 \times \frac{\sigma}{10} \right) - \left(\overline{x_2} - 2.58 \times \frac{\sigma}{20} \right)$$

$$= (x_1 - x_2) + \sigma \left(-\frac{1.96}{10} + \frac{2.58}{20} \right)$$

$$= 1.34 - \sigma \times 0.067 = 0$$

$$\therefore \sigma = 20$$

$$b - a = 2 \times 1.96 \times \frac{\sigma}{10}$$

$$= 2 \times 1.96 \times 2$$

$$= 7.84$$

수능한권

WorkBook

확률과 통계

<table>
<tr><td>확률과 통계 1. 경우의 수
간접범위</td></tr>
</table>

수능 3점

복습	1회	2회	3회	4회	5회
채점 O△X					

1. [2020년 수능 (나)형 22번]

$_7P_2 + {}_7C_2$의 값을 구하시오. [3점]

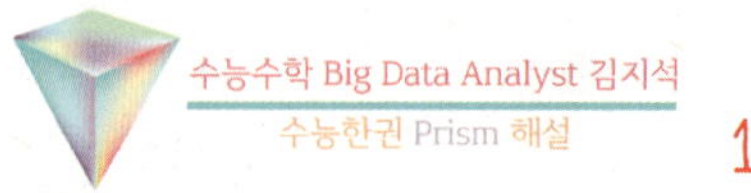

$$_7P_2 + {}_7C_2 = 7 \times 6 + \frac{7 \times 6}{2} = 42 + 21 = 63$$

복습	1회	2회	3회	4회	5회
채점 O△X					

2. [2019년 수능 (가)형 22번 & (나)형 22번]

$_6P_2 - {}_6C_2$의 값을 구하시오. [3점]

$$_6P_2 - {}_6C_2 = 30 - \frac{6 \times 5}{2 \times 1} = 15$$

복습	1회	2회	3회	4회	5회
채점 O△X					

3. [2018년 수능 (가)형 22번 & (나)형 22번]

$_5C_3$의 값을 구하시오. [3점]

$$_5C_3 = {}_5C_2 = \frac{5 \times 4}{2 \times 1} = 10$$

복습	1회	2회	3회	4회	5회
채점 O△X					

4. [2017년 수능 (나)형 22번]

$_5P_2 + {}_5C_2$의 값을 구하시오. [3점]

$$_5P_2 + {}_5C_2 = 5 \times 4 + \frac{5 \times 4}{2} = 20 + 10 = 30$$

복습	1회	2회	3회	4회	5회
채점 O△X					

5. [2011년 수능 (나)형 20번]
서로 다른 6개의 공을 두 바구니 A, B에 3개씩 담을 때, 그 결과로 나올 수 있는 경우의 수를 구하시오. [3점]

20

$${}_6C_3 \times {}_3C_3 \times \frac{1}{2!} \times 2! = 20$$

복습	1회	2회	3회	4회	5회
채점 O△X					

6. [2011년 수능 (나)형 18번]
등식 $2 \times {}_nC_3 = 3 \times {}_nP_2$를 만족시키는 자연수 n의 값을 구하시오. [3점]

11

$$2 \times {}_nC_3 = 3 \times {}_nP_2$$
$$\Leftrightarrow 2 \times \frac{n(n-1)(n-2)}{3 \times 2 \times 1} = 3 \times n(n-1)$$
$$\Leftrightarrow n-2 = 9 \ (\because \ n \geq 3)$$
$$\therefore \ n = 11$$

복습	1회	2회	3회	4회	5회
채점 O△X					

7. [2008년 수능 (나)형 9번]
1부와 2부로 나누어 진행하는 어느 음악회에서 독창 2팀, 중창 2팀, 합창 3팀이 모두 공연할 때, 다음 두 조건에 따라 7팀의 공연 순서를 정하려고 한다.

> (가) 1부에는 독창, 중창, 합창 순으로 3팀이 공연한다.
> (나) 2부에는 독창, 중창, 합창, 합창 순으로 4팀이 공연한다.

이 음악회의 공연 순서를 정하는 방법의 수는? [3점]

① 18 ② 20 ③ 22 ④ 24 ⑤ 26

$$\begin{array}{c|c} 1부 & 2부 \\ \hline 독 \to 중 \to 합 & 독 \to 중 \to 합 \to 합 \end{array}$$
$$(2 \times 2 \times 3) \times (1 \times 1 \times 2!) = 12 \times 2 = 24$$

복습	1회	2회	3회	4회	5회
채점 O△X					

8. [2001년 수능 (인문) & (자연) 12번]
그림과 같이 이웃한 두 교차로 사이의 거리가 모두 1인 바둑판모양의 도로망이 있다. 두 차량이 각각 A와 B에서 출발하여 A, B 이외의 교차로 P에서 만났다. 두 차량이 움직인 거리의 합이 4가 되는 P의 위치를 모두 표시하면? [3점]

① ② ③

④ ⑤

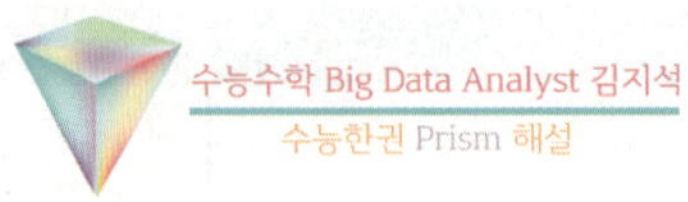

두 차량 A, B가 움직인 거리를 각각 a, b라 하면
$a + b = 4$
i) $a = 1$, $b = 3$
ii) $a = 2$, $b = 2$
iii) $a = 3$, $b = 1$

i) $a = 1$, $b = 3$

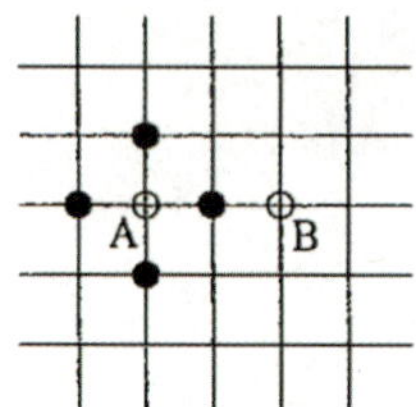

ii) $a = 2$, $b = 2$

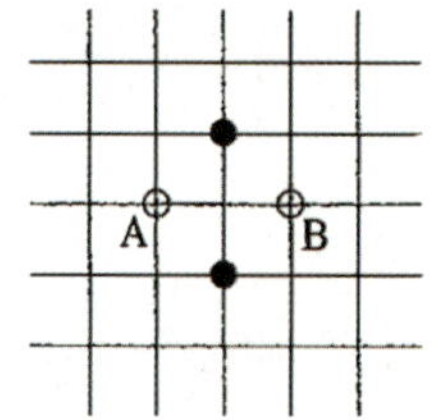

iii) $a = 3$, $b = 1$

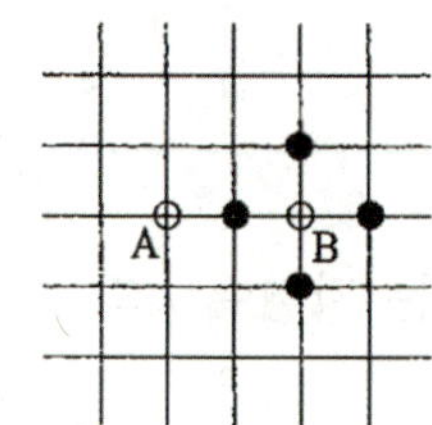

∴ 모든 점 P의 위치를 모으면

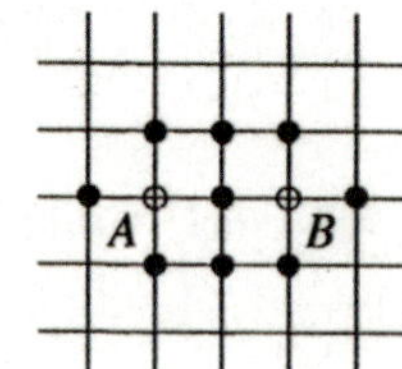

복습	1회	2회	3회	4회	5회
채점 O△X					

복습	1회	2회	3회	4회	5회
채점 O△X					

9. [2000년 수능 (인문) & (자연) 29번]
1에서 10까지의 자연수 중에서 서로 다른 두 수를 임의로 선택할 때, 선택된 두 수의 곱이 짝수가 되는 경우의 수를 구하시오. [3점]

수능수학 Big Data Analyst 김지석
수능한권 Prism 해설   35

ⅰ) 홀×홀=홀

ⅱ) 홀×짝=짝

ⅲ) 짝×짝=짝

전체 경우에서 ⅰ) 홀×홀=홀 경우만 제외하면 된다.

1~10에서 서로 다른 두 자연수를 선택하는 경우의 수
▸ $_{10}C_2$

1~10에서 홀수 2개를 선택하는 경우의 수
▸ $_5C_2$

∴ $_{10}C_2 - _5C_2 = 45 - 10 = 35$

10. [1998년 수능 (인문) & (자연) 28번]
그림과 같이 4개의 섬이 있다. 3개의 다리를 건설하여 4개의 섬 모두를 연결하는 방법의 수를 구하시오.[3점]

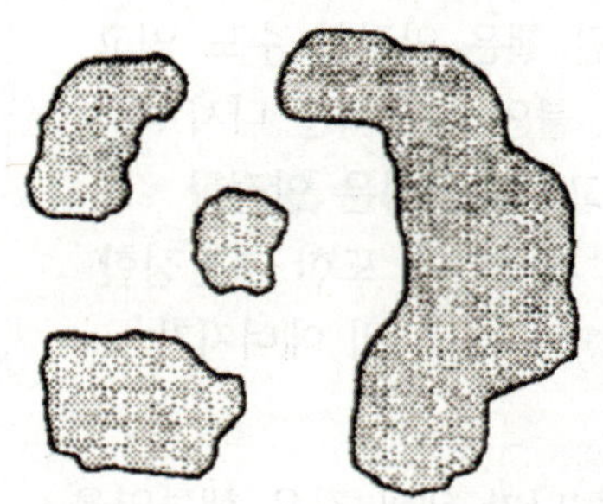

수능수학 Big Data Analyst 김지석
수능한권 Prism 해설   16

ⅰ) 중심의 한 섬에 나머지 모든 섬에 연결되는 경우

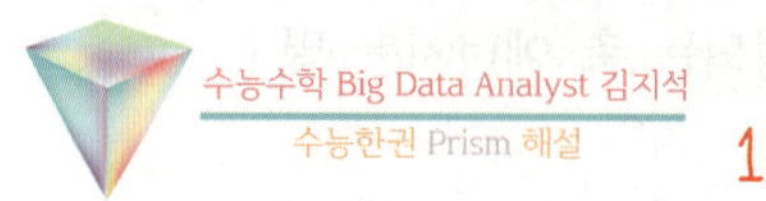

A, B, C, D 중 중심이 되는 섬만 정하면 된다.
▸ 4

ⅱ) 중심이 되는 섬 없이 선형으로 연결되는 경우

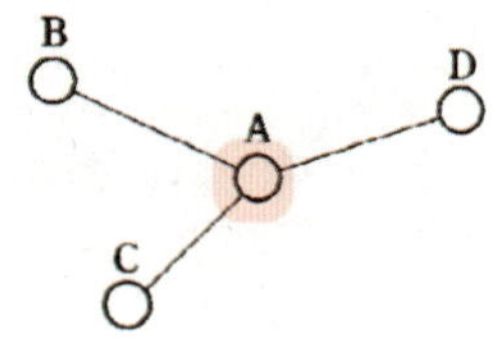

$A \to B \to C \to D$, $A \to C \to D \to B$, $\cdots$
▸ $4!$

그런데 $A \to B \to C \to D$ 와 $D \to C \to B \to A$ 같이 동일한 연결이 한쌍씩 있으므로
▸ $\dfrac{4!}{2!}$

∴ $4 + \dfrac{4!}{2!} = 4 + 12 = 16$

복습	1회	2회	3회	4회	5회
채점 O△X					

11. [1998년 수능 (인문) & (자연) 21번]
다음은 인공적인 핵분열을 가상적으로 모형화 시킨 것이다.

> 모든 불안정한 원자핵은 두 개의 핵으로 분열하고, 이 때 생긴 핵은 안정할 수도 있고 불안정할 수도 있다. 불안정한 핵은 다시 두 개의 핵으로 분열하고, 이 과정은 안정한 핵들만 남을 때까지 계속된다. 또한 불안정한 핵이 분열할 때마다 100MeV 의 에너지가 생성된다.

어떤 불안정한 원자핵 하나가 위와 같은 핵분열을 거듭한 결과 8개의 안정한 핵들만 남았다면, 이 핵분열 과정에서 생성되는 총 에너지는 몇 MeV 인가? [3점]

① 800　　② 700　　③ 600
④ 500　　⑤ 400

불안정한 핵 : ●　　안정한 핵 : ○

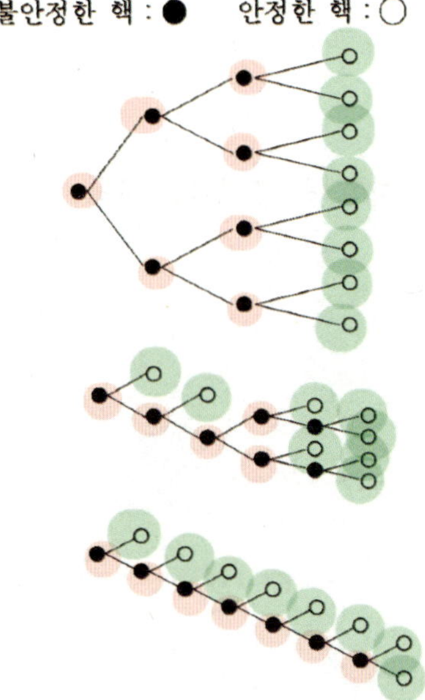

위의 경우와 같이 8개의 안정한 핵이 남기 위해서는 불안정한 핵이 7번의 분열을 해야 하므로 핵분열과정에서 생성되는 총 에너지는

$$7 \times 100\text{MeV} = 700\text{MeV}$$

12. [1996년 수능 (인문) & (자연) 17번]
정육면체에서 임의의 세 꼭짓점을 택하여 삼각형을 만들 때, 그림과 같은 정삼각형과 합동인 삼각형을 만들 수 있는 방법의 수는?

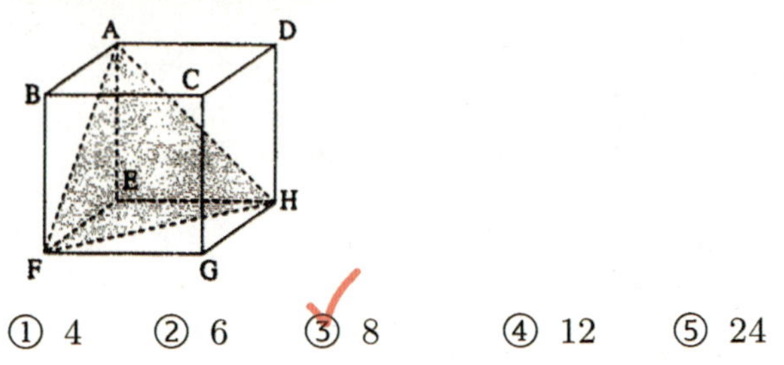

① 4　　② 6　　③ 8　　④ 12　　⑤ 24

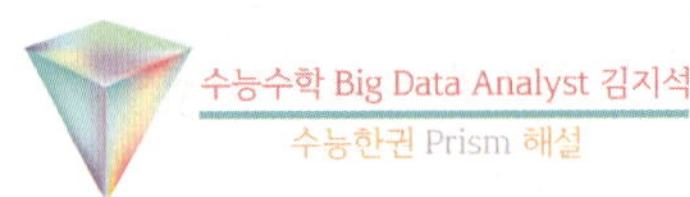

각 꼭짓점마다 이웃한 꼭짓점 3개를 모아서 하나의 정삼각형을 만들 수 있다

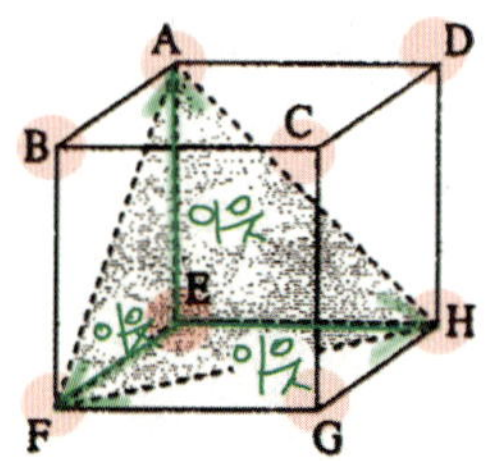

정육면체에는 8개의 꼭짓점이 있으므로 각 꼭짓점마다 같은 방식으로 정삼각형을 만들 수 있다.

∴ 8개의 정삼각형을 만들 수 있다.

복습	1회	2회	3회	4회	5회
채점 $O\triangle X$					

13. [1995년 수능 (인문) & (자연) 7번]
아래 그림과 같이 반원 위에 7개의 점이 있다. 이 중 세 점을 꼭짓점으로 하는 삼각형의 개수는?

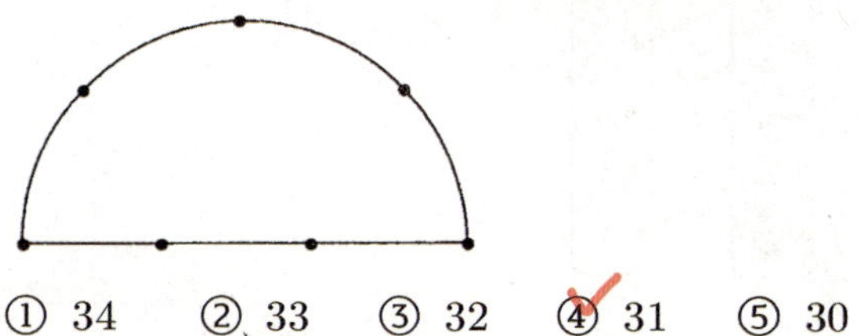

① 34　　② 33　　③ 32　　④ 31　　⑤ 30

세 점을 선택하면 삼각형이 하나 결정된다.

▶ $_7C_3$

그런데 세 점이 일직선에 있는 것은 삼각형이 되지 않는다.

▶ $_4C_3$

$\therefore\ _7C_3 - _4C_3 = 35 - 4 = 31$

수능 4점

복습	1회	2회	3회	4회	5회
채점 ○△X					

14. [2019년 수능 (가)형 17번 & (나)형 19번]
다음은 집합 $X = \{1, 2, 3, 4, 5, 6\}$과 함수
$f : X \to X$에 대하여 합성함수 $f \circ f$의 치역의
원소의 개수가 5인 함수 f의 개수를 구하는
과정이다.

함수 f와 함수 $f \circ f$의 치역을 각각 A와 B라
하자. $n(A) = 6$이면 함수 f는 일대일 대응이고,
함수 $f \circ f$도 일대일 대응이므로 $n(B) = 6$이다.
또한 $n(A) \leq 4$이면 $B \subset A$이므로
$n(B) \leq 4$이다. 그러므로 $n(A) = 5$, 즉 $B = A$인
경우만 생각하면 된다.

(i) $n(A) = 5$인 X의 부분집합 A를 선택하는
경우의 수는 $\boxed{\quad (가) \quad}$이다.

(ii) (i)에서 선택한 집합 A에 대하여, X의
원소 중 A에 속하지 않은 원소를 k라 하자.
$n(A) = 5$이므로 집합 A에서 $f(k)$를
선택하는 경우의 수는 $\boxed{\quad (나) \quad}$이다.

(iii) (i)에서 선택한
$A = \{a_1, a_2, a_3, a_4, a_5\}$와 (ii)에서 선택한
$f(k)$에 대하여, $f(k) \in A$이며 $A = B$이므로
$A = \{f(a_1), f(a_2), f(a_3), f(a_4), f(a_5)\} \cdots (*)$
이다. $(*)$을 만족시키는 경우의 수는 집합
A에서 집합 A로의 일대일 대응의 개수와
같으므로 $\boxed{\quad (다) \quad}$이다.

$\therefore$ (i), (ii), (iii)에 의하여 구하는 함수 f의
개수는
$\boxed{\quad (가) \quad} \times \boxed{\quad (나) \quad} \times \boxed{\quad (다) \quad}$이다.

위의 (가), (나), (다)에 알맞은 수를 각각
p, q, r이라 할 때, $p + q + r$의 값은? [4점]

① 131 ② 136 ③ 141 ④ 146 ⑤ 151

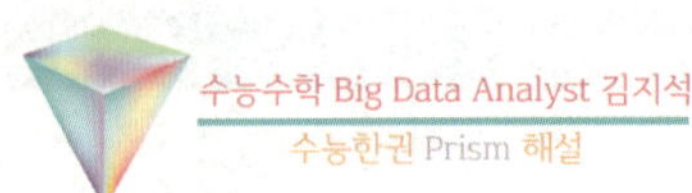

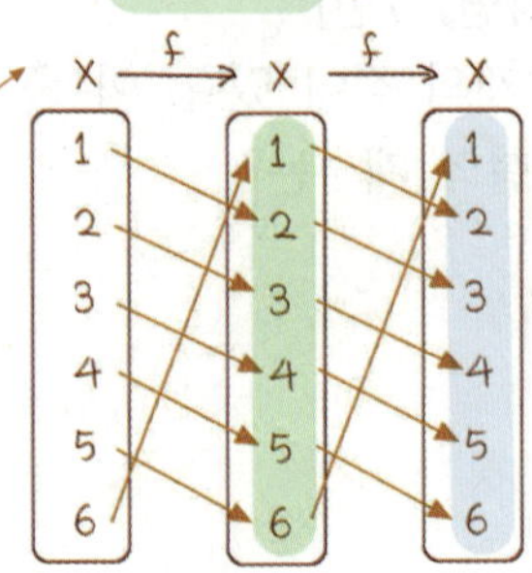

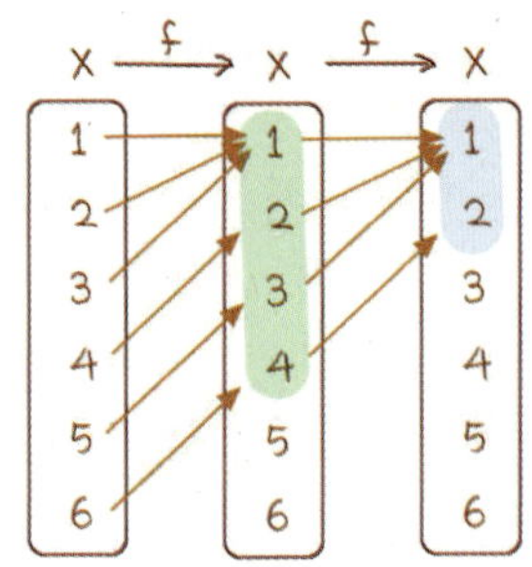

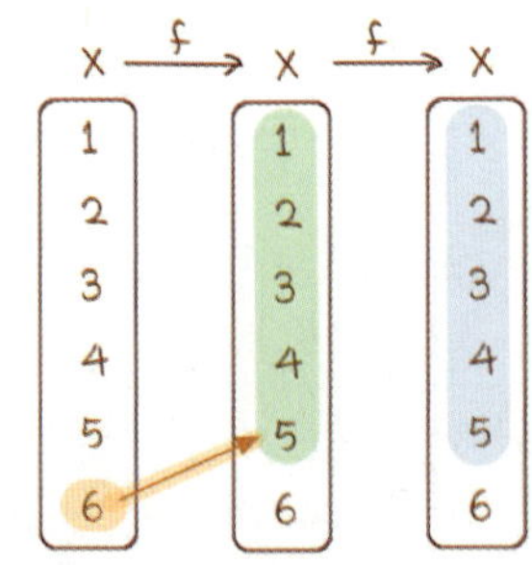

(가) $_6C_5 = 6$
(나) 5
(다) $5!$

$p + q + r = 6 + 5 + 5! = 131$

복습	1회	2회	3회	4회	5회
채점 O△X					

15. [2007년 수능 (나)형 25번]

어른 2명과 어린이 3명이 함께 놀이 공원에 가서 어느 놀이기구를 타려고 한다. 이 놀이기구는 그림과 같이 앞줄에 2개, 뒷줄에 3개의 의자가 있다. 어린이가 어른과 반드시 같은 줄에 앉을 때, 5명이 모두 놀이기구의 의자에 앉는 방법의 수를 구하시오. [4점]

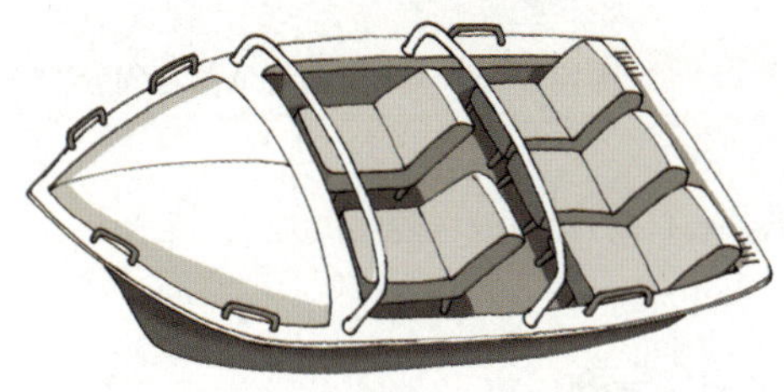

수능수학 Big Data Analyst 김지석
수능한권 Prism 해설

72

어른 앞 줄 1명, 뒷 줄 1명

i) 어른 2명이 앉는 경우의 수

앞줄 2개 중 어른이 앉을 자리 선택

▶ 2

뒷줄 3개 중 어른이 앉을 자리 선택

▶ 3

선택된 자리에 어른 2명을 배치

▶ 2!

ii) 어린이 3명이 앉는 경우의 수

남은 3자리에 어린이 3명을 배치

▶ 3!

∴ $(2 \times 3 \times 2!) \times 3! = 72$

16. [2010년 수능 (나)형 14번]

두 인형 A, B에게 색이 정해지지 않은 셔츠와 바지를 모두 입힌 후, 입힌 옷의 색을 정하는 컴퓨터 게임이 있다. 서로 다른 모양의 셔츠와 바지가 각각 3개씩 있고, 각 옷의 색은 빨강과 초록 중 하나를 정한다. 한 인형에게 입힌 셔츠와 바지는 다른 인형에게 입히지 않는다. A인형의 셔츠와 바지의 색은 서로 다르게 정하고, B인형의 셔츠와 바지의 색도 서로 다르게 정한다. 이 게임에서 두 인형 A, B에게 셔츠와 바지를 입히고 색을 정할 때, 그 결과로 나타날 수 있는 경우의 수는? [4점]

① 252　② 216　③ 180　④ 144　⑤ 108

수능수학 Big Data Analyst 김지석
수능한권 Prism 해설

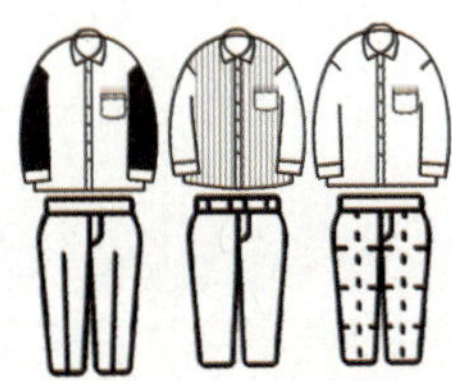

A인형 셔츠 경우의 수

▶ 3

B인형 셔츠 경우의 수 (∵ 각기 다른 셔츠)

▶ 2

A인형 바지 경우의 수

▶ 3

B인형 바지 경우의 수 (∵ 각기 다른 바지)

▶ 2

A, B 인형의 셔츠와 바지의 색이 서로 다르므로 경우는 (빨강, 초록), (초록, 빨강)

▶ 2

∴ A인형 셔츠 / 바지 / 색을 정하는 경우의 수

▶ $(3 \times 3) \times 2 = 18$

∴ B인형 셔츠 / 바지 / 색을 정하는 경우의 수

▶ $(2 \times 2) \times 2 = 8$

∴ 구하는 경우의 수는

$18 \times 8 = 144$

복습	1회	2회	3회	4회	5회
채점 O△X					

17. [2008년 수능 (가)형 & (나)형 25번]
서로 다른 5종류의 체험 프로그램을 운영하는 어느
수련원이 있다. 이 수련원의 프로그램에 참가한 A와
B가 각각 5종류의 체험 프로그램 중에서 2종류를
선택하려고 한다. A와 B가 선택하는 2종류의 체험
프로그램 중에서 한 종류만 같은 경우의 수를
구하시오. [4점]

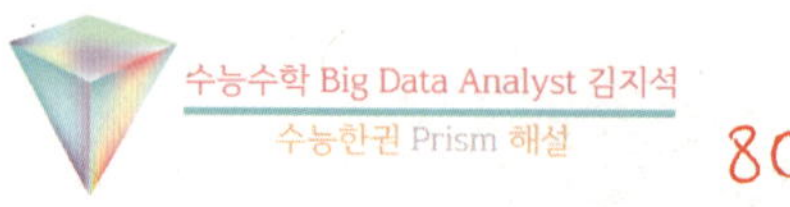

60

A가 2 종류를 선택

▶ $_5C_2$

B가 A가 선택한 것 중 하나 선택

▶ 2

B가 A가 선택하지 않은 나머지 셋 중 하나를 선택

▶ 3

$\therefore\ _5C_2 \times 2 \times 3 = 60$

[다른 풀이]
공통인 것 하나를 먼저 택하고
나머지 넷 중 서로 다른 것을 하나씩 택한다.
$\therefore\ _5C_1 \times 4 \times 3 = 5 \times 12 = 60$

복습	1회	2회	3회	4회	5회
채점 O△X					

18. [2006년 수능 (가)형 확률과 통계 30번]
네 사람이 다섯 곳의 휴양지 중에서 각각 하나의
휴양지를 임의로 선택한다고 할 때, 세 사람만 같은
휴양지를 선택하는 경우의 수를 구하시오.
[4점]

80

네 사람을 세 명과 한 명의 두 조로 나누는 경우의 수

▶ $_4C_3 \times _1C_1$

다섯 곳의 휴양지에서 두 곳을 선택하여 배치

▶ $_5P_2$

$\therefore\ _4C_3 \times _1C_1 \times _5P_2 = 80$

복습	1회	2회	3회	4회	5회
채점 O△X					

19. [2006년 수능 (나)형 28번]
1부터 30까지의 홀수 중에서 서로 다른 두 수를
선택할 때, 두 수의 합이 3의 배수가 되는 경우의
수는? [4점]

① 43　　② 41　　③ 39　　④ 37　　⑤ 35

3배수 문제

→ 3으로 나눈 나머지 기준으로 수를 분류한다!

나머지 0 집합 : $A_0 = \{3,\ 9,\ 15,\ 21,\ 27\}$ ⇔ 3배수

나머지 1 집합 : $A_1 = \{1,\ 7,\ 13,\ 19,\ 25\}$

나머지 2 집합 : $A_2 = \{5,\ 11,\ 17,\ 23,\ 29\}$

나머지 합이 0 or 3이면 3배수

i) (A_0의 원소)+(A_0의 원소)인 경우

▶ $_5C_2 = \dfrac{5 \times 4}{2} = 10$

ii) (A_1의 원소)+(A_2의 원소)인 경우

▶ $_5C_1 \times _5C_1 = 5 \times 5 = 25$

$\therefore\ 25 + 10 = 35$

복습	1회	2회	3회	4회	5회
채점 O△X					

20. [2006년 수능 (가)형 & (나)형 17번]
다음 그림과 같이 크기가 같은 정육면체 모양의
투명한 유리 상자 12개로 직육면체를 만들었다.

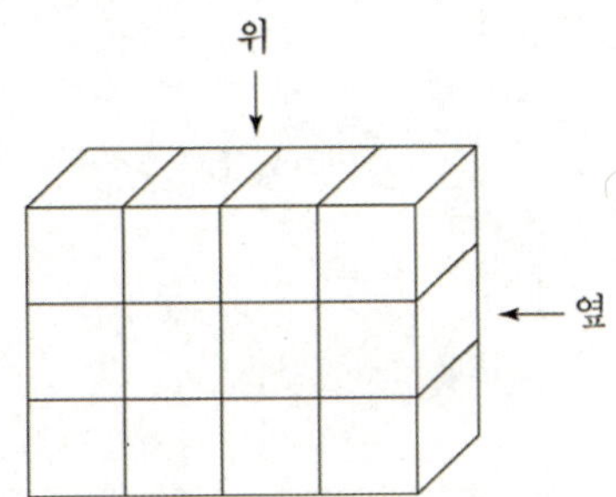

이 중에서 4개의 유리 상자를 같은 크기의 검은 색
유리 상자로 바꾸어 넣은 직육면체를 위에서 내려다
본 모양이 (가), 옆에서 본 모양이 (나)와 같이
되도록 만들 수 있는 방법의 수는? [4점]

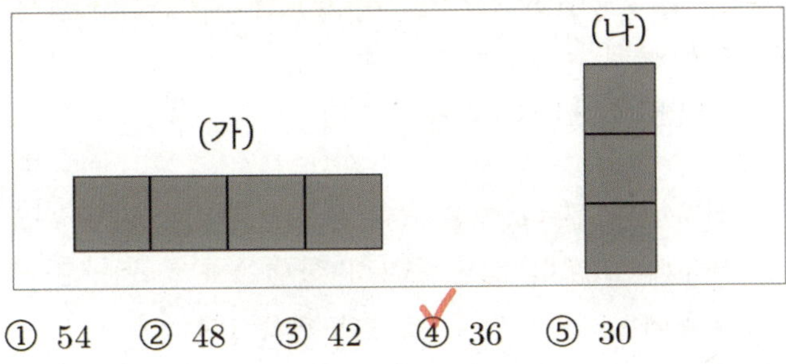

① 54　② 48　③ 42　④ 36　⑤ 30

수능수학 Big Data Analyst 김지석
수능한권 Prism 해설

4개의 검은 상자를 3개의 가로 행에 넣는다.
▶　$4 = 2 + 1 + 1$

3개의 가로 행 중에서 한 행에는 2개의 검은 상자가
들어간다. 2개의 검은 상자가 들어갈 한 행을 선택
▶　3

이 행의 4개의 상자 중 검은 상자 2개를 선택
▶　$_4C_2$

예를 들어 아래와 같은 상황이 됐다고 하면

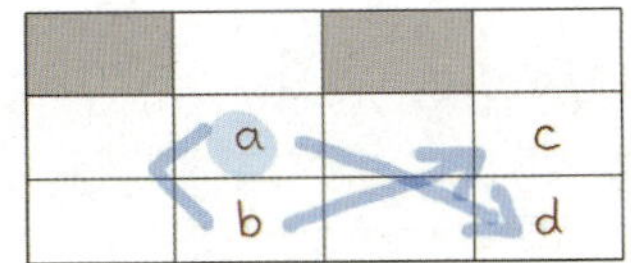

이제 a, b 중에서 한 행을 택하고
c, d 중에서 나머지 한 행을 택하는 경우의수
▶　2×1
∴ $3 \times {_4C_2} \times (2 \times 1) = 36$

21. [2005년 수능 (가)형 & (나)형 14번]
여덟 개의 a와 네 개의 b를 모두 사용하여 만든
12자리 문자열 중에서 다음 조건을 모두 만족시키는
문자열의 개수는? [4점]

> (가) b는 연속해서 나올 수 없다.
> (나) 첫째 자리 문자가 b이면 마지막 자리
> 　　문자는 a이다.

① 70　② 105　③ 140　④ 175　⑤ 210

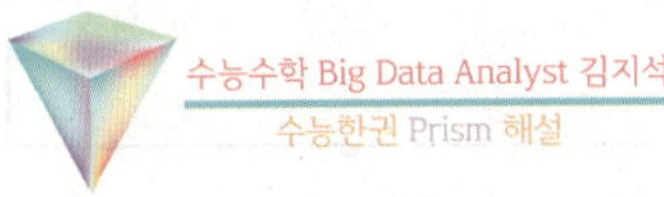
수능수학 Big Data Analyst 김지석
수능한권 Prism 해설

ⅰ) 맨 앞에는 b, 맨 뒤에는 a인 경우
($ba\square a\square a\square a\square a\square a\square a$)
7개의 $\square$ 중에서 b가 들어갈 3개를 선택하는 경우
▶　$_7C_3$

ⅱ) 맨 앞에 a인 경우
($a\square a\square a\square a\square a\square a\square a\square$)
8개의 $\square$ 중에서 b가 들어갈 4개를 선택하는 경우
▶　$_8C_4$

∴ $_7C_3 + {_8C_4} = 35 + 70 = 105$

복습	1회	2회	3회	4회	5회
채점 $O\triangle X$					

22. [1997년 수능 (인문) & (자연) 28번]

집합 $A = \{1, 2, 3, 4\}$의 네 원소를 배열하여 만든 순열 (a_1, a_2, a_3, a_4)에 대하여 각 숫자 a_k의 오른쪽에 있는 수 중에서 a_k보다 작은 것들의 개수를 s_k $(k = 1, 2, 3)$이라고 하고, 이들의 합 $s_1 + s_2 + s_3$을 $|(a_1, a_2, a_3, a_4)|$로 나타내자.

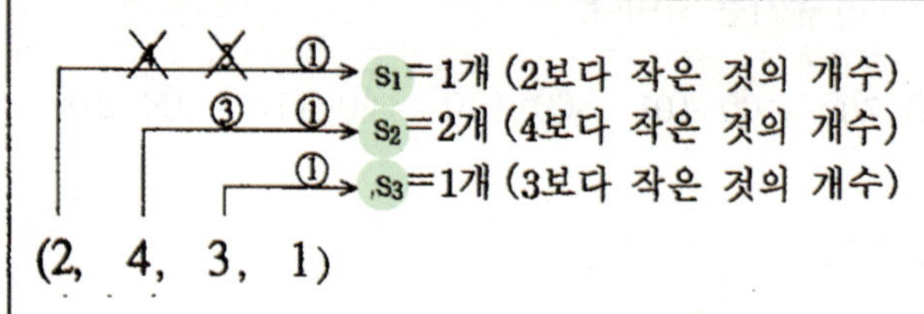

예를 들면

$|(2, 4, 3, 1)| = s_1 + s_2 + s_3 = 1 + 2 + 1 = 4$이다.

집합 A에 대한 24개의 모든 순열 (i_1, i_2, i_3, i_4)마다 각각 정해지는 $|(i_1, i_2, i_3, i_4)|$의 총합을 구하여라. [4점]

$(2, 4, 3, 1)$과 좌우대칭인 $(1, 3, 4, 2)$를 예시로 분석해보자

1개 2개 1개　　　0개 1개 1개
$(2, 4, 3, 1)$ vs $(1, 3, 4, 2)$

0개 1개 1개 2개 1개 1개 0개 0개
$(2, \quad 4, \quad 3, \quad 1)$

$|(1, 3, 4, 2)|$의 값은 $(2, 4, 3, 1)$에서 반대 방향으로 해석하여 구할 수도 있다.

이 방법으로 $|(2, 4, 3, 1)|$과 $|(1, 3, 4, 2)|$의 값을 한 번에 구할 수 있다. $0+1+1+2+1+1+0+0=6$

4 좌우에는 4보다 작은 숫자가 항상 3개
3 좌우에는 3보다 작은 숫자가 항상 2개
2 좌우에는 2보다 작은 숫자가 항상 1개
1 좌우에는 1보다 작은 숫자가 항상 0개이므로
좌우대칭 관계인 한 쌍
$|(a_1, a_2, a_3, a_4)|$와 $|(a_4, a_3, a_2, a_1)|$의 합은 항상 $3+2+1+0=6$이다.

4개의 원소를 배열하는 순열의 경우의 수
▶ $4!$

좌우대칭이 되는 순열의 쌍의 개수
▶ $\dfrac{4!}{2}$

$\therefore |(i_1, i_2, i_3, i_4)|$의 총합
▶ $\dfrac{4!}{2} \times 6 = 72$

확률과 통계 1. 경우의 수 경향01
경우의 수 계산

수능 2점

복습	1회	2회	3회	4회	5회
채점 O△X					

23. [2026년 수능 (확률과 통계) 23번]

네 문자 a, b, c, d 중에서 중복을 허락하여 3개를 택해 일렬로 나열하는 경우의 수는? [2점]

① 56 　　② 60 　　③ 64
④ 68 　　⑤ 72

수능수학 Big Data Analyst 김지석
수능한권 Prism 해설

$$_4\Pi_3 = 4^3 = 64$$

복습	1회	2회	3회	4회	5회
채점 O△X					

24. [2024년 수능 (확률과 통계) 23번]

5개의 문자 x, x, y, y, z를 모두 일렬로 나열하는 경우의 수는? [2점]

① 10 　　② 20 　　③ 30
④ 40 　　⑤ 50

수능수학 Big Data Analyst 김지석
수능한권 Prism 해설

$$\frac{5!}{2!2!} = 30$$

수능 3점

복습	1회	2회	3회	4회	5회
채점 O△X					

25. [2021년 수능 (가)형 9번]

문자 A, B, C, D, E 가 하나씩 적혀 있는 5장의 카드와 숫자 1, 2, 3, 4 가 하나씩 적혀 있는 4장의 카드가 있다. 이 9장의 카드를 모두 한 번씩 사용하여 일렬로 임의로 나열할 때, 문자 A 가 적혀 있는 카드의 바로 양옆에 각각 숫자가 적혀 있는 카드가 놓일 확률은? [3점]

① $\dfrac{5}{12}$ 　② $\dfrac{1}{3}$ 　③ $\dfrac{1}{4}$ 　④ $\dfrac{1}{6}$ 　⑤ $\dfrac{1}{12}$

수능수학 Big Data Analyst 김지석
수능한권 Prism 해설

9장의 카드를 일렬로 나열하는 방법의 수

▶ 9!

A 카드 양옆에 숫자 카드를 배치하는 방법의 수

▶  $_4\mathrm{P}_2$

나머지 카드 6장과 함께 나열하는 방법의 수

▶ 7!

$$\therefore \frac{_4\mathrm{P}_2 \times 7!}{9!} = \frac{1}{6}$$

복습	1회	2회	3회	4회	5회
채점 O△X					

26. [2020년 수능 (가)형 6번]

흰 공 3개, 검은 공 4개가 들어 있는 주머니가 있다. 이 주머니에서 임의로 네 개의 공을 동시에 꺼낼 때, 흰 공 2개와 검은 공 2개가 나올 확률은? [3점]

① $\dfrac{2}{5}$ ② $\dfrac{16}{35}$ ③ $\dfrac{18}{35}$ ④ $\dfrac{4}{7}$ ⑤ $\dfrac{22}{35}$

수능수학 Big Data Analyst 김지석
수능한권 Prism 해설

$$\therefore \frac{{}_3C_2 \times {}_4C_2}{{}_7C_4} = \frac{{}_3C_1 \times {}_4C_2}{{}_7C_3} = \frac{3 \times \dfrac{4 \times 3}{2 \times 1}}{\dfrac{7 \times 6 \times 5}{3 \times 2 \times 1}} = \frac{18}{35}$$

복습	1회	2회	3회	4회	5회
채점 O△X					

27. [2017년 수능 (가)형 22번]

${}_4H_2$ 의 값을 구하시오. [3점]

수능수학 Big Data Analyst 김지석
수능한권 Prism 해설

10

$${}_4H_2 = {}_{4+2-1}C_2 = {}_5C_2 = 10$$

복습	1회	2회	3회	4회	5회
채점 O△X					

28. [2013년 수능 (가)형 5번]

그림과 같이 마름모 모양으로 연결된 도로망이 있다. 이 도로망을 따라 A 지점에서 출발하여 C 지점을 지나지 않고, D 지점도 지나지 않으면서 B 지점까지 최단거리로 가는 경우의 수는? [3점]

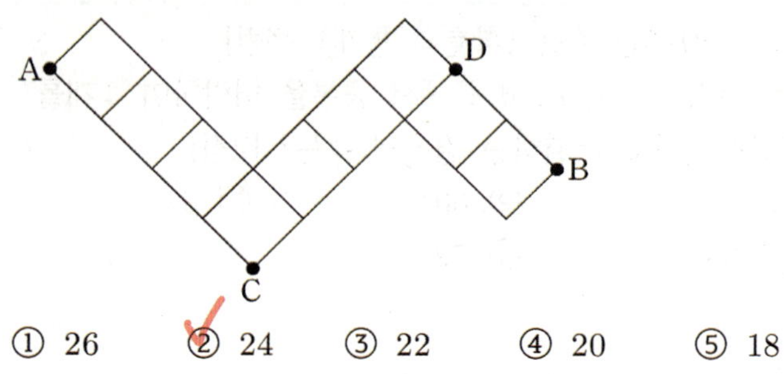

① 26 ② 24 ③ 22 ④ 20 ⑤ 18

수능수학 Big Data Analyst 김지석
수능한권 Prism 해설

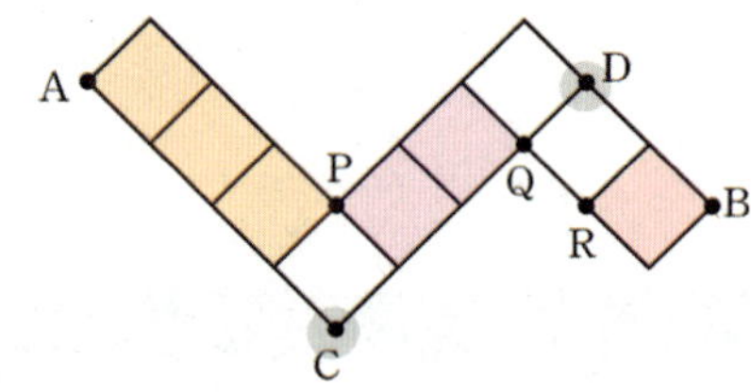

위의 그림과 같이 P 지점과 Q 지점을 잡자. C 지점과 D 지점을 모두 지나지 않으면 P 지점과 Q 지점은 반드시 지난다.

$\therefore$ A→P→Q→R→B를 지나는 경우의 수

$$\frac{4!}{3!} \times \frac{3!}{2!} \times 1 \times 2 = 4 \times 3 \times 1 \times 2 = 24$$

[다른 풀이]

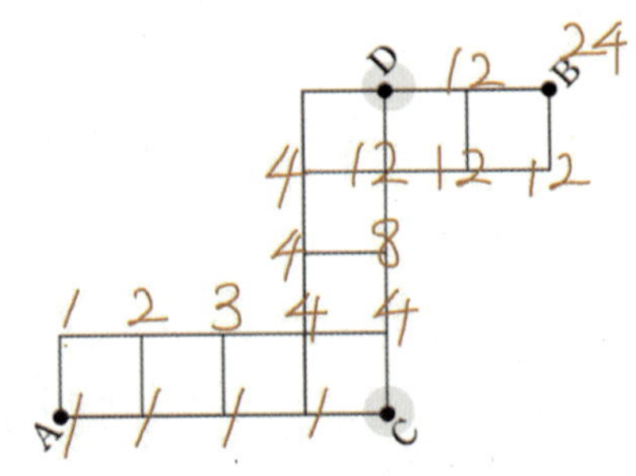

복습	1회	2회	3회	4회	5회
채점 O△X					

29. [2012년 수능 (가)형 5번]

흰색 깃발 5 개, 파란색 깃발 5 개를 일렬로 모두 나열할 때, 양 끝에 흰색 깃발이 놓이는 경우의 수는? (단, 같은 색 깃발끼리는 서로 구별하지 않는다.) [3점]

① 56　　② 63　　③ 70　　④ 77　　⑤ 84

PPPPP (깃발)

P□□□□□□□□P ← PPP (깃발)

8개의 □에 흰색 깃발 3개, 파란색 깃발 5개를 배치하는 경우의 수

$$\therefore \frac{8!}{3!\,5!} = 56$$

복습	1회	2회	3회	4회	5회
채점 O△X					

30. [2012년 수능 (가)형 22번]

자연수 r 에 대하여 $_3H_r = {_7}C_2$ 일 때, $_5H_r$ 의 값을 구하시오. [3점]

126

$$_3H_r = {_{r+2}}C_r = {_{r+2}}C_2 = {_7}C_2$$

$$\therefore r = 5$$

$$\therefore {_5}H_r = {_5}H_5 = {_9}C_5 = {_9}C_4 = \frac{9 \cdot 8 \cdot 7 \cdot 6}{4 \cdot 3 \cdot 2 \cdot 1} = 126$$

복습	1회	2회	3회	4회	5회
채점 O△X					

31. [2011년 수능 (가)형 확률과 통계 27번]

남자 탁구 선수 4명과 여자 탁구 선수 4명이 참가한 탁구 시합에서 임의로 2명씩 4개의 조를 만들 때, 남자 1명과 여자 1명으로 이루어진 조가 2개일 확률은? [3점]

① $\dfrac{3}{7}$　　② $\dfrac{18}{35}$　　③ $\dfrac{3}{5}$　　④ $\dfrac{24}{35}$　　⑤ $\dfrac{27}{35}$

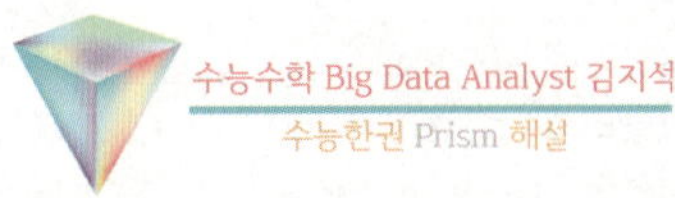

2명씩 4개의 조를 만드는 방법의 수

▸ $_8C_2 \times {_6}C_2 \times {_4}C_2 \times {_2}C_2 \times \dfrac{1}{4!} = 105$

(남, 여) 조가 2개면
(남, 여), (남, 여), (남, 남) (여, 여)
로 조가 구성된다.

(남, 남)조 방법의 수

▸ $_4C_2$

(여, 여)조 방법의 수

▸ $_4C_2$

(남, 여), (남, 여)조 방법의 수

▸ 2×1

$$\therefore \frac{_4C_2 \times {_4}C_2 \times 2 \times 1}{105} = \frac{24}{35}$$

복습	1회	2회	3회	4회	5회
채점 O△X					

32. [2010년 수능 (가)형 & (나)형 6번]
어느 회사원이 처리해야할 업무는 A, B를 포함하여 모두 6가지이다. 이 중에서 A, B를 포함한 4가지 업무를 오늘 처리하려고 하는데, A를 B보다 먼저 처리해야 한다. 오늘 처리할 업무를 택하고, 택한 업무의 처리 순서를 정하는 경우의 수는? [3점]

① 60　　② 66　　③ 72　　④ 78　　⑤ 84

수능수학 Big Data Analyst 김지석
수능한권 Prism 해설

A, B를 제외한 4가지 업무 중 2가지를 선택하는 경우의 수

▶ $_4C_2$

선택한 4가지 업무 중 A, B는 순서가 정해져 있으므로 이를 같은 업무로 취급하고 순서를 정하는 경우의 수

▶ $\dfrac{4!}{2!}$

$$\therefore\ _4C_2 \times \dfrac{4!}{2!} = 72$$

복습	1회	2회	3회	4회	5회
채점 O△X					

33. [2005년 수능 (가)형 확률과 통계 28번]
빨간 공 5개, 노란 공 4개, 파란 공 2개, 흰 공 9개가 들어 있는 주머니가 있다. 이 주머니에서 공을 하나 꺼내어 색깔을 확인한 후 다시 넣는다. 이와 같은 시행을 3번 반복할 때, 꺼내는 순서에 관계없이 빨간 공, 노란 공, 파란 공을 각각 하나씩 꺼낼 확률은? [3점]

① $\dfrac{1}{200}$　② $\dfrac{3}{100}$　③ $\dfrac{7}{100}$　④ $\dfrac{11}{100}$　⑤ $\dfrac{11}{20}$

수능수학 Big Data Analyst 김지석
수능한권 Prism 해설

3번 시행에서 빨간 공, 노란 공, 파란 공이 각각 하나씩 나오는 방법의 수는

▶ $_3P_3$

$$\therefore\ _3P_3 \cdot \dfrac{5}{20} \cdot \dfrac{4}{20} \cdot \dfrac{2}{20} = 6 \cdot \dfrac{1}{200} = \dfrac{3}{100}$$

복습	1회	2회	3회	4회	5회
채점 O△X					

34. [1996년 수능 (인문) 5번]
영문자 P, A, S, S를 일렬로 배열하는 방법의 수는?

① 6　　② 8　　③ 12　　④ 18　　⑤ 24

수능수학 Big Data Analyst 김지석
수능한권 Prism 해설

$$\therefore\ \dfrac{4!}{2!} = 12$$

수능 4점

복습	1회	2회	3회	4회	5회
채점 O△X					

35. [2021년 수능 (가)형 26번 & (나)형 15번]

실전 분석

세 학생 A, B, C를 포함한 6명의 학생이 있다. 이 6명의 학생이 일정한 간격을 두고 원 모양의 탁자에 다음 조건을 만족시키도록 모두 둘러앉는 경우의 수를 구하시오. (단, 회전하여 일치하는 것은 같은 것으로 본다.) [4점]

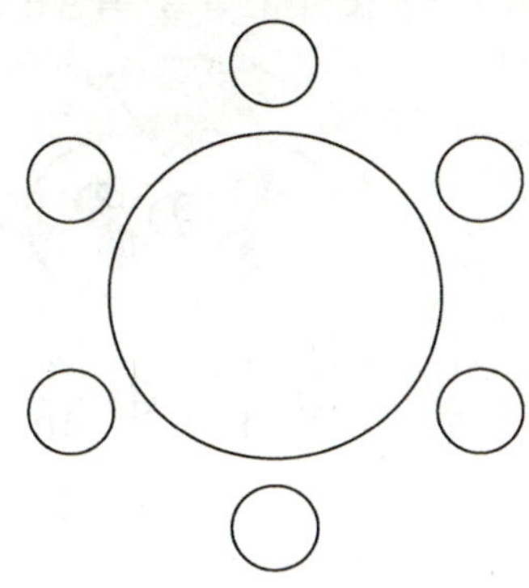

(가) A와 B는 이웃한다.

(나) B와 C는 이웃하지 않는다.

36

해설 바로가기 ▶ 실전개념분석 1번

복습	1회	2회	3회	4회	5회
채점 O△X					

36. [2020년 9월 (가)형 9번 & (나)형 14번]

다섯 명이 둘러앉을 수 있는 원 모양의 탁자와 두 학생 A, B를 포함한 8명의 학생이 있다. 이 8명의 학생 중에서 A, B를 포함하여 5명을 선택하고 이 5명의 학생 모두를 일정한 간격으로 탁자에 둘러앉게 할 때, A와 B가 이웃하게 되는 경우의 수는? (단, 회전하여 일치하는 것은 같은 것으로 본다.) [4점]

① 180 ② 200 ③ 220 ④ 240 ⑤ 260

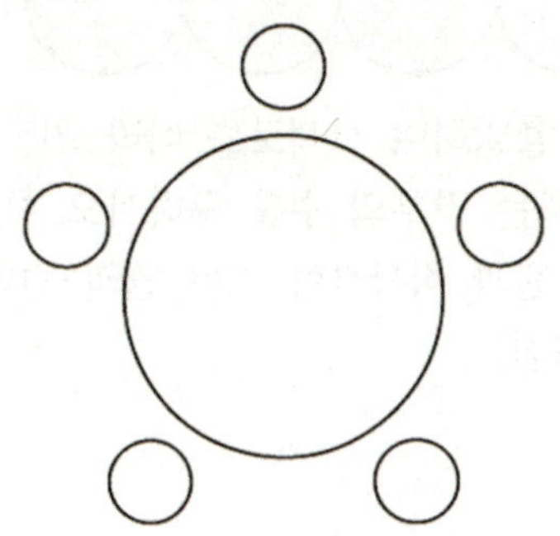

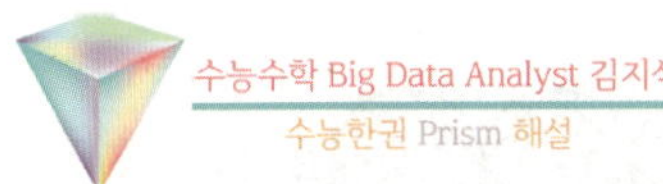

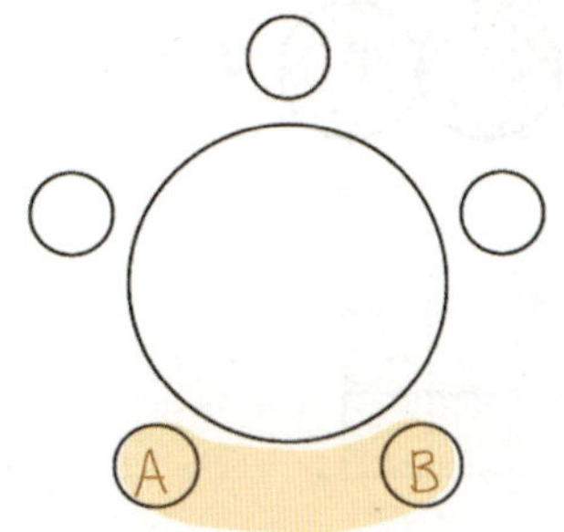

A, B 포함 8명에서 5명 선택

⇔ A, B 제외 6명에서 3명 선택

▶ $_6C_3$

A, B 이웃 5명 원순열

⇔ A, B한 덩어리 4덩어리 원순열 & A, B 자리 변경

▶ $(4-1)! \times 2!$

∴ $_6C_3 \times (4-1)! \times 2! = 240$

복습	1회	2회	3회	4회	5회
채점 O△X					

복습	1회	2회	3회	4회	5회
채점 O△X					

37. [2009년 수능 (나)형 25번]

직사각형 모양의 잔디밭에 산책로가 만들어져 있다. 이 산책로는 그림과 같이 반지름의 길이가 같은 원 8개가 서로 외접하고 있는 형태이다.

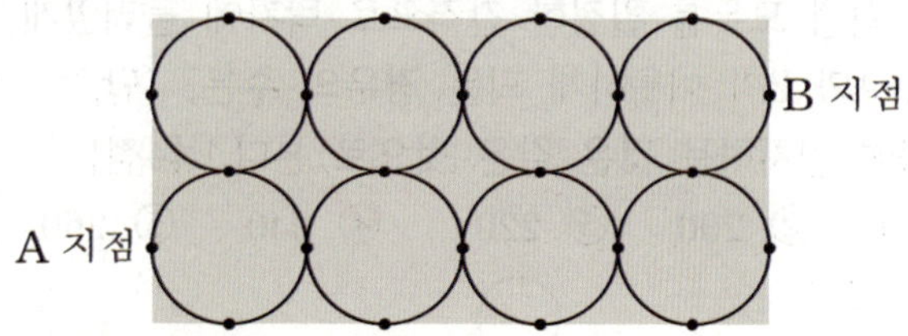

A 지점에서 출발하여 산책로를 따라 최단 거리로 B 지점에 도착하는 경우의 수를 구하시오. (단, 원 위에 표시된 점은 원과 직사각형 또는 원과 원의 접점을 나타낸다.) [4점]

40

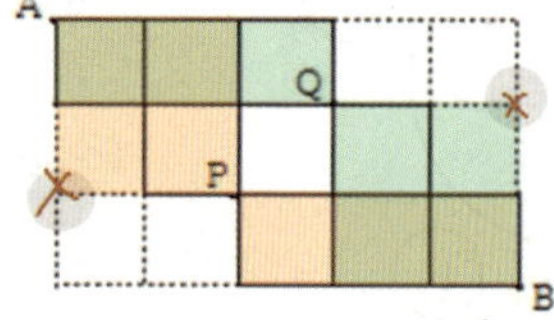

i) A → P → B의 경우

$$\left(\frac{4!}{2!\,2!}-1\right)\times\frac{4!}{3!}=5\times4=20$$

ii) A → Q → B의 경우

$$\frac{4!}{3!}\times\left(\frac{4!}{2!\,2!}-1\right)=4\times5=20$$

$$\therefore\ 20+20=40$$

[다른 풀이]

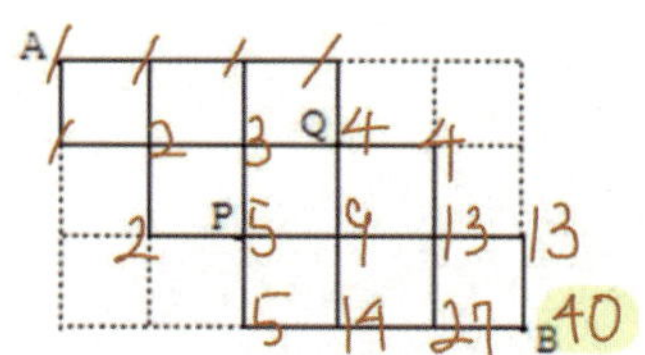

38. [2009년 수능 (가)형 & (나)형 16번]

주머니 A와 B에는 1, 2, 3, 4, 5의 숫자가 하나씩 적혀 있는 다섯 개의 구슬이 각각 들어 있다. 철수는 주머니 A에서, 영희는 주머니 B에서 각자 구슬을 임의로 한 개씩 꺼내어 두 구슬에 적혀 있는 숫자를 확인한 후 다시 넣지 않는다.

이와 같은 시행을 반복할 때, 첫 번째 꺼낸 두 구슬에 적혀 있는 숫자가 서로 다르고, 두 번째 꺼낸 두 구슬에 적혀 있는 숫자가 같을 확률은? [4점]

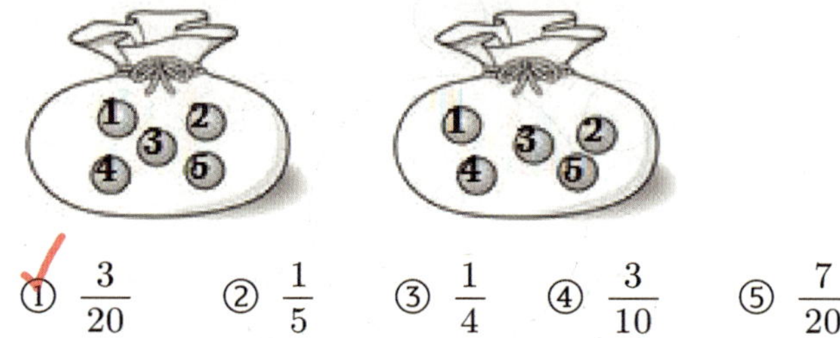

① $\dfrac{3}{20}$　② $\dfrac{1}{5}$　③ $\dfrac{1}{4}$　④ $\dfrac{3}{10}$　⑤ $\dfrac{7}{20}$

철수가 주머니 A에서 어느 한 숫자를 선택하고 영희가 주머니 B에서 그와 다른 숫자를 선택할 확률

▶ $\dfrac{5}{5}\times\dfrac{4}{5}$

철수는 두 사람이 꺼낸 첫 번째 숫자 2개를 제외한 나머지 3개의 숫자 중에서 한 개를 선택하고, 영희는 그와 같은 숫자를 선택할 확률

▶ $\dfrac{3}{4}\times\dfrac{1}{4}$

$$\therefore\ \left(\frac{5}{5}\times\frac{4}{5}\right)\times\left(\frac{3}{4}\times\frac{1}{4}\right)=\frac{3}{20}$$

복습	1회	2회	3회	4회	5회
채점 O△X					

39. [2008년 수능 (나)형 27번]

6명의 학생 A, B, C, D, E, F를 임의로 2명씩 짝을 지어 3개의 조로 편성하려고 한다. A와 B는 같은 조에 편성되고, C와 D는 서로 다른 조에 편성될 확률은? [4점]

① $\dfrac{1}{15}$ ② $\dfrac{1}{10}$ ③ $\dfrac{2}{15}$ ④ $\dfrac{1}{6}$ ⑤ $\dfrac{1}{5}$

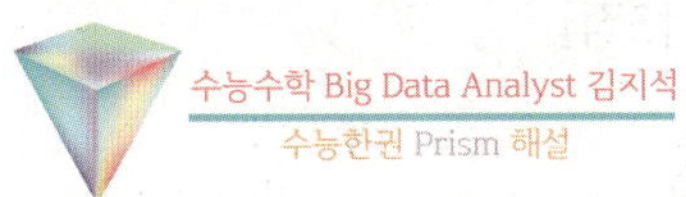
수능수학 Big Data Analyst 김지석
수능한권 Prism 해설

6명을 2명씩 짝을 짓는 방법의 수

▶ $_6C_2 \times _4C_2 \times _2C_2 \times \dfrac{1}{3!} = 15$

A와 B는 같은 조에 편성되고 C와 D는 다른 조에 편성되는 방법의 수

(A, B), (C, □), (D, □) ← E, F

▶ 2!

∴ $\dfrac{2}{15}$

확률과 통계 1. 경우의 수 경향02
케이스 나누기

수능 2점

복습	1회	2회	3회	4회	5회
채점 O△X					

40. [2001년 수능 (인문) & (자연) 28번]

문자 a, b, c에서 중복을 허용하여 세 개를 택하여 만든 단어를 전송하려고 한다. 단, 전송되는 단어에 a가 연속되면 수신이 불가능하다고 하자. 예를 들면 aab, aaa 등은 수신이 불가능하고 bba, aba 등은 수신이 가능하다. 수신 가능한 단어의 개수를 구하시오. [2점]

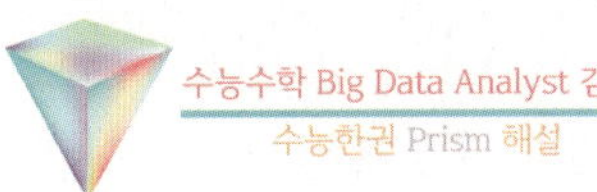
수능수학 Big Data Analyst 김지석
수능한권 Prism 해설   **22**

a, b, c에서 중복을 허락하여 3개를 뽑아 배치하는 경우의 수

▶ $3^3 = 27$

i) a가 2개 연속할 때
$aa□$, $□aa$ ← b or c

▶ 2×2

ii) a가 3개 연속인 경우
aaa

▶ 1

∴ $27 - (4+1) = 22$

복습	1회	2회	3회	4회	5회
채점 O△X					

41. [1997년 수능 (인문) & (자연) 8번]

어느 청량 음료 회사의 연간 청량 음료 판매량은 그 해 여름의 평균 기온에 크게 좌우된다. 과거 자료에 따르면, 한 해의 판매 목표액을 달성할 확률은 그 해 여름의 평균 기온이 예년보다 높을 경우에 0.8, 예년과 비슷할 경우에 0.6, 예년보다 낮을 경우에 0.3이다. 일기 예보에 따르면, 내년 여름의 평균 기온이 예년보다 높을 확률이 0.4, 예년과 비슷할 확률이 0.5, 예년보다 낮을 확률이 0.1이라고 한다. 이 회사가 내년에 목표액을 달성할 확률은? [2점]

① 0.55　② 0.60　③ 0.65　④ 0.70　⑤ 0.75

수능수학 Big Data Analyst 김지석
수능한권 Prism 해설

이 회사가 각 경우에 내년에 판매 목표액을 달성할 확률은

ⅰ) 내년 여름의 평균 기온이 예년보다 높을 때

▶ $p_1 = 0.4 \times 0.8 = 0.32$

ⅱ) 내년 여름의 평균 기온이 예년과 비슷할 때

▶ $p_2 = 0.5 \times 0.6 = 0.3$

ⅲ) 내년 여름의 평균 기온이 예년보다 낮을 때

▶ $p_3 = 0.1 \times 0.3 = 0.03$

ⅰ), ⅱ), ⅲ)에서 이 회사가 내년에 판매 목표액을 달성할 확률은

$\therefore p = p_1 + p_2 + p_3 = 0.32 + 0.3 + 0.03 = 0.65$

복습	1회	2회	3회	4회	5회
채점 O△X					

42. [2026년 수능 (확률과 통계) 25번]

주머니에 숫자 1, 2, 3, 4, 5가 하나씩 적혀 있는 흰 공 5개와 숫자 2, 3, 4, 5, 6이 하나씩 적혀 있는 검은 공 5개가 들어 있다. 이 주머니에서 임의로 2개의 공을 동시에 꺼낼 때, 꺼낸 2개의 공이 서로 같은 색이거나 꺼낸 2개의 공에 적힌 수가 서로 같을 확률은? [3점]

① $\dfrac{7}{15}$　② $\dfrac{8}{15}$　③ $\dfrac{3}{5}$

④ $\dfrac{2}{3}$　⑤ $\dfrac{11}{15}$

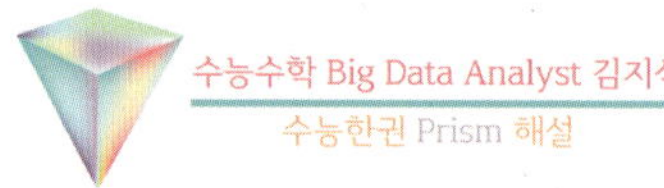
수능수학 Big Data Analyst 김지석
수능한권 Prism 해설

전체 10개의 공 중에서 2개를 꺼내는 방법의 수는

▶ $_{10}C_2 = \dfrac{10 \times 9}{2 \times 1} = 45$

ⅰ) 같은 색의 공을 꺼내는 경우

흰 공 5개 중에서 2개를 꺼내는 경우

▶ $_5C_2 = \dfrac{5 \times 4}{2 \times 1} = 10$

검은 공 5개 중에서 2개를 꺼내는 경우

▶ $_5C_2 = \dfrac{5 \times 4}{2 \times 1} = 10$

ⅱ) 같은 숫자의 공을 꺼내는 경우

②❷, ③❸, ④❹, ⑤❺

▶ 4

$\therefore \dfrac{_5C_2 + {}_5C_2 + 4}{_{10}C_2} = \dfrac{24}{45} = \dfrac{8}{15}$

복습	1회	2회	3회	4회	5회
채점 O△X					

43. [2025년 수능 (확률과 통계) 26번]

어느 학급의 학생 16명을 대상으로 과목 A와 과목 B에 대한 선호도를 조사하였다. 이 조사에 참여한 학생은 과목 A와 과목 B 중 하나를 선택하였고, 과목 A를 선택한 학생은 9명, 과목 B를 선택한 학생은 7명이다. 이 조사에 참여한 학생 16명 중에서 임의로 3명을 선택할 때, 선택한 3명의 학생 중에서 적어도 한 명이 과목 B를 선택한 학생일 확률은? [3점]

① $\dfrac{3}{4}$ ② $\dfrac{4}{5}$ ③ $\dfrac{17}{20}$

④ $\dfrac{9}{10}$ ⑤ $\dfrac{19}{20}$

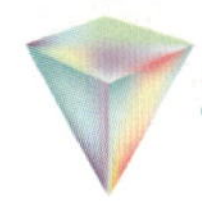

수능수학 Big Data Analyst 김지석
수능한권 Prism 해설

전체에서 과목 B를 선택한 학생이 1명도 없을 확률을 빼면 된다.

16명 중 3명을 고르는 방법의 수

▶ $_{16}C_3$

과목 B를 선택한 학생이 없도록 고르는 방법의 수
= 과목 A를 선택한 학생 9명 중 3명을 고르는 방법의 수

▶ $_9C_3$

∴ 구하는 확률은

$$1 - \frac{_9C_3}{_{16}C_3} = 1 - \frac{3}{20} = \frac{17}{20}$$

44. [2024년 수능 (확률과 통계) 25번]

숫자 1, 2, 3, 4, 5, 6이 하나씩 적혀 있는 6장의 카드가 있다. 이 6장의 카드를 모두 한 번씩 사용하여 일렬로 임의로 나열할 때, 양 끝에 놓인 카드에 적힌 두 수의 합이 10 이하가 되도록 카드가 놓일 확률은? [3점]

① $\dfrac{8}{15}$ ② $\dfrac{19}{30}$ ③ $\dfrac{11}{15}$

④ $\dfrac{5}{6}$ ⑤ $\dfrac{14}{15}$

수능수학 Big Data Analyst 김지석
수능한권 Prism 해설

6장의 카드를 모두 일렬로 나열하는 방법의 수

▶ $6!$

양 끝에 놓인 카드에 적힌 두 수의 합이 10초과하는 경우는 두 수가 5, 6인 경우뿐이다.

▶ $2!4!$

∴ $1 - \dfrac{2!4!}{6!} = \dfrac{14}{15}$

복습	1회	2회	3회	4회	5회
채점 O△X					

45. [2023년 수능 (확률과 통계) 25번]

흰색 마스크 5개, 검은색 마스크 9개가 들어 있는 상자가 있다. 이 상자에서 임의로 3개의 마스크를 동시에 꺼낼 때, 꺼낸 3개의 마스크 중에서 적어도 한 개가 흰색 마스크일 확률은? [3점]

① $\dfrac{8}{13}$　② $\dfrac{17}{26}$　③ $\dfrac{9}{13}$　④ $\dfrac{19}{26}$　⑤ $\dfrac{10}{13}$

수능수학 Big Data Analyst 김지석
수능한권 Prism 해설

□□□□□
■■■■■■■■■

$\{$적어도 1개$\}^c = \{$0개$\}$

흰 마스크 0개 = 마스크 3개가 모두 검은색일 확률

▶ $\dfrac{{}_9C_3}{{}_{14}C_3} = \dfrac{\frac{9\times8\times7}{3\times2\times1}}{\frac{14\times13\times12}{3\times2\times1}} = \dfrac{3}{13}$

∴ 여사건의 확률에 의하여 구하는 확률은

$1 - \dfrac{{}_9C_3}{{}_{14}C_3} = 1 - \dfrac{3}{13} = \dfrac{10}{13}$

46. [2023년 수능 (확률과 통계) 26번]

주머니에 1이 적힌 흰 공 1개, 2가 적힌 흰 공 1개, 1이 적힌 검은 공 1개, 2가 적힌 검은 공 3개가 들어 있다. 이 주머니에서 임의로 3개의 공을 동시에 꺼내는 시행을 한다. 이 시행에서 꺼낸 3개의 공 중에서 흰 공이 1개이고 검은 공이 2개인 사건을 A, 꺼낸 3개의 공에 적혀 있는 수를 모두 곱한 값이 8인 사건을 B라 할 때, $\mathrm{P}(A \cup B)$의 값은? [3점]

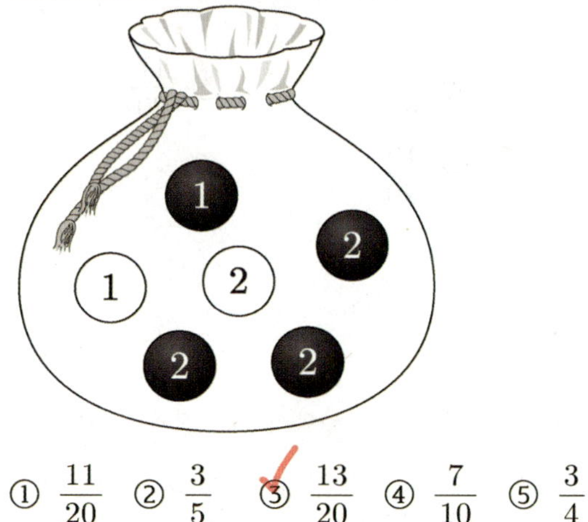

① $\dfrac{11}{20}$　② $\dfrac{3}{5}$　③ $\dfrac{13}{20}$　④ $\dfrac{7}{10}$　⑤ $\dfrac{3}{4}$

수능수학 Big Data Analyst 김지석
수능한권 Prism 해설

ⅰ) 사건 A : ○●●

▶ $\mathrm{P}(A) = \dfrac{{}_2C_1 \times {}_4C_2}{{}_6C_3} = \dfrac{2 \times \frac{4\times3}{2\times1}}{\frac{6\times5\times4}{3\times2\times1}} = \dfrac{12}{20} = \dfrac{3}{5}$

ⅱ) 사건 B : ❷ or ② 3개

▶ $\mathrm{P}(B) = \dfrac{{}_4C_3}{{}_6C_3} = \dfrac{4}{20} = \dfrac{1}{5}$

ⅲ) 사건 $A \cap B$: ②❷❷

▶ $\mathrm{P}(A \cap B) = \dfrac{{}_1C_1 \times {}_3C_2}{{}_6C_3} = \dfrac{1\times3}{20} = \dfrac{3}{20}$

확률의 덧셈정리에 의하여

$\mathrm{P}(A \cup B) = \mathrm{P}(A) + \mathrm{P}(B) - \mathrm{P}(A \cap B)$

$= \dfrac{3}{5} + \dfrac{1}{5} - \dfrac{3}{20} = \dfrac{13}{20}$

복습	1회	2회	3회	4회	5회
채점 O△X					

47. [2022년 수능 (확률과 통계) 26번] 실전 분석

1부터 10까지 자연수가 하나씩 적혀 있는 10장의 카드가 들어 있는 주머니가 있다. 이 주머니에서 임의로 카드 3장을 동시에 꺼낼 때, 꺼낸 카드에 적혀 있는 세 자연수 중에서 가장 작은 수가 4 이하이거나 7 이상일 확률은? [3점]

① $\dfrac{4}{5}$ ② $\dfrac{5}{6}$ ③ $\dfrac{13}{15}$ ④ $\dfrac{9}{10}$ ⑤ $\dfrac{14}{15}$

해설 바로가기 ▶ 실전개념분석 14번

복습	1회	2회	3회	4회	5회
채점 O△X					

48. [2019년 수능 (가)형 10번] 실전 분석

주머니 속에 2부터 8까지의 자연수가 각각 하나씩 적힌 구슬 7개가 들어 있다. 이 주머니에서 임의로 2개의 구슬을 동시에 꺼낼 때, 꺼낸 구슬에 적힌 두 자연수가 서로소일 확률은? [3점]

① $\dfrac{8}{21}$ ② $\dfrac{10}{21}$ ③ $\dfrac{4}{7}$ ④ $\dfrac{2}{3}$ ⑤ $\dfrac{16}{21}$

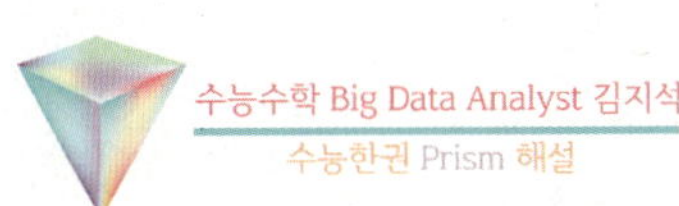

해설 바로가기 ▶ 실전개념분석 11번

복습	1회	2회	3회	4회	5회
채점 O△X					

49. [2012년 수능 (가)형 13번] 실전 분석

상자 A 에는 빨간 공 3 개와 검은 공 5 개가 들어 있고, 상자 B 는 비어 있다. 상자 A 에서 임의로 2 개의 공을 꺼내어 빨간 공이 나오면 [실행1]을, 빨간 공이 나오지 않으면 [실행2]를 할 때, 상자 B 에 있는 빨간 공의 개수가 1 일 확률은? [3점]

[실행1] 꺼낸 공을 상자 B 에 넣는다.
[실행2] 꺼낸 공을 상자 B 에 넣고, 상자
       A 에서 임의로 2 개의 공을 더 꺼내어
       상자 B 에 넣는다.

① $\dfrac{1}{2}$ ② $\dfrac{7}{12}$ ③ $\dfrac{2}{3}$ ④ $\dfrac{3}{4}$ ⑤ $\dfrac{5}{6}$

해설 바로가기 ▶ 실전개념분석 8번

복습	1회	2회	3회	4회	5회
채점 O△X					

50. [2011년 수능 (가)형 & (나)형 6번]
어느 행사장에는 현수막을 1개씩 설치할 수 있는 장소가 5곳이 있다. 현수막은 A, B, C 세 종류가 있고, A는 1개, B는 4개, C는 2개가 있다. 다음 조건을 만족시키도록 현수막 5개를 택하여 5곳을 설치할 때, 그 결과로 나타날 수 있는 경우의 수는? (단, 같은 종류의 현수막끼리는 구분하지 않는다.) [3점]

[보 기]

(가) A는 반드시 설치한다.

(나) B는 2곳 이상 설치한다.

---

① 55   ② 65   ③ 75   ④ 85   ⑤ 95

수능수학 Big Data Analyst 김지석
수능한권 Prism 해설

B의 개수에 따라 케이스를 나누면

ⅰ) B가 2개

A, B, B, C, C

▶ $\dfrac{5!}{2!2!}$

ⅱ) B가 3개

A, B, B, B, C

▶ $\dfrac{5!}{3!}$

ⅲ) B가 4개

A, B, B, B, B

▶ $\dfrac{5!}{4!}$

$\therefore \dfrac{5!}{2!2!} + \dfrac{5!}{3!} + \dfrac{5!}{4!} = 30 + 20 + 5 = 55$

---

51. [2011년 수능 (가)형 & (나)형 7번]
어느 디자인 공모 대회에서 철수가 참가하였다. 참가자는 두 항목에서 점수를 받으며, 각 항목에서 받을 수 있는 점수는 표와 같이 3가지 중 하나이다.

철수가 각 항목에서 점수 A 를 받을 확률은 $\dfrac{1}{2}$, 점수 B 를 받을 확률은 $\dfrac{1}{3}$, 점수 C 를 받을 확률은 $\dfrac{1}{6}$ 이다. 관람객 투표 점수를 받는 사건과 심사 위원점수를 받는 사건이 서로 독립일 때, 철수가 받는 두 점수의 합이 70일 확률은? [3점]

항목 \ 점수	점수 A	점수 B	점수 C
관람객 투표	40	30	20
심사 위원	50	40	30

① $\dfrac{1}{3}$ ② $\dfrac{11}{36}$ ③ $\dfrac{5}{18}$ ④ $\dfrac{1}{4}$ ⑤ $\dfrac{2}{9}$

수능수학 Big Data Analyst 김지석
수능한권 Prism 해설

관람객 투표 + 심사 위원 점수 합=70

→ 그래서 각각 얼마인가?

→ 케이스를 나누는 것이 핵심!

ⅰ) 40+30=70 (A+C)

▶ $\dfrac{1}{2} \times \dfrac{1}{6}$

ⅱ) 30+40=70 (B+B)

▶ $\dfrac{1}{3} \times \dfrac{1}{3}$

ⅲ) 20+50=70 (C+A)

▶ $\dfrac{1}{6} \times \dfrac{1}{2}$

$\therefore \left(\dfrac{1}{2} \times \dfrac{1}{6}\right) + \left(\dfrac{1}{3} \times \dfrac{1}{3}\right) + \left(\dfrac{1}{6} \times \dfrac{1}{2}\right) = \dfrac{5}{18}$

복습	1회	2회	3회	4회	5회
채점 O△X					

52. [2009년 수능 (가)형 확률과 통계 28번]

실전 분석

1부터 9까지의 자연수가 하나씩 적혀 있는 9개의 공이 주머니에 들어 있다. 이 주머니에서 임의로 4개의 공을 동시에 꺼낼 때, 꺼낸 공에 적혀 있는 수 중에서 가장 큰 수와 가장 작은 수의 합이 7 이상이고 9 이하일 확률은? [3점]

① $\dfrac{5}{9}$ ② $\dfrac{1}{2}$ ③ $\dfrac{4}{9}$ ④ $\dfrac{7}{18}$ ⑤ $\dfrac{1}{3}$ ✓

해설 바로가기 ▶ 실전개념분석 4번

복습	1회	2회	3회	4회	5회
채점 O△X					

53. [2008년 수능 (가)형 28번] 실전 분석

여학생 4명과 남학생 2명이 어느 요양 시설에서 6명 모두가 하루에 한 명씩 6일 동안 봉사 활동을 하려고 한다. 이 6명의 학생이 봉사 활동 순번을 임의로 정할 때, 첫째 날 또는 여섯째 날에 남학생이 봉사 활동을 하게 될 확률은? [3점]

① $\dfrac{17}{30}$ ② $\dfrac{3}{5}$ ✓   ③ $\dfrac{19}{30}$ ④ $\dfrac{2}{3}$ ⑤ $\dfrac{7}{10}$

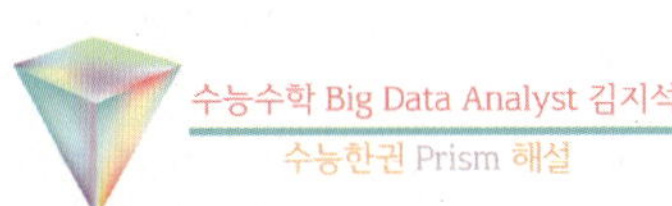

해설 바로가기 ▶ 실전개념분석 13번

복습	1회	2회	3회	4회	5회
채점 O△X					

54. [2005년 수능 (가)형 & (나)형 9번]

키가 서로 다른 네 사람이 있다. 이들을 일렬로 세울 때, 앞에서 세 번째 사람이 자신과 이웃한 두 사람보다 키가 작을 확률은? [3점]

① $\dfrac{1}{3}$ ✓   ② $\dfrac{1}{2}$ ③ $\dfrac{3}{5}$ ④ $\dfrac{2}{3}$ ⑤ $\dfrac{3}{4}$

네 사람을 일렬로 나열하는 방법의 수

▶ 4!

네 사람을 키 순서대로 a, b, c, d라 하자.

i) c가 세 번째에 있는 경우

d□c□ ← a, b

▶ 2!

ii) d가 세 번째에 있는 경우

□□d□ ← a, b, c

▶ 3!

$$\therefore \frac{3! + 2!}{4!} = \frac{2 + 6}{24} = \frac{1}{3}$$

복습	1회	2회	3회	4회	5회
채점 O△X					

55. [2004년 수능 (인문) & (자연) 14번]
세 숫자 1, 2, 3을 중복 사용하여 네 자리의
자연수를 만들 때, 1과 2가 모두 포함되어 있는
자연수의 개수는? [3점]
① 58 ② 56 ③ 54 ④ 52 ⑤ 50

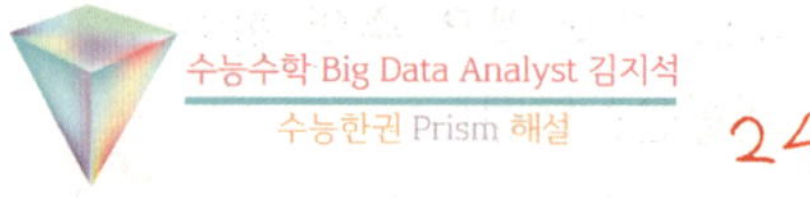

전체에서 안되는 것을 제외(여사건)하는 방법을
활용하자.

i) 1, 2, 3을 중복 사용하여 만든 네 자리 자연수
▶ $_3\Pi_4$

ii) 1, 3을 중복 사용하여 만든 네 자리 자연수 (2제외)
▶ $_2\Pi_4$

iii) 2, 3을 중복 사용하여 만든 네 자리 자연수 (1제외)
▶ $_2\Pi_4$

iv) 3만 중복 사용하여 만든 네 자리 자연수 (1,2제외)
▶ $_1\Pi_4$

∴ $_3\Pi_4 - (_2\Pi_4 + _2\Pi_4) + _1\Pi_4 = 50$

(ii , iii 에서 3333이 두번 제외되므로 $_1\Pi_4$을 한 번
더해준다.)

56. [2002년 수능 (인문) & (자연) 27번]
$U = \{1,\ 2,\ 3,\ 4,\ 5\}$일 때, $\{2,\ 3\} \cap A \neq \varnothing$를
만족시키는 U의 부분집합 A의 개수를 구하시오.
[3점]

24

전체에서 안되는 것을 제외(여사건)하는 방법을
활용하자.
U의 모든 부분집합의 개수
▶ 2^5

$\{2, 3\} \cap A \neq \varnothing$의 반대는 $\{2, 3\} \cap A = \varnothing$
2, 3을 원소로 갖지 않는 집합 U의 부분집합의 개수
▶ $2^{5-2} = 2^3$

∴ $2^5 - 2^3 = 32 - 8 = 24$

------ 수능 4점 ------

복습	1회	2회	3회	4회	5회
채점 O△X					

1등급

57. [2025년 9월 (확률과 통계) 30번]

학생 A는 숫자 1, 8이 각각 하나씩 적혀 있는 2장의 카드 중 임의로 한 장의 카드를 선택하여 선택한 카드에 적힌 수가 8일 때만 선택한 카드를 바닥에 내려놓고, 학생 B는 숫자 2, 3, 4, 5, 6, 7이 각각 하나씩 적혀 있는 6장의 카드 중 임의로 한 장의 카드를 선택하여 선택한 카드에 적힌 수가 자연수 n보다 작거나 같을 때만 선택한 카드를 바닥에 내려놓는다.

다음 규칙에 따라 학생 A가 귤을 받을 확률을 p, 학생 B가 귤을 받을 확률을 q라 하자.

> · 카드를 내려놓은 학생이 2명이면 더 큰 수가 적힌 카드를 내려놓은 학생만 귤을 받는다.
> · 카드를 내려놓은 학생이 1명이면 카드를 내려놓지 않은 학생만 귤을 받는다.
> · 카드를 내려놓은 학생이 없으면 어느 학생도 귤을 받지 못한다.

$p=q$일 때, $24(n+p)$의 값을 구하시오. (단, n은 7 이하의 자연수이다.) [4점]

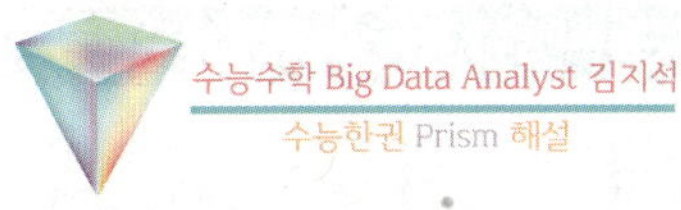

A의 선택 \ B의 선택	A 카드 놓기 [8]	A 카드 안 놓기 [1]
B 카드 놓기 [n이하]	(2명) A승리	(1명) A승리
B 카드 안 놓기 [n초과]	(1명) B승리	(0명) 없음

ⅰ) 학생 A가 귤을 받을 확률

B가 카드를 놓으면 A가 어떤 카드를 놓든 안 놓든 A가 반드시 승리한다.

B가 n이하의 수를 선택할 확률

▶ $p = \dfrac{n-1}{6}$

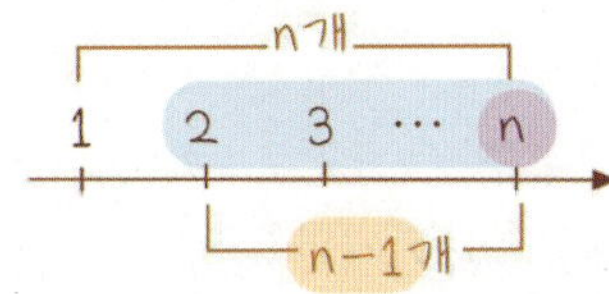

ⅱ) 학생 B가 귤을 받을 확률

A가 8을 선택 & B가 n초과 수를 선택할 확률

▶ $q = \dfrac{1}{2} \times \dfrac{6-(n-1)}{6} = \dfrac{7-n}{12}$

$p=q$이므로

$$\dfrac{n-1}{6} = \dfrac{7-n}{12}$$

$$\Leftrightarrow 2n-2 = 7-n$$

$$\therefore n=3, \quad p = \dfrac{3-1}{6} = \dfrac{1}{3}$$

$$\therefore 24(n+p) = 24 \times \left(3 + \dfrac{1}{3}\right) = 80$$

복습	1회	2회	3회	4회	5회
채점 $O\triangle X$					

58. [2025년 6월 (확률과 통계) 29번]

한 개의 주사위를 세 번 던져서 나오는 눈의 수를 차례로 a, b, c라 할 때, $a+b=8$ 또는 $b \geq c$일 확률은 $\dfrac{q}{p}$이다. $p+q$의 값을 구하시오. (단, p와 q는 서로소인 자연수이다.) [4점]

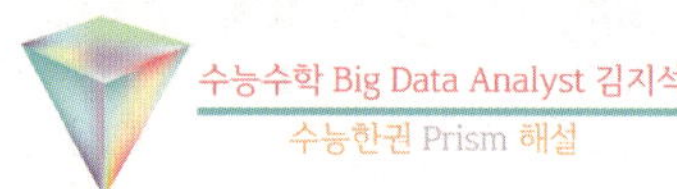

44

사건 A : $a+b=8$

사건 B : $b \geq c$

$P(A \cup B) = P(A) + P(B) - P(A \cap B)$

(step1) $P(A)$ 구하기

주사위 2개 → 표를 그린다.

전체 경우가 6×6=36이기 때문에 모든 경우를 다 해버리는 게 가장 쉽고 빠르다!

[$a+b=8$]

a＼b	1	2	3	4	5	6
1						
2						8
3					8	
4				8		
5			8			
6		8				

$\therefore P(A) = \dfrac{5}{6^2} \times 1$

(c는 아무 숫자나 다 되므로 $\dfrac{6}{6} = 1$)

(step2) $P(B)$ 구하기

주사위 2개 → 표를 그린다.

[$b \geq c$]

c＼b	1	2	3	4	5	6
1	O	O	O	O	O	O
2		O	O	O	O	O
3			O	O	O	O
4				O	O	O
5					O	O
6						O

$\therefore P(B) = \dfrac{21}{6^2} \times 1$

(a는 아무 숫자나 다 되므로 $\dfrac{6}{6} = 1$)

(step3) $P(A \cap B)$ 구하기

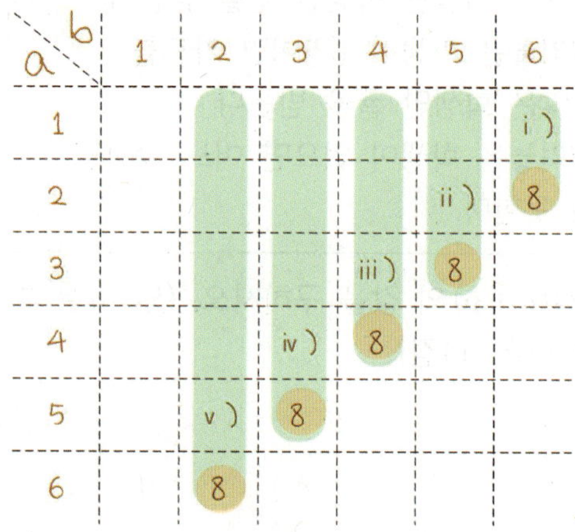

a＼b	1	2	3	4	5	6
1						i)
2					ii)	8
3				iii)	8	
4			iv)	8		
5		v)	8			
6		8				

i) ii) iii) iv) v)

$\therefore P(A \cap B) = \dfrac{2+3+4+5+6}{6^3}$

i) $a=2$, $b=6$: $c=1, 2, 3, 4, 5, 6$
ii) $a=3$, $b=5$: $c=1, 2, 3, 4, 5$
iii) $a=4$, $b=4$: $c=1, 2, 3, 4$
iv) $a=5$, $b=3$: $c=1, 2, 3$
v) $a=6$, $b=2$: $c=1, 2$

$$\therefore P(A \cup B) = P(A) + P(B) - P(A \cap B)$$
$$= \dfrac{5}{6^2} \times 1 + \dfrac{21}{6^2} \times 1 - \dfrac{2+3+4+5+6}{6^3} = \dfrac{17}{27}$$

$\therefore p+q = 27 + 17 = 44$

복습	1회	2회	3회	4회	5회
채점 O△X					

59. [2024년 6월 (확률과 통계) 29번]
40개의 공이 들어 있는 주머니가 있다. 각각의 공은
흰 공 또는 검은 공 중 하나이다. 이 주머니에서
임의로 2개의 공을 동시에 꺼낼 때, 흰 공 2개를
꺼낼 확률을 p, 흰 공 1개와 검은 공 1개를 꺼낼
확률을 q, 검은 공 2개를 꺼낼 확률을 r이라 하자.
$p = q$일 때, $60r$의 값을 구하시오. (단, $p > 0$) [4점]

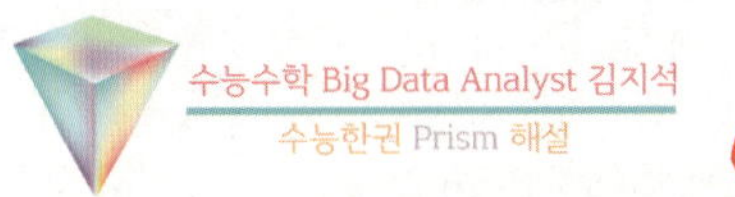

6

40개의 공 중 흰 공의 개수를 x라 하면

$p = q$

$\Leftrightarrow \dfrac{{}_x\mathrm{C}_2}{{}_{40}\mathrm{C}_2} = \dfrac{{}_{40-x}\mathrm{C}_1 \times {}_x\mathrm{C}_1}{{}_{40}\mathrm{C}_2}$

$\Leftrightarrow {}_x\mathrm{C}_2 = {}_{40-x}\mathrm{C}_1 \times {}_x\mathrm{C}_1$

$\Leftrightarrow \dfrac{x(x-1)}{2} = x(40-x)$

$\Leftrightarrow 3x(x-27) = 0$

$\therefore x = 27$

검은 공의 개수는 $40 - 27 = 13$

$\therefore 60r = 60 \times \dfrac{{}_{13}\mathrm{C}_2}{{}_{40}\mathrm{C}_2} = 60 \times \dfrac{1}{10} = 6$

복습	1회	2회	3회	4회	5회
채점 O△X					

1등급

60. [2023년 수능 (확률과 통계) 30번] 실전 분석
집합 $X = \{x \mid x$는 10 이하의 자연수$\}$에 대하여
다음 조건을 만족시키는 함수 $f : X \to X$의 개수를
구하시오. [4점]

> (가) 9 이하의 모든 자연수 x에 대하여
> $f(x) \leq f(x+1)$이다.
> (나) $1 \leq x \leq 5$일 때 $f(x) \leq x$이고,
> $6 \leq x \leq 10$일 때 $f(x) \geq x$이다.
> (다) $f(6) = f(5) + 6$

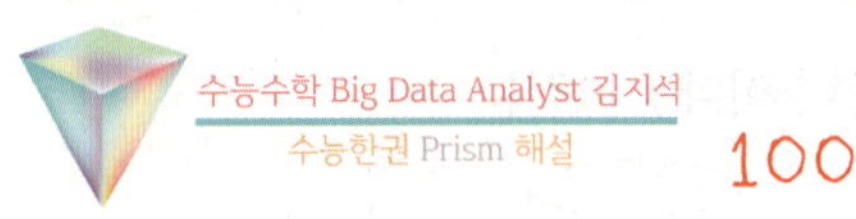

100

해설 바로가기 ▶ 실전개념분석 15번

복습	1회	2회	3회	4회	5회
채점 O△X					

61. [2023년 6월 (확률과 통계) 30번]

주머니에 숫자 1, 2, 3, 4가 하나씩 적혀 있는 흰 공 4개와 숫자 4, 5, 6, 7이 하나씩 적혀 있는 검은 공 4개가 들어 있다. 이 주머니를 사용하여 다음 규칙에 따라 점수를 얻는 시행을 한다.

> 주머니에서 임의로 2개의 공을 동시에 꺼내어 꺼낸 공이 서로 다른 색이면 12를 점수로 얻고, 꺼낸 공이 서로 같은 색이면 꺼낸 두 공에 적힌 수의 곱을 점수로 얻는다.

이 시행을 한 번 하여 얻은 점수가 24이하의 짝수일 확률이 $\dfrac{q}{p}$일 때, $p+q$의 값을 구하시오. (단, p와 q는 서로소인 자연수이다.) [4점]

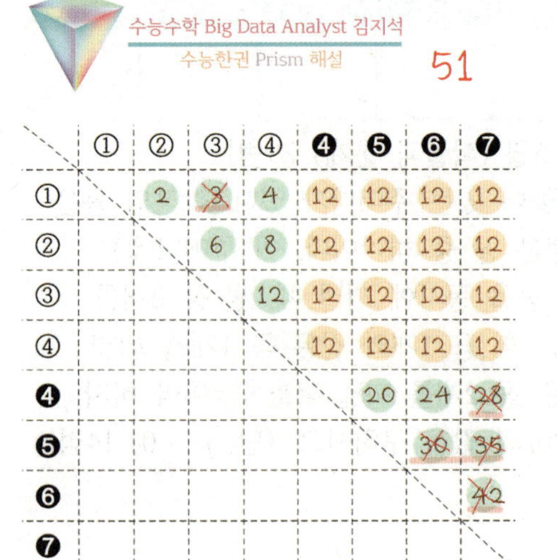

	①	②	③	④	❹	❺	❻	❼
①		2	~~2~~	4	12	12	12	12
②			6	8	12	12	12	12
③				12	12	12	12	12
④					12	12	12	12
❹						20	24	~~28~~
❺							~~36~~	~~35~~
❻								~~42~~
❼								

$$\therefore \frac{{}_8C_2 - 5}{{}_8C_2} = \frac{23}{28}, \quad p+q = 28+23 = 51$$

Analysis

주사위 2개 → 표를 그린다.
전체 경우가 6×6=36이기 때문에
모든 경우를 다 해버리는 게 가장 쉽고 빠르다!
주사위나 주머니에서 숫자 뽑기나 별반 다르지 않다.

복습	1회	2회	3회	4회	5회
채점 ○△X					

62. [2023년 6월 (확률과 통계) 28번]

집합 $X=\{1, 2, 3, 4, 5\}$에 대하여 다음 조건을 만족시키는 함수 $f : X \to X$의 개수는? [4점]

> (가) $f(1) \times f(3) \times f(5)$는 홀수이다.
> (나) $f(2) < f(4)$
> (다) 함수 f의 치역의 원소의 개수는 3이다.

① 128 ② 132 ③ 136 ④ 140 ⑤ 144

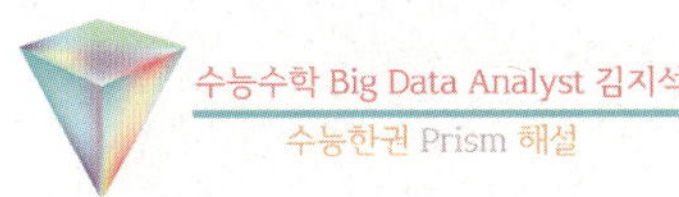
수능수학 Big Data Analyst 김지석
수능한권 Prism 해설

$f(1) \times f(3) \times f(5) =$ 홀

→ 그래서 각각이 얼마인가?

→ 케이스를 나누는 것이 핵심!

$f(1)$, $f(3)$, $f(5)$는 모두 홀수!

ⅰ) 홀A, 홀B, 홀C

ⅱ) 홀A, 홀B

ⅲ) 홀A

ⅰ) 홀A, 홀B, 홀C

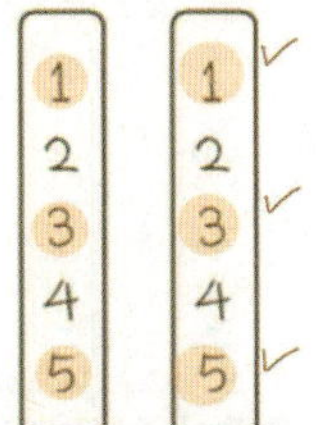

홀A, 홀B, 홀C를 선택하는 경우의 수
({1,3,5}중 3개 선택)

▸ $_3C_3$

홀A, 홀B, 홀C와 f(1), f(3), f(5)를 대응시키는 경우의 수

▸ $3!$

$f(2) < f(4)$를 선택하는 경우의 수
({1,3,5}중 2개 선택)

▸ $_3C_2$

∴ $_3C_3 \times 3! \times _3C_2$

ⅱ) 홀A, 홀B

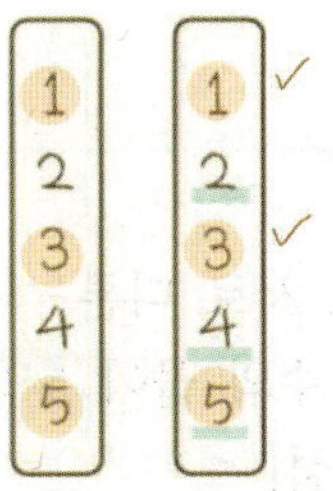

홀A, 홀B를 선택하는 경우의 수 ({1,3,5}중 2개 선택)

▸ $_3C_2$

홀A, 홀B와 f(1), f(3), f(5)를 대응시키는 경우의 수
(f(1), f(3), f(5)가 한 숫자에만 대응 되는 경우 제외)

▸ $2^3 - 2$

$f(2) < f(4)$를 선택하는 경우의 수
({홀A,홀B}중 1개 선택 & 나머지 3 숫자 중 하나 선택)

▸ 2×3

∴ $_3C_2 \times (2^3 - 2) \times 2 \times 3$

ⅲ) 홀A

홀A를 선택하는 경우의 수 ({1,3,5}중 1개 선택)

▸ $_3C_1$

홀A와 f(1), f(3), f(5)를 대응시키는 경우의 수

▸ 1

$f(2) < f(4)$를 선택하는 경우의 수
(홀A 제외한 나머지 4 숫자 중 2개 선택)

▸ $_4C_2$

∴ $_3C_1 \times 1 \times _4C_2$

∴ 조건을 만족시키는 함수 $f : X \to X$의 개수는

$_3C_3 \times 3! \times _3C_2$

$+ _3C_2 \times (_2\Pi_3 - 2) \times 2 \times 3$

$+ _3C_1 \times 1 \times _4C_2$

$= 144$

복습	1회	2회	3회	4회	5회
채점 O△X					

복습	1회	2회	3회	4회	5회
채점 O△X					

63. [2022년 9월 (확률과 통계) 28번]
1부터 10까지의 자연수 중에서 임의로 서로 다른 3개의 수를 선택한다. 선택된 세 개의 수의 곱이 5의 배수이고 합은 3의 배수일 확률은? [4점]

① $\dfrac{3}{20}$　② $\dfrac{1}{6}$　③ $\dfrac{11}{60}$　④ $\dfrac{1}{5}$　⑤ $\dfrac{13}{60}$

수능수학 Big Data Analyst 김지석
수능한권 Prism 해설

3배수에 대한 문제
→ 수를 3으로 나누었을 때의 나머지를 기준으로 분류한다!
A: 3k꼴 → 3, 6, 9
B: 3k+1꼴 → 1, 4, 7, 10
C: 3k+2꼴 → 2, 5, 8

합이 3배수
→ 그래서 각각이 얼마인가?
→ 케이스를 나누는 것이 핵심!
→ 세 수 나머지의 합이 0 or 3
ⅰ) A,A,A꼴
ⅱ) B,B,B꼴
ⅲ) C,C,C꼴
ⅳ) A,B,C꼴
단, 곱이 5배수이므로 5 or 10을 반드시 포함해야 한다!

ⅰ) A,A,A꼴
합이 3배수이지만
5 or 10을 포함하지 않으므로 모순

ⅱ) B,B,B꼴
10을 포함하지 않는 경우를 제외해야 하므로
▶ $_4C_3 - {_3}C_3$

ⅲ) C,C,C꼴
▶ $_3C_3$

ⅳ) A,B,C꼴
5 and 10을 모두 포함하지 않는 경우를 제외해야 하므로
▶ $3 \cdot 4 \cdot 3 - 3 \cdot 3 \cdot 2$

$$\therefore \dfrac{(_4C_3 - {_3}C_3) + {_3}C_3 + (3 \cdot 4 \cdot 3 - 3 \cdot 3 \cdot 2)}{_{10}C_3} = \dfrac{11}{60}$$

64. [2022년 6월 (확률과 통계) 28번]
숫자 1, 2, 3, 4, 5 중에서 서로 다른 4개를 택해 일렬로 나열하여 만들 수 있는 모든 네 자리의 자연수 중에서 임의로 하나의 수를 택할 때, 택한 수가 5의 배수 또는 3500 이상일 확률은? [4점]

① $\dfrac{9}{20}$　② $\dfrac{1}{2}$　③ $\dfrac{11}{20}$　④ $\dfrac{3}{5}$　⑤ $\dfrac{13}{20}$

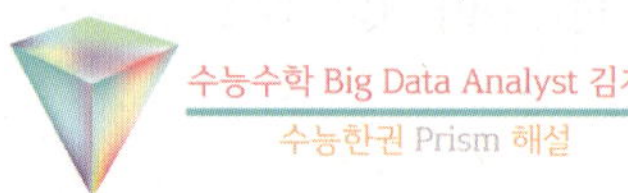
수능수학 Big Data Analyst 김지석
수능한권 Prism 해설

모든 네 자리 자연수의 경우의 수
▶ $_5P_4 = 5 \times 4 \times 3 \times 2$

5의 배수인 네 자리 자연수는
일의 자릿수가 5이어야 하므로
□□□⑤
▶ $_4P_3$

3500 이상인 네 자리 자연수의 개수
ⅰ) ③⑤□□
▶ $_3P_2$
ⅱ) ④□□□
▶ $_4P_3$
ⅲ) ⑤□□□
▶ $_4P_3$

5의 배수이고 3500 이상인 네 자리 자연수의 개수
④□□⑤
▶ $_3P_2$

$$\therefore \dfrac{_4P_3 + (_3P_2 + {_4}P_3 + {_4}P_3) - {_3}P_2}{_5P_4} = \dfrac{3}{5}$$

복습	1회	2회	3회	4회	5회
채점 O△X					

65. [2021년 9월 (확률과 통계) 28번]

집합 $X = \{1, 2, 3, 4, 5, 6\}$ 에 대하여 다음 조건을 만족시키는 **함수 $f : X \to X$ 의 개수는?** [4점]

> (가) $f(3) + f(4)$ 는 5 의 배수이다.
> (나) $f(1) < f(3)$ 이고 $f(2) < f(3)$ 이다.
> (다) $f(4) < f(5)$ 이고 $f(4) < f(6)$ 이다.

① 384 ② 394 ③ 404 ④ 414 ⑤ 424

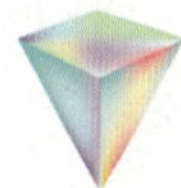

수능수학 Big Data Analyst 김지석
수능한권 Prism 해설

조건 (나) $f(1), f(2) < f(3)$ → $1 < f(3)$
조건 (다) $f(4) < f(5), f(6)$ → $f(4) < 6$

5배수에 대한 문제
→ 수를 5로 나누었을 때의 나머지로 수를 분류한다!

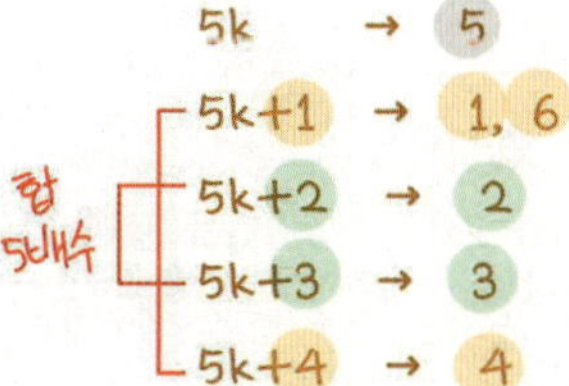

$5k$	5
$5k+1$	1, 6
$5k+2$	2
$5k+3$	3
$5k+4$	4

합이 5배수

합이 5배수
→ 그래서 각각이 얼마인가?
→ 케이스를 나누는 것이 핵심!
∴ 순서쌍 $(f(3), f(4))$ 는
  $(4, 1), (2, 3), (3, 2), (6, 4), (5, 5)$

i) $f(3) = 4, f(4) = 1$ 인 경우의 수
$f(1), f(2)$ 는 1 or 2 or 3
▸ $3^2 = 9$
$f(5), f(6)$ 는 2 or 3 or 4 or 5 or 6
▸ $5^2 = 25$
∴ $9 \times 25 = 225$

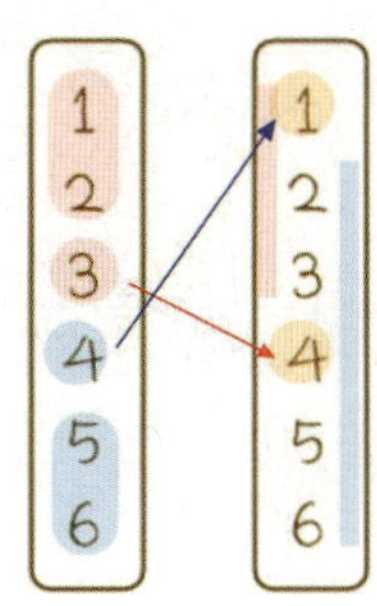

ii) $f(3) = 2, f(4) = 3$ 인 경우
$f(1), f(2)$ 는 1
▸ $1^2 = 1$
$f(5), f(6)$ 는 4 or 5 or 6
▸ $3^2 = 9$
∴ $1 \times 9 = 9$

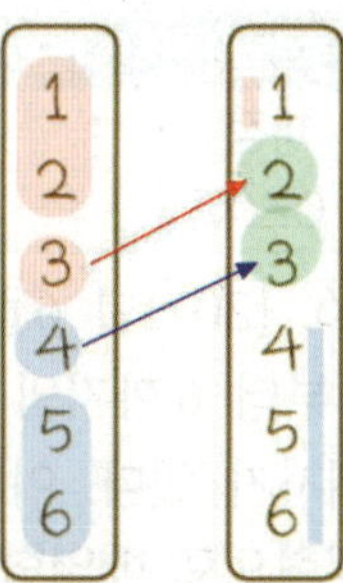

iii) $f(3) = 3, f(4) = 2$ 인 경우
$f(1), f(2)$ 는 1 or 2
▸ $2^2 = 4$
$f(5), f(6)$ 는 3 or 4 or 5 or 6
▸ $4^2 = 16$
∴ $4 \times 16 = 64$

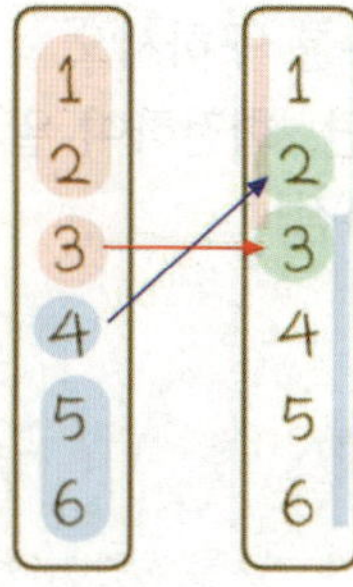

iv) $f(3) = 6, f(4) = 4$ 인 경우
$f(1), f(2)$ 는 1 or 2 or 3 or 4 or 5
▸ $5^2 = 25$
$f(5), f(6)$ 는 5 or 6
▸ $2^2 = 4$
∴ $25 \times 4 = 100$

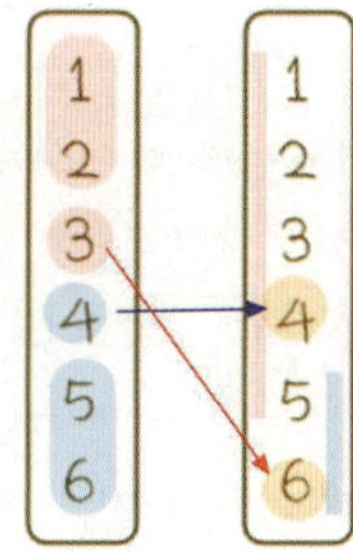

v) $f(3) = 5, f(4) = 5$ 인 경우
$f(1), f(2)$ 는 1 or 2 or 3 or 4
▸ $4^2 = 16$
$f(5), f(6)$ 는 6
▸ $1^2 = 1$
∴ $16 \times 1 = 16$

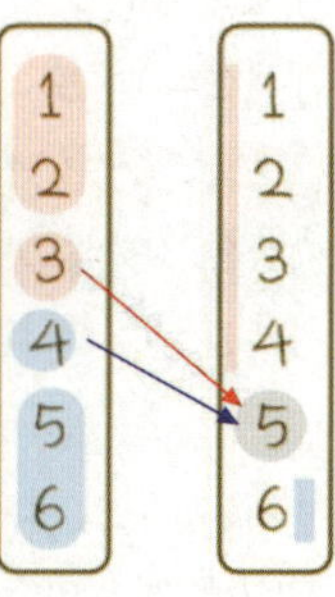

∴ $225 + 9 + 64 + 100 + 16 = 414$

복습	1회	2회	3회	4회	5회
채점 O△X					

66. [2021년 6월 (확률과 통계) 29번]

1부터 6까지의 자연수가 하나씩 적혀 있는 6개의 의자가 있다. 이 6개의 의자를 일정한 간격을 두고 원형으로 배열할 때, 서로 이웃한 2개의 의자에 적혀 있는 수의 곱이 12가 되지 않도록 배열하는 경우의 수를 구하시오.

(단, 회전하여 일치하는 것은 같은 것으로 본다.)

[4점]

수능수학 Big Data Analyst 김지석
수능한권 Prism 해설　　48

여사건의 아이디어를 써야 하는 상황
① 문제에서 안 되는 것이 명시되었을 때
② 케이스가 너무 많을 때(적어도~, ~이상, ~이하)

1부터 6까지의 자연수 중
두 수의 곱이 12가 되는 경우는
ⅰ) $12 = 6 \times 2$
ⅱ) $12 = 4 \times 3$

사건 A: 2, 6이 이웃
사건 B: 3, 4가 이웃
라고 하자.

{전체 경우의 수} $- n(A \cup B)$
$=$ {전체 경우의 수} $- \{n(A) + n(B) - n(A \cap B)\}$

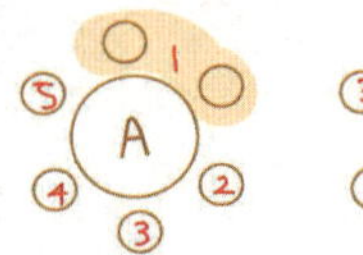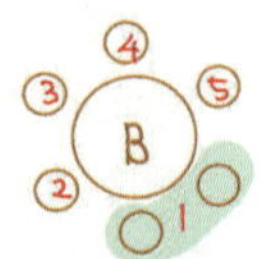

$= (6-1)! - \{(5-1)!2! + (5-1)!2! - (4-1)!2!2!\}$
$= 48$

67. [2021년 6월 (확률과 통계) 30번]

숫자 1, 2, 3이 하나씩 적혀 있는 3개의 공이 들어 있는 주머니가 있다. 이 주머니에서 임의로 한 개의 공을 꺼내어 공에 적혀 있는 수를 확인한 후 다시 넣는 시행을 한다. 이 시행을 5번 반복하여 확인한 5개의 수의 곱이 6의 배수일 확률이 $\dfrac{q}{p}$일 때, $p+q$의 값을 구하시오.

(단, p와 q는 서로소인 자연수이다.) [4점]

수능수학 Big Data Analyst 김지석
수능한권 Prism 해설　　47

여사건의 아이디어를 써야 하는 상황
① 문제에서 안되는 것이 명시되었을 때
② 케이스가 너무 많을 때(적어도~, ~이상, ~이하)

5개의 수의 곱이 6의 배수이려면
2, 3이 각각 한 번 이상 포함되어야 한다.
2, 3이 각각 한 번 이상 포함되는 경우가 너무 많으므로
여사건의 아이디어를 활용하자.

사건 A: 1, 3만 선택 (2이 0번)
사건 B: 1, 2만 선택 (3이 0번)
사건 A∩B: 1만 선택

$1 - P(A \cup B)$
$= 1 - \{P(A) + P(B) - P(A \cap B)\}$
$= 1 - \left(\dfrac{2^5}{3^5} + \dfrac{2^5}{3^5} - \dfrac{1^5}{3^5} \right)$
$= \dfrac{20}{27}$

$\therefore\ p+q = 20 + 27 = 47$

복습	1회	2회	3회	4회	5회
채점 O△X					

68. [2021년 6월 (확률과 통계) 28번]

한 개의 주사위를 한 번 던져 나온 눈의 수가 3 이하이면 나온 눈의 수를 점수로 얻고, 나온 눈의 수가 4 이상이면 0점을 얻는다. 이 주사위를 네 번 던져 나온 눈의 수를 차례로 a, b, c, d라 할 때, 얻은 네 점수의 합이 4가 되는 모든 순서쌍 (a, b, c, d)의 개수는? [4점]

① 187　② 190　③ 193　④ 196　⑤ 199 ✓

수능수학 Big Data Analyst 김지석
수능한권 Prism 해설

합이 4

→ 그래서 각각이 얼마인가?

→ 케이스를 나누는 것이 핵심!

0 이상인 네 점수의 합이 4가 되는 경우는

ⅰ) 4=3+1+0+0

ⅱ) 4=2+2+0+0

ⅲ) 4=2+1+1+0

ⅳ) 4=1+1+1+1

ⅰ) 4=3+1+0+0

3, 1, 0, 0을 배열하는 경우의 수

▶ $\dfrac{4!}{2!}$

0점을 얻는 주사위 2개 눈의 경우의 수

▶ 3^2

∴ $\dfrac{4!}{2!} \times 3^2$

ⅱ) 4=2+2+0+0

2, 2, 0, 0을 배열하는 경우의 수

▶ $\dfrac{4!}{2!2!}$

0점을 얻는 주사위 2개 눈의 경우의 수

▶ 3^2

∴ $\dfrac{4!}{2!2!} \times 3^2$

ⅲ) 4=2+1+1+0

2, 1, 1, 0을 배열하는 경우의 수

▶ $\dfrac{4!}{2!}$

0점을 얻는 주사위 1개 눈의 경우의 수

▶ 3

∴ $\dfrac{4!}{2!} \times 3$

ⅳ) 4=1+1+1+1

1, 1, 1, 1을 배열하는 경우의 수

∴ 1

∴ $\dfrac{4!}{2!} \times 3^2 + \dfrac{4!}{2!2!} \times 3^2 + \dfrac{4!}{2!} \times 3^1 + 1 = 199$

복습	1회	2회	3회	4회	5회
채점 O△X					

69. [2020년 수능 (가)형 28번 & (나)형 19번]

실전 분석

숫자 1, 2, 3, 4, 5, 6 중에서 중복을 허락하여 다섯 개를 다음 조건을 만족시키도록 선택한 후, 일렬로 나열하여 만들 수 있는 모든 다섯 자리의 자연수의 개수를 구하시오. [4점]

> (가) 각각의 홀수는 선택하지 않거나 한 번만 선택한다.
> (나) 각각의 짝수는 선택하지 않거나 두 번만 선택한다.

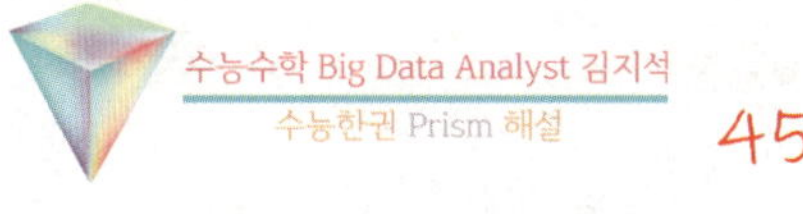

수능수학 Big Data Analyst 김지석
수능한권 Prism 해설

450

해설 바로가기 ▶ 실전개념분석 6번

복습	1회	2회	3회	4회	5회
채점 O△X					

1등급

70. [2020년 9월 (나)형 19번]

1부터 6까지의 자연수가 하나씩 적혀 있는 6장의 카드가 들어 있는 주머니가 있다. 이 주머니에서 임의로 두 장의 카드를 동시에 꺼내어 적혀 있는 수를 확인한 후 다시 넣는 시행을 두 번 반복한다. 첫 번째 시행에서 확인한 두 수 중 작은 수를 a_1, 큰 수를 a_2라 하고, 두 번째 시행에서 확인한 두 수 중 작은 수를 b_1, 큰 수를 b_2라 하자. 두 집합 A, B를

$$A = \{x \mid a_1 \leq x \leq a_2\}, \quad B = \{x \mid b_1 \leq x \leq b_2\}$$

라 할 때, $A \cap B \neq \varnothing$일 확률은? [4점]

① $\dfrac{3}{5}$ ② $\dfrac{2}{3}$ ③ $\dfrac{11}{15}$

④ $\dfrac{4}{5}$ ⑤ $\dfrac{13}{15}$ ✓

여사건의 확률을 활용하기 위해 $A \cap B = \varnothing$인 경우를 구하자.

ⅰ) $a_1 < a_2 < b_1 < b_2$

ⅱ) $b_1 < b_2 < a_1 < b_2$

ⅰ), ⅱ)는 확률이 같으므로 한 가지만 구하고 2배해도 된다.

a_1, a_2를 선택하는 방법의 수

▶ ${}_6C_2$

b_1, b_2를 선택하는 방법의 수

▶ ${}_6C_2$

ⅰ-1) $a_1 < a_2 = 2 < b_1 < b_2$인 경우

$a_1 = 1$만 가능하므로 a_1을 선택하는 방법의 수

▶ 1

b_1, b_2는 3,4,5,6에서 2개를 선택하므로

▶ ${}_4C_2$

∴ $1 \times {}_4C_2$

ⅰ-2) $a_1 < a_2 = 3 < b_1 < b_2$

a_1는 1, 2가 가능하므로 a_1을 선택하는 방법의 수

▶ 2

b_1, b_2는 4,5,6에서 2개를 선택하므로

▶ ${}_3C_2$

∴ $2 \times {}_3C_2$

ⅰ-3) $a_1 < a_2 = 4 < b_1 < b_2$

a_1는 1, 2, 3이 가능하므로 a_1을 선택하는 방법의 수

▶ 3

b_1, b_2는 5,6에서 2개를 선택하므로

▶ ${}_2C_2$

∴ $3 \times {}_2C_2$

$$\therefore 1 - \frac{1 \times {}_4C_2 + 2 \times {}_3C_2 + 3 \times {}_2C_2}{{}_6C_2 \times {}_6C_2} \times 2 = \frac{13}{15}$$

[다른 풀이]

ⅰ) $a_1 < a_2 < b_1 < b_2$

$a_1 < a_2 < b_1 < b_2$이 되도록 4개의 수를 선택하는 방법의 수

▶ ${}_6C_4$

ⅱ) $b_1 < b_2 < a_1 < b_2$

$b_1 < b_2 < a_1 < b_2$이 되도록 4개의 수를 선택하는 방법의 수

▶ ${}_6C_4$

$$\therefore 1 - \frac{1}{{}_6C_4} - \frac{1}{{}_6C_4} = \frac{13}{15}$$

복습	1회	2회	3회	4회	5회
채점					
O△X					

71. [2020년 9월 (가)형 17번]

어느 고등학교에는 5개의 과학 동아리와 2개의 수학 동아리 A, B가 있다. 동아리 학술 발표회에서 이 7개 동아리가 모두 발표하도록 발표 순서를 임의로 정할 때, 수학 동아리 A가 수학 동아리 B보다 먼저 발표하는 순서로 정해지거나 두 수학 동아리의 발표 사이에는 2개의 과학 동아리만이 발표하는 순서로 정해질 확률은? (단, 발표는 한 동아리씩 하고, 각 동아리는 1회만 발표한다.) [4점]

① $\dfrac{4}{7}$　② $\dfrac{7}{12}$　③ $\dfrac{25}{42}$　④ $\dfrac{17}{28}$　⑤ $\dfrac{13}{21}$

수능수학 Big Data Analyst 김지석
수능한권 Prism 해설

사건 C: 수학 동아리 A가 수학 동아리 B보다 먼저 발표하는 순서로 정해지는 사건

사건 D: 두 수학 동아리의 발표 사이에는 2개의 과학 동아리만이 발표하는 순서로 정해지는 사건

라고 하면

구해야 하는 확률은

$$P(C \cup D) = P(C) + P(D) - P(C \cap D)$$

i) $P(C)$

7개의 동아리의 순서를 배치하는 방법의 수

▸ $7!$

동아리 A를 B보다 먼저 나오도록 배치하는 방법의 수

▸ $\dfrac{7!}{2!}$

$$\therefore P(C) = \dfrac{\frac{7!}{2!}}{7!} = \dfrac{1}{2}$$

※ A먼저 B나중 확률과 B먼저 A나중 확률은 같을 테니 그냥 $\dfrac{1}{2}$로 생각해도 무방하다.)

ii) $P(D)$

한 덩어리

[A□□B]□□□

A, B 사이에 2개 배치하는 방법의 수

▸ $_5P_2$

4덩어리 배치하는 방법의 수

▸ $4!$

A, B 자리 배치하는 방법의 수

▸ $2!$

$$\therefore P(D) = \dfrac{_5P_2 \times 4! \times 2!}{7!}$$

iii) $P(C \cap D)$

한 덩어리

[A□□B]□□□

A, B 사이에 2개 배치하는 방법의 수

▸ $_5P_2$

4덩어리 배치하는 방법의 수

▸ $4!$

A, B 자리 배치하는 방법의 수

▸ 1

$$\therefore P(C \cap D) = \dfrac{_5P_2 \times 4! \times 1}{7!}$$

$$\therefore P(C \cup D) = P(C) + P(D) - P(C \cap D)$$
$$= \dfrac{1}{2} + \dfrac{4}{21} - \dfrac{2}{21} = \dfrac{25}{42}$$

복습	1회	2회	3회	4회	5회
채점 O△X					

72. [2020년 9월 (가)형 19번]

집합 $X=\{1, 2, 3, 4\}$의 공집합이 아닌 모든 부분집합 15개 중에서 임의로 서로 다른 세 부분집합을 뽑아 임의로 일렬로 나열하고, 나열된 순서대로 A, B, C 라 할 때, $A \subset B \subset C$ 일 확률은? [4점]

① $\dfrac{1}{91}$　　② $\dfrac{2}{91}$　　③ $\dfrac{3}{91}$

④ $\dfrac{4}{91}$　　⑤ $\dfrac{5}{91}$

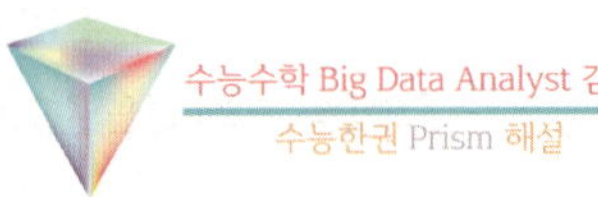

집합 X의 부분집합의 개수

▶ $2^4 - 1 = 15$

집합 X의 15가지 부분집합 중에서 3개를 선택하는 방법의 수

▶ $_{15}\mathrm{P}_3$

$n(A) < n(B) < n(C)$

i) $1 \xrightarrow{+1} 2 \xrightarrow{+1} 3$ ▶ $_4\mathrm{C}_1 \times {}_3\mathrm{C}_1 \times {}_2\mathrm{C}_1$

ii) $1 \xrightarrow{+1} 2 \xrightarrow{+2} 4$ ▶ $_4\mathrm{C}_1 \times {}_3\mathrm{C}_1 \times {}_2\mathrm{C}_2$

iii) $1 \xrightarrow{+2} 3 \xrightarrow{+1} 4$ ▶ $_4\mathrm{C}_1 \times {}_3\mathrm{C}_2 \times {}_1\mathrm{C}_1$

iv) $2 \xrightarrow{+1} 3 \xrightarrow{+1} 4$ ▶ $_4\mathrm{C}_2 \times {}_2\mathrm{C}_1 \times {}_1\mathrm{C}_1$

$\therefore {}_4\mathrm{C}_1 \times {}_3\mathrm{C}_1 \times {}_2\mathrm{C}_1 + {}_4\mathrm{C}_1 \times {}_3\mathrm{C}_1 \times {}_2\mathrm{C}_2$
$\quad + {}_4\mathrm{C}_1 \times {}_3\mathrm{C}_2 \times {}_1\mathrm{C}_1 + {}_4\mathrm{C}_2 \times {}_2\mathrm{C}_1 \times {}_1\mathrm{C}_1$
$\quad = 4 \times 3 \times (2+1+1+1) = 60$

$\therefore \dfrac{60}{{}_{15}\mathrm{P}_3} = \dfrac{2}{91}$

복습	1회	2회	3회	4회	5회
채점 O△X					

73. [2020년 6월 (가)형 13번 & (나)형 16번]

한 개의 주사위를 두 번 던져서 나오는 눈의 수를 차례로 a, b 라 할 때, $|a-3|+|b-3|=2$ 이거나 $a=b$ 일 확률은? [4점]

① $\dfrac{1}{4}$　② $\dfrac{1}{3}$　③ $\dfrac{5}{12}$　④ $\dfrac{1}{2}$　⑤ $\dfrac{7}{12}$

주사위 2개 → 표를 그린다.

$|a-3|$ \ $|b-3|$		2	1	0	1	2	3
	a \ b	1	2	3	4	5	6
2	1	4	3	2	3	4	5
1	2	3	2	1	2	3	4
0	3	2	1	0	1	2	3
1	4	3	2	1	2	3	4
2	5	4	3	2	3	4	5
3	6	5	4	3	4	5	6

$\therefore \dfrac{12}{36} = \dfrac{1}{3}$

[다른 풀이]

$|x-3|+|y-3|=2$, $y=x$ 그래프 그리기

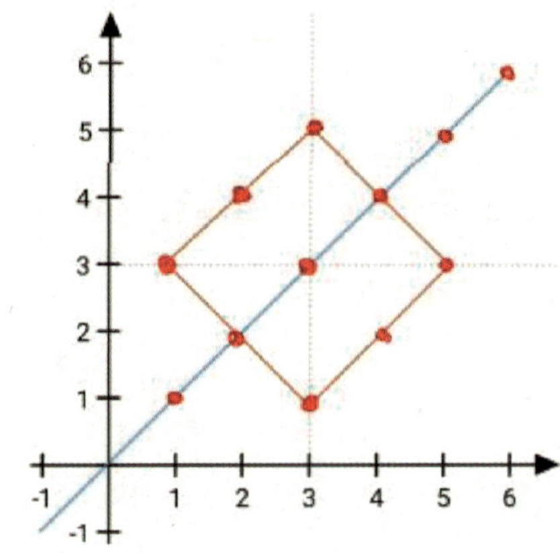

$\therefore \dfrac{12}{36} = \dfrac{1}{3}$

복습	1회	2회	3회	4회	5회
채점 O△X					

74. [2020년 6월 (나)형 29번]

집합 $A = \{1, 2, 3, 4\}$ 에 대하여 A 에서 A 로의 모든 함수 f 중에서 임의로 하나를 선택할 때, 이 함수가 다음 조건을 만족시킬 확률은 p 이다. $120p$ 의 값을 구하시오. [4점]

> (가) $f(1) \times f(2) \geq 9$
> (나) 함수 f 의 치역의 원소의 개수는 3 이다.

수능수학 Big Data Analyst 김지석
수능한권 Prism 해설

15

조건(가) 곱한 것이 9이상
→ 그래서 각각이 얼마인가?
→ 케이스를 나누는 것이 핵심!

$f(1) \times f(2) \geq 9$
i) $3 \times 3 = 9$, $4 \times 4 = 16$ $(f(1) = f(2))$
ii) $3 \times 4 = 12$, $4 \times 3 = 12$ $(f(1) \neq f(2))$

i) $f(1) = f(2) \neq f(3) \neq f(4)$인 경우
$f(1) = 3, f(2) = 3$ or $f(1) = 4, f(2) = 4$인 경우
▶ 2

$f(3), f(4)$ 선택하는 경우의 수
▶ 3×2

$\therefore \dfrac{2 \times 3 \times 2}{4^4} = \dfrac{3}{4^3}$

ii) $f(1) \neq f(2)$인 경우
$f(1) = 3, f(2) = 4$ or $f(1) = 4, f(2) = 3$인 경우
▶ 2

치역의 3번째 원소로 1 또는 2를 선택
▶ 2

치역의 3개의 원소 중 $f(3), f(4)$를 선택
▶ 3^2

$f(3), f(4)$ 모두 3 or 4 선택하는 경우 제외
▶ 2^2

$\therefore \dfrac{2 \times 2 \times (3^2 - 2^2)}{4^4} = \dfrac{5}{4^3}$

$\therefore \dfrac{3}{4^3} + \dfrac{5}{4^3} = \dfrac{8}{4^3} = \dfrac{1}{8}$

$\therefore 120p = 120 \times \dfrac{1}{8} = 15$

75. [2020년 6월 (가)형 17번]

숫자 $1, 2, 3, 4, 5, 6, 7$이 하나씩 적혀 있는 7장의 카드가 있다. 이 7장의 카드를 모두 한 번씩 사용하여 일렬로 임의로 나열할 때, 다음 조건을 만족시킬 확률은? [4점]

> (가) 4가 적혀 있는 카드의 바로 양옆에는 각각 4보다 큰 수가 적혀 있는 카드가 있다.
> (나) 5가 적혀 있는 카드의 바로 양옆에는 각각 5보다 작은 수가 적혀 있는 카드가 있다.

① $\dfrac{1}{28}$ ② $\dfrac{1}{14}$ ✓ ③ $\dfrac{3}{28}$ ④ $\dfrac{1}{7}$ ⑤ $\dfrac{5}{28}$

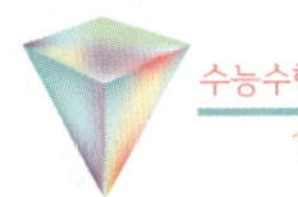
수능수학 Big Data Analyst 김지석
수능한권 Prism 해설

i) 4, 5가 옆에 있지 않은 경우
[大, 4, 大], [小, 5, 小], □

4의 양쪽에 6 or 7을 배치하는 경우의 수
▶ $_2\mathrm{P}_2$

5의 양쪽에 1 or 2 or 3을 배치하는 경우의 수
▶ $_3\mathrm{P}_2$

세 묶음을 배치하는 경우의 수
▶ $3!$

$\therefore {}_2\mathrm{P}_2 \times {}_3\mathrm{P}_2 \times 3!$

ii) 4, 5가 옆에 있는 경우
[大, 4, 5, 小], □, □, □

4 옆에 6 또는 7을 배치하는 경우의 수
▶ $_2\mathrm{P}_1$

5 옆에 1 또는 2 또는 3을 배치하는 경우의 수
▶ $_3\mathrm{P}_1$

4, 5 자리를 배치하는 경우의 수
▶ $2!$

네 묶음을 배치하는 경우의 수
▶ $4!$

$\therefore {}_2\mathrm{P}_1 \times 2! \times {}_3\mathrm{P}_1 \times 4!$

$\therefore \dfrac{{}_2\mathrm{P}_2 \times {}_3\mathrm{P}_2 \times 3! + {}_2\mathrm{P}_1 \times 2! \times {}_3\mathrm{P}_1 \times 4!}{7!} = \dfrac{1}{14}$

복습	1회	2회	3회	4회	5회
채점 O△X					

76. [2020년 6월 (가)형 19번]

두 집합 $A = \{1, 2, 3, 4\}$, $B = \{1, 2, 3\}$ 에 대하여 A 에서 B 로의 모든 함수 f 중에서 임의로 하나를 선택할 때, 이 함수가 다음 조건을 만족시킬 확률은? [4점]

> $f(1) \geq 2$ 이거나 함수 f 의 치역은 B 이다.

① $\dfrac{16}{27}$ ② $\dfrac{2}{3}$ ③ $\dfrac{20}{27}$ ✓④ $\dfrac{22}{27}$ ⑤ $\dfrac{8}{9}$

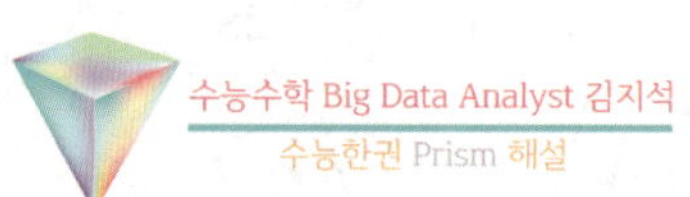
수능수학 Big Data Analyst 김지석
수능한권 Prism 해설

사건 C: $f(1) \geq 2$
사건 D: f 의 치역은 B
라고 하자.

$$P(C \cup D) = P(C) + P(D) - P(C \cap D)$$

i) 사건 C

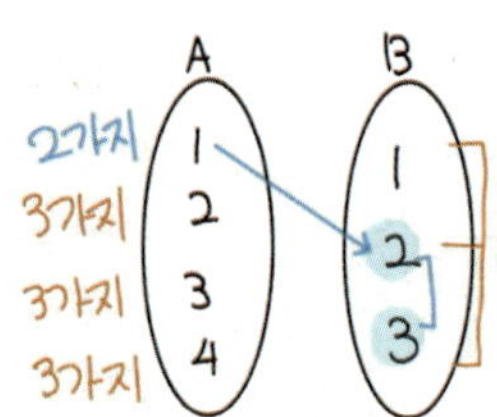

$$\therefore 2 \times 3^3 = 54$$

ii) 사건 D

집합 A를 2개/1개/1개 3묶음으로 분할하는 경우의 수

▶ $_4C_2 \times _2C_1 \times _1C_1 \times \dfrac{1}{2!}$

3묶음의 함숫값을 배치하는 경우의 수

▶ $3!$

$$\therefore _4C_2 \times _2C_1 \times _1C_1 \times \dfrac{1}{2!} \times 3! = 36$$

iii) 사건 $C \cap D$

$f(1) = 2$ or 3인 경우의 수

▶ 2

A⊃{2, 3, 4}를 B={1,2,3}에 일대일로 함수값을 배치하는 경우의 수

▶ $3!$

A⊃{2, 3, 4}를 2개/1개의 2묶음으로 분할하는 경우의 수

▶ $_3C_2 \times _1C_1$

2묶음의 함숫값 배치($f(1)$ 제외)하는 경우의 수

▶ $2!$

$$\therefore 2 \times \{3! + (_3C_2 \times _1C_1 \times 2!)\} = 24$$

$$\therefore \frac{54 + 36 - 24}{3^4} = \frac{22}{27}$$

[다른 풀이]

여사건의 확률 활용

$$P(C \cup D) = 1 - P(C^c \cap D^c)$$

사건 $C^c \cap D^c$:

$f(1) < 2$ & f치역 $\neq B$
$\Leftrightarrow$ $f(1) = 1$ & $n(f$치역$) = 1$ or 2

i) $n(f$치역$) = 1$
ii) $n(f$치역$) = 2$

i) $n(f$치역$) = 1$

모든 함숫값이 1인 함수의 경우의 수

▶ 1

ii) $n(f$치역$) = 2$

1이외의 치역의 원소 선택하는 경우의 수

▶ 2

A⊃{2, 3, 4}의 함숫값을 선택하는 경우의 수

▶ 2^3

A⊃{2, 3, 4}가 모두 함숫값을 1만 선택하는 경우 제외

▶ 1

$$\therefore 1 - \frac{1}{3^4}\{1 + 2(2^3 - 1)\} = 1 - \frac{5}{3^3} = \frac{22}{27}$$

복습	1회	2회	3회	4회	5회
채점 O△X					

77. [2020년 22예시문항 (확률과 통계) 28번]
1부터 10까지의 자연수 중에서 임의로 서로 다른 3개의 수를 선택한다. 선택한 세 개의 수의 곱이 짝수일 때, 그 세 개의 수의 합이 3의 배수일 확률은? [4점]

① $\dfrac{14}{55}$　　② $\dfrac{3}{10}$　　③ $\dfrac{19}{55}$

④ $\dfrac{43}{110}$　　⑤ $\dfrac{24}{55}$

수능수학 Big Data Analyst 김지석
수능한권 Prism 해설

(Step1) 세 수의 곱이 짝수인 경우 (분모)

세 수의 곱이 짝수

→ 그래서 각각이 몇인가?

→ 케이스를 나누는 것이 핵심!

짝수 × 짝수 = 짝수

짝수 × 홀수 = 짝수

홀수 × 홀수 = 홀수

→ 짝수가 하나라도 곱해지면 짝수가 된다.

10개의 수에서 3개의 수를 선택하는 경우의 수

▶ $_{10}C_3$

홀수만 3개 선택하는 경우 제외 (여사건)

▶ $_5C_3$

∴ $_{10}C_3 - _5C_3 = 120 - 10 = 110$

(Step2) 세 수의 합이 3의 배수인 경우

3배수에 대한 문제

→ 수를 3으로 나누었을 때의 나머지를 기준으로 분류한다!

A: 3k꼴 → 3, 6, 9

B: 3k+1꼴 → 1, 4, 7, 10

C: 3k+2꼴 → 2, 5, 8

ⅰ) A에서 3개 선택하는 경우의 수

▶ $_3C_3$

ⅱ) B에서 3개 선택하는 경우의 수

▶ $_4C_3$

ⅲ) C에서 3개 선택하는 경우의 수

▶ $_3C_3$

ⅳ) A, B, C에서 각각 1개씩 뽑는데 짝수가 적어도 1개 포함되는 경우 (홀수만 3개인 경우 제외)

▶ $3 \times 4 \times 3 - 2 \times 2 \times 1$

∴ $_3C_3 + _4C_3 + _3C_3 + (3 \times 4 \times 3 - 2 \times 2 \times 1) = 38$

∴ $\dfrac{38}{110} = \dfrac{19}{55}$

복습	1회	2회	3회	4회	5회
채점 O△X					

78. [2019년 수능 (나)형 28번] 실전 분석
숫자 1, 2, 3, 4가 하나씩 적혀 있는 흰 공 4개와 숫자 4, 5, 6이 하나씩 적혀 있는 검은 공 3개가 있다. 이 7개의 공을 임의로 일렬로 나열할 때, 같은 숫자가 적혀 있는 공이 서로 이웃하지 않게 나열될 확률은 $\dfrac{q}{p}$이다. $p+q$의 값을 구하시오. (단, p와 q는 서로소인 자연수이다.) [4점]

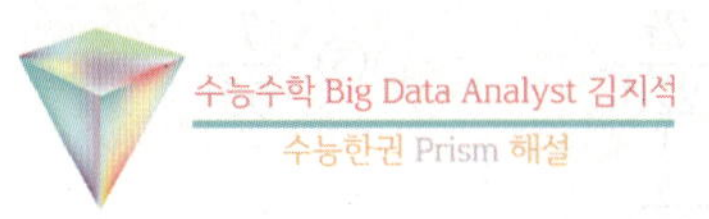

수능수학 Big Data Analyst 김지석
수능한권 Prism 해설

12

해설 바로가기 ▶ 실전개념분석 12번

복습	1회	2회	3회	4회	5회
채점 ○△X					

79. [2019년 9월 (가)형 18번 & (나)형 20번]
빨간색 공 6개, 파란색 공 3개, 노란색 공 3개가 들어있는 주머니가 있다. 이 주머니에서 임의로 한 개의 공을 꺼내는 시행을 하여, 다음 규칙에 따라 세 사람 A, B, C가 점수를 얻는다. (단, 한번 꺼낸 공은 다시 주머니에 넣지 않는다.)

> - 빨간색 공이 나오면 A는 3점, B는 1점, C는 1점을 얻는다.
> - 파란색 공이 나오면 A는 2점, B는 6점, C는 2점을 얻는다.
> - 노란색 공이 나오면 A는 2점, B는 2점, C는 6점을 얻는다.

이 시행을 계속하여 얻은 점수의 합이 처음으로 24점 이상인 사람이 나오면 시행을 멈춘다. 다음은 얻은 점수의 합이 24점 이상인 사람이 A뿐일 확률을 구하는 과정이다.

> 꺼낸 빨간색 공의 개수를 x, 파란색 공의 개수를 y, 노란색 공의 개수를 z라 할 때, 얻은 점수의 합이 24점 이상인 사람이 A뿐이기 위해서는 x, y, z가 다음 조건을 만족시켜야 한다.
> $x = 6$, $0 < y < 3$, $0 < z < 3$, $y + z \geq 3$
> 이 조건을 만족시키는 순서쌍 (x, y, z)는
> $(6, 1, 2)$, $(6, 2, 1)$, $(6, 2, 2)$
> 이다.
> (i) $(x, y, z) = (6, 1, 2)$인 경우의 확률은 ___(가)___ 이다.
> (ii) $(x, y, z) = (6, 2, 1)$인 경우의 확률은 ___(가)___ 이다.
> (iii) $(x, y, z) = (6, 2, 2)$인 경우는 10번째 시행에서 빨간색 공이 나와야 하므로 그 확률은 ___(나)___ 이다.
> (i), (ii), (iii)에 의하여 구하는 확률은 $2 \times$ ___(가)___ $+$ ___(나)___ 이다.

위의 (가), (나)에 알맞은 수를 각각 p, q라 할 때, $p + q$의 값은? [4점]

① $\dfrac{13}{110}$ ② $\dfrac{27}{220}$ ③ $\dfrac{7}{55}$

④ $\dfrac{29}{220}$ ⑤ $\dfrac{3}{22}$

i) $(x, y, z) = (6, 1, 2)$인 경우
9개의 공을 꺼내는 방법의 수
▶ $_{12}P_9$

빨간공을 6개 뽑는 방법의 수
▶ $_6C_6$

파란공을 1개 뽑는 방법의 수
▶ $_3C_1$

노란공을 2개 뽑는 방법의 수
▶ $_3C_2$

공 9개를 배치하는 방법의 수
▶ $9!$

$\therefore$ ___(가)___ $= \dfrac{_6C_6 \times _3C_1 \times _3C_2 \times 9!}{_{12}P_9} = \dfrac{9}{220}$

iii) $(x, y, z) = (6, 2, 2)$인 경우
9번째 시행까지 $(x, y, z) = (5, 2, 2)$이고
10번째 시행에서 빨간공이 나와
$(x, y, z) = (6, 2, 2)$이어야만 한다.
그렇지 않으면 9번째 시행에서 24점 이상이 되어 10번째 시행을 할 수 없다.
9개의 공을 꺼내는 방법의 수
▶ $_{12}P_9$

빨간공을 5개 뽑는 방법의 수
▶ $_6C_5$

파란공을 2개 뽑는 방법의 수
▶ $_3C_2$

노란공을 2개 뽑는 방법의 수
▶ $_3C_2$

공 9개를 배치하는 방법의 수
▶ $9!$

10번째에 빨간공을 꺼내는 확률
▶ $\dfrac{1}{3}$

$\therefore$ ___(나)___ $= \dfrac{_6C_5 \times _3C_2 \times _3C_2 \times 9!}{_{12}P_9} \times \dfrac{1}{3} = \dfrac{9}{110}$

$\therefore p + q = \dfrac{9}{220} + \dfrac{9}{110} = \dfrac{27}{220}$

복습	1회	2회	3회	4회	5회
채점 O△X					

복습	1회	2회	3회	4회	5회
채점 O△X					

80. [2019년 9월 (나)형 14번]

다음 조건을 만족시키는 좌표평면 위의 점 (a, b) 중에서 임의로 서로 다른 두 점을 선택할 때, 선택된 두 점 사이의 거리가 1보다 클 확률은? [4점]

> (가) a, b는 자연수이다.
> (나) $1 \le a \le 4$. $1 \le b \le 3$

① $\dfrac{41}{66}$　② $\dfrac{43}{66}$　③ $\dfrac{15}{22}$

④ $\dfrac{47}{66}$　⑤ $\dfrac{49}{66}$

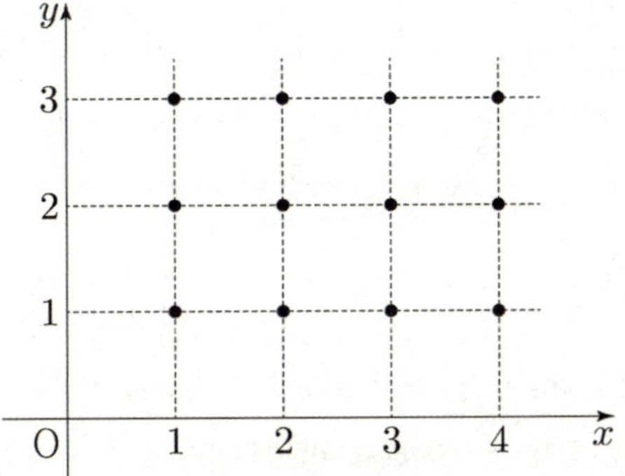

수능수학 Big Data Analyst 김지석
수능한권 Prism 해설

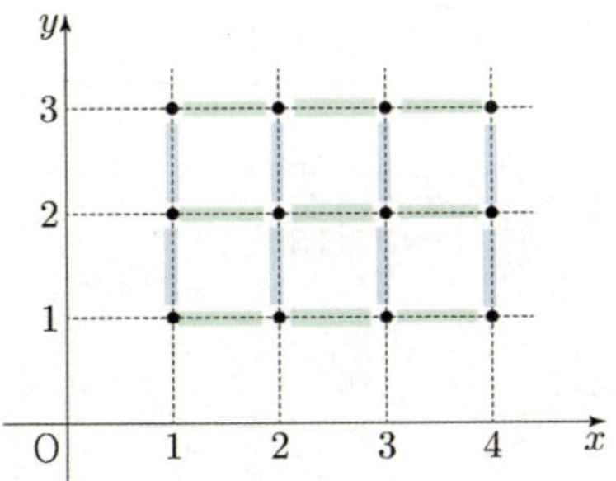

여사건을 활용하자.

12개의 점 중에서 2개를 선택하는 경우의 수

▶ $_{12}C_2$

두 점 사이의 거리가 1인 경우 가로 9개, 세로 8개 선분

▶ $9 + 8 = 17$

$\therefore \ 1 - \dfrac{17}{_{12}C_2} = \dfrac{49}{66}$

81. [2019년 6월 (나)형 16번]

한 개의 주사위를 네 번 던질 때 나오는 눈의 수를 차례로 a, b, c, d라 하자. 네 수 a, b, c, d의 곱 $a \times b \times c \times d$가 12일 확률은? [4점]

① $\dfrac{1}{36}$　② $\dfrac{5}{72}$　③ $\dfrac{1}{9}$　④ $\dfrac{11}{72}$　⑤ $\dfrac{7}{36}$

수능수학 Big Data Analyst 김지석
수능한권 Prism 해설

곱해서 12

→ 그래서 각각이 얼마인가?
→ 케이스를 나누는 것이 핵심!

$12 = 2^2 \times 3$이므로

순서쌍 (a, b, c, d)
 ⅰ) $(6, 2, 1, 1)$
 ⅱ) $(4, 3, 1, 1)$
 ⅲ) $(3, 2, 2, 1)$

$\therefore \ \dfrac{\dfrac{4!}{2!} + \dfrac{4!}{2!} + \dfrac{4!}{2!}}{6^4} = \dfrac{12 + 12 + 12}{6^4} = \dfrac{1}{36}$

복습	1회	2회	3회	4회	5회
채점 O△X					

82. [2019년 6월 (가)형 27번]

숫자 1, 1, 2, 2, 3, 3이 하나씩 적혀 있는 6개의 공이 들어 있는 주머니가 있다. 이 주머니에서 한 개의 공을 임의로 꺼내어 공에 적힌 수를 확인한 후 다시 넣지 않는다. 이와 같은 시행을 6번 반복할 때, $k(1 \le k \le 6)$번째 꺼낸 공에 적힌 수를 a_k라 하자. 두 자연수 m, n을

$$m = a_1 \times 100 + a_2 \times 10 + a_3,$$
$$n = a_4 \times 100 + a_5 \times 10 + a_6$$

이라 할 때, $m > n$일 확률은 $\dfrac{q}{p}$이다. $p+q$의 값을 구하시오. (단, p와 q는 서로소인 자연수이다.) [4점]

수능수학 Big Data Analyst 김지석
수능한권 Prism 해설

22

$m - n > 0$

$\Leftrightarrow (a_1 - a_4) \times 100 + (a_2 - a_5) \times 10 + (a_3 - a_6) > 0$

ⅰ) $a_1 > a_4$

ⅱ) $a_1 = a_4$, $a_2 > a_5$

ⅲ) $a_1 = a_4$, $a_2 = a_5$, $a_3 > a_6$

1A, 1B, 2A, 2B, 3C, 3A의 6개를 배치하는 방법의 수

▸ 6!

ⅰ) $a_1 > a_4$

$(2, a_2, a_3, 1, a_5, a_6)$

$(3, a_2, a_3, 1, a_5, a_6)$

$(3, a_2, a_3, 2, a_5, a_6)$ 중에서 하나 선택

▸ 3

a_1, a_4의 정해진 숫자에 A, B를 정하는 방법의 수

▸ 2^2

나머지 4 자리에 숫자를 배치하는 방법의 수

▸ 4!

∴ $3 \times 2^2 \times 4!$

ⅱ) $a_1 = a_4$, $a_2 > a_5$

$(1, 3, a_3, 1, 2, a_6)$

$(2, 3, a_3, 2, 1, a_6)$

$(3, 2, a_3, 3, 1, a_6)$ 중에서 하나 선택

▸ 3

a_1, a_4의 정해진 숫자에 A, B를 정하는 방법의 수

▸ 2

a_2, a_5의 정해진 숫자에 A, B를 정하는 방법의 수

▸ 2^2

나머지 2 자리에 숫자를 배치하는 방법의 수

▸ 2!

∴ $3 \times 2 \times 2^2 \times 2!$

ⅲ) $a_1 = a_4$, $a_2 = a_5$, $a_3 > a_6$

$a_1 = a_4$, $a_2 = a_5$이면 $a_3 = a_6$이므로 모순

∴ $\dfrac{3 \times 2^2 \times 4! + 3 \times 2 \times 2^2 \times 2!}{6!} = \dfrac{7}{15}$

∴ $p + q = 15 + 7 = 22$

복습	1회	2회	3회	4회	5회
채점 O△X					

83. [2019년 6월 (가)형 14번]

한 개의 주사위를 세 번 던져서 나오는 눈의 수를 차례로 a, b, c라 할 때, $a > b$이고 $a > c$일 확률은? [4점]

① $\dfrac{13}{54}$　② $\dfrac{55}{216}$　③ $\dfrac{29}{108}$　④ $\dfrac{61}{216}$　⑤ $\dfrac{8}{27}$

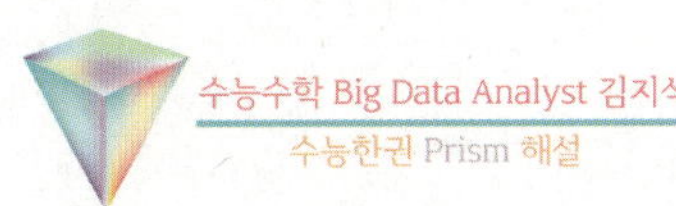

$a > b$, $a > c$를 만족하는 경우는 다음 표와 같다.

a	b	c
2	1	1
3	1, 2	1, 2
4	1, 2, 3	1, 2, 3
5	1, 2, 3, 4	1, 2, 3, 4
6	1, 2, 3, 4, 5	1, 2, 3, 4, 5

$a > b$, $a > c$를 만족하는 방법의 수

▶ $1^2 + 2^2 + 3^2 + 4^2 + 5^2$

주사위를 세 번 던질 때 나오는 숫자의 가짓수

▶ 6^3

$$\therefore \frac{1^2 + 2^2 + 3^2 + 4^2 + 5^2}{6^3} = \frac{55}{216}$$

복습	1회	2회	3회	4회	5회
채점 O△X					

84. [2018년 6월 (나)형 19번]

한 개의 주사위를 세 번 던질 때 나오는 눈의 수를 차례로 a, b, c라 하자. 세 수 a, b, c가 $a < b - 2 \leq c$를 만족시킬 확률은? [4점]

① $\dfrac{2}{27}$　② $\dfrac{1}{12}$　③ $\dfrac{5}{54}$

④ $\dfrac{11}{108}$　⑤ $\dfrac{1}{9}$

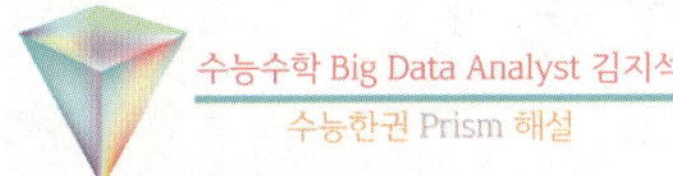

$1 < b - 2 \Leftrightarrow b > 3$이므로
$b = 4$ or 5 or 6

ⅰ) $b = 4$일 때
$a < 2 \leq c$를 만족하는 a, c의 가짓수
▶ 1×5

ⅱ) $b = 5$일 때
$a < 3 \leq c$를 만족하는 a, c의 가짓수
▶ 2×4

ⅱ) $b = 6$일 때
$a < 4 \leq c$를 만족하는 a, c의 가짓수
▶ 3×3

$$\therefore \frac{1 \times 5 + 2 \times 4 + 3 \times 3}{6^3} = \frac{11}{108}$$

복습	1회	2회	3회	4회	5회
채점 $\bigcirc\triangle\times$					

85. [2018년 6월 (가)형 18번]

좌표평면 위에 두 점 $A(0, 4)$, $B(0, -4)$가 있다. 한 개의 주사위를 두 번 던질 때 나오는 눈의 수를 차례로 m, n이라 하자. 점

$C\left(m\cos\dfrac{n\pi}{3},\ m\sin\dfrac{n\pi}{3}\right)$에 대하여 삼각형 ABC 의

넓이가 12보다 작을 확률은? [4점]

① $\dfrac{1}{2}$ ② $\dfrac{5}{9}$ ③ $\dfrac{11}{18}$

✓④ $\dfrac{2}{3}$ ⑤ $\dfrac{13}{18}$

[개념] 수학 l 삼각함수

$C\left(m\cos\dfrac{n\pi}{3},\ m\sin\dfrac{n\pi}{3}\right)$ 는

중심이 원점이고 반지름이 m인 원 위에서

x축의 양의 방향과 이루는 각이 $\dfrac{n\pi}{3}$인 점이다.

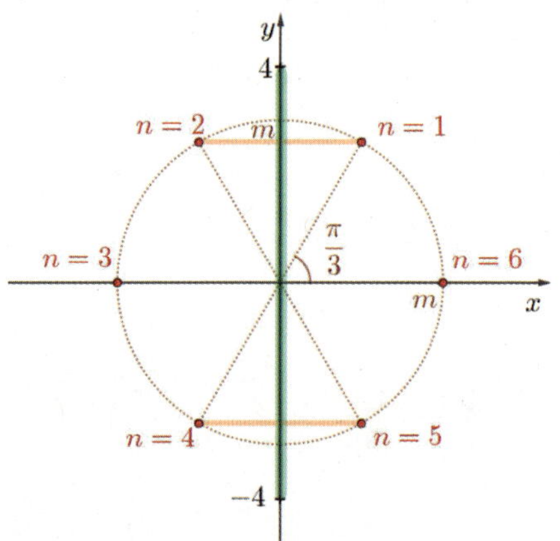

$\triangle ABC$의 높이를 h라고 하면

$\overline{AB} = 8$이고 $h = \left| m\cos\dfrac{n\pi}{3} \right|$

$\therefore$ $\triangle ABC$의 넓이는

$\dfrac{1}{2}\times 8\times h < 12$

$\therefore h = \left| m\cos\dfrac{n\pi}{3} \right| < 3$

$\cos\dfrac{n\pi}{3}$에 따라 m의 값의 경우가 달라지므로 케이스를 나누자.

i) $n=3,\ 6$이면

$h = |m(\pm 1)| = m < 3$

$\therefore\ m=1,\ 2$

순서쌍 (m, n)의 개수

▶ 2×2

ii) $n=1,\ 2,\ 4,\ 5$이면

$h = \left| m\left(\pm\dfrac{1}{2}\right) \right| = \dfrac{m}{2} < 3$

$\Leftrightarrow m < 6$

$\therefore\ m=1,\ 2,\ 3,\ 4,\ 5$

순서쌍 (m, n)의 개수

▶ 4×5

$\therefore\ \dfrac{2\times 2 + 4\times 5}{6\times 6} = \dfrac{2}{3}$

복습	1회	2회	3회	4회	5회
채점 O△X					

86. [2017년 수능 (가)형 26번] 실전 분석

두 주머니 A와 B에는 숫자 1, 2, 3, 4가 하나씩
적혀 있는 4장의 카드가 각각 들어 있다. 갑은
주머니 A에서, 을은 주머니 B에서 각자 임의로 두
장의 카드를 꺼내어 가진다. 갑이 가진 두 장의
카드에 적힌 수의 합과 을이 가진 두 장의 카드에
적힌 수의 합이 같을 확률은 $\dfrac{q}{p}$이다. $p+q$의 값을
구하시오. (단, p, q는 서로소인 자연수이다.)
[4점]

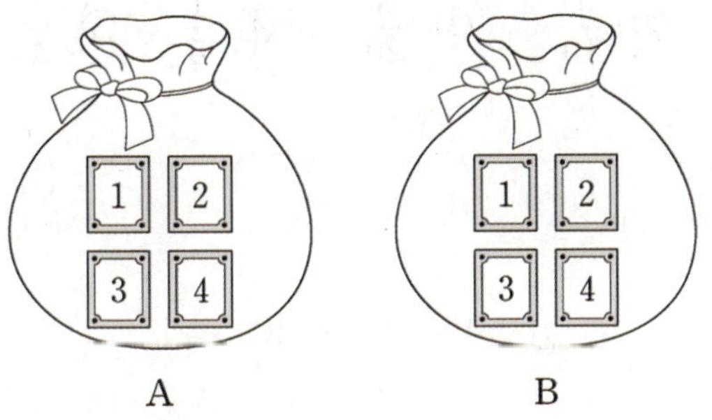
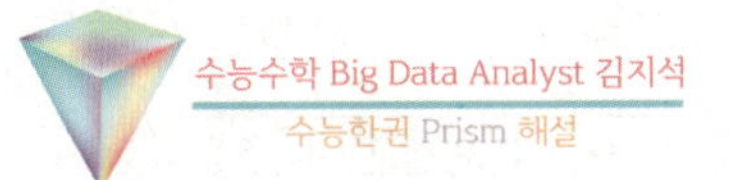

수능수학 Big Data Analyst 김지석
수능한권 Prism 해설

11

해설 바로가기 ▶ 실전개념분석 5번

복습	1회	2회	3회	4회	5회
채점 O△X					

87. [2014년 수능 (A)형 15번] 실전 분석

주머니 A에는 흰 공 2개와 검은 공 3개가 들어
있고, 주머니 B에는 흰 공 1개와 검은 공 3개가
들어 있다. 주머니 A에서 임의로 1개의 공을 꺼내어
흰 공이면 흰 공 2개를 주머니 B에 넣고 검은
공이면 검은 공 2개를 주머니 B에 넣은 후 주머니
B에서 임의로 1개의 공을 꺼낼 때 꺼낸 공이 흰
공일 확률은? [4점]

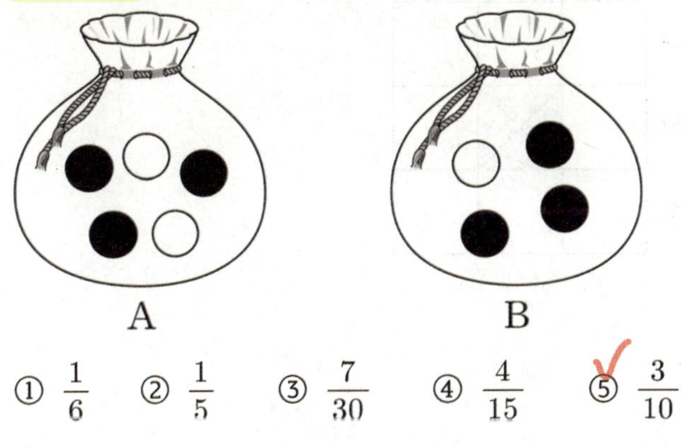

① $\dfrac{1}{6}$ ② $\dfrac{1}{5}$ ③ $\dfrac{7}{30}$ ④ $\dfrac{4}{15}$ ⑤ $\dfrac{3}{10}$

수능수학 Big Data Analyst 김지석
수능한권 Prism 해설

해설 바로가기 ▶ 실전개념분석 7번

복습	1회	2회	3회	4회	5회
채점 O△X					

88. [2013년 수능 (나)형 29번]

다음 좌석표에서 2행 2열 좌석을 제외한 8개의 좌석에 여학생 4명과 남학생 4명을 1명씩 임의로 배정할 때, 적어도 2명의 남학생이 서로 이웃하게 배정될 확률은 p이다. $70p$의 값을 구하시오. (단, 2명이 같은 행의 바로 옆이나 같은 열의 바로 앞뒤에 있을 때 이웃한 것으로 본다.) [4점]

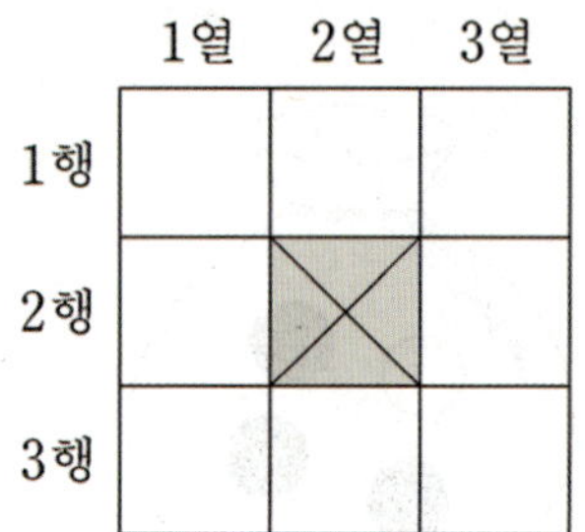

전체에서 안되는 것을 제외(여사건)하는 방법을 활용하자.

ⅰ) 8명을 자리에 배정하는 방법의 수

▶ 8!

ⅱ) 남학생이 이웃하지 않게 배정되는 방법의 수

 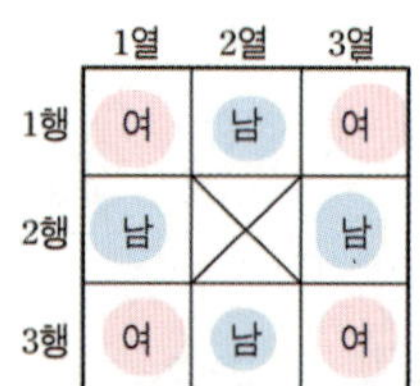

여학생 4명을 이웃하지 않게 배정하는 경우의수

▶ $2 \times 4!$

남학생 4명을 여학생 사이에 배정하는 경우의수

▶ 4!

$$\therefore p = 1 - \frac{2 \times 4! \times 4!}{8!} = 1 - \frac{1}{35} = \frac{34}{35}$$

$$\therefore 70p = 70 \times \frac{34}{35} = 68$$

89. [2011년 수능 (나)형 17번]

한국, 중국, 일본 학생이 2명씩 있다. 이 6명이 그림과 같이 좌석번호가 지정된 6개의 좌석 중 임의로 1개씩 선택하여 앉을 때, 같은 나라의 두 학생끼리는 좌석 번호의 차가 1 또는 10이 되도록 앉게 될 확률은? [4점]

11	12	13

21	22	23

① $\dfrac{1}{20}$　② $\dfrac{1}{10}$　③ $\dfrac{3}{20}$　④ $\dfrac{1}{5}$　⑤ $\dfrac{1}{4}$

6명의 학생을 6개의 좌석에 앉히는 방법의 수

▶ 6!

같은 나라의 두 학생끼리 좌석번호의 차가 1 또는 10이 되도록 앉는 케이스 나누기

▶ 3

각 케이스마다 세 나라를 정하는 방법의 수

▶ 3!

각 좌석에 두 학생을 앉히는 방법의 수

▶ 2^3

$$\therefore \frac{3 \times 3! \times 2^3}{6!} = \frac{1}{5}$$

복습	1회	2회	3회	4회	5회
채점 O△X					

90. [2010년 수능 (나)형 29번] 실전 분석

각 면에 1, 1, 1, 2, 2, 3의 숫자가 하나씩 적혀있는 정육면체 모양의 상자를 던져 윗면에 적힌 수를 읽기로 한다. 이 상자를 3번 던질 때, 첫 번째와 두 번째 나온 수의 합이 4이고 세 번째 나온 수가 홀수일 확률은? [4점]

① $\dfrac{5}{27}$ ② $\dfrac{11}{54}$ ③ $\dfrac{2}{9}$ ④ $\dfrac{13}{54}$ ⑤ $\dfrac{7}{27}$

수능수학 Big Data Analyst 김지석
수능한권 Prism 해설

해설 바로가기 ▶ 실전개념분석 2번

복습	1회	2회	3회	4회	5회
채점 O△X					

91. [2009년 수능 (가)형 & (나)형 15번] 실전 분석

어떤 사회봉사센터에서는 다음과 같은 4가지 봉사활동 프로그램을 매일 운영하고 있다.

프로그램	A	B	C	D
봉사활동 시간	1시간	2시간	3시간	4시간

철수는 이 사회봉사센터에서 5일간 매일 하나씩의 프로그램에 참여하여 다섯 번의 봉사활동 시간 합계가 8시간이 되도록 아래와 같은 봉사활동 계획서를 작성하려고 한다. 작성할 수 있는 봉사활동 계획서의 가짓수는? [4점]

봉사활동 계획서

성명 :

참여일	참여프로그램	봉사활동시간
2009. 1. 5		
2009. 1. 6		
2009. 1. 7		
2009. 1. 8		
2009. 1. 9		
봉사활동시간 합계		8시간

① 47 ② 44 ③ 41 ④ 38 ⑤ 35

수능수학 Big Data Analyst 김지석
수능한권 Prism 해설

해설 바로가기 ▶ 실전개념분석 3번

복습	1회	2회	3회	4회	5회
채점 O△X					

92. [2009년 수능 (가)형 이산수학 29번]

여섯 개의 문자 A, B, C, D, E, F를 모두 사용하여 만든 6자리 문자열 중에서 다음 조건을 모두 만족시키는 문자열의 개수는?

(가) A의 바로 다음 자리에 B가 올 수 없다.
(나) B의 바로 다음 자리에 C가 올 수 없다.
(다) C의 바로 다음 자리에 A가 올 수 없다.

(예를 들어 CDFBAE는 조건을 만족시키지만 CDFABE는 조건을 만족시키지 않는다.) [4점]

① 380   ② 432   ③ 484   ④ 536   ⑤ 598

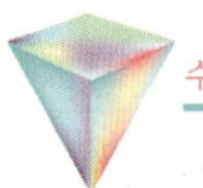

수능수학 Big Data Analyst 김지석
수능한권 Prism 해설

문자열 전체의 집합을 U,
A 바로 다음 자리에 B가 오는 문자열의 집합을 X,
B 바로 다음 자리에 C가 오는 문자열의 집합을 Y,
C 바로 다음 자리에 A가 오는 문자열의 집합을 Z,
라 하자.

$n(X^C \cap Y^C \cap Z^C)$
$= n(U) - n(X \cup Y \cup Z)$
$= n(U) - n(X) - n(Y) - n(Z)$
$\quad + n(X \cap Y) + n(Y \cap Z) + n(Z \cap X)$
$\quad - n(X \cap Y \cap Z)$
$= 6! - 3 \times 5! + 3 \times 4! - 0$
$= 4!(6 \times 5 - 3 \times 5 + 3)$
$= 24 \times 18 = 432$

복습	1회	2회	3회	4회	5회
채점 O△X					

93. [2009년 수능 (나)형 22번] 실전 분석

주사위를 두 번 던질 때, 나오는 눈의 수를 차례로 m, n이라 하자. $i^m \cdot (-i)^n$의 값이 1이 될 확률이 $\dfrac{q}{p}$일 때, $p+q$의 값을 구하시오.

(단, $i = \sqrt{-1}$ 이고 p, q는 서로소인 자연수이다.) [4점]

수능수학 Big Data Analyst 김지석
수능한권 Prism 해설   23

해설 바로가기 ▶ 실전개념분석 10번

94. [2007년 수능 (가)형 & (나)형 14번]

1, 2, 3, 4, 5의 숫자가 하나씩 적힌 5개의 공을 3개의 상자 A, B, C에 넣으려고 한다. 어느 상자에도 넣어진 공에 적힌 수의 합이 13 이상이 되는 경우가 없도록 공을 상자에 넣는 방법의 수는? (단, 빈 상자의 경우에는 넣어진 공에 적힌 수의 합을 0으로 한다.) [4점]

① 233   ② 228   ③ 222   ④ 215   ⑤ 211

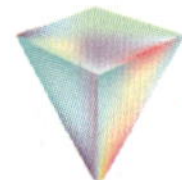

수능수학 Big Data Analyst 김지석
수능한권 Prism 해설

5개의 공을 상자 A, B, C에 넣는 전체 방법의 수
▶ 3^5

합이 13 이상이 되는 경우는

ⅰ) 1+2+3+4+5=15
{1,2,3,4,5} / ∅ / ∅
▶ $\dfrac{3!}{2!} = 3$

ⅱ) 2+3+4+5=14
{2, 3, 4, 5} / {1} / ∅
▶ $3!$

ⅲ) 1+3+4+5=13
{1, 3, 4, 5} / {2} / ∅
▶ $3!$

∴ $3^5 - (3 + 3! + 3!) = 228$

복습	1회	2회	3회	4회	5회
채점 O△X					

95. [2006년 수능 (가)형 & (나)형 23번]

각 면에 $1, 1, 1, 2$의 숫자가 하나씩 적혀 있는 정사면체 모양의 상자가 있다. 이 상자를 던져서 밑면에 적힌 숫자가 1이면 아래 그림의 영역 A에, 숫자가 2이면 영역 B에 색을 칠하기로 하였다. 두 영역에 색이 모두 칠해질 때까지 이 상자를 계속 던질 때, 3번째에 마칠 확률을 $\dfrac{q}{p}$라 하자. $p+q$의 값을 구하시오. (단, p, q는 서로소인 자연수이다.) [4점]

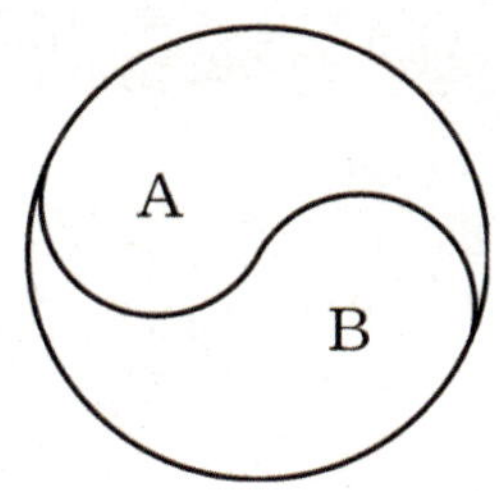

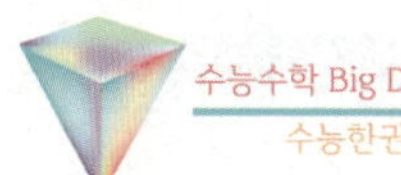
수능수학 Big Data Analyst 김지석
수능한권 Prism 해설   19

영역 A에 색을 칠하게 될 확률
▶ $\dfrac{3}{4}$

영역 B에 색을 칠하게 될 확률
▶ $\dfrac{1}{4}$

3번째 시행에서 마치는 경우
i) A→A→B
▶ $\dfrac{3}{4} \times \dfrac{3}{4} \times \dfrac{1}{4}$

ii) B→B→A
▶ $\dfrac{1}{4} \times \dfrac{1}{4} \times \dfrac{3}{4}$

$\therefore \left(\dfrac{3}{4} \times \dfrac{3}{4} \times \dfrac{1}{4}\right) + \left(\dfrac{1}{4} \times \dfrac{1}{4} \times \dfrac{3}{4}\right) = \dfrac{3}{16}$

$\therefore p+q = 16+3 = 19$

복습	1회	2회	3회	4회	5회
채점 O△X					

96. [2005년 수능 (나)형 29번] 실전 분석

두 개의 주사위를 동시에 던질 때, 한 주사위 눈의 수가 다른 주사위 눈의 수의 배수가 될 확률은? [4점]

① $\dfrac{7}{18}$ ② $\dfrac{1}{2}$ ③ $\dfrac{11}{18}$ ✓ ④ $\dfrac{13}{18}$ ⑤ $\dfrac{5}{6}$

수능수학 Big Data Analyst 김지석
수능한권 Prism 해설

해설 바로가기 ▶ 실전개념분석 9번

복습	1회	2회	3회	4회	5회
채점 O△X					

97. [2005년 수능 (나)형 30번]

$1, 2, 2, 4, 5, 5$를 일렬로 배열하여 여섯 자리 자연수를 만들 때, 300000보다 큰 자연수의 개수를 구하시오. [4점]

수능수학 Big Data Analyst 김지석
수능한권 Prism 해설   90

300000보다 큰 자연수 케이스 나누기

i) 십만자리의 수가 4인 경우의 수
4□□□□□ ← 1, 2, 2, 5, 5를 배열
▶ $\dfrac{5!}{2!2!}$

ii) 십만자리의 수가 5인 경우의 수
5□□□□□ ← 1, 2, 2, 4, 5를 배열
▶ $\dfrac{5!}{2!}$

$\therefore \dfrac{5!}{2!2!} + \dfrac{5!}{2!} = 30 + 60 = 90$

확률과 통계 1. 경우의 수 경향03
중복순열조합분할

수능 3점

복습	1회	2회	3회	4회	5회
채점 O△X					

98. [2023년 수능 (확률과 통계) 24번]

숫자 1, 2, 3, 4, 5 중에서 중복을 허락하여 4개를 택해 일렬로 나열하여 만들 수 있는 네 자리의 자연수 중 4000 이상인 홀수의 개수는? [3점]

① 125 ② 150 ③ 175 ④ 200 ⑤ 225

수능수학 Big Data Analyst 김지석
수능한권 Prism 해설

네 자리의 자연수가 4000이상인 홀수이려면

i) ☑□□□ 천의 자리 수

4 or 5

▶ 2

ii) □□□☑ 일의 자리 수

1 or 3 or 5

▶ 3

iii) □☑☑□ 백의 자리와 십의 자리 수

1 or 2 or 3 or 4 or 5

▶ $_5\Pi_2$

$$\therefore 2 \times 3 \times {}_5\Pi_2 = 150$$

복습	1회	2회	3회	4회	5회
채점 O△X					

99. [2022년 수능 (확률과 통계) 25번] 실전 분석

다음 조건을 만족시키는 자연수 a, b, c, d, e의 모든 순서쌍 (a, b, c, d, e)의 개수는? [3점]

(가) $a+b+c+d+e = 12$
(나) $|a^2 - b^2| = 5$

① 30 ② 32 ③ 34 ④ 36 ⑤ 38

수능수학 Big Data Analyst 김지석
수능한권 Prism 해설

해설 바로가기 ▶ 실전개념분석 16번

복습	1회	2회	3회	4회	5회
채점 O△X					

100. [2021년 수능 (나)형 13번] 실전 분석

집합 $X = \{1, 2, 3, 4\}$에 대하여 다음 조건을 만족시키는 함수 $f : X \to X$의 개수는? [3점]

$$f(2) \le f(3) \le f(4)$$

① 64 ② 68 ③ 72 ④ 76 ⑤ 80

수능수학 Big Data Analyst 김지석
수능한권 Prism 해설

해설 바로가기 ▶ 실전개념분석 23번

복습	1회	2회	3회	4회	5회
채점 O△X					

101. [2019년 수능 (가)형 12번] 실전 분석

네 명의 학생 A, B, C, D에게 같은 종류의 초콜릿 8개를 다음 규칙에 따라 남김없이 나누어 주는 경우의 수는? [3점]

> (가) 각 학생은 적어도 1개의 초콜릿을 받는다.
> (나) 학생 A는 학생 B보다 더 많은 초콜릿을 받는다.

① 11 ② 13 ③ 15 ④ 17 ⑤ 19

해설 바로가기 ▶ 실전개념분석 17번

복습	1회	2회	3회	4회	5회
채점 O△X					

102. [2017년 수능 (가)형 5번] 실전 분석

숫자 1, 2, 3, 4, 5 중에서 중복을 허락하여 네 개를 택해 일렬로 나열하여 만든 네 자리의 자연수가 5의 배수인 경우의 수는? [3점]

① 115 ② 120 ③ 125 ④ 130 ⑤ 135

해설 바로가기 ▶ 실전개념분석 28번

103. [2014년 수능 (B)형 9번]

숫자 1, 2, 3, 4에서 중복을 허락하여 5개를 택할 때, 숫자 4가 한 개 이하가 되는 경우의 수는? [3점]

① 45 ② 42 ③ 39 ④ 36 ⑤ 33

숫자 1, 2, 3의 개수를 각각 a, b, c라 하자.

ⅰ) 숫자 4가 택해지지 않은 경우

$a+b+c=5$인 순서쌍 (a, b, c)의 경우의 수

▶ $_3H_5 = {}_7C_5 = {}_7C_2 = 21$

ⅱ) 숫자 1가 한 개 택해지는 경우

$a+b+c=4$인 순서쌍 (a, b, c)의 경우의 수

▶ $_3H_4 = {}_6C_4 = {}_6C_2 = 15$

∴ $21 + 15 = 36$

복습	1회	2회	3회	4회	5회
채점 O△X					

104. [2013년 수능 (나)형 12번]

같은 종류의 주스 4병, 같은 종류의 생수 2병, 우유 1병을 3명에게 남김없이 나누어 주는 경우의 수는? (단, 1병도 받지 못하는 사람이 있을 수 있다. [3점]

① 330 ② 315 ③ 300 ④ 285 ⑤ 270

ⅰ) 주스 4병을 3명에게 나누어 주는 경우의 수

▶ $_3H_4 = {}_{3+4-1}C_4 = {}_6C_4 = {}_6C_2 = \dfrac{6 \times 5}{2} = 15$

ⅱ) 생수 2병을 3명에게 나누어 주는 경우의 수

▶ $_3H_2 = {}_{2+3-1}C_2 = {}_4C_2 = \dfrac{4 \times 3}{2} = 6$

ⅲ) 우유 1병을 3명에게 나누어 주는 경우의 수

▶ 3

∴ $15 \times 6 \times 3 = 270$

복습	1회	2회	3회	4회	5회
채점 O△X					

105. [2010년 수능 (가)형 이산수학 27번]

같은 종류의 사탕 5개를 3명의 아이에게 1개 이상씩 나누어 주고, 같은 종류의 초콜릿 5개를 1개의 사탕을 받은 아이에게만 1개 이상씩 나누어 주려고 한다. 사탕과 초콜릿을 남김없이 나누어 주는 경우의 수는? [3점]

① 27　　② 24　　③ 21　　④ 18　　⑤ 15

A, B, C 3명에게 사탕 5개를 1개 이상 나눠주는 것으로 케이스를 나누자.

i) 5=3+1+1

3명에게 사탕을 각각 3, 1, 1 주는 경우의 수

▶ $\dfrac{3!}{2!}$

사탕을 1개 받은 2명에게 초콜릿 5개를 1개 이상 주는 경우의 수

▶ $_2H_{5-2}$

∴ $\dfrac{3!}{2!} \times _2H_{5-2} = 3 \times _4C_3 = 12$

ii) 5=2+2+1

3명에게 사탕을 각각 2, 2, 1 주는 경우의 수

▶ $\dfrac{3!}{2!}$

사탕을 1개 받은 1명에게 초콜릿 5개를 1개 이상 주는 경우의 수

▶ 1

∴ $\dfrac{3!}{2!} \times 1 = 3$

∴ $12 + 3 = 15$

106. [2005년 수능 (가)형 이산수학 28번]

실전 분석

집합 $\{1, 2, 3, 4, 5, 6\}$의 서로소인 두 부분집합 A, B의 순서쌍 (A, B)의 개수는? [3점]

① 729　　② 720　　③ 243　　④ 64　　⑤ 36

해설 바로가기 ▶ 실전개념분석 29번

수능 4점

복습	1회	2회	3회	4회	5회
채점 O△X					

1등급

107. [2026년 수능 (확률과 통계) 30번] 실전 분석

비어 있는 주머니 10개가 일렬로 놓여 있고, 공 8개가 있다. 각 주머니에 들어 있는 공의 개수가 2 이하가 되도록 공을 주머니에 남김없이 나누어 넣을 때, 다음 조건을 만족시키는 경우의 수를 구하시오. (단, 공끼리는 서로 구별하지 않는다.) [4점]

> (가) 들어 있는 공의 개수가 1인 주머니는 4개 또는 6개이다.
> (나) 들어 있는 공의 개수가 2인 주머니와 이웃 한 주머니에는 공이 들어 있지 않다.

262

해설 바로가기 ▶ 실전개념분석 26번

복습	1회	2회	3회	4회	5회
채점 O△X					

1등급

108. [2025년 수능 (확률과 통계) 28번] 실전 분석

집합 $X = \{1, 2, 3, 4, 5, 6\}$에 대하여 다음 조건을 만족시키는 함수 $f : X \to X$의 개수는? [4점]

> (가) $f(1) \times f(6)$의 값이 6의 약수이다.
> (나) $2f(1) \leq f(2) \leq f(3) \leq f(4) \leq f(5) \leq 2f(6)$

① 166 ② 171 ③ 176
④ 181 ⑤ 186

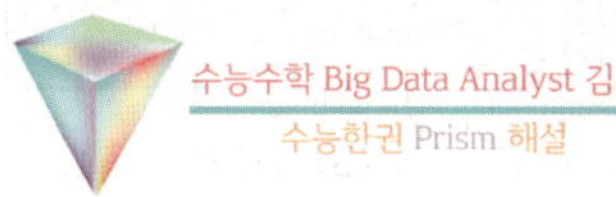

해설 바로가기 ▶ 실전개념분석 27번

복습	1회	2회	3회	4회	5회
채점 O△X					

1등급

109. [2025년 9월 (확률과 통계) 28번]
빨간색 카드 1장, 파란색 카드 1장, 노란색 카드 3장, 보라색 카드 3장이 있다. 이 8장의 카드를 세 학생 A, B, C에게 다음 규칙에 따라 남김없이 나누어 주는 경우의 수는? (단, 같은 색 카드끼리는 서로 구별하지 않는다.) [4점]

> (가) 두 학생 A, B는 각각 1장 이상의 카드를 받고, 학생 C는 카드를 받지 못할 수 있다.
> (나) 학생 A가 받는 카드의 색의 가짓수는 3 이하이다.

① 730 ② 746 ③ 762
④ 778 ⑤ 794

수능수학 Big Data Analyst 김지석
수능한권 Prism 해설

여사건의 경우의 수를 (돼=전체−안돼) 구하는 방법을 활용하자.

(Step1) 전체 경우의 수

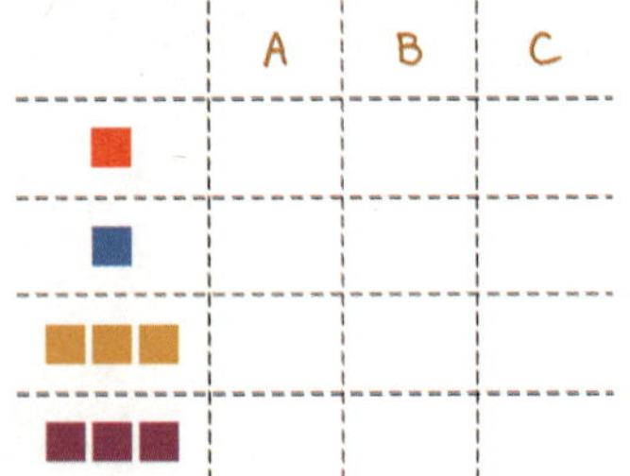

	A	B	C
🟥			
🟦			
🟨🟨🟨			
🟥🟥🟥			

빨간 카드 1장, 파란 카드 1장,
노란 카드 3장, 보라 카드 3장을
세 학생 A, B, C에게 남김없이 나누어주는
경우의 수

▶ $3 \times 3 \times {}_3H_3 \times {}_3H_3$

(Step2) 조건 (가)를 만족하지 않는 경우의 수

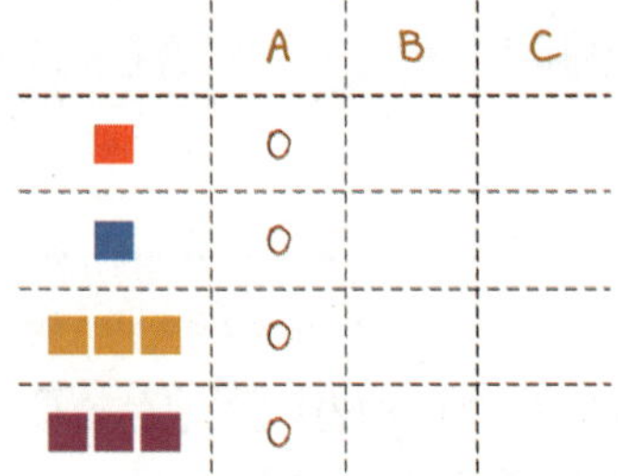

	A	B	C
🟥	O		
🟦	O		
🟨🟨🟨	O		
🟥🟥🟥	O		

학생 A가 카드를 받지 못하는 경우의 수
= 모든 카드를 학생 B, C 두 명만 받기
▶ $2 \times 2 \times {}_2H_3 \times {}_2H_3$

학생 B가 카드를 받지 못하는 경우의 수
= 모든 카드를 학생 A, C 두 명만 받기
▶ $2 \times 2 \times {}_2H_3 \times {}_2H_3$

학생 A, B 모두 카드를 받지 못하는 경우의 수
= 모든 카드를 학생 C만 받기
▶ 1

∴ $(2 \times 2 \times {}_2H_3 \times {}_2H_3) \times 2 - 1$

**(Step3) 조건 (가)를 만족하는 것 중에
조건 (나)를 만족하지 않는 경우의 수**

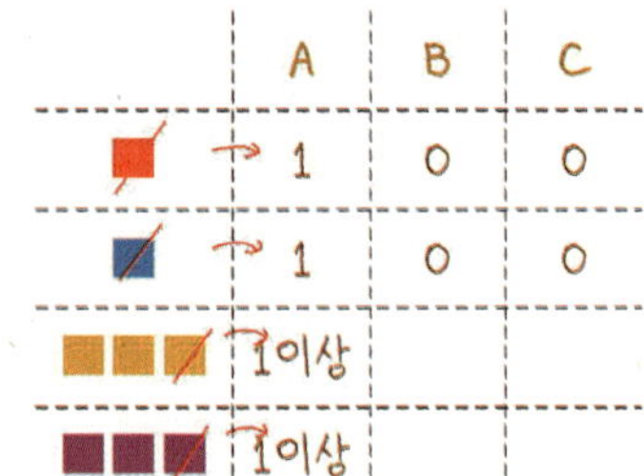

	A	B	C
🟥	1	O	O
🟦	1	O	O
🟨🟨🟨	1이상		
🟥🟥🟥	1이상		

학생 A가 받는 카드의 색의 가짓수가 4인 경우의 수
▶ ${}_3H_2 \times {}_3H_2$

학생 A가 받는 카드의 색의 가짓수가 4이고
B가 카드를 받지 못하는 경우의 수
▶ ${}_2H_2 \times {}_2H_2$

∴ ${}_3H_2 \times {}_3H_2 - {}_2H_2 \times {}_2H_2$

∴ 문제에서 구하는 경우의 수는
$3 \times 3 \times {}_3H_3 \times {}_3H_3$
$- \{(2 \times 2 \times {}_2H_3 \times {}_2H_3) \times 2 - 1\}$
$- \{{}_3H_2 \times {}_3H_2 - {}_2H_2 \times {}_2H_2\}$
$= 746$

복습	1회	2회	3회	4회	5회
채점 O△X					

1등급

110. [2025년 6월 (확률과 통계) 30번]
집합 $X = \{1, 2, 3, 4, 5\}$에 대하여 다음 조건을
만족시키는 함수 $f : X \to X$의 개수를 구하시오.
[4점]

> (가) $x = 1,\ 2,\ 3,\ 4$일 때
> $\quad f(x+1)+3 \geq f(x)+x$ 이다.
> (나) $f(2)$의 값은 홀수이다.

115

조건 (가)에 의하여
$$f(2)+3 \geq f(1)+1$$
$$f(3)+3 \geq f(2)+2$$
$$f(4)+3 \geq f(3)+3$$
$$f(5)+3 \geq f(4)+4$$

조건 (나)에 $f(2)$에 대한 특수조건 제시
→ $f(2)$ 기준으로 부등식을 정리하자
$$f(1)-2 \leq f(2) \leq f(3)+1 \leq f(4)+1 \leq f(5)$$

ⅰ) 1
ⅱ) 3
ⅲ) 5

ⅰ) $f(2)=1$인 경우
$f(1) \leq 3$이므로 $f(1)$의 값을 정하는 경우의 수
▶ 3
$1 \leq f(3)+1 \leq f(4)+1 \leq f(5) \leq 5$의 경우의 수
2, 3, 4, 5 중 중복 허용해 3개 선택
▶ ${}_4\mathrm{H}_3$
∴ $3 \times {}_4\mathrm{H}_3$

ⅱ) $f(2)=3$인 경우
$f(1) \leq 5$이므로 $f(1)$의 값을 정하는 경우의 수
▶ 5
$3 \leq f(3)+1 \leq f(4)+1 \leq f(5) \leq 5$의 경우의 수
3, 4, 5 중 중복 허용해 3개 선택
▶ ${}_3\mathrm{H}_3$
∴ $5 \times {}_3\mathrm{H}_3$

ⅲ) $f(2)=5$인 경우
$f(1) \leq 7$이므로 $f(1)$의 값을 정하는 경우의 수
▶ 5
$5 \leq f(3)+1 \leq f(4)+1 \leq f(5) \leq 5$의 경우의 수
▶ 1
∴ 5×1

∴ $3 \times {}_4\mathrm{H}_3 + 5 \times {}_3\mathrm{H}_3 + 5 \times 1 = 115$

복습	1회	2회	3회	4회	5회
채점 O△X					

1등급

111. [2025년 28예시문항 (공통) 21번]

숫자 0이 적혀 있는 카드 2장, 숫자 1이 적혀 있는 카드 5장, 숫자 2가 적혀 있는 카드 3장이 있다. 이 10장의 카드를 모두 한 번씩 사용하여 그림과 같은 10개의 자리에 다음 조건을 만족시키도록 각각 한 장씩 놓는 경우의 수는? (단, 같은 숫자가 적혀 있는 카드끼리는 서로 구별하지 않는다.) [4점]

> n $(1 \leq n \leq 10)$번째 자리에 놓인 카드에 적혀 있는 수를 a_n이라 할 때, $|a_{k+1} - a_k| = 2$를 만족시키는 자연수 k $(1 \leq k \leq 9)$의 개수는 3이다.

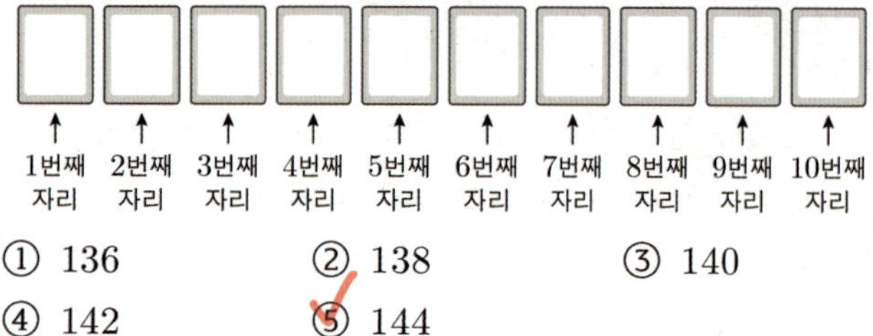

① 136　　② 138　　③ 140
④ 142　　⑤ 144

수능수학 Big Data Analyst 김지석
수능한권 Prism 해설

카드 0,0, 1,1,1,1,1, 2,2,2 에 대하여 $|a_{k+1} - a_k| = 2$이 성립하려면

(1) $a_{k+1} = 2$, $a_k = 0$

(2) $a_{k+1} = 0$, $a_k = 2$

으로 2,0이 연속해서 나오는 경우뿐이다.

ⅰ) … 2,0,2,0,2 …

ⅱ) … 0,2,0,2 …
　※ … 2,0,2,0 …　　⎤ 좌우대칭

ⅲ) … 2,0,2, … ,0,2 …　⎤ 좌우대칭
　※ … 2,0, … ,2,0,2 …

ⅳ) … 2,0,2, … ,2,0 …　⎤ 좌우대칭
　※ … 0,2, … ,2,0,2 …

ⅰ) $\boxed{2},\boxed{0}$이 연달아 배치되는 경우 (1)

··· $\boxed{2},\boxed{0},\boxed{2},\boxed{0},\boxed{2}$ ···

　　2　2　2　2　→ $|a_{k+1}-a_k|=2$인 k가 4개

성립하지 않음

ⅱ) $\boxed{2},\boxed{0}$이 연달아 배치되는 경우 (2)

··· $\boxed{2},\boxed{0},\boxed{2},\boxed{0},\boxed{2}$ ···

　　　2　2　2　→ $|a_{k+1}-a_k|=2$인 k가 3개

ⅱ-1) $\boxed{0},\boxed{2},\boxed{0},\boxed{2}$가 제일 앞에 있는 경우

$\boxed{0},\boxed{2},\boxed{0},\boxed{2},\square,\square,\square,\square,\square,\square$

빈칸에 $\boxed{1}$ 5개와 $\boxed{2}$ 1개 배치

▶ $\dfrac{6!}{5!}$

ⅱ-2) $\boxed{0},\boxed{2},\boxed{0},\boxed{2}$가 제일 앞에 있지 않은 경우

$\boxed{0},\boxed{2},\boxed{0},\boxed{2}$의 앞에는 반드시 $\boxed{1}$이 배치되어야 한다.

··· $\boxed{1},\boxed{0},\boxed{2},\boxed{0},\boxed{2}$ ···

의 위치를 결정하는 경우의 수

$\boxed{1,\quad2,\quad3,\quad4,\quad5,\quad\square,\quad\square,\quad\square,\quad\square,\quad\square}$

6가지

▶ 6

나머지 빈칸에 $\boxed{1}$ 4개와 $\boxed{2}$ 1개를 배치

▶ $\dfrac{5!}{4!}$

※ $\boxed{2},\boxed{0},\boxed{2},\boxed{0}$도 같은 방식으로 구하면 같은 경우의 수가 나온다. (좌우대칭)

▶ ×2

∴ $\left(\dfrac{6!}{5!}+6\times\dfrac{5!}{4!}\right)\times2$

ⅲ) $\boxed{2},\boxed{0}$이 떨어져 배치되는 경우 (1)

··· $\boxed{2},\boxed{0},\boxed{2},$ ··· $,\boxed{0},\boxed{2}$ ···

　　2　2　　　　　2　→ $|a_{k+1}-a_k|=2$인 k가 3개

$\boxed{0},\boxed{2}$의 앞에는 반드시 $\boxed{1}$이 배치되어야 한다.

··· $\boxed{2},\boxed{0},\boxed{2},$ ··· $\boxed{1},\boxed{0},\boxed{2}$ ···

나머지 $\boxed{1}$ 4개를 3개의 ··· 에 배치하는 방법의 수

▶ $_3\mathrm{H}_4$

※ ··· $\boxed{2},\boxed{0},$ ··· $,\boxed{2},\boxed{0},\boxed{2}$ ··· 도 같은 방식으로 구하면 같은 경우의 수가 나온다. (좌우대칭)

▶ ×2

∴ $_3\mathrm{H}_4\times2$

ⅳ) $\boxed{2},\boxed{0}$이 떨어져 배치되는 경우 (2)

··· $\boxed{2},\boxed{0},\boxed{2},$ ··· $,\boxed{2},\boxed{0}$ ···

　　2　2　　　　　2　→ $|a_{k+1}-a_k|=2$인 k가 3개

나머지 $\boxed{1}$ 5개를 3개의 ··· 에 배치하는 방법의 수

▶ $_3\mathrm{H}_5$

※ ··· $\boxed{0},\boxed{2},$ ··· $,\boxed{2},\boxed{0},\boxed{2}$ ··· 도 같은 방식으로 구하면 같은 경우의 수가 나온다. (좌우대칭)

▶ ×2

∴ $_3\mathrm{H}_5\times2$

∴ $\left(\dfrac{6!}{5!}+6\times\dfrac{5!}{4!}\right)\times2+{}_3\mathrm{H}_4\times2+{}_3\mathrm{H}_5\times2=144$

복습	1회	2회	3회	4회	5회
채점 O△X					

112. [2024년 수능 (확률과 통계) 29번]
다음 조건을 만족시키는 6 이하의 자연수 a, b, c, d의 모든 순서쌍 (a, b, c, d)의 개수를 구하시오. [4점]

> $a \leq c \leq d$이고 $b \leq c \leq d$이다.

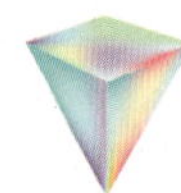
수능수학 Big Data Analyst 김지석
수능한권 Prism 해설   **196**

두 조건을 합쳐서 생각하면 a, $b \leq c \leq d$이므로 c를 기준으로 케이스를 나누자!

ⅰ) $c=1$인 경우 a, $b \leq 1 \leq d$
▶ $1^2 \times 6$

ⅱ) $c=2$인 경우 a, $b \leq 2 \leq d$
▶ $2^2 \times 5$

ⅲ) $c=3$인 경우 a, $b \leq 3 \leq d$
▶ $3^2 \times 4$

ⅳ) $c=4$인 경우 a, $b \leq 4 \leq d$
▶ $4^2 \times 3$

ⅴ) $c=5$인 경우 a, $b \leq 5 \leq d$
▶ $5^2 \times 2$

ⅳ) $c=6$인 경우 a, $b \leq 6 \leq d$
▶ $6^2 \times 1$

$\therefore \ 1^2 \times 6 + 2^2 \times 5 + 3^2 \times 4 + 4^2 \times 3 + 5^2 \times 2 + 6^2 \times 1$
$= 196$

복습	1회	2회	3회	4회	5회
채점 O△X					

━━ 1등급 ━━

113. [2024년 6월 (확률과 통계) 30번]
집합 $X = \{-2, -1, 0, 1, 2\}$에 대하여 다음 조건을 만족시키는 함수 $f : X \to X$의 개수를 구하시오. [4점]

> (가) X의 모든 원소 x에 대하여
> $x + f(x) \in X$이다.
> (나) $x = -2, -1, 0, 1$일 때
> $f(x) \geq f(x+1)$이다.

수능수학 Big Data Analyst 김지석
수능한권 Prism 해설   **108**

(Step1) 조건 (가) 해석하기
$x + f(x) \in X$이므로 $a \in X$에 대하여
$f(x) = -x + a$ (단, $a = -2, -1, 0, 1, 2$)
또한 $f(x) \in X$이므로
$f(-2) = 2 + a = 0, 1, 2$
$f(-1) = 1 + a = -1, 0, 1, 2$
$f(0) = 0 + a = -2, -1, 0, 1, 2$
$f(1) = -1 + a = -2, -1, 0, 1$
$f(2) = -2 + a = -2, -1, 0$

(Step2) 조건 (나) 해석하기
$f(-2) \geq f(-1) \geq f(0) \geq f(1) \geq f(2)$
조건 (나) $f(x) \geq f(x+1)$를 만족하는 함수의 개수를 최단경로 경우의 수로 치환하여 해결할 수 있다.

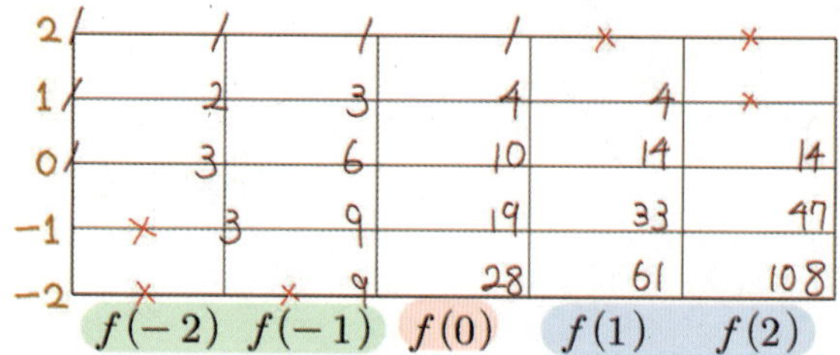

$\therefore$ 구하는 경우의 수는
108

[다른 풀이]
모든 값이 다 될 수 있는 $f(0)$을 기준으로 케이스를
나누자.

i) $f(0) = -2$인 경우

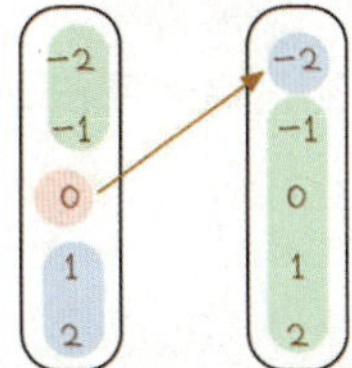

$f(-2) \geq f(-1)$의 경우의 수
($f(-2) = f(-1) = -1$인 경우 제외)
▶ $_4H_2 - 1 = 9$

$f(1) \geq f(2)$의 경우의 수
($f(1) = f(2) = -2$만 가능)
▶ 1

∴ $9 \times 1 = 9$

ii) $f(0) = -1$인 경우

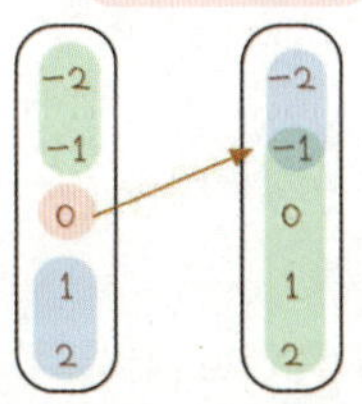

$f(-2) \geq f(-1)$의 경우의 수
($f(-2) = f(-1) = -1$인 경우 제외)
▶ $_4H_2 - 1 = 9$

$f(1) \geq f(2)$의 경우의 수
▶ $_2H_2 = 3$

∴ $9 \times 3 = 27$

iii) $f(0) = 0$인 경우

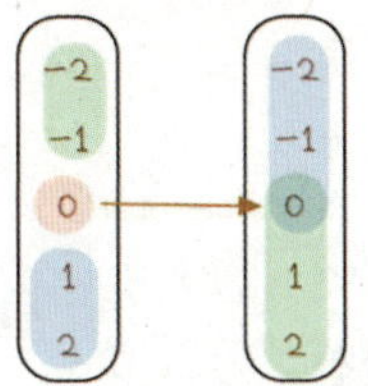

$f(-2) \geq f(-1)$의 경우의 수
▶ $_3H_2 = 6$

$f(1) \geq f(2)$의 경우의 수
($f(1) = f(2) = -2$만 가능)
▶ $_3H_2 = 6$

∴ $6 \times 6 = 36$

iv) $f(0) = 1$인 경우

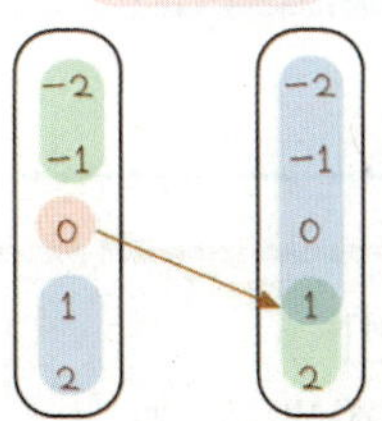

$f(-2) \geq f(-1)$의 경우의 수
▶ $_2H_2 = 3$

$f(1) \geq f(2)$의 경우의 수
($f(1) = f(2) = 1$인 경우 제외)
▶ $_4H_2 - 1 = 9$

∴ $3 \times 9 = 27$

v) $f(0) = 2$인 경우

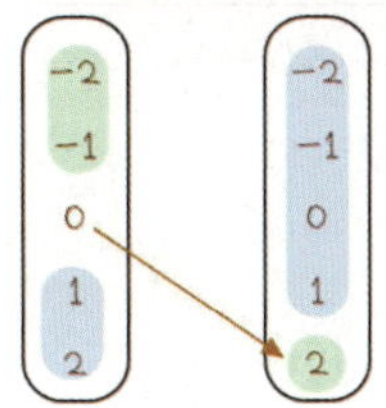

$f(-2) \geq f(-1)$의 경우의 수
($f(-2) = f(-1) = 2$만 가능)
▶ 1

$f(1) \geq f(2)$의 경우의 수
($f(1) = f(2) = 1$인 경우 제외)
▶ $_4H_2 - 1 = 9$

∴ $1 \times 9 = 9$

∴ 함수 f의 개수는
$9 + 27 + 36 + 27 + 9 = 108$

Analysis

이 문제와 [2023년 수능 (확률과 통계) 30번]
(경향02 실전개념분석 15번)과 굉장히 유사한
문항이다. 함께 풀어보고 접근법을 꼭 익히도록 하자.

복습	1회	2회	3회	4회	5회
채점 $O \triangle X$					

1등급

114. [2024년 9월 (확률과 통계) 30번]
흰 공 4개와 검은 공 4개를 세 명의 학생 A, B, C에게 다음 규칙에 따라 남김없이 나누어 주는 경우의 수를 구하시오. (단, 같은 색 공끼리는 서로 구별하지 않고, 공을 받지 못하는 학생이 있을 수 있다.) [4점]

> (가) 학생 A가 받는 공의 개수는 0 이상 2 이하이다.
> (나) 학생 B가 받는 공의 개수는 2 이상이다.

93

학생 A가 받는 공의 개수가 적으므로
A를 기준으로 케이스를 나누자!

i) 학생 A가 받는 공의 개수가 0인 경우

　　　　B, C
○○○○ ●●●●

두 학생 B, C에게 흰 공 4개와 검은 공 4개를 나누어주는 경우의 수
▶ $_2H_4 \times _2H_4$

학생 B가 받는 공의 개수가 0인 경우
▶ 1

학생 B가 받는 공의 개수가 1인 경우
(흰 공 1개 or 검은 공 1개)
▶ 2

∴ $_2H_4 \times _2H_4 - 1 - 2 = 25 - 3 = 22$

ii) 학생 A가 받는 공의 개수가 1인 경우

A　　　B, C
○ ○○○ ●●●●

학생 A가 공을 받는 경우의 수
(흰 공 1개 or 검은 공 1개)
▶ 2

두 학생 B, C에게 남은 흰 공과 검은 공을 나누어주는 경우의 수
▶ $_2H_3 \times _2H_4$

학생 B가 받는 공의 개수가 0인 경우
▶ 1

학생 B가 받는 공의 개수가 1인 경우
(흰 공 1개 or 검은 공 1개)
▶ 2

∴ $2 \times (_2H_3 \times _2H_4 - 1 - 2) = 2 \times (20 - 3) = 34$

iii) 학생 A가 받는 공의 개수가 2인 경우
iii-1) 학생 A가 같은 색의 공을 받은 경우의 수

A A　　　B, C
○○ ○○ ●●●●

학생 A가 공을 받는 경우의 수
(흰 공 2개 or 검은 공 2개)
▶ 2

두 학생 B, C에게 남은 흰 공과 검은 공을 나누어주는 경우의 수
▶ $_2H_2 \times _2H_4$

학생 B가 받는 공의 개수가 0인 경우
▶ 1

학생 B가 받는 공의 개수가 1인 경우
(흰 공 1개 or 검은 공 1개)
▶ 2

∴ $2 \times (_2H_2 \times _2H_4 - 1 - 2) = 2 \times (15 - 3) = 24$

iii-2) 학생 A가 다른 색의 공을 받은 경우의 수

A A   B, C

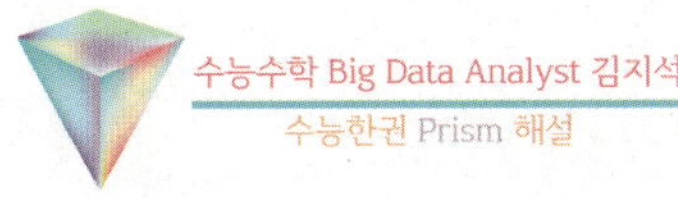

학생 A가 공을 받는 경우의 수

(흰 공 1개 and 검은 공 1개)

▶ 1

두 학생 B, C에게 남은 흰 공과 검은 공을 나누어주는 경우의 수

▶ $_2H_3 \times _2H_3$

학생 B가 받는 공의 개수가 0인 경우

▶ 1

학생 B가 받는 공의 개수가 1인 경우

(흰 공 1개 or 검은 공 1개)

▶ 2

$\therefore\ 1 \times (_2H_3 \times _2H_3 - 1 - 2) = 1 \times (16-3) = 13$

$\therefore\ 22 + 34 + 24 + 13 = 93$

복습	1회	2회	3회	4회	5회
채점 $O\triangle X$					

115. [2023년 9월 (확률과 통계) 30번]

다음 조건을 만족시키는 13 이하의 자연수 a, b, c, d의 모든 순서쌍 (a, b, c, d)의 개수를 구하시오. [4점]

> (가) $a \le b \le c \le d$
> (나) $a \times d$는 홀수이고, $b+c$는 짝수이다.

수능수학 Big Data Analyst 김지석
수능한권 Prism 해설
336

조건 (나)를 만족시키는 (a, b, c, d)는

ⅰ) (홀, 홀, 홀, 홀) 또는 ⅱ) (홀, 짝, 짝, 홀)

ⅰ) (홀, 홀, 홀, 홀)인 경우

7개의 홀수 중에서 중복을 허락하여 4개를 선택

▶ $_7H_4$

ⅱ) (홀, 짝, 짝, 홀)인 경우

ⅱ-1) $d-a=12$일 때 ▶ 1가지

ex) 1, 2, 3, 4, 5, 6, 7, 8, 9, 10, 11, 12, 13

a, d 사이에서 중복 허락하여 짝수 2개 고르는 경우의 수

▶ $_6H_2$

$\therefore\ 1 \times _6H_2$

ⅱ-2) $d-a=10$일 때 ▶ 2가지

ex) 1, 2, 3, 4, 5, 6, 7, 8, 9, 10, 11, 12, 13

a, d 사이에서 중복 허락하여 짝수 2개 고르는 경우의 수

▶ $_5H_2$

$\therefore\ 2 \times _5H_2$

ⅱ-3) $d-a=8$일 때 ▶ 3가지

ex) 1, 2, 3, 4, 5, 6, 7, 8, 9, 10, 11, 12, 13

a, d 사이에서 중복 허락하여 짝수 2개 고르는 경우의 수

▶ $_4H_2$

$\therefore\ 3 \times _4H_2$

이와 같은 방법으로

$_7H_4 + (1\,_6H_2 + 2\,_5H_2 + 3\,_4H_2 + 4\,_3H_2 + 5\,_2H_2 + 6\,_1H_2)$

$= 210 + 126 = 336$

[다른 풀이]

ⅱ) (홀, 짝, 짝, 홀)인 경우

6개의 짝수 중에서 중복을 허락하여 4개의 수 x_1, x_2, x_3, x_4를 $x_1 \le x_2 \le x_3 \le x_4$이 성립하도록 선택하는 경우의 수

▶ $_6H_4$

$a = x_1 - 1,\ b = x_2,\ c = x_3,\ d = x_4 + 1$로 설정하는 경우의 수. ($\because x_1, x_2, x_3, x_4$ 모두 짝수이므로 $x_1 - 1$과 $x_4 + 1$은 홀수다.)

▶ 1

$\therefore\ _6H_4 \times 1 = 126$

복습	1회	2회	3회	4회	5회
채점 O△X					

복습	1회	2회	3회	4회	5회
채점 O△X					

116. [2023년 6월 (확률과 통계) 29번]

그림과 같이 2장의 검은색 카드와 1부터 8까지의 자연수가 하나씩 적혀 있는 8장의 흰색 카드가 있다. 이 카드를 모두 한 번씩 사용하여 왼쪽에서 오른쪽으로 일렬로 배열할 때, 다음 조건을 만족시키는 경우의 수를 구하시오. (단, 검은색 카드는 서로 구별하지 않는다.) [4점]

> (가) 흰색 카드에 적힌 수가 작은 수부터 크기순으로 왼쪽에서 오른쪽으로 배열되도록 카드가 놓여 있다.
> (나) 검은색 카드 사이에는 흰색 카드가 2장 이상 놓여 있다.
> (다) 검은색 카드 사이에는 3의 배수가 적힌 흰색 카드가 1장 이상 놓여 있다.

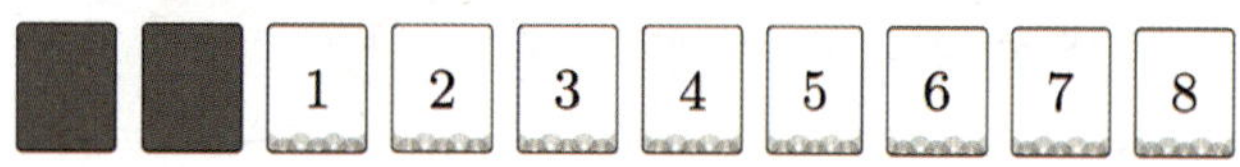

25

(step1) 조건 (가)

검은 카드의 왼쪽에 있는 흰 카드의 장수를 a, 두 검은 카드의 사이에 있는 흰 카드의 장수를 b, 검은 카드의 오른쪽에 있는 흰 카드의 장수를 c라 하자.

$a+b+c=8$

(step2) 조건 (나)

$b \geq 2 \Leftrightarrow b = b'+2 \ (b' \geq 0)$

$a+b+c=8$

$\Leftrightarrow a+b'+c=6$의 경우의 수 $(a, b', c \geq 0)$

▸ $_3H_6$

(step3) 조건 (다) 여사건 경우의 수

검은 카드 사이에 3배수가 0개인 경우 제외

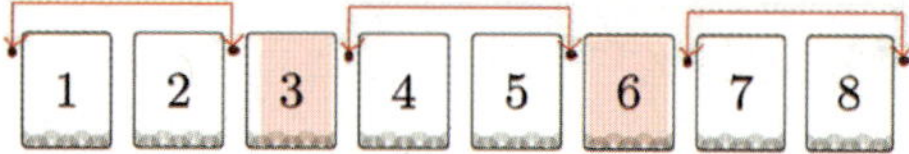

▸ 3

$\therefore \ _3H_6 - 3 = 25$

---

117. [2022년 수능 (확률과 통계) 28번] `실전 분석`

두 집합 $X = \{1, 2, 3, 4, 5\}$, $Y = \{1, 2, 3, 4\}$에 대하여 다음 조건을 만족시키는 X에서 Y로의 함수 f의 개수는? [4점]

> (가) 집합 X의 모든 원소 x에 대하여
> $f(x) \geq \sqrt{x}$ 이다.
> (나) 함수 f의 치역의 원소의 개수는 3이다.

① 128　② 138　③ 148　④ 158　⑤ 168

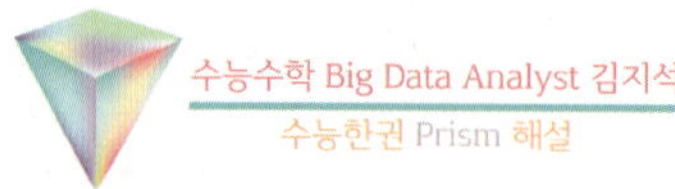
수능수학 Big Data Analyst 김지석
수능한권 Prism 해설

해설 바로가기 ▸ 실전개념분석 30번

복습	1회	2회	3회	4회	5회
채점 O△X					

1등급

118. [2022년 9월 (확률과 통계) 30번]

집합 $X = \{1, 2, 3, 4, 5\}$와 함수 $f : X \to X$에 대하여 함수 f의 치역을 A, 합성함수 $f \circ f$의 치역을 B라 할 때, 다음 조건을 만족시키는 함수 f의 개수를 구하시오. [4점]

(가) $n(A) \leq 3$
(나) $n(A) = n(B)$
(다) 집합 X의 모든 원소 x에 대하여
　　$f(x) \neq x$이다.

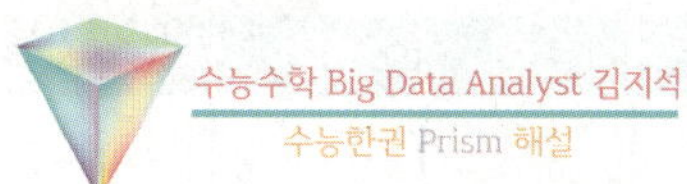

260

$n(A) = 1$이면 조건 (다)에 모순

ⅰ) $n(A) = 2$
ⅱ) $n(A) = 3$

ⅰ) $n(A) = 2$인 경우
집합 A를 정하는 경우의 수

▶ $_5C_2$

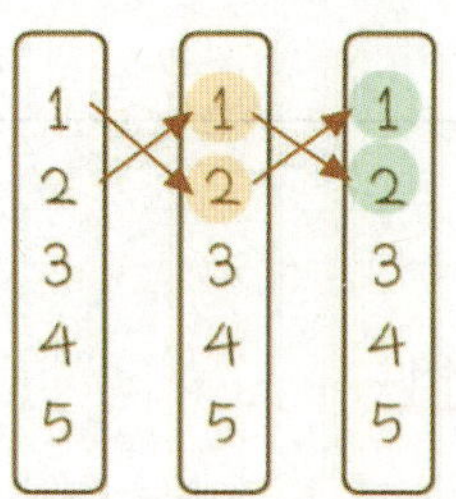

예를 들어 $A = \{1, 2\}$라고 하면
$f(1) = 2,\ f(2) = 1\ (\because f(x) \neq x)$
$f(3),\ f(4),\ f(5)$의 값은 $1, 2$중 하나 이므로

▶ $_2\Pi_3$

∴ $_5C_2 \times _2\Pi_3$

ⅱ) $n(A) = 3$인 경우
집합 A를 정하는 경우의 수는

▶ $_5C_3$

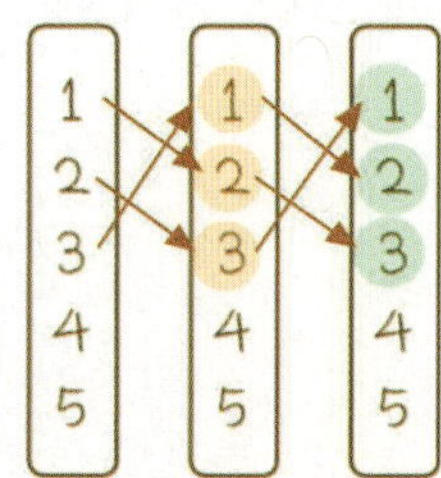

예를 들어 $A = \{1, 2, 3\}$라고 하면
$(f(1),\ f(2),\ f(3)) = (2, 3, 1)$ or $(3, 1, 2)$

▶ 2

$f(4),\ f(5)$의 값은 $1, 2, 3$중 하나이므로

▶ $_3\Pi_2$

∴ $_5C_3 \times 2 \times _3\Pi_2$

∴ $_5C_2 \times _2\Pi_3 + _5C_3 \times 2 \times _3\Pi_2 = 260$

복습	1회	2회	3회	4회	5회
채점 O△X					

1등급

119. [2022년 6월 (확률과 통계) 29번]
집합 $X = \{1, 2, 3, 4, 5\}$에 대하여 다음 조건을
만족시키는 함수 $f : X \to X$의 개수를 구하시오.
[4점]

> (가) $f(f(1)) = 4$
> (나) $f(1) \leq f(3) \leq f(5)$

수능수학 Big Data Analyst 김지석
수능한권 Prism 해설

115

i) $f(1) = 1$이면 $f(f(1)) = f(1) = 1 \neq 4$ (모순)

ii) $f(1) = 2$이면 $f(f(1)) = f(2) = 4$

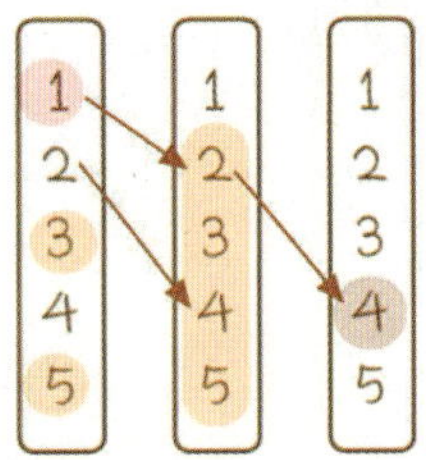

$f(3)$, $f(5)$의 경우의 수
(2, 3, 4, 5 중에서 중복을 허락하여 2개를 선택)
▶ $_4H_2$
$f(4)$의 경우의 수
▶ 5
∴ $_4H_2 \times 5$

iii) $f(1) = 3$이면 $f(f(1)) = f(3) = 4$

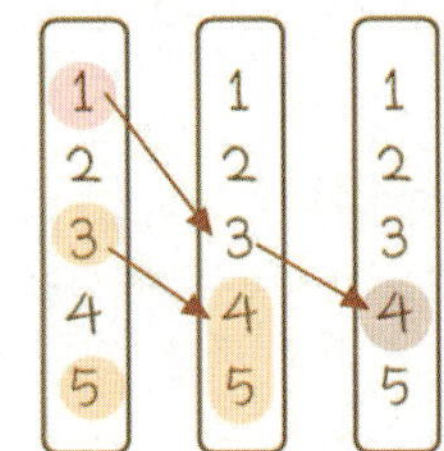

$f(5)$의 경우의 수
▶ 2
$f(2)$, $f(4)$의 경우의 수
▶ 5^2
∴ 2×5^2

iv) $f(1) = 4$이면 $f(f(1)) = f(4) = 4$

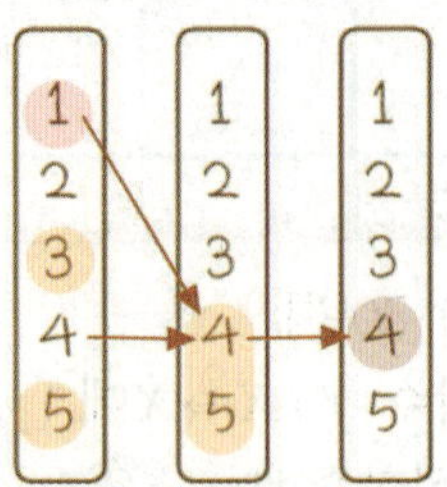

$f(3)$, $f(5)$의 경우의 수
(4, 5 중에서 중복을 허락하여 2개를 선택)
▶ $_2H_2$
$f(2)$의 경우의 수
▶ 5
∴ $_2H_2 \times 5$

iv) $f(1) = 5$이면 $f(f(1)) = f(5) = 4$
$f(1) > f(5)$ (모순)

∴ $_4H_2 \times 5 + 2 \times 5^2 + _2H_2 \times 5 = 115$

복습	1회	2회	3회	4회	5회
채점 O△X					

1등급

120. [2021년 수능 (가)형 29번] 실전 분석
네 명의 학생 A, B, C, D 에게 검은색 모자 6개와
흰색 모자 6개를 다음 규칙에 따라 남김없이 나누어
주는 경우의 수를 구하시오. (단, 같은 색 모자끼리는
서로 구별하지 않는다.) [4점]

> (가) 각 학생은 1개 이상의 모자를 받는다.
> (나) 학생 A 가 받는 검은색 모자의 개수는 4
> 이상이다.
> (다) 흰색 모자보다 검은색 모자를 더 많이 받는
> 학생은 A 를 포함하여 2명뿐이다.

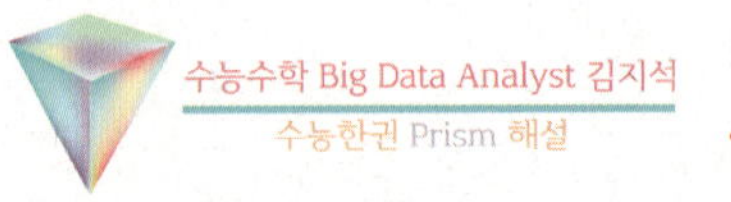
수능수학 Big Data Analyst 김지석
수능한권 Prism 해설

201

해설 바로가기 ▶ 실전개념분석 21번

복습	1회	2회	3회	4회	5회
채점 O△X					

1등급

121. [2021년 9월 (확률과 통계) 30번]
네 명의 학생 A, B, C, D 에게 같은 종류의
사인펜 14개를 다음 규칙에 따라 남김없이 나누어
주는 경우의 수를 구하시오. [4점]

> (가) 각 학생은 1개 이상의 사인펜을 받는다.
> (나) 각 학생이 받는 사인펜의 개수는 9 이하이다.
> (다) 적어도 한 학생은 짝수 개의 사인펜을 받는다.

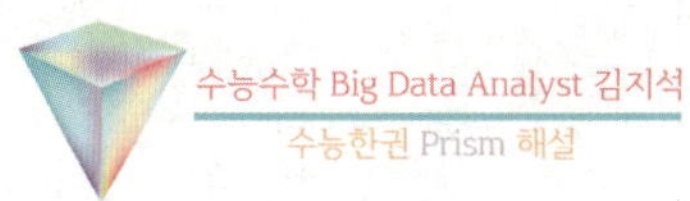
수능수학 Big Data Analyst 김지석
수능한권 Prism 해설

218

네 명의 학생 A, B, C, D 가 받는
사인펜의 개수를 각각 a, b, c, d라 하자.

(step1) 조건 (가)를 만족하는 경우의 수
모두 1개 이상의 사인펜을 받으므로
$a = a' + 1$, $b = b' + 1$, $c = c' + 1$, $d = d' + 1$
(단, a', b', c', $d' \geq 0$인 정수)
$a + b + c + d = 14$
$\Leftrightarrow a' + b' + c' + d' = 14 - 4 = 10$

▶ $_4H_{10} = {}_{13}C_{10} = {}_{13}C_3 = \dfrac{13 \times 12 \times 11}{3 \times 2 \times 1} = 286$

(step2) 조건 (가)&(다)를 만족하는 경우의 수
(가)를 만족하는 경우의 수에서
(다)를 만족하지 않는 경우의 수를 제외하자.
네 명이 모두 홀수 개의 사인펜을 받는다고 하면
$a = 2a' + 1$, $b = 2b' + 1$, $c = 2c' + 1$, $d = 2d' + 1$
(단, a', b', c', $d' \geq 0$인 정수)
$a + b + c + d = 14$
$\Leftrightarrow a' + b' + c' + d' = 5$

▶ $_4H_5 = {}_8C_5 = {}_8C_3 = \dfrac{8 \times 7 \times 6}{3 \times 2 \times 1} = 56$

∴ $_4H_{10} - {}_4H_5$

**(step3) (가)&(다)를 만족하는 경우 중에서
(나)를 만족하지 않는 경우의 수**
10개 이상의 사인펜을 받는 학생의 경우의 수

▶ 4

예를 들어 학생 A가 사인펜을 10개 이상 받는다고 하고
모두 1개 이상의 사인펜을 받으므로
$a = a' + 10$, $b = b' + 1$, $c = c' + 1$, $d = d' + 1$
(단, a', b', c', $d' \geq 0$인 정수)
$a + b + c + d = 14$
$\Leftrightarrow a' + b' + c' + d' = 14 - 13 = 1$

▶ $_4H_1$

모두 홀수 개의 사인펜을 받으며 사인펜을 10개 이상
받는 학생이 존재하는 경우는 11, 1, 1, 1 뿐이다.

▶ 1

∴ $4 \times (_4H_1 - 1)$

∴ $_4H_{10} - {}_4H_5 - 4 \times (_4H_1 - 1)$
$= 286 - 56 - 4(4 - 1) = 218$

복습	1회	2회	3회	4회	5회
채점 O△X					

122. [2020년 수능 (가)형 16번] `실전 분석`
다음 조건을 만족시키는 음이 아닌 정수 a, b, c,
d의 모든 순서쌍 (a, b, c, d)의 개수는? [4점]

> (가) $a + b + c - d = 9$
> (나) $d \leq 4$이고 $c \geq d$ 이다.

① 265　② 270　③ 275　④ 280　⑤ 285

수능수학 Big Data Analyst 김지석
수능한권 Prism 해설

해설 바로가기 ▶ 실전개념분석 22번

복습	1회	2회	3회	4회	5회
채점 O△X					

123. [2020년 수능 (나)형 29번] 실전 분석
세 명의 학생 A, B, C에게 같은 종류의 사탕 6개와
같은 종류의 초콜릿 5개를 다음 규칙에 따라
남김없이 나누어 주는 경우의 수를 구하시오. [4점]

> (가) 학생 A가 받는 사탕의 개수는 1 이상이다.
> (나) 학생 B가 받는 초콜릿의 개수는 1 이상이다.
> (다) 학생 C가 받는 사탕의 개수와 초콜릿의
>   개수의 합은 1 이상이다.

수능수학 Big Data Analyst 김지석
수능한권 Prism 해설
285

해설 바로가기 ▶ 실전개념분석 20번

복습	1회	2회	3회	4회	5회
채점 O△X					

— 1등급 —

124. [2020년 9월 (가)형 29번 & (나)형 29번]
흰 공 4개와 검은 공 6개를 세 상자 A, B, C에
남김없이 나누어 넣을 때, 각 상자에 공이 2개
이상씩 들어가도록 나누어 넣는 경우의 수를
구하시오. (단, 같은 색 공끼리는 서로 구별하지
않는다.) [4점]

수능수학 Big Data Analyst 김지석
수능한권 Prism 해설
168

① 흰 공 먼저 넣고,
② 흰 공이 2개 미만인 상자에 2개가 되도록 검은
공을 넣고,
③ 남은 검은 공을 배치한다.

ⅰ) 흰 공의 개수가 4, 0, 0인 경우
흰 공을 A, B, C에 배치하는 경우의 수

▶ $\dfrac{3!}{2!}$

검은 공을 A, B, C에 배치하는 경우의 수

▶ $_3H_{6-2-2}$

∴ $\dfrac{3!}{2!} \times {}_3H_{6-2-2}$

ⅱ) 흰 공의 개수가 3, 1, 0인 경우
흰 공을 A, B, C에 배치하는 경우의 수는

▶ $3!$

검은 공을 A, B, C에 배치하는 경우의 수

▶ $_3H_{6-1-2}$

∴ $3! \times {}_3H_{6-1-2}$

ⅲ) 흰 공의 개수가 2, 2, 0인 경우
흰 공을 A, B, C에 배치하는 경우의 수

▶ $\dfrac{3!}{2!}$

검은 공을 A, B, C에 배치하는 경우의 수

▶ $_3H_{6-0-2}$

∴ $\dfrac{3!}{2!} \times {}_3H_{6-0-2}$

ⅳ) 흰 공의 개수가 2, 1, 1인 경우
흰 공을 A, B, C에 배치하는 경우의 수

▶ $\dfrac{3!}{2!}$

검은 공을 A, B, C에 배치하는 경우의 수

▶ $_3H_{6-1-1}$

∴ $\dfrac{3!}{2!} \times {}_3H_{6-1-1}$

∴ $\dfrac{3!}{2!} \times {}_3H_{6-2-2} + 3! \times {}_3H_{6-1-2}$

$+ \dfrac{3!}{2!} \times {}_3H_{6-0-2} + \dfrac{3!}{2!} \times {}_3H_{6-1-1}$

$= 168$

복습	1회	2회	3회	4회	5회
채점 O△X					

125. [2020년 6월 (나)형 27번]

다음 조건을 만족시키는 음이 아닌 정수 a, b, c, d의 모든 순서쌍 (a, b, c, d)의 개수를 구하시오. [4점]

> (가) $a+b+c+d=6$
> (나) a, b, c, d 중에서 적어도 하나는 0이다.

74

$a+b+c+d=6$인 경우의 수

▶ $_4\mathrm{H}_6$

a, b, c, d 모두 1 이상인 경우 제외 (여사건 활용)

$a+b+c+d=6$

$\Leftrightarrow a'+b'+c'+d'=6-4=2$

$(a=a'+1,\ b=b'+1,\ c=c'+1,\ d=d'+1)$

▶ $_4\mathrm{H}_2$

$\therefore\ _4\mathrm{H}_6 - {_4\mathrm{H}_2}$

$= {_9\mathrm{C}_6} - {_5\mathrm{C}_2}$

$= 84 - 10 = 74$

---

126. [2020년 6월 (가)형 29번]

검은색 볼펜 1자루, 파란색 볼펜 4자루, 빨간색 볼펜 4자루가 있다. 이 9자루의 볼펜 중에서 5자루를 선택하여 2명의 학생에게 남김없이 나누어 주는 경우의 수를 구하시오.
(단, 같은 색 볼펜끼리는 서로 구별하지 않고, 볼펜을 1자루도 받지 못하는 학생이 있을 수 있다.) [4점]

114

같은 r개를 2명에게 나누어 주기

$_2\mathrm{H}_r = {_{r+1}\mathrm{C}_r} = {_{r+1}\mathrm{C}_1} = r+1$

ⅰ) 검정색 0개, 파란색 k개, 빨간색 $5-k$개 선택

$\displaystyle\sum_{k=1}^{4} {_2\mathrm{H}_0} \times {_2\mathrm{H}_k} \times {_2\mathrm{H}_{5-k}}$

$\displaystyle= \sum_{k=1}^{4} 1 \times (k+1) \times (6-k)$

$\displaystyle= \sum_{k=1}^{4} (-k^2 + 5k + 6)$

$\displaystyle= -\frac{4 \cdot 5 \cdot 9}{6} + 5\frac{4 \cdot 5}{2} + 6 \cdot 4 = 44$

ⅱ) 검정색 1개, 파란색 k개, 빨간색 $4-k$개 선택

$\displaystyle\sum_{k=0}^{4} {_2\mathrm{H}_1} \times {_2\mathrm{H}_k} \times {_2\mathrm{H}_{4-k}}$

$\displaystyle= \sum_{k=0}^{4} 2 \times (k+1) \times (5-k)$

$\displaystyle= 2\sum_{k=0}^{4} (-k^2 + 4k + 5)$

$\displaystyle= 2\left\{-\frac{4 \cdot 5 \cdot 9}{6} + 4\frac{4 \cdot 5}{2} + 5 \cdot 5\right\} = 70$

$\therefore\ 44 + 70 = 114$

복습	1회	2회	3회	4회	5회
채점 O△X					

127. [2020년 22예시문항 (확률과 통계) 29번]
다음 조건을 만족시키는 음이 아닌 정수
a, b, c, d의 모든 순서쌍 (a, b, c, d)의 개수를 구하시오. [4점]

> (가) $a+b+c+d = 12$
> (나) $a \neq 2$이고 $a+b+c \neq 10$이다.

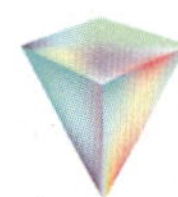
수능수학 Big Data Analyst 김지석
수능한권 Prism 해설
332

사건 S: $a+b+c+d = 12$
사건 A: $a=2$ ⇔ $b+c+d = 10$ (단, A⊂S)
사건 B: $a+b+c = 10$ ⇔ $d = 2$ (단, B⊂S)
라고 하자.

문제에서 구하는 답은 아래와 같이 표현할 수 있다.
$$n(A^c \cap B^c) = n(A \cup B)^c$$
$$= n(S) - n(A \cup B)$$
$$= n(S) - \{n(A) + n(B) - n(A \cap B)\}$$

$n(S)$의 값 ⇔ $a+b+c+d = 12$의 경우의 수
▶ $_4H_{12}$
$n(A)$의 값 ⇔ $b+c+d = 10$의 경우의 수
▶ $_3H_{10}$
$n(B)$의 값 ⇔ $a+b+c = 10$의 경우의 수
▶ $_3H_{10}$
$n(A \cap B)$의 값 ⇔ $2+b+c+2 = 12$
⇔ $b+c = 8$의 경우의 수
▶ $_2H_8$

$$\therefore n(A^c \cap B^c)$$
$$= n(S) - \{n(A) + n(B) - n(A \cap B)\}$$
$$= {_4H_{12}} - ({_3H_{10}} + {_3H_{10}} - {_2H_8})$$
$$= 332$$

128. [2019년 9월 (가)형 28번 & (나)형 29번]
연필 7자루와 볼펜 4자루를 다음 조건을
만족시키도록 여학생 3명과 남학생 2명에게 남김없이
나누어 주는 경우의 수를 구하시오. (단, 연필끼리는
서로 구별하지 않고, 볼펜끼리도 서로 구별하지
않는다.) [4점]

> (가) 여학생이 각각 받는 연필의 개수는 서로 같고, 남학생이 각각 받는 볼펜의 개수도 서로 같다.
> (나) 여학생은 연필을 1자루 이상 받고, 볼펜을 받지 못하는 여학생이 있을 수 있다.
> (다) 남학생은 볼펜을 1자루 이상 받고, 연필을 받지 못하는 남학생이 있을 수 있다.

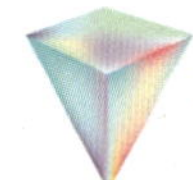
수능수학 Big Data Analyst 김지석
수능한권 Prism 해설
49

(Step1) 학생들에게 연필을 나누어주는 경우의 수
여학생들이 각각 받는 연필의 개수가 서로 같으므로
ⅰ) (여A, 여B, 여C) = (1, 1, 1)
남학생 2명에게 남은 연필 4개 나누어 주는 경우의 수
▶ $_2H_4 = 5$
ⅱ) (여A, 여B, 여C) = (2, 2, 2)
남학생 2명에게 남은 연필 1개 나누어 주는 경우의 수
▶ $_2H_1 = 2$
∴ $5+2 = 7$

(Step1) 학생들에게 볼펜을 나누어주는 경우의 수
남학생들이 각각 받는 볼펜의 개수가 서로 같으므로
ⅰ) (남A, 남B) = (1, 1)
여학생 3명에게 남은 볼펜 2개 나누어 주는 경우의 수
▶ $_3H_2 = 6$
ⅱ) (남A, 남B) = (2, 2)
여학생 3명에게 남은 볼펜 0개 나누어 주는 경우의 수
▶ $_3H_0 = 1$
∴ $6+1 = 7$

∴ $7 \times 7 = 49$

복습	1회	2회	3회	4회	5회
채점 O△X					

129. [2019년 6월 (나)형 29번]

다음 조건을 만족시키는 음이 아닌 정수 x_1, x_2, x_3의 모든 순서쌍 (x_1, x_2, x_3)의 개수를 구하시오. [4점]

> (가) $n = 1, 2$일 때, $x_{n+1} - x_n \geq 2$이다.
> (나) $x_3 \leq 10$

수능수학 Big Data Analyst 김지석
수능한권 Prism 해설

84

정수 $a, b, c, d, e \geq 0$에 대하여

$$0 \leq \ x_1 \ < \ x_2 \ < \ x_3 \ \leq 10$$
$$+a \ +2+b \ +2+c \ +d$$

$$a + (2+b) + (2+c) + d = 10$$
$$\Leftrightarrow a + b + c + d = 10 - 4 = 6$$

$$\therefore {}_4H_6 = {}_{4+6-1}C_6 = {}_9C_6 = {}_9C_3$$
$$= \frac{9 \times 8 \times 7}{3 \times 2 \times 1} = 84$$

복습	1회	2회	3회	4회	5회
채점 O△X					

130. [2019년 6월 (가)형 19번]

다음 조건을 만족시키는 음이 아닌 정수 x_1, x_2, x_3, x_4의 모든 순서쌍 (x_1, x_2, x_3, x_4)의 개수는? [4점]

> (가) $n = 1, 2, 3$일 때, $x_{n+1} - x_n \geq 2$이다.
> (나) $x_4 \leq 12$

① 210　② 220　③ 230　④ 240　⑤ 250

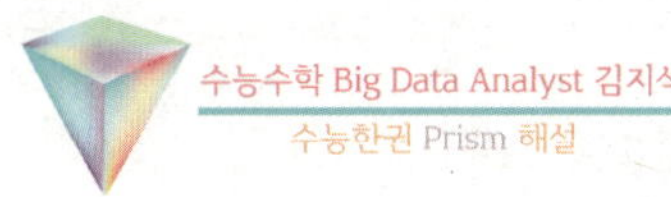
수능수학 Big Data Analyst 김지석
수능한권 Prism 해설

정수 $a, b, c, d, e \geq 0$에 대하여

$$0 \leq \ x_1 \ < \ x_2 \ < \ x_3 \ < \ x_4 \ \leq 12$$
$$+a \ +2+b \ +2+c \ +2+d \ +e$$

$$a + (2+b) + (2+c) + (2+d) + e = 12$$
$$\Leftrightarrow a + b + c + d + e = 12 - 6 = 6$$

$$\therefore {}_5H_6 = {}_{5+6-1}C_6 = {}_{10}C_6 = {}_{10}C_4$$
$$= \frac{10 \times 9 \times 8 \times 7}{4 \times 3 \times 2 \times 1} = 210$$

복습	1회	2회	3회	4회	5회
채점 O△X					

131. [2018년 수능 (가)형 18번] 실전 분석

서로 다른 공 4개를 남김없이 서로 다른 상자 4개에 나누어 넣으려고 할 때, 넣은 공의 개수가 1인 상자가 있도록 넣는 경우의 수는? (단, 공을 하나도 넣지 않은 상자가 있을 수 있다.) [4점]

① 220　　　② 216　　　③ 212
④ 208　　　⑤ 204

해설 바로가기 ▶ 실전개념분석 31번

복습	1회	2회	3회	4회	5회
채점 O△X					

132. [2018년 수능 (가)형 28번]

방정식 $x+y+z=10$을 만족시키는 음이 아닌 정수 x, y, z의 모든 순서쌍 $(x,\ y,\ z)$ 중에서 임의로 한 개를 선택한다. 선택한 순서쌍 $(x,\ y,\ z)$가

$(x-y)(y-z)(z-x)\neq 0$을 만족시킬 확률은 $\dfrac{q}{p}$이다.

$p+q$의 값을 구하시오.

(단, p와 q는 서로소인 자연수이다.) [4점]

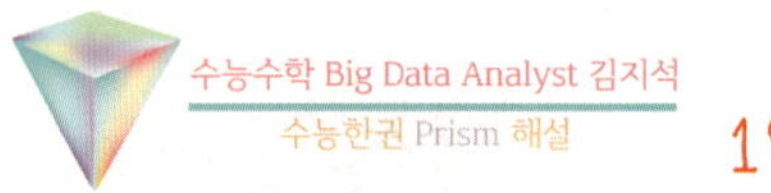

19

전체에서 안되는 것을 제외(여사건)하는 방법을 활용하자.

$x+y+z=10$인 순서쌍 $(x,\ y,\ z)$의 개수

▶ $_3H_{10} = _{3+10-1}C_{10} = _{12}C_2 = \dfrac{12\times 11}{2\times 1} = 66$

$(x-y)(y-z)(z-x)=0$이려면

x, y, z 중에서 오직 두 개만 서로 같아야 한다.

($\because\ x=y=z$이면 $x+y+z=3$배수 $\neq 10$)

▶ $_3C_2$

$x=y$를 만족시키는 순서쌍은

$(0,\ 0,\ 10),\ (1,\ 1,\ 8),\ \cdots,\ (5,\ 5,\ 0)$

▶ 6

$\therefore\ 1-\dfrac{_3C_2\times 6}{_3H_{10}} = 1-\dfrac{3\times 6}{66} = \dfrac{8}{11}$

$\therefore\ p+q = 11+8 = 19$

복습	1회	2회	3회	4회	5회
채점 O△X					

133. [2018년 6월 (가)형 27번]
세 문자 a, b, c 중에서 중복을 허락하여 4개를 택해 일렬로 나열할 때, 문자 a가 두 번 이상 나오는 경우의 수를 구하시오. [4점]

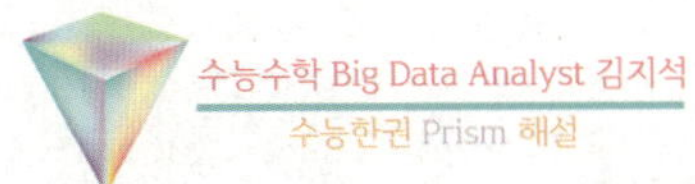

33

전체에서 안 되는 것 제외하는 방법으로 구해보자.

a, b, c 중에서 중복을 허락하여 4개를 택하여 일렬로 나열하는 경우의 수

▸ $_3\Pi_4$

a를 0개 & b, c 중에서 중복을 허락하여 4개를 택하여 일렬로 나열하는 경우의 수

▸ $_2\Pi_4$

a를 1개 4자리 중 하나에 배치하는 경우의 수
& b, c 중에서 중복을 허락하여 3개를 택하여 일렬로 나열하는 경우의 수

▸ $4 \times _2\Pi_3$

$\therefore _3\Pi_4 - (_2\Pi_4 + 4 \times _2\Pi_3)$
$= 3^4 - (2^4 + 4 \times 2^3) = 81 - (16 + 32) = 33$

[다른 풀이]

i) $aaaa$

a를 4개 배치하는 경우의 수

▸ 1

ii) $aaa\square$

b or c 중에서 하나 선택
& a를 3개 배치하는 경우의 수

▸ $2 \times \dfrac{4!}{3!} = 8$

iii) $aa\square\square$

bb or cc 중에서 하나 선택
& a를 2개 배치하는 경우의 수

▸ $2 \times \dfrac{4!}{2!2!} = 12$

iv) $aabc$

a를 2개, b를 1개, c를 1개 배치하는 경우의 수

▸ $\dfrac{4!}{2!} = 12$

$\therefore 1 + 8 + 12 + 12 = 33$

복습	1회	2회	3회	4회	5회
채점 ○△X					

134. [2018년 6월 (나)형 20번]

자연수 n에 대하여 $2a+2b+c+d=2n$을 만족시키는 음이 아닌 정수 a, b, c, d의 모든 순서쌍 (a, b, c, d)의 개수를 a_n이라 하자. 다음은 $\sum\limits_{n=1}^{8} a_n$의 값을 구하는 과정이다.

음이 아닌 정수 a, b, c, d가 $2a+2b+c+d=2n$을 만족시키려면 음이 아닌 정수 k에 대하여 $c+d=2k$이어야 한다. $c+d=2k$인 경우는 (1) 음이 아닌 정수 k_1, k_2에 대하여 $c=2k_1$, $d=2k_2$인 경우이거나 (2) 음이 아닌 정수 k_3, k_4에 대하여 $c=2k_3+1$, $d=2k_4+1$인 경우이다.

(1) $c=2k_1$, $d=2k_2$인 경우 :

$2a+2b+c+d=2n$을 만족시키는 음이 아닌 정수 a, b, c, d의 모든 순서쌍 (a, b, c, d) 개수는 $\boxed{\text{(가)}}$ 이다.

(2) $c=2k_3+1$, $d=2k_4+1$인 경우 :

$2a+2b+c+d=2n$을 만족시키는 음이 아닌 정수 a, b, c, d의 모든 순서쌍 (a, b, c, d) 개수는 $\boxed{\text{(나)}}$ 이다.

(1), (2)에 의하여 $2a+2b+c+d=2n$을 만족시키는 음이 아닌 정수 a, b, c, d의 모든 순서쌍 (a, b, c, d)의 개수 a_n은

$$a_n = \boxed{\text{(가)}} + \boxed{\text{(나)}}$$

이다. 자연수 m에 대하여

$$\sum_{n=1}^{m} \boxed{\text{(나)}} = {}_{m+3}C_4$$

이므로

$$\sum_{n=1}^{8} a_n = \boxed{\text{(다)}}$$

이다.

위의 (가), (나)에 알맞은 식을 각각 $f(n)$, $g(n)$이라 하고, (다)에 알맞은 수를 r이라 할 때, $f(6)+g(5)+r$의 값은? [4점]

① 893 ② 918 ③ 943

④ 968 ⑤ 993

(step1) 빈칸 (가) 해결하기

$c=2k_1$, $d=2k_2$인 경우

$2a+2b+c+d=2n$

$\Leftrightarrow 2a+2b+2k_1+2k_2=2n$

$\Leftrightarrow a+b+k_1+k_2=n$

$\therefore \boxed{\text{(가)}} = {}_4H_n = f(n)$

(step2) 빈칸 (나) 해결하기

$c=2k_3+1$, $d=2k_4+1$인 경우

$2a+2b+c+d=2n$

$\Leftrightarrow 2a+2b+2k_3+1+2k_4+1=2n$

$\Leftrightarrow a+b+k_3+k_4=n-1$

$\therefore \boxed{\text{(나)}} = {}_4H_{n-1} = g(n)$

(step3) 빈칸 (다) 해결하기

파스칼의 삼각형 공식에 의해

$\sum\limits_{n=1}^{m} \boxed{\text{(나)}} = \sum\limits_{n=1}^{m} {}_4H_{n-1} = \sum\limits_{n=1}^{m} {}_{n+2}C_3$

$= {}_3C_3 + {}_4C_3 + {}_5C_3 + \cdots + {}_{m+2}C_3 = {}_{m+3}C_4$

$\sum\limits_{n=1}^{m} \boxed{\text{(가)}} = \sum\limits_{n=1}^{m} {}_4H_n = \sum\limits_{n=1}^{m} {}_{n+3}C_3$

$= {}_4C_3 + {}_5C_3 + \cdots + {}_{m+3}C_3$

$= {}_4C_4 + {}_4C_3 + {}_5C_3 + \cdots + {}_{m+3}C_3 - 1 = {}_{m+4}C_4 - 1$

$\boxed{\text{(다)}} = \sum\limits_{n=1}^{8} a_n = \sum\limits_{n=1}^{8} ({}_4H_n + {}_4H_{n-1})$

$= \sum\limits_{n=1}^{8} {}_4H_n + \sum\limits_{n=1}^{8} {}_4H_{n-1}$

$= {}_{12}C_4 - 1 + {}_{11}C_4 = 824 = r$

$\therefore f(6) + g(5) + r$

$= {}_4H_9 + {}_4H_4 + 824$

$= {}_9C_3 + {}_7C_3 + 824$

$= 943$

복습	1회	2회	3회	4회	5회
채점 O△X					

135. [2018년 9월 (나)형 16번]

서로 다른 종류의 사탕 3개와 같은 종류의 구슬 7개를 같은 종류의 주머니 3개에 남김없이 나누어 넣으려고 한다. 각 주머니에 사탕과 구슬이 각각 1개 이상씩 들어가도록 나누어 넣는 경우의 수는? [4점]

① 11 ② 12 ③ 13
④ 14 ⑤ 15

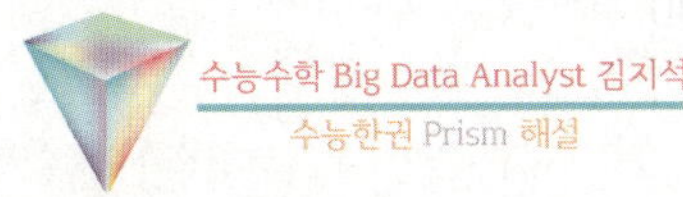

수능수학 Big Data Analyst 김지석
수능한권 Prism 해설

사탕 ● ● ●

구슬 ○ ○ ○ ○ ○ ○ ○

서로 다른 종류의 사탕 3개를

같은 종류의 주머니 3개에 각각 하나씩 넣는 경우의 수

▶ 1

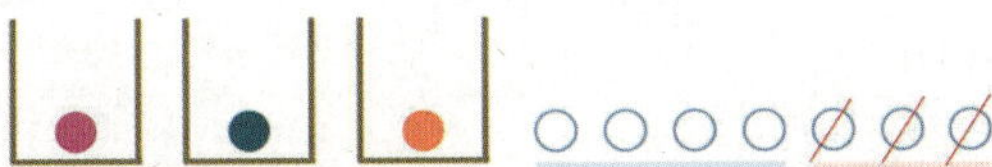

사탕을 넣은 후부터 주머니는 구별할 수 있다.

같은 종류의 구슬을 1개씩 주머니에 넣고

남은 4개의 구슬을 넣는 경우의 수

▶ $_3H_{7-3} = {_3}H_4$

$\therefore 1 \times {_3}H_4 = {_{3+4-1}}C_4 = {_6}C_4 = {_6}C_2 = 15$

136. [2018년 9월 (가)형 28번]

방정식 $a+b+c=9$를 만족시키는 음이 아닌 정수 a, b, c의 모든 순서쌍 (a, b, c) 중에서 임의로 한 개를 선택할 때, 선택한 순서쌍 (a, b, c)가

$$a < 2 \ \text{또는} \ b < 2$$

를 만족시킬 확률은 $\dfrac{q}{p}$이다. $p+q$의 값을 구하시오. (단, p와 q는 서로소인 자연수이다.) [4점]

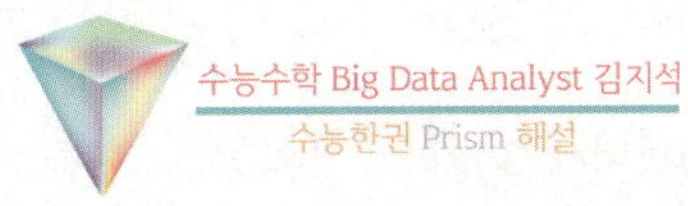

수능수학 Big Data Analyst 김지석
수능한권 Prism 해설

89

사건 A : $a < 2$ 또는 $b < 2$

사건 A^C : $a \geq 2$이고 $b \geq 2$

$a+b+c=9$

$\Leftrightarrow a'+b'+c = 9-2-2 = 5$

$(a = a'+2, \ b = b'+2)$

순서쌍 (a', b', c)의 개수

▶ $_3H_5$

$\therefore P(A) = 1 - P(A^C) = 1 - \dfrac{_3H_5}{_3H_9}$

$= 1 - \dfrac{_7C_5}{_{11}C_9} = 1 - \dfrac{_7C_2}{_{11}C_2}$

$= 1 - \dfrac{21}{55} = \dfrac{34}{55}$

$\therefore p+q = 55+34 = 89$

복습	1회	2회	3회	4회	5회
채점 O△X					

137. [2017년 수능 (가)형 & (나)형 27번]
다음 조건을 만족시키는 음이 아닌 정수 a, b, c의 모든 순서쌍 (a, b, c)의 개수를 구하시오. [4점]

> (가) $a+b+c=7$
> (나) $2^a \times 4^b$은 8의 배수이다.

32

전체에서 안되는 것을 제외(여사건)하는 방법을 활용하자.

$a+b+c=7$를 만족하는 경우의 수

▸ $_3H_7$

$2^a \times 4^b = 2^{a+2b} = $ 8배수 $\Leftrightarrow a+2b \geq 3$
$\Leftrightarrow$ 여사건: $a+2b < 3$
(a, b)는 $(0, 0)$, $(0, 1)$, $(1, 0)$, $(2, 0)$
▸ 4

$\therefore {}_3H_7 - 4 = {}_9C_7 - 4 = {}_9C_2 - 4 = 32$

복습	1회	2회	3회	4회	5회
채점 O△X					

138. [2016년 수능 (A)형 17번]
다음 조건을 만족시키는 음이 아닌 정수 a, b, c, d, e의 모든 순서쌍 (a, b, c, d, e)의 개수는? [4점]

> (가) a, b, c, d, e 중에서 0의 개수는 2이다.
> (나) $a+b+c+d+e = 10$

① 240 ② 280 ③ 320
④ 360 ⑤ 400

0인 것 2개를 정하는 경우의 수

▸ $_5C_2 = \dfrac{5 \times 4}{2 \times 1} = 10$

$a = b = 0$일 때
$c + d + e = 10$
$c' + d' + e' = 7$
(단, $c = c'+1$, $d = d'+1$, $e = e'+1$)

▸ $_3H_7 = {}_{3+7-1}C_7 = {}_9C_7 = {}_9C_2 = \dfrac{9 \times 8}{2 \times 1} = 36$

$\therefore 10 \times 36 = 360$

복습	1회	2회	3회	4회	5회
채점 O△X					

139. [2016년 수능 (B)형 14번] 실전 분석
세 정수 a, b, c에 대하여
$$1 \leq |a| \leq |b| \leq |c| \leq 5$$
를 만족시키는 모든 순서쌍 (a, b, c)의 개수는?
[4점]

① 360 ② 320 ③ 280
④ 240 ⑤ 200

해설 바로가기 ▸ 실전개념분석 25번

복습	1회	2회	3회	4회	5회
채점 O△X					

140. [2015년 수능 (A)형 18번]

연립방정식 $\begin{cases} x+y+z+3w = 14 \\ x+y+z+w = 10 \end{cases}$ 을 만족시키는

음이 아닌 정수 x, y, z, w의 모든 순서쌍 (x, y, z, w)의 개수는? [4점]

① 40 ② 45 ③ 50 ④ 55 ⑤ 60

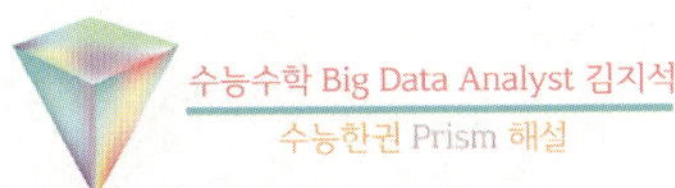
수능수학 Big Data Analyst 김지석
수능한권 Prism 해설

$$\begin{cases} x+y+z+3w = 14 \\ x+y+z+w = 10 \end{cases}$$

$$\therefore 2w = 4, \ w = 2$$

$$\therefore x + y + z = 8$$

$$\therefore {}_3H_8 = {}_{3+8-1}C_8 = {}_{10}C_2 = 45$$

복습	1회	2회	3회	4회	5회
채점 O△X					

141. [2015년 수능 (B)형 26번] 실전 분석

다음 조건을 만족시키는 자연수 a, b, c의 모든 순서쌍 (a, b, c)의 개수를 구하시오. [4점]

> (가) $a \times b \times c$는 홀수이다.
> (나) $a \le b \le c \le 20$

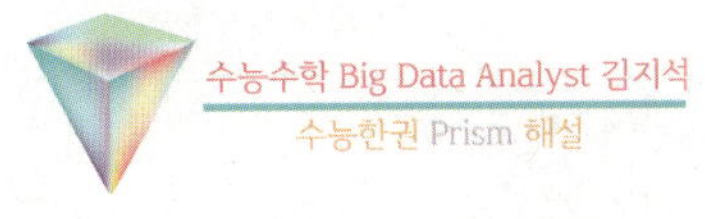
수능수학 Big Data Analyst 김지석
수능한권 Prism 해설   220

해설 바로가기 ▶ 실전개념분석 24번

---

142. [2014년 수능 (A)형 18번] 실전 분석

흰색 탁구공 8개와 주황색 탁구공 7개를 3명의 학생에게 남김없이 나누어 주려고 한다. 각 학생이 흰색 탁구공과 주황색 탁구공을 각각 한 개 이상 갖도록 나누어 주는 경우의 수는? [4점]

① 295 ② 300 ③ 305 ④ 310 ⑤ 315

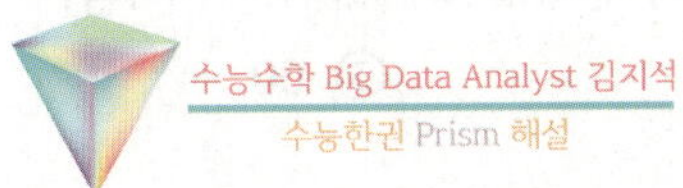
수능수학 Big Data Analyst 김지석
수능한권 Prism 해설

해설 바로가기 ▶ 실전개념분석 19번

복습	1회	2회	3회	4회	5회
채점 O△X					

143. [2006년 수능 (가)형 이산수학 30번]

실전 분석

네 종류의 사탕 중에서 15개를 선택하려고 한다. 초콜릿사탕은 4개 이하, 박하사탕은 3개 이상, 딸기사탕은 2개 이상, 버터사탕은 1개 이상을 선택하는 경우의 수를 구하시오. (단, 각 종류의 사탕은 15개 이상씩 있다.) [4점]

수능수학 Big Data Analyst 김지석
수능한권 Prism 해설   185

해설 바로가기 ▶ 실전개념분석 18번

확률과 통계 1. 경우의 수 경향04 이항정리

수능 2점

복습	1회	2회	3회	4회	5회
채점 O△X					

144. [2025년 수능 (확률과 통계) 23번]

다항식 $(x^3+2)^5$의 전개식에서 x^6의 계수는? [2점]

① 40   ② 50   ③ 60
④ 70   ⑤ 80

수능수학 Big Data Analyst 김지석
수능한권 Prism 해설

$(x^3+2)^5$의 전개식에서 x^6의 항은

$$_5C_2(x^3)^2 2^3 = {}_5C_2 2^3 x^6 = \frac{5 \times 4}{2 \times 1} \times 8 \times x^6 = 80x^6$$

$$\therefore 80$$

복습	1회	2회	3회	4회	5회
채점 O△X					

145. [2023년 수능 (확률과 통계) 23번]

다항식 $(x^3+3)^5$의 전개식에서 x^9의 계수는? [2점]

① 30   ② 60   ③ 90   ④ 120   ⑤ 150

수능수학 Big Data Analyst 김지석
수능한권 Prism 해설

다항식 $(x^3+3)^5$의 전개식에서 x^9의 항은

$$_5C_3(x^3)^3 3^2 = {}_5C_2 3^2 x^9$$

$$\therefore {}_5C_2 \times 3^2 = 10 \times 9 = 90$$

복습	1회	2회	3회	4회	5회
채점 O△X					

146. [2022년 수능 (확률과 통계) 23번]

다항식 $(x+2)^7$의 전개식에서 x^5의 계수는? [2점]

① 42   ② 56   ③ 70   ④ 84   ⑤ 98

수능수학 Big Data Analyst 김지석
수능한권 Prism 해설

$(x+2)^7$의 전개식에서 x^5의 항은

$$_7C_5 x^5 2^2 = {}_7C_2 2^2 x^5$$

$$\therefore {}_7C_2 \times 2^2 = \frac{7 \times 6}{2 \times 1} \times 4 = 84$$

수능 3점

복습	1회	2회	3회	4회	5회
채점 O△X					

147. [2021년 수능 (가)형 22번] 실전 분석

$\left(x + \dfrac{3}{x^2}\right)^5$ 의 전개식에서 x^2 의 계수를

구하시오. [3점]

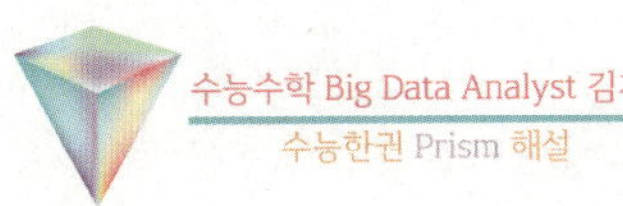

15

해설 바로가기 ▶ 실전개념분석 32번

복습	1회	2회	3회	4회	5회
채점 O△X					

149. [2020년 수능 (가)형 4번]

$\left(2x + \dfrac{1}{x^2}\right)^4$ 의 전개식에서 x 의 계수는? [3점]

① 16 ② 20 ③ 24 ④ 28 ⑤ 32

$\left(2x + \dfrac{1}{x^2}\right)^4$ 의 일반항은

$$_4C_r (2x)^{4-r}\left(\dfrac{1}{x^2}\right)^r = {}_4C_r \, 2^{4-r} x^{4-3r}$$

x^1 의 계수는 $4r - 3 = 1$일 때이므로

$\therefore \; r = 1$

$\therefore \; {}_4C_1 \times 2^3 = 32$

복습	1회	2회	3회	4회	5회
채점 O△X					

148. [2021년 수능 (나)형 22번]

다항식 $(3x + 1)^8$ 의 전개식에서 x 의 계수를
구하시오. [3점]

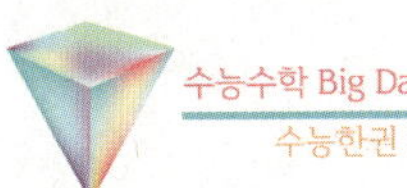

24

$(3x + 1)^8$의 전개식의 x^1의 항은

$$_8C_1 (3x)^1 1^7 = {}_8C_1 3^1 x^1$$

$\therefore \; {}_8C_1 \times 3 = 24$

복습	1회	2회	3회	4회	5회
채점 O△X					

150. [2019년 수능 (나)형 6번]

다항식 $(1 + x)^7$ 의 전개식에서 x^4 의 계수는? [3점]

① 42 ② 35 ③ 28 ④ 21 ⑤ 14

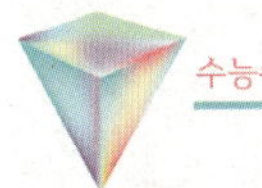

$(1 + x)^7$ 의 전개식에서 x^4의 항은

$$_7C_4 \, x^4 1^3$$

$\therefore \; {}_7C_4 = {}_7C_3 = \dfrac{7 \times 6 \times 5}{3 \times 2 \times 1} = 35$

복습	1회	2회	3회	4회	5회
채점 O△X					

151. [2018년 수능 (가)형 6번 & (나)형 12번]

$\left(x+\dfrac{2}{x}\right)^8$ 의 전개식에서 x^4의 계수는? [3점]

① 108　　② 112　　③ 116
④ 120　　⑤ 124

$\left(x+\dfrac{2}{x}\right)^8$ 의 전개식의 일반항은

$${}_8\mathrm{C}_r\, x^{8-r}\left(\dfrac{2}{x}\right)^r = {}_8\mathrm{C}_r\, 2^r x^{8-2r}$$

x^4의 계수는 $8-2r=4$일 때

$$\therefore\ r=2$$

$$\therefore\ {}_8\mathrm{C}_2\, 2^2 = \dfrac{8\times 7}{2\times 1}\times 4 = 112$$

복습	1회	2회	3회	4회	5회
채점 O△X					

152. [2015년 수능 (A)형 7번]

다항식 $(x+a)^6$의 전개식에서 x^4의 계수가 60일 때, 양수 a의 값은? [3점]

① 1　　② 2　　③ 3　　④ 4　　⑤ 5

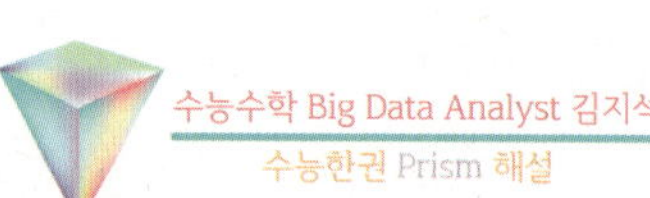

$(x+a)^6$ 의 전개식에서 x^4의 항은

$${}_6\mathrm{C}_4\, x^4 a^2$$

$$\therefore\ {}_6\mathrm{C}_4\, a^2 = 15\,a^2 = 60$$

$$\therefore\ a=2$$

복습	1회	2회	3회	4회	5회
채점 O△X					

153. [2012년 수능 (나)형 8번]

다항식 $(x+a)^7$ 의 전개식에서 x^4 의 계수가 280 일 때, x^5 의 계수는? (단, a 는 상수이다.) [3점]

① 84　　② 91　　③ 98　　④ 105　　⑤ 112

$(x+a)^7$ 의 전개식에서 x^4의 항은

$${}_7\mathrm{C}_4\, x^4 a^3$$

$$\therefore\ {}_7\mathrm{C}_4\, a^3 = {}_7\mathrm{C}_3\, a^3 = 35a^3 = 280$$

$$\therefore\ a^3 = 8,\ a = 2$$

$\therefore\ x^5$의 계수는

$${}_7\mathrm{C}_5\, a^2 = \dfrac{7\cdot 6}{2}\cdot 2^2 = 84$$

복습	1회	2회	3회	4회	5회
채점 O△X					

154. [2010년 수능 (나)형 19번]

다항식 $(1+x)^n$의 전개식에서 x^2의 계수가 45일 때, 자연수 n의 값을 구하시오. [3점]

10

$(1+x)^n$의 전개식에서 x^2의 항은

$${}_n\mathrm{C}_2\, x^2 1^{n-2}$$

$$\therefore\ {}_n\mathrm{C}_2 = 45$$

$$\Leftrightarrow\ \dfrac{n(n-1)}{2} = 45$$

$$\therefore\ n = 10$$

복습	1회	2회	3회	4회	5회
채점 O△X					

155. [2008년 수능 (나)형 7번]

$\left(2x + \dfrac{1}{2x}\right)^7$의 전개식에서 x의 계수는? [3점]

① 14 ② 28 ③ 42 ④ 56 ⑤ 70

수능수학 Big Data Analyst 김지석
수능한권 Prism 해설

$\left(2x + \dfrac{1}{2x}\right)^7$의 전개식에서 일반항은

$$_7C_r(2x)^{7-r}\left(\dfrac{1}{2x}\right)^r = {}_7C_r \cdot 2^{7-2r}x^{7-2r}$$

x^1의 계수는 $7 - 2r = 1$일 때

$\therefore r = 3$

$\therefore x^1$의 계수는

$$_7C_3 \cdot 2 = 70$$

복습	1회	2회	3회	4회	5회
채점 O△X					

156. [2007년 수능 (나)형 7번]

다항식 $(x-a)^5$의 전개식에서 x의 계수와 상수항의 합이 0일 때, 양의 상수 a의 값은? [3점]

① 1 ② 2 ③ 3 ④ 4 ⑤ 5

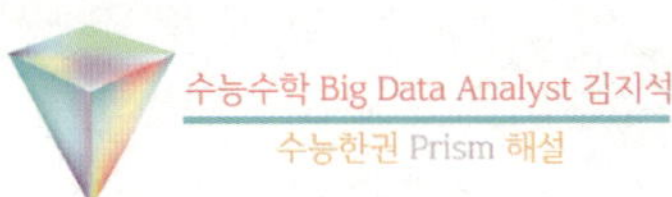
수능수학 Big Data Analyst 김지석
수능한권 Prism 해설

$(x-a)^5$의 전개식에서 x^1의 항은

$$_5C_1 x^1(-a)^4 = 5a^4 x^1$$

상수항은

$$(-a)^5$$

$\therefore 5a^4 + (-a^5) = 0$

$\therefore a^4(5 - a) = 0$

$\therefore a = 5$ ($\because a$는 양수)

―――― 수능 4점 ――――

복습	1회	2회	3회	4회	5회
채점 O△X					

157. [2019년 6월 (나)형 14번]

$\left(x^2 - \dfrac{1}{x}\right)\left(x + \dfrac{a}{x^2}\right)^4$의 전개식에서 x^3의 계수가 7일 때, 상수 a의 값은? [4점]

① 1 ② 2 ③ 3 ④ 4 ⑤ 5

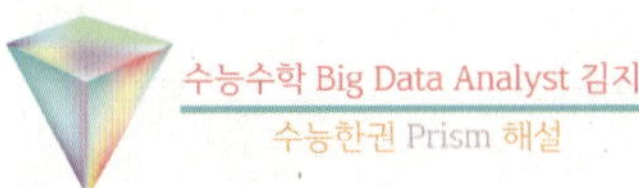
수능수학 Big Data Analyst 김지석
수능한권 Prism 해설

$$\left(x^2 - \dfrac{1}{x}\right)\left(x + \dfrac{a}{x^2}\right)^4$$

$$= x^2\left(x + \dfrac{a}{x^2}\right)^4 - \dfrac{1}{x}\left(x + \dfrac{a}{x^2}\right)^4$$

전개식에서 x^3의 항만 구하면

$$= \cdots + x^2 \,{}_4C_3 x^3\left(\dfrac{a}{x^2}\right)^1 - \dfrac{1}{x}\,{}_4C_4 x^4\left(\dfrac{a}{x^2}\right)^0 + \cdots$$

$$= \cdots + 4ax^3 - 1x^3 + \cdots$$

$$= \cdots (4a - 1)x^3 + \cdots$$

$\therefore 4a - 1 = 7$

$\therefore a = 2$

복습	1회	2회	3회	4회	5회
채점 $O\triangle X$					

158. [2009년 수능 (나)형 9번]

$\left(x+\dfrac{1}{x^3}\right)^4$의 전개식에서 $\dfrac{1}{x^4}$의 계수는? [4점]

① 4 ② 6 ③ 8 ④ 10 ⑤ 12

수능수학 Big Data Analyst 김지석
수능한권 Prism 해설

$\left(x+\dfrac{1}{x^3}\right)^4$의 전개식에서 일반항은

$${}_4C_r \cdot x^{4-r} \cdot \left(\dfrac{1}{x^3}\right)^r = {}_4C_r \cdot x^{4-4r}$$

$\dfrac{1}{x^4}$의 항은 $4-4r=-4$일 때

$\therefore r=2$

$\therefore \dfrac{1}{x^4}$의 계수는

$${}_4C_2 = 6$$

복습	1회	2회	3회	4회	5회
채점 $O\triangle X$					

159. [2006년 수능 (나)형 30번] 실전 분석

다항식 $2(x+a)^n$의 전개식에서 x^{n-1}의 계수와 다항식 $(x-1)(x+a)^n$의 전개식에서 x^{n-1}의 계수가 같게 되는 모든 순서쌍 (a, n)에 대하여 an의 최댓값을 구하시오. (단, a는 자연수이고, n은 $n \geq 2$인 자연수이다.) [4점]

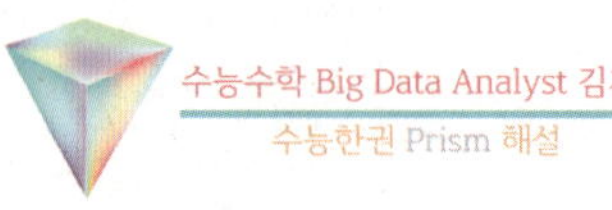

수능수학 Big Data Analyst 김지석
수능한권 Prism 해설

12

해설 바로가기 ▶ 실전개념분석 33번

─── 수능 3점 ───

복습	1회	2회	3회	4회	5회
채점 $O\triangle X$					

160. [2020년 수능 (나)형 5번] 실전 분석

두 사건 A, B에 대하여

$$P(A^C) = \dfrac{2}{3}, \quad P(A^C \cap B) = \dfrac{1}{4}$$

일 때, $P(A \cup B)$의 값은? (단, A^C은 A의 여사건이다.) [3점]

① $\dfrac{1}{2}$ ② $\dfrac{7}{12}$ ③ $\dfrac{2}{3}$ ④ $\dfrac{3}{4}$ ⑤ $\dfrac{5}{6}$

수능수학 Big Data Analyst 김지석
수능한권 Prism 해설

해설 바로가기 ▶ 실전개념분석 34번

복습	1회	2회	3회	4회	5회
채점 O△X					

161. [2019년 수능 (가)형 4번 & (나)형 8번]

두 사건 A, B에 대하여 A와 B^C은 서로 배반사건이고

$$P(A) = \frac{1}{3}, \quad P(A^C \cap B) = \frac{1}{6}$$

일 때, $P(B)$의 값은?

(단, A^C은 A의 여사건이다.) [3점]

① $\frac{5}{12}$ ② $\frac{1}{2}$ ③ $\frac{7}{12}$ ④ $\frac{2}{3}$ ⑤ $\frac{3}{4}$

수능수학 *Big Data Analyst* 김지석
수능한권 Prism 해설

[스킬] 전체 집합의 원소의 개수 예를 드는 방법
→ 문제 단서 or 객관식 답지의 분모가
2, 3, 4, 6, 12인데 이들의 적당한 공배수로 예를 들면
된다. 분수 계산 없이 문제를 빠르게 풀 수 있다.
전체 집합의 원소의 개수를 12라고 예를 들어보자.

$$P(A) = \frac{1}{3} = \frac{4}{12}, \quad P(A^C \cap B) = \frac{1}{6} = \frac{2}{12}$$

	A	A^c	합계
B		2	
B^c	0		
합계	4		12

↓

	A	A^c	합계
B	4	2	6
B^c	0		
합계	4		12

$$\therefore P(B) = \frac{6}{12} = \frac{1}{2}$$

[다른 풀이]

A와 B^c은 서로 배반사건이므로 $A \subset B$

$$P(B) = P(A) + P(B \cap A^c) = \frac{1}{3} + \frac{1}{6} = \frac{1}{2}$$

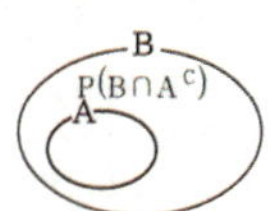

162. [2017년 수능 (나)형 4번]

두 사건 A, B에 대하여

$$P(A \cap B) = \frac{1}{8}, \quad P(A \cap B^C) = \frac{3}{16}$$

일 때, $P(A)$의 값은? (단, B^C은 B의 여사건이다.)
[3점]

① $\frac{3}{16}$ ② $\frac{7}{32}$ ③ $\frac{1}{4}$ ④ $\frac{9}{32}$ ⑤ $\frac{5}{16}$

수능수학 *Big Data Analyst* 김지석
수능한권 Prism 해설

전체 집합의 원소의 개수를 32라고 예를 들어보자.

$$P(A \cap B) = \frac{1}{8} = \frac{4}{32}, \quad P(A \cap B^C) = \frac{3}{16} = \frac{6}{32}$$

	A	A^c	합계
B	4		
B^c	6		
합계	10		32

$$\therefore P(A) = \frac{10}{32} = \frac{5}{16}$$

[다른 풀이]

$$P(A) = P(A \cap B) + P(A \cap B^c)$$
$$= \frac{1}{8} + \frac{3}{16} = \frac{5}{16}$$

복습	1회	2회	3회	4회	5회
채점 O△X					

163. [2015년 수능 (B)형 8번]

두 사건 A, B에 대하여 A^C과 B는 서로 배반사건이고 $P(A) = 2P(B) = \dfrac{3}{5}$ 일 때, $P(A \cap B^C)$의 값은? (단, A^C은 A의 여사건이다.) [3점]

① $\dfrac{7}{20}$　② $\dfrac{3}{10}$　③ $\dfrac{1}{4}$　④ $\dfrac{1}{5}$　⑤ $\dfrac{3}{20}$

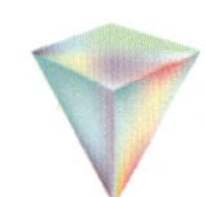

수능수학 Big Data Analyst 김지석
수능한권 Prism 해설

전체 집합의 원소의 개수를 20이라고 예를 들어보자.

$$P(A) = \dfrac{3}{5} = \dfrac{12}{20}, \quad P(B) = \dfrac{3}{10} = \dfrac{6}{20}$$

	A	A^c	합계
B		0	6
B^c			
합계	12		20

↓

	A	A^c	합계
B	6	0	6
B^c	6		
합계	12		20

$$\therefore P(A \cap B^C) = \dfrac{6}{20} = \dfrac{3}{10}$$

[다른 풀이]

$$P\left((A^c \cup B)^c\right) = 1 - P(A^c \cup B)$$

$$A^c \cap B = \varnothing$$

$$1 - P(A^c \cup B) = 1 - P(A^c) - P(B) = \dfrac{3}{10}$$

164. [2014년 수능 (B)형 5번]

두 사건 A, B에 대하여 $P(A^C \cup B^C) = \dfrac{4}{5}$, $P(A \cap B^C) = \dfrac{1}{4}$ 일 때, $P(A^C)$의 값은? (단, A^C은 A의 여사건이다.) [3점]

① $\dfrac{1}{2}$　② $\dfrac{11}{20}$　③ $\dfrac{3}{5}$　④ $\dfrac{13}{20}$　⑤ $\dfrac{7}{10}$

수능수학 Big Data Analyst 김지석
수능한권 Prism 해설

전체 집합의 원소의 개수를 20이라고 예를 들어보자.

$$P(A^C \cup B^C) = \dfrac{4}{5} = \dfrac{16}{20}, \quad P(A \cap B^C) = \dfrac{1}{4} = \dfrac{5}{20}$$

	A	A^c	합계
B			16
B^c	5		
합계			20

↓

	A	A^c	합계
B	4		
B^c	5		
합계	9	11	20

$$\therefore P(A^C) = \dfrac{11}{20}$$

[다른 풀이]

$A^c \cup B^c = (A \cap B)^c$에서

$$P(A^c \cup B^c) = P\left((A \cap B)^c\right) = 1 - P(A \cap B) = \dfrac{4}{5}$$

$$\therefore P(A \cap B) = \dfrac{1}{5}$$

$$P(A \cap B^c) = P(A) - P(A \cap B) = P(A) - \dfrac{1}{5} = \dfrac{1}{4}$$

$$\therefore P(A) = \dfrac{1}{5} + \dfrac{1}{4} = \dfrac{9}{20}$$

$$\therefore P(A^c) = 1 - P(A) = 1 - \dfrac{9}{20} = \dfrac{11}{20}$$

복습	1회	2회	3회	4회	5회
채점 O△X					

165. [2010년 수능 (나)형 5번]

두 사건 A와 B는 서로 배반사건이고

$P(A) = P(B)$, $P(A)P(B) = \dfrac{1}{9}$일 때,

$P(A \cup B)$의 값은? [3점]

① $\dfrac{1}{6}$ ② $\dfrac{1}{3}$ ③ $\dfrac{1}{2}$ ④ $\dfrac{2}{3}$ ⑤ $\dfrac{5}{6}$

수능수학 Big Data Analyst 김지석
수능한권 Prism 해설

$P(A) = P(B)$이고, $P(A)P(B) = \dfrac{1}{9}$이므로

$P(A) = P(B) = \dfrac{1}{3}$

전체 집합의 원소의 개수를 3이라고 예를 들어보자.

	A	A^c	합계
B	O		1
B^c			
합계	1		3

↓

	A	A^c	합계
B	O	1 ←	1
B^c	1 ↑		
합계	1		3

∴ $P(A \cup B) = \dfrac{2}{3}$

[다른 풀이]

$P(A) = P(B)$이고, $P(A)P(B) = \dfrac{1}{9}$이므로

$P(A) = P(B) = \dfrac{1}{3}$

두 사건 A와 B는 서로 배반사건이므로

$P(A \cap B) = 0$

∴ $P(A \cup B) = P(A) + P(B) - P(A \cap B)$

$\qquad = \dfrac{1}{3} + \dfrac{1}{3} - 0 = \dfrac{2}{3}$

복습	1회	2회	3회	4회	5회
채점 O△X					

166. [2006년 수능 (나)형 4번]

사건 전체의 집합 S의 두 사건 A와 B는 서로 배반사건이고, $A \cup B = S$, $P(A) = 2P(B)$일 때, $P(A)$의 값은? [3점]

① $\dfrac{2}{3}$ ② $\dfrac{1}{2}$ ③ $\dfrac{2}{5}$ ④ $\dfrac{1}{3}$ ⑤ $\dfrac{1}{4}$

수능수학 Big Data Analyst 김지석
수능한권 Prism 해설

$P(A) = 2P(B)$이므로

전체 개수에서 A에 해당하는 개수가 B에 해당하는 개수보다 2배가 더 많을 테니

A는 2개, B는 1개라고 예를 들어보자.

	A	A^c	합계
B	O		1
B^c		→ 0	
합계	2		

↓

	A	A^c	합계
B	O	1 ←	1
B^c		0	
합계	2	1 →	3

∴ $P(A) = 2P(B) = \dfrac{2}{3}$

[다른 풀이]

두 사건 A, B는 서로 배반사건이므로 $P(A \cap B) = 0$

$A \cup B = S$ 이므로 $P(A \cup B) = P(S) = 1$

∴ 확률의 덧셈정리에 의해

$P(A \cup B) = P(A) + P(B) - P(A \cap B)$

$\qquad = 2P(B) + P(B) - 0 = 3P(B) = 1$

∴ $P(B) = \dfrac{1}{3}$

∴ $P(A) = 2P(B) = \dfrac{2}{3}$

확률과 통계 2. 확률 경향06
조건부 확률

수능 3점

복습	1회	2회	3회	4회	5회
채점 O△X					

167. [2026년 수능 (확률과 통계) 24번]

두 사건 A, B에 대하여

$$P(A)=\frac{2}{5},\ P(B\,|\,A)=\frac{1}{4},\ P(A\cup B)=1$$

일 때, P(B)의 값은? [3점]

① $\dfrac{7}{10}$　　② $\dfrac{3}{4}$　　③ $\dfrac{4}{5}$

④ $\dfrac{17}{20}$　　⑤ $\dfrac{9}{10}$

전체 개수가 20라고 예를 들어 풀어보자.

$$P(A)=\frac{2}{5}=\frac{8}{20},\ P(A\cup B)=1=\frac{20}{20}$$

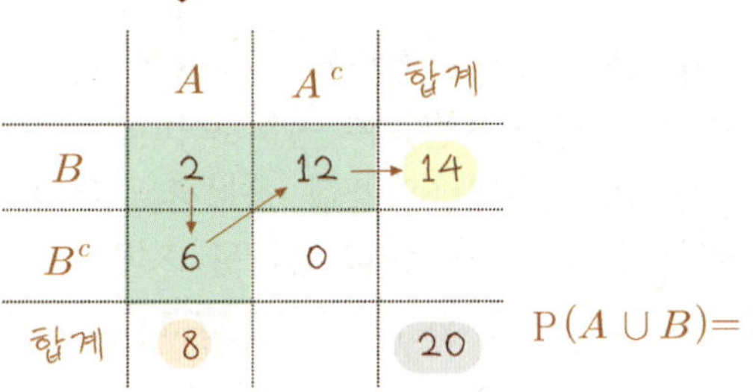

	A	A^c	합계
B	2		
B^c			
합계	8		20

$$P(B\,|\,A)=\frac{1}{4}$$

	A	A^c	합계
B	2	12	14
B^c	6	0	
합계	8		20

$$P(A\cup B)=1=\frac{20}{20}$$

$$\therefore\ P(B)=\frac{14}{20}=\frac{7}{10}$$

[다른 풀이]

$P(B\,|\,A)=\dfrac{P(A\cap B)}{P(A)}=\dfrac{1}{4}$에서 $P(A)=\dfrac{2}{5}$이므로

$$P(A\cap B)=\frac{1}{4}\times\frac{2}{5}=\frac{1}{10}$$

$P(A\cup B)=P(A)+P(B)-P(A\cap B)$에서

$$\Leftrightarrow 1=\frac{2}{5}+P(B)-\frac{1}{10}$$

$$\therefore\ P(B)=\frac{7}{10}$$

복습	1회	2회	3회	4회	5회
채점 O△X					

168. [2025년 수능 (확률과 통계) 24번] 실전 분석

두 사건 A, B에 대하여

$$P(A|B)=P(A)=\frac{1}{2}, \quad P(A\cap B)=\frac{1}{5}$$

일 때, $P(A\cup B)$의 값은? [3점]

① $\frac{1}{2}$　　② $\frac{3}{5}$　　③ $\frac{7}{10}$

④ $\frac{4}{5}$　　⑤ $\frac{9}{10}$

수능수학 Big Data Analyst 김지석
수능한권 Prism 해설

해설 바로가기 ▶ 실전개념분석 37번

복습	1회	2회	3회	4회	5회
채점 O△X					

169. [2021년 수능 (가)형 4번] 실전 분석

두 사건 A, B에 대하여

$$P(B|A)=\frac{1}{4}, \quad P(A|B)=\frac{1}{3},$$

$$P(A)+P(B)=\frac{7}{10}$$ 일 때, $P(A\cap B)$의

값은? [3점]

① $\frac{1}{7}$　② $\frac{1}{8}$　③ $\frac{1}{9}$　④ $\frac{1}{10}$　⑤ $\frac{1}{11}$

수능수학 Big Data Analyst 김지석
수능한권 Prism 해설

해설 바로가기 ▶ 실전개념분석 38번

복습	1회	2회	3회	4회	5회
채점 O△X					

170. [2020년 수능 (나)형 9번] 실전 분석

어느 학교 학생 200명을 대상으로 체험활동에 대한 선호도를 조사하였다. 이 조사에 참여한 학생은 문화체험과 생태연구 중 하나를 선택하였고, 각각의 체험활동을 선택한 학생의 수는 다음과 같다.

(단위 : 명)

구분	문화체험	생태연구	합계
남학생	40	60	100
여학생	50	50	100
합계	90	110	200

이 조사에 참여한 학생 200명 중에서 임의로 선택한 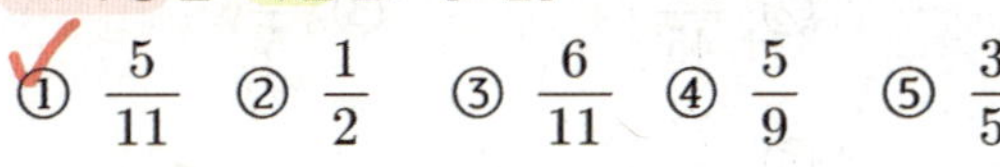 1명이 생태연구를 선택한 학생일 때, 이 학생이 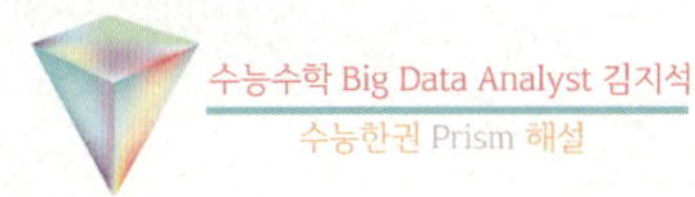 여학생일 확률은? [3점]

① $\frac{5}{11}$　② $\frac{1}{2}$　③ $\frac{6}{11}$　④ $\frac{5}{9}$　⑤ $\frac{3}{5}$

수능수학 Big Data Analyst 김지석
수능한권 Prism 해설

해설 바로가기 ▶ 실전개념분석 35번

복습	1회	2회	3회	4회	5회
채점 O△X					

171. [2018년 수능 (나)형 7번]

어느 고등학교 전체 학생 500명을 대상으로 지역 A와 지역 B에 대한 국토 문화 탐방 희망 여부를 조사한 결과는 다음과 같다.

(단위 : 명)

지역 A / 지역 B	희망함	희망하지 않음	합계
희망함	140	310	450
희망하지 않음	40	10	50
합계	180	320	500

이 고등학교 학생 중에서 임의로 선택한 1명이 지역 A를 희망한 학생일 때, 이 학생이 지역 B도 희망한 학생일 확률은? [3점]

① $\dfrac{19}{45}$　② $\dfrac{23}{45}$　③ $\dfrac{3}{5}$

④ $\dfrac{31}{45}$　⑤ $\dfrac{7}{9}$

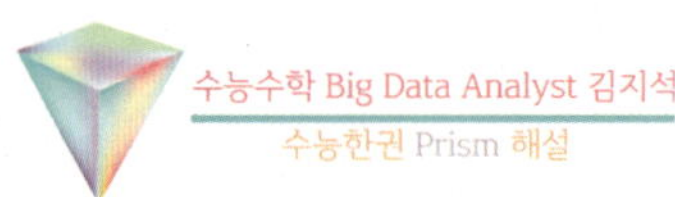

$$\mathrm{P}(B|A) = \frac{140}{180} = \frac{7}{9}$$

[다른 풀이]

$$\mathrm{P}(B|A) = \frac{\mathrm{P}(A \cap B)}{\mathrm{P}(A)} = \frac{\frac{140}{500}}{\frac{180}{500}} = \frac{7}{9}$$

172. [2018년 수능 (가)형 13번]

한 개의 주사위를 두 번 던진다. 6의 눈이 한 번도 나오지 않을 때, 나온 두 눈의 수의 합이 4의 배수일 확률은? [3점]

① $\dfrac{4}{25}$　② $\dfrac{1}{5}$　③ $\dfrac{6}{25}$

④ $\dfrac{7}{25}$　⑤ $\dfrac{8}{25}$

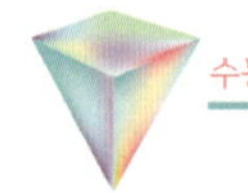

주사위 문제가 나오면 표를 그려 푸는 게 훨씬 편하다.

a+b	1	2	3	4	5	6
1	2	3	4	5	6	
2	3	4	5	6	7	
3	4	5	6	7	8	
4	5	6	7	8	9	
5	6	7	8	9	10	
6						

$$\therefore \frac{6}{25}$$

[다른 풀이]

한 개의 주사위를 두 번 던질 때,
6의 눈이 한 번도 나오지 않는 사건을 A,
나온 두 눈의 수의 합이 4의 배수인 사건을 B

$$\mathrm{P}(A) = \frac{5}{6} \times \frac{5}{6} = \frac{25}{36}$$

나오는 눈의 수를 차례대로 a, b라 하면
사건 $A \cap B$를 순서쌍 (a, b)로 나타내면
$\{(1, 3), (2, 2), (3, 1), (3, 5)$
$(4, 4), (5, 3), (6, 2)\}$

$$\therefore \mathrm{P}(A \cap B) = \frac{6}{36}$$

$\therefore$ 구하는 확률은

$$\mathrm{P}(B|A) = \frac{\mathrm{P}(A \cap B)}{\mathrm{P}(A)} = \frac{\frac{6}{36}}{\frac{25}{36}} = \frac{6}{25}$$

복습	1회	2회	3회	4회	5회
채점 O△X					

173. [2017년 수능 (나)형 13번] 실전 분석

어느 학교의 전체 학생은 360명이고, 각 학생은 체험 학습 A, 체험 학습 B 중 하나를 선택하였다. 이 학교의 학생 중 체험 학습 A를 선택한 학생은 남학생 90명과 여학생 70명이다. 이 학교의 학생 중 임의로 뽑은 1명의 학생이 체험 학습 B를 선택한 학생일 때, 이 학생이 남학생일 확률은 $\dfrac{2}{5}$이다. 이 학교의 여학생의 수는? [3점]

① 180 ② 185 ③ 190 ④ 195 ⑤ 200

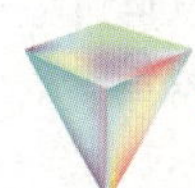

수능수학 Big Data Analyst 김지석
수능한권 Prism 해설

해설 바로가기 ▶ 실전개념분석 36번

복습	1회	2회	3회	4회	5회
채점 O△X					

174. [2016년 수능 (A)형 6번]

두 사건 A, B에 대하여

$$P(A) = \dfrac{2}{5}, \quad P(B|A) = \dfrac{5}{6}$$

일 때, $P(A \cap B)$의 값은? [3점]

① $\dfrac{1}{3}$ ② $\dfrac{4}{15}$ ③ $\dfrac{1}{5}$

④ $\dfrac{2}{15}$ ⑤ $\dfrac{1}{15}$

수능수학 Big Data Analyst 김지석
수능한권 Prism 해설

전체 집합의 원소의 개수를 30이라고 예를 들어보자.

$$P(A) = \dfrac{2}{5} = \dfrac{12}{30}$$

	A	A^c	합계
B	10		
B^c			
합계	12		30

$$P(B|A) = \dfrac{5}{6} = \dfrac{10}{12}$$

$$\therefore P(A \cap B) = \dfrac{10}{30} = \dfrac{1}{3}$$

[다른 풀이]

$$P(B|A) = \dfrac{P(A \cap B)}{P(A)} = \dfrac{5}{6}$$

$$\therefore P(A \cap B) = \dfrac{5}{6} \times P(A) = \dfrac{5}{6} \times \dfrac{2}{5} = \dfrac{1}{3}$$

복습	1회	2회	3회	4회	5회
채점 O△X					

175. [2014년 수능 (B)형 23번]

어느 마라톤 대회에 참가한 50명의 동호회 회원 중 마라톤에서 완주한 회원 수와 기권한 회원 수가 다음과 같다.

(단위 : 명)

구분	남성	여성
완주한 회원 수	27	9
기권한 회원 수	8	6

참가한 회원 중에서 임의로 선택한 한 명의 회원이 여성이었을 때, 이 회원이 마라톤에서 완주하였을 확률이 p이다. $100p$의 값을 구하시오. [3점]

60

참가한 회원 50명 중에서
임의로 선택한 한 명이 여성인 사건을 A,
마라톤에서 완주하였을 사건을 B라고 하자.

$$p = \mathrm{P}(B|A) = \frac{9}{9+6} = \frac{3}{5}$$

$$\therefore 100p = 100 \times \frac{3}{5} = 60$$

[다른 풀이]

$$p = \mathrm{P}(B|A) = \frac{\mathrm{P}(A \cap B)}{\mathrm{P}(A)} = \frac{\dfrac{9}{50}}{\dfrac{15}{50}} = \frac{9}{15} = \frac{3}{5}$$

$$\therefore 100p = 100 \times \frac{3}{5} = 60$$

176. [2013년 수능 (나)형 8번]

두 사건 A, B에 대하여

$$\mathrm{P}(A \cap B) = \frac{1}{8}, \quad \mathrm{P}(B^c|A) = 2\mathrm{P}(B|A)$$

일 때, $\mathrm{P}(A)$의 값은? (단, B^c은 B의 여사건이다.) [3점]

① $\dfrac{5}{12}$ ② $\dfrac{3}{8}$ ③ $\dfrac{1}{3}$ ④ $\dfrac{7}{24}$ ⑤ $\dfrac{1}{4}$

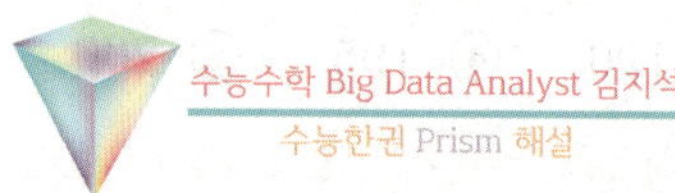

전체 집합의 원소의 개수를 24라고 예를 들어보자.

$$\mathrm{P}(A \cap B) = \frac{1}{8} = \frac{3}{24} \text{이므로}$$

	A	A^c	합계
B	3		
B^c			
합계			24

$\downarrow$

$$\mathrm{P}(B^c|A) = 2\mathrm{P}(B|A) \text{이므로}$$

	A	A^c	합계
B	3		
B^c	6		
합계	9		24

2배 

$$\therefore \mathrm{P}(A) = \frac{9}{24} = \frac{3}{8}$$

[다른 풀이]

$$\mathrm{P}(B^c|A) = 2\mathrm{P}(B|A)$$

$$\Leftrightarrow \frac{\mathrm{P}(B^c \cap A)}{\mathrm{P}(A)} = \frac{2\mathrm{P}(B \cap A)}{\mathrm{P}(A)}$$

$$\therefore \mathrm{P}(B^c \cap A) = 2\mathrm{P}(B \cap A) = 2 \times \frac{1}{8} = \frac{1}{4}$$

$$\therefore \mathrm{P}(A) = \mathrm{P}(A \cap B) + \mathrm{P}(A \cap B^c) = \frac{1}{8} + \frac{1}{4} = \frac{3}{8}$$

복습	1회	2회	3회	4회	5회
채점 O△X					

177. [2013년 수능 (가)형 8번]

어느 학교 전체 학생의 60%는 버스로, 나머지 40%는 걸어서 등교하였다. 버스로 등교한 학생의 $\dfrac{1}{20}$이 지각하였고, 걸어서 등교한 학생의 $\dfrac{1}{15}$이 지각하였다. 이 학교 전체 학생 중 임의로 선택한 1명의 학생이 지각하였을 때, 이 학생이 버스로 등교하였을 확률은? [3점]

① $\dfrac{3}{7}$　② $\dfrac{9}{20}$　③ $\dfrac{9}{19}$　④ $\dfrac{1}{2}$　⑤ $\dfrac{9}{17}$

수능수학 Big Data Analyst 김지석
수능한권 Prism 해설

버스로 등교하는 사건을 A,
지각하는 사건을 B라고 하자.
전체 집합의 원소의 개수를 300이라고 예를 들어보자.

$$60\% = \frac{180}{300}, \quad 40\% = \frac{120}{300}$$

	A	A^c	합계
B	9	8 →	17
B^c			
합계	180	120	300

$\dfrac{1}{20}$　$\dfrac{1}{15}$

$$\therefore \mathrm{P}(A|B) = \frac{9}{17}$$

[다른 풀이]

버스로 등교하는 사건을 A,
지각하는 사건을 B라고 하자.

$$\mathrm{P}(A|B) = \frac{\mathrm{P}(A\cap B)}{\mathrm{P}(B)} = \frac{\mathrm{P}(A\cap B)}{\mathrm{P}(A\cap B) + \mathrm{P}(A^c\cap B)}$$

$$= \frac{\dfrac{6}{10}\times\dfrac{1}{20}}{\dfrac{6}{10}\times\dfrac{1}{20} + \dfrac{4}{10}\times\dfrac{1}{15}}$$

$$= \frac{\dfrac{3}{100}}{\dfrac{3}{100} + \dfrac{2}{75}} = \frac{\dfrac{3}{100}}{\dfrac{17}{300}} = \frac{9}{17}$$

178. [2012년 수능 (나)형 13번]

주머니 A 에는 1, 2, 3, 4, 5 의 숫자가 하나씩 적혀 있는 5 장의 카드가 들어 있고, 주머니 B 에는 1, 2, 3, 4, 5, 6 의 숫자가 하나씩 적혀 있는 6 장의 카드가 들어 있다. 한 개의 주사위를 한 번 던져서 나온 눈의 수가 3 의 배수이면 주머니 A 에서 임의로 카드를 한 장 꺼내고, 3 의 배수가 아니면 주머니 B 에서 임의로 카드를 한 장 꺼낸다. 주머니에서 꺼낸 카드에 적힌 수가 짝수일 때, 그 카드가 주머니 A 에서 꺼낸 카드일 확률은? [3점]

① $\dfrac{1}{5}$　② $\dfrac{2}{9}$　③ $\dfrac{1}{4}$　④ $\dfrac{2}{7}$　⑤ $\dfrac{1}{3}$

수능수학 Big Data Analyst 김지석
수능한권 Prism 해설

주머니에서 꺼낸 카드가 짝수일 경우를 모두 구하면 다음의 두 가지 경우이다.

ⅰ) 주사위가 3 또는 6 이 나오고, A 주머니에서 짝수가 나올 확률

▶ $\dfrac{2}{6}\times\dfrac{2}{5} = \dfrac{2}{15}$

ⅱ) 주사위가 1 또는 2 또는 4 또는 5가 나오고, B 주머니에서 짝수가 나올 확률

▶ $\dfrac{4}{6}\times\dfrac{3}{6} = \dfrac{1}{3}$

$$\therefore \frac{\dfrac{2}{15}}{\dfrac{2}{15} + \dfrac{1}{3}} = \frac{2}{7}$$

복습	1회	2회	3회	4회	5회
채점 O△X					

179. [2011년 수능 (가)형 & (나)형 13번]

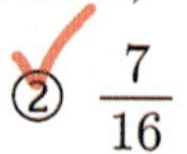

어느 재래시장을 이용하는 고객의 집에서 시장까지의 거리는 평균이 $1740m$, 표준편차가 $500m$인 정규분포를 따른다고 한다. 집에서 시장까지의 거리가 $2000m$ 이상인 고객 중에서 15%, $2000m$ 미만인 고객 중에서 5%는 자가용을 이용하여 시장에 온다고 한다. 자가용을 이용하여 시장에 온 고객 중에서 임의로 1명을 선택할 때, 이 고객의 집에서 시장까지의 거리가 $2000m$ 미만일 확률은? (단, Z가 표준정규분포를 따르는 확률변수일 때, $\mathrm{P}(0 \le Z \le 0.52) = 0.2$로 계산한다.) [3점]

① $\dfrac{3}{8}$ ② $\dfrac{7}{16}$ ③ $\dfrac{1}{2}$ ④ $\dfrac{9}{16}$ ⑤ $\dfrac{5}{8}$

수능수학 Big Data Analyst 김지석
수능한권 Prism 해설

해설 바로가기 ▶ 실전개념분석 40번

복습	1회	2회	3회	4회	5회
채점 O△X					

180. [2010년 수능 (가)형 7번 & (나)형 7번]

철수가 받은 전자우편의 10%는 '여행'이라는 단어를 포함한다. '여행'을 포함한 전자우편의 50%가 광고이고, '여행'을 포함하지 않은 전자우편의 20%가 광고이다. 철수가 받은 한 전자우편이 광고일 때, 이 전자우편이 '여행'을 포함할 확률은? [3점]

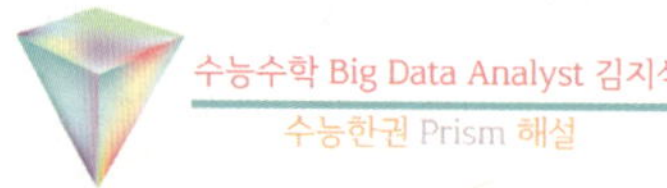

① $\dfrac{5}{23}$ ② $\dfrac{6}{23}$ ③ $\dfrac{7}{23}$ ④ $\dfrac{8}{23}$ ⑤ $\dfrac{9}{23}$

수능수학 Big Data Analyst 김지석
수능한권 Prism 해설

전자우편이 여행을 포함할 사건을 A, 전자우편이 광고인 사건을 B라고 하자. 전체 집합의 원소의 개수를 100이라고 예를 들어보자.

$$10\% = \frac{10}{100}$$

	A	A^c	합계
B	5	18	23
B^c			
합계	10 → 90		100

50% 20%

$$\therefore \mathrm{P}(A \mid B) = \frac{5}{23}$$

[다른 풀이]

$$\mathrm{P}(B) = \mathrm{P}(A \cap B) + \mathrm{P}(A^c \cap B)$$
$$= \frac{1}{10} \times \frac{1}{2} + \frac{9}{10} \times \frac{1}{5}$$
$$= \frac{1}{20} + \frac{9}{50} = \frac{23}{100}$$

$$\therefore \mathrm{P}(A \mid B) = \frac{\mathrm{P}(A \cap B)}{\mathrm{P}(B)} = \frac{\dfrac{1}{20}}{\dfrac{23}{100}} = \frac{5}{23}$$

복습	1회	2회	3회	4회	5회
채점 O△X					

181. [2010년 수능 (가)형 확률과 통계 28번]

세 코스 A, B, C를 순서대로 한 번씩 체험하는 수련장이 있다. A코스에는 30개, B코스에는 60개, C코스에는 90개의 봉투가 마련되어 있고, 각 봉투에는 1장 또는 2장 또는 3장의 쿠폰이 들어 있다. 다음 표는 쿠폰 수에 따른 봉투의 수를 코스별로 나타낸 것이다.

쿠폰수 \ 코스	1장	2장	3장	계
A	20	10	0	30
B	30	20	10	60
C	40	30	20	90

각 코스를 마친 학생은 그 코스에 있는 봉투를 임의로 1개 선택하여 봉투 속에 들어있는 쿠폰을 받는다. 첫째 번에 출발한 학생이 세 코스를 모두 체험한 후 받은 쿠폰이 모두 4장이었을 때, B코스에서 받은 쿠폰이 2장일 확률은? [3점]

① $\dfrac{14}{23}$ ② $\dfrac{12}{23}$ ③ $\dfrac{10}{23}$ ④ $\dfrac{8}{23}$ ⑤ $\dfrac{6}{23}$

해설 바로가기 ▶ 실전개념분석 42번

182. [2009년 수능 (나)형 26번]

두 사건 A, B에 대하여 $P(A) = \dfrac{1}{2}$, $P(B^c) = \dfrac{2}{3}$ 이며 $P(B|A) = \dfrac{1}{6}$ 일 때, $P(A^c|B)$의 값은?

(단, A^c은 A의 여사건이다.) [3점]

① $\dfrac{1}{2}$ ② $\dfrac{7}{12}$ ③ $\dfrac{2}{3}$ ④ $\dfrac{3}{4}$ ⑤ $\dfrac{5}{6}$

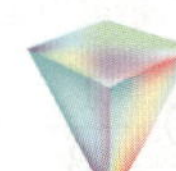
수능수학 Big Data Analyst 김지석
수능한권 Prism 해설

전체 집합의 원소의 개수를 12라고 예를 들어보자.

$$P(A) = \frac{1}{2} = \frac{6}{12}, \quad P(B^c) = \frac{2}{3} = \frac{8}{12}$$

	A	A^c	합계
B	1		
B^c			8
합계	6		12

↓

	A	A^c	합계
B	1	3	4
B^c			8
합계	6		12

$$\therefore P(A^c|B) = \frac{3}{4}$$

[다른 풀이]

$$P(B) = 1 - P(B^c) = 1 - \frac{2}{3} = \frac{1}{3}$$

$$P(B|A) = \frac{P(A \cap B)}{P(A)} = \frac{1}{6} \text{ 에서}$$

$$P(A \cap B) = \frac{1}{6} P(A) = \frac{1}{6} \cdot \frac{1}{2} = \frac{1}{12}$$

$$P(A \cap B) + P(A^c \cap B) = P(B) \text{ 이므로}$$

$$P(A^c \cap B) = \frac{1}{3} - \frac{1}{12} = \frac{1}{4}$$

$$\therefore P(A^c|B) = \frac{P(A^c \cap B)}{P(B)} = \frac{\frac{1}{4}}{\frac{1}{3}} = \frac{3}{4}$$

복습	1회	2회	3회	4회	5회
채점 O△X					

183. [2008년 수능 (가)형 & (나)형 12번]

실전 분석

주머니 A에는 1, 2, 3, 4, 5의 숫자가 하나씩 적혀 있는 5장의 카드가 들어 있고, 주머니 B에는 6, 7, 8, 9, 10의 숫자가 하나씩 적혀 있는 5장의 카드가 들어 있다.

두 주머니 A, B에서 각각 카드를 임의로 한 장씩 꺼냈다. 꺼낸 2장의 카드에 적혀 있는 두 수의 합이 홀수일 때, 주머니 A에서 꺼낸 카드에 적혀 있는 수가 짝수일 확률은? [3점]

① $\dfrac{5}{13}$ ② $\dfrac{4}{13}$ ③ $\dfrac{3}{13}$ ④ $\dfrac{2}{13}$ ⑤ $\dfrac{1}{13}$

수능수학 Big Data Analyst 김지석
수능한권 Prism 해설

해설 바로가기 ▶ 실전개념분석 41번

---

184. [2007년 수능 (나)형 5번]

두 사건 A, B에 대하여

$P(A) = \dfrac{1}{4}$, $P(B) = \dfrac{2}{3}$, $A \subset B$일 때, $P(A|B)$의 값은? [3점]

① $\dfrac{1}{8}$ ② $\dfrac{1}{4}$ ③ $\dfrac{3}{8}$ ④ $\dfrac{1}{2}$ ⑤ $\dfrac{5}{8}$

수능수학 Big Data Analyst 김지석
수능한권 Prism 해설

전체 집합의 원소의 개수를 12라고 예를 들어보자.

	A	A^c	합계
B	3		8
B^c	0		
합계	3		12

$\therefore P(A|B) = \dfrac{3}{8}$

[다른 풀이]

$A \subset B$이므로 $A \cap B = A$

$P(A \mid B) = \dfrac{P(A \cap B)}{P(B)} = \dfrac{P(A)}{P(B)} = \dfrac{\frac{1}{4}}{\frac{2}{3}} = \dfrac{3}{8}$

복습	1회	2회	3회	4회	5회
채점 O△X					

185. [2006년 수능 (나)형 26번]

어느 학급은 남학생 18명, 여학생 16명으로 이루어져 있다. 이 학급의 모든 학생은 중국어와 일본어 중 한 과목만 수업을 받는다고 한다. 남학생 중에서 중국어 수업을 받는 학생은 12명이고, 여학생 중에서 일본어 수업을 받는 학생은 7명이다. 이 학급에서 선택된 한 학생이 중국어 수업을 받는다고 할 때, 이 학생이 여학생일 확률은? [3점]

① $\dfrac{1}{7}$　② $\dfrac{2}{7}$　③ $\dfrac{3}{7}$　④ $\dfrac{4}{7}$　⑤ $\dfrac{5}{7}$

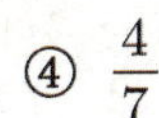
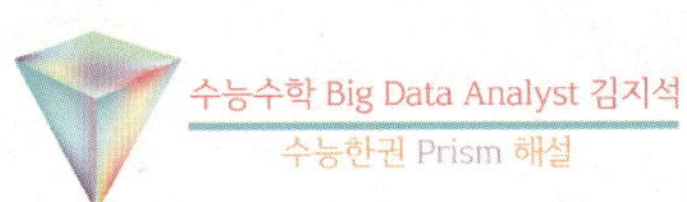

수능수학 Big Data Analyst 김지석
수능한권 Prism 해설

	남학생	여학생	합계
중국어	12		
일본어		7	
합계	18	16	

	남학생	여학생	합계
중국어	12	9	21
일본어		7	
합계	18	16	

이 학급에서 선택된 한 학생이 중국어 수업을 받을 사건을 A, 여학생일 사건을 B라 하면 구하는 확률은

$$\therefore \ P(B|A) = \frac{9}{21} = \frac{3}{7}$$

186. [1994년 수능 (2차) 18번]

어떤 의사가 암에 걸린 사람을 암에 걸렸다고 진단할 확률은 98%이고, 암에 걸리지 않은 사람을 암에 걸리지 않았다고 진단할 확률은 92%라고 한다. 이 의사가 실제로 암에 걸린 사람 400명과 실제로 암에 걸리지 않은 사람 600명을 진찰하여 암에 걸렸는지 아닌지를 진단하였다. 이들 1000명 중 임의로 한 사람을 택했을 때, 그 사람이 암에 걸렸다고 진단받은 사람일 확률은?

① 39.2%　② 40.0%　③ 40.8%
④ 44.0%　⑤ 44.8%

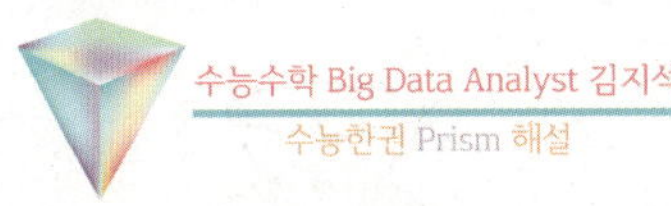

수능수학 Big Data Analyst 김지석
수능한권 Prism 해설

암에 걸린 사건을 A라 하고,
암에 걸렸다고 진단을 받는 사건을 B라 하자.

	A	A^c	합계
B	392	48	440
B^c		552	
합계	400	600	1000

$$\therefore \ P(B) = \frac{440}{1000} = \frac{44}{100}$$

수능 4점

복습	1회	2회	3회	4회	5회
채점 $O\triangle X$					

187. [2025년 28예시문항 (공통) 29번]

두 주머니 A와 B에는 숫자 1, 2, 3이 하나씩 적힌 3개의 공이 각각 들어 있다. 갑은 주머니 A에서, 을은 주머니 B에서 각자 임의로 한 개의 공을 꺼내어 공에 적힌 수를 확인한 후 자신이 꺼낸 주머니에 다시 넣는 시행을 두 번 반복한다. 갑이 확인한 두 수의 합이 을이 확인한 두 수의 합보다 클 때, 갑이 확인한 두 수의 합이 5일 확률은 $\dfrac{q}{p}$ 이다.

$p+q$의 값을 구하시오. (단, p와 q는 서로소인 자연수이다.) [4점]

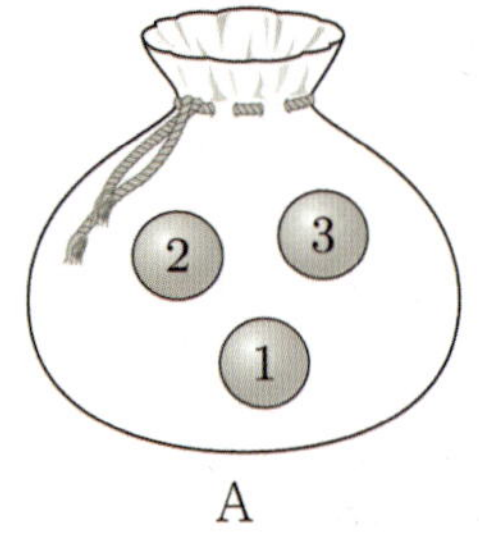
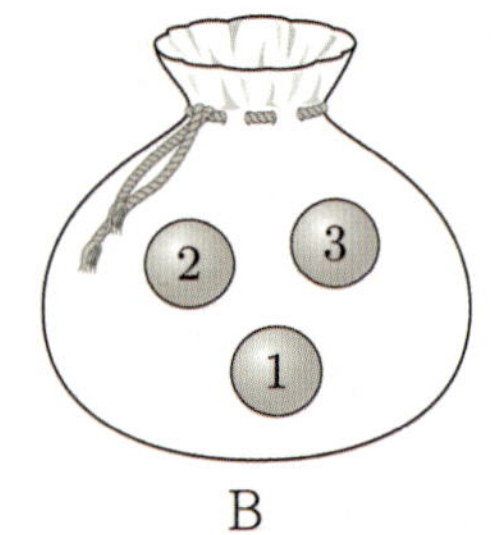

A   B

43

주머니에서 수를 두 번 뽑아 합한 결과는 아래와 같다.

	1	2	3
1	2	3	4
2	3	4	5
3	4	5	6

ⅰ) 갑의 수의 합 = 6 & 을의 수의 합 = 5이하

▶ $\dfrac{1}{9}\times\dfrac{8}{9}$

	1	2	3
1	2	3	4
2	3	4	5
3	4	5	6

ⅱ) 갑의 수의 합 = 5 & 을의 수의 합 = 4이하

▶ $\dfrac{2}{9}\times\dfrac{6}{9}$

	1	2	3
1	2	3	4
2	3	4	5
3	4	5	6

ⅲ) 갑의 수의 합 = 4 & 을의 수의 합 = 3이하

▶ $\dfrac{3}{9}\times\dfrac{3}{9}$

	1	2	3
1	2	3	4
2	3	4	5
3	4	5	6

ⅳ) 갑의 수의 합 = 3 & 을의 수의 합 = 2

▶ $\dfrac{2}{9}\times\dfrac{1}{9}$

	1	2	3
1	2	3	4
2	3	4	5
3	4	5	6

∴ 문제에서 구하는 확률

$$\dfrac{\dfrac{2}{9}\times\dfrac{6}{9}}{\dfrac{1}{9}\times\dfrac{8}{9}+\dfrac{2}{9}\times\dfrac{6}{9}+\dfrac{3}{9}\times\dfrac{3}{9}+\dfrac{2}{9}\times\dfrac{1}{9}}=\dfrac{12}{31}$$

∴ $p+q=31+12=43$

복습	1회	2회	3회	4회	5회
채점 ○△X					

1등급

188. [2024년 6월 (확률과 통계) 28번]
탁자 위에 놓인 4개의 동전에 대하여 다음 시행을
한다.

> 4개의 동전 중 임의로 한 개의 동전을 택하여 한
> 번 뒤집는다.

처음에 3개의 동전은 앞면이 보이도록, 1개의 동전은
뒷면이 보이도록 놓여 있다. 위의 시행을 5번 반복한
후 4개의 동전이 모두 같은 면이 보이도록 놓여 있을
때, 모두 앞면이 보이도록 놓여 있을 확률은? [4점]

① $\dfrac{17}{32}$　　② $\dfrac{35}{64}$　　③ $\dfrac{9}{16}$

④ $\dfrac{37}{64}$　　⑤ $\dfrac{19}{32}$

앞면　　앞면　　앞면　　뒷면

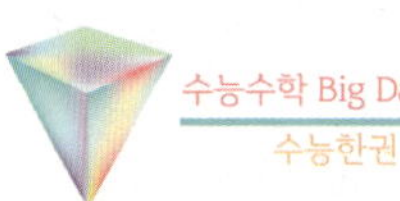
수능수학 Big Data Analyst 김지석
수능한권 Prism 해설

[개념] 조건부 확률
동전을 짝수번 뒤집으면 원래 면과 똑같은 면이 나오고
동전을 홀수번 뒤집으면 원래 면과 다른 면이 나온다.

A　　B　　C　　D
앞면　　앞면　　앞면　　뒷면

동전을 왼쪽부터 차례대로 A, B, C, D라고 하자.

(Step1) 5회 시행한 후 모든 면이 앞면인 경우
ⅰ) DDDDD
ⅱ) DDD△△ (△는 A, B, C 중 하나)
ⅲ) D△△△△
ⅳ) D△△□□ (△,□는 A, B, C 중 두 가지)

ⅰ) 선택된 동전이 DDDDD인 경우
▶ 1

ⅱ) 선택된 동전이 DDD△△인 경우
A, B, C 중 △에 들어갈 하나를 선택하는 방법의 수
▶ 3
DDD△△를 배치하는 방법의 수
▶ $\dfrac{5!}{2!3!}$
∴ $3 \times \dfrac{5!}{2!3!} = 30$

ⅲ) 선택된 동전이 D△△△△인 경우
A, B, C 중 △에 들어갈 하나를 선택하는 방법의 수
▶ 3
D△△△△를 배치하는 방법의 수
▶ $\dfrac{5!}{4!}$
∴ $3 \times \dfrac{5!}{4!} = 15$

ⅳ) 선택된 동전이 D△△□□인 경우
A, B, C 중 △, □에 들어갈 하나를 선택하는 방법의 수
▶ $_3C_2$
D△△□□를 배치하는 방법의 수
▶ $\dfrac{5!}{2!2!}$
∴ $3 \times \dfrac{5!}{2!2!} = 90$

(Step2) 5회 시행한 후 모든 면이 뒷면인 경우
ⅰ) ABCDD
ⅱ) ABC△△ (△는 A, B, C 중 하나)

ⅰ) 선택된 동전이 ABCDD인 경우
ABCDD를 배치하는 방법의 수
∴ $\dfrac{5!}{2!} = 60$

ⅱ) 선택된 동전이 ABC△△인 경우
A, B, C 중 △에 들어갈 하나를 선택하는 방법의 수
▶ 3
ABC△△를 배치하는 방법의 수
▶ $\dfrac{5!}{3!}$
∴ $3 \times \dfrac{5!}{3!} = 60$

∴ 문제에서 구하는 확률은
$$\dfrac{1+30+15+90}{(1+30+15+90)+(60+60)} = \dfrac{136}{256} = \dfrac{17}{32}$$

복습	1회	2회	3회	4회	5회
채점 O△X					

189. [2024년 9월 (확률과 통계) 28번]

집합 $X = \{1, 2, 3, 4\}$에 대하여 $f : X \to X$인 모든 함수 f 중에서 임의로 하나를 선택하는 시행을 한다. 이 시행에서 선택한 함수 f가 다음 조건을 만족시킬 때, $f(4)$가 짝수일 확률은? [4점]

> $a \in X$, $b \in X$에 대하여
> a가 b의 약수이면 $f(a)$는 $f(b)$의 약수이다.

① $\dfrac{9}{19}$ ② $\dfrac{8}{15}$ ③ $\dfrac{3}{5}$

④ $\dfrac{27}{40}$ ⑤ $\dfrac{19}{25}$

1은 모든 자연수의 약수이므로

$f(1)$을 기준으로 케이스를 나누자!

▸ $f(1)$은 $f(2)$의 약수 → $f(2)$는 $f(4)$의 약수

▸ $f(1)$은 $f(3)$의 약수

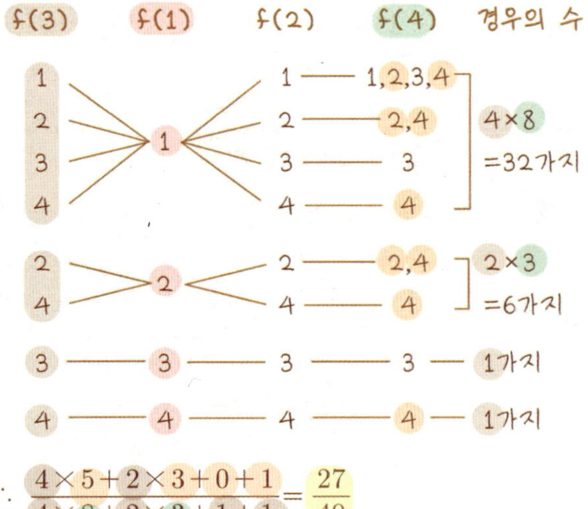

$$\therefore \frac{4 \times 5 + 2 \times 3 + 0 + 1}{4 \times 8 + 2 \times 3 + 1 + 1} = \frac{27}{40}$$

Analysis

사실 수형도를 그려서 생각하면 별로 어렵지 않은데 이 문항에 대한 공개된 해설이 진짜 길다.

케이스 분류 할 때 기준을 잘 세우고 수형도를 그려서 문제를 풀면 의외로 간단하게 풀리는 경우가 많다!

복습	1회	2회	3회	4회	5회
채점 O△X					

— 1등급 —

190. [2022년 6월 (확률과 통계) 30번]

주머니에 1부터 12까지의 자연수가 각각 하나씩 적혀 있는 12개의 공이 들어 있다. 이 주머니에서 임의로 3개의 공을 동시에 꺼내어 공에 적혀 있는 수를 작은 수부터 크기 순서대로 a, b, c라 하자.

$b - a \geq 5$일 때, $c - a \geq 10$일 확률은 $\dfrac{q}{p}$이다.

$p + q$의 값을 구하시오. (단, p와 q는 서로소인 자연수이다.) [4점]

정수 α, β, γ, $\delta \geq 0$에 대하여

$$1 \leq a < b < c \leq 12$$
$$+\alpha \quad +\beta+5 \quad +\gamma+1 \quad +\delta$$

$$12 = 1 + \alpha + (\beta + 5) + (\gamma + 1) + \delta$$
$$\Leftrightarrow \alpha + \beta + \gamma + \delta = 5$$
$$\therefore {}_4H_5 = {}_8C_5 = {}_8C_3$$

$b - a \geq 5$이고 $c - a \geq 10$인 경우는

ⅰ) $a = 1$, $c = 11$일 때
$b = 6$, 7, 8, 9, 10 → 5개

ⅱ) $a = 1$, $c = 12$일 때
$b = 6$, 7, 8, 9, 10, 11 → 6개

ⅲ) $a = 2$, $c = 12$일 때
$b = 7$, 8, 9, 10, 11 → 5개

$$\therefore 5 + 6 + 5 = 16$$

$$\therefore \frac{16}{{}_8C_3} = \frac{2}{7}$$

$$\therefore p + q = 7 + 2 = 9$$

복습	1회	2회	3회	4회	5회
채점 O△X					

191. [2020년 6월 (가)형 27번 & (나)형 20번]

주머니에 숫자 1, 2, 3, 4가 하나씩 적혀 있는 흰 공 4개와 숫자 3, 4, 5, 6이 하나씩 적혀 있는 검은 공 4개가 들어 있다. 이 주머니에서 임의로 4개의 공을 동시에 꺼내는 시행을 한다.

이 시행에서 꺼낸 공에 적혀 있는 수가 같은 것이 있을 때, 꺼낸 공 중 검은 공이 2개일 확률은 $\dfrac{q}{p}$ 이다. $p+q$ 의 값을 구하시오. (단, p와 q는 서로소인 자연수이다.) [4점]

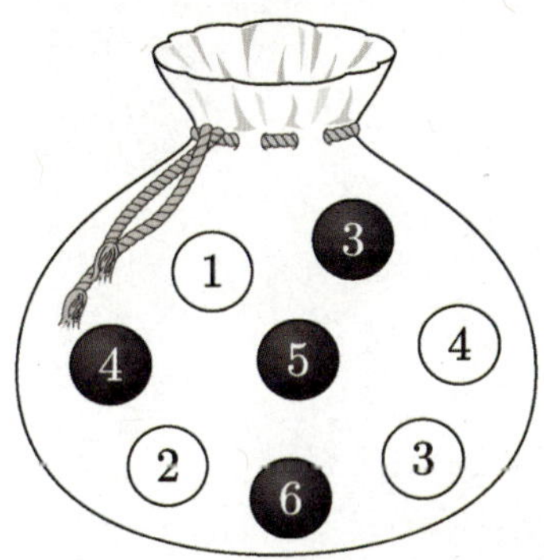

수능수학 Big Data Analyst 김지석
수능한권 Prism 해설   46

① ② ③ ④
❸ ❹ ❺ ❻

P(흰2검2 | 같은 수 존재)
$$= \frac{n(\text{같은 수 존재} \cap \text{흰2검2})}{n(\text{같은 수 존재})}$$

(step1) 같은 수 존재 경우의 수 (분모) 구하기

③❸일 때 남은 6개 중 2개를 선택하는 경우

▶ $_6C_2$

④❹일 때 남은 6개 중 2개를 선택하는 경우

▶ $_6C_2$

③❸ & ④❹를 선택하는 경우 제외

▶ 1

$$\therefore \, _6C_2 + _6C_2 - 1$$

(step1) 같은 수 존재 & 흰2검2 경우의 수 (분자) 구하기

③❸일 때 남은 흰 공 3개 중 1개, 검은 공 3개 중 1개를 선택하는 경우

▶ 3×3

④❹일 때 남은 흰 공 3개 중 1개, 검은 공 3개 중 1개를 선택하는 경우

▶ 3×3

③❸ & ④❹를 선택하는 경우 제외

▶ 1

$$\therefore \, 3 \times 3 + 3 \times 3 - 1$$

$$\therefore \, \frac{3 \times 3 + 3 \times 3 - 1}{_6C_2 + _6C_2 - 1} = \frac{17}{29}$$

$$\therefore \, p + q = 17 + 29 = 46$$

복습	1회	2회	3회	4회	5회
채점 O△X					

192. [2018년 6월 (나)형 14번]

어느 인공지능 시스템에 고양이 사진 40장과 강아지 사진 40장을 입력한 후, 이 인공지능 시스템이 각각의 사진을 인식하는 실험을 실시하여 다음 결과를 얻었다.

(단위 : 명)

입력 \ 인식	고양이 사진	강아지 사진	합계
고양이 사진	32	8	40
강아지 사진	4	36	40
합계	36	44	80

이 실험에서 입력된 80장의 사진 중에서 임의로 선택한 1장이 인공지능 시스템에 의해 고양이 사진으로 인식된 사진일 때, 이 사진이 고양이 사진일 확률은? [4점]

① $\dfrac{4}{9}$　　② $\dfrac{5}{9}$　　③ $\dfrac{2}{3}$

④ $\dfrac{7}{9}$　　⑤ $\dfrac{8}{9}$

(단위 : 명)

입력 \ 인식	고양이 사진	강아지 사진	합계
고양이 사진	32	8	40
강아지 사진	4	36	40
합계	36	44	80

$$P(\text{고양이입력}\,|\,\text{고양이인식})$$
$$= \frac{n(\text{고양이입력} \cap \text{고양이인식})}{n(\text{고양이인식})}$$
$$= \frac{32}{36} = \frac{8}{9}$$

복습	1회	2회	3회	4회	5회
채점 ○△X					

1등급

193. [2018년 6월 (가)형 28번]
자연수 n $(n \geq 3)$에 대하여 집합 A 를
$A = \{(x,\ y)\,|\,1 \leq x \leq y \leq n,\ x$와 y는 자연수$\}$
라 하자. 집합 A 에서 임의로 선택된 한 개의 원소
$(a,\ b)$에 대하여 b가 3의 배수일 때, $a = b$일
확률이 $\dfrac{1}{9}$ 이 되도록 하는 모든 자연수 n의 값의
합을 구하시오. [4점]

수능수학 Big Data Analyst 김지석
수능한권 Prism 해설

48

자연수 n을 3배수를 기준으로
아래와 같이 분류할 수 있다.

$n = 3k$
or $n = 3k+1$
or $n = 3k+2$ (단, k는 자연수)

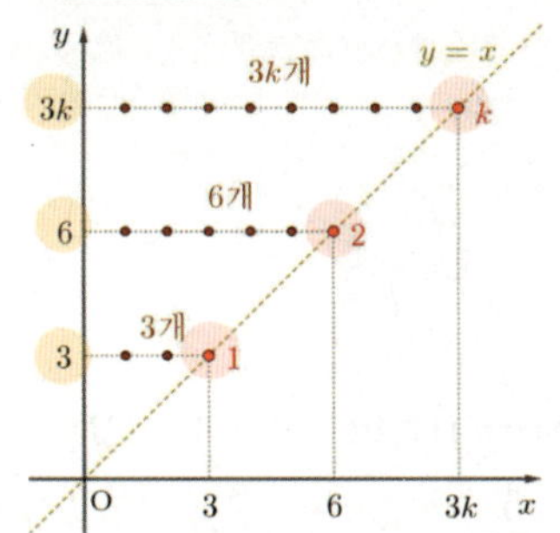

{b가 3의 배수일 때, a=b일 확률}

$= \dfrac{x, y\text{좌표 모두 3배수인 점의 개수}}{y\text{좌표가 3배수인 점의 개수}}$

$= \dfrac{k}{3+6+9+\cdots+3k}$

$= \dfrac{k}{3(1+2+3+\cdots+k)}$

$= \dfrac{k}{\dfrac{3}{2}k(k+1)} = \dfrac{2}{3(k+1)} = \dfrac{1}{9}$

$\therefore\ k = 5$

$\therefore\ n = 3k = 15$
or $n = 3k+1 = 16$
or $n = 3k+2 = 17$

$\therefore$ 모든 자연수 n의 값의 합은
$15+16+17 = 48$

[보충 설명]
그래프 부분이 이해가 안 된다면?

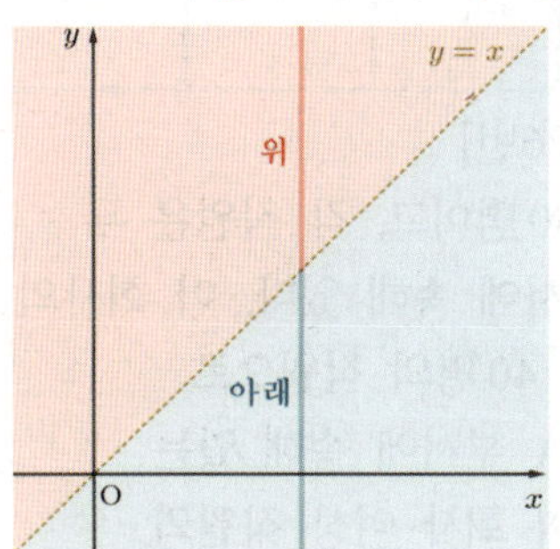

예를들어 x≤y 식에 대입했을 때 성립하는 점이
(1,1), (1,2), (1,3), (1,4) .... 이 있는데
전부 (1,1)과 그 위에 있는 점들이라는 걸 알 수 있다.
즉, x≤y 조건을 만족하는 (x,y)는
y=x 그래프 위쪽 영역에 있는 점이다.

복습	1회	2회	3회	4회	5회
채점 O△X					

복습	1회	2회	3회	4회	5회
채점 O△X					

194. [2016년 수능 (A)형 26번]

어느 회사의 직원은 모두 60명이고, 각 직원은 두 개의 부서 A, B 중 한 부서에 속해 있다. 이 회사의 A 부서는 20명, B 부서는 40명의 직원으로 구성되어 있다. 이 회사의 A 부서에 속해 있는 직원의 50%가 여성이다. 이 회사 여성 직원의 60%가 B 부서에 속해 있다. 이 회사의 직원 60명 중에서 임의로 선택한 한 명이 B 부서에 속해 있을 때, 이 직원이 여성일 확률은 p이다. $80p$의 값을 구하시오. [4점]

수능수학 Big Data Analyst 김지석
수능한권 Prism 해설

30

	A	B	합계
여	10	15	
남			
합계	20	40	60

$$\therefore p = \frac{15}{40} = \frac{3}{8}$$

$$\therefore 80p = 30$$

[다른 풀이]

여성 직원의 수를 n이라 하면

B부서에 속해있는 여성 직원의 수는 $0.6n$이므로

$n = 10 + 0.6n$에서 $n = 25$

임의로 택한 직원이 B 부서인 사건을 E,

여성직원인 사건을 F라 하면

$$\mathrm{P}(F|E) = \frac{\mathrm{P}(E \cap F)}{\mathrm{P}(E)} = \frac{\frac{0.6n}{60}}{\frac{40}{60}} = \frac{\frac{15}{60}}{\frac{40}{60}} = \frac{15}{40} = \frac{3}{8}$$

$$\therefore p = \frac{3}{8}, \quad 80p = 80 \times \frac{3}{8} = 30$$

195. [2015년 수능 (A)형 16번]

두 사건 A, B에 대하여 $\mathrm{P}(A) = \dfrac{1}{3}$,

$\mathrm{P}(A \cap B) = \dfrac{1}{8}$일 때, $\mathrm{P}(B^C|A)$의 값은?

(단, B^C은 B의 여사건이다.) [4점]

① $\dfrac{11}{24}$ ② $\dfrac{1}{2}$ ③ $\dfrac{13}{24}$ ④ $\dfrac{7}{12}$ ⑤ $\dfrac{5}{8}$

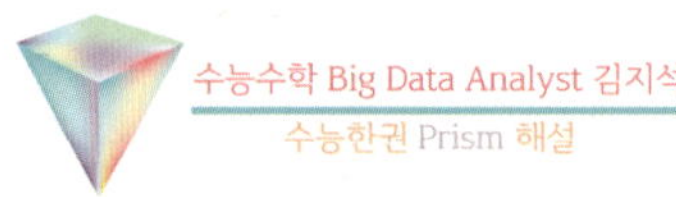

수능수학 Big Data Analyst 김지석
수능한권 Prism 해설

전체 집합의 원소의 개수를 24라고 예를 들어보자.

	A	A^c	합계
B	3		
B^c	5		
합계	8		24

$$\therefore \mathrm{P}(B^C|A) = \frac{5}{8}$$

[다른 풀이]

$$\mathrm{P}(B^C|A) = \frac{\mathrm{P}(A \cap B^c)}{\mathrm{P}(A)}$$

$$\mathrm{P}(A \cap B^c) = \mathrm{P}(A - B) = \mathrm{P}(A) - \mathrm{P}(A \cap B)$$

$$= \frac{1}{3} - \frac{1}{8} = \frac{5}{24}$$

$$\mathrm{P}(B^C|A) = \frac{\mathrm{P}(A \cap B^c)}{\mathrm{P}(A)} = \frac{\frac{5}{24}}{\frac{1}{3}} = \frac{5}{8}$$

복습	1회	2회	3회	4회	5회
채점 O△X					

196. [2015년 수능 (B)형 15번] 실전 분석

어느 학교의 전체 학생 320명을 대상으로 수학동아리 가입여부를 조사한 결과 남학생의 60%와 여학생의 50%가 수학동아리에 가입하였다고 한다. 이 학교의 수학동아리에 가입한 학생 중 임의로 1명을 선택할 때 이 학생이 남학생일 확률을 p_1, 이 학교의 수학동아리에 가입한 학생 중 임의로 1명을 선택할 때 이 학생이 여학생일 확률을 p_2라 하자.

$p_1 = 2p_2$일 때, 이 학교의 남학생의 수는? [4점]

① 170 ② 180 ③ 190 ④ 200 ⑤ 210

해설 바로가기 ▶ 실전개념분석 39번

복습	1회	2회	3회	4회	5회
채점 O△X					

1등급

197. [1996년 수능 (인문) & (자연) 22번]

실전 분석

1부터 10까지 자연수가 하나씩 적힌 열 개의 공이 들어 있는 상자가 있다. 이 상자 안의 공들을 잘 섞은 후에 차례로 두 개의 공을 꺼낼 때, 두 번째 꺼낸 공에 적힌 수가 처음 꺼낸 공에 적힌 수보다 큰 수일 확률은 $\dfrac{1}{2}$이다. 다음은 이에 대한 증명이다. (단, 꺼낸 공은 다시 넣지 않는다)

> **[증 명]**
>
> 처음 꺼낸 공에 적힌 수를 X_1, 두 번째 꺼낸 공에 적힌 수를 X_2라 하고 구하는 확률을 p라 하자.
> 1부터 10까지의 자연수 n에 대하여 $X_1 = n$인 사건을 A_n이라 하고, $X_2 \geq n+1$인 사건을 B_n이라 하자.
> 그러면
> $$p = \sum_{n=1}^{10} \boxed{(가)} \cdot P(A_n) = \sum_{n=1}^{9} \frac{10-n}{9} \cdot \boxed{(나)}$$
> $$= \frac{1}{2} \text{이다.}$$

위의 증명에서 (가), (나)에 알맞은 것은?

	(가)	(나)
①	$P(A_n \cap B_n)$	$\dfrac{1}{10}$
②	$P(B_n)$	$\dfrac{1}{10}$
③	$P(B_n)$	$\dfrac{1}{9}$
④	$P(B_n \mid A_n)$	$\dfrac{9}{10}$
⑤	$P(B_n \mid A_n)$	$\dfrac{1}{10}$

해설 바로가기 ▶ 실전개념분석 43번

확률과 통계 2. 확률 경향07
독립과 종속

수능 3점

복습	1회	2회	3회	4회	5회
채점 $O\triangle X$					

198. [2024년 수능 (확률과 통계) 24번]

두 사건 A, B는 서로 독립이고

$$P(A \cap B) = \frac{1}{4}, \quad P(A^C) = 2P(A)$$

일 때, $P(B)$의 값은? (단, A^C은 A의 여사건이다.)
[3점]

① $\dfrac{3}{8}$ ② $\dfrac{1}{2}$ ③ $\dfrac{5}{8}$

④ $\dfrac{3}{4}$ ⑤ $\dfrac{7}{8}$

전체 개수가 24라고 예를 들어 풀어보자.

$$P(A \cap B) = \frac{1}{4}, \quad P(A^C) = 2P(A) \text{이므로}$$

	A	A^c	합계
B	6		
B^c			
합계	8	16	24

⬇

	A	A^c	합계
B	6	12	18
B^c			
합계	8	16	24

$$\therefore P(B) = \frac{3}{4}$$

[다른 풀이]

$P(A^C) = 2P(A)$에서

$P(A^C) = 1 - P(A) = 2P(A)$

$$\therefore P(A) = \frac{1}{3}$$

두 사건 A, B는 서로 독립이므로

$$P(A \cap B) = P(A)P(B) = \frac{1}{4}$$

$$\Leftrightarrow \frac{1}{3}P(B) = \frac{1}{4}$$

$$\therefore P(B) = \frac{3}{4}$$

복습	1회	2회	3회	4회	5회
채점 O△X					

199. [2021년 수능 (나)형 5번] `실전 분석`

두 사건 A 와 B 는 서로 독립이고

$P(A \mid B) = P(B)$, $P(A \cap B) = \dfrac{1}{9}$ 일 때,

$P(A)$ 의 값은? [3점]

① $\dfrac{7}{18}$ ② $\dfrac{1}{3}$ ③ $\dfrac{5}{18}$ ④ $\dfrac{2}{9}$ ⑤ $\dfrac{1}{6}$

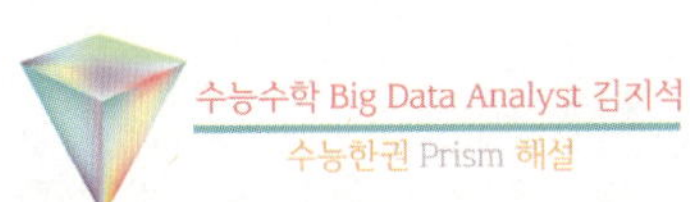

해설 바로가기 ▶ 실전개념분석 48번

복습	1회	2회	3회	4회	5회
채점 O△X					

200. [2018년 수능 (가)형 4번 & (나)형 10번]

두 사건 A 와 B 는 서로 독립이고

$P(A) = \dfrac{2}{3}$, $P(A \cup B) = \dfrac{5}{6}$

일 때, $P(B)$ 의 값은? [3점]

① $\dfrac{1}{3}$ ② $\dfrac{5}{12}$ ③ $\dfrac{1}{2}$

④ $\dfrac{7}{12}$ ⑤ $\dfrac{2}{3}$

전체 집합의 원소의 개수를 12라고 예를 들어보자.

	A	A^c	합계
B			10
B^c		2	
합계	8	4	12

↓

[스킬] 독립이면 가로줄끼리 & 세로줄끼리 비율이 같다.

	A	A^c	합계
B		1	6 → 3
B^c		2	6
합계	8	4	12 → 3

$\therefore P(B) = \dfrac{1}{2}$

[다른 풀이]

$P(A \cup B) = \dfrac{5}{6}$ 에서

$P(A) + P(B) - P(A \cap B) = \dfrac{5}{6}$

두 사건 A 와 B 가 서로 독립이므로

$P(A \cap B) = P(A)P(B)$

$P(A) + P(B) - P(A)P(B) = \dfrac{5}{6}$

$\dfrac{2}{3} + P(B) - \dfrac{2}{3}P(B) = \dfrac{5}{6}$

$\therefore P(B) = \dfrac{1}{2}$

복습	1회	2회	3회	4회	5회
채점 O△X					

201. [2017년 수능 (가)형 4번]　실전 분석

두 사건 A와 B는 서로 독립이고

$$P(B^C) = \frac{1}{3}, \quad P(A|B) = \frac{1}{2}$$

일 때, $P(A)P(B)$의 값은? (단, B^C은 B의 여사건이다.) [3점]

① $\frac{5}{6}$　② $\frac{2}{3}$　③ $\frac{1}{2}$　④ $\frac{1}{3}$　⑤ $\frac{1}{6}$

해설 바로가기 ▶ 실전개념분석 45번

복습	1회	2회	3회	4회	5회
채점 O△X					

202. [2016년 수능 (B)형 5번]　실전 분석

두 사건 A, B가 서로 독립이고

$$P(A^c) = \frac{1}{4}, \quad P(A \cap B) = \frac{1}{2}$$

일 때, $P(B|A^c)$의 값은? (단, A^c은 A의 여사건이다.) [3점]

① $\frac{5}{12}$　② $\frac{1}{2}$　③ $\frac{7}{12}$

④ $\frac{2}{3}$　⑤ $\frac{3}{4}$

해설 바로가기 ▶ 실전개념분석 46번

복습	1회	2회	3회	4회	5회
채점 O△X					

203. [2014년 수능 (A)형 7번]　실전 분석

두 사건 A, B가 서로 독립이고

$$P(A) = \frac{1}{3}, P(B) = \frac{1}{3}$$ 일 때, $P(A \cap B^C)$의 값은?

(단, B^C은 B의 여사건이다.) [3점]

① $\frac{5}{27}$　② $\frac{2}{9}$　③ $\frac{7}{27}$　④ $\frac{8}{27}$　⑤ $\frac{1}{3}$

해설 바로가기 ▶ 실전개념분석 47번

복습	1회	2회	3회	4회	5회
채점 $O\triangle X$					

204. [2012년 수능 (나)형 10번]

두 사건 A 와 B 는 서로 독립이고,

$P(A \cup B) = \dfrac{1}{2}$, $P(A \mid B) = \dfrac{3}{8}$

일 때, $P(A \cap B^c)$ 의 값은? (단, B^c 은 B 의 여사건이다.) [3점]

① $\dfrac{1}{10}$ ② $\dfrac{3}{20}$ ③ $\dfrac{1}{5}$ ④ $\dfrac{1}{4}$ ⑤ $\dfrac{3}{10}$

전체 집합의 원소의 개수를 40이라고 예를 들어보자.

[스킬] 독립이면 가로줄끼리 & 세로줄끼리 비율이 같다.

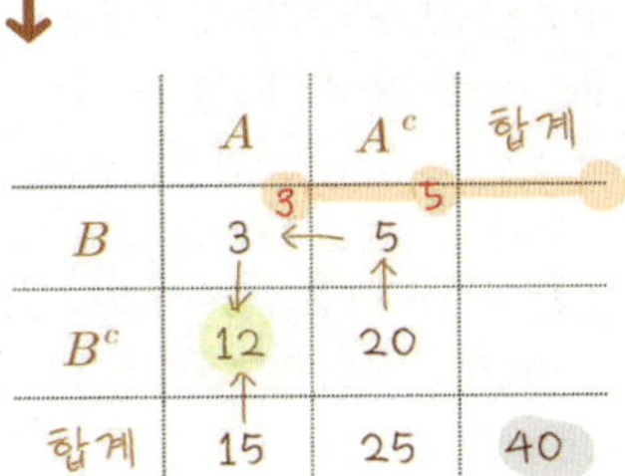

$$\therefore P(A \cap B^c) = \frac{12}{40} = \frac{3}{10}$$

[다른 풀이]

$$P(A \mid B) = \frac{P(A \cap B)}{P(B)} = \frac{P(A) \cdot P(B)}{P(B)} = \frac{3}{8}$$

$(\because A, B$ 는 독립$)$

$$\therefore P(A) = \frac{3}{8}$$

$$P(A \cup B) = P(A) + P(B) - P(A \cap B)$$
$$= P(A) + P(B) - P(A) \cdot P(B) = \frac{1}{2}$$

$(\because A, B$ 는 독립$)$

$$\therefore \frac{3}{8} + P(B) - \frac{3}{8}P(B) = \frac{1}{2}$$

$$\Leftrightarrow \frac{5}{8}P(B) = \frac{1}{8}$$

$$\therefore P(B) = \frac{1}{5}$$

$$P(A \cap B^c) = P(A) \cdot P(B^c) = P(A) \cdot (1 - P(B))$$
$$= \frac{3}{8} \times \left(1 - \frac{1}{5}\right)$$
$$= \frac{3}{10}$$

복습	1회	2회	3회	4회	5회
채점 O△X					

205. [2011년 수능 (나)형 5번]

두 사건 A와 B는 서로 독립이고,

$P(A) = \dfrac{2}{3}$, $P(A \cap B) = P(A) - P(B)$ 일 때,

$P(B)$의 값은? [3점]

① $\dfrac{1}{10}$ ② $\dfrac{1}{5}$ ③ $\dfrac{3}{10}$ ④ $\dfrac{2}{5}$ ⑤ $\dfrac{1}{2}$

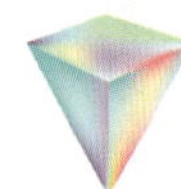
수능수학 Big Data Analyst 김지석
수능한권 Prism 해설

전체 집합의 원소의 개수를 30이라고 예를 들어보자.

[스킬] 독립이면 가로줄끼리 & 세로줄끼리 비율이 같다.

	A	A^c	합계
B	2c		3c
B^c			
합계	20		30

$$P(A \cap B) = P(A) - P(B)$$

$\Leftrightarrow$ 2c=20-3c

$\therefore$ c=4

	A	A^c	합계
B	8		12
B^c			
합계	20		30

$\therefore P(B) = \dfrac{12}{30} = \dfrac{2}{5}$

[다른 풀이]

A, B 가 독립이므로 $P(A \cap B) = P(A) \cdot P(B)$

$\therefore P(A) \cdot P(B) = P(A) - P(B)$

$P(B)$를 x로 두면

$$\dfrac{2}{3} \cdot x = \dfrac{2}{3} - x$$

$$\Leftrightarrow \dfrac{5}{3}x = \dfrac{2}{3}$$

$$\therefore x = \dfrac{2}{5}$$

206. [2008년 수능 (나)형 6번]

두 사건 A, B가 서로 독립이고

$P(A^C) = P(B) = \dfrac{1}{3}$ 일 때, $P(A \cap B)$의 값은?

(단, A^C 는 A 의 여사건이다.) [3점]

① $\dfrac{1}{18}$ ② $\dfrac{1}{9}$ ③ $\dfrac{1}{6}$ ④ $\dfrac{2}{9}$ ⑤ $\dfrac{5}{18}$

수능수학 Big Data Analyst 김지석
수능한권 Prism 해설

전체 집합의 원소의 개수를 18이라고 예를 들어보자.

	A	A^c	합계
B			6
B^c			
합계		6	18

↓

[스킬] 독립이면 가로줄끼리 & 세로줄끼리 비율이 같다.

	A	A^c	합계
B	4		6
B^c			
합계	12	6	18

$\therefore P(A \cap B) = \dfrac{4}{18} = \dfrac{2}{9}$

[다른 풀이]

$P(A) = \dfrac{2}{3}$, A, B가 독립

$$P(A \cap B) = P(A) \cdot P(B) = \dfrac{2}{3} \times \dfrac{1}{3} = \dfrac{2}{9}$$

복습	1회	2회	3회	4회	5회
채점 $O\triangle X$					

207. [2007년 수능 (가)형 확률과 통계 26번]

서로 독립인 두 사건 A, B에 대하여

$P(A \cap B) = 2P(A \cap B^c)$, $P(A^c \cap B) = \dfrac{1}{12}$일 때,

$P(A)$의 값은? (단, $P(A) \neq 0$이다.) [3점]

① $\dfrac{1}{2}$ ② $\dfrac{5}{8}$ ③ $\dfrac{3}{4}$ ④ $\dfrac{7}{8}$ ⑤ $\dfrac{15}{16}$

수능수학 Big Data Analyst 김지석
수능한권 Prism 해설

전체 집합의 원소의 개수를 24이라고 예를 들어보자.

[스킬] 독립이면 가로줄끼리 & 세로줄끼리 비율이 같다.

	A	A^c	합계
B	2	2	2
B^c	1	1	1
합계	21	3	24

$\therefore P(A) = \dfrac{21}{24} = \dfrac{7}{8}$

[다른 풀이]

$P(A \cap B) = 2P(A \cap B^c)$

$P(A) \times P(B) = 2P(A) \times P(B^c)$ ($\because A, B$는 독립)

$P(B) = 2P(B^c)$ ($\because P(A) \neq 0$)

$P(B) = 2(1 - P(B))$

$3P(B) = 2$, $P(B) = \dfrac{2}{3}$

$P(A^c \cap B) = \dfrac{1}{12}$, $P(A^c) \times P(B) = \dfrac{1}{12}$

$P(A^c) \times \dfrac{2}{3} = \dfrac{1}{12}$

$P(A^c) = \dfrac{1}{8}$

$\therefore P(A) = 1 - P(A^c) = 1 - \dfrac{1}{8} = \dfrac{7}{8}$

복습	1회	2회	3회	4회	5회
채점 $O\triangle X$					

1등급

208. [2019년 수능 (가)형 27번] 실전 분석

한 개의 주사위를 한 번 던진다. 홀수의 눈이 나오는 사건을 A, 6이하의 자연수 m에 대하여 m의 약수의 눈이 나오는 사건을 B라 하자. 두 사건 A와 B가 서로 독립이 되도록 하는 모든 m의 값의 합을 구하시오. [4점]

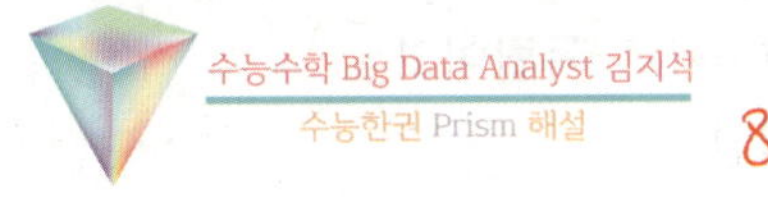
수능수학 Big Data Analyst 김지석
수능한권 Prism 해설

8

해설 바로가기 ▶ 실전개념분석 49번

복습	1회	2회	3회	4회	5회
채점 O△X					

209. [2009년 수능 (가)형 & (나)형 17번]
정보이론에서는 사건 E가 발생했을 때, 사건 E의 정보량 $I(E)$가 다음과 같이 정의된다고 한다.

$$I(E) = -\log_2 P(E)$$

<보기>에서 옳은 것만을 있는 대로 고른 것은?
(단, 사건 E가 일어날 확률 $P(E)$는 양수이고, 정보량의 단위는 비트이다.) [4점]

[보 기]

ㄱ. 한 개의 주사위를 던져 홀수의 눈이 나오는 사건을 E라 하면 $I(E) = 1$이다.

ㄴ. 두 사건 A, B가 서로 독립이고 $P(A \cap B) > 0$이면 $I(A \cap B) = I(A) + I(B)$이다.

ㄷ. $P(A) > 0$, $P(B) > 0$인 두 사건 A, B에 대하여 $2I(A \cup B) \leq I(A) + I(B)$이다.

① ㄱ ② ㄱ, ㄴ ③ ㄱ, ㄷ ④ ㄴ, ㄷ ⑤ ㄱ, ㄴ, ㄷ

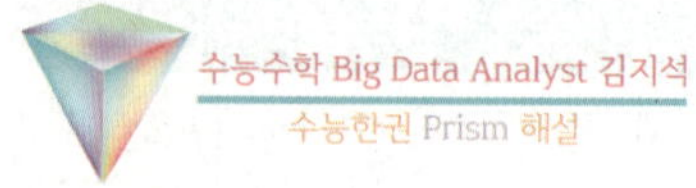

ㄱ. (참)

$$P(E) = \frac{1}{2}$$

$$\therefore I(E) = -\log_2 P(E) = -\log_2 \frac{1}{2} = 1$$

ㄴ. (참)
두 사건 A, B가 서로 독립이므로
$$P(A \cap B) = P(A)P(B)$$
$$\therefore I(A \cap B) = -\log_2 P(A \cap B) = -\log_2 P(A)P(B)$$
$$= -\{\log_2 P(A) + \log_2 P(B)\}$$
$$= -\log_2 P(A) - \log_2 P(B)$$
$$= I(A) + I(B)$$

ㄷ. (참)
$$2I(A \cup B) \leq I(A) + I(B)$$
$$\Leftrightarrow -2\log_2 P(A \cup B) \leq -\log_2 P(A) - \log_2 P(B)$$
$$\Leftrightarrow 2\log_2 P(A \cup B) \geq \log_2 P(A) + \log_2 P(B)$$
$$\Leftrightarrow \log_2 \{P(A \cup B)\}^2 \geq \log_2 P(A)P(B)$$
$$\Leftrightarrow \{P(A \cup B)\}^2 \geq P(A)P(B)$$
$$P(A \cup B) \geq P(A) > 0,$$
$$P(A \cup B) \geq P(B) > 0 \text{ 이므로 성립한다.}$$

복습	1회	2회	3회	4회	5회
채점 O△X					

210. [2007년 수능 (나)형 28번]

3개의 동전을 동시에 던질 때, 앞면이 나오는 동전이 1개 이하인 사건을 A, 동전 3개가 모두 같은 면이 나오는 사건을 B라 하자. <보기>에서 옳은 것을 모두 고른 것은? [4점]

[보 기]

ㄱ. $P(A) = \dfrac{1}{2}$ ㄴ. $P(A \cap B) = \dfrac{1}{8}$

ㄷ. 사건 A와 사건 B는 서로 독립이다.

---

① ㄱ ② ㄷ ③ ㄱ, ㄴ ④ ㄴ, ㄷ ⑤ ㄱ, ㄴ, ㄷ

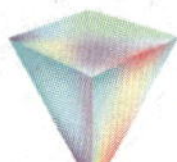

수능수학 Big Data Analyst 김지석
수능한권 Prism 해설

앞면: ○ 뒷면: ●

○○○ → B
○○●
○●○
●○○
○●● → A
●○● → A
●●○ → A
●●● → A, B

	A	A^c	합계
B	1	1	2
B^c	3	3	6
합계	4	4	8

ㄱ. (참)

$$\therefore P(A) = \frac{4}{8} = \frac{1}{2}$$

ㄴ. (참)

$$\therefore P(A \cap B) = \frac{1}{8}$$

ㄷ. (참)

[스킬] 가로줄끼리 & 세로줄끼리 비율이 같다 ⇒ 독립

[다른 풀이]

ㄱ. (참)

$$P(A) = {}_3C_0 \left(\frac{1}{2}\right)^3 + {}_3C_1 \left(\frac{1}{2}\right)^3 = \frac{4}{8} = \frac{1}{2}$$

ㄴ. (참)

$A \cap B$: 뒷면 3개

$$P(A \cap B) = {}_3C_0 \left(\frac{1}{2}\right)^3 = \frac{1}{8}$$

ㄷ. (참)

$$P(B) = 2 \times {}_3C_0 \left(\frac{1}{2}\right)^3 = \frac{2}{8} = \frac{1}{4}$$

$$P(A) \cdot P(B) = \frac{1}{2} \cdot \frac{1}{4} = \frac{1}{8}$$

$$\therefore P(A) \cdot P(B) = P(A \cap B)$$

복습	1회	2회	3회	4회	5회
채점 O△X					

211. [2005년 수능 (나)형 24번] 실전 분석

다음은 어느 회사에서 전체 직원 360명을 대상으로 재직 연수와 새로운 조직 개편안에 대한 찬반 여부를 조사한 표이다.

(단위 : 명)

찬반 여부 / 재직 연수	찬성	반대	계
10년 미만	a	b	120
10년 이상	c	d	240
계	150	210	360

재직 연수가 10년 미만일 사건과 조직 개편안에 찬성할 사건이 서로 독립일 때, a 의 값을 구하시오. [4점]

50

해설 바로가기 ▶ 실전개념분석 44번

복습	1회	2회	3회	4회	5회
채점 O△X					

212. [1995년 수능 (인문) 16번]

표본공간 S의 부분집합으로 $P(A) \neq 0$, $P(B) \neq 0$인 임의의 두 사건 A, B에 대하여, 다음 <보기> 중 옳은 것을 모두 고르면?

[보 기]

ㄱ. A, B가 독립사건이면, 조건부확률 $P(A|B)$와 $P(B|A)$는 같다.

ㄴ. A, B가 배반사건이면, $P(A) + P(B) \leq 1$이다.

ㄷ. $P(A \cup B) = 1$이면, B는 A의 여사건이다.

① ㄱ ② ㄴ ③ ㄱ, ㄷ ④ ㄴ, ㄷ ⑤ ㄱ, ㄴ, ㄷ

ㄱ. (거짓)

독립이므로

$P(A|B) = P(A)$, $P(B|A) = P(B)$

일반적으로 $P(A) = P(B)$라고 할 수 없으므로

$P(A|B) = P(B|A)$라고 할 수 없다.

ㄴ. (참)

A, B가 배반사건 ⇔ $P(A \cap B) = 0$

$P(A \cup B) = P(A) + P(B) - P(A \cap B)$에서

$P(A) + P(B) = P(A \cup B) \leq 1$

ㄷ. (거짓)

반례) $A = S$

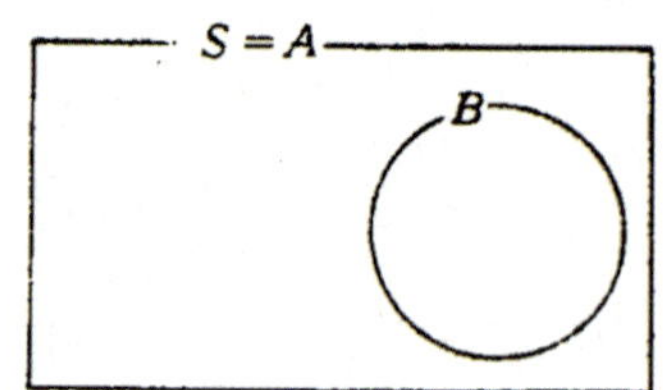

확률과 통계 2. 확률 경향08
독립시행의 확률

수능 2점

복습	1회	2회	3회	4회	5회
채점 O△X					

213. [1998년 수능 (인문) & (자연) 14번]

다음 <보기> 중 옳은 것을 모두 고르면? (단, 동전의 앞면과 뒷면이 나올 확률은 같다.) [2점]

[보 기]

ㄱ. 동전을 10회 던질 때 앞면이 4회 나타날 확률과 앞면이 6회 나타날 확률은 같다.

ㄴ. 동전을 10회 던질 때 앞면이 5회 나타날 확률과 20회 던질 때 앞면이 10회 나타날 확률은 같다.

ㄷ. 동전을 10회 던질 때 앞면이 나타날 횟수가 5회 이하일 확률은 0.5보다 크다.

① ㄱ ② ㄷ ③ ㄱ, ㄴ ④ ㄱ, ㄷ ⑤ ㄱ, ㄴ, ㄷ

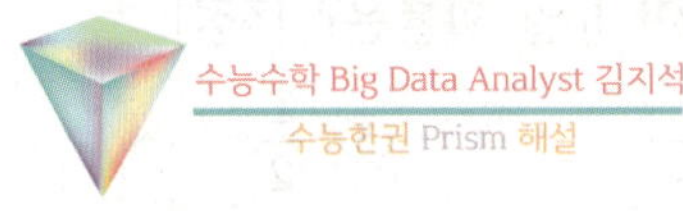

해설 바로가기 ▶ 실전개념분석 50번

수능 3점

복습	1회	2회	3회	4회	5회
채점 O△X					

214. [2021년 수능 (나)형 8번]

한 개의 주사위를 세 번 던져서 나오는 눈의 수를 차례로 a, b, c라 할 때, $a \times b \times c = 4$일 확률은? [3점]

① $\dfrac{1}{54}$ ② $\dfrac{1}{36}$ ③ $\dfrac{1}{27}$ ④ $\dfrac{5}{108}$ ⑤ $\dfrac{1}{18}$

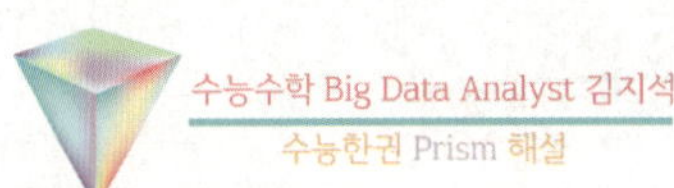

세 수를 곱해서 4가 나오는 경우는
1, 1, 4 또는 1, 2, 2이므로

i) 1, 1, 4인 경우의 확률

▶ $\dfrac{3!}{2!} \times \left(\dfrac{1}{6}\right)^3 = \dfrac{1}{72}$

ii) 1, 2, 2인 경우의 확률

▶ $\dfrac{3!}{2!} \times \left(\dfrac{1}{6}\right)^3 = \dfrac{1}{72}$

∴ $\dfrac{1}{72} + \dfrac{1}{72} = \dfrac{1}{36}$

복습	1회	2회	3회	4회	5회
채점 O△X					

215. [2020년 수능 (가)형 25번]

한 개의 주사위를 5번 던질 때 홀수의 눈이 나오는 횟수를 a라 하고, 한 개의 동전을 4번 던질 때 앞면이 나오는 횟수를 b라 하자. $a-b$의 값이 3일 확률을 $\dfrac{q}{p}$라 할 때, $p+q$의 값을 구하시오. (단, p와 q는 서로소인 자연수이다.) [3점]

137

$a-b=3$이므로 다음 각 경우로 나눌 수 있다.

ⅰ) $a=5$이고 $b=2$ 일 때

주사위를 5번 던질 때, 홀수의 눈이 5번 나오고 동전을 4번 던질 때, 앞면이 2번 나와야 한다.

▶ $_5C_5\left(\dfrac{1}{2}\right)^5\left(\dfrac{1}{2}\right)^0\times{}_4C_2\left(\dfrac{1}{2}\right)^2\left(\dfrac{1}{2}\right)^2$

$=\dfrac{1}{2^5}\times\dfrac{3}{2^3}=\dfrac{3}{2^8}$

ⅱ) $a=4$이고 $b=1$일 때

주사위를 5번 던질 때, 홀수의 눈이 4번 나오고 동전을 4번 던질 때, 앞면이 1번 나와야 한다.

▶ $_5C_4\left(\dfrac{1}{2}\right)^4\left(\dfrac{1}{2}\right)^1\times{}_4C_1\left(\dfrac{1}{2}\right)^1\left(\dfrac{1}{2}\right)^3$

$=\dfrac{5}{2^5}\times\dfrac{1}{2^2}=\dfrac{5}{2^7}$

ⅲ) $a=3$이고 $b=0$일 때

주사위를 5번 던질 때, 홀수의 눈이 3번 나오고 동전을 4번 던질 때, 앞면이 0번 나와야 한다.

▶ $_5C_3\left(\dfrac{1}{2}\right)^3\left(\dfrac{1}{2}\right)^2\times{}_4C_0\left(\dfrac{1}{2}\right)^0\left(\dfrac{1}{2}\right)^4$

$=\dfrac{5}{2^4}\times\dfrac{1}{2^4}=\dfrac{5}{2^8}$

$\therefore\ \dfrac{3}{2^8}+\dfrac{5}{2^7}+\dfrac{5}{2^8}=\dfrac{18}{2^8}=\dfrac{9}{2^7}=\dfrac{9}{128}$

$\therefore\ p+q=128+9=137$

216. [2017년 수능 (가)형 7번 & (나)형 11번]

한 개의 주사위를 3번 던질 때, 4의 눈이 한 번만 나올 확률은? [3점]

① $\dfrac{25}{72}$　② $\dfrac{13}{36}$　③ $\dfrac{3}{8}$　④ $\dfrac{7}{18}$　⑤ $\dfrac{29}{72}$

$_3C_1\left(\dfrac{1}{6}\right)^1\left(\dfrac{5}{6}\right)^2=\dfrac{25}{72}$

복습	1회	2회	3회	4회	5회
채점 O△X					

217. [2016년 수능 (B)형 8번]

한 개의 동전을 5번 던질 때, 앞면이 나오는 횟수와 뒷면이 나오는 횟수의 곱이 6일 확률은? [3점]

① $\dfrac{5}{8}$　② $\dfrac{9}{16}$　③ $\dfrac{1}{2}$

④ $\dfrac{7}{16}$　⑤ $\dfrac{3}{8}$

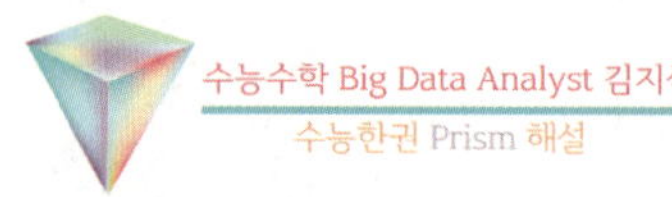

ⅰ) 앞면 2회, 뒷면 3회

▶ $_5C_2\left(\dfrac{1}{2}\right)^2\left(\dfrac{1}{2}\right)^3=\dfrac{5}{16}$

ⅱ) 앞면 3회, 뒷면 2회

▶ $_5C_3\left(\dfrac{1}{2}\right)^3\left(\dfrac{1}{2}\right)^2=\dfrac{5}{16}$

$\therefore\ \dfrac{5}{16}+\dfrac{5}{16}=\dfrac{5}{8}$

복습	1회	2회	3회	4회	5회
채점 O△X					

218. [2013년 수능 (가)형 11번]

흰 공 4개, 검은 공 3개가 들어 있는 주머니가 있다. 이 주머니에서 임의로 2개의 공을 동시에 꺼내어, 꺼낸 2개의 공의 색이 서로 다르면 1개의 동전을 3번 던지고, 꺼낸 2개의 공의 색이 서로 같으면 1개의 동전을 2번 던진다. 이 시행에서 동전의 앞면이 2번 나올 확률은? [3점]

① $\dfrac{9}{28}$ ② $\dfrac{19}{56}$ ③ $\dfrac{5}{14}$ ④ $\dfrac{3}{8}$ ⑤ $\dfrac{11}{28}$

수능수학 Big Data Analyst 김지석
수능한권 Prism 해설

i) 꺼낸 공의 색이 다른 경우

꺼낸 공의 색이 다르고, 1개의 동전을 3번 던져서 앞면이 2번 나올 확률은

▶ $\dfrac{{}_4C_1 \times {}_3C_1}{{}_7C_2} \times {}_3C_2 \left(\dfrac{1}{2}\right)^2 \left(\dfrac{1}{2}\right) = \dfrac{12}{21} \times \dfrac{3}{8} = \dfrac{3}{14}$

ii) 꺼낸 공의 색이 같은 경우

꺼낸 공의 색이 같고, 1개의 동전을 2번 던져서 앞면이 2번 나올 확률은

▶ $\dfrac{{}_4C_2 + {}_3C_2}{{}_7C_2} \times {}_2C_2 \left(\dfrac{1}{2}\right)^2 = \dfrac{9}{21} \times \dfrac{1}{4} = \dfrac{3}{28}$

∴ $\dfrac{3}{14} + \dfrac{3}{28} = \dfrac{9}{28}$

219. [2003년 수능 (인문) & (자연) 11번]

A와 B 두 팀이 축구 경기에서 연장전까지 $0:0$으로 승부를 가리지 못하여 승부차기를 하였다. 각 팀당 5명의 선수가 A팀부터 시작하여 1명씩 교대로 승부차기를 할 때, B팀이 $5:4$로 이길 확률은? (단, 각 선수의 승부차기는 독립시행이고 성공할 확률은 0.8이다.) [3점]

① 0.2×0.8^8 ② 0.8^8
③ 0.2×0.8^9 ④ 0.8^9
⑤ 0.8^{10}

수능수학 Big Data Analyst 김지석
수능한권 Prism 해설

A팀이 5번 중 4번 성공할 확률

▶ ${}_5C_4 (0.8)^4 (0.2)$

B팀이 5번 중 5번 성공할 확률

▶ $(0.8)^5$

∴ ${}_5C_4 (0.8)^4 (0.2) \times (0.8)^5 = 0.8^9$

복습	1회	2회	3회	4회	5회
채점 O△X					

220. [1999년 수능 (인문) & (자연) 12번]
흰 공 2개, 검은 공 2개가 들어있는 상자에서 1개의 공을 꺼내어 그것이 흰 공이면 동전을 3회 던지고 검은 공이면 동전을 4회 던질 때, 앞면이 3회 나올 확률은? (단, 동전의 앞면과 뒷면이 나올 확률은 같다.) [3점]

① $\dfrac{3}{16}$ ② $\dfrac{5}{16}$ ③ $\dfrac{7}{16}$ ④ $\dfrac{9}{16}$ ⑤ $\dfrac{11}{16}$

복습	1회	2회	3회	4회	5회
채점 O△X					

221. [1998년 수능 (인문) 24번]
어떤 야구 선수가 상대팀의 투수 A와 대결할 때 안타를 칠 확률은 0.2이고, 투수 B와 대결할 때 안타를 칠 확률은 0.25이다. 한 경기에서 이 선수가 투수 A와 2회 대결한 후 투수 B와 1회 대결한다면, 3회의 대결 중 2회 이상 안타를 칠 확률은? [3점]

① 0.10 ② 0.12 ③ 0.14 ④ 0.15 ⑤ 0.16

수능수학 *Big Data Analyst* 김지석
수능한권 Prism 해설

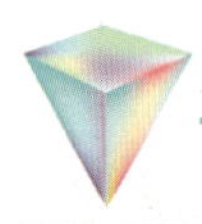

○○●●

i) 흰 공을 꺼낸 경우

▶ $\dfrac{2}{4} \times {}_3C_3 \left(\dfrac{1}{2}\right)^3 = \dfrac{1}{16}$

ii) 검은 공을 꺼낸 경우

▶ $\dfrac{2}{4} \times {}_4C_3 \left(\dfrac{1}{2}\right)^4 = \dfrac{1}{8}$

∴ $\dfrac{1}{16} + \dfrac{1}{8} = \dfrac{3}{16}$

수능수학 *Big Data Analyst* 김지석
수능한권 Prism 해설

$\left(\dfrac{8}{10} \times \dfrac{2}{10} \times \dfrac{25}{100}\right)$

$+ \left(\dfrac{2}{10} \times \dfrac{8}{10} \times \dfrac{25}{100}\right)$

$+ \left(\dfrac{2}{10} \times \dfrac{2}{10} \times \dfrac{75}{100}\right)$

$+ \left(\dfrac{2}{10} \times \dfrac{2}{10} \times \dfrac{25}{100}\right)$

$= 0.12$

수능 4점

복습	1회	2회	3회	4회	5회
채점 O△X					

1등급

222. [2026년 수능 (확률과 통계) 28번] 실전 분석

16개의 공과 1부터 6까지의 자연수가 하나씩 적혀 있는 여섯 개의 빈 상자가 있다. 한 개의 주사위를 사용하여 다음 시행을 한다.

> 주사위를 한 번 던져 나온 눈의 수가 k일 때,
> k가 홀수이면
> 1, 3, 5가 적힌 상자에 공을 각각 1개씩 넣고,
> k가 짝수이면
> k의 약수가 적힌 상자에 공을 각각 1개씩 넣는다.

이 시행을 4번 반복한 후 여섯 개의 상자에 들어 있는 모든 공의 개수의 합이 홀수일 때, 3이 적힌 상자에 들어 있는 공의 개수가 2가 적힌 상자에 들어 있는 공의 개수보다 1개 더 많을 확률은? [4점]

① $\dfrac{1}{8}$　　② $\dfrac{3}{16}$　　③ $\dfrac{1}{4}$

④ $\dfrac{5}{16}$　　⑤ $\dfrac{3}{8}$

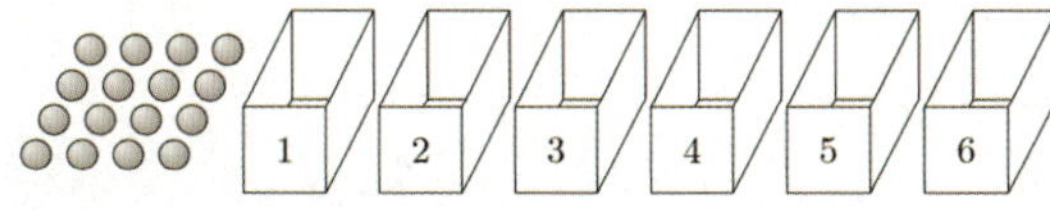

해설 바로가기 ▶ 실전개념분석 57번

복습	1회	2회	3회	4회	5회
채점 O△X					

223. [2025년 수능 (확률과 통계) 30번]

탁자 위에 5개의 동전이 일렬로 놓여 있다. 이 5개의 동전 중 1번째 자리와 2번째 자리의 동전은 앞면이 보이도록 놓여 있고, 나머지 자리의 3개의 동전은 뒷면이 보이도록 놓여 있다. 이 5개의 동전과 한 개의 주사위를 사용하여 다음 시행을 한다.

> 주사위를 한 번 던져 나온 눈의 수가 k일 때,
> $k \le 5$이면 k번째 자리의 동전을 한 번 뒤집어 제자리에 놓고, $k = 6$이면 모든 동전을 한 번씩 뒤집어 제자리에 놓는다.

위의 시행을 3번 반복한 후 이 5개의 동전이 모두 앞면이 보이도록 놓여 있을 확률은 $\dfrac{q}{p}$이다. $p+q$의 값을 구하시오. (단, p와 q는 서로소인 자연수이다.) [4점]

19

ⅰ) 주사위 눈 6이 나온 횟수가 0인 경우
주사위 눈 3, 4, 5이 1번씩 나오면 모두 앞면으로 통일된다.

▶ $3! \times \left(\dfrac{1}{6}\right)^3$

ⅱ) 주사위 눈 6이 나온 횟수가 1인 경우
주사위 눈 1, 2이 1번씩 나오면 모두 뒷면으로 통일되고, 6이 나와서 모두 앞면이 된다.

→ 주사위 눈 1, 2, 6이 1번씩 나오면 된다.

▶ $3! \times \left(\dfrac{1}{6}\right)^3$

∴ $3! \times \left(\dfrac{1}{6}\right)^3 + 3! \times \left(\dfrac{1}{6}\right)^3 = \dfrac{1}{18}$

∴ $p+q = 18+1 = 19$

복습	1회	2회	3회	4회	5회
채점 O△X					

1등급

224. [2025년 6월 (확률과 통계) 28번]

공 15개와 비어 있는 세 상자 A, B, C가 있다. 한 개의 주사위를 사용하여 다음 규칙에 따라 세 상자 A, B, C에 공을 넣는 시행을 한다.

> 주사위를 한 번 던져
> 나온 눈의 수가 3의 배수이면
> 세 상자 A, B, C에 넣는 공의 개수가 각각 1, 2, 0이고,
> 나온 눈의 수가 3의 배수가 아니면
> 세 상자 A, B, C에 넣는 공의 개수가 각각 1, 1, 1이다.

이 시행을 5번 반복한 후 상자 B에 들어 있는 공의 개수가 홀수일 때, 상자 A에 들어 있는 공의 개수와 상자 C에 들어 있는 공의 개수의 합이 8 이상일 확률은? [4점]

① $\dfrac{44}{61}$ ② $\dfrac{47}{61}$ ③ $\dfrac{50}{61}$

④ $\dfrac{53}{61}$ ⑤ $\dfrac{56}{61}$

[개념] 독립시행의 확률, 조건부확률

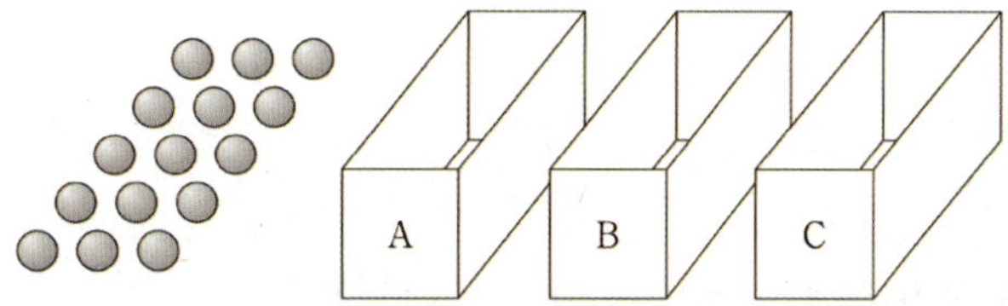

수능수학 Big Data Analyst 김지석
수능한권 Prism 해설

상자 B에 들어 있는 공의 개수가 홀수일 때
→ 그래서 각각이 몇마인가?
→ 케이스 나누는 것이 핵심!

(step1) 상자 B 홀수 케이스 나누기

5회 시행 중 각 시행마다
상자 B에 들어가는 공의 개수는 2 or 1개

ⅰ) $5=1+1+1+1+1$ → 3배수 0번, 3배수X 5번
ⅱ) $7=2+2+1+1+1$ → 3배수 2번, 3배수X 3번
ⅲ) $9=2+2+2+2+1$ → 3배수 4번, 3배수X 1번

$$\therefore {}_5C_0\left(\frac{1}{3}\right)^0\left(\frac{2}{3}\right)^5 + {}_5C_2\left(\frac{1}{3}\right)^2\left(\frac{2}{3}\right)^3 + {}_5C_2\left(\frac{1}{3}\right)^4\left(\frac{2}{3}\right)$$

(step2) A+C≥8 인 케이스 찾기

ⅰ) 3배수 0번, 3배수X 5번

$A=1+1+1+1+1=5$

$C=1+1+1+1+1=5$

$\therefore A+C=10$

$\therefore$ 성립

ⅱ) 3배수 2번, 3배수X 3번

$A=1+1+1+1+1=5$

$C=0+0+1+1+1=3$

$\therefore A+C=8$

$\therefore$ 성립

ⅲ) 3배수 4번, 3배수X 1번

$A=1+1+1+1+1=5$

$C=0+0+0+0+1=1$

$\therefore A+C=6$

$\therefore$ 성립하지 않는다.

$$\therefore {}_5C_0\left(\frac{1}{3}\right)^0\left(\frac{2}{3}\right)^5 + {}_5C_2\left(\frac{1}{3}\right)^2\left(\frac{2}{3}\right)^3$$

$$\therefore \frac{{}_5C_0\left(\frac{1}{3}\right)^0\left(\frac{2}{3}\right)^5 + {}_5C_2\left(\frac{1}{3}\right)^2\left(\frac{2}{3}\right)^3}{{}_5C_0\left(\frac{1}{3}\right)^0\left(\frac{2}{3}\right)^5 + {}_5C_2\left(\frac{1}{3}\right)^2\left(\frac{2}{3}\right)^3 + {}_5C_2\left(\frac{1}{3}\right)^4\left(\frac{2}{3}\right)}$$

$$= \frac{56}{61}$$

복습	1회	2회	3회	4회	5회
채점 O△X					

1등급

225. [2024년 수능 (확률과 통계) 28번] 실전 분석

하나의 주머니와 두 상자 A, B가 있다. 주머니에는 숫자 1, 2, 3, 4가 하나씩 적힌 4장의 카드가 들어 있고, 상자 A에는 흰 공과 검은 공이 각각 8개 이상 들어 있고, 상자 B는 비어 있다. 이 주머니와 두 상자 A, B를 사용하여 다음 시행을 한다.

> 주머니에서 임의로 한 장의 카드를 꺼내어 카드에 적힌 수를 확인한 후 다시 주머니에 넣는다.
> 확인한 수가 1이면
> 상자 A에 있는 흰 공 1개를 상자 B에 넣고,
> 확인한 수가 2 또는 3이면
> 상자 A에 있는 흰 공 1개와 검은 공 1개를 상자 B에 넣고,
> 확인한 수가 4이면
> 상자 A에 있는 흰 공 2개와 검은 공 1개를 상자 B에 넣는다.

이 시행을 4번 반복한 후 상자 B에 들어 있는 공의 개수가 8일 때, 상자 B에 들어 있는 검은 공의 개수가 2일 확률은? [4점]

① $\dfrac{3}{70}$　　② $\dfrac{2}{35}$　　③ $\dfrac{1}{14}$

④ $\dfrac{3}{35}$　　⑤ $\dfrac{1}{10}$

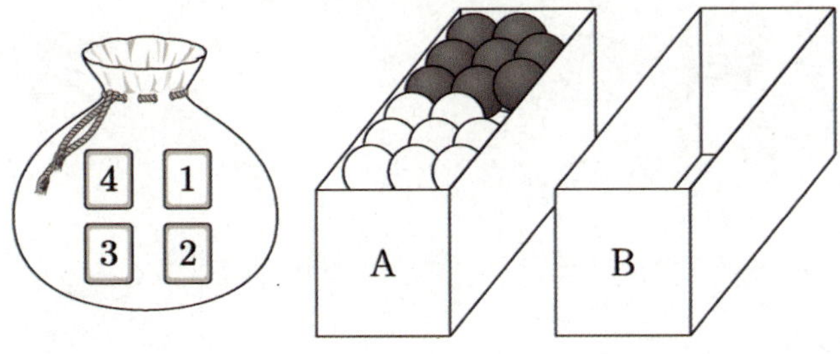

해설 바로가기 ▶ 실전개념분석 56번

1등급

226. [2023년 수능 (확률과 통계) 29번] 실전 분석

앞면에는 1부터 6까지의 자연수가 하나씩 적혀 있고 뒷면에는 모두 0이 하나씩 적혀 있는 6장의 카드가 있다. 이 6장의 카드가 그림과 같이 6 이하의 자연수 k에 대하여 k번째 자리에 자연수 k가 보이도록 놓여 있다.

1	2	3	4	5	6
↑ 1번째 자리	↑ 2번째 자리	↑ 3번째 자리	↑ 4번째 자리	↑ 5번째 자리	↑ 6번째 자리

이 6장의 카드와 한 개의 주사위를 사용하여 다음 시행을 한다.

> 주사위를 한 번 던져 나온 눈의 수가 k이면 k번째 자리에 놓여 있는 카드를 한 번 뒤집어 제자리에 놓는다.

위의 시행을 3번 반복한 후 6장의 카드에 보이는 모든 수의 합이 짝수일 때, 주사위의 1의 눈이 한 번만 나왔을 확률은 $\dfrac{q}{p}$이다. $p+q$의 값을 구하시오.
(단, p와 q는 서로소인 자연수이다.)
[4점]

49

해설 바로가기 ▶ 실전개념분석 55번

복습	1회	2회	3회	4회	5회
채점 $O\triangle X$					

227. [2023년 9월 (확률과 통계) 29번]

앞면에는 문자 A, 뒷면에는 문자 B가 적힌 한 장의 카드가 있다. 이 카드와 한 개의 동전을 사용하여 다음 시행을 한다.

> 동전을 두 번 던져
> 앞면이 나온 횟수가 2이면 카드를 한 번 뒤집고,
> 앞면이 나온 횟수가 0 또는 1이면 카드를 그대로 둔다.

처음에 문자 A가 보이도록 카드가 놓여 있을 때, 이 시행을 5번 반복한 후 문자 B가 보이도록 카드가 놓일 확률은 p이다. $128 \times p$의 값을 구하시오. [4점]

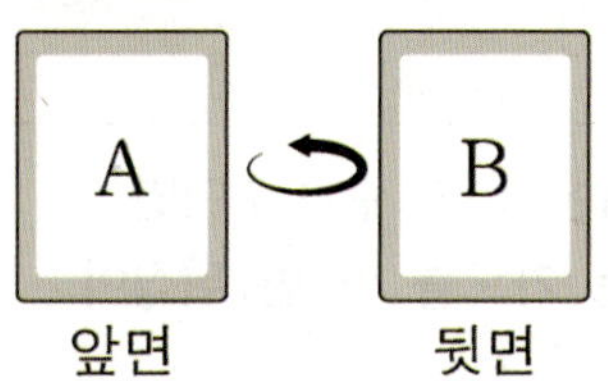

62

동전을 두 번 던져

앞면이 나온 횟수가 2일 확률 ▶ $\dfrac{1}{4}$

앞면이 나온 횟수가 0 또는 1일 확률 ▶ $\dfrac{3}{4}$

홀수번 뒤집으면 문자 B가 보이게 된다.

i) 5번 중 1번 뒤집을 확률

▶ $_5C_1\left(\dfrac{1}{4}\right)^1\left(\dfrac{3}{4}\right)^4$

ii) 5번 중 3번 뒤집을 확률

▶ $_5C_3\left(\dfrac{1}{4}\right)^3\left(\dfrac{3}{4}\right)^2$

iii) 5번 중 5번 뒤집을 확률

▶ $_5C_3\left(\dfrac{1}{4}\right)^5\left(\dfrac{3}{4}\right)^0$

$\therefore {}_5C_1\left(\dfrac{1}{4}\right)^1\left(\dfrac{3}{4}\right)^4+{}_5C_3\left(\dfrac{1}{4}\right)^3\left(\dfrac{3}{4}\right)^2+{}_5C_3\left(\dfrac{1}{4}\right)^5\left(\dfrac{3}{4}\right)^0$

$=\dfrac{31}{64}$

$\therefore 123\times p = 128\times\dfrac{31}{64}=62$

복습	1회	2회	3회	4회	5회
채점 O△X					

━━━ **1등급** ━━━

228. [2022년 수능 (확률과 통계) 30번] 실전 분석

흰 공과 검은 공이 각각 10개 이상 들어 있는 바구니와 비어 있는 주머니가 있다. 한 개의 주사위를 사용하여 다음 시행을 한다.

> 주사위를 한 번 던져 나온 눈의 수가 5 이상이면 바구니에 있는 흰 공 2개를 주머니에 넣고, 나온 눈의 수가 4 이하이면 바구니에 있는 검은 공 1개를 주머니에 넣는다.

위의 시행을 5번 반복할 때, $n\ (1 \le n \le 5)$번째 시행 후 주머니에 들어 있는 흰 공과 검은 공의 개수를 각각 a_n, b_n이라 하자. $a_5 + b_5 \ge 7$일 때, $a_k = b_k$인 자연수 $k\ (1 \le k \le 5)$가 존재할 확률은 $\dfrac{q}{p}$이다. $p+q$의 값을 구하시오. (단, q와 q는 서로소인 자연수이다.) [4점]

수능수학 Big Data Analyst 김지석
수능한권 Prism 해설

191

해설 바로가기 ▶ 실전개념분석 54번

━━━ **1등급** ━━━

229. [2021년 수능 (가)형 19번 & (나)형 29번]
실전 분석

숫자 3, 3, 4, 4, 4가 하나씩 적힌 5개의 공이 들어 있는 주머니가 있다. 이 주머니와 한 개의 주사위를 사용하여 다음 규칙에 따라 점수를 얻는 시행을 한다.

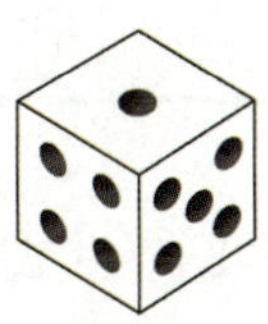

> 주머니에서 임의로 한 개의 공을 꺼내어 꺼낸 공에 적힌 수가 3이면 주사위를 3번 던져서 나오는 세 눈의 수의 합을 점수로 하고, 꺼낸 공에 적힌 수가 4이면 주사위를 4번 던져서 나오는 네 눈의 수의 합을 점수로 한다.

이 시행을 한 번 하여 얻은 점수가 10점일 확률은? [4점]

① $\dfrac{13}{180}$ ② $\dfrac{41}{540}$ ③ $\dfrac{43}{540}$ ④ $\dfrac{1}{12}$ ⑤ $\dfrac{47}{540}$

수능수학 Big Data Analyst 김지석
수능한권 Prism 해설

해설 바로가기 ▶ 실전개념분석 52번

복습	1회	2회	3회	4회	5회
채점 O△X					

--- **1등급** ---

230. [2020년 수능 (가)형 20번]　실전 분석

한 개의 동전을 7번 던질 때, 다음 조건을 만족시킬 확률은? [4점]

> (가) 앞면이 3번 이상 나온다.
> (나) 앞면이 연속해서 나오는 경우가 있다.

① $\dfrac{11}{16}$　② $\dfrac{23}{32}$　③ $\dfrac{3}{4}$　④ $\dfrac{25}{32}$　⑤ $\dfrac{13}{16}$

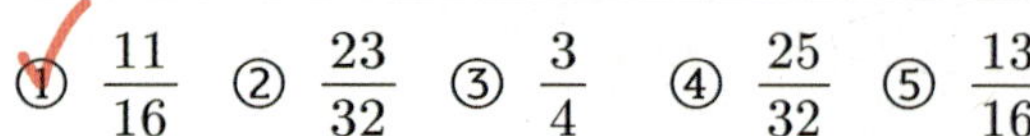

수능수학 Big Data Analyst 김지석
수능한권 Prism 해설

해설 바로가기 ▶ 실전개념분석 51번

복습	1회	2회	3회	4회	5회
채점 O△X					

--- **1등급** ---

231. [2019년 수능 (나)형 18번]　실전 분석

좌표평면의 원점에 점 A가 있다. 한 개의 동전을 사용하여 다음 시행을 한다.

> 동전을 한 번 던져 앞면이 나오면 점 A를 x축의 양의 방향으로 1만큼, 뒷면이 나오면 점 A를 y축의 양의 방향으로 1만큼 이동시킨다.

위의 시행을 반복하여 점 A의 x좌표 또는 y좌표가 처음으로 3이 되면 이 시행을 멈춘다. 점 A의 y좌표가 처음으로 3이 되었을 때, 점 A의 x좌표가 1일 확률은? [4점]

① $\dfrac{1}{4}$　② $\dfrac{5}{16}$　③ $\dfrac{3}{8}$　④ $\dfrac{7}{16}$　⑤ $\dfrac{1}{2}$

수능수학 Big Data Analyst 김지석
수능한권 Prism 해설

해설 바로가기 ▶ 실전개념분석 53번

복습	1회	2회	3회	4회	5회
채점 O△X					

232. [2019년 6월 (가)형 17번 & (나)형 19번]

1부터 8까지의 자연수가 하나씩 적혀 있는 8장의 카드가 있다. 이 카드를 모두 한 번씩 사용하여 그림과 같은 8개의 자리에 각각 한 장씩 임의로 놓을 때, 8 이하의 자연수 k에 대하여 k번째 자리에 놓인 카드에 적힌 수가 k 이하인 사건을 A_k라 하자.

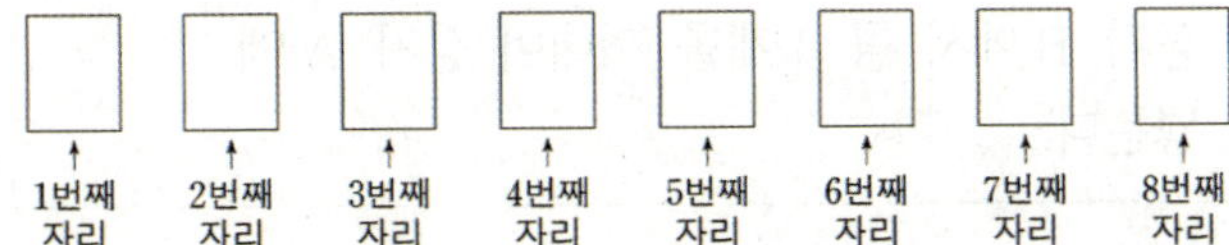

다음은 두 자연수 $m, n(1 \leq m < n \leq 8)$에 대하여 두 사건 A_m과 A_n이 서로 독립이 되도록 하는 m, n의 모든 순서쌍 (m, n)의 개수를 구하는 과정이다.

A_k는 k번째 자리에 k 이하의 자연수 중 하나가 적힌 카드가 놓여있고, k번째 자리를 제외한 7개의 자리에 나머지 7장의 카드가 놓여 있는 사건이므로

$$P(A_k) = \boxed{(가)}$$

이다.

$A_m \cap A_n (m < n)$은 m번째 자리에 m 이하의 자연수 중 하나가 적힌 카드가 놓여 있고, n번째 자리에 n 이하의 자연수 중 m번째 자리에 놓인 카드에 적힌 수가 아닌 자연수가 적힌 카드가 놓여 있고, m번째와 n번째 자리를 제외한 6개의 자리에 나머지 6장의 카드가 놓여있는 사건이므로

$$P(A_m \cap A_n) = \boxed{(나)}$$

이다.

한편, 두 사건 A_m과 A_n이 서로 독립이기 위해서는

$$P(A_m \cap A_n) = P(A_m)P(A_n)$$

을 만족시켜야 한다.

따라서 두 사건 A_m과 A_n이 서로 독립이 되도록 하는 m, n의 모든 순서쌍 (m, n)의 개수는 $\boxed{(다)}$ 이다.

위의 (가)에 알맞은 식에 $k = 4$를 대입한 값을 p, (나)에 알맞은 식에 $m = 3, n = 5$를 대입한 값을 q, (다)에 알맞은 수를 r라 할 때, $p \times q \times r$의 값은?
[4점]

① $\dfrac{3}{8}$　② $\dfrac{1}{2}$　③ $\dfrac{5}{8}$　④ ✓$\dfrac{3}{4}$　⑤ $\dfrac{7}{8}$

수능수학 Big Data Analyst 김지석
수능한권 Prism 해설

(step1) $P(A_k) = \boxed{(가)}$

8개의 숫자를 나열하는 방법의 수
▶ 8!

k번째 자리에 k 이하 자연수를 배치하는 방법의 수
(k 이하의 자연수는 k개다)
▶ k

나머지 7개의 자리에 7개의 자연수를 배치하는 방법의 수
▶ 7!

$$\therefore P(A_k) = \boxed{\dfrac{k \times 7!}{8!}} = \boxed{\dfrac{k}{8}}$$

(step2) $P(A_m \cap A_n) = \boxed{(나)}$

m번째 자리에 m 이하 자연수를 배치하는 방법의 수
(m 이하의 자연수는 m개다)
▶ m

n번째 자리에 n 이하 자연수를 배치하는 방법의 수
(단, m을 제외 $\because m < n$)
▶ $n-1$

나머지 6개의 자리에 6개의 자연수를 배치하는 방법의 수
▶ 6!

$$\therefore P(A_m \cap A_n) = \boxed{\dfrac{m \times (n-1) \times 6!}{8!}} = \boxed{\dfrac{m(n-1)}{8 \cdot 7}}$$

(step3) 순서쌍 (m, n)의 개수는 $\boxed{(다)}$

두 사건 A_m과 A_n이 서로 독립이므로

$$P(A_m \cap A_n) = P(A_m)P(A_n)$$

$$\Leftrightarrow \dfrac{m(n-1)}{56} = \dfrac{m}{8} \times \dfrac{n}{8}$$

$$\Leftrightarrow 8(n-1) = 7n$$

$$\therefore n = 8$$

순서쌍 (m, n)은

$$(1, 8), (2, 8), (3, 8), \cdots, (7, 8)$$

$$\therefore \boxed{7} \text{개}$$

$$\therefore p \times q \times r = \dfrac{4}{8} \times \dfrac{3(5-1)}{8 \cdot 7} \times 7 = \dfrac{3}{4}$$

복습	1회	2회	3회	4회	5회
채점 O△X					

233. [2018년 수능 (나)형 28번]
한 개의 동전을 6번 던질 때, 앞면이 나오는 횟수가 뒷면이 나오는 횟수보다 클 확률은 $\dfrac{q}{p}$이다. $p+q$의 값을 구하시오. (단, p와 q는 서로소인 자연수이다.) [4점]

수능수학 Big Data Analyst 김지석
수능한권 Prism 해설
43

앞면이 6회, 뒷면이 0회 나올 확률

▶ ${}_6C_0\left(\dfrac{1}{2}\right)^6$

앞면이 5회, 뒷면이 1회 나올 확률

▶ ${}_6C_1\left(\dfrac{1}{2}\right)^6$

앞면이 4회, 뒷면이 2회 나올 확률

▶ ${}_6C_2\left(\dfrac{1}{2}\right)^6$

$$\therefore {}_6C_0\left(\dfrac{1}{2}\right)^6 + {}_6C_1\left(\dfrac{1}{2}\right)^6 + {}_6C_2\left(\dfrac{1}{2}\right)^6$$

$$= \left({}_6C_0 + {}_6C_1 + {}_6C_2\right) \times \left(\dfrac{1}{2}\right)^6$$

$$= (1+6+15) \times \left(\dfrac{1}{2}\right)^6$$

$$= \dfrac{22}{64} = \dfrac{11}{32}$$

$$\therefore p+q = 32+11 = 43$$

[다른 풀이]
앞면 횟수가 뒷면 횟수보다 클 확률과
앞면 횟수가 뒷면 횟수보다 작을 확률은 같다.
∴ 앞면 횟수와 뒷면 횟수가 같을 확률을 제외하면
절반은 클 확률, 절반은 작을 확률이다.

$$\therefore \left\{1 - {}_6C_3\left(\dfrac{1}{2}\right)^6\right\} \times \dfrac{1}{2} = \dfrac{11}{32}$$

$$\therefore p+q = 32+11 = 43$$

234. [2018년 9월 (나)형 20번]
상자 A와 상자 B에 각각 6개의 공이 들어 있다. 동전 1개를 사용하여 다음 시행을 한다.

> 동전을 한 번 던져 앞면이 나오면 상자 A 에서 공 1개를 꺼내어 상자 B 에 넣고, 뒷면이 나오면 상자 B 에서 공 1개를 꺼내어 상자 A 에 넣는다.

위의 시행을 6번 반복할 때, 상자 B 에 들어 있는 공의 개수가 6번째 시행 후 처음으로 8이 될 확률은? [4점]

① $\dfrac{1}{64}$　　② $\dfrac{3}{64}$　　③ $\dfrac{5}{64}$ ✓

④ $\dfrac{7}{64}$　　⑤ $\dfrac{9}{64}$

수능수학 Big Data Analyst 김지석
수능한권 Prism 해설

상자 B에 들어있는 공의 개수는 매 시행마다 ±1개 변한다.

상자 B에 들어 있는 공의 개수가 6번째 시행 후 처음으로 8이 되는 경우를 나열해보면

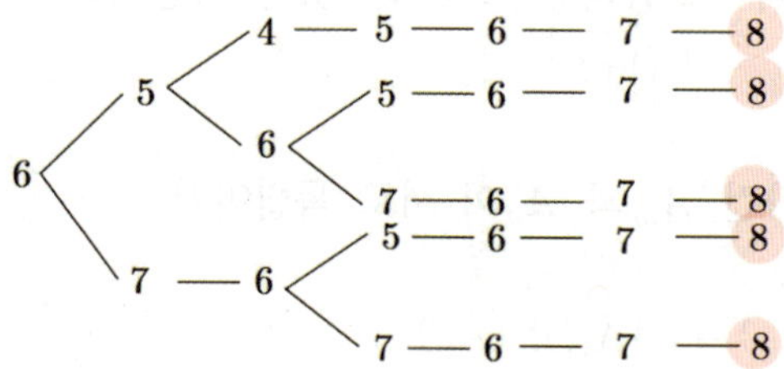

▶ 5가지

각 시행마다 사건이 발생할 확률은 $\dfrac{1}{2}$이고 이는 독립적이다.

$$\therefore 5 \times \left(\dfrac{1}{2}\right)^6 = \dfrac{5}{64}$$

복습	1회	2회	3회	4회	5회
채점 O△X					

235. [2018년 9월 (가)형 15번]

동전 A 의 앞면과 뒷면에는 각각 1과 2가 적혀 있고, 동전 B 의 앞면과 뒷면에는 각각 3과 4가 적혀 있다. 동전 A 를 세 번, 동전 B 를 네 번 던져 나온 7개의 수의 합이 19 또는 20일 확률은? [4점]

① $\dfrac{7}{16}$　　② $\dfrac{15}{32}$　　③ $\dfrac{1}{2}$

④ $\dfrac{17}{32}$　　⑤ $\dfrac{9}{16}$

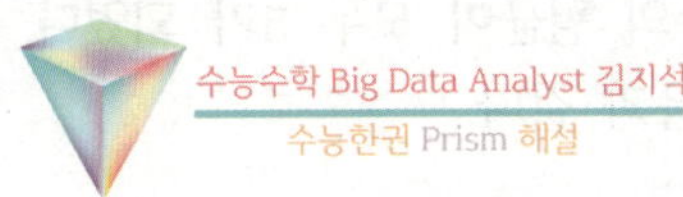
수능수학 Big Data Analyst 김지석
수능한권 Prism 해설

모든 수의 합=19 or 20

→ 그래서 각각이 몇마인가?

→ 케이스를 나누는 것이 핵심!

7개 수의 합의 최대는

A A A B B B B

$2+2+2+4+4+4+4=22$

합이 20이려면 7개의 동전 중에서
앞면(작은수)가 2개 나와야 한다. ($\because$ 20=22-2)
(동전 A, B 종류는 상관 없음)

▶ $_7C_2\left(\dfrac{1}{2}\right)^7$

합이 19이려면 7개의 동전 중에서
앞면(작은수)가 3개 나와야 한다. ($\because$ 19=22-3)
(동전 A, B 종류는 상관 없음)

▶ $_7C_3\left(\dfrac{1}{2}\right)^7$

$\therefore$ $_7C_2\left(\dfrac{1}{2}\right)^7 + {}_7C_3\left(\dfrac{1}{2}\right)^7$

$= ({}_7C_2 + {}_7C_3)\left(\dfrac{1}{2}\right)^7 = \dfrac{7}{16}$

236. [2007년 수능 (나)형 29번]

채널이 1부터 100까지 설정된 텔레비전이 있다. 이 텔레비전의 리모콘의 일부는 그림과 같고, 현재 켜져 있는 채널은 50이다. 채널증가 버튼 채널 ▲ 과 채널감소 버튼 채널 ▼ 두 개 중 한 번에 한 개의 버튼을 임의로 여섯 번 누를 때, 채널이 다시 50이 될 확률은? (단, 버튼을 한 번 누르면 채널은 1씩 변한다.) [4점]

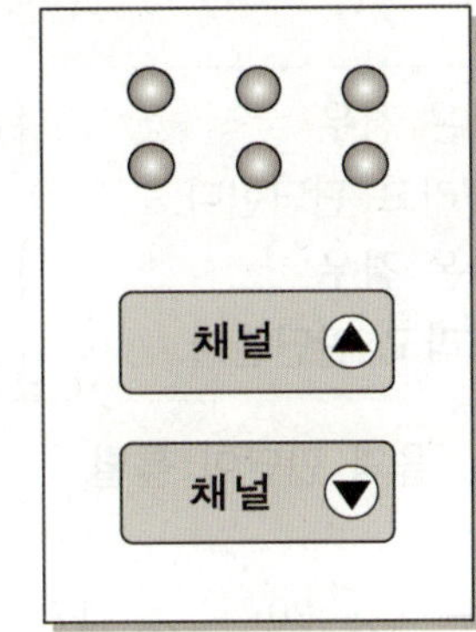

① $\dfrac{1}{4}$　② $\dfrac{5}{16}$　③ $\dfrac{3}{8}$　④ $\dfrac{7}{16}$　⑤ $\dfrac{1}{2}$

수능수학 Big Data Analyst 김지석
수능한권 Prism 해설

증가와 감소버튼을 3번씩 누를 때
다시 채널 50이 되므로

$\therefore$ $_6C_3\left(\dfrac{1}{2}\right)^6 = \dfrac{20}{2^6} = \dfrac{5}{16}$

복습	1회	2회	3회	4회	5회
채점 O△X					

237. [2006년 수능 (가)형 확률과 통계 29번]

상자 A에는 빨간 공 1개, 흰 공 2개가 들어 있고, 상자 B에는 빨간 공 2개, 흰 공 1개가 들어 있다. 갑은 을이 모르게 두 상자 A, B 중에서 하나를 선택한 후, 그 상자에서 공을 한 번에 한 개씩 복원추출로 5번 꺼내었다. 을은 갑이 꺼낸 공에서 빨간 공이 나온 횟수를 세어 갑이 어느 상자를 선택하였는지 다음과 같은 방법으로 판단하기로 하였다.

(가) 빨간 공이 3회 이하 나온 경우
'갑이 상자 A를 선택하였다.'라고 판단한다.
(나) 빨간 공이 4회 이상 나온 경우
'갑이 상자 B를 선택하였다.'라고 판단한다.

갑이 상자 B를 선택하였을 때, 을의 판단이 틀릴 확률은? [4점]

① $\dfrac{232}{3^5}$ ② $\dfrac{64}{3^4}$ ③ $\dfrac{131}{3^5}$ ④ $\dfrac{20}{3^4}$ ⑤ $\dfrac{17}{3^4}$

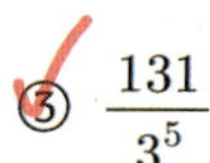
수능수학 Big Data Analyst 김지석
수능한권 Prism 해설

상자A [●○○]
상자B [●●○]

갑이 상자 B를 선택하였을 때, 을의 판단이 틀리는 경우는 (가)의 상황이 발생하는 경우다.

⇔ 갑이 상자 B를 선택하여 공을 5번 뽑았을 때 빨간 공이 3회 이하 나오는 경우다.

여사건의 확률을 이용하면

$$1 - \left\{ {}_5C_4\left(\dfrac{2}{3}\right)^4\left(\dfrac{1}{3}\right) + {}_5C_5\left(\dfrac{2}{3}\right)^5 \right\} = \dfrac{131}{3^5}$$

수능 2점

복습	1회	2회	3회	4회	5회
채점 O△X					

238. [1998년 수능 (인문) & (자연) 11번]

실전 분석

그림과 같이 1부터 9까지 숫자가 쓰여진 표적이 있다. 5명의 사격선수 A, B, C, D, E가 10발씩 사격하여 맞춘 10개의 수의 평균이 모두 5가 되었다. 5명이 사격한 결과는 다음과 같다.

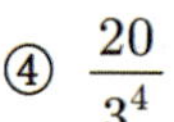

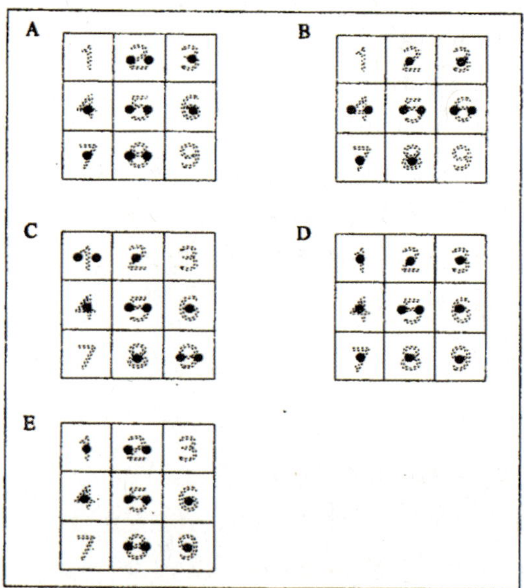

5명 중 맞춘 10개 수의 표준편차가 가장 작은 사람은? [2점]

① A ② B ③ C ④ D ⑤ E

수능수학 Big Data Analyst 김지석
수능한권 Prism 해설

해설 바로가기 ▶ 실전개념분석 60번

복습	1회	2회	3회	4회	5회
채점 O△X					

239. [1996년 수능 (인문) & (자연) 12번]

실전 분석

다음 자료들 중에서 표준편차가 가장 큰 것은?

① 1, 5, 1, 5, 1, 5, 1, 5, 1, 5
② 1, 5, 1, 5, 1, 5, 3, 3, 3, 3
③ 2, 4, 2, 4, 2, 4, 2, 4, 2, 4
④ 2, 4, 2, 4, 2, 4, 3, 3, 3, 3
⑤ 4, 4, 4, 4, 4, 4, 4, 4, 4, 4

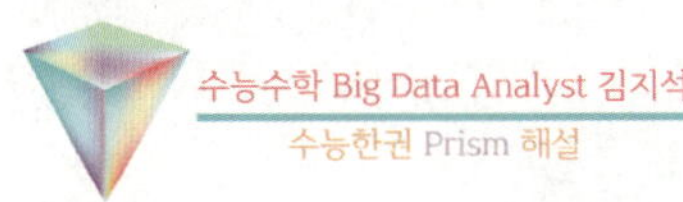
수능수학 Big Data Analyst 김지석
수능한권 Prism 해설

해설 바로가기 ▶ 실전개념분석 58번

복습	1회	2회	3회	4회	5회
채점 O△X					

240. [2026년 수능 (확률과 통계) 27번]

이산확률변수 X 가 가지는 값이 0 부터 4 까지의 정수이고

$$P(X=x)= \begin{cases} \dfrac{|2x-1|}{12} & (x=0,\,1,\,2,\,3) \\ a & (x=4) \end{cases}$$

일 때, $V\left(\dfrac{1}{a}X\right)$ 의 값은? (단, a 는 0 이 아닌 상수이다.) [3점]

① 36   ② 39   ③ 42
④ 45   ⑤ 48

수능수학 Big Data Analyst 김지석
수능한권 Prism 해설

확률변수 X 의 확률분포를 표로 나타내면 다음과 같다.

X	0	1	2	3	4	합계
$P(X=x)$	$\dfrac{1}{12}$	$\dfrac{1}{12}$	$\dfrac{3}{12}$	$\dfrac{5}{12}$	a	1

$$\therefore \frac{1}{12}+\frac{1}{12}+\frac{3}{12}+\frac{5}{12}+a=1$$

$$\therefore a=\frac{2}{12}=\frac{1}{6}$$

$E(X)$

$$=0\times\frac{1}{12}+1\times\frac{1}{12}+2\times\frac{3}{12}+3\times\frac{5}{12}+4\times\frac{2}{12}$$

$$=\frac{0+1+6+15+8}{12}=\frac{30}{12}=\frac{5}{2}$$

$E(X^2)$

$$=0^2\times\frac{1}{12}+1^2\times\frac{1}{12}+2^2\times\frac{3}{12}+3^2\times\frac{5}{12}+4^2\times\frac{2}{12}$$

$$=\frac{0+1+12+45+32}{12}=\frac{90}{12}=\frac{15}{2}$$

$$\therefore V(X)=E(X^2)-\{E(X)\}^2$$

$$=\frac{15}{2}-\left(\frac{5}{2}\right)^2=\frac{30-25}{4}=\frac{5}{4}$$

$$\therefore V\left(\frac{1}{a}X\right)=V(6X)=36\,V(X)=36\times\frac{5}{4}=45$$

복습	1회	2회	3회	4회	5회
채점 O△X					

241. [2024년 수능 (확률과 통계) 26번] 실전 분석

4개의 동전을 동시에 던져서 앞면이 나오는 동전의 개수를 확률변수 X라 하고, 이산확률변수 Y를

$$Y = \begin{cases} X & (X가\ 0\ 또는\ 1의\ 값을\ 가지는\ 경우) \\ 2 & (X가\ 2\ 이상의\ 값을\ 가지는\ 경우) \end{cases}$$

라 하자.  $E(Y)$의 값은? [3점]

① $\dfrac{25}{16}$ ② $\dfrac{13}{8}$ ③ $\dfrac{27}{16}$

④ $\dfrac{7}{4}$ ⑤ $\dfrac{29}{16}$

수능수학 Big Data Analyst 김지석
수능한권 Prism 해설

해설 바로가기 ▶ 실전개념분석 64번

복습	1회	2회	3회	4회	5회
채점 O△X					

242. [2016년 수능 (A)형 25번]

이산확률변수 X의 확률분포를 표로 나타내면 다음과 같다.

X	-5	0	5	합계
$P(X=x)$	$\dfrac{1}{5}$	$\dfrac{1}{5}$	$\dfrac{3}{5}$	1

 $E(4X+3)$의 값을 구하시오. [3점]

수능수학 Big Data Analyst 김지석
수능한권 Prism 해설

11

$$E(X) = -5 \times \frac{1}{5} + 0 \times \frac{1}{5} + 5 \times \frac{3}{5} = -1 + 3 = 2$$

$$\therefore\ E(4X+3) = 4E(X) + 3 = 4 \times 2 + 3 = 11$$

243. [2012년 수능 (나)형 6번]

확률변수 X의 확률변수를 표로 나타내면 다음과 같다.

X	0	1	2	계
$P(X=x)$	$\dfrac{1}{4}$	a	$2a$	1

$E(4X+10)$의 값은? [3점]

① 11 ② 12 ③ 13 ④ 14 ⑤ 15 

수능수학 Big Data Analyst 김지석
수능한권 Prism 해설

$(확률의\ 총합) = 1$이므로

$$\frac{1}{4} + a + 2a = 1$$

$$\therefore\ 3a = \frac{3}{4}$$

$$\therefore\ a = \frac{1}{4}$$

$$E(X) = 0 \times \frac{1}{4} + 1 \times \frac{1}{4} + 2 \times \frac{2}{4} = \frac{5}{4}$$

$$\therefore\ E(4X+10) = 4E(X) + 10 = 4 \times \frac{5}{4} + 10 = 15$$

복습	1회	2회	3회	4회	5회
채점 O△X					

244. [2011년 수능 (나)형 8번]

확률변수 X의 확률분포표는 다음과 같다.

X	-1	0	1	2	계
$\mathrm{P}(X=x)$	$\dfrac{3-a}{8}$	$\dfrac{1}{8}$	$\dfrac{3+a}{8}$	$\dfrac{1}{8}$	1

$\mathrm{P}(0 \le X \le 2) = \dfrac{7}{8}$ 일 때, 확률변수 X의 평균 $\mathrm{E}(X)$의 값은? [3점]

① $\dfrac{1}{4}$ ② $\dfrac{3}{8}$ ③ $\dfrac{1}{2}$ ④ $\dfrac{5}{8}$ ⑤ $\dfrac{3}{4}$

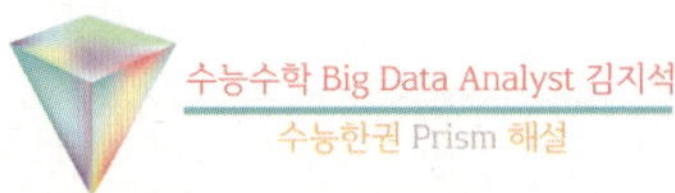
수능수학 Big Data Analyst 김지석
수능한권 Prism 해설

$\mathrm{P}(0 \le X \le 2) = \dfrac{7}{8}$ 이므로

$\mathrm{P}(X=-1) = \dfrac{3-a}{8} = \dfrac{1}{8}$

$\therefore a = 2$

$\mathrm{E}(X) = -1 \times \dfrac{1}{8} + 0 \times \dfrac{1}{8} + 1 \times \dfrac{5}{8} + 2 \times \dfrac{1}{8} = \dfrac{3}{4}$

245. [2011년 수능 (가)형 확률과 통계 26번]

이산확률변수 X의 확률질량함수가

$$P(X=x) = \frac{ax+2}{10} \qquad (x = -1, 0, 1, 2)$$

일 때, 확률변수 $3X+2$의 분산 $\mathrm{V}(3X+2)$의 값은? (단, a는 상수이다.) [3점]

① 9   ② 18   ③ 27   ④ 36   ⑤ 45

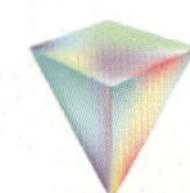
수능수학 Big Data Analyst 김지석
수능한권 Prism 해설

(확률의 총합)$= 1$이므로

$\mathrm{P}(X=-1) + \mathrm{P}(X=0) + \mathrm{P}(X=1) + \mathrm{P}(X=2) = 1$

$\Leftrightarrow \dfrac{-a+2}{10} + \dfrac{2}{10} + \dfrac{a+2}{10} + \dfrac{2a+2}{10} = 1$

$\therefore a = 1$

$\mathrm{E}(X) = -1 \times \dfrac{1}{10} + 0 \times \dfrac{2}{10} + 1 \times \dfrac{3}{10} + 2 \times \dfrac{4}{10} = 1$

$\mathrm{E}(X^2) = (-1)^2 \times \dfrac{1}{10} + 0^2 \times \dfrac{2}{10} + 1^2 \times \dfrac{3}{10} + 2^2 \times \dfrac{4}{10} = 2$

$\mathrm{V}(X) = \mathrm{E}(X^2) - \{\mathrm{E}(X)\}^2 = 1$

$\therefore \mathrm{V}(3X+2) = 3^2 \cdot \mathrm{V}(X) = 9$

복습	1회	2회	3회	4회	5회
채점 O△X					

246. [2010년 수능 (나)형 8번] 실전 분석
확률변수 X의 확률분포표는 다음과 같다.

X	0	1	2	계
$P(X=x)$	$\dfrac{2}{7}$	$\dfrac{3}{7}$	$\dfrac{2}{7}$	1

확률변수 $7X$의 분산 $V(7X)$의 값은? [3점]

① 14　② 21　③ 28　④ 35　⑤ 42

수능수학 Big Data Analyst 김지석
수능한권 Prism 해설

해설 바로가기 ▶ 실전개념분석 62번

복습	1회	2회	3회	4회	5회
채점 O△X					

247. [2009년 수능 (가)형 확률과 통계 27번]
한 개의 동전을 세 번 던져 나온 결과에 대하여, 다음 규칙에 따라 얻은 점수를 확률변수 X라 하자.

> (가) 같은 면이 연속하여 나오지 않으면 0점으로 한다.
> (나) 같은 면이 연속하여 두 번만 나오면 1점으로 한다.
> (다) 같은 면이 연속하여 세 번 나오면 3점으로 한다.

확률변수 X의 분산 $V(X)$의 값은? [3점]

① $\dfrac{9}{8}$　② $\dfrac{19}{16}$　③ $\dfrac{5}{4}$　④ $\dfrac{21}{16}$　⑤ $\dfrac{11}{8}$

수능수학 Big Data Analyst 김지석
수능한권 Prism 해설

i) 0점 ⇔ $X=0$
(앞, 뒤, 앞) 또는 (뒤, 앞, 뒤)가 나올 확률
▶ $P(X=0) = 2 \times \dfrac{1}{2} \times \dfrac{1}{2} \times \dfrac{1}{2} = \dfrac{1}{4}$

ii) 1점 ⇔ $X=1$
(앞, 앞, 뒤) 또는 (앞, 뒤, 뒤) 또는
(뒤, 뒤, 앞) 또는 (뒤, 앞, 앞)이 나올 확률
▶ $P(X=1) = 4 \times \dfrac{1}{2} \times \dfrac{1}{2} \times \dfrac{1}{2} = \dfrac{1}{2}$

iii) 2점 ⇔ $X=2$
(앞, 앞, 앞) 또는 (뒤, 뒤, 뒤)가 나올 확률
▶ $P(X=3) = 2 \times \dfrac{1}{2} \times \dfrac{1}{2} \times \dfrac{1}{2} = \dfrac{1}{4}$

∴ 확률변수 X의 확률분포표는 다음과 같다.

X	0	1	3	계
$P(X=x)$	$\dfrac{1}{4}$	$\dfrac{1}{2}$	$\dfrac{1}{4}$	1

$E(X) = 0 \times \dfrac{1}{4} + 1 \times \dfrac{1}{2} + 3 \times \dfrac{1}{4} = \dfrac{5}{4}$

$V(X) = E(X^2) - \{E(X)\}^2$
$= 0^2 \times \dfrac{1}{4} + 1^2 \times \dfrac{1}{2} + 3^2 \times \dfrac{1}{4} - \left(\dfrac{5}{4}\right)^2$
$= \dfrac{11}{4} - \dfrac{25}{16} = \dfrac{19}{16}$

복습	1회	2회	3회	4회	5회
채점 O△X					

248. [2008년 수능 (가)형 확률과 통계 27번]

이산확률변수 X에 대하여

$$P(X=2)=1-P(X=0),$$
$$0<P(X=0)<1,\ \{E(X)\}^2=2V(X)$$

일 때, 확률 $P(X=2)$의 값은? [3점]

① $\dfrac{1}{6}$　② $\dfrac{1}{3}$　③ $\dfrac{1}{2}$　④ $\dfrac{2}{3}$　⑤ $\dfrac{5}{6}$

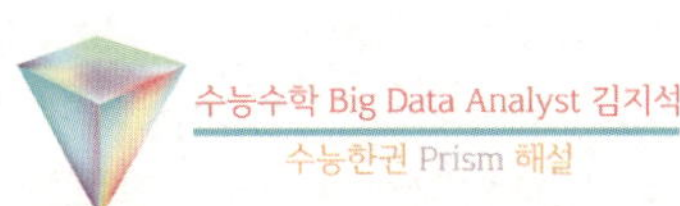

수능수학 Big Data Analyst 김지석
수능한권 Prism 해설

$P(X=0)+P(X=2)=1$이므로 확률변수 X의 확률분포표는 다음과 같다.

X	0	2	계
$P(X)$	a	b	1

$E(X)=2b$

$E(X^2)=2^2b=4b$

$V(X)=E(X^2)-\{E(X)\}^2=4b-4b^2$

$\{E(X)\}^2=2V(X)$

$\Leftrightarrow 4b^2=2\times(4b-4b^2)$

$\Leftrightarrow b=2-2b$

$\therefore P(X=2)=b=\dfrac{2}{3}$

249. [2006년 수능 (가)형 확률과 통계 27번]

이산확률변수 X의 확률질량함수가

$$P(X=x)=\dfrac{x}{15}\quad(x=1,\,2,\,3,\,4,\,5)$$

이다. $g(t)=\displaystyle\sum_{x=1}^{5}P(X=x)\cdot t^x$일 때,

$E(2X)-g'(1)$의 값은? [3점]

① $\dfrac{10}{3}$　② $\dfrac{11}{3}$　③ 4　④ $\dfrac{13}{3}$　⑤ $\dfrac{14}{3}$

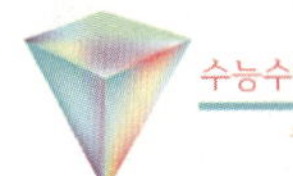

수능수학 Big Data Analyst 김지석
수능한권 Prism 해설

확률분포는 다음과 같다.

X	1	2	3	4	5	계
$P(X=x)$	$\dfrac{1}{15}$	$\dfrac{2}{15}$	$\dfrac{3}{15}$	$\dfrac{4}{15}$	$\dfrac{5}{15}$	1

$\therefore E(X)=\dfrac{1}{15}+\dfrac{4}{15}+\dfrac{9}{15}+\dfrac{16}{15}+\dfrac{25}{15}=\dfrac{11}{3}$

$g(t)=\displaystyle\sum_{x=1}^{5}P(X=x)\cdot t^x$

$\qquad=\dfrac{1}{15}(t+2t^2+3t^3+4t^4+5t^5)$

$g'(t)=\dfrac{1}{15}(1+4t+9t^2+16t^3+25t^4)$

$g'(1)=\dfrac{1}{15}(1+4+9+16+25)=\dfrac{11}{3}$

$\therefore E(2X)-g'(1)=2E(X)-g'(1)=\dfrac{11}{3}$

복습	1회	2회	3회	4회	5회
채점 O△X					

250. [2006년 수능 (가)형 & (나)형 22번]

다음은 확률변수 X의 확률분포표이다.

X	k	$2k$	$4k$	계
$\mathrm{P}(X=x)$	$\dfrac{4}{7}$	a	b	1

$\dfrac{4}{7}$, a, b가 이 순서로 등비수열을 이루고 X의 평균이 24일 때, k의 값을 구하시오. [3점]

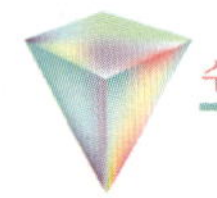

수능수학 Big Data Analyst 김지석
수능한권 Prism 해설

14

(확률의 총합)$=1$이므로

$$\frac{4}{7}+a+b=1$$

$\dfrac{4}{7}$, a, b가 이 순서로 등비수열을 이루므로

$$a^2=\frac{4}{7}b$$

$$\therefore a=\frac{2}{7},\ b=\frac{1}{7}\ (\because a>0)$$

$$\mathrm{E}(X)=k\frac{4}{7}+2ka+4kb$$

$$=\frac{k}{7}(4+14a+28b)=24$$

$$\therefore k=14$$

복습	1회	2회	3회	4회	5회
채점 O△X					

251. [2005년 수능 (나)형 20번] 실전 분석

확률변수 X의 확률분포표가 아래와 같을 때, 확률변수 $Y=10X+5$의 분산을 구하시오. [3점]

X	0	1	2	3	계
$\mathrm{P}(X)$	$\dfrac{2}{10}$	$\dfrac{3}{10}$	$\dfrac{3}{10}$	$\dfrac{2}{10}$	1

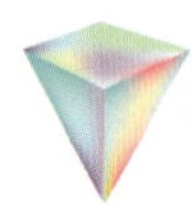

수능수학 Big Data Analyst 김지석
수능한권 Prism 해설

105

해설 바로가기 ▶ 실전개념분석 63번

복습	1회	2회	3회	4회	5회
채점 O△X					

252. [2003년 수능 (인문) & (자연) 30번]

실전 분석

다음은 첫째 항이 $a-15d$, 공차가 d, 항의 개수가 31인 등차수열이다.

$$a-15d,\ \cdots,\ a-d,\ a,\ a+d,\ \cdots,\ a+15d$$

위 항들의 값의 표준편차를 σ라고 할 때, $\dfrac{\sigma}{d}$의 값을 소수점 아래 둘째 자리까지 구하시오.

(단, $d>0$이고 $\sqrt{5}=2.24$로 계산한다.) [3점]

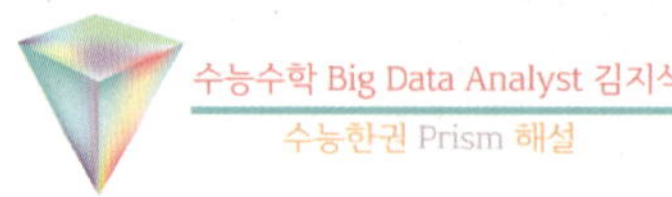

수능수학 Big Data Analyst 김지석
수능한권 Prism 해설

8.96

해설 바로가기 ▶ 실전개념분석 61번

복습	1회	2회	3회	4회	5회
채점 $O\triangle X$					

253. [2002년 수능 (인문) & (자연) 8번]

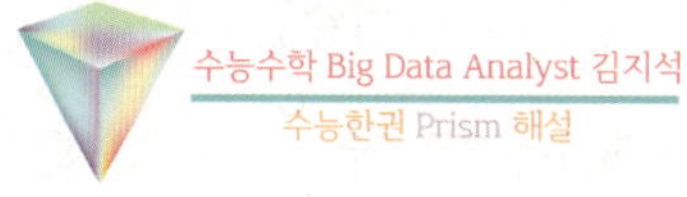
실전 분석

세 자료

A : 1부터 50까지의 자연수

B : 51부터 100까지의 자연수

C : 1부터 100까지의 짝수

의 표준편차를 순서대로 a, b, c라 할 때, a, b, c의 대소관계를 바르게 나타낸 것은? [3점]

① $a = b = c$ ② $a = b < c$ ③ $a < b = c$

④ $a < b < c$ ⑤ $a < c < b$

수능수학 Big Data Analyst 김지석
수능한권 Prism 해설

해설 바로가기 ▶ 실전개념분석 59번

복습	1회	2회	3회	4회	5회
채점 $O\triangle X$					

254. [2002년 수능 (인문) & (자연) 30번]

어떤 상품의 가격은 매달 0.5의 확률로 10%상승하거나 0.5의 확률로 10% 하락한다. 이 상품의 현재가격은 500원이다. 두 달 후, 이 상품의 가격이 500원 이하이면 500원에서 두 달 후 상품 가격을 뺀 금액을 받고, 500원 이상이면 받지 않기로 하였다. 두 달 후 받을 수 있는 금액의 기댓값을 소수점 아래 둘째 자리까지 구하시오. (단, 첫 번째 달의 가격변동과 두 번째 달의 가격변동은 서로 독립이다.) [3점]

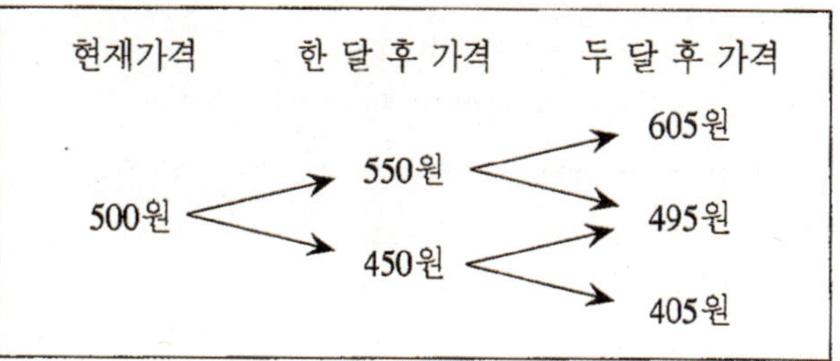

수능수학 Big Data Analyst 김지석
수능한권 Prism 해설

26.25

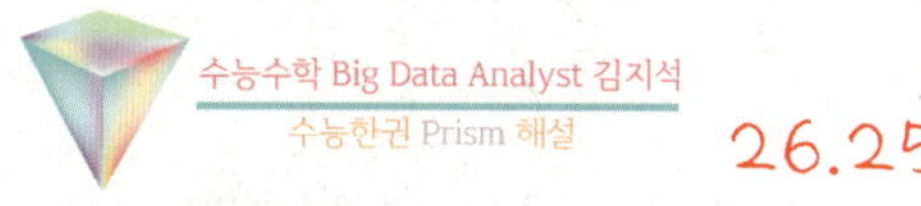

두 달 후의 가격에 대한 확률은 다음 표와 같다.

가격	605	495	405
확률	0.25	0.5	0.25

∴ 두 달 후 받을 수 있는 금액의 기댓값은

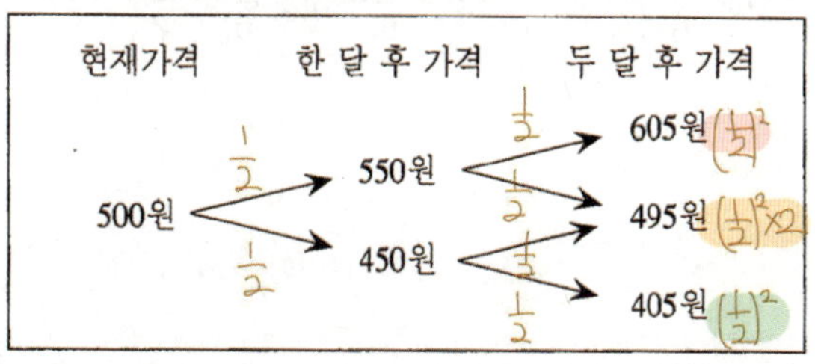

$$0 \times 0.25 + 5 \times 0.5 + 95 \times 0.25 = 26.25$$

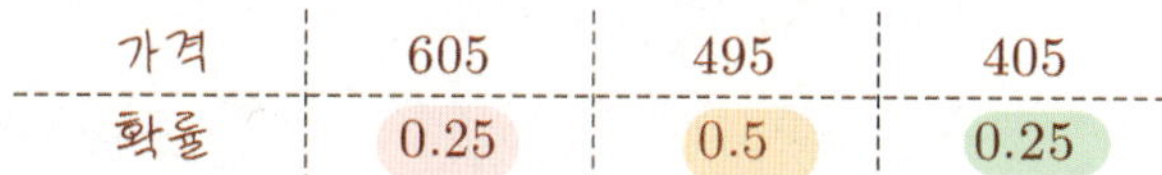

복습	1회	2회	3회	4회	5회
채점 O△X					

255. [2000년 수능 (인문) & (자연) 13번]
주사위를 한 번 던져 나오는 눈의 수를 4로 나눈 나머지를 확률변수 X라 하자. X의 평균은? (단, 주사위의 각 눈이 나올 확률은 모두 같다.) [3점]

① 2 ② $\dfrac{5}{3}$ ③ $\dfrac{3}{2}$ ④ $\dfrac{4}{3}$ ⑤ 1

수능수학 Big Data Analyst 김지석
수능한권 Prism 해설

주사위 눈 1 → ÷4 나머지: 1
주사위 눈 2 → ÷4 나머지: 2
주사위 눈 3 → ÷4 나머지: 3
주사위 눈 4 → ÷4 나머지: 0
주사위 눈 5 → ÷4 나머지: 1
주사위 눈 6 → ÷4 나머지: 2

X	0	1	2	3	합
P	$\dfrac{1}{6}$	$\dfrac{2}{6}$	$\dfrac{2}{6}$	$\dfrac{1}{6}$	1

$$\mathrm{E}(X) = 0 \times \dfrac{1}{6} + 1 \times \dfrac{2}{6} + 2 \times \dfrac{2}{6} + 3 \times \dfrac{1}{6} = \dfrac{3}{2}$$

256. [1999년 수능 (인문) & (자연) 22번]
어떤 고등학교 3학년 남학생 수는 여학생 수의 1.5배이다. 대학수학능력시험 모의고사 성적의 통계에 따르면 남학생의 평균 점수는 점 400만점에 225점이고 여학생의 평균 점수는 235점이다. 3학년 전체 학생의 평균 점수는 몇 점인가? [3점]

① 229 ② 230 ③ 231 ④ 232 ⑤ 233

수능수학 Big Data Analyst 김지석
수능한권 Prism 해설

$$평균 = \dfrac{합}{인원수} \Leftrightarrow 합 = 평균 \times 인원수$$

남학생의 수가 여학생의 수의 1.5배이므로 여학생의 수를 $2x$라 하면 남학생의 수는 $3x$

$$평균 = \dfrac{합}{인원수}$$
$$= \dfrac{225 \times 3x + 235 \times 2x}{2x + 3x}$$
$$= 229$$

수능 4점

복습	1회	2회	3회	4회	5회
채점 O△X					

257. [2025년 28예시문항 (공통) 26번]

자연수 k에 대하여 이산확률변수 X가 가질 수 있는 값은 0부터 k까지의 정수이고, X의 확률질량함수가

$$P(X=x) = \begin{cases} a & (x=0) \\ \dfrac{b}{x} & (1 \le x \le k) \end{cases}$$

이고 $E(X^2) = 2E(X)$이다. $V(X)$의 값이 최대가 되도록 하는 a의 값이 $\dfrac{q}{p}$일 때, $p+q$의 값을 구하시오. (단, a와 b는 양수이고, p와 q는 서로소인 자연수이다.) [4점]

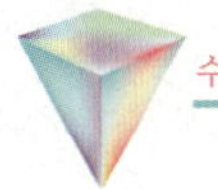

수능수학 Big Data Analyst 김지석
수능한권 Prism 해설

25

(step1) $E(X^2) = 2E(X)$ 활용하기

확률변수 X의 확률분포를 표로 나타내면 다음과 같다.

X	0	1	2	$\cdots$	k	합계
$P(X=x)$	a	b	$\dfrac{b}{2}$	$\cdots$	$\dfrac{b}{k}$	1

$$E(X) = 0 \times a + 1 \times b + 2 \times \frac{b}{2} + \cdots + k \times \frac{b}{k}$$
$$= 0 + b + b + \cdots + b = bk$$

$$E(X^2) = 0^2 \times a + 1^2 \times b + 2^2 \times \frac{b}{2} + \cdots + k^2 \times \frac{b}{k}$$
$$= 0 + b + 2b + \cdots + kb$$
$$= b(1 + 2 + \cdots + k) = b \times \frac{k(k+1)}{2}$$

$$E(X^2) = 2E(X)$$
$$\Leftrightarrow \frac{bk(k+1)}{2} = 2bk$$
$$\therefore k = 3$$
$$\therefore E(X) = 3b, \ E(X^2) = 6b$$

X	0	1	2	3	합계
$P(X=x)$	a	b	$\dfrac{b}{2}$	$\dfrac{b}{3}$	1

(step2) $V(X)$의 값이 최대

$$V(X) = E(X^2) - \{E(X)\}^2$$
$$= 6b - (3b)^2 = -3b(3b-2)$$

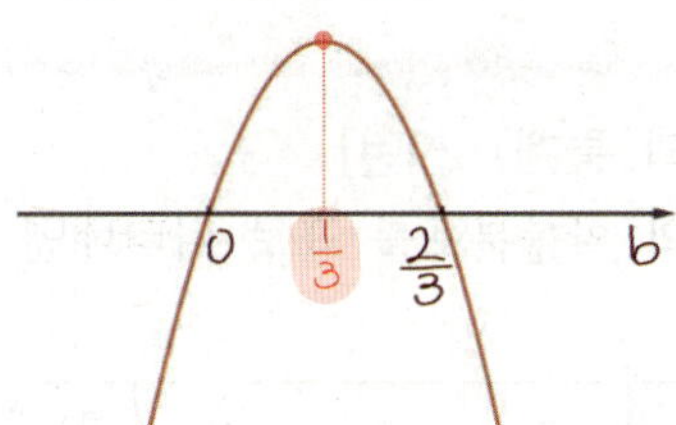

$V(X)$의 값은 $b = \dfrac{1}{3}$일 때 최대

확률변수 X가 갖는 모든 값에 대한 확률의 합이 1이므로

$$a + b + \frac{b}{2} + \frac{b}{3} = 1$$
$$= a + b\left(1 + \frac{1}{2} + \frac{1}{3}\right)$$
$$= a + \frac{1}{3} \times \frac{11}{6} \quad \left(\because b = \frac{1}{3}\right)$$
$$\therefore a = \frac{7}{18}$$
$$\therefore p + q = 18 + 7 = 25$$

복습	1회	2회	3회	4회	5회
채점 $O\triangle X$					

1등급

258. [2021년 9월 (확률과 통계) 29번]

두 이산확률변수 X, Y의 확률분포를 표로 나타내면 각각 다음과 같다.

X	1	3	5	7	9	합계
$P(X=x)$	a	b	c	b	a	1

Y	1	3	5	7	9	합계
$P(Y=y)$	$a+\dfrac{1}{20}$	b	$c-\dfrac{1}{10}$	b	$a+\dfrac{1}{20}$	1

$V(X)=\dfrac{31}{5}$ 일 때, $10\times V(Y)$의 값을 구하시오.

[4점]

$$V(Y)=E(Y^2)-\{E(Y)\}^2$$ 이므로

$E(Y^2)$, $E(Y)$를 구해야 함을 알 수 있다.
그런데 두 이산확률변수 X, Y의 확률분포가 유사함을 알 수 있으므로, X, Y의 관계를 찾아야겠다고 생각할 수 있다.

$E(Y)$

$$=1\left(a+\frac{1}{20}\right)+3b+5\left(c-\frac{1}{10}\right)+7b+9\left(a+\frac{1}{20}\right)$$

$$=1a+3b+5c+7b+9a+1\cdot\frac{1}{20}+5\left(-\frac{1}{10}\right)+9\cdot\frac{1}{20}$$

$$=E(X)$$

$$\therefore\ E(X)=E(Y)$$

같은 방식으로

$$E(Y^2)=1^2\left(a+\frac{1}{20}\right)+3^2b+5^2\left(c-\frac{1}{10}\right)+7^2b+9^2\left(a+\frac{1}{20}\right)$$

$$=(1^2a+3^2b+5^2c+7^2b+9^2a)+1^2\cdot\frac{1}{20}+5^2\left(-\frac{1}{10}\right)+9^2\cdot\frac{1}{20}$$

$$=E(X^2)+1\cdot\frac{1}{20}+5^2\left(-\frac{1}{10}\right)+9^2\cdot\frac{1}{20}$$

$$=E(X^2)+\frac{8}{5}$$

$$\therefore\ V(Y)=E(Y^2)-\{E(Y)\}^2$$

$$=E(X^2)+\frac{8}{5}-\{E(X)\}^2=\frac{31}{5}+\frac{8}{5}=\frac{39}{5}$$

$$\therefore\ 10\times V(Y)=10\times\frac{39}{5}=78$$

259. [2020년 9월 (가)형 26번 & (나)형 27번]

두 이산확률변수 X, Y의 확률분포를 표로 나타내면 각각 다음과 같다.

X	1	2	3	4	합계
$P(X=x)$	a	b	c	d	1

Y	11	21	31	41	합계
$P(Y=y)$	a	b	c	d	1

$E(X)=2$, $E(X^2)=5$일 때, $E(Y)+V(Y)$의 값을 구하시오. [4점]

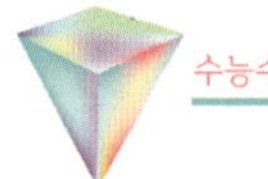

$Y=10X+1$ 이므로

$E(Y)+V(Y)$

$$=E(10X+1)+V(10X+1)$$

$$=10E(X)+1+10^2V(X)$$

$$=10\times2+1+10^2(E(X^2)-\{E(X)\}^2)$$

$$=21+100(5-2^2)$$

$$=121$$

복습	1회	2회	3회	4회	5회
채점					
O△X					

260. [2018년 수능 (가)형 19번]

무게가 1인 추 6개, 무게가 2인 추 3개와 비어 있는 주머니 1개가 있다. 주사위 한 개를 사용하여 다음의 시행을 한다. (단, 무게의 단위는 g 이다.)

> 주사위를 한 번 던져 나온 눈의 수가 2 이하이면 무게가 1인 추 1개를 주머니에 넣고, 눈의 수가 3 이상이면 무게가 2인 추 1개를 주머니에 넣는다.

위의 시행을 반복하여 주머니에 들어 있는 추의 총무게가 처음으로 6보다 크거나 같을 때, 주머니에 들어 있는 추의 개수를 확률변수 X라 하자. 다음은 X의 확률질량함수 $P(X=x)$ $(x=3, 4, 5, 6)$을 구하는 과정이다.

> (i) $X=3$인 사건은 주머니에 무게가 2인 추 3개가 들어 있는 경우이므로
> $$P(X=3)= \boxed{(가)}$$
>
> (ii) $X=4$인 사건은
> 세 번째 시행까지 넣은 추의 총무게가 4이고 네 번째 시행에서 무게가 2인 추를 넣는 경우와 세 번째 시행까지 넣은 추의 총무게가 5인 경우로 나눌 수 있다. 그러므로
> $$P(X=4)= \boxed{(나)} + {}_3C_1\left(\frac{1}{3}\right)^1\left(\frac{2}{3}\right)^2$$
>
> (iii) $X=5$인 사건은
> 네 번째 시행까지 넣은 추의 총무게가 4이고 다섯 번째 시행에서 무게가 2인 추를 넣는 경우와 네 번째 시행까지 넣은 추의 총무게가 5인 경우로 나눌 수 있다. 그러므로
> $$P(X=5)= {}_4C_4\left(\frac{1}{3}\right)^4\left(\frac{2}{3}\right)^0 \times \frac{2}{3} + \boxed{(다)}$$
>
> (iv) $X=6$인 사건은 다섯 번째 시행까지 넣은 추의 총무게가 5인 경우이므로
> $$P(X=6)= \left(\frac{1}{3}\right)^5$$

위의 (가), (나), (다)에 알맞은 수를 각각 a, b, c라 할 때, $\dfrac{ab}{c}$의 값은? [4점]

① $\dfrac{4}{9}$ ② $\dfrac{7}{9}$ ③ $\dfrac{10}{9}$ ④ $\dfrac{13}{9}$ ⑤ $\dfrac{16}{9}$

수능수학 Big Data Analyst 김지석
수능한권 Prism 해설

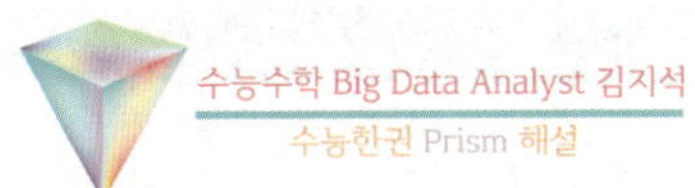 **&** ■■■

(i) $X=3$인 사건은 주머니에 무게가 2인 추 3개가 들어 있는 경우이므로

■■■

▸ $P(X=3)= \left(\dfrac{2}{3}\right)^3 = \boxed{\dfrac{8}{27}}$

(ii) $X=4$인 사건은
세 번째 시행까지 넣은 추의 총무게가 4이고 네 번째 시행에서 무게가 2인 추를 넣는 경우와

■■■+■

▸ ${}_3C_2\left(\dfrac{1}{3}\right)^2\left(\dfrac{2}{3}\right) \times \dfrac{2}{3} = \dfrac{4}{27}$

세 번째 시행까지 넣은 추의 총무게가 5인 경우로 나눌 수 있다.

■■■+■or■

▸ ${}_3C_1\left(\dfrac{1}{3}\right)^1\left(\dfrac{2}{3}\right)^2 \times 1$

∴ $P(X=4)= \boxed{\dfrac{4}{27}} + {}_3C_1\left(\dfrac{1}{3}\right)^1\left(\dfrac{2}{3}\right)^2$

(iii) $X=5$인 사건은
네 번째 시행까지 넣은 추의 총무게가 4이고 다섯 번째 시행에서 무게가 2인 추를 넣는 경우와

■■■■+■

▸ ${}_4C_4\left(\dfrac{1}{3}\right)^4\left(\dfrac{2}{3}\right)^0 \times \dfrac{2}{3}$

네 번째 시행까지 넣은 추의 총무게가 5인 경우로 나눌 수 있다.

■■■■+■or■

▸ ${}_4C_3\left(\dfrac{1}{3}\right)^3\left(\dfrac{2}{3}\right)^1 \times 1 = \dfrac{8}{81}$

∴ $P(X=5)= {}_4C_4\left(\dfrac{1}{3}\right)^4\left(\dfrac{2}{3}\right)^0 \times \dfrac{2}{3} + \boxed{\dfrac{8}{81}}$

$$a= \frac{8}{27}, \ b= \frac{4}{27}, \ c= \frac{8}{81}$$

∴ $\dfrac{ab}{c}= \dfrac{\dfrac{8}{27} \times \dfrac{4}{27}}{\dfrac{8}{81}} = \dfrac{4}{9}$

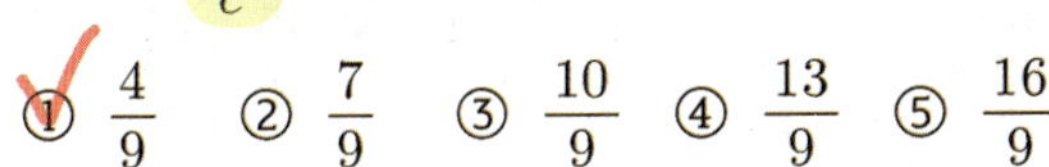

복습	1회	2회	3회	4회	5회
채점 $\bigcirc\triangle\times$					

261. [2018년 수능 (나)형 17번]

확률변수 X의 확률분포를 표로 나타내면 다음과 같다.

X	0.121	0.221	0.321	합계
$P(X=x)$	a	b	$\dfrac{2}{3}$	1

다음은 $E(X)=0.271$일 때, $V(X)$를 구하는 과정이다.

$Y=10X-2.21$이라 하자. 확률변수 Y의 확률분포를 표로 나타내면 다음과 같다.

Y	-1	0	1	합계
$P(Y=y)$	a	b	$\dfrac{2}{3}$	1

$E(Y)=10E(X)-2.21=0.5$이므로

$a=\boxed{\ (가)\ }$, $b=\boxed{\ (나)\ }$

이고 $V(Y)=\dfrac{7}{12}$이다.

한편, $Y=10X-2.21$이므로

$V(Y)=\boxed{\ (다)\ }\times V(X)$이다.

$\therefore\ V(X)=\dfrac{1}{\boxed{\ (다)\ }}\times\dfrac{7}{12}$이다.

위의 (가), (나), (다)에 알맞은 수를 각각 p, q, r라 할 때, pqr의 값은? (단, a, b는 상수이다.) [4점]

① $\dfrac{13}{9}$ 　② $\dfrac{16}{9}$ 　③ $\dfrac{19}{9}$

④ $\dfrac{22}{9}$ 　⑤ $\dfrac{25}{9}$

확률의 총합이 1이므로

$a+b+\dfrac{2}{3}=1$

$\therefore\ a+b=\dfrac{1}{3}$

$E(Y)=(-1)\times a+0\times b+1\times\dfrac{2}{3}$

$\qquad =-a+\dfrac{2}{3}=\dfrac{1}{2}$

$\therefore\ a=\boxed{\dfrac{1}{6}}\ ,\ b=\boxed{\dfrac{1}{6}}$

$V(Y)=V(10X-2.21)$

$\qquad =\boxed{10^2}\times V(X)$

$\therefore\ p=\dfrac{1}{6},\ q=\dfrac{1}{6},\ r=100$

$\therefore\ pqr=\dfrac{1}{6}\times\dfrac{1}{6}\times100=\dfrac{25}{9}$

복습	1회	2회	3회	4회	5회
채점 O△X					

262. [2017년 수능 (가)형 17번 & (나)형 19번]

좌표평면 위의 한 점 (x, y)에서 세 점
$(x+1, y)$, $(x, y+1)$, $(x+1, y+1)$
중 한 점으로 이동하는 것을 점프라 하자.
점프를 반복하여 점 $(0, 0)$에서 점 $(4, 3)$까지
이동하는 모든 경우 중에서, 임의로 한 경우를 선택할
때 나오는 점프의 횟수를 확률변수 X라 하자. 다음은
확률변수 X의 평균 $\mathrm{E}(X)$를 구하는 과정이다. (단,
각 경우가 선택되는 확률은 동일하다.)

> 점프를 반복하여 점 $(0, 0)$에서 점 $(4, 3)$까지
> 이동하는 모든 경우의 수를 N이라 하자. 확률변수
> X가 가질 수 있는 값 중 가장 작은 값을 k라
> 하면 $k = \boxed{(가)}$ 이고, 가장 큰 값은 $k+3$이다.
>
> $$\mathrm{P}(X=k) = \frac{1}{N} \times \frac{4!}{3!} = \frac{4}{N}$$
>
> $$\mathrm{P}(X=k+1) = \frac{1}{N} \times \frac{5!}{2!2!} = \frac{30}{N}$$
>
> $$\mathrm{P}(X=k+2) = \frac{1}{N} \times \boxed{(나)}$$
>
> $$\mathrm{P}(X=k+3) = \frac{1}{N} \times \frac{7!}{3!4!} = \frac{35}{N}$$
>
> 이고
>
> $$\sum_{i=k}^{k+3} \mathrm{P}(X=i) = 1$$
>
> 이므로 $N = \boxed{(다)}$ 이다.
>
> ∴ 확률변수 X의 평균 $\mathrm{E}(X)$는 다음과 같다.
>
> $$\mathrm{E}(X) = \sum_{i=k}^{k+3} \{i \times \mathrm{P}(X=i)\} = \frac{257}{43}$$

위의 (가), (나), (다)에 알맞은 수를 각각 a, b, c라
할 때, $a+b+c$의 값은? [4점]

① 190　② 193　③ 196　④ 199　⑤ 202

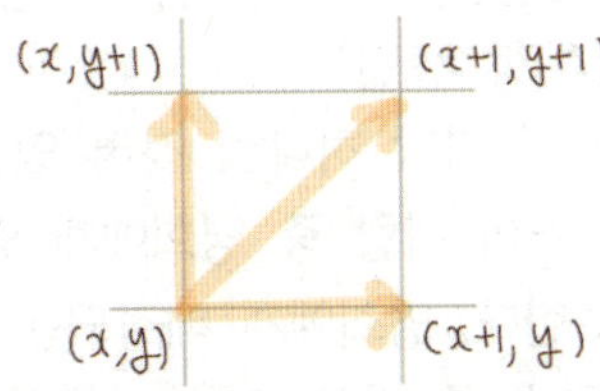

$(x, y) \to (x+1, y)$: →

$(x, y) \to (x, y+1)$: ↑

$(x, y) \to (x+1, y+1)$: ↗

[참고] ↗ = → + ↑

↗를 많이 사용할수록 총 점프 횟수가 적어진다.

최소 점프 횟수 구하기

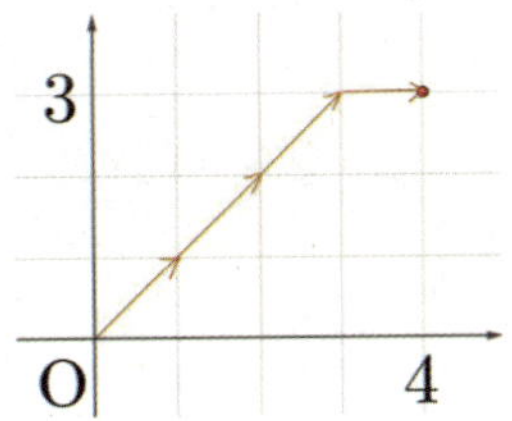

↗↗↗→

최소 점프 횟수는 4

∴ $k = 4$

$X = k+2 = 6$일 때

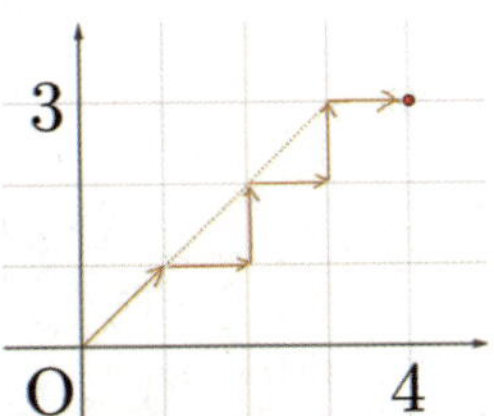

↗→↗→ ↑↑

$$\mathrm{P}(X=k+2) = \frac{1}{N} \times \frac{6!}{1!3!2!} = \frac{1}{N} \times 60$$

$$\sum_{i=k}^{k+3} \mathrm{P}(X=i) = 1$$

$$\Leftrightarrow \frac{4}{N} + \frac{30}{N} + \frac{60}{N} + \frac{35}{N} = 1$$

$$\Leftrightarrow \frac{129}{N} = 1$$

$$\therefore N = 129$$

$$\therefore a+b+c = 4 + 60 + 129 = 193$$

복습	1회	2회	3회	4회	5회
채점 O△X					

263. [2014년 수능 (A)형 27번]

1부터 5까지의 자연수가 각각 하나씩 적혀 있는 5개의 서랍이 있다. 5개의 서랍 중 영희에게 임의로 2개를 배정해 주려고 한다. 영희에게 배정되는 서랍에 적혀 있는 자연수 중 작은 수를 확률변수 X라 할 때, $E(10X)$의 값을 구하시오. [4점]

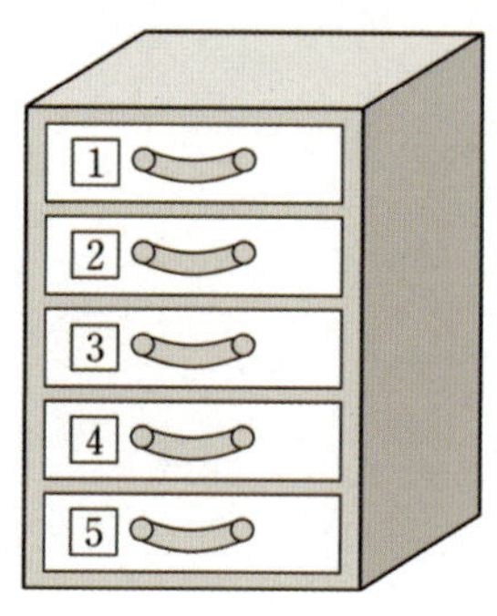

20

$$P(X=1) = \frac{4}{{}_5C_2} = \frac{4}{10}$$

$$P(X=2) = \frac{3}{{}_5C_2} = \frac{3}{10}$$

$$P(X=3) = \frac{2}{{}_5C_2} = \frac{2}{10}$$

$$P(X=4) = \frac{1}{{}_5C_2} = \frac{1}{10}$$

$$\therefore E(X) = 1 \times \frac{4}{10} + 2 \times \frac{3}{10} + 3 \times \frac{2}{10} + 4 \times \frac{1}{10} = 2$$

$$\therefore E(10X) = 10E(X) = 20$$

확률과 통계 3. 통계 경향10
이항분포

수능 2점

복습	1회	2회	3회	4회	5회
채점 O△X					

264. [2012년 수능 (가)형 3번]

확률변수 X가 이항분포 $B(200, p)$를 따르고 X의 평균이 40일 때, X의 분산은? [2점]

① 32　② 33　③ 34　④ 35　⑤ 36

$$E(X) = 40$$

$$\Leftrightarrow 200 \times p = 40$$

$$\therefore p = \frac{1}{5}$$

$$\therefore V(X) = 200 \times \frac{1}{5} \times \frac{4}{5} = 32$$

수능 3점

복습	1회	2회	3회	4회	5회
채점 O△X					

265. [2022년 수능 (확률과 통계) 24번]

확률변수 X가 이항분포 $B\left(n, \frac{1}{3}\right)$을 따르고 $V(2X) = 40$일 때, n의 값은? [3점]

① 30　② 35　③ 40　④ 45　⑤ 50

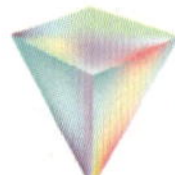

$$V(2X) = 4V(X)$$

$$= 4 \times \left(n \times \frac{1}{3} \times \frac{2}{3}\right) = \frac{8}{9}n = 40$$

$$\therefore n = 45$$

복습	1회	2회	3회	4회	5회
채점 O△X					

266. [2020년 수능 (가)형 23번 & (나)형 24번]

확률변수 X가 이항분포 $B(80, p)$를 따르고
$E(X) = 20$일 때, $V(X)$의 값을 구하시오. [3점]

수능수학 Big Data Analyst 김지석
수능한권 Prism 해설

15

$E(X) = 80p = 20$

$\therefore p = \dfrac{1}{4}$

$\therefore V(X) = 80 \times \dfrac{1}{4} \times \dfrac{3}{4} = 15$

복습	1회	2회	3회	4회	5회
채점 O△X					

267. [2019년 수능 (가)형 8번]

확률변수 X가 이항분포 $B\left(n, \dfrac{1}{2}\right)$을 따르고
$E(X^2) = V(X) + 25$를 만족시킬 때, n의 값은?
[3점]

① 10 ② 12 ③ 14 ④ 16 ⑤ 18

수능수학 Big Data Analyst 김지석
수능한권 Prism 해설

$V(X) = E(X^2) - \{E(X)\}^2$이므로

$E(X^2) = V(X) + 25$

$\Leftrightarrow E(X^2) = E(X^2) - \{E(X)\}^2 + 25$

$\therefore \{E(X)\}^2 = 25$

$\Leftrightarrow \left(n \times \dfrac{1}{2}\right)^2 = 25$

$\therefore n = 10$

복습	1회	2회	3회	4회	5회
채점 O△X					

268. [2015년 수능 (A)형 25번]

확률변수 X가 이항분포 $B\left(n, \dfrac{1}{3}\right)$을 따르고
$V(3X) = 40$일 때, n의 값을 구하시오. [3점]

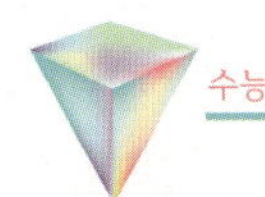
수능수학 Big Data Analyst 김지석
수능한권 Prism 해설

20

$V(3X) = 9V(X) = 9 \times \left(n \times \dfrac{1}{3} \times \dfrac{2}{3}\right) = 2n = 40$

$\therefore n = 20$

복습	1회	2회	3회	4회	5회
채점 O△X					

269. [2014년 수능 (A)형 9번]

확률변수 X가 이항분포 $B(9, p)$를 따르고
$\{E(X)\}^2 = V(X)$일 때, p의 값은?
(단, $0 < p < 1$) [3점]

① $\dfrac{1}{13}$ ② $\dfrac{1}{12}$ ③ $\dfrac{1}{11}$ ④ $\dfrac{1}{10}$ ⑤ $\dfrac{1}{9}$

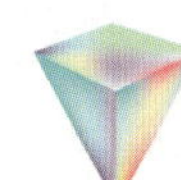
수능수학 Big Data Analyst 김지석
수능한권 Prism 해설

$E(X) = 9p, \ V(X) = 9p(1 - p)$

$\{E(X)\}^2 = V(X)$

$\Leftrightarrow (9p)^2 = 9p(1 - p)$

$\therefore 9p = 1 - p \ (\because \ 0 < p < 1)$

$\therefore p = \dfrac{1}{10}$

복습	1회	2회	3회	4회	5회
채점 O△X					

270. [2013년 수능 (나)형 10번]

확률변수 X가 이항분포 $B(n, p)$를 따른다. 확률변수 $2X-5$의 평균과 표준편차가 각각 175와 12일 때, n의 값은? [3점]

① 130　② 135　③ 140　④ 145　⑤ 150

$E(2X-5) = 2E(X) - 5 = 2np - 5 = 175$

$\therefore np = 90$

$\sigma(2X-5) = 2\sigma(X) = 2\sqrt{np(1-p)} = 12$

$\therefore p = \dfrac{3}{5}$

$\therefore n = 150$

복습	1회	2회	3회	4회	5회
채점 O△X					

271. [2011년 수능 (나)형 21번]

동전 2개를 동시에 던지는 시행을 10회 반복할 때, 동전 2개 모두 앞면이 나오는 횟수를 확률변수 X라고 하자. 확률변수 $4X+1$의 분산 $V(4X+1)$의 값을 구하시오. [3점]

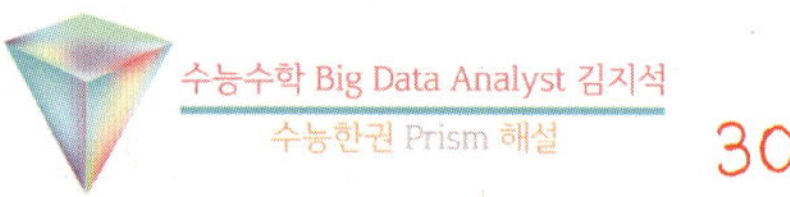

30

두 개의 동전이 모두 앞면이 나올 확률은

▶ $\dfrac{1}{2} \times \dfrac{1}{2} = \dfrac{1}{4}$

확률변수 X는 이항분포 $B\left(10, \dfrac{1}{4}\right)$를 따른다.

$\therefore V(4X+1) = 16V(X) = 16 \times \left(10 \times \dfrac{1}{4} \times \dfrac{3}{4}\right) = 30$

복습	1회	2회	3회	4회	5회
채점 O△X					

272. [2010년 수능 (가)형 확률과 통계 27번]

어느 수학 반에 남학생 3명, 여학생 2명으로 구성된 모둠이 10개 있다. 각 모둠에서 임의로 2명씩 선택할 때, 남학생들만 선택된 모둠의 수를 확률변수 X라고 하자. X의 평균 $E(X)$의 값은? (단, 두 모둠 이상에 속한 학생은 없다.) [3점]

① 6　② 5　③ 4　④ 3　⑤ 2

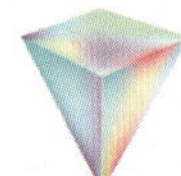

한 모둠에서 남학생만 2명이 선택될 확률

▶ $\dfrac{{}_3C_2}{{}_5C_2} = \dfrac{3}{10}$

모두 10개의 모둠이 있으므로

X는 이항분포 $B\left(10, \dfrac{3}{10}\right)$을 따른다.

$\therefore E(X) = 10 \cdot \dfrac{3}{10} = 3$

복습	1회	2회	3회	4회	5회
채점 O△X					

273. [2006년 수능 (나)형 5번]

확률변수 X가 이항분포 $B\left(100, \dfrac{1}{5}\right)$을 따를 때, 확률변수 $3X-4$의 표준편차는? [3점]

① 12　② 15　③ 18　④ 21　⑤ 24

$\sigma(X) = \sqrt{100 \times \dfrac{1}{5} \times \dfrac{4}{5}} = \dfrac{20}{5} = 4$

$\therefore \sigma(3X-4) = 3\sigma(X) = 12$

수능 4점

복습	1회	2회	3회	4회	5회
채점 O△X					

274. [2021년 수능 (가)형 17번] `실전 분석`

좌표평면의 원점에 점 P 가 있다. 한 개의 주사위를 사용하여 다음 시행을 한다.

> 주사위를 한 번 던져 나온 눈의 수가 2 이하이면 점 P 를 x 축의 양의 방향으로 3만큼, 3 이상이면 점 P 를 y 축의 양의 방향으로 1만큼 이동시킨다.

이 시행을 15번 반복하여 이동된 점 P 와 직선 $3x+4y=0$ 사이의 거리를 확률변수 X 라 하자. $E(X)$ 의 값은? [4점]

① 13 ② 15 ③ 17 ④ 19 ⑤ 21

해설 바로가기 ▶ 실전개념분석 66번

복습	1회	2회	3회	4회	5회
채점 O△X					

275. [2018년 9월 (가)형 24번]

이항분포 $B\left(n, \dfrac{1}{2}\right)$ 을 따르는 확률변수 X 에 대하여 $V\left(\dfrac{1}{2}X+1\right)=5$ 일 때, n 의 값을 구하시오. [4점]

80

$$V(X)=n\times\frac{1}{2}\times\frac{1}{2}=\frac{n}{4}$$

$$V\left(\frac{1}{2}X+1\right)=\frac{1}{2^2}V(X)=\frac{1}{4}\times\frac{n}{4}=5$$

$$\therefore n=80$$

복습	1회	2회	3회	4회	5회
채점 O△X					

276. [2009년 수능 (나)형 30번] `실전 분석`

두 주사위 A, B를 동시에 던질 때, 나오는 각각의 눈의 수 m, n에 대하여 $m^2+n^2 \le 25$가 되는 사건을 E 라 하자. 두 주사위 A, B를 동시에 던지는 12회의 독립시행에서 사건 E가 일어나는 횟수를 확률변수 X 라 할 때, X 의 분산 $V(X)$는 $\dfrac{q}{p}$ 이다. $p+q$의 값을 구하시오. (단, p, q는 서로소인 자연수이다.) [4점]

47

해설 바로가기 ▶ 실전개념분석 65번

복습	1회	2회	3회	4회	5회
채점 O△X					

277. [2008년 수능 (나)형 23번]

한 개의 주사위를 20번 던질 때 1의 눈이 나오는 횟수를 확률변수 X 라 하고, 한 개의 동전을 n번 던질 때 앞면이 나오는 횟수를 확률변수 Y 라 하자. Y의 분산이 X의 분산보다 크게 되도록 하는 n의 최솟값을 구하시오. [4점]

12

확률변수 X는 이항분포 $B\left(20, \dfrac{1}{6}\right)$을 따른다.

$$V(X)=20\times\frac{1}{6}\times\frac{5}{6}=\frac{25}{9}$$

확률변수 Y는 이항분포 $B\left(n, \dfrac{1}{2}\right)$을 따른다.

$$V(Y)=\frac{n}{4}$$

$$\therefore \frac{n}{4}\geq\frac{25}{9}$$

$$\therefore n\geq\frac{100}{9}=11.\cdots$$

$$\therefore n\text{의 최솟값은 } 12$$

복습	1회	2회	3회	4회	5회
채점 O△X					

278. [2007년 수능 (가)형 확률과 통계 30번]

실전 분석

어느 공장에서 생산되는 제품은 한 상자에 50개씩 넣어 판매되는데, 상자에 포함된 불량품의 개수는 이항분포를 따르고 평균이 m, 분산이 $\dfrac{48}{25}$ 이라 한다.

한 상자를 판매하기 전에 불량품을 찾아내기 위하여 50개의 제품을 모두 검사하는 데 총 60000원의 비용이 발생한다. 검사하지 않고 한 상자를 판매할 경우에는 한 개의 불량품에 a원의 애프터서비스 비용이 필요하다. 한 상자의 제품을 모두 검사하는 비용과 애프터서비스로 인해 필요한 비용의 기댓값이 같다고 할 때, $\dfrac{a}{1000}$ 의 값을 구하시오. (단, a는 상수이고, m은 5 이하인 자연수이다.) [4점]

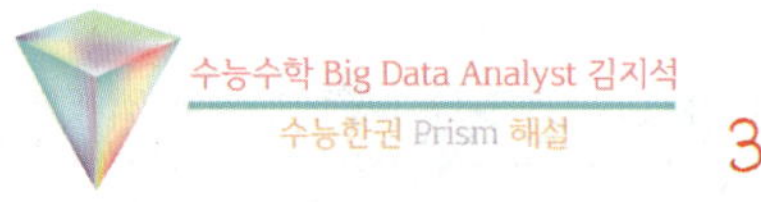

30

해설 바로가기 ▶ 실전개념분석 67번

수능 3점

복습	1회	2회	3회	4회	5회
채점 O△X					

279. [2019년 수능 (나)형 10번] 실전 분석

연속확률변수 X가 갖는 값의 범위는 $0 \leq X \leq 2$이고, X의 확률밀도함수의 그래프가 그림과 같을 때, $\mathrm{P}\left(\dfrac{1}{3} \leq X \leq a\right)$의 값은? (단, a는 상수이다.) [3점]

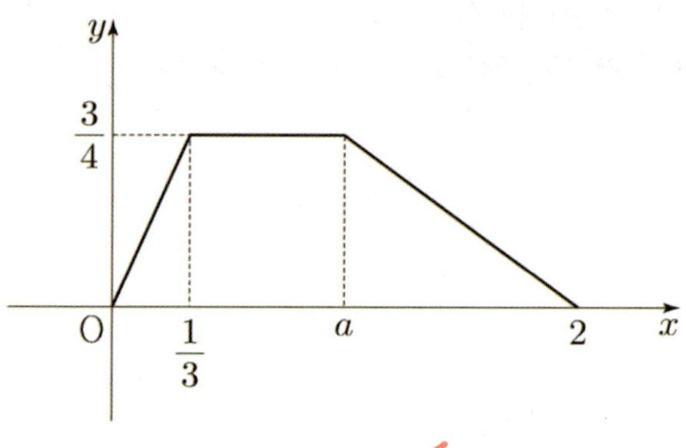

① $\dfrac{11}{16}$ ② $\dfrac{5}{8}$ ③ $\dfrac{9}{16}$ ④ $\dfrac{1}{2}$ ⑤ $\dfrac{7}{16}$

해설 바로가기 ▶ 실전개념분석 68번

복습	1회	2회	3회	4회	5회
채점 O△X					

280. [2008년 수능 (나)형 8번]

연속확률변수 X가 갖는 값의 범위는

$0 \leq X \leq 3$이고, 확률 $P(X \leq 1)$과 확률

$P(X \leq 2)$의 값이 이차방정식 $6x^2 - 5x + 1 = 0$의

두 근일 때, 확률 $P(1 < X \leq 2)$의 값은? [3점]

① $\dfrac{1}{12}$ ② $\dfrac{1}{6}$ ③ $\dfrac{1}{4}$ ④ $\dfrac{1}{3}$ ⑤ $\dfrac{5}{12}$

수능수학 Big Data Analyst 김지석
수능한권 Prism 해설

$6x^2 - 5x + 1 = 0, \ (3x - 1)(2x - 1) = 0$

$\therefore x = \dfrac{1}{3}$ or $x = \dfrac{1}{2}$

$P(X \leq 1) < P(X \leq 2)$이므로

$P(0 \leq X \leq 1) = \dfrac{1}{3}, \ P(0 \leq X \leq 2) = \dfrac{1}{2}$

$P(1 < X \leq 2) = P(0 \leq X \leq 2) - P(0 \leq X \leq 1)$

$\qquad = \dfrac{1}{2} - \dfrac{1}{3} = \dfrac{1}{6}$

281. [2006년 수능 (나)형 8번]

연속확률변수 X가 갖는 값의 범위가

$0 \leq X \leq 3$이고, 확률밀도함수의 그래프는 다음과

같다.

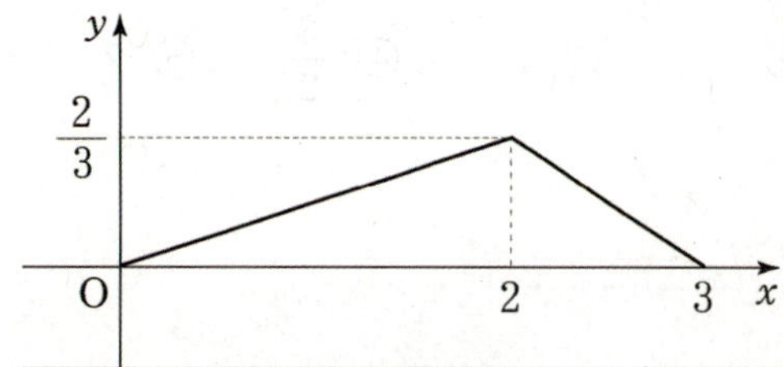

$P(m \leq X \leq 2) = P(2 \leq X \leq 3)$일 때, m의 값은?

(단, $0 < m < 2$이다.) [3점]

① $\dfrac{\sqrt{2}}{2}$ ② $\dfrac{\sqrt{3}}{2}$ ③ 1 ④ $\sqrt{2}$ ⑤ $\sqrt{3}$

수능수학 Big Data Analyst 김지석
수능한권 Prism 해설

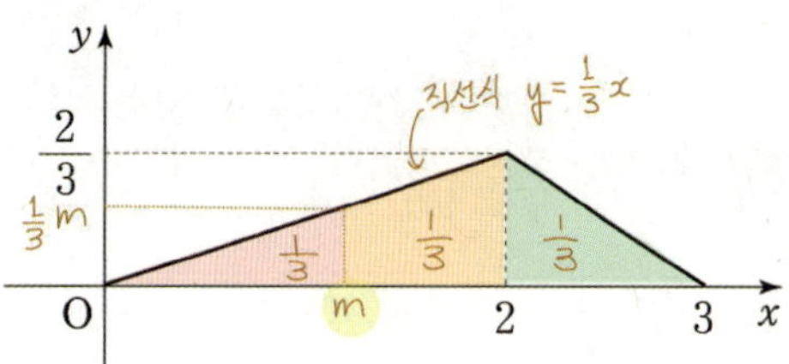

$P(2 \leq X \leq 3) = \dfrac{1}{2} \times 1 \times \dfrac{2}{3} = \dfrac{1}{3}$

$\therefore P(m \leq X \leq 2) = \dfrac{1}{3} \Leftrightarrow P(0 \leq X \leq m) = \dfrac{1}{3}$

$\therefore \dfrac{1}{2} \times m \times \dfrac{1}{3}m = \dfrac{1}{3}$

$\therefore m = \sqrt{2} \ (\because m > 0)$

복습	1회	2회	3회	4회	5회
채점 O△X					

282. [2001년 수능 (인문) & (자연) 10번]

구간 $[0, 1]$에서 정의된 연속확률변수 X의 확률밀도함수가 $f(x) = ax + a$로 주어졌을 때, 상수 a의 값은? [3점]

① $\dfrac{1}{3}$　② $\dfrac{2}{3}$　③ 1　④ $\dfrac{3}{2}$　⑤ 2

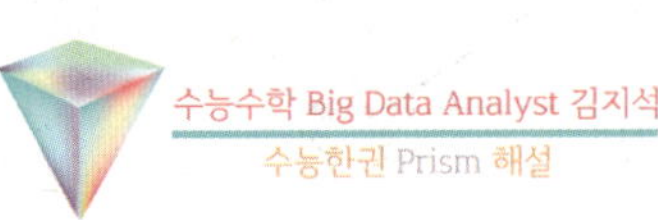

[개념] 확률밀도함수의 전체 넓이는 1

$$\int_0^1 f(x)dx = 1 \Leftrightarrow \int_0^1 (ax + a) = 1$$

$$\therefore \left[\frac{a}{2}x^2 + ax\right]_0^1 = \frac{3}{2}a = 1$$

$$\therefore a = \frac{2}{3}$$

[다른 풀이]

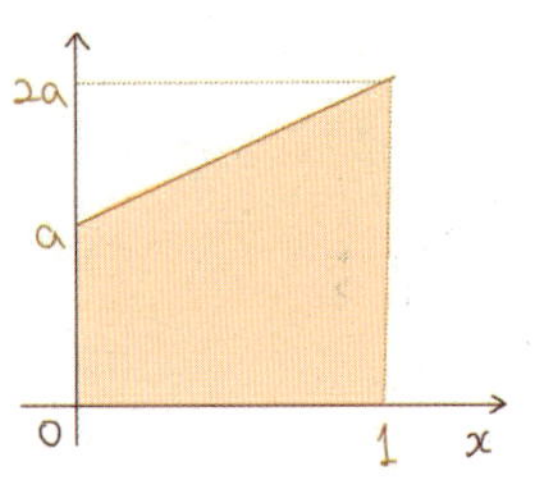

$$\frac{1}{2} \times (a + 2a) \times 1 = 1$$

$$\therefore a = \frac{2}{3}$$

283. [1995년 수능 (인문) & (자연) 12번]

실전 분석

폐구간 $[0, 1]$에서 정의된 모든 확률밀도함수 $f(x)$와 $g(x)$에 대하여 다음 중 확률밀도함수인 것은?

① $f(x) - g(x)$　② $f(x) + g(x)$

③ $\dfrac{1}{2}\{f(x) - g(x)\}$　④ $\dfrac{1}{3}\{2f(x) + g(x)\}$

⑤ $2f(x) - g(x)$

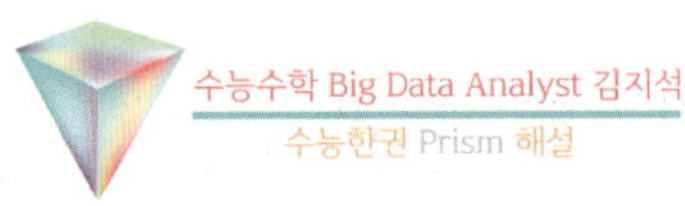

해설 바로가기　▶　실전개념분석 69번

수능 4점

복습	1회	2회	3회	4회	5회
채점 $O\triangle X$					

284. [2023년 수능 (확률과 통계) 28번]

연속확률변수 X가 갖는 값의 범위는
$0 \le X \le a$이고, X의 확률밀도함수의 그래프가
그림과 같다.

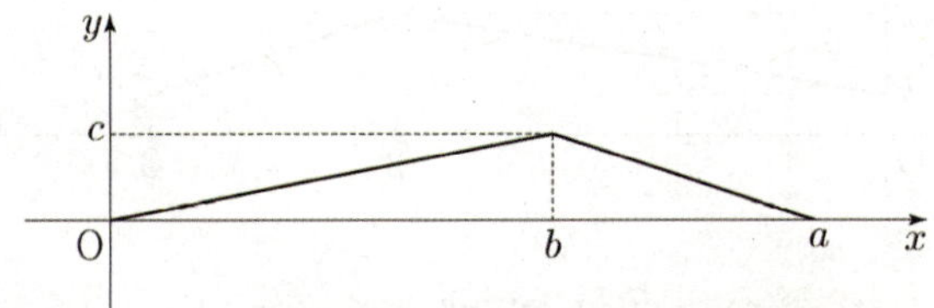

$P(X \le b) - P(X \ge b) = \dfrac{1}{4}$, $P(X \le \sqrt{5}) = \dfrac{1}{2}$일

때, $a+b+c$의 값은? (단, a, b, c는 상수이다.)
[4점]

① $\dfrac{11}{2}$ ② 6 ③ $\dfrac{13}{2}$ ④ 7 ⑤ $\dfrac{15}{2}$

수능수학 Big Data Analyst 김지석
수능한권 Prism 해설

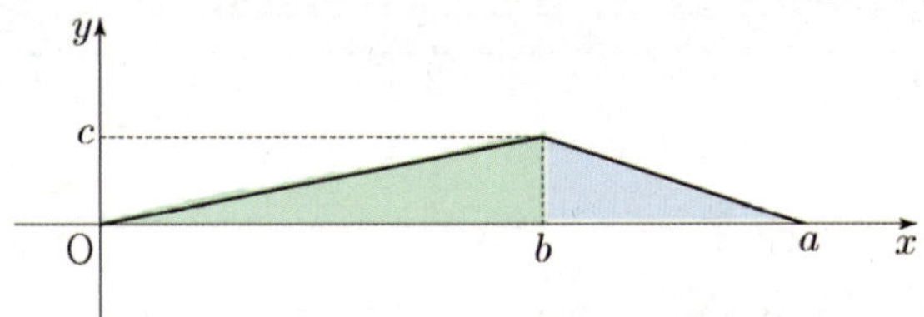

(step1) $P(X \le b) + P(X \ge b) = 1$ 활용하기

[개념] 확률밀도함수의 전체 넓이는 1

$P(X \le b) + P(X \ge b) = 1$

$P(X \le b) - P(X \ge b) = \dfrac{1}{4}$

$\therefore P(X \le b) = \dfrac{5}{8}, \ P(X \ge b) = \dfrac{3}{8}$

(step2) $P(X \le \sqrt{5}) = \dfrac{1}{2}$ 활용하기

$P(X \le b) > P(X \le \sqrt{5}) = \dfrac{1}{2}$

$\therefore 0 < \sqrt{5} < b$

점 $(0, 0)$, (b, c)를 지나는 직선의 방정식은 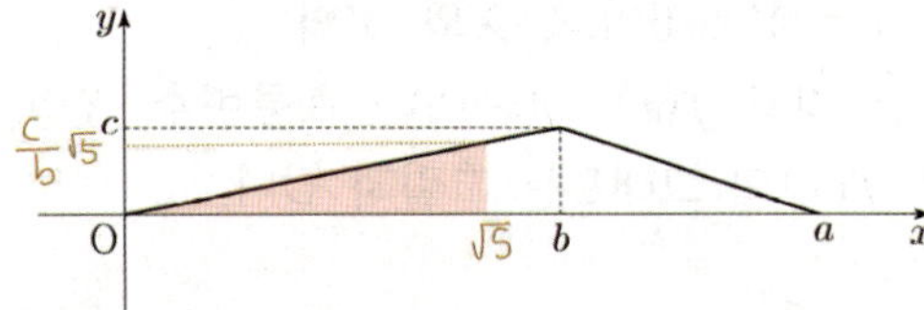

$P(X \le \sqrt{5}) = \dfrac{1}{2}$

$\Leftrightarrow \dfrac{1}{2} \times \sqrt{5} \times \left(\dfrac{c}{b} \times \sqrt{5} \right) = \dfrac{5c}{2b} = \dfrac{1}{2}$

$\therefore b = 5c$

(step3) $P(X \le b) = \dfrac{5}{8}$ 활용하기

$P(X \le b) = \dfrac{5}{8}$

$\Leftrightarrow \dfrac{1}{2} \times b \times c = \dfrac{1}{2} \times 5c \times c = \dfrac{5}{8}$

$\therefore c = \dfrac{1}{2} \ (\because c > 0) \quad b = \dfrac{5}{2}$

[개념] 확률밀도함수의 전체 넓이는 1

$\dfrac{1}{2}ac = 1$

$\therefore a = 4$

$\therefore a + b + c = 4 + \dfrac{5}{2} + \dfrac{1}{2} = 7$

복습	1회	2회	3회	4회	5회
채점 O△X					

1등급

285. [2022년 수능 (확률과 통계) 29번] **실전 분석**

두 연속확률변수 X와 Y가 갖는 값의 범위는 $0 \leq X \leq 6$, $0 \leq Y \leq 6$이고, X와 Y의 확률밀도함수는 각각 $f(x)$, $g(x)$이다. 확률변수 X의 확률밀도함수 $f(x)$의 그래프는 그림과 같다.

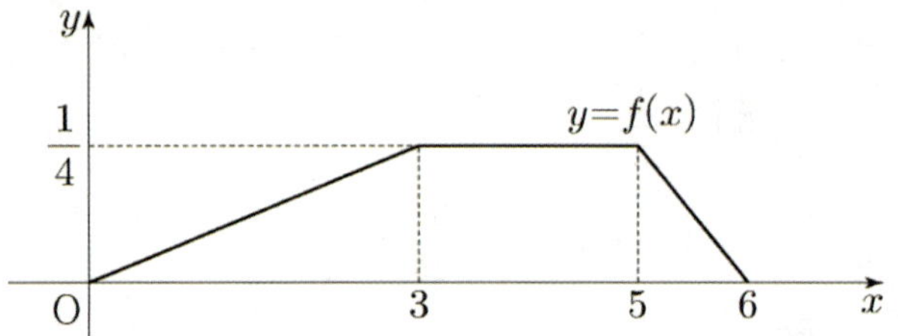

$0 \leq x \leq 6$인 모든 x에 대하여
$$f(x) + g(x) = k \quad (k\text{는 상수})$$

를 만족시킬 때, $\mathrm{P}(6k \leq Y \leq 15k) = \dfrac{q}{p}$이다. $p+q$의 값을 구하시오. (단, p와 q는 서로소인 자연수이다.) [4점]

수능수학 Big Data Analyst 김지석
수능한권 Prism 해설

31

해설 바로가기 ▶ 실전개념분석 70번

---

286. [2015년 수능 (A)형 27번]

구간 $[0, 3]$의 모든 실수 값을 가지는 연속확률변수 X에 대하여 X의 확률밀도함수의 그래프는 그림과 같다.

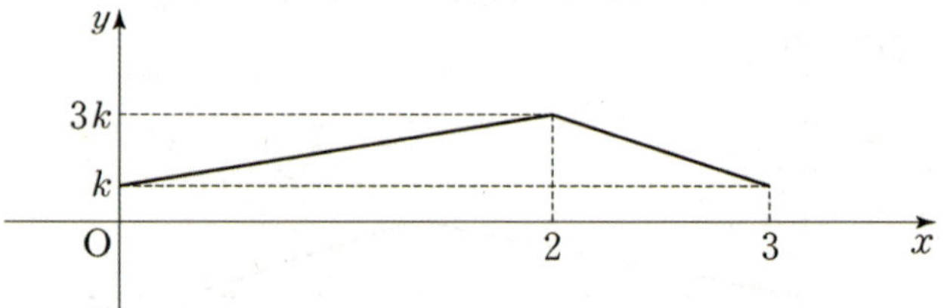

$\mathrm{P}(0 \leq X \leq 2) = \dfrac{q}{p}$라 할 때, $p+q$의 값을 구하시오. (단, k는 상수이고, p와 q는 서로소인 자연수이다.) [4점]

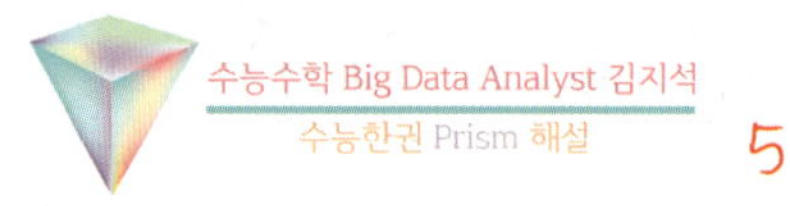
수능수학 Big Data Analyst 김지석
수능한권 Prism 해설

5

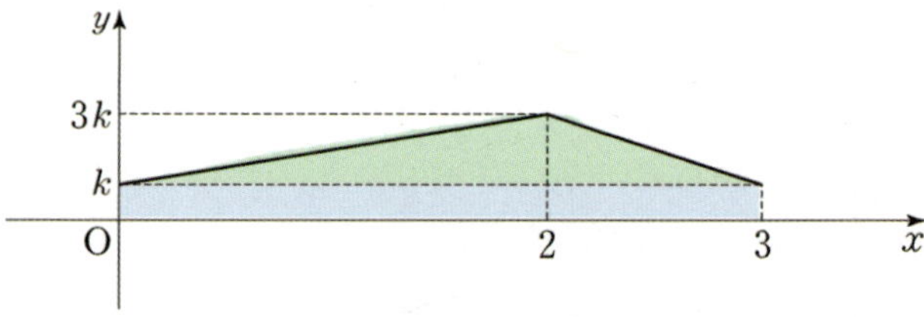

[개념] 확률밀도함수의 전체 넓이는 ①

$$\therefore 3k + \frac{1}{2} \times 3 \times (3k - k) = 1$$

$$\therefore k = \frac{1}{6}$$

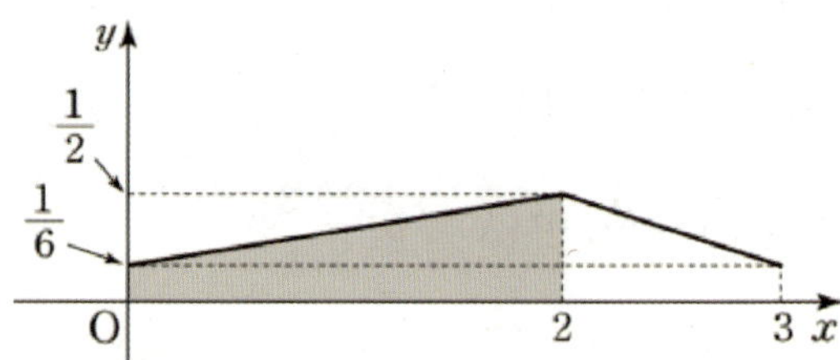

$$\therefore \mathrm{P}(0 \leq X \leq 2) = \frac{1}{2}\left(\frac{1}{6} + \frac{1}{2}\right) = \frac{2}{3}$$

$$\therefore p + q = 5$$

복습	1회	2회	3회	4회	5회
채점 O△X					

287. [2010년 수능 (나)형 21번]

연속확률변수 X가 갖는 값의 범위는 $0 \leq X \leq 4$이고 X의 확률밀도함수의 그래프는 다음과 같다. $100\mathrm{P}(0 \leq X \leq 2)$의 값을 구하시오. [4점]

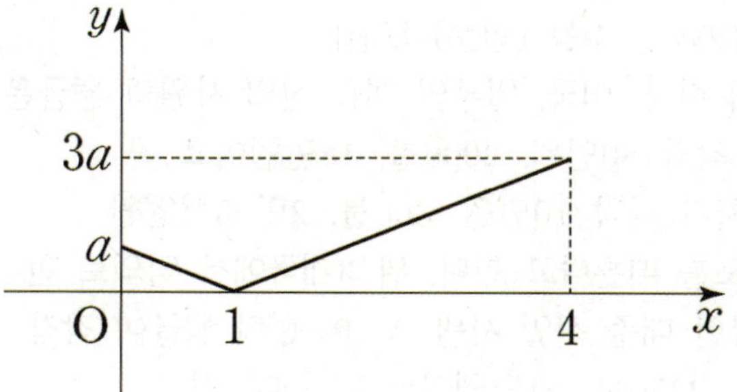

20

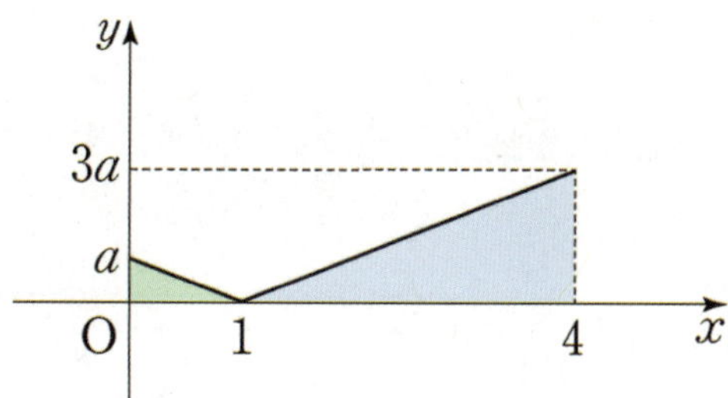

[개념] 확률밀도함수의 전체 넓이는 1

$$\frac{1}{2} \cdot 1 \cdot a + \frac{1}{2} \cdot 3 \cdot 3a = 1$$

$$\therefore 5a = 1, \ a = \frac{1}{5}$$

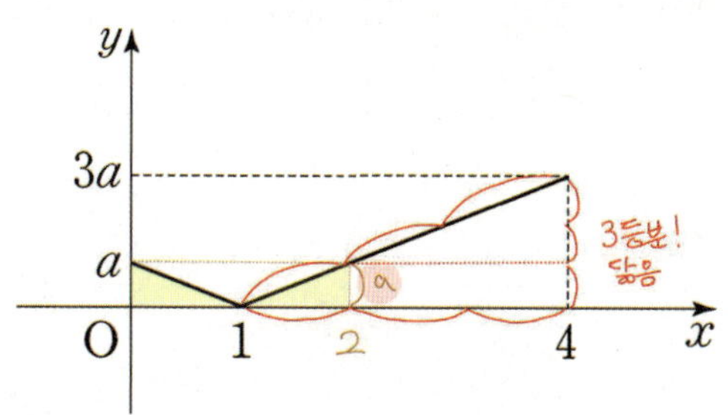

$$100\mathrm{P}(0 \leq X \leq 2) = 100 \times 2\left(\frac{1}{2} \cdot 1 \cdot a\right) = 20$$

288. [2008년 수능 (가)형 확률과 통계 29번]

실전 분석

두 연속확률변수 X, Y에 대하여 폐구간 $[0,\ 1]$에서 두 함수 $G(x)$, $H(x)$를 각각 $G(x) = \mathrm{P}(X > x)$, $H(x) = \mathrm{P}(Y > x)$로 정의할 때, 함수 $G(x)$는 $G(x) = -x + 1\,(0 \leq x \leq 1)$이고, 함수 $H(x)$의 그래프의 개형은 다음과 같다.

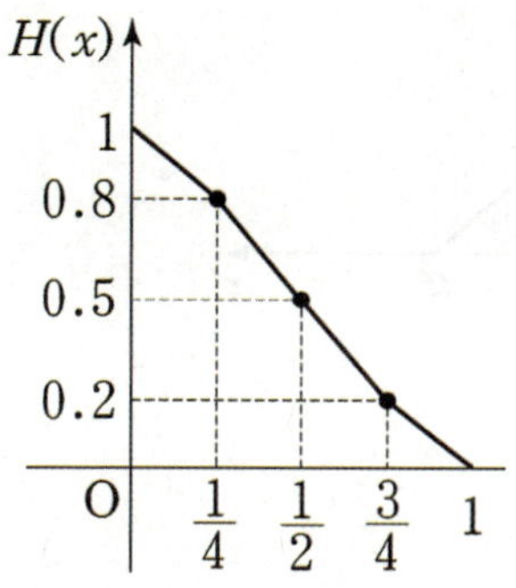

$\mathrm{P}(X > k) = \mathrm{P}\left(\dfrac{1}{4} < Y \leq \dfrac{3}{4}\right)$을 만족시키는 k의 값은? [4점]

① $\dfrac{2}{15}$ ② $\dfrac{1}{5}$ ③ $\dfrac{4}{15}$ ④ $\dfrac{1}{3}$ ⑤ $\dfrac{2}{5}$ ✓

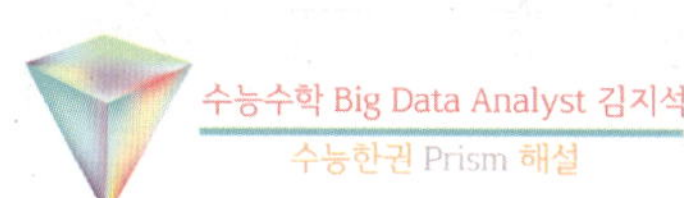

해설 바로가기 ▶ 실전개념분석 71번

복습	1회	2회	3회	4회	5회
채점 O△X					

289. [2007년 수능 (나)형 24번]
두 양수 a, b에 대하여 연속확률변수 X가 갖는 값의 범위는 $0 \le X \le a$이고, 확률밀도함수의 그래프는 다음과 같다. $\mathrm{P}\left(0 \le X \le \frac{a}{2}\right) = \frac{b}{2}$일 때, $a^2 + 4b^2$의 값을 구하시오. [4점]

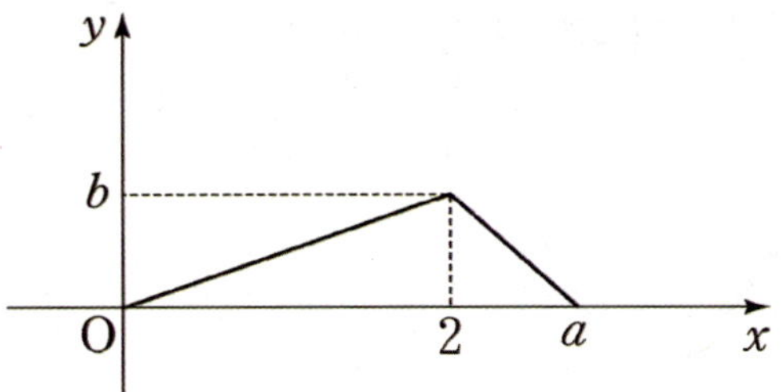

수능수학 Big Data Analyst 김지석
수능한권 Prism 해설

10

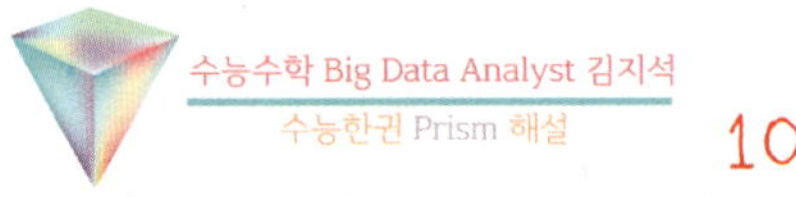

[개념] 확률밀도함수의 전체 넓이는 1

$\mathrm{P}(0 \le X \le a) = \frac{1}{2}ab = 1$

$\therefore ab = 2$

점 (0, 0), (2, b)를 지나는 직선의 방정식은 $y = \frac{b}{2}x$

$\mathrm{P}\left(0 \le X \le \frac{a}{2}\right) = \frac{1}{2} \cdot \frac{a}{2} \cdot \left(\frac{b}{2} \cdot \frac{a}{2}\right) = \frac{b}{2}$

$\therefore a = 2\sqrt{2}, \ b = \frac{1}{\sqrt{2}}$

$\therefore a^2 + 4b^2 = 8 + 2 = 10$

확률과 통계 3. 통계 경향12 정규분포

수능 2점

복습	1회	2회	3회	4회	5회
채점 O△X					

290. [1997년 수능 (인문) 12번]
어느 해 한국, 미국, 일본의 대졸 신입 사원의 월급은 평균이 각각 80만원, 2000불, 18만엔이고 표준편차가 각각 10만원, 300불, 2만 5천엔인 정규분포를 따른다고 한다. 위 3개국에서 임의로 한 명씩 뽑힌 대졸 신입 사원 A, B, C의 월급이 각각 94만원, 2250불, 21만엔이라고 할 때, 각각 자국내에서 상대적으로 월급을 많이 받는 사람부터 순서대로 적은 것은? [2점]

① A, B, C ② A, C, B ③ B, A, C
④ C, A, B ⑤ C, B, A

수능수학 Big Data Analyst 김지석
수능한권 Prism 해설

표준화를 시키면

A : $Z = \frac{94-80}{10} = 1.4$

B : $Z = \frac{2250-2000}{300} = \frac{5}{6} = 0.833\cdots$

C : $Z = \frac{210000-180000}{25000} = \frac{6}{5} = 1.2$

$\therefore$ 월급을 많이 받는 순서는 A, C, B

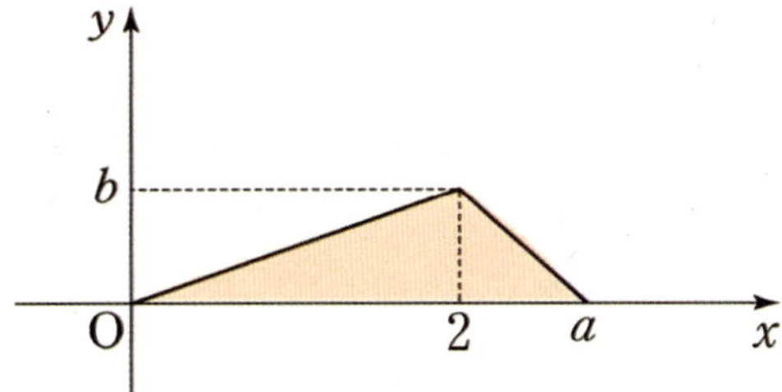

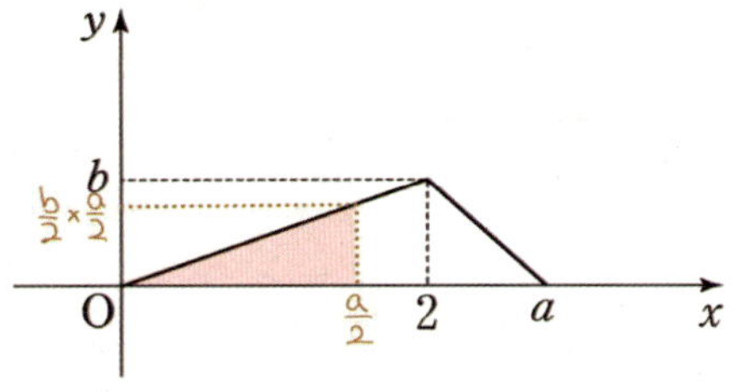

복습	1회	2회	3회	4회	5회
채점 $O\triangle X$					

291. [1997년 수능 (자연) 12번]

연속확률변수 X 가 평균 m , 표준편차 σ 인 정규분포를 따를 때, X 의 확률밀도함수는

$$f(x) = \frac{1}{\sqrt{2\pi}\,\sigma} e^{-\frac{1}{2\sigma^2}(x-m)^2}$$

$(-\infty < x < \infty)$ 이다.

표준정규분포표를 이용하여

$$\int_4^{6.6} \sqrt{\frac{2}{\pi}}\, e^{-\frac{(x-5)^2}{8}}\, dx$$ 의 근삿값을 구하면?

[2점]

z	$P(0 \leq Z \leq z)$
0.1	0.0398
0.2	0.0793
0.3	0.1179
0.4	0.1554
0.5	0.1915
0.6	0.2257
0.7	0.2580
0.8	0.2881
0.9	0.3159
1.0	0.3413

① 0.1199　　② 0.3864　　③ 0.6826

④ 0.9505　　⑤ 1.9184

수능수학 Big Data Analyst 김지석
수능한권 Prism 해설

평균이 5, 표준편차가 2인 정규분포를 따르는 연속확률변수 X의 확률밀도함수는

$$f(x) = \frac{1}{2\sqrt{2\pi}} e^{-\frac{(x-5)^2}{8}}$$

$$\int_4^{6.6} \sqrt{\frac{2}{\pi}}\, e^{-\frac{(x-5)^2}{8}}\, dx = \int_4^{6.6} 4f(x)\,dx$$

$$= 4P(4 \leq X \leq 6.6)$$

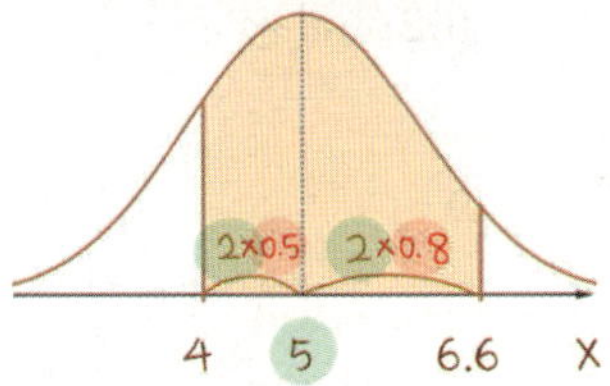

$$= 4P(-0.5 \leq Z \leq 0.8)$$
$$= 4(0.1915 + 0.2881) = 1.9184$$

복습	1회	2회	3회	4회	5회
채점 $O\triangle X$					

292. [2021년 수능 (가)형 12번 & (나)형 19번]

`실전 분석`

확률변수 X 는 평균이 8 , 표준편차가 3 인 정규분포를 따르고, 확률변수 Y 는 평균이 m , 표준편차가 σ 인 정규분포를 따른다. 두 확률변수 X , Y 가 $P(4 \leq X \leq 8) + P(Y \geq 8) = \dfrac{1}{2}$ 을 만족시킬

때, $P\left(Y \leq 8 + \dfrac{2\sigma}{3}\right)$ 의 값을 다음 표준정규분포표를 이용하여 구한 것은? [3점]

z	$P(0 \leq Z \leq z)$
1.0	0.3413
1.5	0.4332
2.0	0.4772
2.5	0.4938

① 0.8351　　② 0.8413　　③ 0.9332

④ 0.9772　　⑤ 0.9938

수능수학 Big Data Analyst 김지석
수능한권 Prism 해설

해설 바로가기 ▶ 실전개념분석 76번

복습	1회	2회	3회	4회	5회
채점 $O\triangle X$					

293. [2020년 수능 (나)형 13번] 실전 분석

어느 농장에서 수확하는 파프리카 1개의 무게는 평균이 180 g, 표준편차가 20 g인 정규분포를 따른다고 한다. 이 농장에서 수확한 파프리카 중에서 임의로 선택한 파프리카 1 개의 무게가 190 g 이상이고 210 g 이하일 확률을 오른쪽 표준정규분포표를 이용하여 구한 것은? [3점]

z	$P(0 \leq Z \leq z)$
0.5	0.1915
1.0	0.3413
1.5	0.4332
2.0	0.4772

① 0.0440 ② 0.0919 ③ 0.1359

④ 0.1498 ⑤ 0.2417

해설 바로가기 ▶ 실전개념분석 72번

---

294. [2016년 수능 (A)형 12번]

어느 쌀 모으기 행사에 참여한 각 학생이 기부한 쌀의 무게는 평균이 1.5 kg, 표준편차가 0.2 kg인 정규분포를 따른다고 한다. 이 행사에 참여한 학생 중 임의로 1명을 선택할 때, 이 학생이 기부한 쌀의 무게가 1.3 kg 이상이고 1.8 kg 이하일 확률을 표준정규분포표를 이용하여 구한 것은? [3점]

z	$P(0 \leq Z \leq z)$
1.00	0.3413
1.25	0.3944
1.50	0.4332
1.75	0.4599

① 0.8543 ② 0.8012 ③ 0.7745

④ 0.7357 ⑤ 0.6826

쌀의 무게를 확률변수 X라 하면 $X \sim N(1.5,\ 0.2^2)$

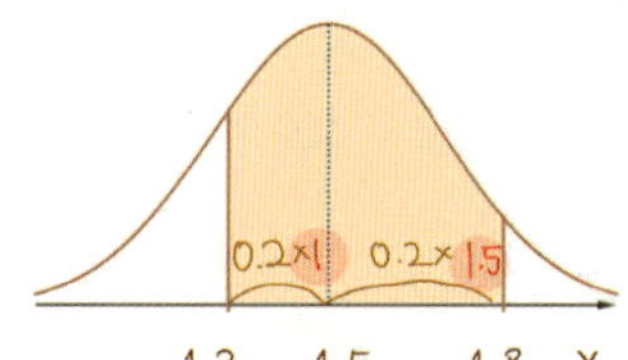

$P(1.3 \leq X \leq 1.8)$
$= P(-1 \leq Z \leq 1.5)$
$= 0.3413 + 0.4331 = 0.7745$

[다른 풀이]
$P(1.3 \leq X \leq 1.8)$
$$= P\left(\frac{1.3-1.5}{0.2} \leq \frac{X-1.5}{0.2} \leq \frac{1.8-1.5}{0.2}\right)$$
$= P(-1 \leq Z \leq 1.5)$
$= P(0 \leq Z \leq 1) + P(0 \leq Z \leq 1.5)$
$= 0.3413 + 0.4331 = 0.7745$

복습	1회	2회	3회	4회	5회
채점 O△X					

295. [2015년 수능 (A)형 12번]

어느 연구소에서 토마토 모종을 심은 지 3주가 지났을 때 토마토 줄기의 길이를 조사한 결과 토마토 줄기의 길이는 평균이 30cm, 표준편차가 2cm인 정규분포를 따른다고 한다. 이 연구소에서 토마토 모종을 심은 지 3주가 지났을 때 토마토 줄기 중 임의로 선택한 줄기의 길이가 27cm 이상이고 32cm 이하일 확률을 표준정규분포표를 이용하여 구한 것은? [3점]

z	$P(0 \leq Z \leq z)$
0.5	0.1915
1.0	0.3413
1.5	0.4332
2.0	0.4772

① 0.6826   ② 0.7745   ③ 0.8185
④ 0.9104   ⑤ 0.9270

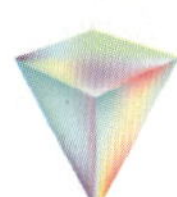

수능수학 Big Data Analyst 김지석
수능한권 Prism 해설

토마토 줄기의 길이를 확률변수 X라 하면

$$X \sim N(30,\ 2^2)$$

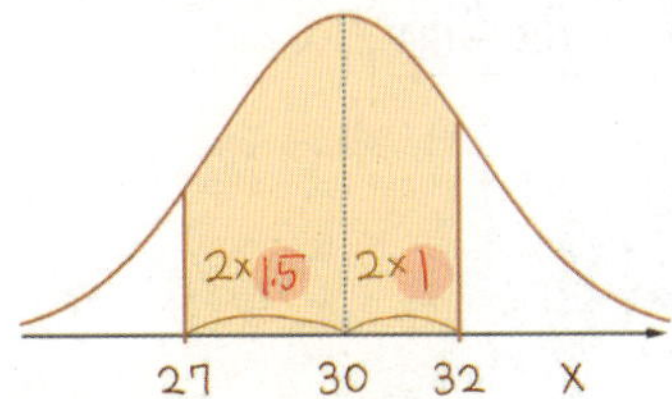

$$P(27 \leq X \leq 32)$$
$$= P(-1.5 \leq Z \leq 1)$$
$$= 0.7745$$

[다른 풀이]

$$P(27 \leq X \leq 32)$$
$$= P\left(\frac{27-30}{2} \leq \frac{X-39}{2} \leq \frac{32-39}{2}\right)$$
$$= P(-1.5 \leq Z \leq 1) = 0.7745$$

296. [2015년 수능 (B)형 11번]

어느 공장에서 생산되는 과자 1봉지의 무게는 평균이 75g, 표준편차가 2g인 정규분포를 따른다고 한다. 이 공장에서 생산된 과자 중 임의로 선택한 과자 1봉지의 무게가 76g 이상이고 78g 이하일 확률을 표준정규분포표를 이용하여 구한 것은? [3점]

z	$P(0 \leq Z \leq z)$
0.5	0.1915
1.0	0.3413
1.5	0.4332
2.0	0.4772

① 0.0440   ② 0.0919   ③ 0.1359
④ 0.1498   ⑤ 0.2417

수능수학 Big Data Analyst 김지석
수능한권 Prism 해설

과자 1봉지 무게를 확률변수 X라 하면

$$X \sim N(75,\ 2^2)$$

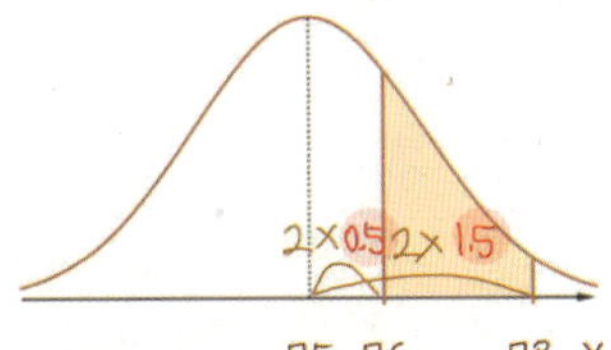

$$P(76 \leq X \leq 78)$$
$$= P(0.5 \leq Z \leq 1.5)$$
$$= 0.4332 - 0.1915$$
$$= 0.2417$$

[다른 풀이]

$$P(76 \leq X \leq 78)$$
$$= P\left(\frac{76-75}{2} \leq \frac{X-39}{2} \leq \frac{78-75}{2}\right)$$
$$= P(0.5 \leq Z \leq 1.5)$$
$$= 0.4332 - 0.1915$$
$$= 0.2417$$

복습	1회	2회	3회	4회	5회
채점 O△X					

297. [2013년 수능 (가)형 13번]

확률변수 X가 정규분포 $N(m, \sigma^2)$을 따르고 다음 조건을 만족시킨다.

> (가) $P(X \geq 64) = P(X \leq 56)$
>
> (나) $E(X^2) = 3616$

$P(X \leq 68)$의 값을 표를 이용하여 구한 것은? [3점]

x	$P(m \leq X \leq x)$
$m + 1.5\sigma$	0.4332
$m + 2\sigma$	0.4772
$m + 2.5\sigma$	0.4938

① 0.9104　　② 0.9332　　③ 0.9544
④ 0.9772　　⑤ 0.9938

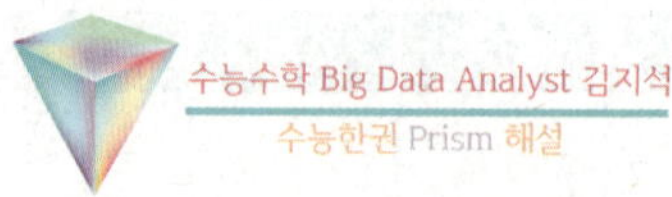

(가)에서 $P(X \geq 64) = P(X \leq 56)$이므로

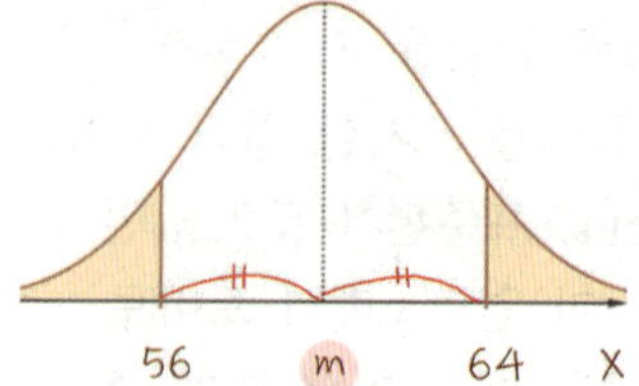

$$m = \frac{64 + 56}{2} = 60$$

$V(X) = E(X^2) - \{E(X)\}^2$이므로

$V(X) = 3616 - 60^2 = 16$

$\therefore \sigma(X) = 4$

$X \sim N(60, 4^2)$

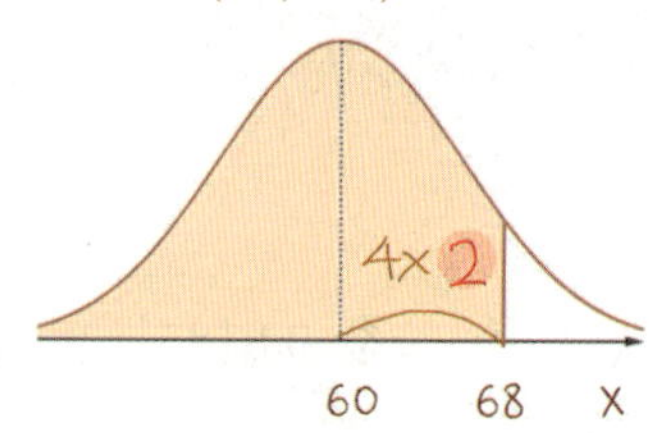

$\therefore P(X \leq 68) = P(Z \leq 2)$

$= 0.5 + 0.4772$

$= 0.9772$

[다른 풀이]

$$P(X \leq 68) = P\left(\frac{X - 60}{4} \leq \frac{68 - 60}{4}\right)$$

$= P(Z \leq 2)$

$= 0.5 + 0.4772$

$= 0.9772$

복습	1회	2회	3회	4회	5회
채점 $O\triangle X$					

298. [2013년 수능 (나)형 13번]

어느 학교 전체 학생의 시험 점수는 평균이 500점, 표준편차가 25점인 정규분포를 따른다고 한다. 이 학교 학생 중 임의로 1명을 선택할 때, 이 학생의 시험 점수가 475점 이상이고 550점 이하일 확률을 표준정규분포표를 이용하여 구한 것은? [3점]

z	$P(0 \leq Z \leq z)$
1.0	0.3413
1.5	0.4332
2.0	0.4772
2.5	0.4938

① 0.7745 ② 0.8185 ③ 0.9104
④ 0.9270 ⑤ 0.9710

학생의 시험 점수를 확률변수 X라 하면

$$X \sim N(500,\ 25^2)$$

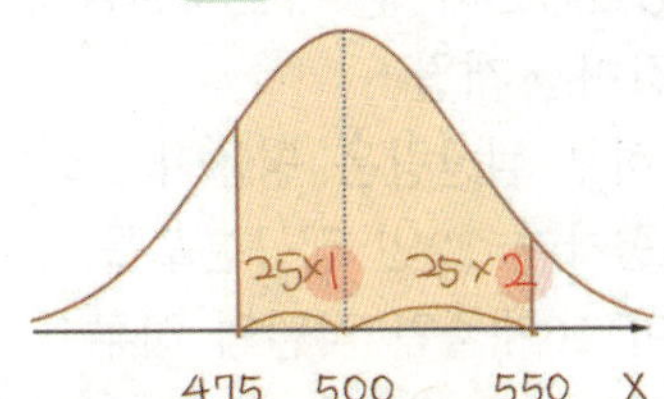

$P(475 \leq X \leq 550)$

$= P(-1 \leq Z \leq 2)$

$= 0.3413 + 0.4772 = 0.8185$

[다른 풀이]

$P(475 \leq X \leq 550)$

$= P\left(\dfrac{475-500}{25} \leq \dfrac{X-500}{25} \leq \dfrac{550-500}{25}\right)$

$= P(-1 \leq Z \leq 2)$

$= P(0 \leq Z \leq 1) + P(0 \leq Z \leq 2)$

$= 0.3413 + 0.4772 = 0.8185$

복습	1회	2회	3회	4회	5회
채점 O△X					

299. [2011년 수능 (가)형 확률과 통계 28번]
어느 회사 직원의 하루 생산량은 근무 기간에 따라 달라진다고 한다. 근무 기간이 n개월 $(1 \leq n \leq 100)$인 직원의 하루 생산량은 평균이 $an+100$(a는 상수), 표준편차가 12인 정규분포를 따른다고 한다. 근무 기간이 16개월인 직원의 하루 생산량이 84 이하일 확률이 0.0228일 때, 근무 기간이 36개월인 직원의 하루 생산량이 100 이상이고 142 이하일 확률을 표준정규분포표를 이용하여 구한 것은? [3점]

z	$P(0 \leq Z \leq z)$
1.0	0.3413
1.5	0.4332
2.0	0.4772
2.4	0.4918

① 0.7745 ② 0.8185 ③ 0.9104
④ 0.9270 ⑤ 0.9710

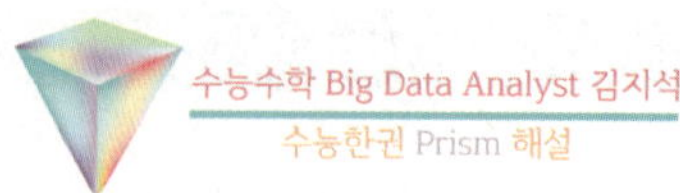

근무 기간이 16개월인 직원의 하루 생산량을 X라 하면 $X \sim N(16a+100,\ 12^2)$

$P(X \leq 84) = 0.0228$

$\Leftrightarrow P(Z \leq -2) = 0.5 - 0.4772$

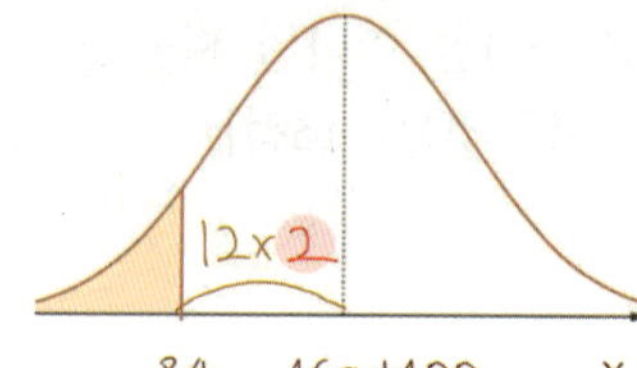

$\therefore 84 = 16a + 100 - 12 \times 2$

$\therefore a = \dfrac{1}{2}$

근무 기간이 36개월인 직원의 하루 생산량을 Y라 하면, $E(Y) = 36a + 100 = 118$이므로 $Y \sim N(118,\ 12^2)$

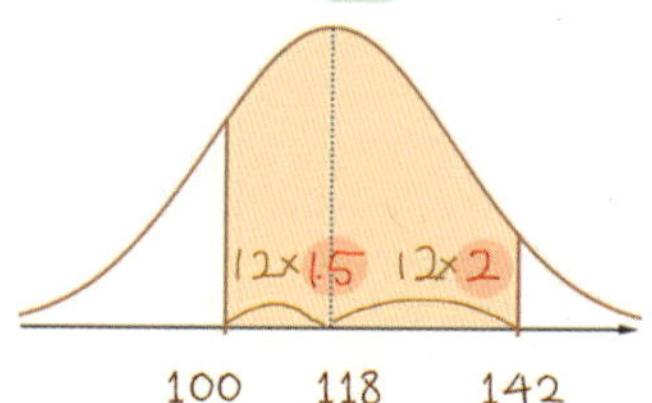

$P(100 \leq Y \leq 142)$
$= P(-1.5 \leq Z \leq 2)$
$= 0.4332 + 0.4772 = 0.9104$

[다른 풀이]

$P(X \leq 84) = 0.0228$

$= P\left(\dfrac{X - (16a + 100)}{12} \leq \dfrac{84 - (16a + 100)}{12} \right)$

$= P(Z \leq -2) = 0.5 - 0.4772 = 0.0228$

$\therefore \dfrac{84 - (16a + 100)}{12} = -2$

$\therefore a = \dfrac{1}{2}$

$P(100 \leq Y \leq 142)$

$= P\left(\dfrac{100 - 118}{12} \leq \dfrac{Y - 118}{12} \leq \dfrac{142 - 118}{12} \right)$

$= P(-1.5 \leq Z \leq 2)$

$= 0.4332 + 0.4772 = 0.9104$

복습	1회	2회	3회	4회	5회
채점 O△X					

300. [2007년 수능 (가)형 확률과 통계 28번]

실전 분석

어느 문구점에 진열되어 있는 공책 중 10%는 A회사의 제품이라고 한다. 한 고객이 이 문구점에서 임의로 100권의 공책을 구입했을 때, A회사 제품이 13권 이상 포함될 확률을 표준정규분포표를 이용하여 구한 것은? [3점]

z	$P(0 \le Z \le z)$
0.75	0.2734
1.00	0.3413
1.25	0.3944
1.50	0.4332

① 0.0668 ② 0.1056 ③ 0.1587
④ 0.2266 ⑤ 0.2734

수능수학 Big Data Analyst 김지석
수능한권 Prism 해설

해설 바로가기 ▶ 실전개념분석 81번

301. [2007년 수능 (나)형 9번]

어느 세차장에서 승용차 한 대를 세차하는 데 걸리는 세차 시간은 평균 30분, 표준편차 2분인 정규분포를 따른다고 한다. 한 대의 승용차를 이 세차장에서 세차할 때, 세차 시간이 33분 이상일 확률을 표준정규분포표를 이용하여 구한 것은? [3점]

z	$P(0 \le Z \le z)$
0.5	0.1915
1.0	0.3413
1.5	0.4332
2.0	0.4772

① 0.0228 ② 0.0668 ③ 0.1587
④ 0.2708 ⑤ 0.3085

수능수학 Big Data Analyst 김지석
수능한권 Prism 해설

세차시간을 확률변수 X라 두면 $X \sim N(30, 2^2)$

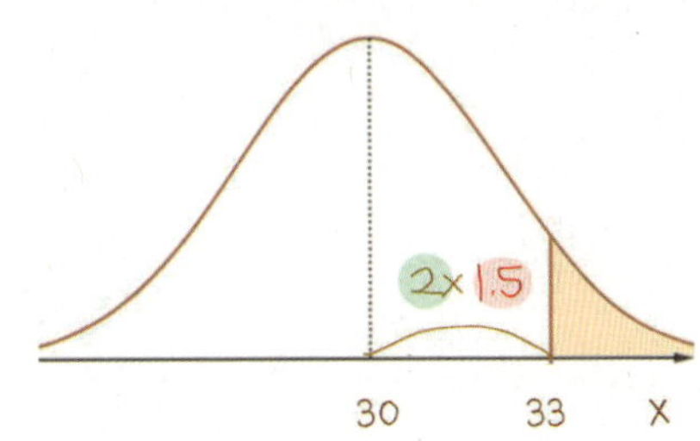

$$P(X \ge 33) = P(Z \ge 1.5) = 0.5 - 0.4332 = 0.0668$$

[다른 풀이]

$$P(X \ge 33) = P\left(\frac{X-30}{2} \ge \frac{33-30}{2}\right)$$
$$= P(Z \ge 1.5) = 0.5 - P(0 \le Z \le 1.5)$$
$$= 0.5 - 0.4332 = 0.0668$$

복습	1회	2회	3회	4회	5회
채점 O△X					

302. [2005년 수능 (가)형 & (나)형 16번]

실전 분석

다음은 어느 백화점에서 판매하고 있는 등산화에 대한 제조회사별 고객의 선호도를 조사한 표이다.

제조회사	A	B	C	D	계
선호도(%)	20	28	25	27	100

192명의 고객이 각각 한 켤레씩 등산화를 산다고 할 때, C 회사 제품을 선택할 고객이 42명 이상일 확률을 표준정규분포표를 이용하여 구한 것은? [3점]

z	$P(0 \le Z \le z)$
0.5	0.1915
1.0	0.3413
1.5	0.4332
2.0	0.4772

① 0.6915 ② 0.7745 ③ 0.8256
④ 0.8332 ⑤ 0.8413

해설 바로가기 ▶ 실전개념분석 82번

303. [1997년 수능 (인문) 11번]

3학년 재학생수가 각각 500명인 같은 지역 A, B, C 세 고등학교 3학년 학생의 수학 성적 분포가 각각 정규분포를 이루고 아래 그림과 같을 때, 다음 <보기> 중 옳은 것을 모두 고른 것은? [3점]

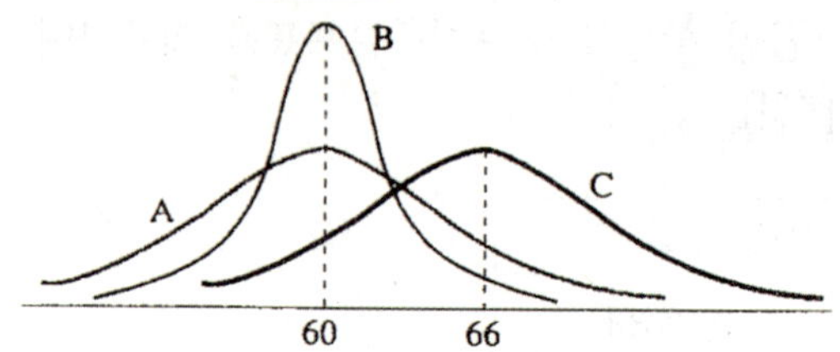

[보 기]

ㄱ. 성적이 우수한 학생이 B고등학교보다 A고등학교에 더 많이 있다.

ㄴ. B고등학교 학생들은 평균적으로 A고등학교 학생들보다 성적이 더 우수하다.

ㄷ. C고등학교 학생들보다 B고등학교 학생들의 성적이 더 고른 편이다.

① ㄱ ② ㄴ ③ ㄷ ④ ㄱ, ㄷ ⑤ ㄴ, ㄷ

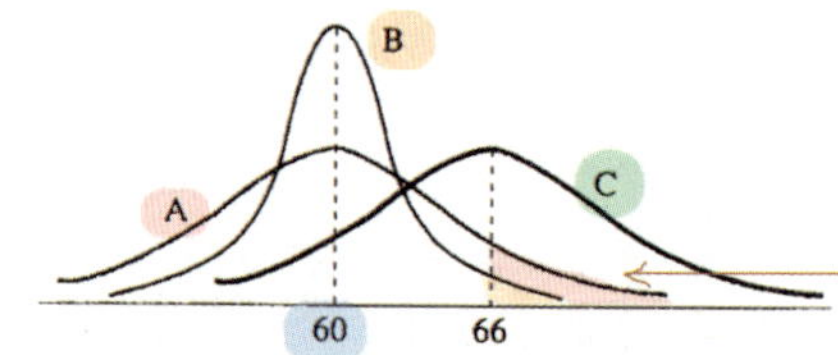

ㄱ. (참)

A고등학교와 B고등학교는 평균이 같은데 표준편차가 A고등학교가 B고등학교보다 크다.

∴ A고등학교에 잘하는 학생도 많고 못하는 학생도 많다.

∴ 성적이 우수한 학생이 A에 더 많다.

ㄴ. (거짓)

A고등학교와 B고등학교는 평균이 같다.

ㄷ. (참)

C고등학교보다 B고등학교가 표준편차가 작으므로 B고등학교 학생들의 성적이 더 고른 편이다.

수능 4점

복습	1회	2회	3회	4회	5회
채점 O△X					

304. [2026년 수능 (확률과 통계) 29번] 실전 분석

6 이하의 자연수 a에 대하여 한 개의 주사위와 한 개의 동전을 사용하여 다음 시행을 한다.

주사위를 한 번 던져

나온 눈의 수가 a보다 작거나 같으면

동전을 5번 던져 앞면이 나온 횟수를 기록하고,

나온 눈의 수가 a보다 크면

동전을 3번 던져 앞면이 나온 횟수를 기록한다.

이 시행을 19200번 반복하여 기록한 수가 3인 횟수를 확률변수 X라 하자. $\mathrm{E}(X)=4800$일 때, $\mathrm{P}(X \leq 4800+30a)$의 값을 표준정규분포표를 이용하여 구한 값이 k이다. $1000 \times k$의 값을 구하시오. [4점]

z	$\mathrm{P}(0 \leq Z \leq z)$
0.5	0.191
1.0	0.341
1.5	0.433
2.0	0.477
2.5	0.494
3.0	0.499

977

해설 바로가기 ▶ 실전개념분석 83번

복습	1회	2회	3회	4회	5회
채점 O△X					

1등급

305. [2025년 9월 (확률과 통계) 29번]

두 집합 $A = \{2, 3, 4\}$, $B = \{2, 3\}$에 대하여 다음 시행을 한다.

> 집합 A의 모든 부분집합 8개 중에서
> 임의로 한 개를 선택하고,
> 집합 B의 모든 부분집합 4개 중에서
> 임의로 한 개를 선택한다.
> 선택한 두 집합의 교집합의 원소의 개수를
> 기록한다.

이 시행을 15360번 반복하여 기록한 수가 1인 횟수가 5880 이상일 확률을 표준정규분포표를 이용하여 구한 값이 k일 때, $1000 \times k$의 값을 구하시오. [4점]

z	$\mathrm{P}(0 \leq Z \leq z)$
1.0	0.341
1.5	0.433
2.0	0.477
2.5	0.494
3.0	0.499

23

집합 A, B의 선택된 부분집합마다 교집합 원소의 개수는 아래와 같다.

A \ B	$\{2, 3\}$	$\{2\}$	$\{3\}$	$\varnothing$
$\{2, 3, 4\}$	2	1	1	0
$\{2, 3\}$	2	1	1	0
$\{2, 4\}$	1	1	0	0
$\{3, 4\}$	1	0	1	0
$\{2\}$	1	1	0	0
$\{3\}$	1	0	1	0
$\{4\}$	0	0	0	0
$\varnothing$	0	0	0	0

교집합의 원소의 개수가 1일 확률을 p라 하면

$$p = \frac{12}{32} = \frac{3}{8}$$

이 시행을 15360번 반복할 때 기록한 수가 1인 횟수를 확률변수 X라 하면

X는 이항분포 $\mathrm{B}\left(15360, \dfrac{3}{8}\right)$을 따른다.

$$\mathrm{E}(X) = 15360 \times \frac{3}{8} = 5760$$

$$\mathrm{V}(X) = 15360 \times \frac{3}{8} \times \frac{5}{8} = 3600 = 60^2$$

시행 횟수 15360은 충분히 크므로
확률 변수 X는 정규분포 $\mathrm{N}(5760, 60^2)$을 근사적으로 따른다.

$$\mathrm{P}(X \geq 5880) = \mathrm{P}\left(Z \geq \frac{5880 - 5760}{60}\right)$$
$$= \mathrm{P}(Z \geq 2)$$
$$= 0.5 - \mathrm{P}(0 \leq Z \leq 2)$$
$$= 0.5 - 0.477$$
$$= 0.023$$

$$\therefore\ 1000k = 1000 \times 0.023 = 23$$

복습	1회	2회	3회	4회	5회
채점 O△X					

1등급

306. [2025년 수능 (확률과 통계) 29번] 실전 분석

정규분포 $N(m_1, \sigma_1^2)$을 따르는 확률변수 X와 정규분포 $N(m_2, \sigma_2^2)$을 따르는 확률변수 Y가 다음 조건을 만족시킨다.

모든 실수 x에 대하여
$P(X \le x) = P(X \ge 40 - x)$이고
$P(Y \le x) = P(X \le x + 10)$이다.

$P(15 \le X \le 20) + P(15 \le Y \le 20)$의 값을 다음 표준정규분포표를 이용하여 구한 것이 0.4772일 때, $m_1 + \sigma_2$의 값을 구하시오. (단, σ_1과 σ_2는 양수이다.) [4점]

z	$P(0 \le Z \le z)$
0.5	0.1915
1.0	0.3413
1.5	0.4332
2.0	0.4772

25

해설 바로가기 ▶ 실전개념분석 80번

1등급

307. [2024년 수능 (확률과 통계) 30번] 실전 분석

양수 t에 대하여 확률변수 X가 정규분포 $N(1, t^2)$을 따른다.

$$P(X \le 5t) \ge \frac{1}{2}$$

이 되도록 하는 모든 양수 t에 대하여 $P(t^2 - t + 1 \le X \le t^2 + t + 1)$의 최댓값을 표준정규분포표를 이용하여 구한 값을 k라 하자. $1000 \times k$의 값을 구하시오. [4점]

z	$P(0 \le Z \le z)$
0.6	0.226
0.8	0.288
1.0	0.341
1.2	0.385
1.4	0.419

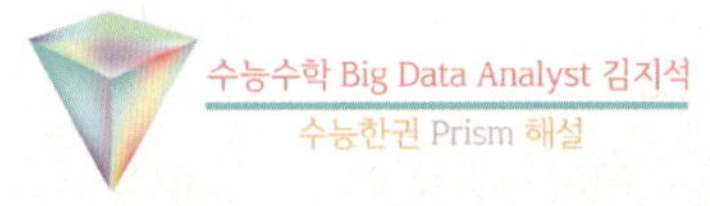

673

해설 바로가기 ▶ 실전개념분석 79번

복습	1회	2회	3회	4회	5회
채점 $\bigcirc\triangle\times$					

308. [2024년 9월 (확률과 통계) 29번]
수직선의 원점에 점 A가 있다. 한 개의 주사위를
사용하여 다음 시행을 한다.

> 주사위를 한 번 던져 나온 눈의 수가
> 4 이하이면 점 A를 양의 방향으로 1만큼
> 이동시키고,
> 5 이상이면 점 A를 음의 방향으로 1만큼
> 이동시킨다.

이 시행을 16200번 반복하여 이동된 점 A의 위치가
5700 이하일 확률을 다음 표준정규분포표를 이용하여
구한 값을 k라 하자. $1000\times k$의 값을 구하시오.
[4점]

z	$P(0 \leq Z \leq z)$
1.0	0.341
1.5	0.433
2.0	0.477
2.5	0.494

994

한 개의 주사위를 던지는 시행을 16200번 반복할 때
4 이하의 눈이 나오는 횟수를 확률변수 X라 하자.
5 이상의 눈이 나오는 횟수는 $16200-X$
∴ 시행을 끝낸 후 점 A의 위치는
$1\times X+(-1)\times(16200-X)$

점 A의 위치가 5700 이하가 나오려면
$1\times X+(-1)\times(16200-X) \leq 5700$
∴ $X \leq 10950$

점 A의 위치가 5700 이하일 확률은
$P(X \leq 10950)$

4 이하의 눈이 나올 확률은 $\dfrac{4}{6}=\dfrac{2}{3}$ 이므로

확률변수 X는 이항분포 $B\left(16200, \dfrac{2}{3}\right)$을 따른다.

$E(X)=16200\times\dfrac{2}{3}=10800$

$V(X)=16200\times\dfrac{2}{3}\times\left(1-\dfrac{2}{3}\right)=60^2$

이고 $n=16200$은 충분히 큰 수이므로
확률변수 X는 근사적으로 정규분포 $N(10800, 60^2)$을
따른다.

∴ $P(X \leq 10950)$
$= P(X \leq 10800+60\times 2.5)$
$= P(Z \leq 2.5)$
$= 0.5+0.494 = 0.994$

∴ $1000\times k = 1000\times 0.994 = 994$

복습	1회	2회	3회	4회	5회
채점 O△X					

1등급

309. [2020년 수능 (가)형 18번] 실전 분석

확률변수 X는 정규분포 $N(10, 2^2)$, 확률변수 Y는 정규분포 $N(m, 2^2)$을 따르고, 확률변수 X와 Y의 확률밀도함수는 각각 $f(x)$와 $g(x)$이다.

$f(12) \leq g(20)$을 만족시키는 m에 대하여 $P(21 \leq Y \leq 24)$의 최댓값을 오른쪽 표준정규분포표를 이용하여 구한 것은? [4점]

z	$P(0 \leq Z \leq z)$
0.5	0.1915
1.0	0.3413
1.5	0.4332
2.0	0.4772

① 0.5328　　② 0.6247　　③ 0.7745

④ 0.8185　　⑤ 0.9104

수능수학 Big Data Analyst 김지석
수능한권 Prism 해설

해설 바로가기 ▶ 실전개념분석 77번

310. [2019년 수능 (가)형 15번]

어느 회사 직원들의 어느 날의 출근 시간은 평균이 66.4분, 표준편차가 15인 정규분포를 따른다고 한다. 이 날 출근 시간이 73분 이상인 직원들 중에서 40%, 73분 미만인 직원들 중에서 20%가 지하철을 이용하였고, 나머지 직원들은 다른 교통수단을 이용하였다. 이 날 출근한 이 회사 직원들 중 임의로 선택한 1명이 지하철을 이용하였을 확률은?
(단, Z가 표준정규분포를 따르는 확률변수일 때, $P(0 \leq Z \leq 0.44) = 0.17$로 계산한다.) [4점]

① 0.306　　② 0.296　　③ 0.286

④ 0.276　　⑤ 0.266

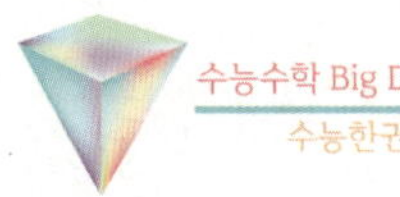

수능수학 Big Data Analyst 김지석
수능한권 Prism 해설

직원들의 출근 시간을 확률변수 X라 하면
$$X \sim N(66.4, 15^2)$$

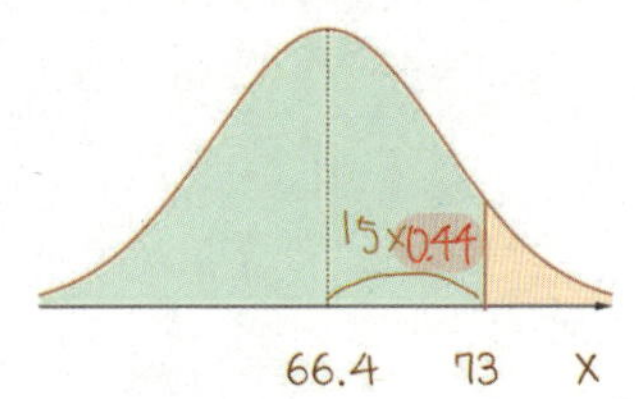

$$P(X \leq 73) = P(Z \leq 0.44) = 0.5 + 0.17 = 0.67$$
$$\therefore \ 0.33 \times 0.4 + 0.67 \times 0.2 = 0.266$$

[다른 풀이]

$P(X \geq 73)$
$$= P\left(\frac{X - 66.4}{15} \geq \frac{73 - 66.4}{15}\right)$$
$$= P(Z \geq 0.44)$$
$$= 0.5 - P(0 \leq Z \leq 0.44)$$
$$= 0.5 - 0.17 = 0.33$$
$$\therefore \ 0.33 \times 0.4 + 0.67 \times 0.2 = 0.266$$

복습	1회	2회	3회	4회	5회
채점 $\bigcirc\triangle\times$					

311. [2018년 수능 (가)형 26번]
확률변수 X가 평균이 m, 표준편차가 σ인
정규분포를 따르고
$P(X \leq 3) = P(3 \leq X \leq 80) = 0.3$
일 때, $m + \sigma$의 값을 구하시오.
(단, Z가 표준정규분포를 따르는 확률변수일 때,
$P(0 \leq Z \leq 0.25) = 0.1$, $P(0 \leq Z \leq 0.52) = 0.2$로
계산한다.) [4점]

155

확률변수 $X \sim N(m, \sigma^2)$을 따르므로

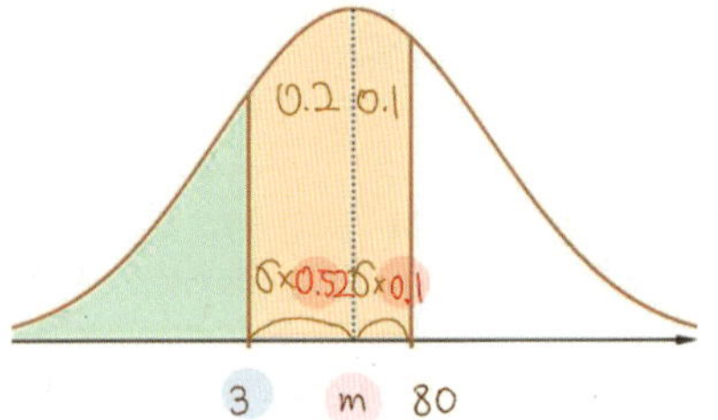

$\sigma \times 0.52 + \sigma \times 0.25 = 80 - 3$

$\Leftrightarrow 0.77\sigma = 77$

$\therefore \sigma = 100$

$\therefore m = 3 + 100 \times 0.52 = 55$

$\therefore m + \sigma = 55 + 100 = 155$

[다른 풀이]

$P(X \leq 3) = P\left(\dfrac{X-m}{\sigma} \leq \dfrac{3-m}{\sigma}\right)$

$= P\left(Z \leq \dfrac{3-m}{\sigma}\right) = 0.3$

$0.5 - P\left(0 \leq Z \leq \dfrac{m-3}{\sigma}\right) = 0.3$

$\therefore P\left(0 \leq Z \leq \dfrac{m-3}{\sigma}\right) = 0.2$

$\therefore \dfrac{m-3}{\sigma} = 0.52$

$\therefore m = 3 + 0.52\sigma$

$P(3 \leq X \leq 80)$

$= P\left(\dfrac{3-m}{\sigma} \leq \dfrac{X-m}{\sigma} \leq \dfrac{80-m}{\sigma}\right)$

$= P\left(\dfrac{3-m}{\sigma} \leq Z \leq \dfrac{80-m}{\sigma}\right)$

$= P\left(\dfrac{3-m}{\sigma} \leq Z \leq 0\right) + P\left(0 \leq Z \leq \dfrac{80-m}{\sigma}\right)$

$= 0.2 + P\left(0 \leq Z \leq \dfrac{80-m}{\sigma}\right) = 0.3$

$\therefore P\left(0 \leq Z \leq \dfrac{80-m}{\sigma}\right) = 0.1$

$\therefore \dfrac{80-m}{\sigma} = 0.25$

$m = 80 - 0.25\sigma$

$3 + 0.52\sigma = 80 - 0.25\sigma$

$\Leftrightarrow 0.77\sigma = 77$

$\therefore \sigma = 100$

$\therefore m = 3 + 0.52 \times 100 = 55$

$\therefore m + \sigma = 55 + 100 = 155$

복습	1회	2회	3회	4회	5회
채점 O△X					

1등급

312. [2017년 수능 (가)형 18번 & (나)형 29번]
실전 분석

확률변수 X는 평균이 m, 표준편차가 5인 정규분포를 따르고, 확률변수 X의 확률밀도함수 $f(x)$가 다음 조건을 만족시킨다.

(가) $f(10) > f(20)$
(나) $f(4) < f(22)$

m이 자연수일 때, $P(17 \leq X \leq 18)$의 값을 표준정규분포표를 이용하여 구한 것은? [4점]

z	$P(0 \leq Z \leq z)$
0.6	0.226
0.8	0.288
1.0	0.341
1.2	0.385

① 0.044 ② 0.053 ③ 0.062 ✓
④ 0.078 ⑤ 0.097

해설 바로가기 ▶ 실전개념분석 78번

313. [2010년 수능 (가)형 & (나)형 9번] 실전 분석

어느 공장에서 생산되는 병의 내압강도는 정규분포 $N(m, \sigma^2)$을 따르고, 내압강도가 40보다 작은 병은 불량품으로 분류한다.

이 공장의 공정능력을 평가하는 공정능력지수 G는

$$G = \frac{m - 40}{3\sigma}$$으로 계산한다.

$G = 0.8$일 때, 임의 추출한 한 개의 병이 불량품일 확률을 표준정규분포표를 이용하여 구한 것은? [4점]

z	$P(0 \leq Z \leq z)$
2.2	0.4861
2.3	0.4893
2.4	0.4918
2.5	0.4938

① 0.0139 ② 0.0107 ③ 0.0082 ✓
④ 0.0062 ⑤ 0.0038

해설 바로가기 ▶ 실전개념분석 75번

복습	1회	2회	3회	4회	5회
채점 O△X					

━━ 1등급 ━━

314. [2010년 수능 (가)형 확률과 통계 29번]

실전 분석

어느 뼈 화석이 두 동물 A와 B 중에서 어느 동물의 것인지 판단하는 방법 가운데 한 가지는 특정 부위의 길이를 이용하는 것이다. 동물 A의 이 부위의 길이는 정규분포 $N(10,\ 0.4^2)$을 따르고, 동물 B의 이 부위의 길이는 정규분포

$N(12,\ 0.6^2)$을 따른다. 이 부위의 길이가 d 미만이면 동물 A의 화석으로 판단하고, d 이상이면 동물 B의 화석으로 판단한다.

동물 A의 화석을 동물 A의 화석으로 판단할 확률과 동물 B의 화석을 동물 B의 화석으로 판단할 확률이 같아지는 d의 값은? (단, 길이의 단위는 cm이다.) [4점]

① 10.4　② 10.5　③ 10.6　④ 10.7　⑤ 10.8

해설 바로가기 ▶ 실전개념분석 74번

315. [2009년 수능 (가)형 확률과 통계 29번]

실전 분석

확률변수 X와 Y는 평균이 모두 0이고 분산이 각각 σ^2과 $\dfrac{\sigma^2}{4}$인 정규분포를 따르고, 확률변수 Z는 표준정규분포를 따른다. 두 양수 a와 b에 대하여 $P(|X| \le a) = P(|Y| \le b)$일 때, 옳은 것만을 <보기>에서 있는 대로 고른 것은? [4점]

$$\boxed{\begin{array}{l} [\ \text{보 기}\ ] \\ \text{ㄱ. } a > b \\ \text{ㄴ. } P\!\left(Z > \dfrac{2b}{\sigma}\right) = P\!\left(Y > \dfrac{a}{2}\right) \\ \text{ㄷ. } P(Y \le b) = 0.7 \text{일 때, } P(|X| \le a) = 0.3 \\ \qquad \text{이다.} \end{array}}$$

① ㄱ　② ㄴ　③ ㄱ, ㄴ　④ ㄴ, ㄷ　⑤ ㄱ, ㄴ, ㄷ

해설 바로가기 ▶ 실전개념분석 73번

복습	1회	2회	3회	4회	5회
채점 O△X					

316. [2008년 수능 (가)형 & (나)형 13번]
어느 회사의 전체 신입 사원 1000명을 대상으로 신체검사를 한 결과, 키는 평균 m, 표준편차 10인 정규분포를 따른다고 한다. 전체 신입 사원 중에서 키가 177 이상인 사원이 242명이었다. 전체 신입 사원 중에서 임의로 선택한 한 명의 키가 180 이상일 확률을 표준정규분포표를 이용하여 구한 것은? (단, 키의 단위는 cm이다.)
[4점]

z	$P(0 \leq Z \leq z)$
0.7	0.2580
0.8	0.2881
0.9	0.3159
1.0	0.3413

① 0.1587 ② 0.1841 ③ 0.2119
④ 0.2267 ⑤ 0.2420

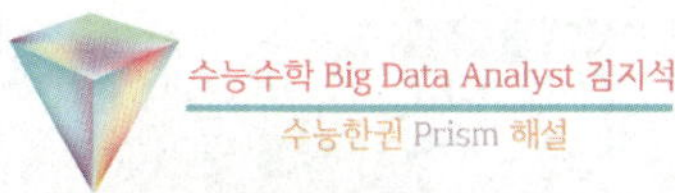

$X \sim N(m, 10^2)$

$P(X \geq 177) = \dfrac{242}{1000} = 0.242$

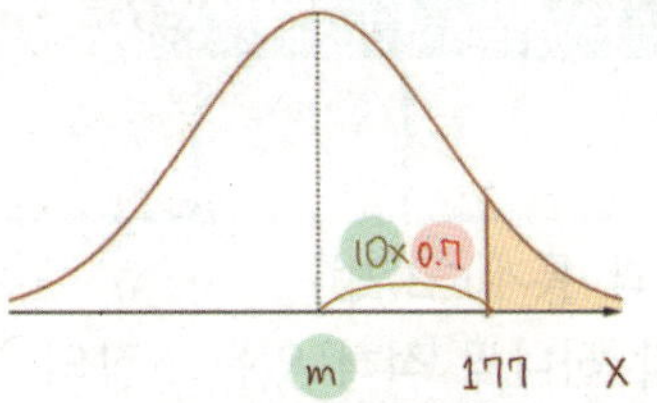

$m = 177 - 10 \times 0.7 = 170$

$\therefore X \sim N(170, 10^2)$

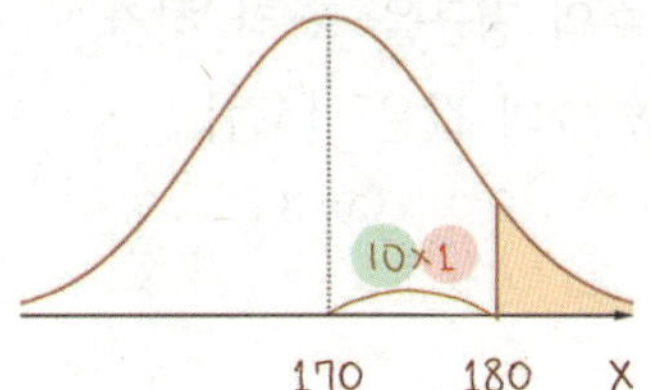

$P(X > 180) = P(Z \geq 1) = 0.5 - 0.3413 = 0.1587$

[다른 풀이]

$P(X \geq 177)$

$= P\left(\dfrac{X-m}{10} \geq \dfrac{177-m}{10}\right)$

$= P(Z \geq 0.7) = 0.242$

$\dfrac{177-m}{10} = 0.7, \quad 177 - m = 7$

$\therefore m = 170$

$X \sim N(170, 10^2)$

$P(X \geq 180)$

$= P\left(\dfrac{X-170}{10} \geq \dfrac{180-170}{10}\right)$

$= P(Z \geq 1)$

$= 0.5 - 0.3413 = 0.1587$

확률과 통계 3. 통계 경향13
표본평균 분포

수능 3점

복습	1회	2회	3회	4회	5회
채점 ○△✕					

317. [2025년 수능 (확률과 통계) 27번]

숫자 1, 3, 5, 7, 9가 각각 하나씩 적혀 있는 5장의 카드가 들어 있는 주머니가 있다. 이 주머니에서 임의로 1장의 카드를 꺼내어 카드에 적혀 있는 수를 확인한 후 다시 넣는 시행을 한다. 이 시행을 3번 반복하여 확인한 세 개의 수의 평균을 $\overline{X}$ 라 하자. $V(a\overline{X}+6)=24$일 때, 양수 a의 값은? [3점]

① 1   ② 2   ③ 3
④ 4   ⑤ 5

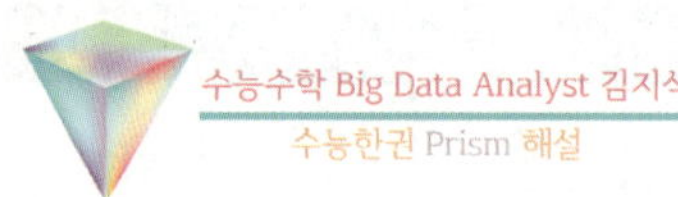

숫자 1, 3, 5, 7, 9 중 1장의 카드를 꺼냈을 때 적혀있는 수를 확률변수 X 라 놓으면

$$E(X)=\frac{1+3+5+7+9}{5}=5$$

$$E(X^2)=\frac{1+9+25+49+81}{5}=33$$

$$V(X)=E(X^2)-\{E(X)\}^2=33-5^2=8$$

$$\therefore V(\overline{X})=\frac{V(X)}{3}=\frac{8}{3}$$

$$V(a\overline{X}+b)=a^2V(\overline{X})=24$$

$$\therefore a^2=9$$

$$\therefore a=3 \ (\because a>0)$$

[다른 풀이]

$$E(X)=\frac{1+3+5+7+9}{5}=5$$

편차는

$$1-5=-4, \ 3-5=-2, \ 5-5=0, \ 7-5=2, \ 9-5=4$$

$$\therefore V(X)=\frac{(-4)^2+(-2)^2+0^2+2^2+4^2}{5}=8$$

$$\therefore V(\overline{X})=\frac{V(X)}{3}=\frac{8}{3}$$

$$V(a\overline{X}+b)=a^2V(\overline{X})=24$$

$$\therefore a^2=9$$

$$\therefore a=3 \ (\because a>0)$$

복습	1회	2회	3회	4회	5회
채점 O△X					

318. [2021년 수능 (가)형 6번 & (나)형 11번]

정규분포 $N(20, 5^2)$을 따르는 모집단에서 크기가 16인 표본을 임의추출하여 구한 표본평균을 $\overline{X}$ 라 할 때, $E(\overline{X}) + \sigma(\overline{X})$ 의 값은? [3점]

① $\dfrac{83}{4}$ ② $\dfrac{85}{4}$ ③ $\dfrac{87}{4}$ ④ $\dfrac{89}{4}$ ⑤ $\dfrac{91}{4}$

수능수학 Big Data Analyst 김지석
수능한권 Prism 해설

$$\therefore E(\overline{X}) + \sigma(\overline{X}) = E(X) + \frac{\sigma(X)}{\sqrt{16}}$$

$$= 20 + \frac{5}{4} = \frac{85}{4}$$

복습	1회	2회	3회	4회	5회
채점 O△X					

319. [2017년 수능 (가)형 13번] 실전 분석

정규분포 $N(0, 4^2)$을 따르는 모집단에서 크기가 9인 표본을 임의 추출하여 구한 표본평균을 $\overline{X}$, 정규분포 $N(3, 2^2)$을 따르는 모집단에서 크기가 16인 표본을 임의 추출하여 구한 표본평균을 $\overline{Y}$라 하자.

$P(\overline{X} \geq 1) = P(\overline{Y} \leq a)$를 만족시키는 상수 a의 값은? [3점]

① $\dfrac{19}{8}$ ② $\dfrac{5}{2}$ ③ $\dfrac{21}{8}$ ④ $\dfrac{11}{4}$ ⑤ $\dfrac{23}{8}$

수능수학 Big Data Analyst 김지석
수능한권 Prism 해설

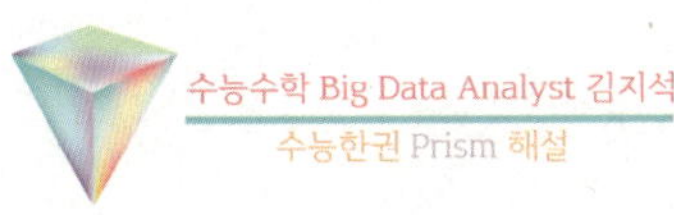

해설 바로가기 ▶ 실전개념분석 84번

복습	1회	2회	3회	4회	5회
채점 O△X					

320. [2016년 수능 (A)형 9번]

모표준편차가 14인 모집단에서 크기가 n인 표본을 임의추출하여 구한 표본평균을 $\overline{X}$ 라 하자.

$\sigma(\overline{X}) = 2$일 때, n의 값은? [3점]

① 9 ② 16 ③ 25
④ 36 ⑤ 49

수능수학 Big Data Analyst 김지석
수능한권 Prism 해설

$$\sigma(\overline{X}) = \frac{\sigma}{\sqrt{n}} = \frac{14}{\sqrt{n}} = 2$$

$$\therefore \sqrt{n} = 7$$

$$\therefore n = 49$$

복습	1회	2회	3회	4회	5회
채점 O△X					

321. [2014년 수능 (A)형 12번]
어느 약품 회사가 생산하는 약품 1병의 용량은 평균이 m, 표준편차가 10인 정규분포를 따른다고 한다. 이 회사가 생산한 약품 중에서 임의로 추출한 25병의 용량의 표본평균이 2000 이상일 확률이 0.9772일 때, m의 값을 표준정규분포표를 이용하여 구한 것은? (단, 용량의 단위는 mL이다.) [3점]

z	$P(0 \le Z \le z)$
1.5	0.4332
2.0	0.4772
2.5	0.4938
3.0	0.4987

① 2003 ② 2004 ✓ ③ 2005 ④ 2006 ⑤ 2007

약품 1병의 용량을 확률변수 X라 하면
$X \sim N(m, 10^2)$
임의로 추출한 25병의 용량의 표본평균을 확률변수 $\overline{X}$라 하면
$$\overline{X} \sim N\left(m, \left(\frac{10}{\sqrt{25}}\right)^2\right) \Leftrightarrow N(m, 2^2)$$
$P(\overline{X} \ge 2000) = 0.9772$이므로

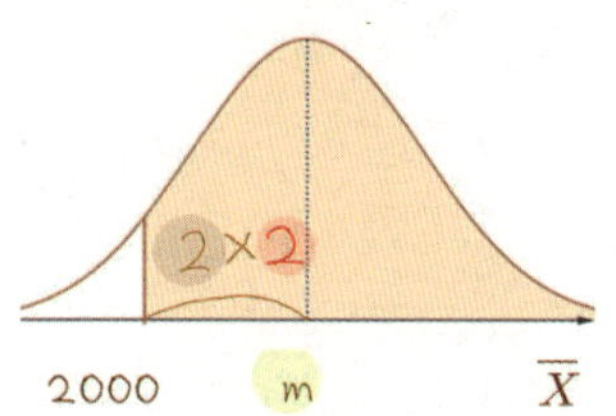

$\therefore m = 2000 + 2 \times 2 = 2004$

[다른 풀이]
$P(\overline{X} \ge 2000)$
$= P\left(Z \ge \dfrac{2000 - m}{2}\right) = 0.9772$
$\therefore \dfrac{2000 - m}{2} = -2$
$\therefore m = 2004$

322. [2011년 수능 (나)형 27번] 실전 분석
어느 도시에서 공용 자전거의 1회 이용 시간은 평균이 60분, 표준편차가 10분인 정규분포를 따른다고 한다. 공용 자전거를 이용한 25회를 임의추출하여 조사할 때, 25회 이용시간의 총합이 1450분이상일 확률을 표준정규분포표를 이용하여 구한 것은? [3점]

z	$P(0 \le Z \le z)$
1.0	0.3413
1.5	0.4332
2.0	0.4772
2.5	0.4938

① 0.8351 ② 0.8413 ✓ ③ 0.9332
④ 0.9772 ⑤ 0.9938

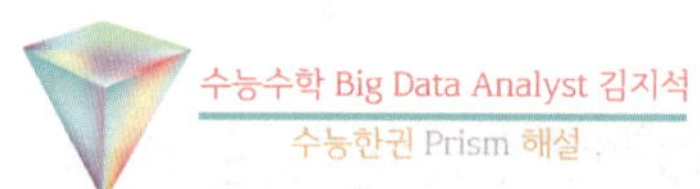

해설 바로가기 ▶ 실전개념분석 86번

복습	1회	2회	3회	4회	5회
채점 O△X					

323. [2010년 수능 (나)형 27번]

어느 방송사의 '○○뉴스'의 방송시간은 평균이 50분, 표준편차가 2분인 정규분포를 따른다. 방송된 '○○뉴스'를 대상으로 크기가 9인 표본을 임의추출하여 조사한 방송시간의 표본평균을 $\overline{X}$라 할 때, $P(49 \leq \overline{X} \leq 51)$의 값을 표준정규분포표를 이용하여 구한 것은? [3점]

z	$P(0 \leq Z \leq z)$
1.5	0.4332
1.6	0.4452
1.7	0.4554
1.8	0.4641

① 0.8664 ② 0.8904 ③ 0.9108
④ 0.9282 ⑤ 0.9452

$$\overline{X} \sim N\left(50, \left(\frac{2}{\sqrt{9}}\right)^2\right) \Leftrightarrow N\left(50, \left(\frac{2}{3}\right)^2\right)$$

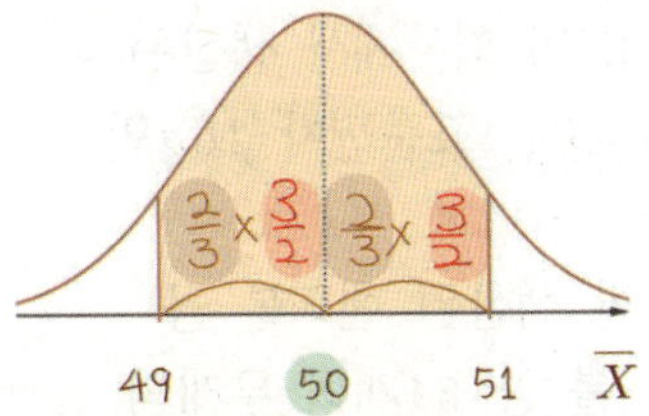

$P(49 \leq \overline{X} \leq 51)$
$= P(-1.5 \leq Z \leq 1.5)$
$= 2 \times 0.4332 = 0.8664$

[다른 풀이]

$P(49 \leq \overline{X} \leq 51)$
$$= P\left(\frac{49-50}{\frac{2}{3}} \leq \frac{\overline{X}-50}{\frac{2}{3}} \leq \frac{51-50}{\frac{2}{3}}\right)$$
$$= P\left(-\frac{3}{2} \leq Z \leq \frac{3}{2}\right)$$
$$= P(-1.5 \leq Z \leq 1.5)$$
$$= 2 \times 0.4332 = 0.8664$$

복습	1회	2회	3회	4회	5회
채점 O△X					

324. [2009년 수능 (가)형 & (나)형 8번]

세계핸드볼연맹에서 공인한 여자 일반부용 핸드볼 공을 생산하는 회사가 있다. 이 회사에서 생산된 핸드볼 공의 무게는 평균 350g, 표준편차 16g인 정규분포를 따른다고 한다.

이 회사는 일정한 기간 동안 생산된 핸드볼 공 중에서 임의로 추출된 핸드볼 공 64개의 무게의 평균이 346g 이하이거나 355g 이상이면 생산 공정에 문제가 있다고 판단한다.

이 회사에서 생산 공정에 문제가 있다고 판단할 확률을 표준정규분포표를 이용하여 구한 것은? [3점]

z	$P(0 \le Z \le z)$
2.00	0.4772
2.25	0.4878
2.50	0.4938
2.75	0.4970

① 0.0290　② 0.0258　③ 0.0184
④ 0.0152　⑤ 0.0092

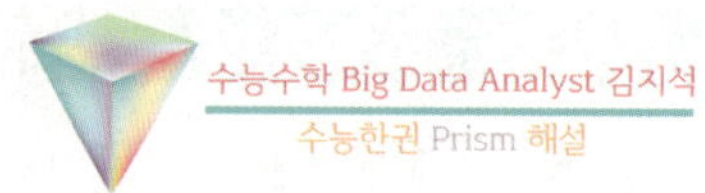

회사에서 생산된 핸드볼 공의 무게를 X라 하면

$$\overline{X} \sim N\left(350, \left(\frac{16}{\sqrt{64}}\right)^2\right) \Leftrightarrow N(350, 2^2)$$

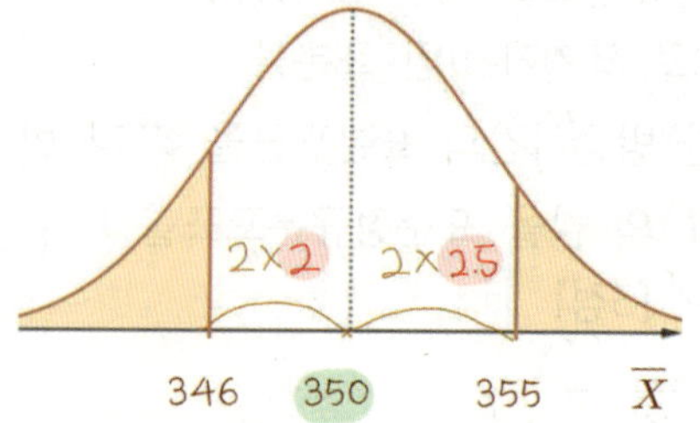

$P(\overline{X} \le 346) + P(\overline{X} \ge 355)$
$= P(Z \le -2) + P(Z \ge 2.5)$
$= 1 - 0.4772 - 0.4938$
$= 0.0290$

[다른 풀이]

$P(\overline{X} \le 346) + P(\overline{X} \ge 355)$
$= P\left(Z \le \frac{346 - 350}{2}\right) + P\left(Z \ge \frac{355 - 350}{2}\right)$
$= P(Z \le -2) + P(Z \ge 2.5)$
$= P(Z \ge 2) + P(Z \ge 2.5)$
$= (0.5 - 0.4772) + (0.5 - 0.4938)$
$= 0.0228 + 0.0062$
$= 0.0290$

복습	1회	2회	3회	4회	5회
채점					
O△X					

325. [2006년 수능 (가)형 & (나)형 14번]

어느 공장에서 생산되는 제품의 무게가 정규분포 $N(11, 2^2)$을 따른다고 하자.

A와 B 두 사람이 크기가 4인 표본을 각각 독립적으로 임의추출하였다. A와 B가 추출한 표본의 평균이 모두 10 이상 14 이하가 될 확률을 표준정규분포표를 이용하여 구한 것은? [3점]

z	$P(0 \leq Z \leq z)$
1	0.3413
2	0.4772
3	0.4987

① 0.8123   ② 0.7056   ③ 0.6587

④ 0.5228   ⑤ 0.2944

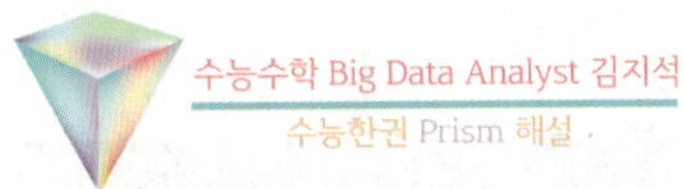

수능수학 Big Data Analyst 김지석
수능한권 Prism 해설

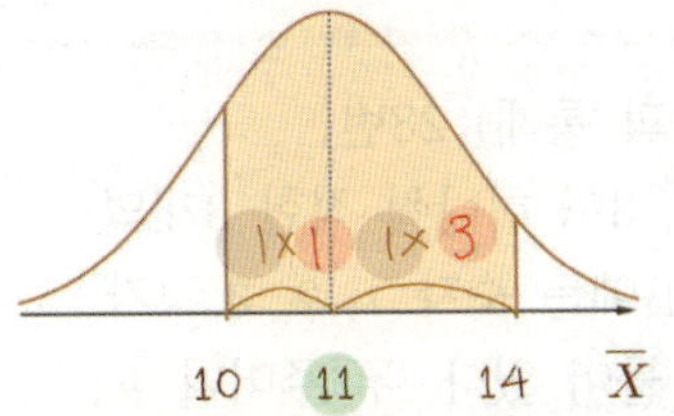

$$\overline{X} \sim N\left(11, \left(\frac{2}{\sqrt{4}}\right)^2\right) \Leftrightarrow N(11, 1^2)$$

$$P(10 \leq \overline{X} \leq 14)$$
$$= P(-1 \leq Z \leq 3)$$
$$= 0.3413 + 0.4987 = 0.84$$

A, B 두 사람이 각각 독립적인 표본을 임의추출 하였으므로, 두 사람이 뽑은 표본의 표본평균이 10 이상 14 이하일 확률은 모두 0.84로 같고, 두 사건은 서로 독립이다.

$$\therefore 0.84 \times 0.84 = 0.7056$$

[다른 풀이]

$$\therefore P(10 \leq \overline{X} \leq 14)$$
$$= P\left(\frac{10-11}{1} \leq \frac{\overline{X}-11}{1} \leq \frac{14-11}{1}\right)$$
$$= P(-1 \leq Z \leq 3)$$
$$= P(0 \leq Z \leq 1) + P(0 \leq Z \leq 3)$$
$$= 0.3413 + 0.4987 = 0.84$$

수능 4점

복습	1회	2회	3회	4회	5회
채점 O△X					

1등급

326. [2023년 9월 (확률과 통계) 28번]
주머니 A에는 숫자 1, 2, 3이 하나씩 적힌 3개의 공이 들어 있고, 주머니 B에는 숫자 1, 2, 3, 4가 하나씩 적힌 4개의 공이 들어 있다. 두 주머니 A, B와 한 개의 주사위를 사용하여 다음 시행을 한다.

> 주사위를 한 번 던져
> 나온 눈의 수가 3의 배수이면
> 주머니 A에서 임의로 2개의 공을 동시에 꺼내고, 나온 눈의 수가 3의 배수가 아니면
> 주머니 B에서 임의로 2개의 공을 동시에 꺼낸다. 꺼낸 2개의 공에 적혀 있는 수의 차를 기록한 후, 공을 꺼낸 주머니에 이 2개의 공을 다시 넣는다.

이 시행을 2번 반복하여 기록한 두 개의 수의 평균을 $\overline{X}$라 할 때, $\mathrm{P}(\overline{X}=2)$의 값은? [4점]

① $\dfrac{11}{81}$ ② $\dfrac{13}{81}$ ③ $\dfrac{5}{27}$

④ $\dfrac{17}{81}$ ⑤ $\dfrac{19}{81}$

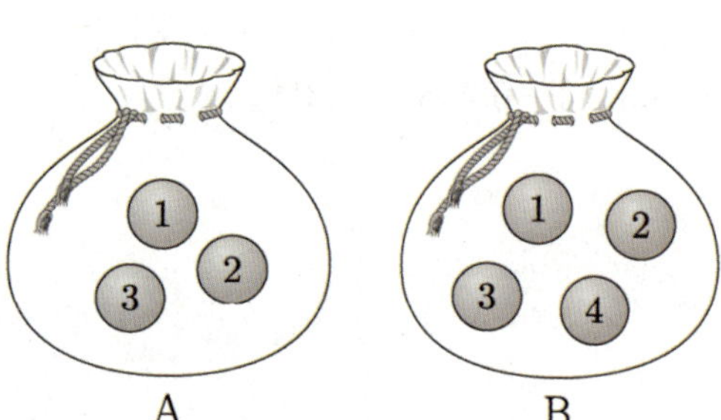

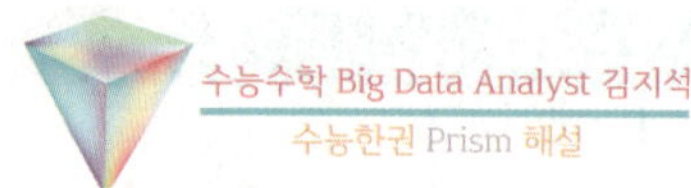

주사위를 한 번 던져

3배수일 확률 ▶ $\dfrac{1}{3}$

3배수 아닐 확률 ▶ $\dfrac{2}{3}$

수의 차 X	1	2	3
주머니 A $_3C_2=3$	(1,2) (2,3)	(1,3)	
주머니 B $_4C_2=6$	(1,2) (2,3) (3,4)	(1,3) (2,4)	(1,4)

$$\mathrm{P}(X=1)=\dfrac{1}{3}\times\dfrac{2}{3}+\dfrac{2}{3}\times\dfrac{3}{6}=\dfrac{5}{9}$$

$$\mathrm{P}(X=2)=\dfrac{1}{3}\times\dfrac{1}{3}+\dfrac{2}{3}\times\dfrac{2}{6}=\dfrac{1}{3}$$

$$\mathrm{P}(X=3)=\dfrac{2}{3}\times\dfrac{1}{6}=\dfrac{1}{9}$$

$\mathrm{P}(\overline{X}=2)$
$=\mathrm{P}(X=1)\times\mathrm{P}(X=3)+\mathrm{P}(X=2)\times\mathrm{P}(X=2)$
$\quad+\mathrm{P}(X=3)\times\mathrm{P}(X=1)$
$=\dfrac{5}{9}\times\dfrac{1}{9}+\dfrac{1}{3}\times\dfrac{1}{3}+\dfrac{1}{9}\times\dfrac{5}{9}=\dfrac{19}{81}$

복습	1회	2회	3회	4회	5회
채점 O△X					

1등급

327. [2022년 9월 (확률과 통계) 29번]

1부터 6까지의 자연수가 하나씩 적힌 6장의 카드가 들어 있는 주머니가 있다. 이 주머니에서 임의로 한 장의 카드를 꺼내어 카드에 적힌 수를 확인한 후 다시 넣는 시행을 한다. 이 시행을 4번 반복하여 확인한 네 개의 수의 평균을 $\overline{X}$ 라 할 때, $P\left(\overline{X}=\dfrac{11}{4}\right)=\dfrac{q}{p}$ 이다. $p+q$ 의 값을 구하시오. (단, p 와 q 는 서로소인 자연수이다.) [4점]

수능수학 Big Data Analyst 김지석
수능한권 Prism 해설

175

네 수를 각각 $X_1,\ X_2,\ X_3,\ X_4$ 라 하면
$$X_1 + X_2 + X_3 + X_4 = 11$$
$\Leftrightarrow x_1 + x_2 + x_3 + x_4 = 11 - 4 = 7$
$(1 \le X_i = x_i + 1 \le 6,\ 0 \le x_i \le 5)$

$x_1 + x_2 + x_3 + x_4 = 7$ 을 만족시키는 경우의 수에서

$(7, 0, 0, 0)$ ▶ 4가지

$(6, 1, 0, 0)$ ▶ $\dfrac{4!}{2!} = 12$ 가지

는 제외해야 한다. ($\because 0 \le x_i \le 5$)

▶ ${}_4H_7 - (4 + 12)$

$\therefore \dfrac{{}_4H_7 - (4+12)}{6^4} = \dfrac{13}{162}$

$\therefore p + q = 162 + 13 = 175$

[다른 풀이]

네 수의 평균이 $\dfrac{11}{4}$

→ 합이 11

→ 그래서 각각이 얼마인가?

→ 케이스를 나누는 것이 핵심!

$11 = 6+3+1+1 \rightarrow \dfrac{4!}{2!}$

$ = 6+2+2+1 \rightarrow \dfrac{4!}{2!}$

$ = 5+4+1+1 \rightarrow \dfrac{4!}{2!}$

$ = 5+3+2+1 \rightarrow 4!$

$ = 5+2+2+2 \rightarrow \dfrac{4!}{3!}$

$ = 4+4+2+1 \rightarrow \dfrac{4!}{2!}$

$ = 4+3+3+1 \rightarrow \dfrac{4!}{2!}$

$ = 4+3+2+2 \rightarrow \dfrac{4!}{2!}$

$ = 3+3+3+2 \rightarrow \dfrac{4!}{3!}$

$\therefore \dfrac{\dfrac{4!}{2!} \times 6 + 4! + \dfrac{4!}{3!} \times 2}{6^4} = \dfrac{13}{162}$

$\therefore p + q = 162 + 13 = 175$

복습	1회	2회	3회	4회	5회
채점 $O\triangle X$					

328. [2020년 수능 (가)형 14번 & (나)형 16번]
숫자 1이 적혀 있는 공 10개, 숫자 2가 적혀 있는 공 20개, 숫자 3이 적혀 있는 공 30개가 들어 있는 주머니가 있다. 이 주머니에서 임의로 한 개의 공을 꺼내어 공에 적혀 있는 수를 확인한 후 다시 넣는다. 이와 같은 시행을 10번 반복하여 확인한 10개의 수의 합을 확률변수 Y라 하자. 다음은 확률변수 Y의 평균 $\mathrm{E}(Y)$와 분산 $\mathrm{V}(Y)$를 구하는 과정이다.

주머니에 들어 있는 60개의 공을 모집단으로 하자. 이 모집단에서 임의로 한 개의 공을 꺼낼 때, 이 공에 적혀 있는 수를 확률변수 X라 하면 X의 확률분포, 즉 모집단의 확률분포는 다음 표와 같다.

X	1	2	3	합계
$\mathrm{P}(X=x)$	$\dfrac{1}{6}$	$\dfrac{1}{3}$	$\dfrac{1}{2}$	1

$\therefore$ 모평균 m과 모분산 σ^2는

$$m = \mathrm{E}(X) = \frac{7}{3}, \quad \sigma^2 = \mathrm{V}(X) = \boxed{(\text{가})} \text{ 이다.}$$

모집단에서 크기가 10인 표본을 임의추출하여 구한

표본평균을 $\overline{X}$라 하면

$$\mathrm{E}(\overline{X}) = \frac{7}{3}, \quad \mathrm{V}(\overline{X}) = \boxed{(\text{나})} \text{ 이다.}$$

주머니에서 n번째 꺼낸 공에 적혀 있는 수를 X_n이라 하면

$$Y = \sum_{n=1}^{10} X_n = 10\,\overline{X} \text{ 이므로}$$

$$\mathrm{E}(Y) = \frac{70}{3}, \quad \mathrm{V}(Y) = \boxed{(\text{다})} \text{ 이다.}$$

위의 (가), (나), (다)에 알맞은 수를 각각 p, q, r라 할 때, $p+q+r$의 값은? [4점]

① $\dfrac{31}{6}$ ② $\dfrac{11}{2}$ ③ $\dfrac{35}{6}$ ④ $\dfrac{37}{6}$ ⑤ $\dfrac{13}{2}$

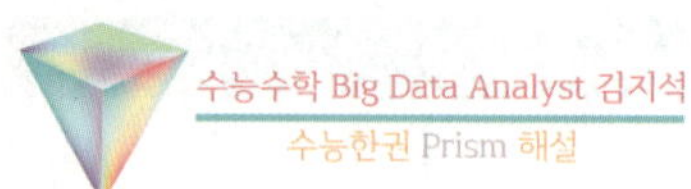

주어진 모집단의 확률분포에서

$$\sigma^2 = \mathrm{V}(X) = \mathrm{E}(X^2) - \{\mathrm{E}(X)\}^2$$
$$= 1^2 \times \frac{1}{6} + 2^2 \times \frac{1}{3} + 3^2 \times \frac{1}{2} - \left(\frac{7}{3}\right)^2$$
$$= 6 - \frac{49}{9} = \frac{5}{9}$$
$$\therefore p = \frac{5}{9}$$

$\overline{X}$는 이 모집단에서 크기가 10인 표본을 임의추출하여 구한 표본평균이므로

$$\mathrm{V}(\overline{X}) = \frac{\mathrm{V}(X)}{10} = \frac{5}{9} \times \frac{1}{10} = \frac{1}{18}$$
$$\therefore q = \frac{1}{18}$$

$$\mathrm{V}(Y) = \mathrm{V}(10\overline{X}) = 10^2 \mathrm{V}(\overline{X})$$
$$= 100 \times \frac{1}{18} = \frac{50}{9}$$
$$\therefore r = \frac{50}{9}$$

$$\therefore p+q+r = \frac{5}{9} + \frac{1}{18} + \frac{50}{9} = \frac{37}{6}$$

복습	1회	2회	3회	4회	5회
채점 O△X					

329. [2020년 9월 (가)형 14번]

어느 지역 신생아의 출생 시 몸무게 X가 정규분포를 따르고

$$P(X \geq 3.4) = \frac{1}{2}, \quad P(X \leq 3.9) + P(Z \leq -1) = 1$$

이다. 이 지역 신생아 중에서 임의추출한 25명의 출생 시 몸무게의 표본평균을 $\overline{X}$라 할 때, $P(\overline{X} \geq 3.55)$의 값을 표준정규분포표를 이용하여 구한 것은? (단, 몸무게의 단위는 kg이고, Z는 표준정규분포를 따르는 확률변수이다.) [4점]

z	$P(0 \leq Z \leq z)$
1.0	0.3413
1.5	0.4332
2.0	0.4772
2.5	0.4938

① 0.0062   ② 0.0228   ③ 0.0668

④ 0.1587   ⑤ 0.3413

수능수학 Big Data Analyst 김지석
수능한권 Prism 해설

확률변수 X가 정규분포 $N(m, \sigma^2)$을 따른다고 하면

$$P(X \geq 3.4) = \frac{1}{2}$$ 이므로

$$m = 3.4$$

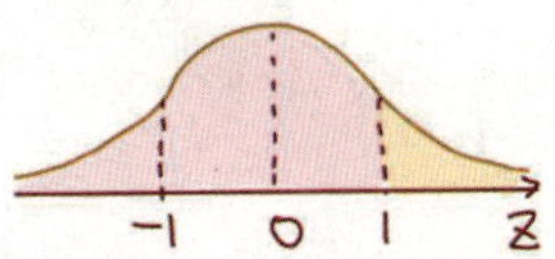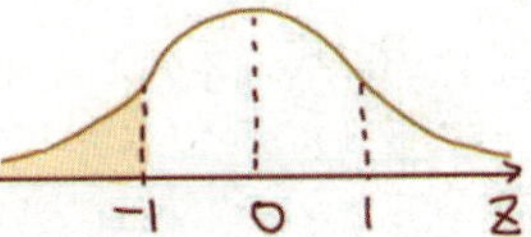

$P(X \leq 3.9) + P(Z \leq -1) = 1$인데
$P(Z \leq 1) + P(Z \leq -1) = 1$이므로
$P(X \leq 3.9) = P(Z \leq 1)$

$$\therefore \frac{3.9 - 3.4}{\sigma} = 1, \quad \sigma = 0.5$$

∴ 확률변수 $\overline{X}$는 정규분포

$$N\left(3.4, \left(\frac{0.5}{\sqrt{25}}\right)^2\right) = N(3.4, 0.1^2)$$을 따른다.

$$\therefore P(\overline{X} \geq 3.55) = P\left(Z \geq \frac{3.55 - 3.4}{0.1}\right)$$
$$= P(Z \geq 1.5) = 0.5 - 0.4332$$
$$= 0.0668$$

복습	1회	2회	3회	4회	5회
채점 O△X					

330. [2020년 22예시문항 (확률과 통계) 30번]

주머니 A에는 숫자 1, 2가 하나씩 적혀 있는 2개의 공이 들어 있고, 주머니 B에는 숫자 3, 4, 5가 하나씩 적혀 있는 3개의 공이 들어 있다. 다음의 시행을 3번 반복하여 확인한 세 개의 수의 평균을 $\overline{X}$ 라 하자.

> 두 주머니 A, B 중 임의로 선택한 하나의 주머니에서 임의로 한 개의 공을 꺼내어 공에 적혀 있는 수를 확인한 후 꺼낸 주머니에 다시 넣는다.

$P(\overline{X} = 2) = \dfrac{q}{p}$ 일 때, $p+q$의 값을 구하시오.

(단, p와 q는 서로소인 자연수이다.) [4점]

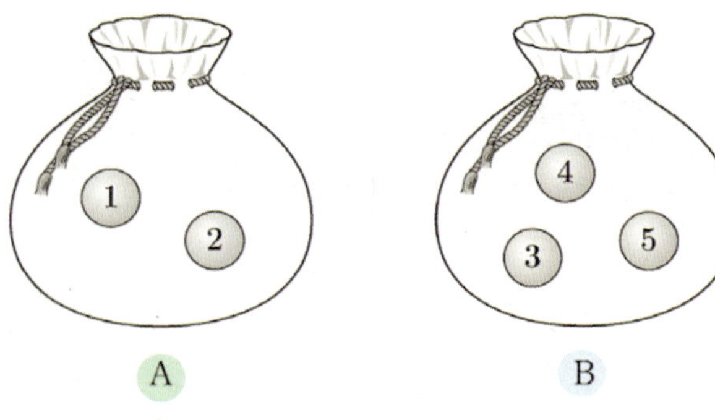

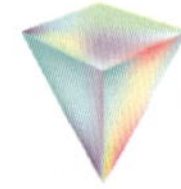
수능수학 Big Data Analyst 김지석
수능한권 Prism 해설

71

모집단의 분포는

$$\overline{X} = \frac{X_1 + X_2 + X_3}{3} = 2$$

$$\Leftrightarrow X_1 + X_2 + X_3 = 6$$

ⅰ) 4+1+1=6

ⅱ) 3+2+1=6

ⅲ) 2+2+2=6

ⅰ) 4+1+1=6

$(X_1,\ X_2,\ X_3)$를 $(4,\ 1,\ 1)$에 대응시키는 방법의 수

▸ $\dfrac{3!}{2!}$

주머니 B 선택 & 주머니 B에서 4가 나올 확률

▸ $\dfrac{1}{2} \times \dfrac{1}{3}$

주머니 A 선택 & 주머니 A에서 1이 나올 확률

▸ $\dfrac{1}{2} \times \dfrac{1}{2}$

∴ $\dfrac{3!}{2!}\left(\dfrac{1}{2} \times \dfrac{1}{3}\right)\left(\dfrac{1}{2} \times \dfrac{1}{2}\right)\left(\dfrac{1}{2} \times \dfrac{1}{2}\right)$

ⅱ) 3+2+1=6

$(X_1,\ X_2,\ X_3)$를 $(3,\ 2,\ 1)$에 대응시키는 방법의 수

▸ $3!$

주머니 B 선택 & 주머니 B에서 3이 나올 확률

▸ $\dfrac{1}{2} \times \dfrac{1}{3}$

주머니 A 선택 & 주머니 A에서 2가 나올 확률

▸ $\dfrac{1}{2} \times \dfrac{1}{2}$

주머니 A 선택 & 주머니 A에서 1이 나올 확률

▸ $\dfrac{1}{2} \times \dfrac{1}{2}$

∴ $3!\left(\dfrac{1}{2} \times \dfrac{1}{3}\right)\left(\dfrac{1}{2} \times \dfrac{1}{2}\right)\left(\dfrac{1}{2} \times \dfrac{1}{2}\right)$

ⅲ) 2+2+2=6

$(X_1,\ X_2,\ X_3)$를 $(2,\ 2,\ 2)$에 대응시키는 방법의 수

▸ 1

주머니 A 선택 & 주머니 A에서 2가 나올 확률

▸ $\dfrac{1}{2} \times \dfrac{1}{2}$

∴ $1 \times \left(\dfrac{1}{2} \times \dfrac{1}{2}\right)\left(\dfrac{1}{2} \times \dfrac{1}{2}\right)\left(\dfrac{1}{2} \times \dfrac{1}{2}\right)$

∴ $\dfrac{3!}{2!}\left(\dfrac{1}{2} \times \dfrac{1}{3}\right)\left(\dfrac{1}{2} \times \dfrac{1}{2}\right)\left(\dfrac{1}{2} \times \dfrac{1}{2}\right)$

$+ 3!\left(\dfrac{1}{2} \times \dfrac{1}{3}\right)\left(\dfrac{1}{2} \times \dfrac{1}{2}\right)\left(\dfrac{1}{2} \times \dfrac{1}{2}\right)$

$+ 1 \times \left(\dfrac{1}{2} \times \dfrac{1}{2}\right)\left(\dfrac{1}{2} \times \dfrac{1}{2}\right)\left(\dfrac{1}{2} \times \dfrac{1}{2}\right)$

$= \dfrac{7}{64}$

∴ $p+q = 64 + 7 = 71$

복습	1회	2회	3회	4회	5회
채점 $O\triangle X$					

331. [2018년 수능 (가)형 10번 & (나)형 15번]

어느 공장에서 생산하는 화장품 1개의 내용량은 평균이 201.5 g이고 표준편차가 1.8 g인 정규분포를 따른다고 한다.

이 공장에서 생산한 화장품 중 임의추출한 9개의 화장품 내용량의 표본평균이 200 g 이상일 확률을 오른쪽 표준정규분포표를 이용하여 구한 것은? [4점]

z	$P(0 \leq Z \leq z)$
1.0	0.3413
1.5	0.4332
2.0	0.4772
2.5	0.4938

① 0.7745 ② 0.8413 ③ 0.9332
④ 0.9772 ⑤ 0.9938

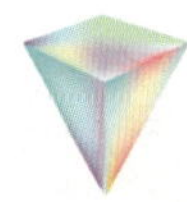
수능수학 Big Data Analyst 김지석
수능한권 Prism 해설

공장에서 생산하는 화장품 1개의 내용량을 확률변수 X라 하면

$$\overline{X} \sim N\left(201.5,\ \left(\frac{1.8}{\sqrt{9}}\right)^2\right) \Leftrightarrow N\left(201.5,\ 0.6^2\right)$$

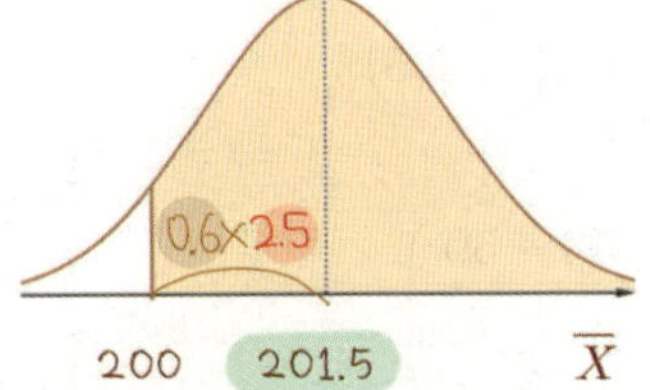

$P(\overline{X} \geq 200)$
$= P(Z \geq -2.5)$
$= 0.4938 + 0.5$
$= 0.9938$

[다른 풀이]

$P(\overline{X} \geq 200) = P\left(\dfrac{\overline{X} - 201.5}{0.6} \geq \dfrac{200 - 201.5}{0.6}\right)$

$= P(Z \geq -2.5)$

$= P(-2.5 \leq Z \leq 0) + P(Z \geq 0)$

$= P(0 \leq Z \leq 2.5) + P(Z \geq 0)$

$= 0.4938 + 0.5 = 0.9938$

복습	1회	2회	3회	4회	5회
채점 O△X					

332. [2016년 수능 (B)형 18번]

정규분포 $N(50, 8^2)$을 따르는 모집단에서 크기가 16인 표본을 임의추출하여 구한 표본평균을 $\overline{X}$, 정규분포 $N(75, \sigma^2)$을 따르는 모집단에서 크기가 25인 표본을 임의추출하여 구한 표본평균을 $\overline{Y}$라 하자. $P(\overline{X} \leq 53) + P(\overline{Y} \leq 69) = 1$일 때, $P(\overline{Y} \geq 71)$의 값을 표준정규분포표를 이용하여 구한 것은? [4점]

z	$P(0 \leq Z \leq z)$
1.0	0.3413
1.2	0.3849
1.4	0.4192
1.6	0.4452

① 0.8413　　② 0.8644　　③ 0.8849

④ 0.9192　　⑤ 0.9452

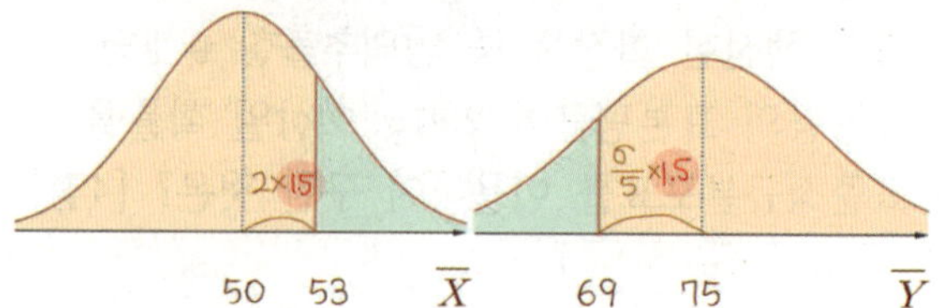

$$\overline{X} \sim N\left(50, \left(\frac{8}{\sqrt{16}}\right)^2\right) \Leftrightarrow N(50, 2^2)$$

$$\overline{Y} \sim N\left(75, \left(\frac{\sigma}{\sqrt{25}}\right)^2\right) \Leftrightarrow N\left(75, \left(\frac{\sigma}{5}\right)^2\right)$$

$$75 - 69 = \frac{\sigma}{5} \times 1.5$$

$$\therefore \sigma = 20$$

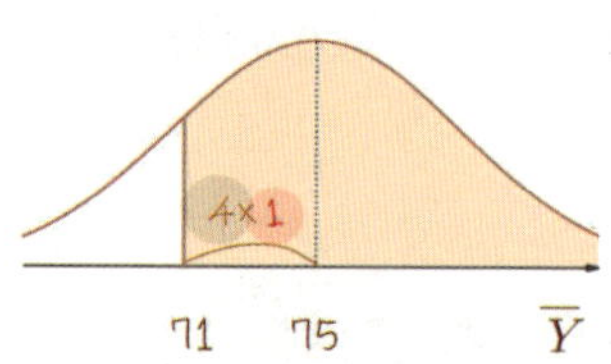

$$P(\overline{Y} \geq 71) = P(Z \geq -1) = 0.8413$$

[다른 풀이]

$$P(\overline{X} \leq 53) = P\left(\frac{\overline{X} - 50}{2} \leq \frac{53 - 50}{2}\right)$$
$$= P(Z \leq 1.5) = 0.5 + P(0 \leq Z \leq 1.5)$$

$$P(\overline{Y} \leq 69) = P\left(\frac{\overline{Y} - 75}{\frac{\sigma}{5}} \leq \frac{53 - 50}{\frac{\sigma}{5}}\right)$$

$$= P\left(Z \leq -\frac{30}{\sigma}\right) = 0.5 - P\left(0 \leq Z \leq \frac{30}{\sigma}\right)$$

$$\therefore P(\overline{X} \leq 53) + P(\overline{Y} \leq 69) = 1$$

$$P(0 \leq Z \leq 1.5) = P\left(0 \leq Z \leq \frac{30}{\sigma}\right)$$

$$1.5 = \frac{30}{\sigma}$$

$$\therefore \sigma = 20$$

$$P(\overline{Y} \geq 71) = P\left(\frac{\overline{Y} - 75}{4} \geq \frac{71 - 75}{4}\right)$$
$$= P(Z \geq -1)$$
$$= 0.5 + P(0 \leq Z \leq 1)$$
$$= 0.5 + 0.3413$$
$$= 0.8413$$

복습	1회	2회	3회	4회	5회
채점 O△X					

1등급

333. [2015년 수능 (B)형 18번] 실전 분석

주머니 속에 1의 숫자가 적혀 있는 공 1개, 2의 숫자가 적혀 있는 공 2개, 3의 숫자가 적혀 있는 공 5개가 들어 있다. 이 주머니에서 임의로 1개의 공을 꺼내어 공에 적혀 있는 수를 확인한 후 다시 넣는다. 이와 같은 시행을 2번 반복할 때, 꺼낸 공에 적혀 있는 수의 평균을 $\overline{X}$ 라 하자. $P(\overline{X}=2)$의 값은? [4점]

① $\dfrac{5}{32}$ ② $\dfrac{11}{64}$ ③ $\dfrac{3}{16}$ ④ $\dfrac{13}{64}$ ⑤ $\dfrac{7}{32}$

해설 바로가기 ▶ 실전개념분석 87번

복습	1회	2회	3회	4회	5회
채점 O△X					

334. [2012년 수능 (나)형 16번]

어느 공장에서 생산되는 제품의 길이 X 는 평균이 m 이고, 표준편차가 4 인 정규분포를 따른다고 한다. $P(m \leq X \leq a) = 0.3413$ 일 때, 이 공장에서 생산된 제품 중에서 임의추출한 제품 16 개의 길이의 표본평균이 $a-2$ 이상일 확률을 표준정규분포표를 이용하여 구한 것은? [4점]

(단, a 는 상수이고, 길이의 단위는 cm 이다.)

z	$P(0 \leq Z \leq z)$
1.0	0.3413
1.5	0.4332
2.0	0.4772

① 0.0228　　② 0.0668　　③ 0.0919

④ 0.1359　　⑤ 0.1587

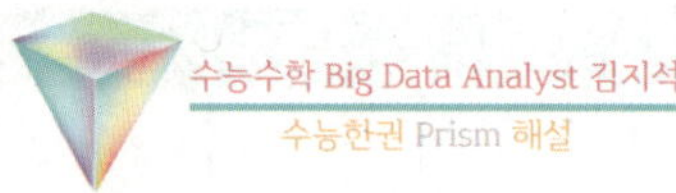

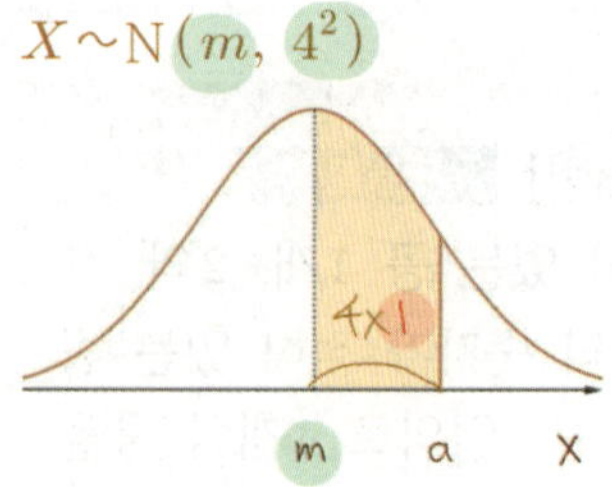

$$\therefore\ a = m + 4$$

$$\overline{X} \sim N\left(m, \left(\frac{4}{\sqrt{16}}\right)^2\right) \Leftrightarrow N(m, 1^2)$$

$$P(\overline{X} \geq a-2) = P(\overline{X} \geq m+2)$$
$$= P(Z \geq 2)$$
$$= 0.5 - 0.4772$$
$$= 0.0228$$

[다른 풀이]

$$X \sim N(m, 4^2)$$

$$P(m \leq X \leq a) = P\left(0 \leq Z \leq \frac{a-m}{4}\right) = 0.3413$$

$$\therefore\ \frac{a-m}{4} = 1$$

$$\therefore\ a = m + 4$$

$$\overline{X} \sim N\left(m, \frac{4^2}{16}\right) \Leftrightarrow N(m, 1^2)$$

$$P(\overline{X} \geq a-2)$$
$$= P\left(Z \geq \frac{a-2-m}{1}\right)$$
$$= P(Z \geq 2)$$
$$= 0.5 - 0.4772$$
$$= 0.0228$$

복습	1회	2회	3회	4회	5회
채점 O△X					

1등급

335. [2009년 수능 (나)형 29번] 실전 분석

다음은 어떤 모집단의 확률분포표이다.

X	10	20	30	계
$P(X=x)$	$\dfrac{1}{2}$	a	$\dfrac{1}{2}-a$	1

이 모집단에서 크기가 2인 표본을 복원추출하여 구한 표본평균을 $\overline{X}$라 하자. $\overline{X}$의 평균이 18일 때, $P(\overline{X}=20)$의 값은? [4점]

① $\dfrac{2}{5}$ ② $\dfrac{19}{50}$ ③ $\dfrac{9}{25}$ ④ $\dfrac{17}{50}$ ⑤ $\dfrac{8}{25}$

수능수학 Big Data Analyst 김지석
수능한권 Prism 해설

해설 바로가기 ▶ 실전개념분석 88번

복습	1회	2회	3회	4회	5회
채점 O△X					

336. [2008년 수능 (나)형 29번] 실전 분석

모평균 75, 모표준편차 5인 정규분포를 따르는 모집단에서 임의추출한 크기 25인 표본의 표본평균을 $\overline{X}$라 하자. 표준정규분포를 따르는 확률변수 Z에 대하여 양의 상수 c가 $P(|Z|>c)=0.06$을 만족시킬 때, <보기>에서 옳은 것을 모두 고른 것은? [4점]

[보 기]

ㄱ. $P(Z>a)=0.05$인 상수 a에 대하여 $c>a$이다.

ㄴ. $P(\overline{X}\le c+75)=0.97$

ㄷ. $P(\overline{X}>b)=0.01$인 상수 b에 대하여 $c<b-75$이다.

① ㄱ ② ㄷ ③ ㄱ, ㄴ ④ ㄴ, ㄷ ⑤ ㄱ, ㄴ, ㄷ

수능수학 Big Data Analyst 김지석
수능한권 Prism 해설

해설 바로가기 ▶ 실전개념분석 85번

복습	1회	2회	3회	4회	5회
채점 O△X					

1등급

337. [2005년 수능 (가)형 확률과 통계 30번]

실전 분석

다음은 어떤 모집단의 확률분포표이다.

X	1	2	3	계
$P(X)$	0.5	0.3	0.2	1

이 모집단에서 크기 2인 표본을 복원추출할 때, 표본평균 $\overline{X}$ 의 확률분포표는 다음과 같다.

$\overline{X}$	1	1.5	2	2.5	3
도수	1	a	b	2	1
$P(\overline{X})$	0.25	c	d	0.12	0.04

이때, $100(b+c)$ 의 값을 구하시오. [4점]

330

해설 바로가기 ▶ 실전개념분석 89번

수능 3점

복습	1회	2회	3회	4회	5회
채점 O△X					

338. [2026년 수능 (확률과 통계) 26번]

평균이 m 이고 표준편차가 5인 정규분포를 따르는 모집단에서 크기가 36인 표본을 임의추출하여 얻은 표본평균을 이용하여 구한 모평균 m 에 대한 신뢰도 99 % 의 신뢰구간이 $1.2 \le m \le a$ 이다. a 의 값은?
(단, Z 가 표준정규분포를 따르는 확률변수일 때, $P(\,|\,Z\,| \le 2.58) = 0.99$ 로 계산한다.) [3점]

① 5.1　　② 5.2　　③ 5.3
④ 5.4　　⑤ 5.5

표본평균을 $\overline{x}$ 라 할 때,

모평균 m 에 대한 신뢰도 99% 의 신뢰구간은

$$\overline{x} - 2.58 \times \frac{5}{\sqrt{36}} \le m \le \overline{x} + 2.58 \times \frac{5}{\sqrt{36}}$$

$$\therefore\ 1.2 = \overline{x} - 2.58 \times \frac{5}{\sqrt{36}} = \overline{x} - 2.15$$

$$\therefore\ \overline{x} = 1.2 + 2.15 = 3.35$$

$$\therefore\ a = \overline{x} + 2.58 \times \frac{5}{\sqrt{36}} = \overline{x} + 2.15$$

$$= 3.35 + 2.15 = 5.5$$

복습	1회	2회	3회	4회	5회
채점 O△X					

339. [2025년 수능 (확률과 통계) 25번]

정규분포 $N(m, 2^2)$을 따르는 모집단에서 크기가 256인 표본을 임의추출하여 얻은 표본평균을 이용하여 구한 m에 대한 신뢰도 95 %의 신뢰구간이 $a \le m \le b$이다. $b - a$의 값은? (단, Z가 표준정규분포를 따르는 확률변수일 때, $P(|Z| \le 1.96) = 0.95$로 계산한다.) [3점]

① 0.49 ② 0.52 ③ 0.55
④ 0.58 ⑤ 0.61

수능수학 Big Data Analyst 김지석
수능한권 Prism 해설

표본평균을 $\overline{x}$라 하면

$$\overline{x} - 1.96 \times \frac{2}{\sqrt{256}} \le m \le \overline{x} + 1.96 \times \frac{2}{\sqrt{256}}$$

$$\therefore \; b - a = 2 \times 1.96 \times \frac{2}{16} = 0.49$$

복습	1회	2회	3회	4회	5회
채점 O△X					

340. [2024년 수능 (확률과 통계) 27번]

정규분포 $N(m, 5^2)$을 따르는 모집단에서 크기가 49인 표본을 임의추출하여 얻은 표본평균이 $\overline{x}$일 때, 모평균 m에 대한 신뢰도 95%의 신뢰구간이 $a \le m \le \frac{6}{5}a$이다. $\overline{x}$의 값은? (단, Z가 표준정규분포를 따르는 확률변수일 때, $P(|Z| \le 1.96) = 0.95$로 계산한다.) [3점]

① 15.2 ② 15.4 ③ 15.6
④ 15.8 ⑤ 16.0

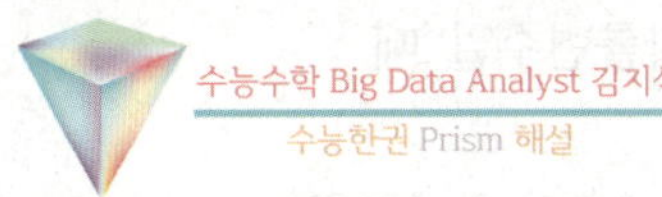
수능수학 Big Data Analyst 김지석
수능한권 Prism 해설

모평균 m에 대한 신뢰도 95%의 신뢰구간은

$$\overline{x} - 1.96 \times \frac{5}{\sqrt{49}} \le m \le \overline{x} + 1.96 \times \frac{5}{\sqrt{49}}$$

$$\Leftrightarrow \overline{x} - \frac{7}{5} \le m \le \overline{x} + \frac{7}{5}$$

$$\therefore \; a = \overline{x} - \frac{7}{5}, \; \frac{6}{5}a = \overline{x} + \frac{7}{5}$$

$$\therefore \; \frac{6}{5}\left(\overline{x} - \frac{7}{5}\right) = \overline{x} + \frac{7}{5}$$

$$\therefore \; \overline{x} = 15.4$$

복습	1회	2회	3회	4회	5회
채점 O△X					

341. [2023년 수능 (확률과 통계) 27번]

어느 회사에서 생산하는 샴푸 1개의 용량은 정규분포 $N(m, \sigma^2)$을 따른다고 한다. 이 회사에서 생산하는 샴푸 중에서 16개를 임의추출하여 얻은 표본평균을 이용하여 구한 m에 대한 신뢰도 95%의 신뢰구간이 $746.1 \le m \le 755.9$이다.

이 회사에서 생산하는 샴푸 중에서 n개를 임의추출하여 얻은 표본평균을 이용하여 구하는 m에 대한 신뢰도 99%의 신뢰구간이 $a \le m \le b$일 때, $b-a$의 값이 6 이하가 되기 위한 자연수 n의 최솟값은? (단, 용량의 단위는 mL이고, Z가 표준정규분포를 따르는 확률변수일 때, $P(|Z| \le 1.96) = 0.95$, $P(|Z| \le 2.58) = 0.99$로 계산한다.)[3점]

① 70 ② 74 ③ 78 ④ 82 ⑤ 86

표본의 크기가 16일 때의 표본평균을 $\overline{x_1}$이라 하면 모평균 m에 대한 신뢰도 95%의 신뢰구간은

$$\overline{x_1} - 1.96 \times \frac{\sigma}{\sqrt{16}} \le m \le \overline{x_1} + 1.96 \times \frac{\sigma}{\sqrt{16}}$$

$$2 \times 1.96 \times \frac{\sigma}{\sqrt{16}} = 755.9 - 746.1$$

$$\therefore \ 0.98\sigma = 9.8$$

$$\therefore \ \sigma = 10$$

표본의 크기가 n일 때의 표본평균을 $\overline{x_2}$라 하면 모평균 m에 대한 신뢰도 99%의 신뢰구간

$$\overline{x_2} - 2.58 \times \frac{10}{\sqrt{n}} \le m \le \overline{x_2} + 2.58 \times \frac{10}{\sqrt{n}}$$

$$\therefore \ b - a = 2 \times 2.58 \times \frac{10}{\sqrt{n}} = \frac{51.6}{\sqrt{n}} \le 6$$

$$\sqrt{n} \ge \frac{51.6}{6} = 8.6$$

$$\Leftrightarrow n \ge 8.6^2 = 73.96$$

$$\therefore \ \text{자연수 } n \text{의 최솟값은 } 74$$

342. [2022년 수능 (확률과 통계) 27번] 실전 분석

어느 자동차 회사에서 생산하는 전기 자동차의 1회 충전 주행 거리는 평균이 m이고 표준편차가 σ인 정규분포를 따른다고 한다.

이 자동차 회사에서 생산한 전기 자동차 100대를 임의추출하여 얻은 1회 충전 주행 거리의 표본평균이 $\overline{x_1}$일 때, 모평균 m에 대한 신뢰도 95%의 신뢰구간이 $a \le m \le b$이다.

이 자동차 회사에서 생산한 전기 자동차 400대를 임의추출하여 얻은 1회 충전 주행 거리의 표본평균이 $\overline{x_2}$일 때, 모평균 m에 대한 신뢰도 99%의 신뢰구간이 $c \le m \le d$이다.

$\overline{x_1} - \overline{x_2} = 1.34$이고 $a = c$일 때, $b-a$의 값은? (단, 주행 거리의 단위는 km이고, Z가 표준정규분포를 따르는 확률변수일 때, $P(|Z| \le 1.96) = 0.95$, $P(|Z| \le 2.58) = 0.99$로 계산한다.) [3점]

① 5.88 ② 7.84 ③ 9.80 ④ 11.76 ⑤ 13.72

해설 바로가기 ▶ 실전개념분석 91번

복습	1회	2회	3회	4회	5회
채점 $O \triangle X$					

343. [2019년 수능 (나)형 12번]

어느 마을에서 수확하는 수박의 무게는 평균이 $m\,\mathrm{kg}$, 표준편차가 1.4 kg인 정규분포를 따른다고 한다. 이 마을에서 수확한 수박 중에서 49개를 임의추출하여 얻은 표본평균을 이용하여, 이 마을에서 수확하는 수박의 무게의 평균 m에 대한 신뢰도 95%의 신뢰구간을 구하면 $a \leq m \leq 7.992$이다. a의 값은? (단, Z가 표준정규분포를 따르는 확률변수일 때, $\mathrm{P}(|Z| \leq 1.96) = 0.95$로 계산한다.) [3점]

① 7.198 ② 7.208 ③ 7.218
④ 7.228 ⑤ 7.238

수능수학 Big Data Analyst 김지석
수능한권 Prism 해설

49개를 임의추출하여 얻은 표본평균을 $\overline{x}$라 하면 모평균 m에 대한 신뢰도 95%의 신뢰구간은

$$\overline{x} - 1.96 \times \frac{1.4}{\sqrt{49}} \leq m \leq \overline{x} + 1.96 \times \frac{1.4}{\sqrt{49}}$$

$$7.992 - a = 2 \times 1.96 \times \frac{1.4}{\sqrt{49}} = 2 \times 1.96 \times 0.2$$

$$\therefore a = 7.992 - 0.4 \times 1.96 = 7.992 - 0.784 = 7.208$$

344. [2013년 수능 (나)형 25번]

어느 회사에서 생산된 모니터의 수명은 정규분포를 따른다고 한다. 이 회사에서 생산된 모니터 중 임의추출한 100대의 수명의 표본평균이 $\overline{x}$, 표본표준편차가 500이었다. 이 결과를 이용하여 이 회사에서 생산된 모니터의 수명의 평균을 신뢰도 95%로 추정한 신뢰구간이 $[\overline{x} - c, \overline{x} + c]$이다. c의 값을 구하시오.(단, Z가 표준정규분포를 따르는 확률변수일 때, $\mathrm{P}(0 \leq Z \leq 1.96) = 0.4750$ 이다.) [3점]

수능수학 Big Data Analyst 김지석
수능한권 Prism 해설   98

100개를 임의추출하여 얻은 표본평균을 $\overline{x}$라 하면 모평균 m에 대한 신뢰도 95%의 신뢰구간은

$$\overline{x} - 1.96 \frac{500}{\sqrt{100}} \leq m \leq \overline{x} + 1.96 \frac{500}{\sqrt{100}}$$

$$\therefore c = 1.96 \times 50 = 98$$

복습	1회	2회	3회	4회	5회
채점 O△X					

345. [2013년 수능 (가)형 25번]

표준편차 σ가 알려진 정규분포를 따르는 모집단에서 크기가 n인 표본을 임의추출하여 얻은 모평균에 대한 신뢰도 95%의 신뢰구간이 $[100.4,\ 139.6]$이었다. 같은 표본을 이용하여 얻은 모평균에 대한 신뢰도 99%의 신뢰구간에 속하는 자연수의 개수를 구하시오.
(단, Z가 표준정규분포를 따르는 확률변수일 때, $\mathrm{P}(0 \le Z \le 1.96) = 0.475$, $\mathrm{P}(0 \le Z \le 2.58) = 0.495$로 계산한다.) [3점]

51

n개를 임의추출하여 얻은 표본평균을 $\bar{x}$라 하면 모평균 m에 대한 신뢰도 95%의 신뢰구간은

$$\left[\bar{x} - 1.96\frac{\sigma}{\sqrt{n}},\ \bar{x} + 1.96\frac{\sigma}{\sqrt{n}}\right] = [100.4,\ 139.6]$$

$$\bar{x} - 1.96\frac{\sigma}{\sqrt{n}} = 100.4$$

$$\bar{x} + 1.96\frac{\sigma}{\sqrt{n}} = 139.6$$

$$\Leftrightarrow 2\bar{x} = 240$$

$$\therefore \bar{x} = 120$$

$$\therefore 1.96\frac{\sigma}{\sqrt{n}} = 19.6,$$

$$\therefore \frac{\sigma}{\sqrt{n}} = 10$$

$\therefore$ 신뢰도 99%의 신뢰구간

$$\left[\bar{x} - 2.58\frac{\sigma}{\sqrt{n}},\ \bar{x} + 2.58\frac{\sigma}{\sqrt{n}}\right]$$

$$[120 - 2.58 \times 10,\ 120 + 2.58 \times 10] = [94.2,\ 145.8]$$

$\therefore$ 신뢰도 99%의 신뢰구간에 속하는 자연수는 $95,\ 96,\ \cdots,\ 145$이므로 모두 **51**개다

복습	1회	2회	3회	4회	5회
채점 O△X					

346. [2012년 수능 (가)형 9번]

어느 회사에서 생산하는 음료수 1병에 들어 있는 칼슘 함유량은 모평균이 m, 모표준편차가 σ인 정규분포를 따른다고 한다. 이 회사에서 생산한 음료수 16병을 임의추출하여 칼슘 함유량을 측정한 결과 표본평균이 12.34이었다. 이 회사에서 생산한 음료수 1병에 들어 있는 칼슘 함유량의 모평균 m에 대한 신뢰도 95%의 신뢰구간이 $11.36 \le m \le a$일 때, $a + \sigma$의 값은? (단, Z가 표준정규분포를 따를 때 $\mathrm{P}(0 \le Z \le 1.96) = 0.4750$이고, 칼슘함유량의 단위는 mg이다.) [3점]

① 14.32   ② 14.82   ③ 15.32 ✓
④ 15.82   ⑤ 16.32

모평균 m에 대한 신뢰도 95%의 신뢰구간은

$$12.34 - 1.96\frac{\sigma}{\sqrt{16}} \le m \le 12.34 + 1.96\frac{\sigma}{\sqrt{16}}$$

$$11.36 = 12.34 - 1.96\frac{\sigma}{\sqrt{16}}$$

$$\therefore \sigma = 2$$

$$\therefore a = 12.34 + 1.96\frac{2}{4} = 13.32$$

$$\therefore a + \sigma = 13.32 + 2 = 15.32$$

복습	1회	2회	3회	4회	5회
채점 O△X					

347. [2007년 수능 (가)형 & (나)형 10번]

어느 공장에서 생산되는 탁구공을 일정한 높이에서 강철바닥에 떨어뜨렸을 때 탁구공이 튀어 오른 높이는 정규분포를 따른다고 한다. 이 공장에서 생산된 탁구공 중 임의추출한 100개에 대하여 튀어 오른 높이를 측정하였더니 평균이 245, 표준편차가 20이었다. 이 공장에서 생산되는 탁구공 전체의 튀어 오른 높이의 평균에 대한 신뢰도 95%의 신뢰구간에 속하는 정수의 개수는? (단, 높이의 단위는 mm이고, Z가 표준정규분포를 따를 때 $\mathrm{P}(0 \leq Z \leq 1.96) = 0.4750$이다.) [3점]

① 5　　② 6　　③ 7　　④ 8　　⑤ 9

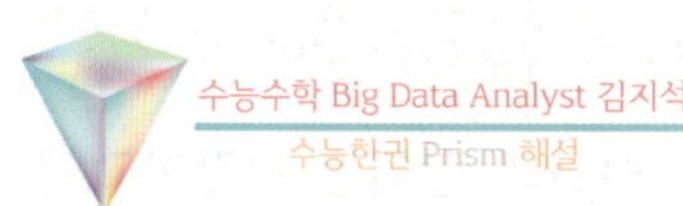

모평균 m에 대한 신뢰도 95%의 신뢰구간은

$$245 - 1.96 \cdot \frac{20}{\sqrt{100}} \leq m \leq 245 + 1.96 \cdot \frac{20}{\sqrt{100}}$$

$$\Leftrightarrow 245 - 3.92 \leq m \leq 245 + 3.92$$

∴ 만족하는 정수는 7개

348. [2005년 수능 (나)형 13번] 실전 분석

다음은 신뢰구간, 신뢰도, 표본의 크기의 관계를 설명한 것이다.

정규분포 $N(m, \sigma^2)$을 따르는 모집단이 있다. 이 모집단에서 크기 n인 표본을 임의추출하면 표본평균은 정규분포 (가) 을 따른다.

이 표본평균의 분포를 이용하여 추정한 모평균 m에 대한 신뢰도 α의 신뢰구간을 $a \leq m \leq b$ 라 하자.

표본의 크기를 n으로 고정하고 신뢰도를 α보다 높게 한 신뢰구간을 $c \leq m \leq d$라 할 때, $d - c$는 $b - a$보다 (나) .

한편, 신뢰도를 α로 고정하고 표본의 크기를 $2n$으로 한 신뢰구간을 $e \leq m \leq f$라 할 때, $f - e$는 $b - a$의 (다) 배가 된다.

위의 과정에서 (가), (나), (다)에 알맞은 것은?[3점]

	(가)	(나)	(다)
①	$N(m, \sigma^2)$	크다	$\dfrac{1}{2}$
②	$N(m, \sigma^2)$	작다	$\dfrac{1}{2}$
③	$N\left(m, \dfrac{\sigma^2}{n}\right)$	크다	$\dfrac{1}{\sqrt{2}}$
④	$N\left(m, \dfrac{\sigma^2}{n}\right)$	크다	$\sqrt{2}$
⑤	$N\left(m, \dfrac{\sigma^2}{n}\right)$	작다	$\dfrac{1}{\sqrt{2}}$

해설 바로가기 ▶ 실전개념분석 90번

수능 4점

복습	1회	2회	3회	4회	5회
채점 O△X					

349. [2019년 수능 (가)형 26번]

어느 지역 주민들의 하루 여가 활동 시간은 평균이 m분, 표준편차가 σ분인 정규분포를 따른다고 한다. 이 지역 주민 중 16명을 임의추출하여 구한 하루 여가 활동 시간의 표본평균이 75분일 때, 모평균 m에 대한 신뢰도 95%의 신뢰구간이 $a \leq m \leq b$이다. 이 지역 주민 중 16명을 다시 임의추출하여 구한 하루 활동 시간의 표본평균이 77분일 때, 모평균 m에 대한 신뢰도 99%의 신뢰구간이 $c \leq m \leq d$이다. $d - b = 3.86$을 만족시키는 σ의 값을 구하시오.

(단, Z가 표준정규분포를 따르는 확률변수일 때, $\mathrm{P}(|Z| \leq 1.96) = 0.95$, $\mathrm{P}(|Z| \leq 2.58) = 0.99$로 계산한다.) [4점]

12

$\overline{x} = 75$일 때

모평균 m에 대한 신뢰도 95%의 신뢰구간은

$a \leq m \leq b$

$\Leftrightarrow 75 - 1.96 \times \dfrac{\sigma}{\sqrt{16}} \leq m \leq 75 + 1.96 \times \dfrac{\sigma}{\sqrt{16}}$

$\overline{x} = 77$일 때

모평균 m에 대한 신뢰도 99%의 신뢰구간은

$c \leq m \leq d$

$\Leftrightarrow 77 - 2.58 \times \dfrac{\sigma}{\sqrt{16}} \leq m \leq 77 + 2.58 \times \dfrac{\sigma}{\sqrt{16}}$

$\therefore d - b = (77 - 75) + \dfrac{\sigma}{4}(2.58 - 1.96)$

$\qquad = 2 + 0.155\sigma = 3.86$

$\therefore \sigma = 12$

350. [2018년 9월 (가)형 17번]

어느 고등학교 학생들의 1개월 자율학습실 이용시간은 평균이 m, 표준편차가 5인 정규분포를 따른다고 한다.

이 고등학교 학생 25명을 임의추출하여 1개월 자율학습실 이용 시간을 조사한 표본평균이 $\overline{x_1}$일 때, 모평균 m에 대한 신뢰도 95%의 신뢰구간이 $80 - a \leq m \leq 80 + a$이었다.

또 이 고등학교 학생 n명을 임의추출하여 1개월 자율학습실 이용 시간을 조사한 표본평균이 $\overline{x_2}$일 때, 모평균 m에 대한 신뢰도 95%의 신뢰구간이 다음과 같다.

$$\frac{15}{16}\overline{x_1} - \frac{5}{7}a \leq m \leq \frac{15}{16}\overline{x_1} + \frac{5}{7}a$$

$n + \overline{x_2}$의 값은? (단, 이용 시간의 단위는 시간이고, Z가 표준정규분포를 따르는 확률변수일 때, $\mathrm{P}(0 \leq Z \leq 1.96) = 0.475$로 계산한다.) [4점]

① 121 ② 124 ③ 127
④ 130 ⑤ 133

25명을 임의추출하여 조사한 표본평균이 $\overline{x_1}$일 때, 모평균 m에 대한 신뢰도 95%의 신뢰구간은

$\overline{x_1} - 1.96\dfrac{5}{\sqrt{25}} \leq m \leq \overline{x_1} + 1.96\dfrac{5}{\sqrt{25}}$

$\Leftrightarrow 80 - a \leq m \leq 80 + a$

$\therefore \overline{x_1} = 80, \; a = 1.96 \times \dfrac{5}{\sqrt{25}} = 1.96$

n명을 임의추출하여 조사한 표본평균이 $\overline{x_2}$일 때, 모평균 m에 대한 신뢰도 95%의 신뢰구간은

$\overline{x_2} - 1.96\dfrac{5}{\sqrt{n}} \leq m \leq \overline{x_2} + 1.96\dfrac{5}{\sqrt{n}}$

$\Leftrightarrow \dfrac{15}{16}\overline{x_1} - \dfrac{5}{7}a \leq m \leq \dfrac{15}{16}\overline{x_1} + \dfrac{5}{7}a$

$\therefore \overline{x_2} = \dfrac{15}{16} \times 80 = 75, \; 1.96\dfrac{5}{\sqrt{n}} = \dfrac{5}{7}a$

$\therefore \overline{x_2} = \dfrac{15}{16} \times 80 = 75, \; n = 7^2 = 49$

$\therefore n + \overline{x_2} = 49 + 75 = 124$

복습	1회	2회	3회	4회	5회
채점 O△X					

351. [2017년 수능 (나)형 16번]

어느 농가에서 생산하는 석류의 무게는 평균이 m, 표준편차가 40인 정규분포를 따른다고 한다. 이 농가에서 생산하는 석류 중에서 임의 추출한, 크기가 64인 표본을 조사하였더니 석류 무게의 표본평균의 값이 $\bar{x}$이었다. 이 결과를 이용하여, 이 농가에서 생산하는 석류 무게의 평균 m에 대한 신뢰도 99%의 신뢰구간을 구하면 $\bar{x}-c \leq m \leq \bar{x}+c$이다. c의 값은? (단, 무게의 단위는 g이고, Z가 표준정규분포를 따르는 확률변수일 때 $P(0 \leq Z \leq 2.58)=0.495$로 계산한다.) [4점]

① 25.8　② 21.5　③ 17.2　④ 12.9　⑤ 8.6

수능수학 Big Data Analyst 김지석
수능한권 Prism 해설

모평균 m에 대한 신뢰도 99%의 신뢰구간은

$$\bar{x}-2.58 \times \frac{40}{\sqrt{64}} \leq m \leq \bar{x}+2.58 \times \frac{40}{\sqrt{64}}$$

$$\bar{x}-12.9 \leq m \leq \bar{x}+12.9$$

$$\therefore c = 12.9$$

352. [2007년 수능 (가)형 확률과 통계 29번]

정규분포 $N(m, 2^2)$을 따르는 모집단에서 임의추출한 크기 7인 표본과 크기 10인 표본의 표본평균을 각각 $\overline{X_A}$, $\overline{X_B}$라 하고, $\overline{X_A}$와 $\overline{X_B}$의 분포를 이용하여 추정한 모평균 m에 대한 신뢰도 95%의 신뢰구간을 각각 $[a, b]$, $[c, d]$라고 하자. <보기>에서 옳은 것을 모두 고른 것은? [4점]

[보 기]

ㄱ. $\overline{X_A}$의 분산은 $\overline{X_B}$의 분산보다 크다.

ㄴ. $P(\overline{X_A} \leq m+2) < P(\overline{X_B} \leq m+2)$

ㄷ. $d-c < b-a$

① ㄱ　② ㄷ　③ ㄱ, ㄴ　④ ㄴ, ㄷ　⑤ ㄱ, ㄴ, ㄷ

수능수학 Big Data Analyst 김지석
수능한권 Prism 해설

ㄱ. (참)

$$\overline{X_A} \sim N\left(m, \frac{2^2}{7}\right),\ \overline{X_B} \sim N\left(m, \frac{2^2}{10}\right)$$

$$\therefore V(\overline{X_A}) > V(\overline{X_B})$$

ㄴ. (참)

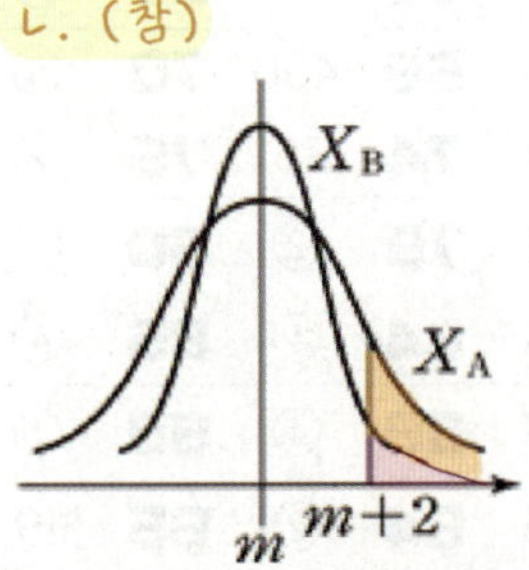

$$\therefore P(\overline{X_A} \leq m+2) < P(\overline{X_B} \leq m+2)$$

$$\Leftrightarrow P(\overline{X_A} > m+2) > P(\overline{X_B} > m+2)$$

ㄷ. (참)

$$P(|Z| \leq 1.96) = 0.95$$

$$b-a = 2 \cdot 1.96 \cdot \frac{2}{\sqrt{7}},\ d-c = 2 \cdot 1.96 \cdot \frac{2}{\sqrt{10}}$$

$$\therefore d-c < b-a$$

경향 00 · 간접범위

1	63	**2**	15	**3**	10	**4**	30	**5**	20
6	11	**7**	④	**8**	①	**9**	35	**10**	16
11	②	**12**	③	**13**	④	**14**	①	**15**	72
16	④	**17**	60	**18**	80	**19**	⑤	**20**	④
21	②	**22**	72						

경향 01 · 경우의 수 계산

		23	③	**24**	③	**25**	④		
26	③	**27**	10	**28**	②	**29**	①	**30**	126
31	④	**32**	③	**33**	②	**34**	③	**35**	36
36	④	**37**	40	**38**	①	**39**	③		

경향 02 · 케이스 나누기

								40	22
41	③	**42**	②	**43**	③	**44**	⑤	**45**	⑤
46	③	**47**	③	**48**	④	**49**	④	**50**	①
51	③	**52**	⑤	**53**	②	**54**	①	**55**	⑤
56	24	**57**	80	**58**	44	**59**	6	**60**	100
61	51	**62**	⑤	**63**	③	**64**	④	**65**	④
66	48	**67**	47	**68**	⑤	**69**	450	**70**	⑤
71	③	**72**	②	**73**	②	**74**	15	**75**	②
76	④	**77**	③	**78**	12	**79**	②	**80**	⑤
81	①	**82**	22	**83**	②	**84**	④	**85**	④
86	11	**87**	⑤	**88**	68	**89**	④	**90**	①
91	⑤	**92**	②	**93**	23	**94**	②	**95**	19
96	③	**97**	90						

경향 03 · 중복순열조합분할

				98	②	**99**	①	**100**	⑤
101	②	**102**	③	**103**	④	**104**	⑤	**105**	⑤
106	①	**107**	262	**108**	②	**109**	②	**110**	115
111	⑤	**112**	196	**113**	108	**114**	93	**115**	336
116	25	**117**	①	**118**	260	**119**	115	**120**	201
121	218	**122**	③	**123**	285	**124**	168	**125**	74
126	114	**127**	332	**128**	49	**129**	84	**130**	①
131	②	**132**	19	**133**	33	**134**	②	**135**	⑤
136	89	**137**	32	**138**	④	**139**	④	**140**	②
141	220	**142**	⑤	**143**	185					

경향 04 · 이항정리

						144	⑤	**145**	③
146	④	**147**	15	**148**	24	**149**	⑤	**150**	②
151	②	**152**	②	**153**	①	**154**	10	**155**	⑤
156	⑤	**157**	②	**158**	②	**159**	12		

경향 05 · 확률연산

								160	②
161	②	**162**	⑤	**163**	②	**164**	②	**165**	④
166	①								

경향 06 · 조건부확률

		167	①	**168**	③	**169**	④	**170**	①
171	⑤	**172**	③	**173**	③	**174**	①	**175**	60
176	②	**177**	⑤	**178**	④	**179**	②	**180**	①
181	④	**182**	④	**183**	②	**184**	③	**185**	③
186	④	**187**	43	**188**	①	**189**	④	**190**	9
191	46	**192**	⑤	**193**	48	**194**	30	**195**	⑤
196	④	**197**	⑤						

경향 07 독립과 종속

				198 ④	199 ②	200 ③
201 ④	202 ④	203 ②	204 ⑤	205 ④
206 ④	207 ④	208 8	209 ⑤	210 ⑤
211 50	212 ②

경향 08 독립시행의 확률

		213 ④	214 ②	215 137
216 ①	217 ①	218 ①	219 ④	220 ①
221 ②	222 ②	223 19	224 ⑤	225 ④
226 49	227 62	228 191	229 ⑤	230 ①
231 ③	232 ④	233 43	234 ③	235 ①
236 ②	237 ③

경향 09 평균과 분산

		238 ②	239 ①	240 ④
241 ②	242 11	243 ⑤	244 ⑤	245 ①
246 ③	247 ②	248 ④	249 ②	250 14
251 105	252 8.96	253 ②	254 26.25	255 ③
256 ①	357 25	258 78	259 121	260 ①
261 ⑤	262 ②	263 20

경향 10 이항분포

			264 ①	265 ④
266 15	267 ①	268 20	269 ④	270 ⑤
271 30	272 ④	273 ①	274 ③	275 80
276 47	277 12	278 30

경향 11 확률밀도함수

			279 ④	280 ②
281 ④	282 ②	283 ④	284 ④	285 31
286 5	287 20	288 ⑤	289 10

경향 12 정규분포

				290 ②
291 ⑤	292 ④	293 ⑤	294 ③	295 ②
296 ⑤	297 ④	298 ②	299 ③	300 ③
301 ②	302 ⑤	303 ④	304 977	305 23
306 25	307 673	308 994	309 ①	310 ⑤
311 155	312 ③	313 ③	314 ⑤	315 ③
316 ①

경향 13 표본평균 분포

	317 ③	318 ②	319 ③	320 ⑤
321 ②	322 ②	323 ①	324 ①	325 ②
326 ⑤	327 175	328 ④	329 ③	330 71
331 ⑤	332 ①	333 ③	334 ①	335 ④
336 ⑤	337 330

경향 14 모평균 추정

		338 ⑤	339 ①	340 ②
341 ②	342 ②	343 ②	344 98	345 51
346 ③	347 ③	348 ③	349 12	350 ②
351 ④	352 ⑤

확률과 통계 실전개념분석 빠른정답

오개념 잡기1

1-(1)	10	**1-(2)**	20	**2-(1)**	1	**2-(2)**	1	**2-(3)**	10
2-(4)	60	**2-(5)**	60	**2-(6)**	10	**2-(7)**	10	**3**	126

오개념 잡기2

4-(1)	10	**4-(2)**	1	**4-(3)**	$\frac{2}{9}$	**4-(4)**	$\frac{2}{9}$	**4-(5)**	$\frac{10}{21}$
5-(1)	2	**5-(2)**	$\frac{6}{10}$	**5-(3)**	$\frac{1}{3}$	**5-(4)**	$\frac{3}{7}$	**6-(1)**	3
6-(2)	4	**6-(3)**	$\frac{1}{4}$	**6-(4)**	$\frac{1}{4}$	**6-(5)**	$\frac{1}{4}$	**7**	①
8	$\frac{13}{120}$								

경향 01 경우의 수 계산

1	36

경향 02 케이스 나누기

2	①	**3**	⑤	**4**	⑤	**5**	11	**6**	450
7	⑤	**8**	④	**9**	③	**10**	23	**11**	④
12	12	**13**	②	**14**	③	**15**	100		

경향 03 중복순열조합분열

16	①	**17**	②	**18**	185	**19**	⑤	**20**	285
21	201	**22**	③	**23**	⑤	**24**	220	**25**	③
26	262	**27**	②	**28**	③	**29**	①	**30**	①
31	②								

경향 04 이항정리

32	15	**33**	12

경향 05 확률연산

34	②

경향 06 조건부확률

35	①	**36**	③	**37**	③	**38**	④	**39**	④
40	②	**41**	②	**42**	④	**43**	⑤		

경향 07 독립과 종속

44	50	**45**	④	**46**	④	**47**	②	**48**	②
49	8								

경향 08 독립시행의 확률

50	④	**51**	①	**52**	⑤	**53**	③	**54**	191
55	49	**56**	④	**57**	②				

경향 09 평균과 분산

58	①	**59**	②	**60**	②	**61**	8.96	**62**	③
63	105	**64**	②						

경향 10 이항분포

65	47	**66**	③	**67**	30

경향 11 확률밀도함수

68	④	**69**	④	**70**	31	**71**	⑤

경향 12 정규분포

72	⑤	**73**	③	**74**	⑤	**75**	③	**76**	④
77	①	**78**	③	**79**	673	**80**	25	**81**	③
82	⑤	**83**	977						

경향 13 표본평균의 분포

84	③	**85**	⑤	**86**	②	**87**	⑤	**88**	④
89	330								

경향 14 모평균 추정

90	③	**91**	②

내 손으로 수능 전체 범위
9종 교과서를 10일 만에
개념과 실전의 연결고리
수학의 단권화
Orbi.kr
orbibooks
수학(상) | 수학(하) | 수학 I | 수학 II | 확률과 통계 | 기하 | 미적분
THIS IS THE BOOK

[연구16] 함수 $f(x)$가 어떤 구간에서 미분가능하고, 그 구간의 모든 x에 대하여 $f'(x) > 0$이면 $f(x)$는 이 구간에서 증가함을 유도하시오.

[연구17] 다음 명제의 참 거짓을 판별하시오.

① $y = f(x)$가 증가함수이면 $f'(x) > 0$이다.

② $f'(x) > 0$이면 $y = f(x)$가 증가함수이다.

③ $y = f(x)$가 증가함수이면 $f'(x) \geq 0$이다.

④ $f'(x) \geq 0$이면 $y = f(x)$가 증가함수이다.

---

⑨ 함수의 증가와 감소

함수 $f(x)$가 어떤 구간의 임의의 두 수 x_1, x_2에 대하여

연구 15 ▷ **함수의 증가:**

함수의 감소:

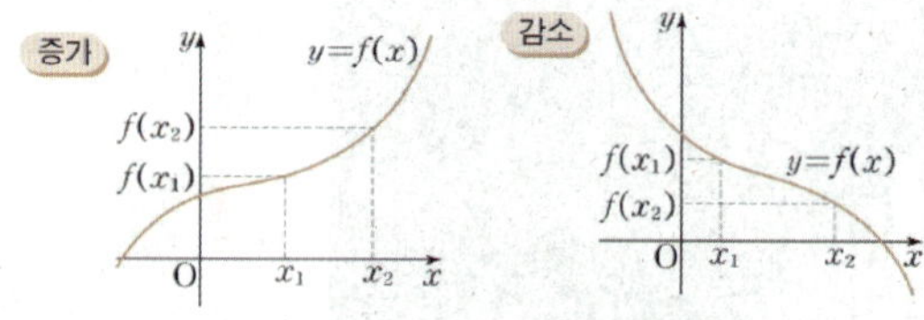

함수 $f(x)$가 어떤 구간에서 미분가능하고, 그 구간에서

연구 16 ▷ ① $f'(x) > 0$이면

② $f'(x) < 0$이면

연구 17 ▷ ✎ $f(x)$ 증가 $\rightleftarrows$ $f'(x) > 0$

✎ $f(x)$ 증가 $\rightleftarrows$ $f'(x) \geq 0$

✎ 함수의 증가와 감소

▲ 수학의 단권화 - 빈칸책
내 손으로 빈칸에 개념을 채워넣고

연구16 함수 $f(x)$가 어떤 구간에서 미분가능하고, 그 구간의 모든 x에 대하여 $f'(x) > 0$이면 $f(x)$는 이 구간에서 증가함을 유도하시오.

연구17 다음 명제의 참 거짓을 판별하시오.

① $y = f(x)$가 증가함수이면 $f'(x) > 0$이다.

② $f'(x) > 0$이면 $y = f(x)$가 증가함수이다.

③ $y = f(x)$가 증가함수이면 $f'(x) \geq 0$이다.

④ $f'(x) \geq 0$이면 $y = f(x)$가 증가함수이다.

---

9 함수의 증가와 감소

함수 $f(x)$가 어떤 구간의 임의의 두 수 x_1, x_2에 대하여

연구 15

함수의 증가: $x_1 < x_2$ 이면 $f(x_1) < f(x_2)$
왼   오른   아래   위

함수의 감소: $x_1 < x_2$ 이면 $f(x_1) > f(x_2)$
왼   오른   위   아래

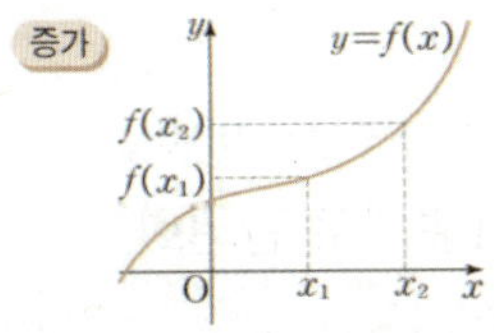
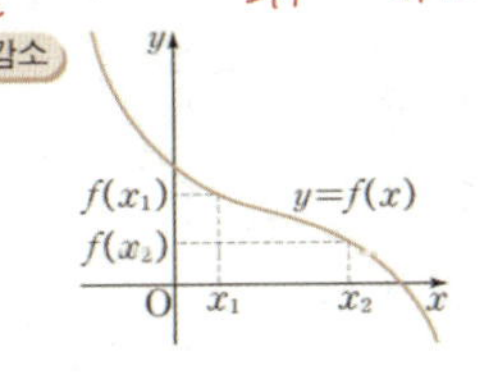

함수 $f(x)$가 어떤 구간에서 미분가능하고, 그 구간에서

연구 16

① $f'(x) > 0$이면
$f(x)$는 그 구간에서 증가

② $f'(x) < 0$이면
$f(x)$는 그 구간에서 감소

연구 17

$f(x)$ 증가 $\underset{X}{\overset{X}{\rightleftarrows}}$ $f'(x) > 0$

$f(x)$ 증가 $\underset{X}{\overset{O}{\rightleftarrows}}$ $f'(x) \geq 0$

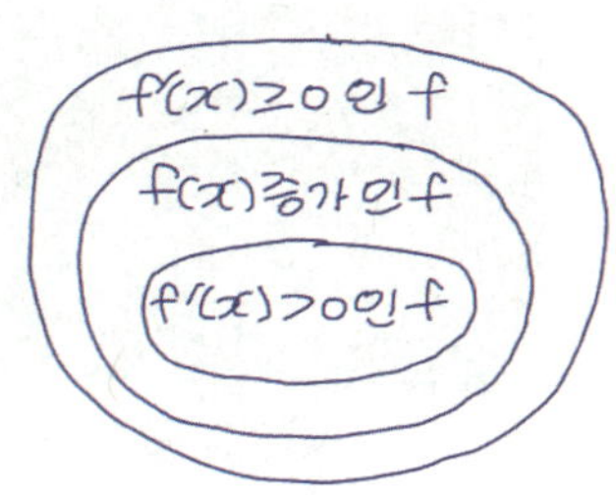

✏ 함수의 증가와 감소

유도

① 구간의 임의의 두 수
x_1, x_2에 대하여 $x_1 < x_2$라고 하자
평균값의 정리에 의하여

$$\frac{f(x_2) - f(x_1)}{x_2 - x_1} = f'(c) 인 c 가$$

개념

구간에 적어도 하나 존재한다.

$f'(x) > 0$ 이므로 $f'(c) > 0$ 이고

$x_2 - x_1 > 0$ 이므로

$f(x_2) - f(x_1) > 0$ 이다.

조건

결국 $x_1 < x_2$ 일때, $f(x_1) < f(x_2)$

정의

반례

※ $f(x) = x^3$ 증가함수 $\rightarrow$ $f'(x) = 3x^2 > 0$
$x_1 < x_2 \Rightarrow f(x_1) < f(x_2)$
$x_1^3 < x_2^3$
$f'(0) = 0$ 모순

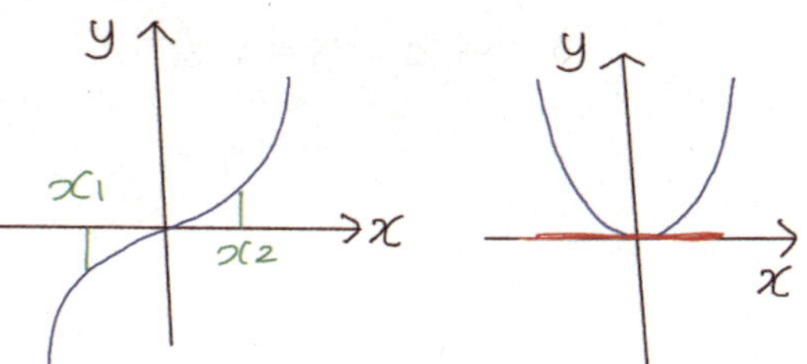

※ $f'(x) \geq 0$ $\longrightarrow$ $f(x)$증가함수 모순!
ex) 닥스훈트 곡선
$f(x_1) = f(x_2)$
x_1 x_2
멍멍

▲ 수학의 단권화 - 김지석의 필기노트
김지석의 필기노트에서 확인하고

2027 김지석 커리큘럼

수 학 정 복 , 약 점 을 빠 르 게

STEP.1

수학의 단권화

"7일 만에 전범위
1권으로 단권화"

STEP. 0 노베

노베스피드

"1주일에 한 과목씩 탈출하기"

그래프테크닉 기본편

"그래프 기초부터 기본까지
그래프 실력 업그레이드"

STEP. 4

고난도정신

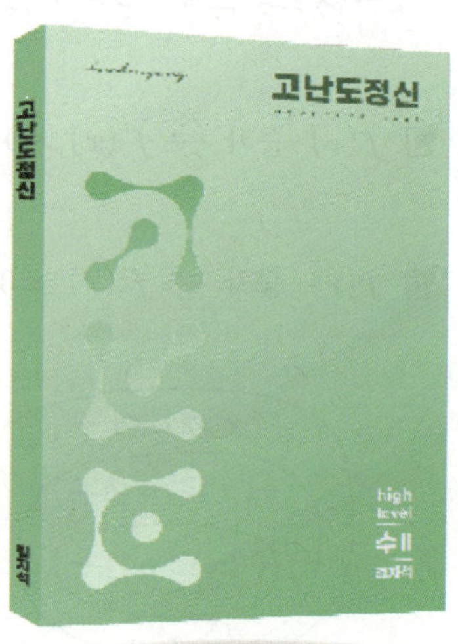

"테마별 고난도 주제
완전 정복"

2027
김지석 프리패스